Sprachtechnologie, mobile Kommunikation und linguistische Ressourcen

Sprache, Sprechen und Computer
Computer Studies in Language and Speech

Herausgegeben von/Edited by
Wolfgang Hess und/and Winfried Lenders

Bd./Vol.
8

PETER LANG
Frankfurt am Main · Berlin · Bern · Bruxelles · New York · Oxford · Wien

Bernhard Fisseni/Hans-Christian Schmitz
Bernhard Schröder/Petra Wagner
(Hrsg.)

Sprachtechnologie, mobile Kommunikation und linguistische Ressourcen

Beiträge zur GLDV-Tagung 2005 in Bonn

PETER LANG
Europäischer Verlag der Wissenschaften

Bibliografische Information Der Deutschen Bibliothek
Die Deutsche Bibliothek verzeichnet diese Publikation in der Deutschen Nationalbibliografie; detaillierte bibliografische Daten sind im Internet über <http://dnb.ddb.de> abrufbar.

ISSN 1435-5736
ISBN 3-631-53874-X

www.peterlang.de

Inhaltsverzeichnis

Vorwort

Bernhard Fisseni, Hans-Christian Schmitz,

Bernhard Schröder, Petra Wagner

Die Sprachtechnologie wird mobil. Sprachtechnologische Anwendungen begegnen uns zunehmend außerhalb des Büros oder der eigenen vier Wände. Funktechniken und die zunehmende Miniaturisierung der Hardware machen es möglich. Mobiltelefone lassen sich gesprochensprachlich steuern, Navigations- und Fahrerassistenzsysteme informieren via Sprachsynthese. Telefonische Dialogsysteme ermöglichen die sprachgesteuerte Abfrage von Datenbanken oder die Durchführung von Geschäftsvorgängen. Einige Voice-Portale zeigen, dass der Umgang mit dieser Technik sogar unterhaltsam kann.

Die erfolgreichen Anwendungen kommen oftmals unspektakulär daher und gliedern sich im besten Falle unauffällig in den Alltag ein. Kennzeichnend sind leichte Handhabbarkeit und – als ein zentraler Aspekt davon in mobilen Szenarien – Robustheit. Die eingesetzten Techniken müssen daher sicher beherrscht sein. Durch alle linguistischen Ebenen tief analysierende Systeme wird man in diesem Anwendungskontext derzeit nicht erwarten dürfen. Solche Systeme sind eher durch die Suche von Schlüsselausdrücken, flache Analysen und die Anwendung lernfähiger stochastischer Verfahren charakterisiert.

Linguistische Ressourcen werden in den sprachtechnologischen Produkten „opportunistisch" eingesetzt: Korpora, Lexika, Wortnetze, Ontologien, morphologische Lemmatisierer und Analysierer werden bei der Statistikgewinnung, aber auch zur Laufzeit zur Verbesserung der Erkennung eingesetzt. Erkenntnisse und Modellierungsmöglichkeiten der Diskurssemantik und -pragmatik fließen selektiv in die Gestaltung und technische Realisierung von Anwendungen ein.

Das aktuelle Interesse an diesen Ressourcen spiegelt das Programm der GLDV-Tagung 2005, die vom 30. März bis zum 1. April 2005 an der Rheinischen Friedrich-Wilhelms-Universität Bonn stattfindet, und damit dieser Band, der die Beiträge zur Tagung umfasst, deutlich wider: Fragen der Datengewinnung aus Korpora stellen einen deutlichen Schwerpunkt der Tagung dar. Dabei geht es um das gesamte Spektrum der Korpuslinguistik vom Korpusdesign und der texttechnologischen Aufbereitung der Ressourcen bis hin zu Auswertungsschnittstellen, der linguistischen Anreicherung der Texte und Verfahren zur Gewinnung und Validierung linguistischer Daten.

Eng damit verknüpft ist ein großes Interesse an lexikalischen Ressourcen auszumachen. Der *Workshop GermaNet II* (Leitung Lothar Lemnitzer und Claudia

Kunze) im Rahmen der Tagung befasst sich mit dem deutschsprachigen Pendant zum englischen WordNet und seinen vielfältigen Anwendungen. Und auch außerhalb des Workshops ist eine breitgefächerte Beschäftigung mit Ontologien als Wort- und Begriffsnetzen erkennbar: Ontologien helfen beim Aufbau semantischer Repräsentationen und sind integraler Bestandteil von Retrieval-Verfahren. Dabei werden an die logische Mächtigkeit von Ontologieformalismen sehr unterschiedliche, zum Teil widersprüchliche Ansprüche gestellt. Das Spektrum reicht von Netzen, die von zweistelligen Relationen aufgespannt werden, bis hin zu spezialisierten Repräsentationsansprüchen, die an die Grenzen beschreibungslogischer Darstellbarkeit gelangen.

Ein weiterer Workshop im Rahmen der Tagung, *Turn Taking* (Leitung Roland Hausser), reflektiert die Dialogorientiertheit und die situative Einbettung sprachtechnologischer Systeme. Der Workshop hat den Sprecherwechsel im Dialog und seine Modellierung zum Thema.

Noch ein weiterer Trend zeichnet sich in den vorliegenden Beiträgen deutlich ab: In multimodalen Systemen sind gesprochene und geschriebene Sprache integriert in weitere akustische, visuelle und ggf. auch haptische Kommunikationsmodi. Wie ergänzen sich die Modi optimal? Wie werden sie situationsadäquat eingesetzt und synchronisiert? Wie wird die multimodale Eingabe – möglicherweise aus verschiedenen sensorischen Kanälen – in dem künstlichen System integriert? Aus diesen Fragen ergeben sich Herausforderungen für die Entwicklung von Kommunikationsprotokollen und Schnittstellen sprachtechnologischer Komponenten, und psycholinguistische Fragen zur Integration von Mimik und Gestik beim Sprachverstehen gewinnen technische Relevanz.

Der Tagungsband enthält in je eigenen Abschnitten die Beiträge zum Hauptprogramm der Tagung, zu den Workshops *Anwendungen des GermaNet II* und *Turn Taking* und zum GLDV-Preis, mit dem die beste computerlinguistische Abschlussarbeit der vorangehenden zwei Jahre ausgezeichnet wird.

Dass dieser sehr umfangreiche Tagungsband zeitgleich mit der Tagung erscheinen kann, verdanken wir der Mitarbeit der Leiter der Workshops auf der Tagung: Sie übernahmen die redaktionelle Betreuung der jeweiligen Workshop-Beiträge.

Dem Programmkomitee der Tagung ist für die sorgfältige Arbeit bei der Begutachtung und Auswahl der Beiträge zu danken.

Besondere Erwähnung verdienen auch die Sponsoren der Tagung, die Voice-Objects AG (www.voiceobjects.com) und die Zeitschrift SDV (www.ikp.uni-bonn.de/SDV), die durch ihre Unterstützung zum Erscheinen des Bandes in dieser Form beigetragen haben.

I

Beiträge zum Hauptprogramm der GLDV-Tagung 2005

Automatische Erweiterung eines semantikbasierten Lexikons durch Bootstrapping auf großen Korpora

Chris Biemann, Rainer Osswald

Der Beitrag beschreibt am Beispiel von HaGenLex und des Wortschatz-Korpus, wie ein featurebasiertes semantisches Lexikon unter Zuhilfenahme großer, unstrukturierter Textkorpora automatisch erweitert werden kann. Die semantischen Klassen von Substantiven werden über die sie modifizierenden Adjektive vererbt und bisher unklassifizierten Substantiven zugewiesen. Hier erweist es sich als sinnvoll, mehrere Klassifikatoren für Einzeleigenschaften, aus denen die semantischen Klassen zusammengesetzt sind, zu kombinieren. Das Verfahren wird ausführlich evaluiert, Ausblicke für eine Erweiterung werden aufgezeigt.

The paper describes how a feature-based semantic lexicon can be automatically extended using large, unstructured text corpora. Experiments are carried out using HaGenLex and the Wortschatz corpus. The semantic classes of nouns are inherited via the adjectives that modify them. It turns out to be reasonable to combine several classifiers for single attributes into one for complex semantic classes. The method is evaluated thoroughly, and further steps are discussed.

1. Einführung

NLP-Anwendungen wie Text Retrieval oder Question Answering, die methodisch über statistische Assoziation und Pattern-Matching hinausgehen, erfordern es, umfangreiche natürlichsprachliche Korpora semantisch zu parsen. Dazu wird ein Computerlexikon benötigt, das neben morphosyntaktischen Angaben auch detaillierte semantische Information bereitstellt. Wenngleich die Erzeugung qualitativ hochwertiger semantischer Repräsentationen, die auch als Basis einer inferentiellen Weiterverarbeitung dienen können, vermutlich nicht ohne ein manuell erstelltes Lexikon möglich ist, steht aus Quantitätsgründen außer Frage, dass insbesondere im Substantivbereich Verfahren der automatischen semantischen Klassifikation hinzutreten müssen. Der hier vorgestellte Ansatz beschreibt, wie ein solches automatisches Klassifizieren mit Hilfe eines manuell erstellten Lexikons hinreichender Größe in Verbindung mit Kookkurrenzstatistiken über sehr großen Textbeständen gelingen kann.

2. Verwendete Ressourcen

2.1 Das semantikbasierte Computerlexikon HaGenLex

Als Basislexikon für die hier vorgestellten Klassifikationsexperimente dient das semantikbasierte Computerlexikon HaGenLex, das gegenwärtig circa 22'700 Lexikoneinträge enthält, davon etwa 11'300 Substantive und 6'700 Verben. Alle HaGenLex-Einträge sind sowohl morphosyntaktisch als auch semantisch annotiert. Grundlage der semantischen Beschreibung ist das sogenannte MultiNet-Paradigma, ein Wissensrepräsentationsformalismus, der speziell im Hinblick auf die Repräsentation natürlichsprachlicher Semantik entwickelt wurde (Helbig 2001). MultiNet stellt sowohl klassifikatorische als auch relationale Darstellungsmittel bereit, wobei zu letzteren insbesondere ein Inventar an semantischen Rollen zählt, das zur Charakterisierung von Valenzrahmen herangezogen wird. Eine ausführliche Darstellung des Aufbaus von HaGenLex-Einträgen findet sich in (Hartrumpf, Helbig & Osswald 2003).

Die hier beschriebenen Experimente beschränken sich auf die Klassifikation von Substantiven hinsichtlich ihrer *ontologischen Sorten* und *semantischen Features*. MultiNet definiert 45 hierarchisch angeordnete *ontologische Sorten*, wie *d* (*discrete object*), *abs* (*situational object*) und *at* (*attribute)*, wovon 17 für die Substantivklassifikation relevant sind (vgl. Abbildung 4). Zusätzlich sind Substantive in HaGenLex hinsichtlich 16 binärer *semantischer Features* wie HUMAN, ARTIFACT und MOVABLE klassifiziert (vgl. Abbildung 3).

Zwischen den semantischen Features untereinander und ebenso im Verhältnis der Features zu den ontologischen Sorten bestehen gewisse Abhängigkeiten. Beispielsweise sind Entitäten, die das Feature HUMAN+ tragen, stets von der Sorte *discrete object* und tragen zudem die Features ANIMATE+ und ARTIFICIAL–. Um diese Abhängigkeiten zu berücksichtigen und insbesondere um fehlerhafte Kombinationen durch den Lexikographen auszuschließen, sind die zulässigen Kombinationen von ontologischer Sorte und semantischen Features in HaGenLex explizit zu sogenannten *semantischen Klassen* zusammengefasst, über denen aufgrund der Sortenhierarchie und der Möglichkeit, den Wert einzelner semantischer Features unbestimmt zu lassen, wiederum eine Spezialisierungshierarchie definiert ist. Beispielsweise ist die semantische Klasse *prot-substance* unter anderem durch die ontologische Sorte *s* (*substance*) sowie die Feature-Ausprägungen MOVABLE+ und SPATIAL+ charakterisiert, aber hinsichtlich des Features ARTIFICIAL unbestimmt. Die entsprechenden Unterklassen sind in diesem Fall *nat-substance* und *art-substance*. Insgesamt sind 50 solche semantischen Klassen für HaGenLex-Substantive in Gebrauch, wovon die

(in der hier verwendeten Teilmenge) häufigsten 28 in Abbildung 5 aufgelistet sind.

2.2 Deutsches Korpus aus dem Projekt Deutscher Wortschatz

Als Textquelle verwenden wir das Deutsche Hauptkorpus des Projekts Deutscher Wortschatz[1] mit über 35 Millionen Sätzen oder 500 Millionen Tokens. Durch die Berechnung von statistisch signifikanten linken Nachbarschaftskookkurrenzen (siehe Biemann et al. 2004) und deren Filterung bezüglich Wortart werden Paare von Adjektiven und Substantiven ermittelt, die typischerweise miteinander auftreten

Kommen zwei Wörter A und B in einem Korpus nacheinander vor, so ist A linker Nachbar von B und B rechter Nachbar von A. Um statistisch signifikant häufig benachbart auftretende Wörter zu ermitteln, wird ein Signifikanzmaß (in vorliegendem Falle ein Maß der log-likelihood-Familie) angewendet, das unter Berücksichtigung der Häufigkeiten des benachbarten Auftretens sowie der Einzelhäufigkeiten der Wörter für jedes mögliche Wortpaar des Korpus einen Signifikanzwert berechnet. Dieser stellt ein Maß für das „Erstaunen" über das gemeinsame Auftreten von A und B unter der Annahme statistischer Unabhängigkeit dar – je größer dieser Wert, desto unwahrscheinlicher stehen A und B lediglich zufällig hintereinander. Falls ein gewisser Schwellenwert überschritten ist, wird B als rechter Nachbarschaftskookkurrent von A bezeichnet, und A als linker Nachbarschaftskookkurrent von B. Die Gesamtheit der linken Nachbarschaftskookkurrenten A1, ... ,An von B heißt Nachbarschaftsprofil.

Im vorliegenden Beitrag werden lediglich Nachbarschaftsbeziehungen zwischen Adjektiven und Substantiven betrachtet. Im Folgenden wird die Gesamtheit der im linken Nachbarschaftsprofil von Substantiven vorkommenden Adjektive als Adjektivprofil (eines Substantivs) bezeichnet, analog heißen die Substantive, die im rechten Nachbarschaftsprofil eines Adjektivs vorkommen, Substantivprofil. Profile enthalten nur Wörter in unflektierter Form und bestehen aus den Vereinigungen der Profile der Vollformen des Substantivs bzw. Adjektivs. Tabelle 1 zeigt einige Beispiele für Adjektiv- und Substantivprofile.

Aus Tabelle 1 ist ersichtlich, dass es sowohl Adjektive gibt, die ausschließlich mit Substantiven desselben semantischen Typs kookkurrieren (*überbacken*, *erlegt*), sowie Adjektive, die ein weites Spektrum semantisch unterschiedlicher Substantive modifizieren (z.B. *ganz*). Für die spätere Anwendung zur Klassifikation erwies es sich als unwichtig, ob die Signifikanzwerte der Kookkurrenzen berücksichtigt werden oder nicht, weswegen diese nicht einbezogen wurden.

[1] Siehe http://www.wortschatz.uni-leipzig.de

Wort	Adjektiv- bzw. Substantivprofil
Buch	neu, erschienen, erst, neuest, jüngst, gut, geschrieben, letzt, zweit, vorliegend, gleichnamig, herausgegeben, nächst, dick, veröffentlicht, ...
Käse	gerieben, überbacken, kleinkariert, fett, französisch, fettarm, löchrig, holländisch, handgemacht, grün, würzig, selbstgemacht, produziert, schimmelig, kontrolliert, ...
Camembert	gebacken, fettarm, reif
überbacken	Schweinesteak, Aubergine, Blumenkohl, Käse
erlegt	Tier, Wild, Reh, Stück, Beute, Großwild, Wildkatzen, Büffel, Rehbock, Beutetier, Wal, Hirsch, Hase, Grizzly, Wildschwein, Thier, Eber, Bär, Mücke, Feind, Drachen, Affe, Jäger, ...
ganz	Leben, Bündel, Stück, Volk, Wesen, Vermögen, Herz, Heer, Arsenal, Dorf, Land, Können, Berufsleben, Paket, Kapitel, Stadtviertel, Rudel, Jahrzehnt, ...

Tabelle 1: Ausschnitte aus korpusbasierten Adjektiv- und Substantivprofilen

Wichtig erscheint an dieser Stelle lediglich, dass die Adjektiv-Substantiv-Paare mehrfach und typischerweise im Korpus auftreten.

Aus dem Wortschatz-Korpus konnten über 125'000 Substantive extrahiert werden, die mit einem oder mehreren von über 25'000 Adjektiven in Nachbarschaftskookkurrenzbeziehung stehen. Die Größe der Adjektivprofile folgt hierbei dem Zipf'schen Gesetz (vgl. Zipf 1929), aus dem insbesondere resultiert, dass etwa die Hälfte aller Substantive nur ein Adjektiv in ihrem Profil besitzen, ein Sechstel aller Substantive zwei Adjektive usw.

3. Verfahren

Unter der Annahme der *Distributional Hypothesis* (Harris 1968), aus der abgeleitet werden kann, dass semantischer Ähnlichkeit eine Funktion über die globalen Kontexte entspricht (vgl. Miller & Charles 1991), erfolgt die Klassifizierung unbekannter Substantive aufgrund der sie modifizierenden Adjektive, wobei diese Menge durch das Adjektivprofil des Substantivs approximiert wird.

3.1 Aufbau des Klassifikators für einzelne Eigenschaften

Für jede relevante semantische Eigenschaft von Substantiven wird ein Klassifikator folgendermaßen erstellt: für jedes Adjektiv, das mindestens ein Substantiv aus der Trainingsmenge modifiziert, wird ein Profil berechnet, das angibt, zu welchem Anteil das Adjektiv für welche Klasse spricht. Der Klassifikator ist nicht in der Anzahl der Klassen beschränkt.

```
Initialisieren der Adjektiv- und Substantivprofile;
Initialisieren der Startmenge;
Solange noch neue Substantive klassifiziert werden {
   Berechnung der Klassenwahrscheinlichkeiten der Adjektive;
   Für alle noch unklassifizierten Substantive s {
        Multipliziere die Klassenwahrsch. für jede Klasse;
        Weise die Klasse mit der höchsten Wahrsch. s zu;
   }
}
```

Abbildung 1: Bootstrapping-Algorithmus zur Klassifikation semantischer Eigenschaften von Substantiven

Die Klassifikation unbekannter Substantive erfolgt aufgrund der Profile der modifizierenden Adjektive; dieser Wechsel von Profilberechnung und Neuklassifikation wird im Expectation-Maximization-Bootstrapping-Stil (vgl. Dempster et al. 1977) iteriert, bis keine neuen Substantive mehr klassifiziert werden können.

Abbildung 1 beschreibt schematisch den Algorithmus, Abbildung 2 skizziert die verwendete Datenstruktur.

Abbildung 2 illustriert die Funktionsweise des Algorithmus am Beispiel eines Klassifikators mit zwei Klassen A und B. Ausgangspunkt ist eine Trainingsmenge, bestehend aus Substantiven und deren Klassen. Zunächst werden Adjektive, Substantive und deren Nachbarschaftskookkurrenzbeziehungen initialisiert, den Substantiven aus der Trainingsmenge werden ihre Klassen zugeordnet.

Die folgenden Schritte werden iteriert, solange noch Substantive mit Klassen versehen werden: Jedem Adjektiv werden Klassenwahrscheinlichkeiten zuge-

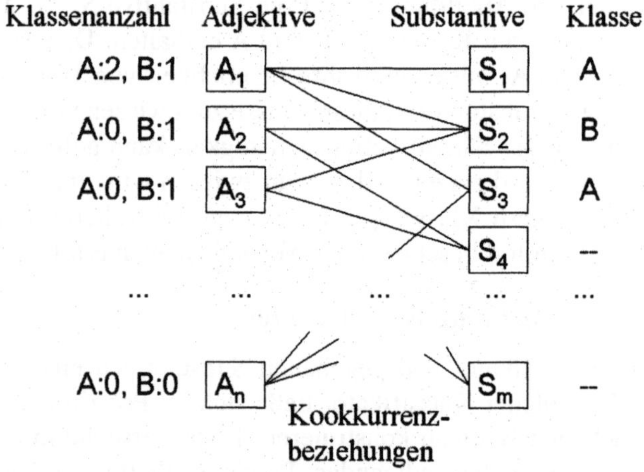

Abbildung 2: Datenstruktur mit Beispielsituation

ordnet, die angeben, mit welcher Wahrscheinlichkeit (relativen Häufigkeit) das Adjektiv in den Adjektivprofilen einer Klasse zu finden ist, d.h. wie stark das Adjektiv für welche Klasse spricht. Die Wahrscheinlichkeit berechnet sich aus der Häufigkeitsverteilung (in Abb. 2 Klassenanzahl) pro Klasse, geteilt durch die Gesamtanzahl der Substantive je Klasse und in Summe normalisiert auf Eins. Das Teilen durch die Gesamtanzahl der Substantive je Klasse sorgt dafür, dass jede Klasse dieselbe Wahrscheinlichkeitsmasse besitzt, und ist für die Behandlung von sehr unterschiedlich großen Klassen unumgänglich, wie Vorversuche gezeigt haben. Da in den Iterationsschritten die Anzahl der klassifizierten Substantive ansteigt, müssen die Klassenwahrscheinlichkeiten der Adjektive zu Beginn jedes Schrittes neu berechnet werden.

Nun wird versucht, den noch unklassifizierten Substantiven Klassen zuzuweisen. Hierzu werden die Klassenwahrscheinlichkeiten der im Adjektivprofil des Substantivs enthaltenen Adjektive je Klasse multipliziert, wobei nur Adjektive betrachtet werden, deren Klassenwahrscheinlichkeiten nicht sämtlich null sind, also in mindestens einem Adjektivprofil eines schon klassifizierten Substantivs auftreten. Die Klasse mit dem höchsten Wert wird dem Substantiv zugewiesen. Zu beachten ist, dass im Falle von sich widersprechenden Klassenwahrscheinlichkeiten innerhalb eines Adjektivprofils (z.B. falls ein Adjektiv ausschließlich für Klasse A, ein anderes ausschließlich für Klasse B spricht) dem Substantiv keine Klasse zugewiesen werden kann. Ein möglicher Ausweg wäre *Smoothing*: die Klassenwahrscheinlichkeiten hätten per Definition immer einen (kleinen) Mindestwert. Versuche haben jedoch gezeigt, dass dies der Klassifikationsgenauigkeit abträglich ist, ohne dabei die Zahl der klassifizierbaren Substantive bemerkenswert zu erhöhen.

Im Beispiel von Abbildung 2 sind die Substantive S_1, S_2 und S_3 in der Trainingsmenge mit ihren Klassen A, B und A enthalten. Dies sorgt dafür, dass die Adjektive A_2 und A_3 mit einer Wahrscheinlichkeit von 100% für Klasse B sprechen, weswegen Substantiv S_4 diese Klasse zugewiesen wird.

Zur Erhöhung der Klassifikationsgenauigkeit kann gefordert werden, dass einem Substantiv nur dann eine Klasse zugewiesen wird, wenn die Anzahl der Adjektive, die für diese Klasse sprechen, einen Schwellenwert überschreitet, was bei den in Abschnitt 4 beschriebenen Versuchen auch erfolgte.

3.2 Kombination der Einzelklassifikatoren

Der Gesamtklassifikator soll gegebenen Substantiven eine semantische Klasse zuordnen. Ein solcher Klassifikator ließe sich im Prinzip nach dem in Abschnitt 3.1 beschriebenen Bauplan konstruieren. Erste Versuche in diese Richtung hatten allerdings zu unbefriedigenden Precision-Werten geführt (zwischen 60%

Precision bei 45% Recall und 76% Precision bei lediglich 2,8% Recall). Der hier beschriebene Ansatz verwendet dagegen für jede ontologische Sorte und jedes semantische Feature einen gesonderten Klassifikator. Die Ergebnisse dieser Einzelklassifikatoren werden nach folgender Methode kombiniert:

1. Ermittle alle semantischen Klassen, die *kompatibel* mit allen Resultaten der Einzelklassifikatoren sind.
2. Wähle diejenigen unter den in 1) ermittelten Klassen aus, die *minimal* bezüglich der Spezialisierungsrelation auf der Menge der semantischen Klassen sind.
3. Enthält die in 2) ermittelte Menge genau ein Element, dann erkläre dieses zum Resultat, ansonsten verweigere eine Klassifikation.

Der Klassifikator ist somit *schwach* in dem Sinne, dass er nicht in jedem Fall eine Antwort liefert (was im Übrigen auch schon für die Einzelklassifikatoren der Fall ist). Die in Abschnitt 4.3 diskutierten Resultate beziehen sich auf das eben geschilderte Verfahren. Als Verbesserungsmöglichkeiten für künftige Experimente bieten sich folgende Modifikationen an:

- Enthält die in Schritt 2) ermittelte Menge mehr als ein Element, so wähle die speziellste semantische Klasse, die allgemeiner als alle Elemente der Menge ist.
- Wird in Schritt 1) keine kompatible Klasse gefunden, so ignoriere (sukzessive) die Resultate der am wenigsten zuverlässigen Einzelklassifikatoren bis sich eine kompatible Klasse findet; dann verfahre weiter wie in Schritt 2).

4. Evaluation

Zum Zwecke der Evaluation wurde eine Gesamtmenge von 6045 HaGenLex-Substantiven in jeweils 90% Trainingsmenge und 10% Testmenge aufgeteilt. Der *10-fold-cross-validation*-Methode folgend werden in je 10 Durchläufen jeweils 10% der Gesamtmenge zur Evaluation verwendet, so dass insgesamt jedes Wort einmal zur Evaluation herangezogen werden kann. Bei der Auswahl der Substantive wurde auf möglichst geringe Polysemie geachtet. Die Precision (Anzahl richtiger geteilt durch Anzahl erfolgter Klassifikationen) wurde aufgrund der Vereinigung der Testmengen berechnet, obwohl bei den Experimenten eine erheblich größere Zahl von Substantiven als die in den Testmengen vorhandenen klassifiziert wurden. Der Schwellenwert für die Mindestanzahl von Adjektiven, die mit einem Substantiv kookkurrieren müssen, damit dieses klassifiziert wird, wurde in allen Versuchen auf 5 festgesetzt, was in jedem Versuch zur Klassifikation von über 20'000 Substantiven führte. Größere Schwellenwerte erbrachten deutliche Einbußen beim Recall (Anzahl gefundener richtiger geteilt durch Anzahl möglicher richtiger Klassifikationen) bei einer Verbesserung der Gesamt-Precision um maximal 1,8%. Da nur für 4726 der verwendeten Substantive aus HaGenLex mehr als 4 kookkurrierende Adjektive aus dem Korpus extrahiert werden konnten, ist der Gesamtrecall von vornherein auf 78,2% beschränkt.

In Abschnitt 4.1 wird die Klassifikation nach semantischen Features beschrieben, Abschnitt 4.2 widmet sich der Zuordnung der ontologischen Sorten. In Abschnitt 4.3 werden diese Einzelklassifikationen zu den komplexen semantischen Klassen kombiniert.

4.1 Evaluation der einzelnen semantischen Features

Da die semantischen Features mehr oder weniger orthogonal sind in der Hinsicht, dass das Vorhandensein eines bestimmten Features (Eigenschaft +) nur schwach mit dem Vorhanden- oder Nichtvorhandensein (Eigenschaft –) anderer Features korreliert, wurde für jedes der 16 Features ein binärer Klassifikator erstellt.

Abbildung 3 links zeigt die Verteilung in den Trainingsdaten für die einzelnen semantischen Features sowie den Anteil der kleineren Klasse (Bias). Aus Abbildung 3 rechts ist ersichtlich, dass es dem Klassifikator möglich ist, mit hoher Genauigkeit den Substantiven aus der Testmenge die richtigen Features zuzuordnen, falls deren Bias nicht kleiner als 0,05 ist. In den anderen Fällen ergibt

Name	Anzahl	+	-	Bias
method	6004	12	5992	0,0020
instit	6032	39	5993	0,0065
mental	9008	162	8846	0,0180
info	6015	119	5896	0,0198
animal	5995	143	5852	0,0239
geogr	6015	188	5827	0,0313
thconc	6028	518	5510	0,0859
instru	5932	969	4963	0,1634
human	5995	1313	4682	0,2190
legper	6009	1352	4657	0,2250
animate	6010	1505	4505	0,2504
potag	6015	1664	4351	0,2766
artif	5864	2204	3660	0,3759
axial	5892	2260	3632	0,3836
movable	5827	2345	3482	0,4024
spatial	6033	2910	3123	0,4823

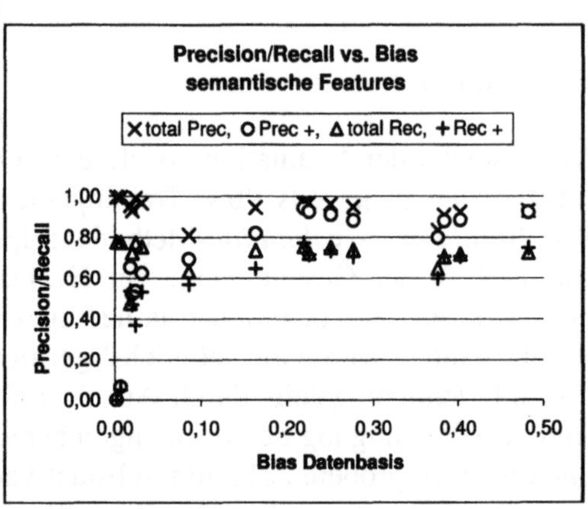

Abbildung 3 links: Verteilung der Features in den Trainingsmengen, rechts: Precision und Recall gesamt und Precision und Recall der +-Eigenschaften in Abhängigkeit des Bias der Trainingsmenge

sich zwar eine hohe Precision für die jeweiligen Features (METHOD, INSTIT, MENTAL, INFO, ANIMAL und GEOGR), diese kommt aber hauptsächlich durch Zuweisen der häufigeren Klasse zustande, die seltene +-Eigenschaft wird nur unzureichend erkannt. Die Gesamtprecision beträgt 93,8% (86,8% für Eigenschaft +), der Gesamtrecall liegt bei 70,7% (69,2% für Eigenschaft +).

4.2 Evaluation der einzelnen ontologischen Sorten

Die ontologischen Sorten sind hierarchisch angeordnet (siehe Abschnitt 2.1) und deshalb nicht als orthogonal anzusehen. Dennoch wurden für jede der 17 Sorten binäre Trainingsmengen erstellt, die diejenigen Wörter enthalten, bei denen die jeweilige Sorte entweder zutrifft (Eigenschaft +) oder nicht (Eigenschaft –). Wörter, bei denen die Sorte unspezifiziert ist, wurden von der Trainingsmenge ausgeschlossen.

Abbildung 4 zeichnet ein ähnliches Bild wie Abbildung 3: Sorten, die in ihrem Bias über 0,1 liegen, können gut bis sehr gut differenziert werden, seltene Sorten führen zu Problemen. Bei den Sorten *ab* und *o* wurde Eigenschaft – zur Betrachtung in Abbildung 4 rechts herangezogen, da bei diesen Sorten Eigenschaft + die kleinere darstellt. Die Gesamtprecision liegt bei 94,1% (89,5% für Eigenschaft +), der Gesamtrecall beträgt 73,6% (69,6% für Eigenschaft +).

4.3 Evaluation der zusammengesetzten semantischen Klassen

Nun wird untersucht, wie gut sich die Einzelklassifikatoren nach der in Ab-

Name	Anzahl	+	-	Bias
re	6033	7	6026	0,0012
mo	6033	8	6025	0,0013
o-	6033	5994	39	0,0065
oa	6045	41	6004	0,0068
me	6045	41	6004	0,0068
qn	6045	41	6004	0,0068
ta	6033	107	5926	0,0177
s	6010	224	5786	0,0373
as	6031	363	5668	0,0602
na	6033	411	5622	0,0681
at	6033	450	5583	0,0746
io	6033	664	5369	0,1101
ad	6031	1481	4550	0,2456
abs	6033	1846	4187	0,3060
d	6010	2663	3347	0,4431
co	6033	2910	3123	0,4823
ab-	6033	3082	2951	0,4891

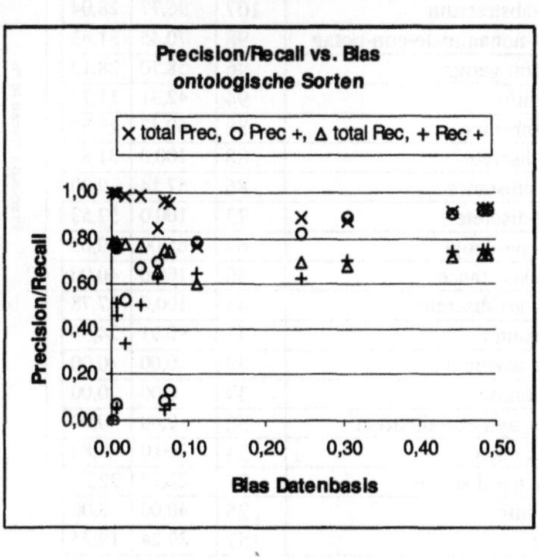

Abbildung 4 links: Verteilung der +/–Eigenschaften in den Trainingsmengen rechts: Precision und Recall gesamt und Precision und Recall der Eigenschaften + in Abhängigkeit des Bias der Trainingsmenge

schnitt 3.2 beschriebenen Methode zu einem Klassifikator für semantische Klassen (im Sinne von Abschnitt 2.1) zusammensetzen lassen. Abbildung 5 präsentiert die Ergebnisse für die 28 semantischen Klassen, die mit einer Mindesthäufigkeit von 25 (≈ 0,41%) in der Trainingsmenge auftreten. Die restlichen Klassen, die insgesamt einen Anteil von 2,6% ausmachen, wurden im Kollektiv ausgewertet (Klasse „Rest").

Bei diesem Versuch fällt auf, dass einige semantische Klassen gut erkannt werden, während andere sich offensichtlich nicht für das Verfahren eignen. Der bei den Einzelklassifikatoren beobachtbare Zusammenhang zwischen der Mächtigkeit der Klassen und der Genauigkeit des Klassifikators kann hier nicht beobachtet werden. Insgesamt jedoch ergibt sich eine erfreuliche Precision von 80,2%; der Gesamtrecall liegt aufgrund des häufigen Verweigerns der Klassifikation (siehe Abschnitt 3.2) bei lediglich 34,2%. Andererseits führt das vorge-

Klasse	**Anz.**	**Prec**	**Rec**
nonment-dyn-abs-situation	1421	89,19	34,27
human-object	1313	96,82	69,54
prot-theor-concept	516	53,71	18,22
nonoper-attribute	411	0,00	0,00
ax-mov-art-discrete	362	55,64	40,88
nonment-stat-abs-situation	226	36,84	6,19
animal-object	143	100,0	26,57
nonmov-art-discrete	133	57,41	23,31
ment-stat-abs-situation	126	51,28	15,87
nonax-mov-art-discrete	108	31,48	15,74
tem-abstractum	107	96,77	28,04
mov-nonanimate-con-potag	98	70,45	31,63
art-con-geogr	96	58,70	28,12
abs-info	94	42,31	11,70
art-substance	88	60,47	29,55
nat-discrete	88	100,0	31,82
nat-substance	86	57,14	9,30
prot-discrete	73	100,0	57,53
nat-con-geogr	63	65,00	20,63
prot-substance	50	100,0	40,00
mov-art-discrete	45	100,0	37,78
meas-unit	41	90,91	24,39
oper-attribute	39	0,00	0,00
Institution	39	0,00	0,00
ment-dyn-abs-situation	36	0,00	0,00
plant-object	34	100,0	8,82
mov-nat-discrete	27	22,22	22,22
con-info	25	40,00	8,00
Rest	157	39,24	19,75

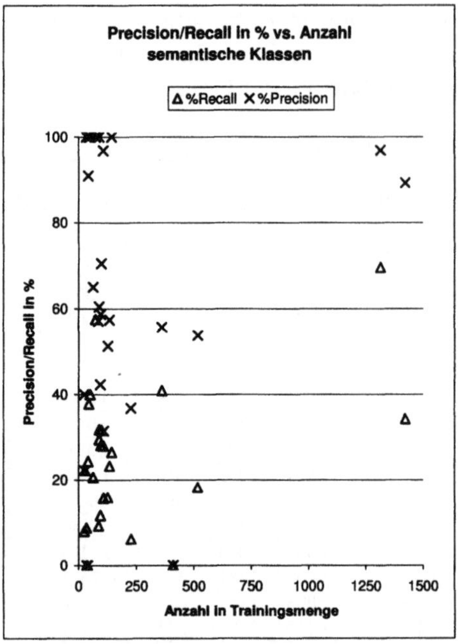

Abbildung 5: Precision und Recall für die komplexen semantischen Klassen mit Mindesthäufigkeit 25 in der Gesamtmenge.

stellte Experiment immerhin zu einer Klassifikation von 6649 unbekannten Substantiven, wodurch der Umfang mehr als verdoppelt wird.

5. Fehleranalyse

In der Tabelle von Abbildung 5 ist auffällig, dass Substantive der relativ großen Klasse *nonoper-attribute* in keinem einzigen Fall korrekt klassifiziert werden. Die Substantive dieser Klasse benennen Attribute wie Aufrichtigkeit, Pünktlichkeit und Eleganz, die *nicht* operational (durch Messung) bestimmbar sind. Das gleiche schlechte Klassifikationsverhalten zeigt übrigens auch die Klasse *oper-attribute* der operational bestimmbaren Attribute (Länge, Gewicht).[2] Die „Nichtlernbarkeit" dieser Klassen könnte zum einen daran liegen, dass Attributsubstantive typischerweise von Adjektiven modifiziert werden, welche eine Graduierung zum Ausdruck bringen (wie *gering* und *groß*), und diese möglicherweise zu unspezifisch sind.[3] Ein anderer Grund für die schlechte Klassifizierbarkeit solcher Substantive mag sein, dass ein erheblicher Anteil der nichtoperationalen Attribute in HaGenLex als semi-automatisch generierte deadjektivische Substantive auf *-heit* und *-keit* enstanden ist. Nicht wenige dieser Substantive, wie *Trockenheit,* sind aber eher als Zustandsbezeichnungen zu verstehen. Für eine genauere Begründung der fehlerhaften Leistung des Klassifikators im Fall von Attributsubstantiven ist eine detaillierte Analyse der zugehörigen Adjektivprofile erforderlich.

6. Ausblick

6.1 Semantische Klassen von Adjektiven

Eine möglicher Ansatz zur Verbesserung des Verfahrens, insbesondere im Hinblick auf das Sparse-Data-Problem, besteht darin, von einzelnen Adjektiven zu abstrahieren und statt dessen semantische Adjektivklassen wie etwa *psychische Eigenschaft* als Merkmale zur Klassifikation zugehöriger Substantive zu verwenden. Die von HaGenLex momentan bereitgestellte sortale Klassifikation von

---

[2] In der Tat weisen bereits die ontologische Sorte *at* (für *attribute*) sowie ihre Untersorten *oa* und *na* dieses Verhalten auf, was die Rekonstruktierbarkeit der betrachteten semantischen Klassen nach dem in Abschnitt 3.2 geschilderten Verfahren unmöglich macht.

[3] Zur Klassifikation von Attributsubstantiven sind nachgestellte Attribute (im grammatischen Sinn) vermutlich besser geeignet als attributive Adjektive. Dies soll durch künftige Experimente verifiziert werden.

Adjektiven ist dafür allerdings zu grob – so werden etwa graduierbare von nicht graduierbaren Qualitäten unterschieden, wobei erstere weiter in meßbare und nicht meßbare Qualitäten aufspalten (*groß* vs. *müde*).[4] Zusätzlich ist in HaGenLex aber vorgesehen, Adjektive mit Information über die Semantik der von ihnen modifizierbaren Substantive zu versehen – wie HUMAN+ für *berufstätig*.

Zur semantischen Charakterisierung von Adjektiven könnte man beispielsweise die in SIMPLE verwendete Klassifikation heranziehen (Peters & Peters 2000). Allerdings stellt sich die Frage, ob Adjektiv-Klassen wie *physical property* im Rahmen von HaGenLex nicht besser dadurch charakterisiert werden, dass diese Eigenschaften notwendigerweise von *physical objects* prädiziert werden – also über die ohnehin angelegte Möglichkeit der semantischen Restriktion modifizierbarer Substantive. Welcher Weg auch bevorzugt wird, er beinhaltet eine aufwändige semantische Annotation von Adjektiven.

Alternativ dazu könnte die Unterordnungsbeziehung von GermaNet (Kunze & Wagner, 2001) zur semantischen Abstraktion eingesetzt werden, wobei jedoch zunächst zu klären ist, ob die Qualität der GermaNet-Hierarchie im Bereich der Adjektive für diese Zwecke ausreicht.

6.2 Behandlung polysemer Substantive

Ein weiterer wichtiger Punkt für die Erweiterung des Ansatzes ist die Behandlung von Polysemie: Hat ein Wort mehrere Lesarten, die sich in mindestens einer Eigenschaft unterscheiden, so wird der hier vorgestellte Ansatz im günstigen Fall die häufigere Lesart zuordnen, im ungünstigen Fall das Wort nicht oder nur unterspezifiziert klassifizieren, da sich die Adjektive für manche Eigenschaften scheinbar widersprechen. Eine Möglichkeit, aus vormals einem Adjektivprofil mehrere zu erhalten, die die verschiedenen Bedeutungen widerspiegeln, wird in (Bordag 2003) für ungetypte (also nicht mit Wortarten versehene) Kookkurrenzen aufgezeigt und kann für die vorliegende Aufgabe folgendermaßen beschrieben werden: Unter der Annahme, dass innerhalb einzelner Sätze nur eine Lesart des Wortes vorkommt und die im Kontext befindlichen Wörter nur selten mit anderen Lesarten des Wortes kookkurrieren, jedoch häufig mit Kontextwörtern derselben Lesart, werden die Adjektivprofile in disjunkte Teilmengen zerlegt, die jeweils eine verschiedene Bedeutung des Substantives modifizieren.

Eine andere Möglichkeit bietet sich über die eigenschaftsspezifischen Adjektive an: In den nach Signifikanzstärke absteigend geordneten Substantivprofilen von eigenschaftsspezifischen Adjektiven finden sich Substantive der entspre-

[4] Die vorgestellten Ergebnisse sollen künftig auch dahingehend genutzt werden, die diesbezüglichen Restriktionen für Adjektive aus Adjektiv-Substantiv-Kookkurrenzen zu extrahieren.

chenden Eigenschaft an hohen Rängen. Werden die Profile mehrerer Adjektive, die für dasselbe Merkmal spezifisch sind, unter Summierung der Signifikanzstärken vereinigt, sollten sich die meisten diese Eigenschaft besitzenden Substantive in der Liste befinden. Kommt nun ein Substantiv mit hohem Rang in den Listen sich widersprechender Eigenschaften vor, sollte dieses dementsprechend mehrere Lesarten besitzen. Erste Versuche bestätigten dieses Bild, eine genauere Evaluation steht noch aus.

Literaturverzeichnis

Biemann, Chr., Bordag, S., Heyer, G., Quasthoff, U. & Wolff, Chr. (2004): Language-independent Methods for Compiling Monolingual Lexical Data. In Proceedings of CiCLING 2004, LNCS 2945 (pp. 215–228). Berlin: Springer.

Bordag, S. (2003): Sentence Co-occurrences as Small-World-Graphs: A solution to Automatic Lexical disambiguation. In Proceedings of CicLING 2003, LNCS 2588 (pp. 329–333). Berlin: Springer.

Dempster, A. P., Laird, N. M. & Rubin, D. B. (1977). Maximum likelihood from incomplete data via the EM algorithm. J. Royal Statist. Soc. 39(B), 1–38.

Harris, Z. (1968): Mathematical structures of language. New York: Wiley Interscience.

Hartrumpf, S., Helbig, H. & Osswald, R. (2003): The Semantically Based Computer Lexicon HaGenLex - Structure and Technological Environment. Traitement automatique des langues, 44(2), 81–105.

Helbig, H. (2001): Die semantische Struktur natürlicher Sprache – Wissensrepräsentation mit MultiNet. Berlin: Springer.

Kunze, C. & Wagner, A. (2001). Anwendungsperspektiven des GermaNet, eines lexikalisch-semantischen Netzes für das Deutsche. In I. Lemberg, B. Schröder & A. Storrer (Eds.), Chancen und Perspektiven computergestützter Lexikographie (pp. 229–246). Tübingen: Niemeyer.

Miller, G. & Charles, W. (1991): Contextual correlates of semantic similarity. Language and Cognitive Processes 6(1), 1–28

Peters, I. & Peters, W. (2000). The Treatment of Adjectives in SIMPLE: Theoretical Observations. In Proceedings of LREC 2000.

Zipf, G. K. (1929). Relative frequency as a determinant of phonetic change. Harvard Studies in Classical Philology, 15, 1–95.

Supporting Mobile Web Search by Ontology-based Categorization

Ernesto William De Luca, Andreas Nürnberger

In this paper, we present an information retrieval system that categorizes documents based on information extracted from a semantic disambiguation process of query terms in documents using an ontology that can be selected by the user. We describe this approach and present an adaptive user interface for mobile devices that is designed in order to help the user during the search process. Furthermore, we discuss the advantages of dividing query results set processing (the information to be presented) from the interface design (information presentation) using web services in order to simplify the development of retrieval systems for, e.g., different desktop as well as mobile devices.

Wir beschreiben ein Information-Retrieval-System, das Dokumente anhand semantischer Informationen kategorisiert, die von einem Disambiguierungsverfahren aus einer Ontologie extrahiert wurden. Wir beschreiben dieses Verfahren und stellen eine adaptive Benutzeroberfläche für mobile Geräte vor, die einen Nutzer während einer Suche unterstützen kann. Ferner diskutieren wir Vorteile der Aufteilung zwischen den zu verarbeitenden Ergebnissen der Suchanfrage (den Informationen, die präsentiert werden sollen) und dem Schnittstellendesign (der Informationsdarstellung) unter Verwendung von Web Services. Hierdurch kann die Entwicklung von Information-Retrieval-Systemen für Desktop Computer sowie für mobile Geräte vereinfacht werden.

1. Introduction

The amount of available information on the Internet has dramatically grown. At the moment, different search, indexing and cataloguing systems are easily accessible from the web, but the user support during retrieval of relevant information (and also the management of it) is still limited. One current problem of information retrieval systems is that it is not really possible to automatically extract meaning from the relevant results of a query in order to support the user in the search process. One main reason for this is that the web was initially designed for direct human use and thus the documents do not provide machine readable semantic annotations.

Meanwhile, the concept of the 'Semantic Web' proposed by Berners-Lee et al. (2001) outlined the idea of using machine-processable semantics assigned to each available information resource and started a new evolution of the World Wide Web. However, given that there are currently only a few web pages that provide semantic annotations and since for most web pages semantic annotation is very improbable, we decided not to rely on semantics provided. The methods proposed in the following use only the already available external resources (in our case ontologies) to assign meaning to (not semantically annotated) documents in relation to a given query. The idea is to disambiguate their content similar to a user who is searching for information. Currently, people have to navigate among a lot of documents to discover this disambiguating information on their own in order to select the relevant documents, because current retrieval systems do not provide such semantic information or relations.

Additional information that allows a user to group or select documents more easily becomes even more important if we consider mobile devices. Because of their limitations, e.g. in display size and performance, mobile devices require software that is able to structure and condense information such that only the most important information, which helps the user to navigate to details easily or to filter irrelevant information, is initially provided. This can be achieved by either filtering document sets or by structuring them hierarchically, e.g. by categorical information automatically assigned to each document. Furthermore, for retrieval purposes, it is especially important that the search context and user interests are considered in order to preprocess retrieved result lists appropriately.

In the system presented in the following, we categorize documents using information obtained from ontologies in order to disambiguate query terms used in the retrieved documents. Thus, the documents are categorized with respect to the meaning of a search term. However, since the categories assigned by a pure ontology-based categorization method are usually deficient, we introduced an additional clustering step that revises the ontology-based classification by considering similarities in-between documents (see Sect. 2). We show that this approach leads to an improved classification performance (Sect. 3).

1.1 The Software Framework

We have integrated the disambiguation methods in our information retrieval system that is designed based on web services. Web services are programs that can easily be called via the Internet, i.e. it is not necessary to install a program or library on the local machine used. This is a standardized way of integrating Web-based applications. Web services can be accessed independently of the operating system or programming language used (Web services homepage, 2004).

The central component of the retrieval system is a meta-search engine. Fig. 1 gives an overview of the system architecture. The search engines (e.g. Google, local searchers) as well as the user interface are connected to the system by Web Services. Using this modular implementation, it is easily possible to extend the system by additional search engines or to integrate different interfaces.

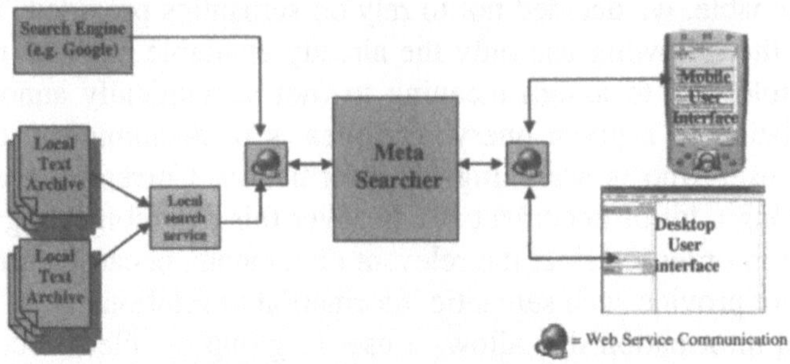

Fig. 1: Overview of the retrieval system

The main idea of the system is to provide additional disambiguating information to the documents of a result set retrieved from a search engine in order to enable the clients to restructure or filter the retrieved document result set. The annotation process can be briefly described as follows:

1. First the user types his query (keywords).
2. The query is forwarded to the connected search services (e.g. Google)
3. Search results are indexed.
4. Search results are classified/annotated.

So far, we have integrated two basic techniques in order to provide disambiguating information: Annotation based on information obtained from the user's bookmarks (*intelligent bookmarks*) and classification based on the different meanings of a query term (*sense folders*). In this paper, we will concentrate on the sense folder approach, which is described in sect. 2. The basic idea of intelligent bookmark annotation is to exploit information about the way a user is ordering, sorting or categorizing his documents in order to categorize so far unseen documents. This approach is described in more detail by Grabski and Nürnberger (2004).

In order to evaluate our approach, we discuss and evaluate the results of a search and present a comparison of our annotation results with that of the manually annotated text corpus in sect. 3.2. Furthermore, we briefly present in sect. 3.1 an implementation of our approach in a retrieval-software that is optimized for use on mobile devices (PDAs). Especially on the limited display sizes of mobile devices, this categorization technique can improve the retrieval performance for a user.

2. Ontology-based Categorization

An ontology is a formal, semantic specification of a conceptualization of a domain of interest. Ontologies are used to identify what 'is' or 'can be' in the world. It is the intention to build a complete world model (for the considered domain) for describing the semantics of information exchange. Especially in the area of artificial intelligence, ontologies are being used in order to facilitate knowledge sharing and reuse (Labrou and Finin, 1999).

In natural language texts, certain terms have different meanings that are not explicitly defined. Humans are able to disambiguate them by its context. However, current machine disambiguating approaches frequently fail due to missing commonsense knowledge or appropriate ontology models (Fensel et al., 2000). However, the use of ontologies can be helpful for disambiguating the context. As a rule, linguistic ontologies are large scale lexical resources that cover most words of a language and have a hierarchical structure based on the relations between concepts. In our approach, we combine a standard vector-space based retrieval system with an annotation method based on an ontology, currently WordNet (WordNet homepage, 2004).

2.1 Disambiguating the Search Results Using Ontologies

The most important problem for disambiguating search hits is to define the contexts that help us to distinguish different meanings. This can be done by use of related words that usually occur (or do not occur) within this context. Such disambiguating relations are intuitively used by humans. However, if we want to automate this process, we have to use resources – such as probabilistic language models or ontologies – that are defining these relations.

The approach we propose in the following exploits the different linguistic relations, which describe the context of the searched word in an ontology, in order to disambiguate the meaning of a user query term. We call this ontology-based annotation method sense folder approach (De Luca and Nürnberger, 2004). Currently, we use linguistic relations from WordNet in order to create prototype vectors that define the sense folders for the different meanings of the query terms (see sect. 2.2). However, the system architecture supports the use of different ontologies that can be dynamically assigned by the user.

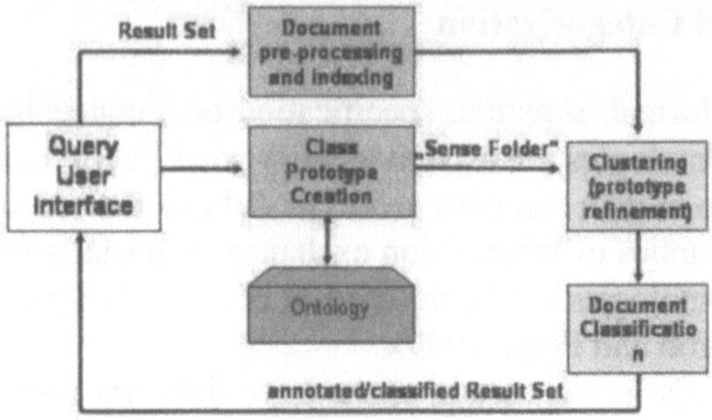

Fig. 2: Overview of the disambiguation process

Fig. 2 gives an overview of the disambiguation process. The process starts after the user submits his query using a client interface. Then for every search term the belonging *Synsets* defining the different meanings of a term and the linguistic relations from the used ontology are extracted (see sect. 2.2). Based on this information, prototypical word vectors are constructed that describe each class (sense folder). Based on this information, for each document the similarity to the sense folder prototypes is computed and the class with the highest similarity to the considered document is assigned.[5] After this, a clustering algorithm is used to revise the classification based on document similarities. The clustering process exploits the fact that usually each subset of documents describing one semantic meaning of this term forms a cluster in document space. Thus, every document is first assigned to its nearest prototype vector derived from the ontology and afterwards, this classification is revised by the clustering process. Labels defining the disambiguating classes are then added to each document of the result set, which is then forwarded to the search client for further processing.

2.2 Using Linguistic Relations from Ontologies to Create Semantic Prototypes

In order to create the prototype word vectors defining the sense folders, we use the hypernymy and hyponymy relations. The hypernymy relation describes the superordinate word of the users query term (words that are more generic than the search word). We extract all hyperonyms until we reach the primitive of the word. It means that we divide one category from another where they intersect. We also decided to use the hyponymy relation, extracting all subordinated words related to the query term. Both relations describe the restricting contexts. We also chose to use the words of the glosses (human readable description of the words) included

---

[5] For each sense folder prototype and document a *tf×idf* vector space representation is used and their similarity is computed using the cosine measure.

in the ontology, because they describe the meaning of each term by words that are frequently used in this specific semantic context.

All the words included in the relations mentioned above are used for creating the vectors that define each search context and thus the different meanings a user query term can have. We call the sets defined by these vector prototypes *sense folders*.

2.3 Problems and Use of Ontologies: Restructuring WordNet Synsets

For the annotation process, we currently use WordNet. However, if we analyze WordNet, it can be recognized that this ontology was not developed for this purpose of use. A redesign of WordNet is needed in order to use it for information retrieval or clustering purposes. One of the most critical problems is the confusion between concepts and instances. There is not a clear differentiation between what is used to describe (concepts) and the instantiation of it (instances). Furthermore, very often, meanings are distinguished that are semantically very close. This makes, on the one hand, the automatic categorization very difficult and, on the other hand, burdens the users with a much too detailed specialization. Therefore, we propose also a simple pruning strategy in order to obtain a reduced set of (more expressive) concepts for the categorization approach. Furthermore, we describe in the following some further problems that have to be solved for a better expressiveness of WordNet. Similar to Gangemi et al. (2001), Guarino and Welty (2004), Labrou and Finin (1999), we discuss briefly the main semantic limitations of WordNet.

Some lexical links of WordNet should be interpreted using formal semantics in order to express 'things in the world'. Labrou and Finin (1999) revise the top level of WordNet (upper or general level) where the criteria of identity and unity are very general, in order to recognize the constraint violations occurring in it. (The concepts of identity and unity are described by Labrou and Finin (1999).) However, we analyze the expressiveness of every Synset in order to better categorize the context for clustering purposes. For this reason, we merge categories belonging to the same domain or that are not much different from another. This decision is given by the need of few unique classes carrier of an expressive meaning for a user as well as for an improved clustering performance.

An example is given in Table 1 for the word 'rule'. If we retrieve 'rule' from WordNet, we get 12 different meanings of this term. Several meanings are assigned to the domain 'Factotum' that could be described as the class 'other domain, generic'. The reason for this assignment is simply the problem that the WordNet authors have to assign a domain to each Synset. If a term can not be categorized (by the author) to a more specific domain, the generic domain 'Factotum' is used. Therefore, if we want to categorize documents with WordNet senses, we have to choose which senses are relevant and which are not, in order to obtain appropriate disambiguation results. However, if we maintain all senses that are labeled with 'Factotum', we have in many cases to distinguish between only slightly different contexts defined by different Synsets. One possibility to derive terms that have a very similar meaning is to analyze their hyponyms or hyperonyms. If there are two senses described in WordNet belonging to the same domain, they often have the same hyponyms or hyperonyms. This frequently causes disambiguation problems that can not be solved if we keep all classes. For this reason, we decided to exclude some irrelevant (for the context disambiguation process) 'Factotum' Synsets.

Wordnet Synset	Restructured Synset
#0 rule ruler (Metrology)	*#1*
#1 convention normal pattern rule formula (Sociology)	*#0*
#2 rule regulation (Factotum – behavior)	
#3 rule formula (Mathematics)	*#1*
#4 principle rule (Factotum – rule, law)	*#2*
#5 principle rule (Factotum – generalization)	*#2*
#6 rule (Factotum – religion)	
#7 rule prescript (Factotum – guide)	
#8 rule (Factotum – game, sport)	*#3*
#9 rule linguistic_rule (Linguistics)	
#10 dominion rule (Factotum – legal authority)	
#11 rule (History Time_Period)	

Table 1: Comparison of WordNet Synsets and restructured Synsets

Another critical point is given by the confusion between concepts and instances resulting in an 'expressivity lack' (Gangemi et al., 2001). For example, if we look for the hyponyms of 'mountain' in WordNet, we will find the 'Olympus mount' as a subsumed concept of the word treated as 'volcano' and not as instance of it. Thus, we do not have a clear differentiation between what we use to describe classes (concepts) and their instantiation (instances). We also have the problem that we can not use only concepts or only instances because there is no intended separation between them in WordNet.

If we stay with the 'rule' example, we can see that there are two categories that are labeled with the same words 'principle rule' in the domain 'Factotum'. There are also two other categories that are not really relevant for disambiguating the senses, as for example 'rule linguistic rule' and 'rule regulation' that should be considered as instances of 'rule'. Referring to our discussion above, we excluded the Synsets #2, #9, #11 because they define instances and not concepts. Furthermore, we merged the classes #4 and #5 because they describe almost the same concept as 'principle, rule', and the classes #0 and #3 because they belong both to mathematics. The Synsets #6, #7, #10 are labeled with the 'Factotum' entry and are not very expressive, but too general to be joined. Therefore, we removed them.

The restructuring process was currently done manually in order to solve the problems we encountered working with WordNet. However, we are working on different automatic restructuring methods in order to further improve the disambiguation performance of our approach. Therefore, we study methods in order to automatically analyze the hyponyms and hyperonyms relations of WordNet. Another approach to solve some of the problems discussed above is to use the WordNet domains. These semantic domains define areas of human discussion, such as politics, economy, sports, which exhibit their own terminology and lexical coherence. They can be used in order to describe texts according to general subjects (topics) characterized by a domain specific lexicon. In WordNet, different Synsets belong to the same domain, so that we can merge them using the domain, in order to better summarize a context. A problem of this approach is that also Synsets with different meanings in the same domain are merged.

3. Implementation and Evaluation

In the following, we discuss two implementations of our approach. Furthermore, we briefly present some evaluation results.

3.1 Adapting the User Interface for Mobile Devices

First, we have to discuss why a graphical user interface (GUI) for a mobile device has to be different from the GUI designed for a more typical desktop. A fundamental difference between mobile devices and standard workstations is the user interface: A 'normal' interaction (by using mouse and/or keyboard) for such devices is usually not possible. Furthermore, the screen area is almost always very small and thus data can be viewed, navigated and manipulated usually only in a very cumbersome way if the GUI has not been adapted for this environment. Furthermore, an information retrieval interface that is developed for the meta-search engine discussed above should help to accelerate the search process of a user. Therefore, it is important to design the interface as user friendly as possible for the visualization of the available data and it should support the typical interaction of a user during a search process.

A screenshot of a prototypical search interface for desktop systems is shown in Fig. 3. The interface basically consists of three parts: The query area, the contexts and categories area, and the result list area. The query area is in the upper left side of the interface. Here, the user can enter his query. Every time a user starts another query, a new 'query' directory will be created, thus the user can navigate through them. The bookmark area is placed underneath the query area. It is used for the intelligent bookmark approach that is described by Grabski and Nürnberger (2004). The result list area is situated on the right side. Here, the web search results are presented. For each item its title, its hyperlink and a snippet briefly describing the content of the belonging web page as provided by standard search engines are given. In addition, categories derived by the sense folder annotation methods (see Sect. 2.2) are displayed. For this annotation, additional label information is retrieved from the ontology and displayed to give the user a more detailed description of the content of the annotated document entry. Thus, documents belonging to different semantic categories are labeled with different senses derived from the ontology (see also sect. 2.1 and Berners-Lee et al., 2001).

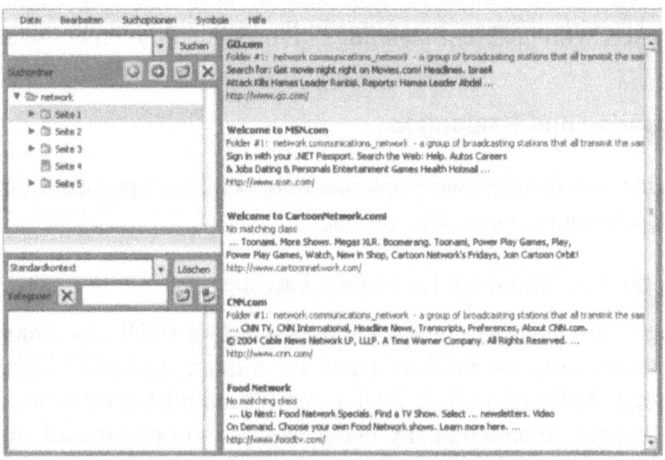

Fig. 3: Graphical user interface for a desktop computer. The information from the sense folder annotation process is provided directly below each title line.

Based on the architecture of the desktop user interface described above, we developed an adapted version for use on mobile devices (PocketPC) considering their specific limitations. In order to maintain the interface division into three parts, which had proven to provide an appropriate user support, we splitted the interface in three different views representing the three different parts of the desktop version. In these views, the respective size of the elements is adapted and faded in as well as faded out if the user changes the view. This gives the feeling that there are three existing windows that are independent from another. The basic three components (views) of the program:

a) Search and presentation of the search results in a tree-form.
b) Results window: Search results are shown.
c) The third component is used for the user specific (private) categories and contexts (bookmarks) (Grabski and Nürnberger, 2004).

The most important restriction in designing the interface was the screen size of 240×320 pixel. Presenting information on such a small screen is very difficult. In addition to this, the interaction within the interface is only possible by using a pen. The user can type the query in the search window (Fig. 4a) using standard PDA text input methods. The system retrieves the documents presenting automatically the results, switching to the results window (Fig. 4b). Once a user gets results, he can choose to see one document, clicking on it with the pen. He can view the next results choosing the 'next arrow' or can start a new search clicking on the search button. Furthermore, access to a bookmark hierarchy is supported in a third window.

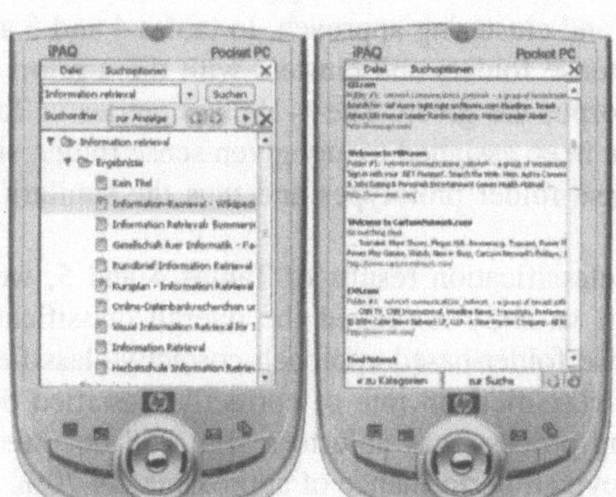

Fig. 4: Mobile User Interface: a) Search window, and b) result list

We implemented the user interface using the Macromedia Standalone-Flash Player plug-in for PocketPCs. Using a standalone player, the tool is portable on different devices that have installed this plug-in. The PDA connects to the web services provided on our web server using an internet connection via Bluetooth or USB-connection (ActiveSync).

3.2 Disambiguation of the BankSearch Benchmark Dataset

For our experimental studies, we chose the pre-classified BankSearch dataset collection (Oltramari et al., 2002) consisting of 10,000 web documents classified into 10 equally-sized categories each containing 1,000 web documents. To each category, one of four distinct themes, namely Banking and Finance, Programming Languages, Science, and Sport, was assigned as shown in Table 3. The dataset is available for download from http://www.pedal.rdg.ac.uk/banksearchdataset/index.htm.

Following the discussion in sect. 2.3, we revised the WordNet Synsets, so that we obtained four semantically diverse sets (for details see De Luca and Nürnberger, 2004). We used these sets for a quantitative study of the proposed disambiguation method. In the following, we consider Synset #0 as correctly classifying documents assigned to the banking theme, Synset #1 for the programming theme, Synset #2 for the science and Synset #3 for the sport theme.

For the evaluation, we selected the subset of documents that contain the word 'rule'. The obtained 369 documents were categorized using the pure sense folder classification approach (without clustering) as described in Sect. 2 and the combined sense folder and clustering approach. In tables 4 and 5 a confusion matrix for the computed sense folders and clusters with the a-priori known themes of the Bank Search corpus are given. The '–1' class entries in Table 4 mark documents that have not been assigned to any given sense folder, since they share no terms with any sense folder prototypes and thus the similarity to all prototype vectors is zero.

Comparing the classification results of Tables 4 and 5, we can see that the clustering approach strongly improved the overall classification performance. While the pure sense folder-based approach correctly classified only 154 documents (which is a classification rate of correctly classified documents of only 42%) the clustering process was able to assign 258 documents to the correct class, which is an overall performance of approximately 70%. The improvement is especially remarkable for the bank theme, were all documents assigned to the bank theme have been merged correctly in a single cluster. However, also the assignment to all other classes was improved: At least 8 documents in the bank meaning of the corpus, 19 in Programming, 27 in Science and 5 in Sports have been reclassified to the correct class after the clustering process.

In Table 6, the classification based on the Sense Folder is compared with the class assignments of the clustering method. The elements in the main diagonal (neglecting the column '–1') represent the documents that have been assigned to the same class by the pure Sense Folder and the clustering approach. The other elements of the matrix show the number of documents that have been reassigned to another class. We can see that the majority of documents (244) stayed in the same class. Thus, the clustering process seems to be reasonably stable. However, we can also see that all 6 documents that could not be assigned to any class by the Sense Folder approach have been assigned to the wrong cluster (see Table 4 for the correct theme assignments).

Dataset Character	*Dataset Category*	*Associated Theme*
A	*Commercial Banks*	*Banking & Finance*
B	*Building Societies*	*Banking & Finance*
C	*Insurance Agencies*	*Banking & Finance*
D	*Java*	*Programming Languages*
E	*C / C++*	*Programming Languages*
F	*Visual Basic*	*Programming Languages*
G	*Astronomy*	*Science*
H	*Biology*	*Science*
I	*Soccer*	*Sport*
J	*Motor Sport*	*Sport*
X	*Sport*	*Sport*

Table 3: BankSearch corpus categories

	Corpus Theme				
Sense Fold.	*Bank*	*Prog*	*Science*	*Sport*	*Total*
-1			*3*	*3*	*6*
0	*21*	*7*	*11*	*27*	*66*
1	*4*	*41*	*19*	*58*	*122*
2	*0*	*19*	*40*	*23*	*82*
3	*4*	*18*	*19*	*52*	*93*
Total	*29*	*85*	*92*	*163*	*369*

Table 4: Confusion matrix of documents assigned to sense folders and themes

	Corpus Theme				
Cluster	*Bank*	*Prog*	*Science*	*Sport*	*Total*
0	*29*	*3*	*8*	*57*	*97*
1	*0*	*60*	*3*	*44*	*107*
2	*0*	*10*	*67*	*5*	*82*
3	*0*	*12*	*14*	*57*	*83*
Total	*29*	*85*	*92*	*163*	*369*

Table 5: Confusion matrix of assignments to clusters and Bank Search themes

	Sense Folder					
Cluster	*-1*	*0*	*1*	*2*	*3*	*Total*
0	*6*	*45*	*20*	*10*	*16*	*97*
1	*0*	*5*	*84*	*12*	*6*	*107*
2	*0*	*7*	*17*	*51*	*7*	*82*
3	*0*	*9*	*1*	*9*	*64*	*83*
Total	*6*	*66*	*122*	*82*	*93*	*369*

Table 6: Re-classification matrix of sense folders and clusters

4 Conclusions

In this paper, we have presented a retrieval system for desktop and mobile devices that uses ontologies and a clustering process in order to provide disambiguating information with respect to the given search terms for the documents of a result set. The system assigns subsets of the search results to disambiguating classes (sense folders) that are defined by the employed ontology. The clustering process is used in order to improve the categorization of the documents compared to the classification using only prototype vectors constructed based on the ontology. So far, the results of our approach are very promising. However, even though we studied the performance using different data sets, a more detailed analysis of the approach using semantically annotated documents is still necessary.

References

Berners-Lee, T., Hendler, J., Lassila, O. (2001): The Semantic Web, Scientific American, May 2001.

De Luca, E. W., Nürnberger, A. (2004): Ontology-Based Semantic Online Classification of Documents: Supporting Users in Searching the Web, In: Proc. of the European Symposium on Intelligent Technologies (EUNITE 2004), Aachen.

De Luca, E. W., Nürnberger, A. (2004): Improving Ontology-Based Sense Folder Classification of Document Collections with Clustering Methods, In: Proc. of the 2nd Int. Workshop on Adaptive: Multimedia Retrieval (AMR 2004), pp. 72–86, Valencia.

Fensel, D., van Harmelen, F., Klein, M., Akkermans, A., et al. (2000): On-To-Knowledge: Ontology-based Tools for Knowledge Management, In: E-business: Key Issues, Applications and Technologies, IOS Press.

Gangemi A., Guarino N., Oltramari A. (2001): Conceptual analysis of lexical taxonomies: the case of WordNet top-level, Formal Ontology in Information Systems archive, Proceedings of the international conference on Formal Ontology in Information Systems – Volume 2001 Ogunquit, Maine, USA, pp. 285–296.

Grabski, K., Nürnberger A. (2004): A Search Interface for Context Based Categorization of Result Sets, In: Proc. of the European Symp. on Intel. Techn. (EUNITE 2004), Aachen.

Guarino, N. and Welty, C. (2004): An Overview of OntoClean in S. Staab and R. Studer (eds.), Handbook on Ontologies, Springer Verlag.

Labrou, Y. and Finin, T. (1999): Yahoo! as an ontology: using Yahoo! categories to describe documents. Proceedings of the eighth international conference on Information and Knowledge Management, Kansas City, Missouri.

Oltramari A., Gangemi A., Guarino N. and Masolo C. (2002): Restructuring WordNet 's Top-Level: The OntoClean approach, The Third International Conference on Language Resources and Evaluation (LREC 2002), Las Palmas, Canary Islands, Spain.

Pianta, E., Bentivoglio, L., Girardi, C., (2002): 'MultiWordNet: Developing an Aligned Multilingual Database'. In Proceedings of the First International Conference on Global WordNet , Mysore, India, pp. 293–302.

Sinka, M.P., Corne, D.W. (2002): A large benchmark dataset for web document clustering, in Abraham, A., Ruiz-del-Solar, J., Koeppen, M. (eds.), Soft Computing Systems: Design, Management and Applications, Volume 87 of Frontiers in Artificial Intelligence and Applications 881–890.

Web services homepage (2004): http://www.w3.org/2002/ws/.

WordNet homepage (2004): http://www.cogsci.princeton.edu/~wn/ ('Five Papers on WordNet').

HyGraph – Ein Framework zur Extraktion, Repräsentation und Analyse webbasierter Hypertextstrukturen

Rüdiger Gleim

Im Hypertextumfeld existiert eine Vielzahl von Verfahren zur Analyse von Hypertexten und -strukturen. Sollen im Rahmen einer Forschungsarbeit verschiedene Methoden kombiniert werden, entsteht jedoch die Problematik, Korpora zu extrahieren, diese für die anvisierten Systeme aufzubereiten und in die meist proprietären Formate zu konvertieren. Das *HyGraph*-System wurde zur Transformation webbasierter Hypertextstrukturen in eine auf der *Graph eXchange Language* basierenden Graphrepräsentation entwickelt. Die repräsentierten Hypertexte können in verschiedenen Sichten bzgl. ihres Inhalts und ihrer Struktur exploriert sowie für die Anbindung an weitere Systeme aufbereitet und exportiert werden. Ziel der Entwicklung von *HyGraph* ist die Minimierung des Overheads, der bei der Arbeit mit Hypertextkorpora entsteht.

The field of hypertext research benefits from a multiplicity of procedures for the analysis of hypertexts and -structures. If different methods are to be combined in the context of a research work, however the problem arises to extract corpora from the web and transform them into the proprietary formats of the intended systems. The *HyGraph* system was designed for the transformation of web-based hypertext structures into a generic graph representation which is based on the *Graph eXchange Language*. The represented hypertexts can be explored in various ways concerning their content and structure. Finally there are functions to set up and export the data into several systems for further processing. The most important goal of the development of *HyGraph* is the minimization of the overhead which emerges along the work with hypertext corpora.

1 Einleitung

Webbasierte Hypertexte sind nicht zuletzt wegen ihrer Vielfältigkeit zu einem interdisziplinären und faszinierenden Forschungsgegenstand geworden. In diesem Kontext wirkt insbesondere auch der stetig wachsende Grad ihrer Verbreitung als ein Katalysator für die Entwicklung neuer Methoden in den Bereichen des Information Retrievals und des maschinellen Lernens. Die Verfügbarkeit sehr umfangreicher Korpora ermöglicht die Entwicklung und Evaluierung von (z.B.) statistischen Methoden in einem Maß wie dies vor wenigen Jahren noch nicht denkbar gewesen ist. Dadurch ist eine Vielzahl von Verfahren implementiert und zugänglich gemacht worden, die wiederum als Ausgangspunkt für weitere Untersuchungen dienen können. Die Erstellung der dazu benötigten Korpora für spezielle Anwendungen ist an sich bereits ein interessantes Forschungsfeld und verschiedentlich untersucht worden (Baroni 2004; Ghani 2003). Bei der Zusammenführung von Eingangsdaten und den für die Weiterverarbeitung geplanten Algorithmen ergibt sich jedoch zugleich die Problemstellung, die unterschiedlichen, meist proprietären Formate miteinander zu verbinden. Es existieren bereits Systeme, wie z.B. *Weka* (Garner 1995) im Bereich des maschinellen Lernens, welche die Implementierung verschiedener Verfahren in sich vereinen und ihren Zugang dadurch deutlich vereinfachen. Die Untersuchungen von Hypertextkorpora bzw. die dafür eingesetzten Methoden sind jedoch so vielfältig, dass sie letztendlich nie von einem einzigen System gekapselt werden können und damit das Problem der Datenkonversion bestehen bleibt.

Das in Java implementierte *HyGraph*-System wurde mit dem Ziel entwickelt, Hypertextkorpora zu erstellen, auf der Basis der *Graph eXchange Language* (*GXL*) (Winter, Kullbach, Riedinger 2002) zu repräsentieren und durch Exportfunktionen für weiterverarbeitende bzw. auswertende Prozesse verfügbar zu machen. Darüber hinaus werden unterschiedliche Sichten auf die Daten ermöglicht, um etwa die intellektuelle Kontrolle der verwendeten Klassifizierungs- und Kategorisierungsverfahren zu unterstützen.

2 Repräsentation

Die für das *HyGraph*-System entwickelte Repräsentation von webbasierten Hypertexten zielt auf die Vereinfachung der Anbindung verschiedener, auf Korpora arbeitender Prozesse. Damit der Ansatz für ein möglichst breites Anwendungsspektrum einen Mehrwert erbringt, werden ausgehend von den extrahierten Webseiten mehrere Abstraktionsebenen beschrieben. Diese bauen konsekutiv aufeinander auf und können die möglichen Repräsentationsanforderungen dadurch differenzierter bedienen, als dies durch eine einzige Sichtweise denkbar wäre.

Webbasierte Hypertexte liegen üblicherweise in *HTML* oder *XHTML* vor. Diesen Repräsentationen kann aufgrund des *Document Object Models* (*DOM*) eine sehr detaillierte Ebene der Strukturierung entnommen werden, auf die alle weiteren Sichten aufbauen können. Bei der Abstraktion von dieser Ebene muss eine Entscheidung über den gewünschten Fokus getroffen werden. In *HyGraph* liegt dieser auf der Verlinkung der einzelnen Konstituenten. Viele der im Netz verfügbaren Webseiten nutzen die Möglichkeit, auf der Basis von Ankern eine seiteninterne Strukturierung aufzubauen, um die Navigation in längeren Texten oder Tabellen zu vereinfachen. Daher wird im ersten Abstraktionsschritt die durch Anker und inzidente Kanten konstituierte interne Webseitenstruktur repräsentiert. Der nächste logische Schritt bezieht die Verlinkung von Ankerknoten mit anderen Webseitenknoten ein, wodurch auf die durch Hyperlinks konstituierte Websitestruktur abstrahiert wird. Dem folgend müsste konsequenterweise in einem abschließenden Schritt die Verlinkung von Websites als abgeschlossene Einheiten untereinander betrachtet werden. Da *HyGraph* den Fokus auf die Betrachtung von Websites legt wird jedoch hier eine Grenze gezogen. Betrachtet man nun dieses Bild ergeben sich mehrere Modellierungsschichten mit zunehmendem Grad der Abstraktion.

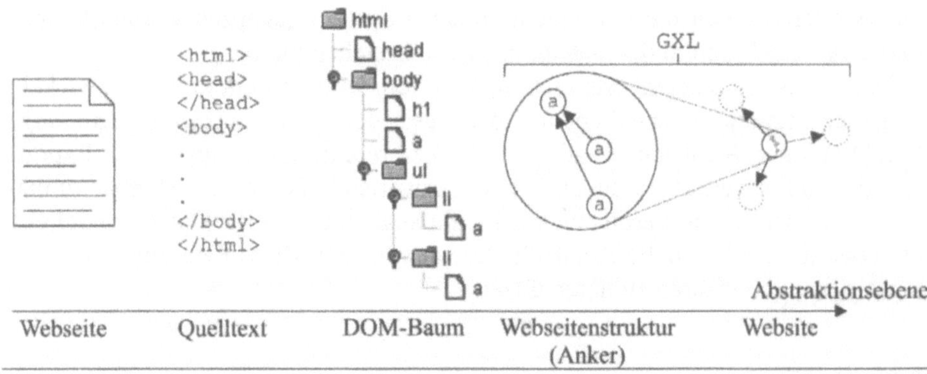

Abbildung 1: Abstraktionsebenen der Repräsentation

Wie kann nun diese hierarchische Abstraktion notiert werden? Die Repräsentation einer Ebene soll möglichst nicht von der darüberliegenden beeinflusst werden. Daher wurde in *HyGraph* auf eine direkte Annotation der markupbasierten Quelltexte verzichtet. Stattdessen wird mit der *Graph eXchange Language* auf eine graphentheoretische Modellierung zurückgegriffen, welche derart komplexe Strukturen darzustellen erlaubt. Die auf *XML* basierende *GXL* wurde als generisches Austauschformat für beliebige Graphen entwickelt. Sie erlaubt insbesondere die Annotation von Graphen, Knoten und Kanten mit Attributen. Darüber hinaus können Knoten selbst wieder Graphen enthalten. Besonders interessant ist schließlich die Möglichkeit, Hyperlinks als Hyperkanten zu repräsentieren. Diese Vorteile sollen anhand der Transformation einer fiktiven Website in die *GXL* exemplarisch dargestellt werden.

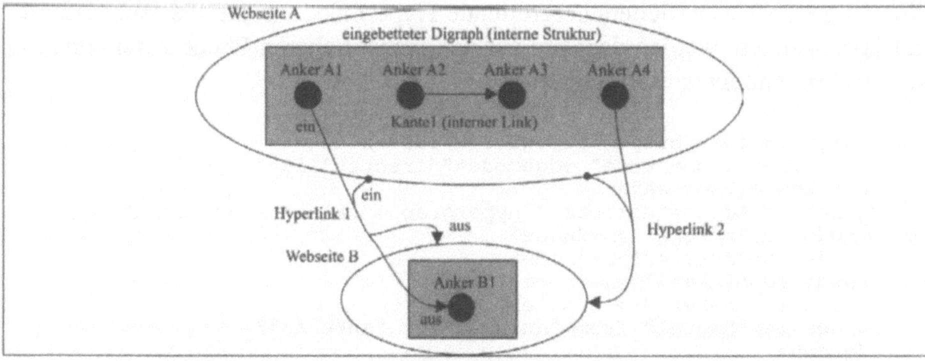

Abbildung 2: Beispiel zur Modellierung einer Website in der GXL

Eine einfache Website bestehe aus zwei Webseiten *A* und *B*. Webseite *A* enthält mehrere Anker (*A1-A4*), die zum Teil untereinander verlinkt sind und damit eine interne Seitenstruktur aufspannen. Die interne Struktur wird als Digraph repräsentiert, welcher die Anker als Knoten sowie die Links als gerichtete Kanten enthält. Im nächsten Abstraktionsschritt liegt der Fokus auf der Verlinkung der Webseiten, die im Beispiel durch zwei Knoten modelliert werden. Diese Webseitenknoten enthalten jeweils einen eingebetteten Graphen, welcher die interne Webseitenstruktur repräsentiert. Die Tatsache, dass im vorliegenden Beispiel zwei Links von der Webseite *A* auf *B* verweisen, könnte nun durch zwei gerichtete Kanten ausgedrückt werden. Dabei geht jedoch die Information verloren, von welchem Anker der Link ausgeht und auf welchen er ggf. verweist. Einfache Kanten im graphentheoretischen Sinne erlauben nur die Verknüpfung zweier Knoten. An diesem Punkt gewinnt die Eigenschaft der *GXL* an Bedeutung, Hyperkanten modellieren zu können, die in der Terminologie der Sprache als Relation bezeichnet werden. Eine Hyperkante kann beliebig viele Knoten miteinander in Beziehung setzen. In der *GXL* wird für jeden Endpunkt notiert, ob er *in die Relation* hinein oder *aus ihr heraus* verweist. Dadurch bleibt die Möglichkeit gewahrt, gerichtete Links darzustellen. In Bezug auf das Beispiel kann nun *Hyperlink 1* derart als eine Relation notiert werden, dass Anker *A1* und Webseite *A* (in die Relation hinein) mit Anker *B1* und Webseite *B* (aus der Relation heraus) in Bezug stehen. Schließlich bietet die *GXL* noch die Möglichkeit, den Endpunkten bestimmte Rollen zuzuweisen. Zur Repräsentation von Hyperlinks sind dies die Start- und Zielwebseite sowie der Start- und Zielanker. Im Beispiel wird bereits anhand von *Hyperlink 2* deutlich, dass der Zielanker optional ist. Das nachfolgende Quelltextfragment fasst die Umsetzung des Beispiels in der *GXL* vereinfacht zusammen. Es soll zudem noch einmal deutlich gemacht werden, dass die interne Webseitenstruktur in den sie repräsentierenden Webseitenknoten gekapselt ist. Seitenübergreifende Hyperlinks, welche die Websitestruktur konstituieren, werden dagegen auf der nächst höheren Ebene zusammen mit den Webseitenknoten repräsentiert.

```
<gxl xmlns:xlink="http://www.w3.org/1999/xlink">
 <graph hypergraph="true" edgemode="directed" id="Graph0">
  <node id="WebseiteA">
   <graph edgemode="directed" hypergraph="false" id="GraphA">
    <node id="AnkerA1">…</node>
    <node id="AnkerA2">…</node>
    <node id="AnkerA3">…</node>
    <node id="AnkerA4">…</node>
    <edge id="Kante1" from="AnkerA2" to "AnkerA3"/>
   </graph>
  </node>
  <node id="WebseiteB">
   <graph edgemode="directed" hypergraph="false" id="GraphB">
    <node id="AnkerB1">…</node>
   </graph>
  </node>
  <rel id="Hyperlink1">
   <relend direction="in" target="WebseiteA" role="sourcepage"/>
   <relend direction="in" target="AnkerA1" role="sourceanchor"/>
   <relend direction="out" target="WebseiteB" role="targetpage"/>
   <relend direction="out" target="AnkerB1" role="targetanchor"/>
  </rel>
  <rel id="Hyperlink2">…</rel>
 </graph>
</gxl>
```

Im Beispiel wurden Eigenschaften wie etwa *URLs* oder Metatags zur besseren Übersicht ausgeblendet, sie werden jedoch als Attribute in der *GXL* notiert. Für umfangreichere Daten, also insbesondere die *HTML*-Quelltexte der Webseiten, hat sich in der Praxis eine externe Repräsentation als effizienter erwiesen. Zudem hält es die Modellierung in *GXL* schlank und wahrt den Fokus auf hierarchische Strukturen. In *HyGraph* wurde dies derart umgesetzt, dass die *GXL*-Repräsentation zusammen mit weiteren Ressourcen wie z.B. den *HTML*-Quelltexten in einer *Zip*-Datei gekapselt wird. Die Knoten werden mit Verweisen auf die ausgelagerten Ressourcen annotiert. Diese konkrete Implementierung wird durch eine Java-Klasse in *HyGraph* gekapselt und ist für Anwender transparent. Eine Datenbankanbindung wäre somit als Alternative denkbar. Die Einbindung der *GXL* in *HyGraph* erfolgt über die Java Bibliothek *GXL Java-API* (Larsen 2005).

3 Transformation

HyGraph bietet die Funktionalität zur Extraktion von Websites aus dem *WWW* und deren Transformation in die *GXL*-Repräsentation. Neben Einzelextraktionen wird auch die automatische Erstellung von Korpora auf Grundlage einer Liste von Start-*URLs* unterstützt. Die Eingrenzung der Extraktion von Webseiten auf eine Website erfolgt auf der Basis wählbarer Heuristiken. Ausgehend von einer spezifizierten Webseite werden alle Links verfolgt und die referenzierten Seiten untersucht. Erfüllen diese ein gewähltes Kriterium, etwa dass sie auf dem gleichen Host oder im gleichen Unterverzeichnis liegen, werden sie ebenfalls extrahiert. Andernfalls werden sie der Website nicht hinzugerechnet. Dieses Verfahren ist allgemein verbreitet und wird oft als *Webcrawling* bezeichnet. In *HyGraph* wird dazu die frei verfügbare Java Bibliothek *HTMLParser* (Oswald et al.) eingesetzt.

HyGraph arbeitet nach dem Prinzip der kaskadierten Transformation. Ausgehend von einem zunächst leeren Graphen werden alle Elemente sukzessive in einen valides *GXL*-Dokument eingefügt. Über die reinen Strukturinformationen hinaus werden die Knoten und Kanten mit verschiedenen Metainformationen der repräsentierten Elemente annotiert. Die *HTML*-Quelltexte der Webseiten werden zusammen mit dem *GXL*-Dokument gespeichert und sind durch eindeutige Marker referenzierbar.

Zum Abschluss einer Extraktion werden die repräsentierten Hyperlinks typisiert. Das dazu verwendete Verfahren ist eine auf der Breitensuche basierende Heuristik zur Berechnung der Kernelstruktur. Als *Kernel-Link* typisierte Kanten werden für die Website als strukturbildend betrachtet. Sie bilden einen Spannbaum der Website bei dem alle Webseiten über Baumpfade von der Startseite aus durch gerichtete Kanten erreichbar sind. Die Berechnung der übrigen Linktypen orientiert sich an dieser Struktur. Es sind dies: *Up-Links*, *Down-Links* und *Across-Links*. Zusätzlich werden noch *External-Links* unterschieden welche auf Webseiten verweisen, die gerade nicht mehr der fokalen Website zugerechnet werden. Die nachfolgende Grafik illustriert die verschiedenen Typen.

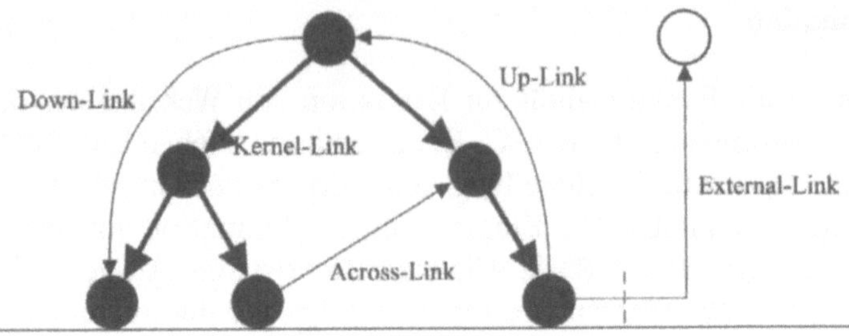

Abbildung 3: Linktypisierung

4 Sichten auf repräsentierte Hypertextstrukturen

Für viele Algorithmen ist eine intellektuelle Kontrolle der berechneten Ergebnisse notwendig, um die Performanz der eingesetzten Verfahren und der Parametersätze beurteilen und optimieren zu können (z.B. bei Klassifizierungs- oder Kategorisierungsaufgaben). In *HyGraph* werden verschiedene Sichten auf die repräsentierten Hypertextstrukturen angeboten.

In der „Dokumentansicht" wird eine Website als ein hierarchisierter Graph zur Navigation der sie konstituierenden Webseiten modelliert. Zu einem gewählten Webseitenknoten werden dann der betreffende *HTML*-Quelltext, die *DOM*-Struktur, die *GXL*-Repräsentation im Quelltext sowie eine *gerenderte* Darstellung angezeigt.

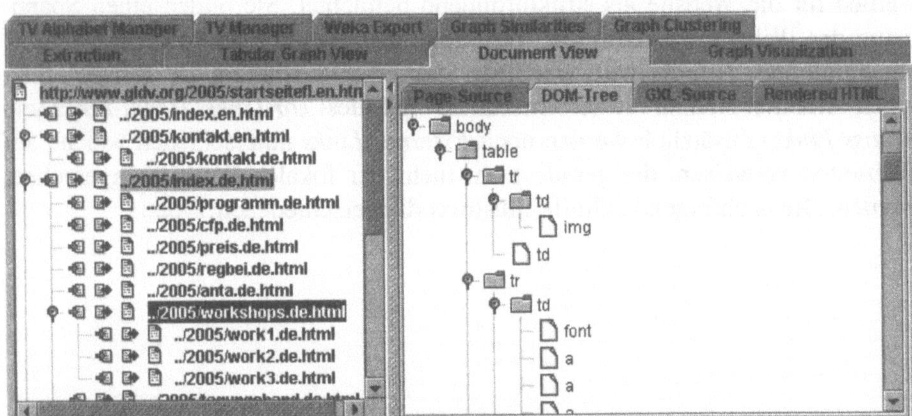

Abbildung 4: Dokumentansicht

Diesen Sichten können alle repräsentierten Informationen entnommen werden. Für große Websites ist es jedoch schwierig sich allein anhand des Navigationsbaums einen Überblick der Sitestruktur zu verschaffen. Daher ist auf der Basis der Open Source Bibliothek *JGraph* (JGraph 2005) eine interaktive Visualisierung implementiert. Die verschiedenen Linktypen sind farblich voneinander abgegrenzt und können wahlweise ausgeblendet werden. Diverse Meta-Informationen der Webseitenknoten sind über Tooltips verfügbar. Schließlich kann über ein Kontextmenü die Dokumentansicht des gewählten Knotens geöffnet werden.

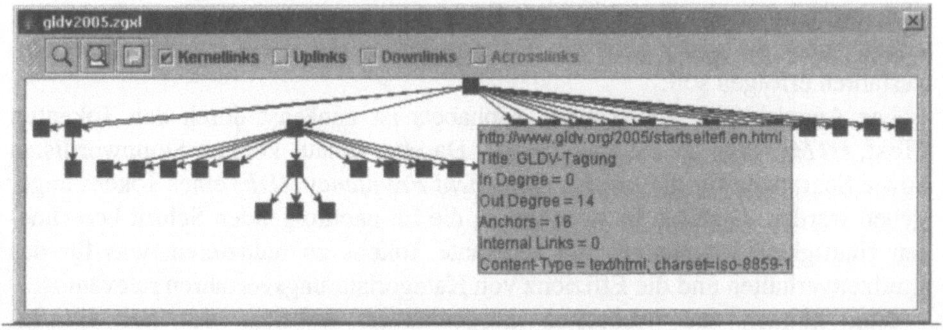

Abbildung 5: Graphvisualisierung

5 Anbindung an Verfahren des maschinellen Lernens

Im Umfeld des maschinellen Lernens existiert eine Reihe von maschinellen Lernverfahren zur Kategorisierung von Texten. Sie basieren zumeist auf der Verteilung der Worthäufigkeiten und müssen zuvor durch überwachtes Lernen trainiert werden. Die Verfahren sind grundsätzlich erfolgreich sowohl für Texte als auch für Hypertextdokumente erprobt worden. Untersuchungen im Hypertextumfeld von Mehler et al. (2004; 2005) zeigen jedoch, dass klassische Lernverfahren wegen des Phänomens der Mehrfachkategorisierung oft nicht direkt auf Webseiten angewendet werden können.

HyGraph ermöglicht die Berechnung von Worthäufigkeiten und den Export an das *Weka*-System welches verschiedene Verfahren des maschinellen Lernens kapselt. Zusätzlich besteht eine Exportmöglichkeit nach *LibSVM* (Hsu, Chang, Lin 2003), welches auf dem Prinzip der *Support Vector Machines* arbeitet. Da bei Hypertexten außer Wörtern noch zusätzliche Elementtypen wie z.B. *HTML-*

Markup vorhanden sind und zur Kategorisierung herangezogen werden können, wird im Folgenden der etablierte Begriff des *Token* verwendet.

Zu Beginn der Berechnung der Worthäufigkeiten steht in *HyGraph* die Auswahl der zu berücksichtigenden Tokens. Diese, im Folgenden als *Tokenalphabet* bezeichnete Liste kann aus natürlichen Wörtern aber auch aus *HTML*-Tags bestehen. Die Tokenselektion wird durch eine frei wählbare Klasse durchgeführt, welche die *HyGraph*-spezifische Schnittstelle *ITokenExtractor* implementiert. Auf der Basis eines *HTML*-Dokuments als Eingabe wird die Liste der daraus extrahierten Token als Ausgabe erwartet. Auf diese Weise ist es möglich ohne Neuübersetzung von *HyGraph* weitere Methoden hinzuzufügen. Das Tokenalphabet wird in der Regel auf der Basis derjenigen Websites bzw. Webseiten erstellt, über die später auch die Kategorisierung durch ein maschinelles Lernverfahren erfolgen soll.

Die Auswahl der Token eines Alphabets ist zunächst durch den Tokentyp (Text, *HTML*-Tags etc.) eingeschränkt. Darüber hinaus können Stoppwortlisten sowie Schranken für die *Inverse Document Frequency* (*IDF*) eines Tokens angegeben werden. Dadurch ist es möglich, die im nachfolgenden Schritt berechneten Häufigkeitsverteilungen auf relevante Tokens zu reduzieren, was für das Laufzeitverhalten und die Effizienz von Kategorisierungsverfahren relevant ist.

Nun können die Webseiten ausgewählter Websites mit der Häufigkeitsverteilung bzgl. derjenigen Token annotiert werden, die im dafür angegebenen Tokenalphabet enthalten sind. Da die Verteilungen je nach Umfang des verwendeten Alphabets sehr groß werden können, werden sie nicht direkt im *GXL*-Dokument gespeichert sondern, wie die *HTML*-Quelltexte, als Ressourcen in einer *Zip*-Datei. Die nachfolgende Grafik fasst den Prozess der Tokenalphabeterstellung und der Berechnung der Häufigkeitsverteilung zusammen.

Auf diesem Weg mit ein oder mehreren Häufigkeitsverteilungen annotierte Webseiten können nun für den Export nach *Weka* oder *LibSVM* ausgewählt werden. Vor dem Export besteht zusätzlich die Möglichkeit, einzelne Webseiten mit Kategorienlabels zu versehen. Diese Funktion kann z.B. für das Training von maschinellen Lernverfahren genutzt werden.

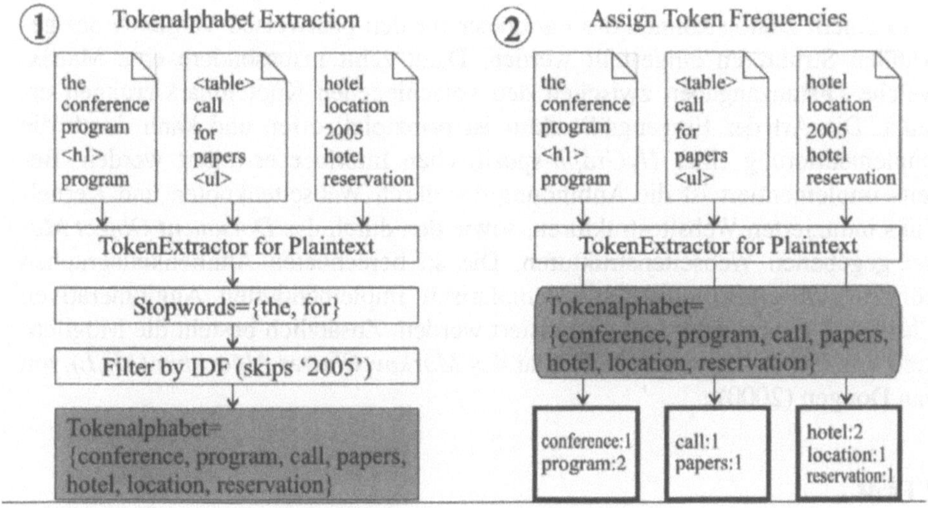

Abbildung 6: Rolle des Tokenalphabets

6 Methoden der Strukturanalyse

Das *HyGraph*-System ist in erster Linie zur Erstellung und Exploration von Hypertextkorpora auf der Basis der *GXL* konzipiert sowie für die Anbindung an weiterverarbeitende Systeme. Mit einem Verfahren von Dehmer et al. (2004) ist jedoch auch exemplarisch ein Algorithmus zur Ähnlichkeitsmessung einer bestimmten Graphklasse (nämlich hierarchisierter, knotenmarkierter und gerichteter Graphstrukturen) eingebunden. Das Verfahren wendet *String-Alignments* auf die von den Knoten induzierten Ein- und Ausgangsgradsequenzen der Graphlevel an. Dazu werden zwei Graphen in formale Knotensequenzen, also eindimensionale Strukturen, abgebildet (Dehmer et al. 2004):

$$S_1 = w_1^{H_1} \circ v_{11}^{H_1} \circ v_{12}^{H_1} \circ \cdots \circ v_{1\max_1}^{H_1} \circ v_{21}^{H_1} \circ v_{22}^{H_1} \circ \cdots \circ v_{2\max_2}^{H_1} \circ \cdots \circ v_{h_1 \max_{h_1}}^{H_1}$$

$$S_2 = w_2^{H_2} \circ v_{11}^{H_2} \circ v_{12}^{H_2} \circ \cdots \circ v_{1\max_1}^{H_2} \circ v_{21}^{H_2} \circ v_{22}^{H_2} \circ \cdots \circ v_{2\max_2}^{H_2} \circ \cdots \circ v_{h_2 \max_{h_2}}^{H_2}$$

Die strukturelle Ähnlichkeit zwischen zwei Graphen der oben erwähnten Graphklasse ist nun gleichbedeutend mit einem optimalen Alignment der Sequenzen S_1 und S_2. Spezielle Funktionen zur Bewertung der Alignments detektieren die Ähnlichkeit der Alignments auf den Levels, womit auf die strukturelle Ähnlichkeit zweier hierarchisierter Graphen geschlossen werden kann.

In einem Dialog können die Parameter für den paarweisen Vergleich der gewählten Strukturen eingestellt werden. Dazu zählt insbesondere eine Matrix, welche Distanzangaben zwischen den verschiedenen Knotenmarkierungen erlaubt. Die Art der Eingangs-Struktur ist prinzipiell offen und kann durch die Implementierung eines *HyGraph*-spezifischen Interface erweitert werden. Bereits implementiert ist die Anbindung der durch Webseitenknoten und Kernellinks induzierten Websitestrukturen, sowie den durch das *Document Object Model* gegebenen Webseitenstrukturen. Die so berechneten Ähnlichkeitsgraphen können mit einem ebenfalls exemplarisch implementierten Agglomerativen Clustering ausgewertet und visualisiert werden. Zusätzlich besteht die Möglichkeits des Exports in das Dateiformat des *Markov Cluster Algorithm* (*MCL*) von van Dongen (2000).

7 Fazit

Das *HyGraph*-System wurde parallel zu laufenden Forschungsarbeiten entwickelt und verschiedentlich eingesetzt (z.B. Mehler, Dehmer, Gleim 2004). Die Notwendigkeit laufender Erweiterungen machte eine Modularisierung der verschiedenen Funktionseinheiten unabdingbar und hat den Frameworkcharakter des aktuellen Entwicklungsstands geprägt. Mit der *GXL* wird eine universell einsetzbare Sprache zur Darstellung von Graphen für die Repräsentation von Hypertextstrukturen adaptiert. Verschiedene Funktionen wie z.B. die Beschränkung des Extraktionsbereichs und die Ermittlung der Strukturen für den Ähnlichkeitsvergleich sowie die Tokenselektion bei der Berechnung der Häufigkeitsverteilung sind Implementierungen definierter Schnittstellen. Dies ermöglicht die Einbindung weiterer Methoden mit allenfalls minimalen Änderungen am bestehenden Quelltext. Die eingebundene *GXL Java API* und der einheitliche systeminterne Zugriff auf repräsentierte Hypertextstrukturen befreien die Entwicklung neuer Verfahren vom Overhead der Datenakquisition und -haltung.

Der Schwerpunkt bei der Konzeption und Entwicklung lag auf der Repräsentation von Websites als spezielle Ausdrucksform einer Hypertextstruktur. Diese Beschränkung erlaubte eine Optimierung für die Anbindung verschiedener Verfahren des maschinellen Lernens und der Strukturanalyse. Damit ist die vorliegende Arbeit als ein Zwischenschritt hin zu einer universeller einsetzbaren Repräsentation von webbasierten Hypertexten zu verstehen. Durch die praktische Anwendung haben sich sowohl pragmatische als auch theoretische Aspekte herauskristallisiert, welche in der weiteren Entwicklung berücksichtigt werden. Die Repräsentation soll sich von der Fokussierung auf Websites lösen bzw. allgemeiner verwendbar sein. Desweiteren wird die Integration einer Projektverwaltung notwendig, um die Organisation der Korpora und der darauf arbeitenden Prozesse zu verbessern. Das Ziel ist schließlich eine allgemein zugängliche Plattform für Forschungsarbeiten die auf Hypertextkorpora basieren.

Literaturverzeichnis

Baroni, M. (2004). BootCaT: Bootstrapping Corpora and Terms from the Web. Proc. of LREC 2004.

Dehmer, M., R. Gleim & A. Mehler (2004). A new Method of Measuring Similarity for a special class of directed Graphs. Tatra Mountains Mathematical Publications, Slovakia, submitted in August 2004.

van Dongen, S. (2000). Graph Clustering by Flow Simulation. PhD thesis, University of Utrecht.

Garner, S. R. (1995). WEKA: The waikato environment for knowledge analysis. Proc. of the New Zealand Computer Science Research Students Conference, 57-64.

Ghani, R. (2003). Mining the Web to Create Minority Language Corpora. Proc. of 10th CIKM, 279-286.

Hsu, C.-W., C.-C. Chang & C.-J. Lin (2003). A practical guide to SVM classification. Technical report, Department of Computer Science and Information Technology, National Taiwan University.

JGraph (2005). The JGraph Visualization Library. Web site: http://www.jgraph.com

Larsen, E. (2005). Graph eXchange Language Java API. Web site: http://gxl.sourceforge.net

Mehler, A., M. Dehmer & R. Gleim (2004). Towards Logical Hypertext Structure. A Graph-Theoretic Perspective. To appear in: Proc. of I2CS'04. Berlin-New York, Springer Verlag, 2004.

Mehler, A. et al. (2005). Zur Automatischen Klassifikation von Webgenres. In diesem Band.

Oswald D., S. Raha, J. Kerievsky et al.. HTMLParser Java Library. Web site: http://htmlparser.sourceforge.net

Winter, A., B. Kullbach B. & V. Riedinger (2002). An Overview of the GXL Graph eXchange Language. In S. Diehl (Hrsg.), Software Visualization. Berlin: Springer, 324-336.

Freges Grundgesetze der Arithmetik: Dokumentbaum und Formelwald[6]

Felicitas Haas, Bernhard Schröder

In unserem Beitrag behandeln wir die texttechnologischen Herausforderungen, die bei der Retrodigitalisierung von Gottlob Freges Grundgesetzen der Arithmetik für eine hypermediale Darstellung mit verschiedenen Sichten auftreten.
Frege verwendet in seinem Werk eine eigentümliche zweidimensionale Formelschreibweise für prädikatenlogische Ausdrücke. Seine Notation hat sich in Logik und Mathematik nicht durchgesetzt und gilt deshalb als schwer lesbar. Um das Werk einem weiteren wissenschaftlichen Publikum zugänglich zu machen, sollen Sichten mit modernisierten Notationsformen angeboten werden. Zu diesem Zweck wurde das Werk digitalisiert und anhand einer spezifischen DTD XML-strukturiert. Eine XML-Kodierung der Formelbäume erlaubt eine automatisierte Überprüfung und Analyse der Fregeschen Beweise (Formelwälder).

In our paper we deal with the texttechnological challenges of the retrodigitalization of Gottlob Frege's Basic Laws of Arithmetic. The purpose of the digitalization is the hypermedia presentation of this work with different views on the data.
Frege uses an idiosyncratic two-dimensional notation for logical formulas in his work. His notation was not taken up by other logicians in its original form and is therefore regarded as hardly readable. Our projects aims at making this work more accessible to the scientific public. We will offer views with modern notations. An XML coding of the formulas according to a special DTD will furthermore allow for an automated checking and analysis of the Fregean proofs.

Einleitung

Gottlob Frege (1848–1925) gilt als Begründer des Logizismus, also der metamathematischen Sicht, dass die Sätze der Mathematik vollständig aus der Logik und für die Mathematik spezifischen Definitionen ableitbar sind. An der Begründung dieser Auffassung arbeitete Frege als Mathematikprofessor in Jena über Jahrzehnte beharrlich. In den Rahmen dieses Programms gehört auch die Entwicklung eines Logikformalismus, der Begriffsschrift, und sprach- und lo-

[6] Die Digitalisierung erfolgt im Rahmen des DFG-geförderten Projektes *Gottlob Freges Grundgesetze der Arithmetik: Transkription und Beweiskontrolle*, das von Prof. Stuhlmann-Laeisz (Philosophie, Universität Bonn) und dem zweiten Autor dieses Beitrags geleitet wird.

gikphilosophische Überlegungen zur Semantik der natürlichen Sprache und seiner Formalsprache. Er legte damit auch wichtige Grundlagen nicht nur im Bereich der mathematischen Logik und der Philosophie der Mathematik, sondern auch im Bereich der Sprachphilosophie und für die formale Semantik natürlicher Sprachen. Entsprechend gibt es ein historisches Interesse an Freges Werk, das aus unterschiedlichen modernen Disziplinen motiviert ist.

Das Hauptwerk des logizistischen Programms Freges sind die zweibändigen *Grundgesetze der Arithmetik* (1893/1903). In diesem Werk fasst er essenzielle Einsichten seiner philosophischen Überlegungen zusammen, führt seine Formelsprache und den darauf aufbauenden Ableitungskalkül ein und leitet in diesem Kalkül grundlegende arithmetische Sätze her. Besonders im zweiten Band diskutiert er zudem andere metamathematische Ansätze. Schließlich setzt er sich in einem Nachwort mit der größten Katastrophe seines Projektes auseinander, dem Hinweis Bertrand Russells auf die Inkonsistenz seines Logikkalküls. Russell zeigte in einem Brief an Frege 1902 auf, dass die nach ihm benannte Antinomie in Freges System herleitbar ist. Frege gelang es zeitlebens nicht mehr, diesen Mangel seines Systems zu beheben.

Die folgende Abbildung 1 zeigt einen Auszug aus Freges zweibändigem Hauptwerk.

Frege entwickelte in seinem Werk *Begriffsschrift* (1879) erstmals eine formalisierte prädiaktenlogische Sprache. Seine eigentümliche Formelschreibweise verwendet er auch in den Grundgesetzen der Arithmetik. Seine Art der Formalisierung mittels einer zweidimensionalen Notation ist sehr komplex (vgl. Abb. 1). Seine Notation hat sich bei Logikern und Mathematikern nicht durchgesetzt. Freges formale Schriften, wie die Grundgesetze, sind deshalb für heutige Interessenten nur schwer zugänglich und werden wenig rezipiert.

Die Struktur einer Formel wird bei Frege primär durch voneinander abzweigende Linien graphisch repräsentiert. Ein kleiner senkrechter Strich symbolisiert beispielsweise die Verneinung, ein zunächst senkrecht nach unten und dann parallel zu einer waagerechten Linie verlaufender Linienzug repräsentiert eine Subjunktion (Wenn-dann-Verknüpfung). Teilformeln können linear notiert sein. Zusätzlich verwendet Frege viele von ihm selbst entwickelte definitorisch eingeführte Sonderzeichen, die sich ebenfalls nicht durchgesetzt haben.

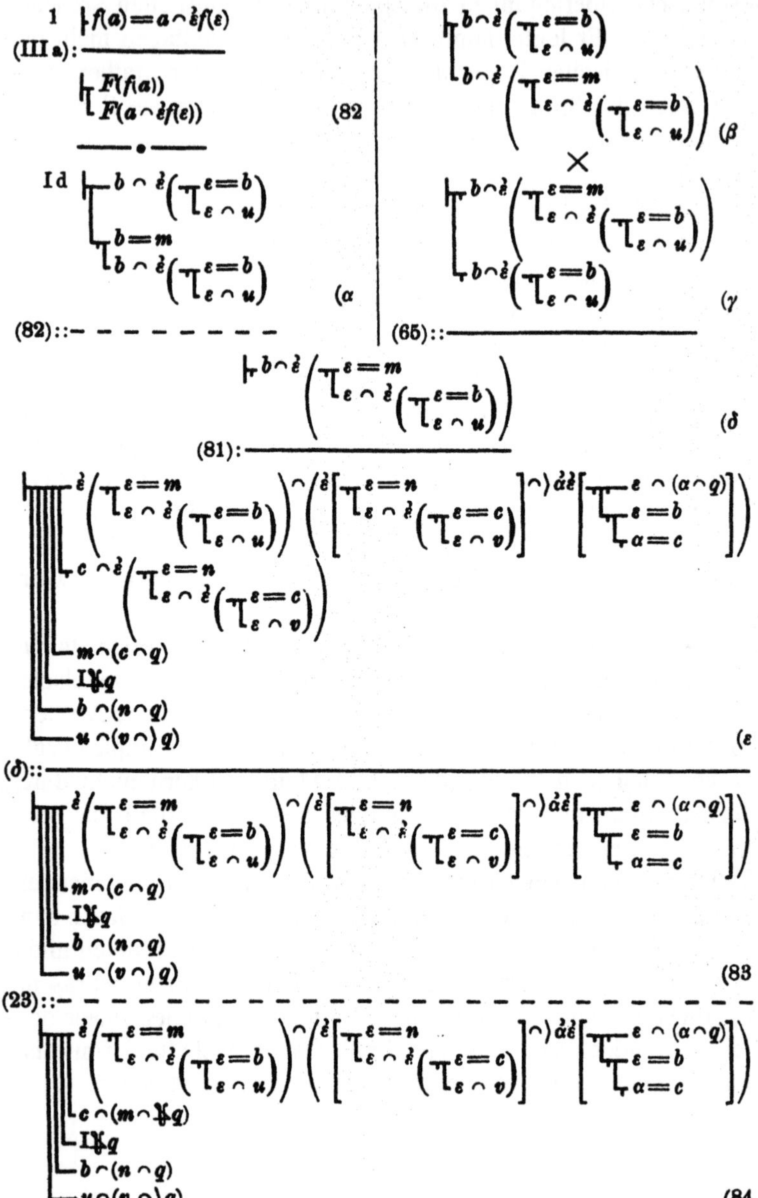

Abb. 1: Auszug aus Gottlob Freges Grundgesetzen der Arithmetik

Digitalisierung

Um das Werk einem breiteren wissenschaftlichen Publikum zugänglich zu machen, sollen Sichten mit modernisierten Notationsformen angeboten werden. Zu diesem Zweck wurde das Werk digitalisiert und anhand einer spezifischen DTD XML-strukturiert.

Der Textanteil konnte durch Einscannen und Erfassung mit einem üblichen OCR-Programm gespeichert werden. Dieser Teil macht aufgrund der Qualität des Textsatzes nur wenige manuelle Korrekturen notwendig und kann daher problemlos digitalisiert werden. Die elektronische Erfassung des Formelanteils ist dagegen viel aufwändiger. Die logische Formelstruktur muss vollständig manuell erfasst und in das gegebene XML-Format übersetzt werden. Automatisierte Verfahren haben sich hier aufgrund der Eigenarten der Fregeschen Notation als nicht geeignet erwiesen.

Den Hauptteil der entwickelten DTD bildet die Definition der in Freges Werk vorkommenden Formeln und Beweise. Da die Fregeschen Theorien auf logische Grundlagen aufbauen, ist die Aufnahme eines Vokabulars mit den wichtigsten logischen Symbolen und Operationen notwendig, z.B. des Negationszeichens, des Allquantors oder des Subjunktionssymbols. Neben diesen auch heute in anderer grafischer und syntaktischer Form geläufigen und verwendeten Zeichen gebraucht Frege auch von ihm selbst definierte Symbole. Auch diese sind in die DTD integriert.

Die generelle Form der DTD soll verschiedene Kriterien erfüllen. Wichtiger Gesichtspunkt ist dabei, dass die Definition der logischen Symbole und Operatoren die Rekonstruierbarkeit der graphischen Gestalt der Fregeschen Begriffsschrift sicherstellen muss. Neben der originalen Notation sollen aber auch verschiedene moderne Notationsformen leicht aus der logischen Struktur ableitbar sein. Daneben ist zu gewährleisten, dass die DTD eine relativ strikte Struktur erhält. Dies soll in erster Linie garantieren, dass die DTD zur Steuerung eines Editors eingesetzt und die Kodierarbeiten auf diese Weise erleichtert werden können. Partiell waren hier Konflikte zu lösen, da sich Formeln auch im Text finden lassen, etwa wenn einzelne Symbole oder Operatoren von Frege erklärend eingeführt werden. In diesen Fällen werden nur Formelteile zitiert, die keine komplette formale Struktur aufweisen. Die strikte Form der DTD muss deshalb teilweise gelockert werden, z.B. durch die Ergänzung von leeren Elementen (s. Abb. 2).

```
<?xml version="1.0" encoding="utf-8"?>
      :
<!-- Parameter Entities -->
<!ENTITY % astrosyms "jupiter|erde|mond">
<!ENTITY % miscsyms "(%astrosyms;|face-2|back-2|face-3|face-B|back-B|back-C)">
<!ENTITY % fregesyms "werthverlauf|alt-werthverlauf|backslash|anzahl|anzahl-0|anzahl-1|
                bow|i-op|beak|umkehrung|f-ent|bowaccent|lineaccent|tray|endlos|
                lineupbow|crocked7|linedownbow|semicolon|ulambda|schwalenis|
                revclenis|upbowline|star|moeter|posalclass|turned-F|crossed-l|posclass|
                skriptJ|arrow|uparrow|allclass|turned-B|downbow|%miscsyms;">
<!ENTITY % formcont "(ifthen|negation|truth|brackets|equation|allquant|quant|quant2|
              exquant|wert|funcarg|atomic|genex|plus|minus|plus-minus|power|greater-than|
              greater-equal-than|less-than|less-equal-than|multiply|abrmultiply|empty|
              %fregesyms;|indexed|fraction|lim|infinite|root|neg|division|progression|dots|
              sum|circle|congruence|formcorr)">
<!ENTITY % operation "(%formcont;,%formcont;)">
<!ENTITY % quantlike "(boundvar,%formcont;)">
      :
<!ELEMENT brackets (%formcont;)>
<!ATTLIST brackets type (normal|square|curly) "normal">
<!ELEMENT ifthen (antecedent,consequent)>
<!ELEMENT antecedent (%formcont;)>
<!ELEMENT consequent (%formcont;)>
<!ELEMENT negation (%formcont;)>
<!ELEMENT truth (%formcont;)>
<!ELEMENT funcarg (functor,argument+)>
      :
<!ELEMENT allquant (%quantlike;)>
<!ELEMENT boundvar (#PCDATA)>
<!ELEMENT atomic (#PCDATA)>
<!ELEMENT empty EMPTY><!-- Kann anstelle von Formelcontent gesetzt werden -->
      :
```

Abb. 2: Ausschnitt aus der DTD

Mit Hilfe des leeren Elements <empty/>, das Formelbestandteile vertritt, ist es möglich, das Negationszeichen sowohl in seiner Standardform, d.h. als einstelligen Operator mit zwingend einem Operanden, als auch innerhalb des Textes mit leerem Argument einzusetzen. Abb. 3 zeigt ein Beispiel, in dem beide Verwendungsweisen des Negationsoperators illustriert sind.

Wir sehen darum ‚┬' als zusammengesetzt an aus dem kleinen senkrechten Striche,

...

Den Uebergang von ‚┬(— Δ)' oder von

...

```
Wir sehen darum
<iformula quoted="single">
   <negation>
      <empty/>
   </negation>
</iformula>
als zusammengesetzt an aus dem kleinen senkrechten Striche,
         ⋮
Den Uebergang von
<iformula quoted="single">
   <negation>
      <brackets>
         <truth>
            <atomic>&Delta;</atomic>
         </truth>
      </brackets>
   </negation>
</iformula>
oder von
         ⋮
```

Abb. 3: XML-Kodierung eines Textabschnitts mit Formelelementen. Die Negation kommt hier als Operator ohne Operand (Einsatz des <empty/>-Elements) und mit Operand vor.

Verschiedene Notationen

Besonderes Augenmerk gilt der Kodierung der Formeln, die es ermöglicht, sowohl die originale Notation wiederherzustellen als auch unterschiedliche moderne, darunter notationell vereinfachte Varianten abzuleiten (s. Abb. 4 u. 5).

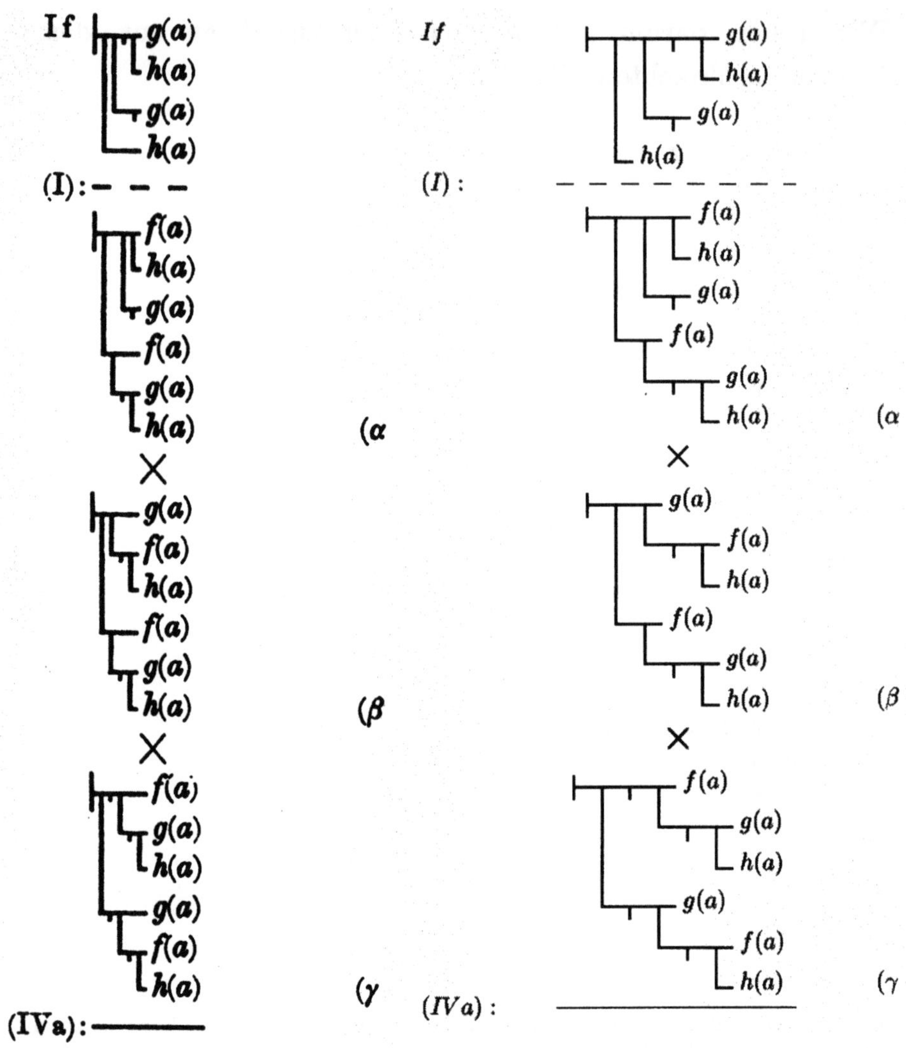

Abb. 4: Scan eines prädikatenlogischen Ausdrucks aus der Originalfassung von Frege (links) und elektronische Fassung in originaler Notation, hergestellt mit Josh Parsons' LaTeX-Style begriff.sty (rechts)

$$\text{If} \quad \vdash h(a) \rightarrow (\neg\ g(a) \rightarrow \neg\ (h(a) \rightarrow g(a)))$$

$$(I): \quad - - - - - - - - -$$

$$\vdash (\neg\ (h(a) \rightarrow g(a)) \rightarrow f(a)) \rightarrow (\neg\ g(a) \rightarrow (h(a) \rightarrow f(a))) \qquad (\alpha$$

$$\times$$

$$\vdash (\neg\ (h(a) \rightarrow g(a)) \rightarrow f(a)) \rightarrow (\neg\ (h(a) \rightarrow f(a)) \rightarrow g(a)) \qquad (\beta$$

$$\times$$

$$\vdash \neg\ (\neg\ (h(a) \rightarrow f(a)) \rightarrow g(a)) \rightarrow \neg\ (\neg\ (h(a) \rightarrow g(a)) \rightarrow f(a)) \qquad (\gamma$$

$$(IVa): \quad \overline{\qquad\qquad\qquad\qquad}$$

$$\text{If} \quad \vdash h(a) \rightarrow (g(a) \vee h(a) \wedge \neg\ g(a))$$

$$(I): \quad - - - - - - - - -$$

$$\vdash ((h(a) \rightarrow g(a)) \vee f(a)) \rightarrow (g(a) \vee (h(a) \rightarrow f(a))) \qquad (\alpha$$

$$\times$$

$$\vdash ((h(a) \rightarrow g(a)) \vee f(a)) \rightarrow ((h(a) \rightarrow f(a)) \vee g(a)) \qquad (\beta$$

$$\times$$

$$\vdash ((h(a) \rightarrow f(a)) \vee g(a)) \vee h(a) \wedge \neg\ g(a) \wedge \neg\ f(a) \qquad (\gamma$$

$$(IVa): \quad \overline{\qquad\qquad\qquad\qquad}$$

Abb. 5: Prädikatenlogischer Ausdruck (vgl. Abb. 5) in moderner Notationsform (oben) und in einer vereinfachten Notation (unten)

Die elektronische Version des gesamten Werks in originaler Notation dient dabei u.A. dem Vergleich mit dem Original zum Zweck der Korrektur fehlerhaft eingegebener XML-Daten. Die Erstellung von Formeln und Ableitungen in originaler Schreibweise wird zusätzlich auch in einer WWW-Anwendung genutzt, um

Lesern alternativ zur heute geläufigen und modernen Notation auch die originale Formelschreibweise Freges anbieten zu können.

Da die zweidimensionale Notation von Frege als schwer lesbar gilt, kann schon eine moderne lineare Schreibweise den Zugang zu seinem Werk erheblich erleichtern. Eine zusätzlich angebotene Version mit vereinfachter Notation nutzt logische Äquivalenzumformungen, wie z.B. solche aufgrund von Quantoren-Negations-Regeln, und stellt einen weiteren Versuch dar, die Komplexität der Fregeschen Ausdrücke weiter zu reduzieren und eine intuitiv und gut lesbare Sicht herzustellen.

Da Frege aus dem Text heraus auf die Formelgestalt Bezug nimmt, haben Änderungen der Notation auch Auswirkungen auf den umgebenden Text. So kennt Frege z.B. die heute gebräuchlichen Symbole für den Allquantor nicht, sondern repräsentiert ihn mittels einer leicht nach unten ausgehöhlten Linie mit einem darüber stehenden Frakturbuchstaben und bezeichnet dieses Symbol als Höhlung. Infolgedessen gehen die Verweise auf *Höhlungen* aus dem Text heraus bei Vewendung einer modernisierten Formelnotation ins Leere. Dadurch werden bei dieser Sicht auf den Text auch Anpassungen in den nicht-formalen Textteilen nötig.

Publikation

Präsentationen als Drucksatz- und WWW-Fassung und unterschiedliche Sichten bezüglich der Notation schaffen neue Rezeptionsmöglichkeiten für das inhaltlich relevante, aber historisch gewandete Werk von Gottlob Frege. Die digitalisierte Fassung von Freges Grundgesetzen der Arithmetik wird deshalb für verschiedene Publikationen genutzt.

Mittels XSLT wurden die XML-Daten in originaler, moderner sowie vereinfachter Notation in einen Drucksatz im LaTeX-Format transformiert. Die Druckfassung in moderner Notation wird beispielsweise in der geplanten Edition eines Kommentars zu Freges Grundgesetzen als Referenz eingebunden.

Weiterhin ist eine Publikation im WWW in Vorbereitung. Auch hier wird XSLT eingesetzt, um die elektronischen Daten internetgerecht aufzubereiten. Die Präsentation unterstützt die Anzeige aller drei verschiedenen Notationsvarianten. Dabei ist der modernisierte Formelsatz die Standardanzeige; wie im Original zweidimensional notierte Formeln werden als alternativ wählbare Darstellung über Graphiken eingebunden. Navigationsmöglichkeiten durch den Text werden durch die Verlinkung von Text- und Formelbezügen erschlossen. Eine Volltextsuche wird ermöglicht. Schließlich sollen Zwischenschritte in Beweisen mit wählbarer Detailtiefe angezeigt werden können.

Beweisauffaltung

Frege erhebt den Anspruch, die in den Grundgesetzen bewiesenen Sätze in seinem begriffsschriftlichen Kalkül lückenlos abzuleiten. Bis auf einige Druckfehler, die in (Frege 1998 [Nachdruck von 1893 und 1903]) bemerkt sind, und einige weitere, die bei unserer Transkriptionsarbeit auffielen, scheint dieser Anspruch eingelöst. Nichtsdestotrotz sind die Fregeschen Beweise trotz ihrer Explizitheit nur sehr mühsam nachzuvollziehen.

Frege notiert bei jedem Beweisschritt (vgl. Abb. 4) durch verschiedene Arten von Linien oder durch andere Symbole zwischen Sätzen, welche Ableitungsregel er verwendet. Vor die Bezeichnung der Ableitungsregel notiert er eine Referenz auf weitere Prämissen. Diese Prämissen müssen vom Leser aufgesucht werden. Aber auch nach Aufsuche der Prämissen ist der Beweisschritt keineswegs trivial nachzuvollziehen; denn Frege erlaubt sowohl beliebige typkompatible Ersetzungen von Variablen durch begriffsschriftliche Ausdrücke als auch bestimmte Äquivalenzumformungen bei der Verwendung von Formeln, wie z.B. Prämissenvertauschung. In einigen informellen Tests zeigte sich, dass auch erfahrene Logiker zum Nachvollziehen einzelner Beweisschritte Stunden brauchen können und dieser Prozess sehr fehleranfällig ist.

Die Rezeption der Fregeschen Beweise kann dadurch sehr erleichtert werden, dass die von Frege implizit vorgenommenen Variablenersetzungen und Äquivalenzumformungen in Form auffaltbarer Beweise in der elektronischen Version explizit gemacht werden. Die erforderlichen Beweisexplizierungen liefert ein in den Vorarbeiten zu diesem Projekt in Prolog implementierter Beweiser für einzelne begriffsschriftliche Beweisschritte. Die Ergebnisse der Anwendung des Beweisers sollen sukzessive in die Web-Präsentation des Werkes integriert werden.

Ausblick

Die XML-Kodierung der *Grundgesetze der Arithmetik* gestattet die Realisierung besser rezipierbarer Sichten auf das Fregesche Hauptwerk, insbesondere durch das Angebot alternativer Formeldarstellungen und einer Auffaltung der Beweise.

Der in den Vorarbeiten zu diesem Projekt realisierte Beweiser für einzelne Beweisschritte kann zu einem Beweisprüfer für das gesamte Fregesche System ausgebaut werden. In diesem Zuge kann an den XML-kodierten Beweisen Freges überprüft werden, ob und wo sich bei der Abbildung der in den Grundgesetzen referenzierten logisch-mathematischen Entitäten auf eine Typhierarchie

Typschleifen ergeben. Diese Untersuchung wird Hinweise darauf geben, welche Teile des Fregeschen Werks in welcher Form von der Russellschen Antinomie betroffen sind.

Übergang von (If) nach (α) (Par. 89)

Prämisse 1	(If)	$(h(a) \to (\neg g(a) \to \neg(h(a) \to g(a))))$
Prämisse 2	(I)	$a \to a$
Instantiierung von Prämisse 2		$(\neg(h(a) \to g(a)) \to f(a)) \to (\neg(h(a) \to g(a)) \to f(a))$
Prämisse 2 nach Umformung		$\neg(h(a) \to g(a)) \to ((\neg(h(a) \to g(a)) \to f(a)) \to f(a))$
Schluss mit Regel b		$h(a) \to (\neg g(a) \to ((\neg(h(a) \to g(a)) \to f(a)) \to f(a)))$
Schluss nach Umformung	(α)	$((\neg(h(a) \to g(a)) \to f(a)) \to (\neg g(a) \to (h(a) \to f(a))))$

Abb. 6: Explizierung des ersten Beweisschrittes von Abb. 5 durch den Beweiser

Literaturverzeichnis

Gottlob Frege (1998): Grundgesetze der Arithmetik. Begriffsschriftlich abgeleitet von Gottlob Frege. Mit Ergänzungen zum Nachdruck von Christian Thiel. Zweiter Nachdruck der Ausgaben Jena 1893 und 1903. Hildesheim: Olms.

Heck, R.G. (1995): The Development of Arithmetic in Frege's "Grundgesetze der Arithmetik". In: Frege's Philosophy of Mathematics. Edited by William Demopoulos. Cambridge, MA: Harvard University Press. S. 257 – 287.

Stuhlmann-Laeisz, R. (1995): Gottlob Freges ‚Logische Untersuchungen'. Darstellung und Interpretation. (Wissenschaftliche Buchgesellschaft: Werkinterpretation). Darmstadt: Wissenschaftliche Buchgesellschaft.

A personalized multimodal news service

Ulrich Heid, André Blessing, Bettina Säuberlich, Jürgen Sienel,
Horst Rößler, Dieter Kopp

We present ongoing work towards the laboratory prototype of a bimodal (speech/graphics input and output) mobile service for personalized access to news from the internet. The tool combines dialogue management and basic (corpus linguistic) text processing, serving as case study on the use of slim versions of computational linguistic tools and techniques within mobile applications. We describe the underlying requirements and the architecture and functions of the tool components, and we finally discuss application examples.

Wir diskutieren Arbeiten am Prototyp eines mobilen bimodalen Diensts (Speech/Graphik für Ein- und Ausgabe) für die personalisierte Abfrage von Nachrichtentexten aus dem Internet. Hierbei werden Dialogmanagement und corpuslinguistische Texterschließungsverfahren kombiniert; das Werkzeug ist gleichzeitig eine Fallstudie für die Nutzung einfacher computerlinguistischer Verfahren und Werkzeuge in mobilen Anwendungen. Wir beschreiben die Anforderungen an einen solchen Service, die Architektur des Systems und die Funktion seiner Komponenten, und wir diskutieren Anwendungsbeispiele.

1. The Task

We present work on a mobile news service which combines personalized news selection with a flexible bimodal speech/graphics interface. The service can be operated on a PDA as well as on a PC or, if necessary, via the telephone. The tool is meant to provide quick and efficient access to online news, by topics, or on the basis of personal interest profiles.

We use this scenario as a background for a study of dialogue system architectures and of the integration of simple tools for text analysis with dialogue processing.

1.1 Usage Scenario

A typical usage scenario for the news service is one where a user has to keep oneself updated on events related with a specific topic, or a company, a person, a law, etc., including the way in which the press write about these events. This user will want to regularly browse internet sites of one or more news providers, to understand whether and what is being written about the topic of his interest. He may want to do this not only on his desk computer, but also while being outside the office: in public transport, while waiting for a client at their place, in the evening at home, etc.

What is needed for that purpose is mobile and personalized selective access to news items, by means of an efficient and user-friendly, possibly context-aware interface. A part of a typical dialogue could look as follows:

```
(a) User:      "News by profiles."
(b) System:    "There are three different profiles:
               (1) Cars: Detroit Motor Show
               (2) Basketball
               (3) Information Technology
(c) User:      "Profile 1"
(d) System:    "Two new articles:
               (1) BMW to construct van
               (2) Hybrid technology at Toyota
(e) User:      "Read 1"
(f) System:    "reads and displays title and first paragraph"
(g) User:      "Stop"
(h) User:      "Read 2"
(i) System:    "reads and displays title and first paragraph"
(j) User:      "More"
(k) System:    "reads and displays title and second paragraph"
(l) User:      "Stop"
(m) User:      "Sports"
(n) System:    "Three new articles: ..."
```

In the example, the user has already defined three interest profiles, and he wishes to see the articles corresponding to the first one which have been posted on the news provider's website since the user last checked this site (cf. (a)–(d)). The user wants the header and the first paragraph of the first article to be presented (displayed, read, or both, cf. (e)), but does not want to get the remainder presented (cf. (g)), perhaps because the respective facts are already known to him; instead he moves to the second article (cf. (h)) and wants two paragraphs to be presented (cf. (j)). After this, he decides to switch from the profile-based article retrieval to a topic-wise mode (cf. (m)): here, the use of speech provides a major shortcut with respect to any graphics-based system: by saying "sports", the user makes the tool move to one of the news topics provided by default.

1.2 A generic Domain and Task Model

At an abstract level, access to textual information as intended with the tool can be viewed as a browsing and a search task. The objects to be browsed and/or searched are texts, which have a certain structure (header, paragraphs), which possibly include links, pictures or even videos, and which have been grouped by the news provider into broad topical categories, such as politics, sports, economy, entertainment, etc. Browsing then involves navigation through the topics and, for each article, sequential presentation (including repetitions and partial presentation) of its text components.

Search, on the contrary, is an instance of full text search and proceeds from the user's interests: he defines an interest profile in terms of key words or key phrases, and new articles are classified and ranked in terms of the presence (and quantitative coverage) of these key items.

There are a few additional functions of the tool which we will specify along with the user interface requirements (section 1.3.1), the search tool requirements (section 1.3.2) and the technical requirements (section 1.3.3) which we set ourselves from the point of view of research on dialogue management, text analysis, and their combination.

Section 2 is devoted to the architecture of the dialogue system (section 2.2) and of the text selection component (section 2.3), as well as to the improvement of speech synthesis output by means of a simplified phrase break model (section 2.4). We finally (section 3) discuss application examples.

1.3 Requirements

1.3.1 User interface requirements

The tool is bimodal: speech and graphics are used for input and output. Both modalities can be used redundantly, in the sense of cooperative bimodality (cf. Hutter et al. 2004), but also independently. On a PC or PDA, the user may himself determine the relative proportions of speech and graphics. There may be situations (e.g. when the tool is used in public or in a noisy environment) or kinds of contents (e.g. sensitive data), where the use of speech is not adequate. The prototype thus provides different "levels" of speech and graphics use, which can be set interactively and modified at any time. The user may choose between a minimal, a medium and a full presentation, with or without speech. The choice of a given graphics level has an impact on the amount of information provided to the user. At the minimal graphics level, for example, only the titles and openers of each article are shown, with no photographs displayed and the text not displayed in full. This flexibility provides an environment where the interaction of the two modalities may be further studied or context-sensitive behaviour of the tool could be added (e.g. switching to the graphics-only mode in noisy environment).

Moreover, the tool is configurable for user preferences, such as screen colours, font sizes, etc.

1.3.2 Search tool requirements

A major requirement for the news service is personalization. Next to the browsing function, a profile-based search function is needed. Users can interactively define interest profiles, in terms of single words or word combinations (nouns, adjectives, verbs, adverbs). These key words or phrases are used to rank candidate articles in terms of the presence, frequency and significance of the key items. The users may of course edit, copy or remove profiles, and they can in addition use a bookmarking system for articles, as it is known from web browsers. Profile definition is only supported in the graphical mode, for the obvious reason of (non-predictable) lexical variability in the sets of (isolated) key words, which makes the use of automatic speech recognition hard.

1.3.3 General technical requirements

A major aspect of the prototype is the genericity and flexibility of its dialogue system component. Not only is the tool supposed to run both on PCs and PDAs, but also an attempt was made to provide one single dialogue model, one grammar for speech recognition, one set of system output elements, and to ensure device-independence by means of different ways of selecting rendering the system output. Similarly, the different levels of spoken and/or graphical presentation are achieved by means of different renderings of one and the same abstract output specification.

A second important aspect has to do with the linguistic resources used by the system: these have to be either small, compact and efficiently usable on a portable device, or, preferably, accessible via a web service. This latter solution permits the use of high-performance components located outside the system itself. Web service techniques have been tested with a lexicon for part-of-speech tagging and lemmatization, used as part of the search component.

2. Architecture and Component Functions

2.1 Overview

The news service combines a bimodal dialogue system and a full text retrieval engine. From the point of view of the dialogue system, text retrieval and the presentation of the retrieved news texts are applications. The dialogue system itself follows the usual architecture (cf. Bernsen et al. 1998): it is composed of a (commercial) speech recognizer and a (commercial) text-to-speech system, as well as a dialogue manager which integrates the necessary natural language understanding. A detailed description follows below, in section 2.2.

The text retrieval component is again composed of two major building blocks: an HTML extractor and a linguistic processor. The task of the HTML extractor is to (regularly) access one or more websites, and to identify and reformat news data from there. Experiments have been made with data from CNN and from the German news provider "tagesschau.de". Reformatting implies removing inserts and adapting the data to a generic XML template inspired by the conventions of RSS (http://www.w3.org/2001/10/glance/doc/howto). This internal XML format is then stored in a database and used as application data by the dialogue system.

Linguistic processing involves part-of-speech tagging, lemmatization and the insertion of mark-ups at the end of intonation phrases (phrase breaks), for improved prosody.

2.2 Dialogue System

In the course of the project, different versions of the overall architecture for the dialogue system have been used. All have in common the use of commercial speech recognition and TTS components. Dialogue management, however has been realized in different ways. In a first version, Alcatel's MultiModal Browser (cf. Rößler et al. 2001; Sienel et al. 2004) has been used. Similar to VoiceXML, it provides basic dialogue functions, such as "on-silence" and "on-error"-procedures, as well as interfaces to the speech components.

As the MultiModal Browser is bound to PCs, an architecture supporting device-independent services has to follow more rigidly the principle of thin clients. A simple web browser is thus used in the second approach as a client interface; it is completed by a media client front-end, for the functions of loudspeaker and microphone, in a Voice-over-IP-based setup.

The actual speech recognition and TTS functions are provided by a media server. Dialogue management functions are in this case provided by a separate interaction server (application server) which is not only responsible for steering the media server, but also for the link with application data. In this approach, both, generic dialogue management functions ("on-error", "on-silence") and the specific functions needed for the news service, are part of the interaction server.

The specific dialogue management relies on information states represented as attribute/value-structures, in the spirit of Grosz/Sidner (1986). To enhance the generality of the dialogue manager, it is split into several subcomponents:

- Input Integration: analysis of user input and updating of information states;
- Action Planning: dialogue step rules; definition of system output types;
- Output Management: definition of actual system output, depending on the speech and graphics levels selected; generation of an adequate grammar fragment for the recognition of the user's expected next input;

- Rendering: provision of actual system output, according to user preferences, device capabilities, etc.

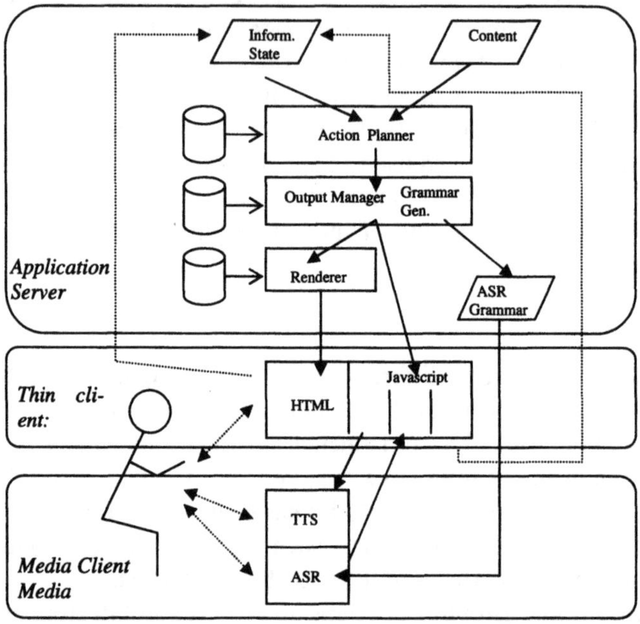

Figure 1: Architecture of the Dialogue System

Figure 1 schematically depicts this architecture at an abstract level, distinguishing components located in the application server, as well as on the user side, in the browser and the media client.

The user interacts with the HTML interface and/or with the speech recognizer and the TTS (dotted double arrows). The browser not only contains HTML pages (for the display of interaction and application data), but also controllers for the ASR and TTS components and for the basic dialogue processing tasks (as in VoiceXML: sequencing of interaction steps, "on-silence" behaviour, etc.). Both browser components contribute to the updates of the information states (dotted arrows).

The updated information states as well as the relevant content data (provided by the news extractor) are an input to the action planner, which makes use of a set of dialogue step rules and of a (phrasal) lexicon of system utterances (database) to determine system reactions. It could in principle be interfaced with a dialogue history component, but the current application has not yet led to a need for this.

The output of the action planner is a generic type of system reaction, along with application data, if appropriate. The output manager makes use of definitions of the speech and graphics level, to determine a device-independent graphical form of the system utterance and TTS input to be provided to the user. Along with this, its grammar generation component prepares a speech recognition grammar (in a proprietary format, similar to which covers the fragments corresponding to the expected types of user input. The graphical part of the system reactions, possibly along with the news data to be presented are handed on to the rendering component, a set of XSLT style sheets which make use of definitions of device capabilities, user preferences, layout conventions, etc. The renderer thus produces the final layout of the graphical display for a given user and a given device.

This step-wise procedure for the preparation of bimodal output, which obviously covers both, system utterance and application data, greatly enhances both, the genericity and the flexibility of the system:

- in line with Denecke's (2002) approach, different (text-based) applications could in principle be realised and quickly exchanged, on the basis of this architecture; examples beyond news could be selective browsing and search in company websites, selective checking of email, etc.
- one single set of resources, as well as one single dialogue management procedure caters for both modalities, and for device-independence. In the medium term, more generality could be achieved, here, by the use of generic dialogue modules (e.g. for list display, for selection of elements from a list, etc.);
- one single dialogue management procedure caters for different speech and graphics levels, user preferences, look-and-feel, etc.

2.3 Profile-based Text Selection

The news search component is based on a slim version of standard corpus technology. Personalised text selection relies on the profiles created by the users, in terms of up to five single (lexeme) words or word combinations. Text downloaded from the internet are lemmatised and broadly tagged for word class (see figure 2, below). Similarly the words from the users' interest profiles are lemmatised and tagged. To find texts matching the interest profiles, the occurrence of the key words and/or of the word combinations (taken literally) are checked in each candidate text and weighted. Note that at lemmatisation time index data are created

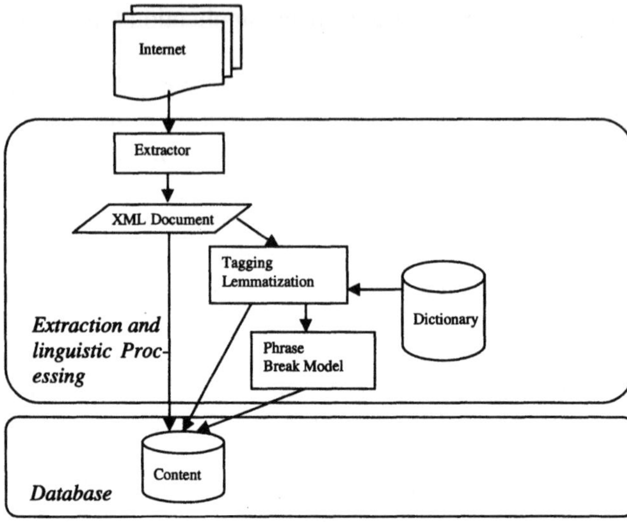

Figure 2: Architecture of Extraction and linguistic Processing

for each new news article, such that the comparison with the user profiles is made more efficient, as only the index data are compared with the profile data.

Experiments with different weighting heuristics are currently going on: obviously, adjacent word combinations tend to be better relevance indicators than single words, and words in headers are more relevant than words in the body of an article. Moreover, the analysis of larger amounts of CNN news items, for example, has led to data about the relative specificity or generality of words (in terms of their appearance in a broad vs. smaller range of texts, from one domain and across domains); very general words are less useful profile items and can be ranked lower. Along with these components, an (automatically generated) lexicon of synonyms and related words can be used to increase recall.

2.4 Improved Speech Output by use of Phrase Break Models

The news service is supposed to read parts of news articles to the user, or even to read such articles in full. To enhance the standard TTS quality, a component was added to the system which improves output prosody by inserting breaks at the end of intonation phrases. This component is a simplified version of Atterer/Klein's (2002) system for determining phrase breaks. It relies on the part-of-speech tagged news article data and on a set of rules determining phrase break candidates in terms of part-of-speech sequences. This phrase break model (PBM) makes use of the same tagging and lemmatization procedures and lexicon as the text selection component. The rules for identifying candidate positions for phrase breaks can even be defined sufficiently well on the basis of broad classes of parts of speech, at least for English, where the distinction between lexical words and grammatical (= function) words is crucial for this task. A second subcomponent is used to balance phrase break candidates across a sentence, to avoid having too many phrase breaks in one sentence. Currently, only the lexical resource used by the pos-tagger and the phrase break model is implemented as a web service. But obviously also the extractor used to get data from the internet and the linguistic pre-processing components (tagger/lemmatizer and phrase break model) could be realized as web service.

3. Using the News Service

In this section, we discuss a few aspects of the practical use of the system. We first show a sequence of dialogue steps and then discuss a few examples from profile-based search for news articles.

3.1 Dialogue

The user interfaces show a constant layout throughout all steps of the dialogue. The PC version comprises a series of graphical control panels (cf. figure 3, topmost part, horizontal), a map of the main functions of the system which allows the user to check the current state of the dialogue (left part, vertical), as well as an area where the system output is presented graphically.

The control panel comprises two separate sliders for interactively setting the speech and graphics level respectively (right corner), as well as a microphone symbol (to switch on and off the microphone) and a traffic light symbol (to indicate when the user may speak, i.e. when the ASR is ready for input). The latter is needed, because no barge-in facility is yet available.

As the system reads articles by paragraphs (more precisely: one or more paragraphs, where each "package" read has a minimal length (50 words, for example), the user may interact with it at the end of a paragraph, by saying (or pressing a button) "more", "repeat", "all" or "stop".

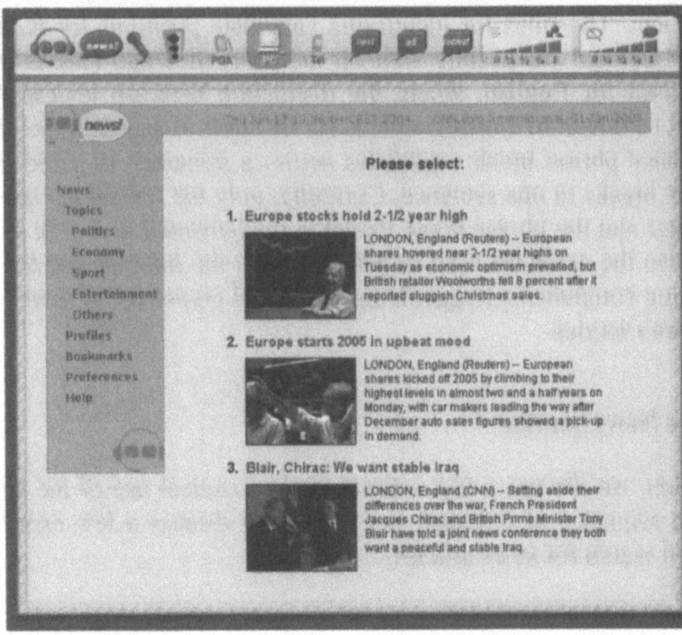

Figure 3: Screenshot from the PC version of the news service

When the user inspects news by profiles, the names he has given to his profiles are listed, along with manipulation options (edit, copy, delete). As new profiles must be created by means of typing in keywords, the respective form comes with the note "to enter your profile, please use your keyboard".

When a topic or a profile has been selected, an overview of the available articles is presented. In full display mode, titles and openers are given, as well as a photograph, if available. With lower graphics levels, the opener and pictures will disappear, respectively (cf. figure 4).

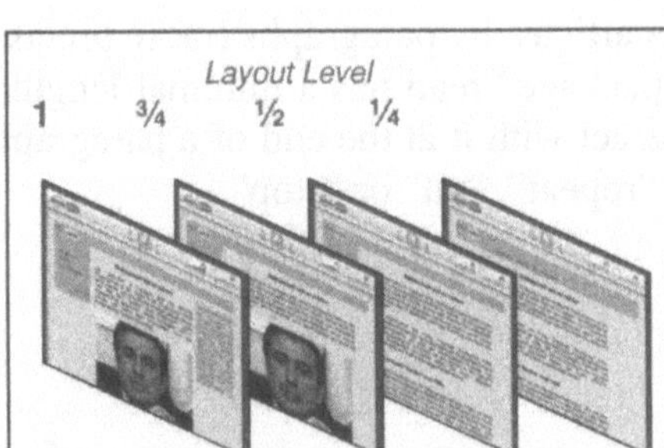

Figure 4: Schematic view of the layout levels used in the news service

3.2 Profile based Text Selection

The ranking procedures for profile based text selection are at the current stage still mainly heuristics. We distinguish between

- adjacent word groups from the profile
- single words from the profile
- single words from an (automatically generated) synonym list.

Examples for the two first types of key items are given in the profiles in (1) and (2), below, along with their results from a news collection of late September 2004; these results are displayed in a version of the internal representation with ranking data. The results should be read by line; each line starts with the (internal) number of the selected article (e.g. BUSINESS_187); this is followed by the title of the article and ranking details: the first digit indicates how many key words have been found in the respective article (e.g. (2/x)), the second is the overall rating of the article within the set of articles analyzed (total number of points obtained, e.g. (2/17)). Thereafter, each keyword is mentioned with the absolute number of its occurrences. When calculating the overall score, words appearing in article titles, in the opener and in the body of the article text receive different weights. A comparative evaluation of different rating procedures is still underway.

```
(1) Search terms:  `oil price', high
BUSINESS_187: ryanair unshaken by oil prices: (2/17) oil price (6), high (5)
BUSINESS_10 : european shares edge higher: (2/15) oil price (1), high (8)
BUSINESS_168: oil prices return to record levels: (2/15) oil price (5), high (5)
BUSINESS_176: oil prices near record levels: (2/14) oil price (5), high (4)
BUSINESS_184: terror alert inflates oil price: (2/12) oil price (3), high (3)

(2) Search terms: `oil prices', level
BUSINESS_176: oil prices near record levels: (2/24) oil prices (10), level (3)
BUSINESS_168: oil prices return to record levels: (2/24) oil prices (10), level (3)
BUSINESS_185: warning as oil prices hit new peak: (2/19) oil prices (6), level (2)
```

4. Conclusion

We presented a bimodal service for the personalized provision of news articles from the internet. The underlying dialogue system architecture is simple but flexible enough to cater for different level of speech and graphical output. It is intended for genericity and for easy adaptation to other domains.

Moreover, the news service can be seen as a case study in the use of slim versions of computational linguistic techniques. This is exemplified by the news retrieval component and by the phrase break model, which both rely on a simple tool for lexicon-based part of speech tagging and lemmatization. The phrase break model still leads to improvements in the assignment of intonation phrases, and thus to better speech output quality, even though the rules it uses are mainly based on the distinction between closed and open word classes.

In the near future, more use of web services should be made for linguistic processing (tagging, phrase breaks). The architecture allows for an easy replacement of the current slim versions by external ones with higher performance. Moreover, the dialogue manager should be made more generic, through the inclusion of generic dialogue modules; again, the architecture should support the replacement quite easily. Both additions together should considerably improve the system performance and the ease of customizing the system.

Acknowledgements

The work reported here is part of the co-operative project "Towards a personalized information system using push-to-talk technology", which is financed by Alcatel in the Framework of its Research Partner Programme. We should like to thank Michaela Atterer for her work on the phrase break model, Florian Niebling for his contributions to the system architecture and Andreas Zehnpfenning for his work on the extractor for internet data.

References

Atterer, Michaela and Klein, Ewan (2002). Integrating linguistic and performance-based constraints for assigning phrase breaks. In Proceedings of COLING, Taipei, Taiwan.

Bernsen, Niels Ole; Dybkjaer, Hans; Dybkjaer, Laila. Designing interactive speech systems: from first idea to user testing, (Berlin, Heidelberg, New York: Springer), 1998.

Denecke, Matthias. Generische Interaktionsmuster fuer aufgabenorientierte Dialogsysteme, Dissertation, 2002, Universitaet Karlsruhe.

Grosz, Barbara and Candy Sidner: Attention, intentions and the structure of discourse, in: Computational Linguistics, 12(3): 175–204, 1986.

Hutter, Hans Peter and Roger Toenz, Michel Mueller, Beat Tscharner: Project GEMUIN: generic multimodal user interface, Proceedings of SCSC-2004, Swiss Computer Science Conference 2004, Bern 2004, http://www.w3.org/2001/10/glance/doc/howto.

Karp, Daniel; Schabes, Yves; Zaidel, Martin and Dania Egedi: A Freely Available Wide Coverage Morphological Analyzer for English in: Proceedings of COLING-92 vol. III, p. 950–955, 1992.

Oviatt, Sharon L.; DeAngeli, A. and K. Kuhn: Integration and synchronization of input modes during multimodal human-computer interaction, in: Proceedings of Conference on Human Factors in Computing Systems CHI `97 (March 22–27, Atlanta, GA). ACM Press, New York, 1997, pp. 415–422.

Rößler, Horst. Multimodal Interaction for Mobile Environments, IPMND Workshop, 2001, Verona.

Sienel, Juergen; Kopp, Dieter and Horst Rößler: Multimodal Interaction for Next Generation Networks, W3C Workshop on Multimodal Interaction, 2004, Sophia Antipolis

W3C Multimodal Interaction Framework, W3C note, 2003, http://www.w3.org/TR/mmi-framework.

Fusion von Annotation und Präprozessierung als Vorschlag zur Behebung des Rohtextproblems

Jürgen Hermes, Christoph Benden

Die Nutzung sprachlicher Ressourcen aus dem WWW oder diversen Archiv-Datenträgern als Korpus für NLP-Anwendungen unterliegt technischen und rechtlichen Beschränkungen (Rohtextproblem). Das von Cunningham & Scott (2004) umrissene SALE-Framework ist Grundlage eines Lösungsvorschlags für die technischen Aspekte des Rohtextproblems in Form eines konsequent konfigurierbaren Präprozessors (SPre). Thematisiert werden unterschiedliche Aspekte der Konfiguration von Prozessketten und deren Komponenten. Die Einbindung von SPre in andere Anwendungen wird anhand zweier konkreter Implementierungen dargestellt.

The usage of linguistic data available on the web as well as various archives and repositories as corpora for NLP applications is subject to technical and legal restrictions (raw text problem). The SALE-Framework outlined by Cunningham & Scott (2004) is taken as the basis for a solution to the technical aspects of the raw text problem for implementing a consistently configurable preprocessor (SPre). Various aspects of the configuration of process chains and their components are discussed. The integration of SPre in other applications is demonstrated by means of two specific implementations.

1. Rohe Texte

Unter einem Rohtext verstehen wir im folgenden einen digitalisiert vorliegenden, zugänglichen Text. „Zugänglich“ bedeutet nicht ausschließlich, dass ein Zugriff über das WWW[7] erfolgen muss; es schließt hier natürlich auch direkten Zugriff auf Rohtexte ein (CD-ROM u.ä.). „Roh“ in diesem Zusammenhang bezieht sich ausschließlich auf formale Merkmale des Textes und impliziert keinerlei inhaltliche Qualifikation. Ein perfektes rohtextverarbeitendes Programm würde dem Anwender einen Zugriff auf Rohtexte in ähnlicher Qualität wie bei der Verwendung manuell erstellter Korpora erlauben. Die Probleme im Zusammenhang mit

---

[7] Im Rahmen linguistischer und NLP-Untersuchungen wird zunehmend das WWW als Korpus entdeckt und genutzt, vgl. *Computational Linguistics 29/3* (September 2003 – Special Issue on the web as corpus).

der Verwendung von Rohtexten als linguistischer Datenbasis werden in den folgenden drei Abschnitten diskutiert.

```
[...]□□□□□□□□□□□□□$□□□□.□□□□□6□□□□□F□□□□□□□□□□□□N□□□□□_□&□□□
LAEN kurz□IDEN T890531.119□QUEL TAZ□NR   2820□SEIT 20□DATU
31.05.1989□ZEIL 10□ART  Agentur□BEM  Hörfunk-Hinweis * in
taz-Berlin: S.18□AUEB Rundfunknachrichten in Frie-
sisch}□BROT Bredstedt/Kiel (dpa) - Im Rahmen der Sendereihe
{Z_Fett Friesisch für alle}□     sendet der Norddeutsche
Rundfunk (NDR) über die "Welle Nord" im 1. □     Hörfunk-
programm jetzt jeden Dienstag um 19.15 Uhr Nachrichten in
friesischer□     Sprache. Die Meldungen werden vom NDR ge-
meinsam mit dem Nordfriesischen□     Institut in Bredstedt
(Kreis Nordfriesland) erstellt.
□□□□□□□□□□□□□□□□□□'□□□□□□□□□□□□□□□□□□□□□□□□□□□$□□□□.□□□□□6□□
□□□F□□□□□□□□□□□□N□□□□□[□+□□□LAEN kurz□IDEN T890531.115□QUEL
TAZ□NR   2820□SEIT 15□DATU 31.05.1989□ZEIL 12□ART  TAZ-
Bericht□AUEB Berichtigung-Betr.: Post aus der Moderne}□BROT
Schlangen, Schwalben, Hühnchen, ein Hurenkind (auf der ers-
ten Seite, nicht□     auf der zweiten!) [...]
```

Abb. 1: Rohtext, hier ausgelesen aus Archiv-CD Rom der taz 1986-1994

1.1 Technische Anforderungen

Die Prozessierung eines Textes wie dem in unserem Beispiel (Abb. 1) besteht

```
<text date="31.05.1989" type="newspaper" source="taz" do-
main="misc"
  language="de">
<paragraph>Rundfunknachrichten in Friesisch</paragraph>
<paragraph>Bredstedt/Kiel (dpa) - Im Rahmen der Sendereihe
Friesisch
  für alle sendet der Norddeutsche Rundfunk (NDR) über die
&quot;Welle
  Nord&quot; im 1. Hörfunkprogramm jetzt jeden Dienstag um
19.15 Uhr
  Nachrichten in friesischer Sprache. Die Meldungen werden
vom NDR
  gemeinsam mit dem Nordfriesischen Institut in Bredstedt
(Kreis
  Nordfriesland) erstellt.</paragraph>
</text>
```

Abb. 2: Konvertierter Rohtext im XML-Format

```
<?xml version="1.0" encoding="UTF-8"?>
<Text>
  <Sententoid>

<Word><Characters>Rundfunknachrichten</Characters></Word>
    <Word><Characters>in</Characters></Word>
    <Word><Characters>Friesisch</Characters></Word>
  </Sententoid>
  <Sententoid>
    <Word><Characters>Bredstedt</Characters></Word>
    <Slash><Characters>/</Characters></Slash>
    <Word><Characters>Kiel</Characters></Word>
    <Bracket><Characters>(</Characters></Bracket>
    <Word><Characters>dpa</Characters></Word>
    <Bracket><Characters>)</Characters></Bracket>
  </Sententoid>
  <Sentence>
    <Word><Characters>Im</Characters></Word>
    <Word><Characters>Rahmen</Characters></Word>
    <Word><Characters>der</Characters></Word>
    <Word><Characters>Sendereihe</Characters></Word>
    <Word><Characters>Friesisch</Characters></Word>
    <Word><Characters>für</Characters></Word>
    <Word><Characters>alle</Characters></Word>
[...]
    <FullStop><Characters>.</Characters></FullStop>
  </Sentence>
[...]
</Text>
```

Abb. 3: Ausschnitt des segmentierten Textes

zumindest aus drei Schritten: Konvertierung, Segmentierung und Annotation.

Ausgehend von einem solchen idiosynkratischen Format muss der eigentliche Text (Content) zunächst von seiner Formatierungsinformation (Form) getrennt werden. Dazu gehört auch die Rückübersetzung von Escape-Sequenzen beispielsweise für Umlaute. Es bietet sich an, den Ursprungstext in ein allgemein definiertes Format, etwa XML (Abb. 2), zu überführen, welches sich leicht mit bereits existierenden Tools oder Programmbibliotheken weiter prozessieren lässt.

Anschließend kann die Segmentierung in linguistisch motivierte Einheiten erfolgen, worunter meist Tokenisierung und Satzgrenzenfestlegung verstanden werden. Auch in Schriftsprachen, die ihre Segmente durch Leerzeichen (Wortgrenzen) oder definierte Zeichen (Satzenden) kennzeichnen, existieren ambige

```
<?xml version="1.0" encoding="UTF-8"?>
<Text>
 <Sententoid>
  <Word pos="SUB"><Characters>Rundfunknachrichten</Characters></Word>
  <Word pos="PRP"><Characters>in</Characters></Word>
  <Word pos="SUB"><Characters>Friesisch</Characters></Word>
 </Sententoid>
 <Sententoid>
  <Word pos="EIG"><Characters>Bredstedt</Characters></Word>
  <Slash><Characters>/</Characters></Slash>
  <Word pos="EIG"><Characters>Kiel</Characters></Word>
  <Bracket><Characters>(</Characters></Bracket>
  <Word pos="SUB"><Characters>dpa</Characters></Word>
  <Bracket> <Characters>)</Characters> </Bracket>
 <Sententoid>
 <Sentence>
  <Word pos="PRP"><Characters>Im</Characters></Word>
  <Word pos="SUB"><Characters>Rahmen</Characters></Word>
  <Word pos="ART"><Characters>der</Characters></Word>
  <Word pos="SUB"><Characters>Sendereihe</Characters></Word>
  <Word pos="SUB"><Characters>Friesisch</Characters></Word>
  <Word pos="PRP"><Characters>für</Characters></Word>
  <Word pos="IND"><Characters>alle</Characters></Word>
 [...]
  <FullStop><Characters>.</Characters></FullStop>
 </Sentence>
 [...]
 </Text>
```

Abb. 4: POS-Annotierter Ausschnitt des segmentierten Textes

Konstruktionen, die Anforderungen hinsichtlich ihrer Behandlung an den Segmentierungsalgorithmus stellen (vgl. Mikheev 2003, Halama 2004). Ein Ausschnitt unseres Beispieltextes könnte nach dem Segmentierungsschritt wie in Abb. 3 dargestellt aussehen.

Für bestimmte Anwendungsszenarien kann zur Rohtextaufbereitung auch die Annotierung der durch die Segmentierung gewonnenen Einheiten zur Verfügung gestellt werden, etwa das Hinzufügen von Wortartklassifikationen (part of speech / POS tags), Satzmoduserkennung oder ähnliches. Streng genommen handelt es sich schon bei der üblichen Klassifizierung der Segmente (Wort, Satz etc.) um Annotation. Abb. 4 zeigt den Ausschnitt unseres Beispieltextes mit POS-Auszeichnungen.

Bisweilen ist es nicht möglich, die beiden zuletzt angeführten Schritte sauber auseinanderzuhalten, da es sich sowohl bei der Segmentierung als auch bei der Annotation um einen inkrementellen Prozess handelt, bei dem kleinere Einheiten eventuell schon annotiert sein müssen, um die Grenzen größerer Einheiten zu ermitteln (man könnte z.B. für seinen Satzgrenzenerkennungsalgorithmus auf POS-Informationen zurückgreifen wollen).

1.2 Repräsentativität und Ausgeglichenheit

Ein Korpus ist repräsentativ bzw. ausgeglichen ('balanced'), wenn es

1. alle wesentlichen Momente der Sprachverwendung in korrekter Proportionalität erfasst und
2. erlaubt, die durch Einsatz des Korpus erzielten Ergebnisse zu generalisieren.

Forderung 1 ist mutmaßlich (vgl. McEnery 1996: 29ff, 77ff; Manning & Schütze 1999:118ff) oder sicherlich (Kilgarriff & Grefenstette 2003, 340ff) unerreichbar, zur Erfüllung der eigentlichen Forderung 2 aber unerlässlich. Während gewöhnlich auf eine möglichst feingranulare Textsortenwahl und deren proportionale Gewichtung hingewiesen wird, führen Kilgarriff & Grefenstette (2003, 342) die gewaltige Quantität als ausgleichenden Faktor an: 'The web is a dirty corpus, but expected usage is much more frequent than what might be considered noise'. Die Generalisierbarkeit über die schiere Menge von Texten ist mit gegenwärtigen Korpusgrößen nicht zu gewährleisten; sie setzt den Einsatz von rohtextverarbeitenden Programmen und damit die Lösung des Rohtextproblems voraus.

1.3 Recht und Konsistenz: Juristische Voraussetzungen der Rohtextverwendung[8]

Rohtexte sind nicht frei hinsichtlich ihres Zugriffs und ihrer Verarbeitung, sie unterliegen in Deutschland automatisch dem Urheberrechtsgesetz (UrhG, Stand 10.9.2003) ohne die Notwendigkeit einer entsprechenden Angabe durch den Autor. Auch wenn das Gesetz selbst den juristischen Laien (hier: uns) schwer zugänglich ist, zeigen die z.B. vom Aktionsbündnis „Urheberrecht für Bildung und Wissenschaft"[9] aufgeworfenen Fragen und gesammelten Forderungen, was dem Gesetz nach z.Zt. nicht oder nur in einer rechtlichen Grauzone durchführbar ist. So ist es nicht rechtssicher möglich, dass „öffentlich geförderte wissenschaftliche Einrichtungen [...] digitale Dokumente für den internen Gebrauch elektronisch

---

[8] Man beachte, dass sich die folgenden Ausführungen auf Texte deutscher Urheber bzw. solche Texte beziehen, die eine „Inländerbehandlung" nach der „Berner Übereinkunft" zulassen (paraphrasiert: der ausländische Text wird so behandelt, als unterläge er dem deutschen Urheberrecht).

[9] http://www.urheberrechtsbuendnis.de.

archivieren dürfen", wobei „digitale Dokumente" sich hier auf Rohtexte jeder Art bezieht. Vollkommen undiskutiert ist die Frage, inwieweit eine 'uneigentliche', indirekte Verwertung von Texten überhaupt einen Sachverhalt des UrhG darstellt, z.B. die NLP-orientierte Auswertung v.a. grammatischer und formaler Eigenschaften von Texten.

Möglicherweise lässt sich aus dem für wissenschaftlichen Belange immer angeführten § 52a UrhG („Öffentliche Zugänglichmachung für Unterricht und Forschung") hinsichtlich Bereitstellung und § 53 UrhG („Vervielfältigungen zum privaten und sonstigen eigenen Gebrauch") hinsichtlich Archivierung eine Berechtigung zur dauerhaften Speicherung und Bereitstellung von Rohtexten ableiten. Allerdings enthält § 53 zwei zusätzliche Pferdefüße: Erstens dürfen die kopierten Rohtexte „weder unmittelbar noch mittelbar Erwerbszwecken dienen", was für zu entwickelnde Technologien, die idealiter mittelfristig industrielle Anwendung finden, schwer zu gewährleisten ist. Zweitens dürfen die Texte nur vervielfältigt werden, „soweit nicht zur Vervielfältigung eine offensichtlich rechtswidrig hergestellte Vorlage verwendet wird", was bei einer semi- bzw. vollautomatischen Rohtexterhebung, v.a. im Kontext des WWW, unüberprüfbar ist.[10]

Ein Fazit scheint uns unter den gegebenen Umständen nicht möglich. Eine umfassende Infrastruktur (Verwertungsgesellschaften) zur Vergütung von Inhalten des WWW existiert bislang nicht, so dass hier auch guter Wille nicht weiterhilft. Für erworbenes Material (z.B. in Form von CD-Rom-Archiven) scheint die wichtigste Frage zu sein, ob rechtmäßiger Gebrauch derselben ausschließlich über die – für NLP-Zwecke gewöhnlich unzureichenden – mitgelieferten Werkzeuge erfolgen darf oder ob rohtextverarbeitende Programme zum Einsatz kommen dürfen (was eine weitere Archivierung im Idealfall überflüssig macht).

Mit der rechtlichen Problematik rund um Vervielfältigung einher geht das Problem der Konsistenz eines rohtextbasierten Korpus. Stammen Teile des Korpus aus dem WWW, so kann aufgrund permanenter Fluktuation von Inhalt und Zugänglichkeit der Webseiten nicht sichergestellt werden, dass Untersuchungen, Verweise und Rohtext noch dem Stand einer bestimmten Erhebung entsprechen. Für wissenschaftliche Zwecke ist eine lokale Persistierung von Rohtexten aus

[10] Es sei noch erwähnt, dass gerade die genannten Paragraphen, die eine Archivierung zu Forschungszwecken zumindest partiell erlauben, im Rahmen der geplanten Novellierung des UrhG aktiv diskutiert werden. V.a. hinsichtlich digitaler Vervielfältigung/Weiterverarbeitung sind eine Reihe Neuerungen zu erwarten, vgl. den Referentenentwurf des Bundesministerium für Justiz (http://www.bmj.bund.de/media/archive/760.pdf), synoptisch präsentiert in Jani (2004). Ferner verliert lt. § 137k der § 52a, wichtige Grundlage eines Sonderstatus für Forschung und Lehre hinsichtlich des Urheberrechts, ab dem 31.12.2006 regulär seine Wirkung.

dem WWW unerlässlich, da der Vergleich und die Feinabstimmung unterschiedlicher Verfahren nur durch Anwendung auf ein und dieselbe Datenbasis möglich sind.

2. SALE: Konfigurierbare Komponenten in Prozessketten

Seit den 1990er Jahren gibt es Bestrebungen, Softwarewerkzeuge für linguistische Anwendungen zu erstellen, die nicht ausschließlich auf ein Anwendungsszenario hin, sondern in Hinsicht auf Nachvollziehbarkeit und Wie-derverwendbarkeit angelegt werden. In *Natural Language Engineering* (10 3/4) werden eine Reihe von Systemen bzw. Werkzeugen vorgestellt, die unter diesem Paradigma, genannt 'Software Architecture for Language Engineering' (SALE, Cunningham & Scott 2004, im einleitenden Artikel zu dieser Ausgabe), entwickelt wurden. So verschieden die einzelnen Ansätze auch sein mögen, gemeinsam haben sie, dass sie zum einen sprachliche Ressourcen[11] (oder Sprachsignale[12]) konsumieren und produzieren und zum anderen im weitesten Sinne Prozesskettensysteme sind oder sich in solche implementieren lassen.

Prozessketten bestehen aus einzelnen Komponenten, die über definierte Schnittstellen miteinander kommunizieren und den Untersuchungsgegenstand, das Sprachsignal, inkrementell mit Annotation anreichern. Annotationen, die von Komponenten in der Prozesskette produziert werden, können von den darauffolgenden Komponenten konsumiert werden, um eine weitergehende Analyse durchzuführen. Im Vergleich zu monolithischen Systemen ergeben sich Vorteile hinsichtlich der Robustheit, der Skalierbarkeit und der Konfigurierbarkeit (vgl. Neff, Byrd & Boguraev 2004, 307), bestehende Komponenten können wiederverwendet und mit neu entwickelten in einer Prozesskette kombiniert werden.

Die Kombinierbarkeit von Komponenten erfordert eine definierte Schnittstelle, als die sich das Sprachsignal anbietet, da jede Komponente auf dieses Annotationen konsumierend und/oder produzierend zugreift. Bemühungen hinsichtlich eines internationalen Standards für ein Framework zur linguistischen Annotation werden gegenwärtig von der ISO/TC 37/SC 4 Arbeitsgruppe 1, basierend auf XML, RDF(S) und OWL, vorangetrieben[13]: '[The] goal is to develop a framework for the design and implementation of linguistic resource formats and

---

[11] Vgl. Cunningham et al. (2005): 'Language Resource (LR): refers to data-only resources such as lexicons, corpora, thesauri or ontologies. Some LRs come with software (e.g. Wordnet has both a user query interface and C and Prolog APIs), but where this is only a means of accessing the underlying data we will still define such resources as LRs.'

[12] Der Begriff Signal entspricht den im ATLAS-Format formulierten Konzept, s.u.

[13] http://www.tc37cs4.org/

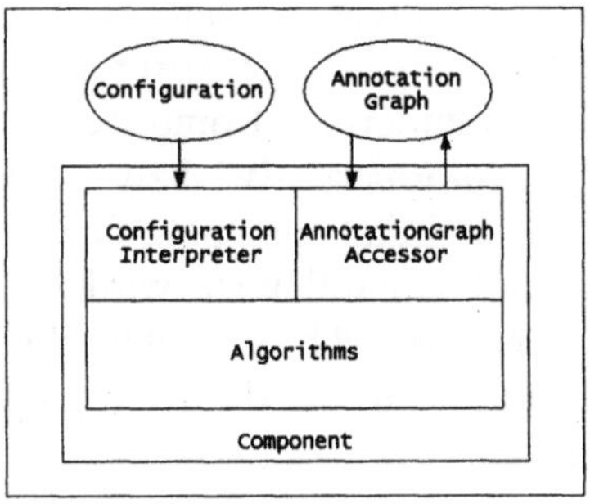

Abb. 5: SALE-Komponentenmodell

processes in order to facilitate the exchange of information between language processing modules' (Ide & Romary 2004: 216). Gängige Systeme, z.B. GATE[14], nutzen sogenannte Annotationsgraphen, wie sie z.B. im ATLAS-Format (Bird, Day, Garafolo, Henderson, Laprum & Liberman 2000) definiert werden. In einem solchen Graphen sind Sprachsignal und Annotation – sei es nun Formatinformation oder linguistische Auszeichnung – getrennt ('stand-off markup'). Im Signal befinden sich sogenannte Anker, zwischen denen sich Annotationen (als Kanten des Graphen) erstrecken.

Im Rahmen der Rohtextverarbeitung mit Prozessketten kommt der externen Konfiguration der Komponenten zentrale Bedeutung zu. Zum einen dienen unterschiedliche Konfigurationsdateien als Ersatz der Persistierung von (komplexer) Tokenisierung und Annotierung von Rohtexten. Zum anderen – und dieser Punkt ist nicht zu überschätzen – stellen Konfigurationsdateien in Bezug zu den von ihnen gesteuerten Komponenten (und deren bekannter Funktionalität) eine kommunizierbare Dokumentation textwissenschaftlicher Arbeit dar. Hierzu sollten die Konfigurationsdateien idealiter folgenden Bedingungen genügen[15]:

[14] Das System GATE (General Architecture for Text Engineering, http://www.gate.ac.uk) wurde in Java implementiert und in Hinsicht auf Generalisierbarkeit optimiert. Als Beispiel für ein industriell motiviertes System, in dem die Performance im Vordergrund steht, lässt sich TEXTTRACT (Neff, M., Byrd, R., Boguraev 2004), ein von IBM betreutes und in C++ umgesetztes Prozesskettensystem anführen.

[15] Rollenorientierte Funktionsbeschreibungen für Komponenten könnten den Abstraktionsgrad sogar vollständig von der Implementierung trennen (Lutz Schneidermeier, p.c.); dies würde aber eine einheitliche Architektur aller Komponenten zumindest hinsichtlich der Konfiguration erfordern, mithin engere Kollaboration der u.U. weltweit verteilten Entwickler.

- Die Konfiguration ist **konsequent**, d.h. alle relevanten Schritte der Komponente sind manipulierbar. Dies ist eine reziproke Forderung, da sie ein entsprechend umfassend konfigurierbare Komponente erfordert.
- Die Konfiguration ist „**dokumentativ**" bzw. selbsterklärend, indem sprechendes Vokabular für Klassifikationen bzw. Operationen verwendet und der Prozessablauf in der Anordnung reflektiert wird.
- Die Konfiguration ist **abstrakt**, d.h. sie sollte ohne Programmierkenntnisse versteh- und manipulierbar sein, um die Konfiguration unabhängig von der Implementierung zu halten.

Aus der obigen Diskussion ergibt sich ein generelles Modell einer SALE- Komponente, die neben ihrem operativen Teil – den Algorithmen – den Zugriff auf ein genormtes Datenformat – hier realisiert als Annotation Graph – und einen Interpreter für externe Konfiguration zur Verfügung stellen muss (Abb. 5).

3. Rohtextverarbeitung im SALE-Paradigma: SPre

Der Rohtextprozessor SPre[16] (in Entwicklung seit Februar 2004) setzt die oben diskutierten Komponentenmerkmale um (vgl. Abb. 6). Sowohl das Gesamtsystem, wie auch die einzelnen Komponenten (Reader, Parser, Annotator, Persistor) realisieren das in Abb. 5 spezifizierte Modell. Zentraler Bestandteil ist ein Plugin-Manager, der gemäß einer externen Konfiguration Rohtexte durch eine Prozesskette präprozessiert und annotiert.

Die externe Konfiguration wird in XML formuliert und besteht aus einem Manifest, das die gewünschte Kette von Parsern in der Sequenz ihrer Anwendung definiert (Abb. 7), und einem operativen Teil (partiell in Abb. 8), der Klassifikationen und Operationen auf den einzelnen Layern definiert.

Operative Definitionen erfolgen über ein Vokabular von Klassifikatoren (`Item`, `StartsWith`, `Contains`, `EndsWith`, `ContainsOnly`) und dem Operator `Merge` zur Auflösung von Ambiguitäten. Das folgende Fragment löst im Kontext `Word` den auf der Ebene des `WordParser` ambigen Punkt dergestalt auf, dass (1) ein Punkt nach links zum (letzten) Buchstaben (eines Wortes) gezogen wird, unter der Bedingung, dass die sich ergebende Sequenz als Abkürzung gelistet ist; dass (2) ein Punkt innerhalb eines Wortes verbleibt, wenn kein `WhiteSpace` nach dem Punkt folgt.[17]

---

[16] Für weitere Details zur Architektur siehe auch Benden & Hermes (2004)

[17] Die allgemeine Definition des Characters `Dot` als `FullStop` auf Wortebene klassifiziert den orthographischen Punkt ansonsten als Satzendzeichen.

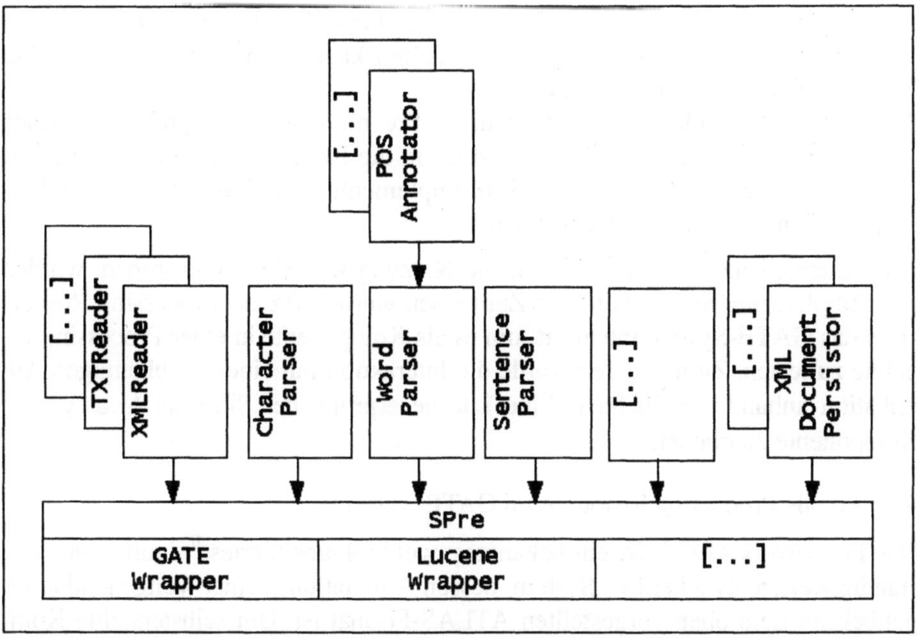

Abb. 6: Architektur des Präprozessors SPre

Konkrete Kenntnis der Implementierung des Prozessierungsvokabulars sind unnötig, um die verwendeten Algorithmen zur Disambiguierung von Punkten abzulesen oder auszudrücken. Entsprechende Definitionen benötigen Punkte in Numeralausdrücken, Verwendung von Bindestrichen am Zeilenende (als Trennungs- bzw. Gedankenstrich) etc. Das gesamte klassifizierende und algorithmisch umgesetzte Wissen von SPre wird in der externen Konfiguration leicht lesbar gebündelt. Der Anspruch an Robustheit bzw. Fehlertoleranz[18] wird u.E. am besten dreistufig realisiert:

1. Unbekannte Items werden als `Unprocessable` markiert und bleiben ansonsten unbeachtet.[19] Unprocessables werden auf allen höheren Ebenen von SPre ignoriert.

[18] Robustheit wird hier nur aus der Perspektive des Verhältnisses von aktueller Konfiguration und Rohtext betrachtet. Fehlerhafte Implementierung, defekte Rohtextdateien u.ä. müssen natürlich gleichfalls behandelt werden, liegen jedoch unterhalb der betrachteten Ebene.

[19] Die Qualität der Prozessierung ist nicht notwendig schlechter, wenn Unprocessables auftreten, da sie oft Material enthalten, das marginal ist (orthographische Anführungen, undefiniert Character aus der OCR etc.) und nicht in die Analyse eingehen sollte.

2. Unprocessables werden mit Kontext und Quell-URL in einer Logdatei festgehalten. Eine beliebige Anzahl von Texten kann verarbeitet werden, wobei die Fehler protokolliert werden.
3. Werden die Fehler protokolliert und SPre mit einem geeigneten Interface ausgeführt, können die Unprocessables in die Konfigurationsdatei inte-griert werden. Hierzu werden die in SPre implementierten Klassifikatoren und Operatoren verwendet.4. Fallstudien

Um verschiedene Möglichkeiten für die Nutzung von SPre zu erproben, wurden zwei Implementierungen verfolgt: Zum einen wurde SPre als Processing Resource in das GATE-System integriert, um es als Komponente in einer Processing Pipeline zu testen. Zum anderen wurde die Interaktion mit einer unabhängigen Applikation anhand der Suchmaschine Lucene erprobt, der SPre als `Analyzer`-Komponente zuarbeitet.

4.1 SPre als Processing Resource im GATE-System

Das Framework GATE ist ein bekanntes, wohldokumentiertes[20], lauffähiges und ständig weiterentwickeltes[21] System, dessen Annotationsformat weitgehend kompatibel mit dem oben vorgestellten ATLAS-Format ist. Um selbsterstellte Komponenten im GATE-System zu nutzen, muss man diese als Processing Resource in das GATE-Komponentenmodell einbinden. Dazu ist es nötig, die Komponente als Java Bean zu wrappen, um die Kommunikation zwischen dem steuernden System und der einzubindenden Komponente zu ermöglichen. In der Wrapperklasse wird sichergestellt, dass eine Instanz von SPre angelegt und gestartet wird und dieser die benötigten Ressourcen zur Verfügung gestellt werden (Setzen von Pfaden zur XML-Konfigurationsdatei, zu den zu prozessie-renden Dateien etc.). Weiterhin werden die von SPre prozessierten Annotationen in den Annotationsgraphen, der vom GATE-System für den prozessierten Text angelegt wurde, übertragen und können damit innerhalb der graphischen Oberfläche angezeigt werden. Eine Version von SPre als GATE-Komponente ist inzwischen als Download verfügbar.[22]

---

[20] System und Tutorials finden sich auf der Seite www.gate.ac.uk.

[21] Die aktuellen Entwicklungen zielen vor allem darauf ab, neue Herausforderungen, die durch die Forschungen am Semantic Web, großen digitalen Bibliotheken und Sprachanalyse durch maschinelles Lernen aufgeworfen werden, gerecht zu werden.

[22] System und einführendes Tutorial unter http://www.spinfo.uni-koeln.de/forschung/spre

4.2 SPre als Analyzer für die Suchmaschine Apache Lucene

Die Open-Source Suchmaschine Apache Lucene[23] verwendet für Indexierung und Abfrage einen vorgeschalteten Präprozesser (Analyzer), der wahlweise einfach alle durch `WhiteSpace` getrennte Tokens liefert oder in unterschiedlich hohem Grad Stopwortanalyse und Stammformreduktion durchführt. Der integrierte `GermanAnalyzer` führt eine Tokenisierung mit nachgeschalteter algorithmischen Stammformreduktion[24] durch, deren Qualität aus linguistischer Sicht unbefriedigend ist[25].

Die Verwendung von SPre als Analyzer für Lucene kann als Ausgangspunkt einer NLP-Verwendung der Suchmaschine betrachtet werden. Die bislang nicht verwendeten `type`-Felder[26] der einzelnen Tokens von Lucene nehmen die Klassifizierungen der Parser und Annotatoren von SPre auf und dienen wahlweise als Filter bei Suchanfragen. In der Verwendung als `TokenFilter` ist SPre wesentlich flexibler als die vorhandenen `TokenFilter`, da neue, unerwartete oder fremdsprachige Character leicht über eine Änderung der Konfiguration integrierbar sind. Anders als die vorhandenen Analyzer kann SPre beliebige Tokens, z.B. auch n-Gramme, Sätze etc. zur Indexierung geben. Das Ziel ist eine Integration von linguistisch orientierter Präprozessierung in eine Suchmaschine, um damit die Nutzung von Rohtexten zu erleichtern.

5. Fazit

Erhärten sich die Annahmen von Kilgarrif & Grefenstette (2004), dass angestrebte Repräsentativität von Korpora durch Verwendung extrem vergrößerter Textmengen ersetzt werden kann, so wird ein Kompetenzaufbau in der maschinellen (Prä)prozessierung von Rohtexten eine der zentralen Herausforderungen für die Computerlinguistik in den nächsten Jahren sein. Rohtextverarbeitung erfordert Programme, die kleinschrittige Verarbeitung ermöglichen, was im Zusammenhang mit aktuellen Überlegungen zur Architektur von NLP-Komponenten eine allgemeine Bauform sprachverarbeitender Programme in Form von konfigurier-

---

[23] http://jakarta.apache.org/lucene, vgl. auch Hardt & Theis 2004

[24] „Algorithmisch" ist hier im Gegensatz zu „lexikonbasiert" zu verstehen.

[25] Vgl. auch Hardt & Theis 2004, 58ff. Je nach Anwendung ist eine linguistisch korrekte Stammformreduktion eher wichtig (NLP mit nachfolgender Verarbeitung, Linguistik) oder eher marginal (Text Retrieval, Kategorisierung etc., vgl. Jackson & Moulinier 2002:11ff).

[26] Jedes Token von Lucene speichert einen typbezeichnenden String, der bisher ausschließlich den Defaultwert `word` annimmt und ungenutzt bleibt.

baren Prozessketten nahelegt. SPre stellt unseren Diskussionsbeitrag zu diesem Problemfeld dar.

Literaturverzeichnis

Benden, C. & Hermes, J. (2004). Präprozessierung mit Nebenwirkungen: Dynamische Annotation. In Beiträge zur 7. Konferenz zur Verarbeitung natürlicher Sprache (KONVENS), Wien, 25–28.

Bird, S, Day, D., Garofolo, J., Henderson, J., Laprun, C. & Liberman, M. (2000). ATLAS: A Flexible and Extensible Architecture for Linguistic Annotation. In Proceedings of the Second International Conference on Language Resources and Evaluation, 1699–1706.

Bontcheva, B., Tablan, V., Maynhard, D. & Cunningham, H. (2004). Evolving GATE to Meet New challenges in Language Engineering. Natural Language Engineering 10(3/4), 211–225.

Cunningham, H. et al. (2005, 6. Januar): Developing Language Processing Components with GATE (a User Guide). For GATE version 3 beta 1 (July 2004). Zugegriffen am 15.01.2005 über http://www.gate.ac.uk/sale/tao/index.html

Cunningham, H. & Scott, D. (2004). Software Architecture for Language Engineering. Natural Language Engineering 10(3/4), 205–209.

Halama, A. (2004). Flache Satzverarbeitung. In K.-U. Carstensen, C. Ebert, C. Endriss, S. Jekat, R. Klabunde, & H. Langer (eds.), Computerlinguistik und Sprachtechnologie: Eine Einführung (2. überarbeitete und erweiterte Auflage, 218–231). Heidelberg: Spektrum.

Hardt, M. & Theis, F. (2004). Suchmaschinen entwickeln mit Apache Lucene. Frankfurt: Software und Support Verlag.

Ide, N. & Romary, L. (2004). International standard for a linguistic annotation framework. Natural Language Engineering 10(3/4), 211–225.

Jackson, P. & Moulinier, I. (2002). Natural Language Processing for Online Applications. Text Retrieval, Extraction and Categorization. Amsterdam: Benjamins.

Jani, O. (2004, 29. September). Gegenüberstellung von UrhG und Referentenentwurf Zugegriffen am 7.1.2005 über
http://www.urheberrecht.org/topic/Korb-2/syn/ Korb_2_RefE_Synopse_short_01.pdf

Kilgarrif, A. & Grefenstette, G. (2003). Introduction to the Special Issue on the Web as Corpus. Computational Linguistics 29(3), 333–347.

Manning, C. & Schütze, H. (1999). Foundations of Statistical Natural Language Processing. Cambridge, MA: MIT Press.

McEnery, T. & Wilson, A. (1996). Corpus Linguistics. An Introduction. 2. Auflage. Edinburgh: University Press.

Mikheev, A. (2003). Text Segmentation. In R. Mitkov (ed.), The Oxford Handbook of Computational Linguistics (201–218). Oxford: University Press.

Neff, M., Byrd, R. & Boguraev, B. (2004). The Talent system: TEXTRACT architecture and data model. Natural Language Engineering 10(3/4), 307–325.

Semantisches Parsing mit Frames für robuste multimodale Mensch-Maschine Kommunikation[27]

Sonja Hüwel, Britta Wrede, Gerhard Sagerer

Eine wichtige Anforderung an mobile Roboter-Assistenten in Büro- oder Wohnumgebung ist die Unterstützung natürlicher Interaktion durch Sprache und Gestik. In diesem Kontext stellt dieser Artikel eine Sprachverstehenskomponente vor, die die Besonderheiten situierter Dialoge in der Mensch-Roboter-Kommunikation berücksichtigt. Der Verstehensprozess basiert auf einem Frame-Konzept, das auf den Bereich der Mensch-Roboter-Interaktion adaptiert wurde. Dieses Konzept unterstützt die speziellen Eigenschaften der Spontansprache und die kombinierte Verwendung von Sprache und Gestik. Für die Verarbeitung der sprachlichen Äußerung ist die Nutzung weiterer Informationsquellen als Kontextwissen möglich, wie z.B. Anfragen vom Dialogmanager an den Benutzer.

An important requirement of mobile robot assistants in office or home environment is to support natural interaction capabilities such as speech and gesture. Within this context, this paper presents a speech understanding component for situated human-robot communication. The understanding process is based on a frame concept adapted to the domain of human-robot interaction. The concept supports the specific characteristics of spontaneous speech and the use of speech and gesture in combination. For the understanding of utterances, further information sources can integrated as contextual knowledge, e.g. questions from the dialogue manager to the user.

1 Einführung

Mit der Verbreitung von computergestützten Systemen und Anwendungen besonders im privaten Umfeld wird die Mensch-Maschine-Kommunikation zunehmend wichtiger. Bisher basieren die meisten Systeme auf grafischen Benutzungsoberflächen, die mit Maus und Tastatur zu bedienen sind. Geht man davon aus, dass es immer mehr Menschen gibt, die mit künstlichen Systemen interagieren, wird es umso wichtiger, eine möglichst natürliche Interaktion zwischen Mensch und System zu ermöglichen. Bei der Interaktion zwischen einem Menschen und einem mobilen Robotersystem erlangen Aspekte der intuitiven Bedien-

---

[27] Diese Arbeit wurde teilweise im Rahmen des Graduiertenkollegs „Aufgabenorientierte Kommunikation" (265) erstellt, gefördert von der DFG.

barkeit eine zentrale Rolle. Die robuste Verarbeitung von Spontansprache sowie die Berücksichtigung von Gesten und anderen Informationen aus der Umgebung sind relevant für eine erfolgreiche Interaktion. Diese Art Mensch-Maschine-Kommunikation nennt man situiert: die beteiligten Kommunikationspartner nehmen eine gemeinsame Umgebung wahr und interagieren in ihr.

Situierte Dialoge unterscheiden sich wesentlich von geschriebenen Texten. Menschen verwenden zwar Sprache als Hauptmodalität, nutzen jedoch auch andere Modalitäten wie Mimik und Gestik. Wissen über Objekte in einer gemeinsamen Umgebung wird ebenfalls vorausgesetzt. Sprache und Gestik bilden häufig eine Einheit, die nur zusammen genommen sinnvoll interpretiert werden können. Diese situierten Dialogsysteme haben zudem noch mit den Besonderheiten von Spontansprache – wie Ellipsen oder indirekte Sprechakte zu tun (Milde et al. 1997).

Robustes Sprachverstehen in solch einem Kontext hat diese Rahmenbedingungen zu beachten und zu integrieren. Viele Anforderungen an ein Robotersystem sind bereits im Fokus der Forschung (wie Personenerkennung, Aufmerksamkeitssteuerung und Spracherkennung). Robustes Sprachverstehen für Robotersysteme gehört allerdings noch nicht zum Schwerpunkt der Forschung. Vielmehr wird die Interpretation von situierten Dialogen in Verbindung mit zusätzlichen Wissensquellen kaum erforscht. Diese Arbeit stellt ein sprachverstehendes System für einen mobilen Roboter vor, das multimodale Informationen verarbeiten soll. Das Ziel dieser Arbeit ist die Planung und Realisierung eines robusten Verarbeitungsmechanismus für situierte Dialoge, der im Rahmen der Mensch-Roboter Interaktion zum Einsatz kommt. Erfahrungen aus der Praxis wurden mit theoretischen Modellen aus der Linguistik gekoppelt mit dem Ziel, eine möglichst natürliche Kommunikation zu ermöglichen, soweit das zwischen Mensch und Roboter machbar ist.

Das Sprachverstehenssystem ist eingebettet in ein mobiles Robotersystem, dessen Ziel die Realisierung eines *Robot Companion* ist. Das anvisierte Anwendungsgebiet soll dabei ein privates Heim sein, durch das der Roboter geführt wird und in dem er seine Anweisungen erhält. Um Observationen aus der Literatur für dieses Szenario zu validieren und konkretisieren, wurden für dieses Szenario Daten aufgenommen. Dieses Korpus mit Dialogen zwischen Mensch und simuliertem Roboter wird in der nächsten Sektion vorgestellt und die wesentlichen Merkmale hervorgehoben. Im Folgenden wird ein Frame-Konzept für die semantische Verarbeitung gesprochener Sprache beschrieben und die Besonderheiten der Framestruktur für die Analyse von situierten Dialogen herausgearbeitet. Der Mechanismus für die Interpretation der spontansprachlichen Äußerungen, sowie die Einbindung der Schnittstellen in den Aufbau werden abschließend erläutert.

2 Szenario und Dialoge

Für die robuste Interaktion mit einem mobilen Roboter, der als Assistent im Büro oder zu Hause behilflich ist, wird eine multimodale robuste Sprachverstehenskomponente benötigt. Für das hier beschriebene System dient die Plattform BIRON - *the Bielefeld Robot Companion* (Lang et al. 2003) als Grundlage. BIRON ist ein mobiler Roboter mit einem multi-modalen Aufmerksamkeitssystem, das dem Roboter ermöglicht, Personen sowie Geräuschquellen zu lokalisieren. Der mobile Roboter kann Personen sowie Geräuschquellen orten. Der Fokus der Aufmerksamkeit wird dabei durch die Ausrichtung einer Kamera verändert, so dass die sprechende Person angesteuert wird. Durch die Orientierung des Kopfes der Person kann bestimmt werden, ob sich die Person zum Roboter wendet und ihn anspricht oder nicht. Wenn das System erkannt hat, dass eine Person mit dem Roboter kommunizieren will, reagiert es auf Anweisungen vom Benutzer; beispielsweise folgt er der Person nach Aufforderung oder lässt sich verschiedene Objekte zeigen. Ein Dialogmanager dient als Schnittstelle zwischen dem Sprachanalysesystem und der Roboterkontrolle. Es generiert auch die Antworten an den Benutzer oder die Benutzerin. In der Anwendung soll der mobile Haushaltsroboter durch die Interaktion mit dem Benutzer zunächst seine Umgebung kennen lernen. Dieses geschieht mittels akustischer und visueller Informationen vermittelt durch Sprache und Bild (Gesten und Umgebungsinformationen). Während des Prozesses erstellt der Roboter eine interne Repräsentation seiner Umgebung. Darauf aufbauend soll dann der Roboter den Benutzer im Büro oder Haushalt durch verschiedene Aufgaben unterstützen, z.B. das Blumengießen übernehmen.

Es gibt nur wenige Studien, die sich mit der Interaktion zwischen Mensch und mobilem Roboter beschäftigen. Bei Hüttenrauch et al. (2003) wird eine Langzeitstudie über die Interaktion mit einem Büro-Roboter vorgestellt. Jedoch wurde hier nicht der Gebrauch von verschiedenen Modalitäten ausgewertet. Allerdings wurde berichtet, dass obwohl den Versuchspersonen die Verwendung von Gesten und Sprache untersagt wurde, die Personen dazu tendierten, multi-modal zu kommunizieren. Um detaillierte Informationen über die Kombination von Sprache, Gesten und Referenzen zu Objekten in der Umgebung zu erhalten, haben wir eine „erste" Benutzer-Studie durchgeführt. Anhand dieses Experimentes und weiterer Mensch-Roboter-Dialoge wurde das Korpus situierter Dialoge gebildet. Anhand der Analyse dieser Daten sowie in den in der Literatur zitierten Beobachtungen werden Anforderungen für das Design des Sprachverstehens-Systems aufgestellt.

2.1 Dialog-Korpus

In unserer Beispiel-Anwendung ist das Ziel für den Roboter zum einen die Gewinnung von Informationen über seine Umwelt und zum anderen die Assistenz bei verschiedenen Aufgaben. Um mehr Informationen über die Art von Anweisungen zu erhalten, die solch einem Roboter gegeben werden, haben wir ein Szenario simuliert, in dem ein Roboter Anweisungen zum Blumengießen bekommt. Dabei wurden 14 Dialoge von deutschen Muttersprachlern aufgenommen und analysiert. Da der Schwerpunkt unseres Systems auf der Situiertheit der Dialoge liegt und um die Interaktion möglichst natürlich zu gestalten, wurde der Roboter durch einen Menschen ersetzt, der vorgibt, ein Roboter zu sein. Die Aufnahmen der Dialoge zeigen eine große Bandbreite an Variationen von Kommunikationsstrategien, welche charakteristisch für dieses Szenario sind. Die Analyse des Korpus wird detaillierter von Hüwel (2004) beschrieben. Ein typisches Dialogbeispiel wird in Abbildung 1 dargestellt.

Person: *Hallo, äh, ich fahr in nächster Zeit in Urlaub für eine Woche – und du sollst die Blumen gießen*

Roboter: *OK*

Person: *< Diese Blume – in dem blauen Topf > – einmal am Mittwoch Abend – zirka zehn Milliliter*

Roboter: *OK*

Person: *< Und diese Blume >*

Roboter: *WELCHE?*

Person: *< Ich zeige auf diese Blume >*

Abbildung 1: Ausschnitt eines typischen Dialoges aus dem Experiment

In den Experimenten wurde bestätigt, dass Spontansprache oft nicht der Standardgrammatik und der Struktur geschriebener Sprache entspricht. Menschen verwendeten oft kurze Phrasen oder einzelne Worte. Pausen entstanden oft inmitten einer Äußerung (in Abbildung 1 markiert mit „–").

13 von 14 Personen verwendeten Zeigegesten in den Dialogen, um auf Objekte zu referieren (in Abbildung 1 mit < ... > dargestellt). Diese Äußerungen können nur in Verbindung mit Wissen aus der Umgebung interpretiert werden. Auffällig war, dass Personen verschiedene Dialogstile verwendeten. Einige ähnelten der Interaktion mit einem Kind, andere waren stark angelehnt an einem Programmierstil. Beispielsweise verwendeten einzelne Personen unerwarteterweise

sehr formelle Ausdrücke wie z.B. „zehn Milliliter Wasser" anstelle von „nur wenig Wasser", wie in dem Dialogausschnitt in Abbildung 1 dargestellt.

2.2 Einflussfaktoren

Aus diesen Daten sowie ersten Erfahrungen mit dem Einsatz eines Roboters lassen sich verschiedene Anforderungen ableiten, die bei der Entwicklung eines robusten Sprachanalysesystems berücksichtigt werden müssen.

Artefakte der Spracherkennung. Bei der Interpretation der Ergebnisse aus der Spracherkennung können Probleme entstehen, die darauf basieren, dass Wörter oder ganze Phrasen falsch erkannt werden können oder der Benutzer dem System unbekannte Wörter verwendet. Roboter agieren oft in Umgebungen mit Nebengeräuschen (Gespräche anderer, Computergeräusche, etc.) und auch der Roboter selber macht Geräusche, die die Spracherkennungsleistung negativ beeinflussen können. Die Sprachverstehenskomponente muss diese Fehlinterpretationen einkalkulieren, um ein vollständiges Scheitern der Interpretation und damit die Kommunikation zu verhindern.

Spontansprachliche Artefakte. Sprachverstehen muss in diesem Kontext ebenfalls mit den spontansprachlichen Phänomenen umgehen können. Nicht immer unterliegen Äußerungen korrekten grammatikalischen Regeln. Daher führt eine syntaktische Analyse nicht immer zum Erfolg. In diesem Ansatz des Sprachverstehens werden daher vor allem die semantischen Informationen genutzt, die aus dem Lexikon stammen.

Situierte Dialoge in dynamischen Umgebungen. In den Dialogen aus den Versuchen, werden regelmäßig deiktische Äußerungen wie "das da" "dieses" geäußert. Diese Äußerungen können nur vollständig interpretiert werden, wenn Kontextinformationen aus der Umgebung berücksichtigt werden. Zusätzlich geben sprachliche Informationen auch Hinweise auf szenische Informationen (Objektreferenz durch Gesten, etc.). Das System sollte die Einbettung von Umgebungsinformationen in den Verarbeitungsprozess ermöglichen.

Anforderungen des Dialogmanagers. Das in dem Robotersystem integrierte Dialogsystem basiert auf der Theorie der Diskursstruktur nach Grosz und Sidner (1986). Demnach wird die Interaktion zwischen zwei Personen (hier Mensch-Roboter) in Diskurssegmente unterteilt. Es wird davon ausgegangen, dass beide Partner sich kooperativ verhalten, da beide ein gemeinsames Ziel verfolgen. Der Dialogmanager benötigt von der Verstehenskomponente semantische Einheiten, die die einzelnen Diskurssegmente widerspiegeln und anhand derer es möglich ist, schnell und angemessen zu reagieren.

2.3 Schlussfolgerungen

Aufgrund der Datenanalyse und dem Wissen um die Einflussfaktoren benötigt ein sprachverstehendes System für Roboterassistenten besondere Designanforderungen. Dennoch muss das System in der Lage sein, semantische Informationen mit Kontext- und Umgebungswissen zu verbinden. Weiterhin ist festzustellen, dass der traditionelle Satzbegriff in dieser Domäne nicht sinnvoll ist. Eine Analyse sollte auch mit grammatikalisch nicht korrekten Äußerungen umgehen können. Daher ist eine semantisch basierte Verarbeitung zu bevorzugen. Auch sollten partielle Äußerungen analysiert werden können. Die Verwendung von so genannten Frames (Fillmore 1976) als Repräsentations-struktur der Informationen scheint ein geeignetes Mittel zu sein, um einerseits Weltwissen im Lexikon abzubilden und andererseits sprachliche und szenische Informationen zu repräsentieren, da sie semantischen Beschreibungen entsprechen.

3 Framekonzept

Das Framekonzept nach Fillmore (1976) stellt semantische Beziehungen zwischen verschiedenen Satzelementen dar. Ein Frame beschreibt eine Situation mit den teilnehmenden Personen und Requisiten. Dabei gibt es Elemente, die ein Frame einführen oder evozieren können. Das Konzept basiert auf einer Theorie von semantischen Rollen. Ähnlich wie bei der Theorie der Thematischen Rollen gibt es verschiedene Rollen, die den Wörtern einer Äußerung in einem bestimmten Kontext zugeschrieben werden.

3.1 FrameNet

Das Projekt FrameNet (Fillmore 2001) baut auf dem Prinzip der Frames auf. Ziel ist es, ein Lexikon für das Englische aufzubauen, in dem für jeden Eintrag eine semantische Frame-Beschreibung gegeben wird. Die FrameNet-Theorie basiert sowohl auf theoretischen Konzepten als auch auf empirischen Datenerhebungen. Dafür wurden Sätze des *British National Corpus* und des *LDC North American Newswire Corpus* verwendet und die Wörter mit dem FrameNet-Annotationstool analysiert.

3.2 Grenzen von FrameNet

Bei der Anwendung von FrameNet für die Mensch-Roboter-Interaktion treten jedoch einige Schwierigkeiten auf, die eine Adaption der Frame-Daten notwendig machen. Zum einen handelt es sich bei den FrameNet-Daten um geschriebenen Text, der ausschließlich aus grammatikalisch korrekten Sätzen besteht. Das Korpus ist weder situiert noch spontansprachlich, was für unsere Domäne wesentlich ist.

Zum anderen liegt der Schwerpunkt von FrameNet in der Erschaffung eines semantischen Lexikons und nicht in der automatischen Sprachverarbeitung. Es erhebt keinen Anspruch auf Vollständigkeit, was für eine automatische Verarbeitung wichtig ist. Jedes gesprochene Wort mit semantischem Inhalt muss im Lexikon abgebildet sein, was auf FrameNet nicht zutrifft. Funktionswörter oder Personalpronomen sind z.B. nicht im Korpus enthalten. Dennoch bieten gerade die Konzepte von FrameNet eine gute Grundlage, um eine semantische Analyse von Sprache durchzuführen. Um das zu ermöglichen, wurden einige Adaptionen durchgeführt.

3.3 Erweiterungen und Änderungen der FrameNet-Daten

Das Lexikon, das wir verwenden, basiert auf den Experimentdaten aus dem Blumengießszenario. Die Daten wurden von Hand annotiert mit dem Ziel, eine gute Grundlage zu schaffen, mit dem die Mensch-Maschine Kommunikation ermöglicht wird. Nach der Implementationsphase sollen die Daten evaluiert und entsprechend adaptiert werden.

Wesentlich für die auf unsere Domäne angepassten Framestrukturen ist, dass sie auf situierte Mensch-Roboter-Dialoge zugeschnitten sind. Zudem werden alle Wörter aus dem Korpus auf das Lexikon abgebildet, wobei jeder Eintrag eine entsprechende Zuordnung zu einem Frame erhält. Für die automatische Verarbeitung ist es wichtig, dass eine vollständige Abbildung aller lexikalischen Einheiten auf ein Frame existiert. Bei Homonymen mit unterschiedlichen semantischen Bedeutungen werden entsprechend mehrere Lexikoneinträge erstellt.

Eine weitere Datenbank enthält alle semantischen Frame-Konzepte, die auch in den lexikalischen Einheiten vorkommen. In der Frame-Datenbank sind die speziellen semantischen Informationen zu jedem Frame eingetragen, die die Beziehungen der Äußerungsbestandteile untereinander abbilden. Zusätzlich besitzen Frames entsprechende Basis- oder Oberkategorien, die den für den Dialogmanager relevanten Diskurssegmenten entsprechen. Die Abbildungen 2 und 3 zeigen Beispiele von Einträgen für die Frame-Konzepte „Greeting“ und „Showing“.[2]

[2] In diesem Szenario ist die Unterscheidung zwischen Agens und Patiens zunächst nicht relevant, da die Handlung immer klar definiert, wer handelt. „Zeigen“ -> Mensch, „folgen“ -> Roboter. Für beide wird in unserem Kontext das Frame „Actor“ verwendet, was sich zukünftig jedoch noch ändern kann.

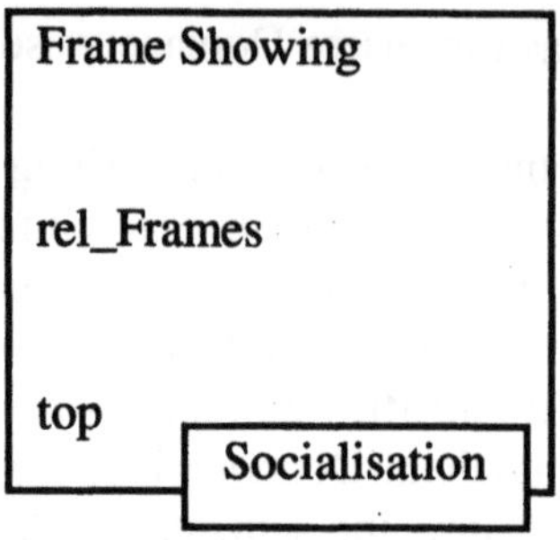

Abb. 2: Frame „Greeting" für Äußerungen wie „Hallo Roboter" oder „Grüß dich"

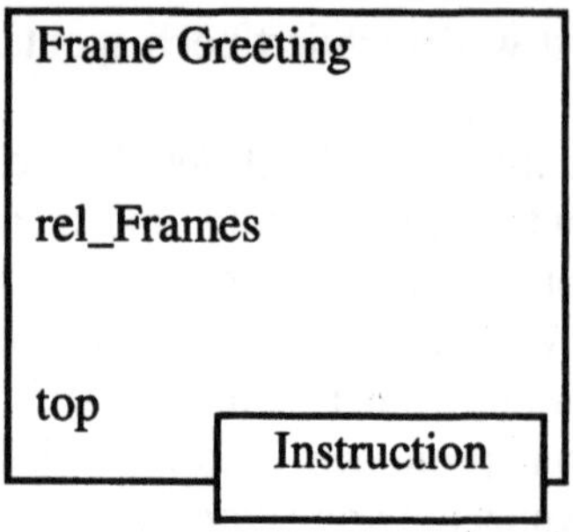

Abb. 3: Frame „Showing" für Äußerungen wie „ich zeige dir was"

Es gibt noch eine Reihe anderer Frames, die nicht in der FrameNet Datenbank enthalten sind, die jedoch in unserer Domäne von Bedeutung sind. Einige der neuen Frames werden im Folgenden vorgestellt.

Das Frame „Negation" für Verneinungen ist ein wichtiges Konzept gerade in der Interaktion zwischen Dialogpartnern. Es dient in unserem Kontext vor allem zur Klärung von Missverständnissen. Da wir nicht davon ausgehen, dass immer alles korrekt verstanden wird, soll der Roboter im Zweifelsfall nachfragen. Dies kann dann bestätigt oder verneint werden. Entsprechend gibt es die Frame-Konzepte „Confirmation", „Correction" und „Query", die gleichzeitig die Basiskategorien von Frames sind und die Diskurssegmente des Dialogmanagers abbilden.

Das Frame „Maybe_gesture" gibt einen Anhaltspunkt für die Beziehung zwischen Sprache und Gestik. In unserem Szenario begrenzen wir Gesten auf Zeigegesten, die zum Verstehen der Äußerung eine wichtige Rolle spielen. Wörter wie „diese" oder „hier" geben Hinweise, dass möglicherweise eine Geste gemacht wurde. Das ist wichtig, da hier Sprache und Geste eine Einheit bilden und nur zusammen interpretiert werden können. Ebenfalls ist die Gestenerkennung sehr rechenintensiv – nur dann, wenn eine Geste erwartet wird, wird die Gestenerkennung aufgerufen, die dann aus den zuvor im entsprechenden Zeitfenster gespeicherten Bildern nach einer passenden Geste sucht. Das Wort „diese" kann jedoch auch eine Anapher darstellen, die sich semantisch allein aus dem sprachlichen Kontext auflösen lässt. Daher wird das Wort „diese" entsprechend auf zwei unterschiedliche Framestrukturen abgebildet und besitzt somit auch zwei Lexikoneinträge.

Objekte sind wichtige Bestandteile für unser Szenario. Sie werden nach semantischen Kriterien weiter in Unterkategorien unterteilt. Jedes Objekt hat eine Position, eine Größe und eine Farbe. Objekte in dieser Frame-Datenbank werden nach ihren semantischen Bedeutungen für das Szenario weiter in Unterkategorien unterteilt. „Building_subpart" ist ein Konzept, das vor allem für mobile Roboterszenarien relevant ist. Es repräsentiert nicht-bewegliche Objekte, an denen sich der Roboter orientieren kann. Fenster oder Türen können als Orientierungspunkt dienen, nicht jedoch bewegliche Objekte wie beispielsweise Bücher. Daher liegen dem Roboter für die verschiedenen Objektkategorien unterschiedliche Verarbeitungsmechanismen zugrunde. Bei einer Tasse muss in regelmäßigen Abständen mit einem Abgleich des Gedächtnisses kontrolliert werden, ob sie noch an derselben Stelle steht oder verschoben oder weggenommen wurde. Die Hierarchie der Objekte kann je nach Aufgabe des Roboters verfeinert oder angepasst werden, wobei es sinnvoll sein kann, sich an bereits existierenden Ontologien zu orientieren.

Die neu erstellten Frames dienen als Grundlage für andere Anwendungsfelder. Sie wurden für situierte Dialoge im Kontext der Haushaltsroboter konzipiert. Je nach Domäne können die Repräsentationen der einzelnen Frames variieren, jedoch ist das Ziel, eine Grundlage dafür zu schaffen und eine möglichst einfache Adaption an andere Bereiche zu ermöglichen. Im nächsten Abschnitt wird der Mechanismus für die Verarbeitung der Frames im Sprachverstehen beschrieben. Er ist fester Bestandteil für die Bildung der semantischen Repräsentation von spontansprachlichen Äußerungen.

4 Verarbeitungsmechanismus

Um die semantische Bedeutung aus einer Äußerung generieren zu können, wird ein spezieller Mechanismus angewandt, der die einzelnen Wörter der Äußerung miteinander verbindet und in eine Gesamtstruktur transformiert. Dabei werden zu den jeweiligen Lexikoneinträgen die entsprechenden Frames herausgesucht und mit Hilfe des Mechanismus miteinander verbunden. Die evozierenden Frames bilden dabei eine zentrale Rolle. Sie verweisen auf weitere Frames, die mit den Äußerungsbestandteilen verbunden werden können.

In Abbildung 3 evoziert das Frame „Showing" die weiteren Frames „Actor", „Actor" und „Object". Die Äußerung „ich zeige dir die Küche" kann damit entsprechend zu einer semantischen Struktur verbunden werden (Abbildung 4). „Showing" bildet dabei die Wurzel der Struktur mit der Basiskategorie „Instruction". Das Ergebnis der Verarbeitung wird dann als XML-Struktur an den Dialogmanager weitergeleitet.

Dem Mechanismus liegt eine Bewertungsfunktion zugrunde. Je mehr vom Spracherkenner erkannte Wörter einer Äußerung miteinander verbunden werden können, umso besser wird das Ergebnis der Verarbeitung bewertet. Somit ist es

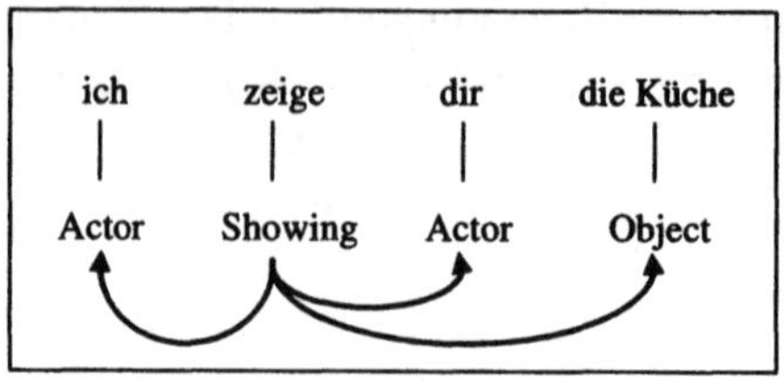

Abbildung 4: Verknüpfungen der Wörter für die Äußerung „ich zeige dir die Küche"

möglich, semantische Varianten von einem Wort[28] parallel zu verarbeiten und dann mit Hilfe der Bewertung das wahrscheinlichste Ergebnis weiterzuleiten. Überdies hilft die Bewertung dem Dialogmanager bei der Entscheidung, Rückfragen an den Benutzer zu stellen.

Die Trennung von Verarbeitungsmechanismus und semantischen Strukturen hat einen großen Vorteil. Da der Mechanismus selbst weitestgehend domänenunabhängig ist, können Frames sowie Lexikon durch andere Daten ausgetauscht werden. In dem Mechanismus lassen sich jedoch nicht nur die Informationen aus der Spracherkennung verarbeiten. Neben der Spracheingabe kann zusätzliches Kontextwissen einfließen: Diskurswissen wie Anfragen vom Dialogmanager an den Benutzer oder gespeicherte Äußerungen in der Historie können als zusätzliche Informationen einfließen und zusammen mit der Eingabe verknüpft werden. Fehlinterpretationen vom Spracherkenner können dadurch abgefangen werden wodurch eine robustere Interpretation der Äußerungen ermöglicht wird.

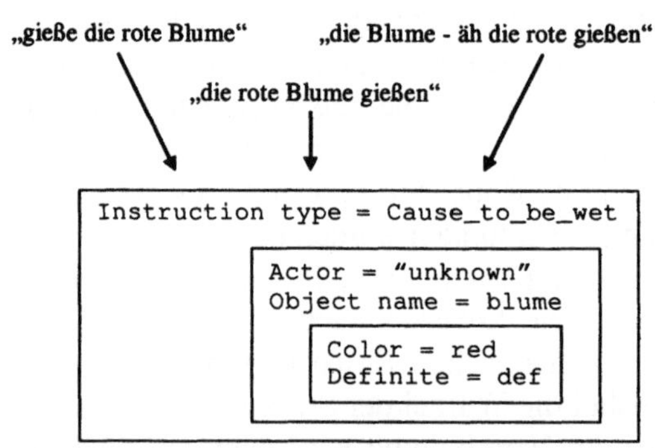

Abbildung 5: Ergebnis der Verarbeitung für Variationen der Äußerung „gieße die rote Blume"

[28]z. B. bei Homonymen

5 Prototyp

Um das Konzept der Frames verbunden mit dem Verarbeitungsmechanismus in einem ersten Verfahren zu testen, wurde ein Prototyp in Perl implementiert. Dafür wurden ein Lexikon sowie die zugehörigen Frames für eine kleine Test-menge erstellt. Dem Prototypen liegt ein vereinfachter Mechanismus zugrunde, der keine Bewertungsfunktion enthält und auch noch keine Homonyme verarbeiten kann. In dem ersten Ansatz enthielten die Framestrukturen noch keine Oberkategorien. Die Anbindung an die Spracherkennung wurde durch Eingabe per Tastatur ersetzt. Dabei lieferte der Prototyp für den Mechanismus erste viel versprechende Ergebnisse. Variationen für Anweisung „gieße die rote Blume“, die auch in der Spontansprache vorkommen können, wurden eingegeben. Für alle diese syntaktischen Variationen hat das System die gleiche Struktur erzeugt, die den semantischen Gehalt der Äußerungen widerspiegelt (Abbildung 5).

6 Gesamtarchitektur

Der Aufbau des Dialogsystems für den Roboter BIRON ist in mehrere Komponenten unterteilt. Das Sprachsignal vom Benutzer wird mittels des Spracherkennungssystems ESMERALDA (Fink 1999) in eine Wortkette umgewandelt. Diese dient dem Sprachverstehensprozess, der unter Zuhilfenahme weiterer Informationsquellen – wie Anfragen des Dialogmanagers an den Benutzer – mit Hilfe der Frame-Datenbank, des Lexikons und unter Verwendung des semantischen Verarbeitungsmechanismus semantische Strukturen generiert, die als XML-Struktur weiter an den Dialogmanager geschickt werden. Abbildung 6 zeigt die Gesamtarchitektur des sprachverstehenden Systems.

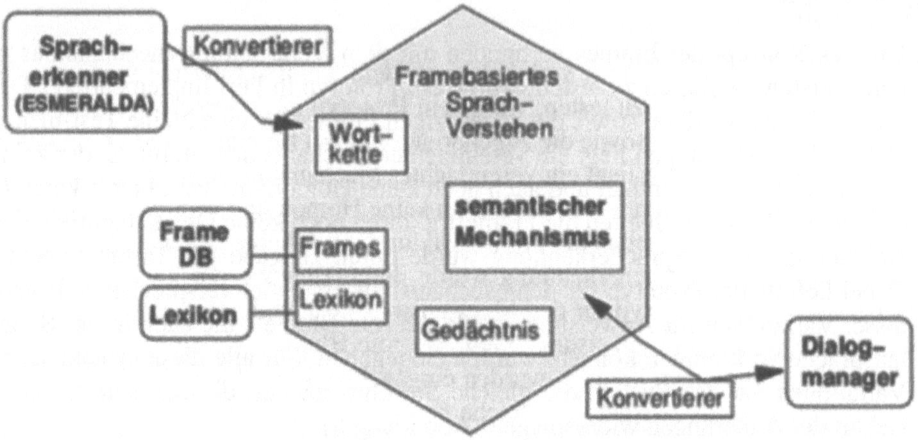

Abbildung 6: Gesamtarchitektur des Dialogsystems

7 Ergebnis und Diskussion

Der Bereich Sprachverstehen für situierte Mensch-Roboter-Dialoge ist bisher kaum im Fokus der Forschung. In dieser Arbeit wurde ein neuer Ansatz zur Verarbeitung situierter Dialoge vorgestellt, der auf einer semantischen Analyse der Äußerungen unter Berücksichtigung von Kontextinformationen (Gesten und Szenenwissen) basiert. Dafür wurde ein Frame-Konzept entwickelt, das die speziellen Anforderungen situierter Dialoge in die semantische Repräsentation integriert. Um das Konzept der Frames und des Verarbeitungsmechanismus zu überprüfen, wurde ein Prototyp entwickelt, der erste viel versprechende Ergebnisse für das Sprachverstehen lieferte. Dieser Mechanismus für die Analyse von situierten Äußerungen soll nun zum Einsatz in der Mensch-Roboter Interaktion kommen. Daher findet zurzeit die Implementierung des sprachverstehenden Systems statt. Anschließend wollen wir das System in die Roboterplattform BIRON integrieren und anwenden. Die Ergebnisse aus der Interaktion zwischen Mensch und Roboter dienen der Validierung der Frame-Daten, die dann anschließend an die Domäne angepasst werden sollen, um die Mensch-Roboter Kommunikation möglichst robust zu machen.

Dieser Ansatz bietet eine gute Grundlage um noch weitere Aspekte für die robuste Verarbeitung zu berücksichtigen. Um das System noch robuster zu machen, sind beispielsweise folgende Erweiterungen möglich:

Für Frames können je nach Kontext Default-Werte eingebunden werden. In einer eigenen Datenbank können diese Werte eingetragen sein und vom System entsprechend verwendet werden. Bei Imperativsätzen ist in unserem Kontext der Roboter in den meisten Fällen der Agent, auch wenn dieser in einer Äußerung nicht erwähnt wird. Ebenso ist es denkbar, zusätzliche visuelle Informationen in die Verarbeitung einzubinden, die dann in den Mechanismus eingebaut werden können, wenn sie der gängigen Frame-Darstellung entsprechen. Dadurch könnte man die Robustheit des Systems weiter verbessern.

Literaturverzeichnis

Fillmore, C. J.; Baker, C. F. (2001). Frame Semantics for text understanding. In Proceedings of WordNet and Other Lexical Recources Workshop, NAACL, Pittsburgh, Juni 2001.

Fillmore, C. J. (1976). Frame semantics and the nature of language. In Annals of the New York Academy of Sciences: Conference on the Origin and Development of Language and Speech Vol. 280:20–32.

Fink, G. A. (1999). Developing HMM-based recognizers with ESMERALDA. In Vaclav Matousek, Pavel Mautner, Jana Ocelikova and Petr Sojka, editors, Lecture Notes in Artificial Intelligence Vol. 1692:229–234. Springer-Verlag, Berlin, Heidelberg.

Grosz, B. J.; Sidner, C. L. (1986). Attention, Intentions, and the Structure of Discourse. Computational Linguistics 12(3): 175–204 .

Hüttenrauch, H. et al. (2003). Involving users in the design of a mobile office robot. IEEE Transactions on Systems, Man and Cybernetics, Part C. (to appear).

Hüwel, S.; Kummert, F. (2004). Interpretation of situated human-robot dialogues. In Proc. of the 7th Annual Colloquium fort he UK Special Interest Group for Computational Linguistics, Birmingham, UK, Januar 2004, 120–125.

Lang, S. et al. (2003). Providing the basis for human-robot-interaction: A multi-modal attention system for a mobile robot. In Proc. Int. Conf. On Multimodal Interfaces, ACM, Vancouver, Canada, November 2003, 28–35.

Milde, J. T. et al. (1997). Situated communication with robots. In First International Workshop on Human-Computer-Conversation, Bellagio, Italien, Juli 1997.

Separating the wheat from the chaff – Corpus-driven evaluation of statistical association measures for collocation extraction

Brigitte Krenn,[29] Stefan Evert

In our contribution, we present a three step procedure for the evaluation of statistical association measures (AM) for lexical collocation extraction. The evaluation strategy provides a general framework for the evaluation and direct comparison of different AMs. The presented approach is corpus-driven and task-oriented, i.e. the collocation candidates identified by individual AMs are compared to a list of true positives manually extracted from the corpus data according to certain predefined, task-specific annotation criteria. For practicability a random sample approach to evaluation is defined, and methods of the assessment of intercoder agreement are discussed.

In diesem Beitrag wird ein dreistufiges Modell für die Evaluierung von statistischen Assoziationsmaßen (AM) zur Kollokationsextraktion aus Korpusdaten vorgestellt. Der Ansatz zeichnet sich dadurch aus, dass er eine generelle Methode zur Evaluierung und zum direkten Vergleich unterschiedlicher Assoziationsmaße darstellt. Der Ansatz ist datenorientiert in dem Sinn, dass die mittels AM identifizierten Kollokationskandidaten anhand einer manuell aus den Korpusdaten extrahierten Liste von tatsächlichen Kollokationen evaluiert werden. Die manuelle Annotierung der „echten" Kollokationen erfolgt auf Basis klar definierter Annotationsrichtlinen. Um die Brauchbarkeit der Annotationsrichtlinien abzuschätzen, werden Methoden zum Testen der Übereinstimmung zwischen mehreren Annotierern vorgestellt. Aus Gründen der Praktikabilität wird eine Methode eingeführt, bei der die Evaluierung auf Basis einer Zufallsstichprobe anstelle der vollen Datenmenge erfolgt.

1. Introduction

Over the recent years, a variety of methods for the extraction of multiword units, terms, phraseological units, etc. – which we henceforth subsume under the term lexical collocation – have been proposed. To assess the practical usefulness of the different methods, a number of questions need to be addressed such as the follow-

[29] The Austrian Research Institute for Artificial Intelligence (ÖFAI) is supported by the Austrian Federal Ministry for Education, Science and Culture, and by the Austrian Federal Ministry for Transport, Innovation and Technology.

ing: What types of collocations are to be extracted automatically? What are the domain and size of the extraction corpus? How appropriate is a certain method for the treatment of high frequency versus low frequency data? Only the last question can be satisfactorily answered by a mathematical discussion of the statistical association measures (AMs) employed. In general, one has to be aware that evaluation results are valid only for data from specific corpora, extracted with specific methods, and for a particular type of collocations. This situation demands corpus- and task-driven empirical evaluation experiments.

In our contribution, we present an approach to the evaluation of methods and tools for extraction of lexical collocations from corpora which (i) is independent of the candidate extraction strategy employed (positional or relational n-tuples, adjacent or nonadjacent n-tuples); (ii) allows for a direct and meaningful comparison of different AMs; (iii) is corpus-driven, i.e., the collocation candidates identified by the individual AMs are compared to a list of manually identified true positives (TPs) in the extraction corpus; and (iv) can be applied to random samples from the candidate set to reduce the amount of manual annotation work.

Our approach implements a three step procedure where: in Step 1, lexical tuples are extracted from a source corpus and the frequency data for each candidate type (i.e. distinct tuple) are represented in the form of a statistical contingency table; in Step 2, AMs are applied to the contingency tables, resulting in a candidate list of n-tuples ranked according to their associated AM scores; in Step 3, the usefulness of the individual AMs for collocation extraction is assessed by comparing the candidate lists to a full list of TPs in the candidate set that have been manually identified by expert annotators. The more TPs there are in a given n-best list, the better the performance of the measure. This performance is quantified by the n-best precision and recall of the AM. As manual inspection of all candidate data extracted from a corpus is very time consuming and thus not feasible in daily practice, we argue for an evaluation based on random samples, an approach which we have shown to be feasible through practical experimentation.

In Section 2, we describe the general strategy for evaluating AMs. The random sample approach is presented in Section 3. In Section 4, we address criteria for the distinction of collocations and non-collocations (Section 4.1), and methods for assessing intercoder agreement (Section 4.2).

2. General Evaluation Strategy

In the following, we present a general procedure for evaluating the usefulness of different measures for the identification of lexical collocations from text corpora.

Step 1 – Extraction of lexical tuples: Lexical tuples are extracted from a source corpus, and the cooccurrence frequency data for each candidate type are represented in the form of a contingency table. It is important to bear in mind that the types of lexical tuples identified and their frequencies are strongly influenced by the extraction strategies employed. For instance, depending on the extent to which the characteristic linguistic properties of a class of collocations are taken into account by the extraction process, there will be a larger or smaller amount of noise in the data. Extracting clearly defined linguistic units such as verb-object combinations from German text (as opposed to arbitrary cooccurrences of verbs and nouns within sentences) results in a larger number of *Funktionsverbgefüge*[30] among the lexical tuples. An extraction strategy specifically geared towards Funktionsverbgefüge is described by Breidt (1993). The choice between using full or lemmatized forms of words also influences the frequency counts in the contingency tables.

In contrast to the relational approach, where the grammatical relations of word combinations are taken into account, the positional approach extracts lexical tuples from numerical spans[31] without making use of any explicit linguistic knowledge. As a result, the extracted tuples belong to a broad mix of linguistic units and include a large proportion of noise such as: combinations that cross phrase boundaries, or lexical realizations of grammatically prominent but nonlexicalized word combinations, e.g. article-noun or other closed class – open class combinations. To avoid this, lists of function words (or other words that appear to be detrimental to the extraction quality) have been introduced as stop lists. Radical elimination of closed class words, however, is not desirable in all cases: for some lexical collocations the closed class element has a distinctive function. For instance, in the two variants of the German Funktionsverbgefüge *in Betrieb gehen* (to start operating) versus *außer Betrieb gehen* (to stop operating) the prepositions *in* and *außer* convey inchoative and terminative *Aktionsart*, respecitvely.

Whichever strategy has been employed for extracting the lexical tuples, the AMs under investigation are applied to the cooccurrence frequency data in the contingency table of each candidate type. As most AMs are designed for two-dimensional contingency tables, we currently restrict our example evaluations to 2-tuples, i.e. to pairs.[32] Each lexical tuple is thus a pair of two lexical units

[30] Funktionsverbgefüge are a specific type of verb-object collocations typically constituted by a main verb deprived of its major lexical semantics and a predicative noun. For a discussion of Funktionsverbgefüge see Krenn (2000:74ff.).

[31] The numerical span defines the number of words to right and/or left of a *keyword* w that are considered as potential *collocates* for the keyword.

[32] In general, lexical n-tuples are represented by n-dimensional contingeny tables with 2^n cells.

which may themselves be simple or complex, and its cooccurrence frequency information is represented by a 2×2 contingency table. For instance, our data in used for the identification of adjective-noun collocations are derived from frequency counts of adjective-noun pairs (where the adjective modifies the nominal head of a NP), whereas the data for the identification of verb-object collocations stem from frequency counts of preposition-noun pairs (the preposition and nominal head of a PP) in combination with main verbs.

In this paper, we present the verb-object data, which consist of (P+N,V) combinations extracted from an 8 million word portion of the Frankfurter Rundschau corpus[33] such that every PP (represented by the combination P+N) in a sentence is combined with every main verb V that occurs in the same sentence. In this way, we obtain 294 534 distinct PNV combinations (lemmatized pair types), 80% of which occur only once in the corpus ($f = 1$). Another 15% occur only twice ($f = 2$), and merely 5% have occurrence frequencies $f \geq 3$. This illustrates the Zipf-like distribution of lexical tuples typical for corpus data. For the evaluation experiments, we use the 14 654 PNV types with $f \geq 3$ as candidates for lexical collocations. We henceforth refer to them as the PNV data set.

In Table 1, we show the frequency information for the Funktionsverbgefüge *in Frage stellen* ("to question"). From this table we can see that the combination *in Frage stellen* (O_{11}) occurs 146 times in the PNV data set, whereas the combination of *in Frage* with any other main verb but *stellen* (O_{12}) occurs 236 times, the combination of *stellen* with any other P+N combination but *in Frage* (O_{21}) occurs 3 901 times, and the number of (P+N,V) combinations where P+N is not *in Frage* and V is not *stellen* (O_{22}) occurs 10 371 times.

	stellen	any main verb but *stellen*
in Frage	$O_{11} = 146$	$O_{12} = 236$
any P+N but *in Frage*	$O_{21} = 3\,901$	$O_{22} = 10\,371$

Table 1: contingency table for in Frage stellen

Step 2 – Application of association measures: AMs are applied to the frequency information collected in the contingency tables. Every AM assigns a score to each lexical tuple in the data set. For each individual AM, the candidate list is ordered from highest to lowest score. Thus we obtain as many different rankings of the candidate set as AMs are applied to the data. Since, by the usual

33 The Frankfurter Rundschau (FR) Corpus is a German newspaper corpus, comprising approximately 40 million words of text. It is part of the ECI Multilingual Corpus 1 distributed by ELSNET. See http://www.elsnet.org/resources/ecicorpus.html for details.

convention, higher scores indicate stronger statistical association (which is interpreted as evidence for collocativity) we use the first n candidates from each such ranking for evaluation. When there are ties in the rankings, they need to be resolved in some way in order to select exactly n candidates. To avoid biasing the evaluation results, ties are broken randomly in our experiments.

For the illustration experiment in this paper we compare the following measures: (i) t-score (Church et al., 1991) and log-likelihood (Dunning, 1993), (ii) Pearson's chi-squared test (with Yates' correction applied) and (iii) plain cooccurrence frequency. Log-likelihood and t-score are two widely-used AMs. While the chi-squared test is considered as the standard test for association in contingency tables, it has not found widespread use in collocation extraction tasks (although it is mentioned by Manning & Schütze 1999).

Step 3 – Evaluation of the candidate lists generated by the AMs against manually annotated data: In order to assess the usefulness of each individual AM for collocation extraction, the (ranked) candidate lists are compared to a manually identified list of tuples where true positives (TP) and false positives (FP) are marked by a human annotator based on (hopefully) clearly defined annotation guidelines. The more TPs there are in a given n-best list, the better the performance of the measure. This performance is quantified by the n-best precision and recall of the AM.

Let t(n) be the number of TPs in a given n-best list and t the total number of TPs in the candidate set. Then the corresponding n-best precision is defined as $p = t(n)/n$ and recall as $r = t(n)/t$. Precision-by-recall plots are the most intuitive mode of presentation, as detailed in Evert (2004b), Section 5.1. Since they can be understood as mere coordinate transformations of the original precision plots, we restrict our presentation here to precision plots. For a predefined list size n, the main interest of the evaluation lies in a comparison of the precision achieved by different AMs, while recall may help to determine a useful value for n. Evaluation results for many different list sizes can be combined visually into a precision plot as shown in Figure for the full PNV data set and the task of identifying Funktionsverbgefüge and figurative expressions. Detailed annotation guidelines can be found in (Krenn 2004).

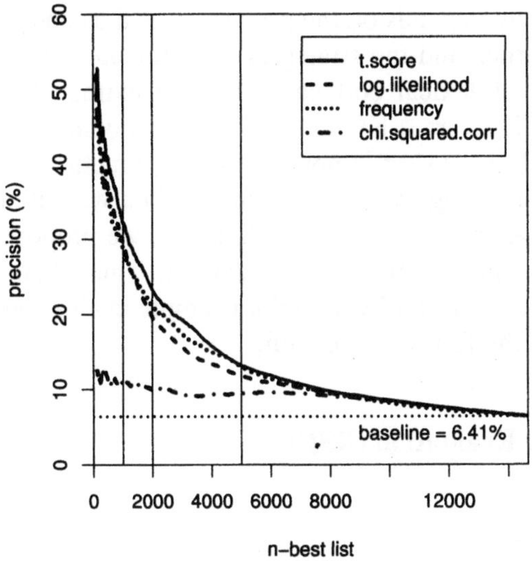

Figure 1: Precision plots for AMs on a figurative expressions / Funktionsverbgefüge extraction task, obtained by annotation of the full PNV data set

Figure 1 shows that the precision of AMs (including frequency sorting) typically decreases for larger n-best lists, indicating that the measures succeed in ranking collocations higher than non-collocations, although the results are far from perfect. Of course, the precision of any AM converges to the baseline for n-best lists that comprise almost the entire candidate set. The baseline precision (6.41% in this example) is the proportion of collocations in the entire candidate set, i.e. the total number of TPs (here, 939) divided by the total number of collocation candidates (here, 14 654). The x-axis covers all possible list sizes, up to n = 14 654. Evaluation results for a specific n-best list can be reconstructed from the plot, as indicated by the thin vertical lines for n = 1 000, n = 2 000 and n = 5 000. In the example, the differences between the AMs vanish for n ≥ 8 000. In our example, larger lists are hardly useful for collocation extraction as all measures have reached a recall of approx. 80% for n = 8 000. From the precision graphs we see that t-score clearly outperforms log-likelihood for n ≤ 6 000, and in the range 2 000 ≤ n ≤ 6 000 even simple frequency sorting is better than log-likelihood. Chi-squared achieves a poor performance on the PNV data and is hardly superior to the baseline, which corresponds to random selection of candidates from the data set. This last observation supports Dunning's claim that the chi-squared measure tends to overestimate the significance of (non-collocational) low-frequency cooccurrences (Dunning, 1993).

On the one hand, extensive experimentation is important, as the quality of individual AMs strongly depends on the properties of the candidate data set (especially the source corpus and the strategies used for the extraction of lexical tuples) and the kind of lexical collocations to be extracted, (cf. Krenn, 2000, Krenn & Evert, 2001, Evert & Krenn, 2001). On the other hand, manual annotation of TPs on the full data set is not feasible for practical work in collocation extraction, because it is highly time consuming. In a way, it also makes the use of AMs redundant. As a way out of this dilemma, we propose to evaluate AMs based on a random sample from each data set. Thus Step 3 of our general evaluation strategy is replaced by a random sample evaluation (RSE) procedure which is outlined in the following section.

3. Random Sample Evaluation (RSE)

3.1 Basics Procedure

To achieve a substantial reduction in the amount of manual annotation work, only a random sample R of the full data set C ($R \subseteq C$) is annotated. The ratio $|R| / |C|$ is called the sampling rate, and is usually small (10% to 20% of C). The manual annotation identifies all TPs from T (the TPs in the full data set) that belong to the sample R, i.e. the set $T \cap R$. The baseline precision b is estimated by the proportion of TPs in the random sample, i.e. $b' = |T \cap R| / |R|$. Similarly we can estimate the true precision p(A) of any subset $A \subseteq C$ by the ratio

$$p'(A) = |A \cap T \cap R| / |A \cap R| = k'(A) / n'(A)$$

which is called the sample precision of A. We use the shorthand notation n'(A) for the number of candidates sampled from A, and k'(A) for the number of TPs found among them. Correspondingly, an estimate for the n-best precision $p_{g,n}$ of an AM g is given by

$$p'_{g,n} = p'(C_{g,n}) = k'_{g,n} / n'_{g,n}$$

In addition, a statistical measure for the accuracy of this estimate can be computed in the form of a confidence interval for p'. A special hypothesis test can then be used to determine whether the observed difference between the p'-values of two different AMs is significant or whether it could be a result of the random sampling process (see Evert 2004, Section 5.3 for details).

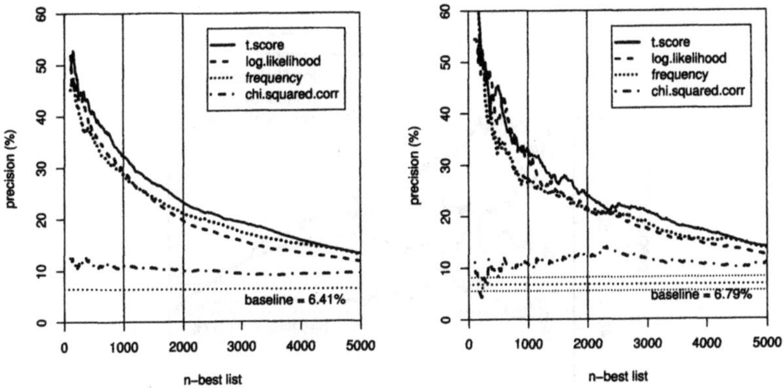

Figure 2: An illustration of the use of random samples for evaluation: precision plots for the 5000-best candidates from the full PNV data set (left) and the corresponding estimates from a 10% sample (right)

3.2 Evaluation Examples using RSE

In the following, we present RSE evaluations on two different data sets: (1) the PNV data set introduced in Section 2, and (2) an adjective-noun (AN) data set which will be introduced below.

PNV data: The right panel of Figure shows graphs of $p'_{g,n}$ for $n \leq 5\,000$, estimated from a 10% sample of the PNV data set. Note that the x-coordinate is n, not the the number $n'_{g,n}$ of sampled candidates. The baseline shown in the plot is the sample estimate b'. The thin dotted lines above and below indicate a confidence interval for the true baseline precision. From a comparison with the true precision graphs in the left panel, we see that the overall impression given by the RSE is qualitatively correct: t-score emerges as the best measure, mere frequency sorting outperforms log-likelihood (at least for $n \geq 4\ 000$), and chi-squared is much worse than the other measures, but is still above the baseline. However, the findings are much less clear-cut than for the full evaluation; the precision graphs become unstable and unreliable for $n \leq 1000$ where log-likelihood seems to be better than frequency and chi-squared seems to be close to the baseline. This is hardly surprising considering the fact that these estimates are based on fewer than one hundred annotated candidates.

AN data: Figure 3 shows another example of an RSE evaluation. Here, German adjective-noun combinations were extracted from the full Frankfurter Rund-

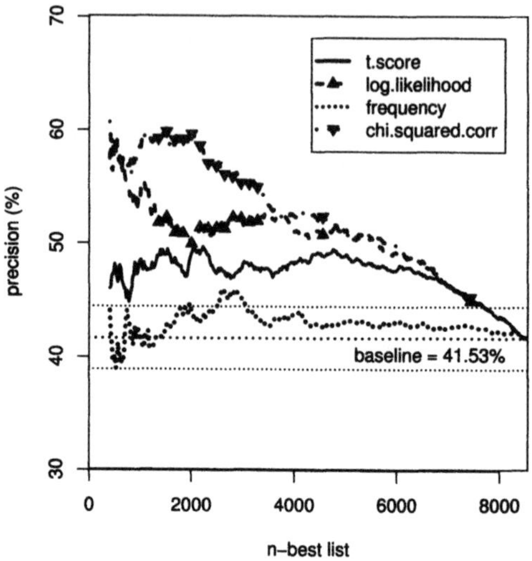

Figure 3: RSE of German adjective+noun combinations

schau Corpus, using part-of-speech patterns as described in (Evert & Kermes, 2003), and a frequency threshold of $f \geq 20$ was applied. From the resulting data set of 8 546 candidates, a 15% sample was manually annotated by professional lexicographers (henceforth called the AN data set). In contrast to the PNV data, which uses a linguistically motivated definition of collocations, the annotators of the AN data set also accepted "typical" adjective-noun combinations as true positives when they seemed useful for the compilation of dictionary entries, even if these pairs would not be listed as proper collocations in the dictionary. Such a task-oriented evaluation would have been impossible if, e.g., an existing dictionary had been used as a gold standard. The results of the AN evaluation experiment are quite surprising in view of previous experiments and conventional wisdom. Frequency-based ranking is not significantly better than the baseline, while both t-score and log-likelihood are clearly outperformed by the chi-squared measure, contradicting the arguments of (Dunning, 1993). For $1\,000 \leq n \leq 3\,000$, the precision of chi-squared is significantly[34] better than that of log-likelihood.

[34] For testing the significance of differences between two AMs see (Krenn & Evert, 2001).

4. Manual Annotation of Candidate Data

4.1 Phenomena

There is no single theory of lexical collocations. The phenomena subsumed under the term are manifold, ranging from lexical proximities in texts (cf. Firth's notion of collocation, Firth 1957) to syntactic and semantic units characterized by semantic opacity as well as syntactic irregularity and rigidity. However, lexical collocations differ from arbitrary word combinations in various ways:

The determining elements of a collocation are lexically selected, i.e., certain words cooccur preferentially, e.g. German *Jacke anziehen* (jacket + put on) versus *Hut aufsetzen* (hat + put on) versus *Kette anlegen* (necklace + put on).

A number of lexical collocations are morphologically or syntactically marked, e.g. *zu Felde ziehen* ('to campaign') where *Feld-e* is an ancient inflection form that is unusual outside the collocation; *ins Rollen bringen* (into+the rolling bring, 'to set something rolling') where the article cannot be separated from the preposition without meaning loss (* *in das Rollen bringen*). *Rollen* also cannot be pronominalised: *weil sie die Affäre ins Rollen bringt* (because she the affair into+the rolling brings) versus * *weil sie die Affäre in es bringt* (because she the affair into it brings) or * *weil sie die Affäre ins Rollen bringt, das endlos ist* (because she the affair into+the rolling brings, which (= the rolling) endless is).

A number of lexical collocations are semantically restricted: in the case of idioms the meaning of a complex linguistic unit is opaque, e.g. *ins Gras beißen* ('die'). In other cases, semantic compositionality is restricted or a metaphoric interpretation is required, e.g. *am Herzen liegen* ('to be important').

Modification can be restricted, e.g., *ins Gras beißen* in the reading 'die' can only be modified as a whole, i.e., only modification of the VP is possible: *weil er irgendwann ins Gras beißt* (because he some day into+the grass bites, 'because he dies some day') versus * *weil er ins grüne Gras beißt* (because he into+the green grass bites), similarly *weil die Affäre schnell ins Rollen* kommt ('because the affaire is set rolling quickly') versus * *weil die Affäre ins schnelle Rollen kommt* (because the affaire into+the quick rolling comes).

Apart from the variety of definitions and terminology related to lexical collocations, which has been influenced by different linguistic and lexicographic traditions, there is a general problem with lexical collocations: individual instances can be found in a continuum ranging from syntactically and semantically fully flexible linguistic units, which are only marked by lexical selection, to linguistically rigid units such as idioms. Moreover, a variety of word combinations are habitually used in certain contexts. For instance, a frequent tuple in the PNV data set is *um* [...] *Uhr beginnen* (at [...] o'clock begin). The PP-verb pair does not exhibit any characteristics that would make it qualify as a collocation, nevertheless it is typical for the announcement of events and therefore might be a combination of interest (a TP) in a certain context of use.

In practical work on collocation extraction, we typically find an opportunistic approach to collocativity, i.e., the definition of TPs depends on the intended application rather than being motivated by (linguistic) theory, and it covers a mixture of different phenomena and classes of lexicalized word combinations. This is particularly obvious in lexicography where the definition of TPs strongly depends on their usefulness for the update or compilation of a particular dictionary, as is the case for the AN data presented in Section 3. Accordingly, it is important that a clear picture about the kinds of TPs relevant for a certain extraction task is given beforehand, providing guidelines for the annotation of TPs and FPs in Step 3 of the general evaluation procedure. All this requires a data- and task-driven experimental approach to evaluating the true usefulness of a particular AM or combination of AMs for the extraction of certain kinds of lexical collocations. In order to keep the amount of manual work limited, the random sample evaluation procedure is indispensable.

Despite the availability of well-defined criteria and explicit annotation guidelines, annotators may make different decisions for some of the collocation candidates because of individual mistakes, differences in their intuition, disagreement about the precise interpretation of the guidelines, etc. Thus the assessment of intercoder agreement on a certain annotation task is important. In the following section, we will briefly discuss methods for the assessment of intercoder agreement and report on results for the annotation of Funktionsverbgefüge and figurative expressions on the PNV data set. For the annotation guidelines employed here see Krenn (2004).

4.2 Intercoder Agreement

A widely used means for measuring intercoder agreement is the kappa statistic (Cohen, 1960), where the observed agreement between coders is compared with chance agreement. Kappa values lie within the interval [0,1]. While the interval boundaries are well defined (kappa = 0 indicates mere chance agreement, and kappa = 1 indicates perfect agreement), the intermediate values are hard to interpret. A widely used interpretation of kappa values for natural language coding tasks was suggested by Krippendorff (1980), especially with regard to dialogue annotation. Krippendorff distinguishes the following values:

	kappa $\leq .67$	*to be discarded*
$.67 \leq$	*kappa* $\leq .8$	*shows tentative agreement*
$.8 \leq$	*kappa*	*definite agreement*

When using kappa values, it is important to be aware of their inherent uncertainty: the computed values are sample estimates, whose variance has to be taken into account for the comparison with a fixed scale (see Fleiss et al., 1969, for a formula specifying the variance of kappa estimates). Thus, intercoder agreement needs to be interpreted on the basis of the intervals constituted by observed kappa values and their standard deviations, rather than by looking only at the observed values. Moreover, the kappa values are not very intuitive, because the definition of the kappa statistic starts from the unrealistic assumption that there were only chance agreement between annotators. Of course, from a linguistic point of view we would expect that there is a substantial agreement between annotators, because of common language competence of native speakers and the availability of clearly defined annotation guidelines. An attempt to formulate a more realistic measure of intercoder agreement is presented in (Krenn et al., 2004). This measure estimates the proportion of true agreement between annotators by dividing the observed ("surface") agreement into true and chance agreement. The authors present results for pair-wise intercoder agreement between a reference annotator and 12 other annotators on a Funktionsverbgefüge / figurative expression coding task (using the PNV data set). A comparison of the resulting confidence intervals for the proportion of true agreement with the confidence intervals of the corresponding kappa values shows a striking similarity for each of the 12 pairings. This finding may open up a new and more intuitive interpretation of the kappa values, but further investigation is required to validate our conjecture. The results of the experiment also show that high intercoder agreement is achieved by trained linguists while the agreement of non-expert annotators with the reference is much lower. This provides evidence that reliable annotation of collocation data requires expert annotators.

5. Conclusion

In this paper, we have presented a general procedure for evaluating the usefulness of different association measures (AMs) for extracting lexical collocations from corpus data. We have provided evidence that the assessment of AMs requires extensive experimentation, because the usefulness of individual measures depends on the properties of the source corpus, the candidate extraction strategies that were used, and the type of collocations to be identified. Thus, results obtained in a particular setting cannot easily be generalised to different settings. The enormous differences in extraction quality that the same AM may show in different tasks are illustrated by the examples of PP-verb (PNV) and adjective-noun (AN) collocations.

A full manual inspection of the candidate data extracted from a specific corpus for true positives (TPs) and false positives (FPs) is rarely feasible. To remedy this situation, we argue for an evaluation based on random samples from the full candidate set, so that only a small portion (10 to 20%) of the initial data need to be inspected manually. This is an important precondition for the broad empirical studies that are needed to obtain a better understanding of the general properties of AMs in collocation identification tasks.

We have argued that clear and detailed guidelines are required for the manual annotation TPs among the candidate data. The precise definition of TPs depends both on the task and the data, so special-purpose annotation manuals have to be created for each experiment. This fact is hardly surprising considering that (i) there is no single definition or theory of lexical collocations, and (ii) practical work on collocation extraction typically takes an opportunistic approach to collocativity, where the definition of TPs is largely determined by their intended use. For instance, lexicographers that are updating a dictionary, "typical" word combinations will often be of greater interest than collocations in a narrow linguistic sense.

Finally, we have discussed the necessity for and different ways of measuring intercoder agreement. We have presented a procedure that is more meaningful and intuitive than the widespread practice of using observed kappa values, and have concluded that a reliable manual annotation of lexical collocations requires expert annotators.

References

Breidt, E. (1993). Extraction of N-V-collocations from text corpora: A feasibility study for German. In Proceedings of the 1st ACL Workshop on Very Large Corpora. Columbus, Ohio.
(A revised version is available from http://arxiv.org/abs/cmp-lg/9603006)

Church, K., Gale, W., Hanks, P.& Hindle, D. (1991). Using statistics in lexical analysis. In Lexical Acquisition: Using On-line Resources to Build a Lexicon. Lawrence Erlbaum, pp. 115–164.

Cohen, J. (1960). A coefficient of agreement for nominal scales. Educational and Psychological Measurement 20, 37–46.

Dunning, T. (1993). Accurate methods for the statistics of surprise and coincidence. Computational Linguistics 19(1), 61–74.

Evert, S. (2004a). An on-line repository of association measures.
http://www.collocations.de/AM/

Evert, S. (2004b). The Statistics of Word Cooccurrences: Word Pairs and Collocations. PhD dissertation, University of Stuttgart.

Evert, S. & Krenn, B. (2001). Methods for the qualitative evaluation of lexical association measures. In: Proceedings of the 39th Annual Meeting of the Association for Computational Linguistics (pp. 188–195), Toulouse, France.

Evert, S. & Kermes, H. (2003). Experiments on candidate data for collocation extraction. In: Companion Volume to the Proceedings of the 10th Conference of The European Chapter of the Association for Computational Linguistics (pp. 83–86).

Firth, J.R. (1957). Papers in Linguistics 1934–1951. Oxford University Press, London.

Fleiss, J. L., Cohen, J. & Everitt, B. S. (1969). Large sample standard errors of kappa and weighted kappa. Psychological Bulletin, 72(5), 323–327.

Krenn, B. (2000). The Usual Suspects: Data-Oriented Models for the Identification and Representation of Lexical Collocations. Vol. 7 of Saarbrücken Dissertations in Computational Linguistics and Language Technology. DFKI & Universität des Saarlandes, Saarbrücken, Germany.

Krenn, B. (2004). Manual zur Identifikation von Funktionsverbgefügen und figurativen Ausdrücken in PP-Verb-Listen. http://www.collocations.de/guidelines/

Krenn, B. & Evert S. (2001). Can we do better than frequency? A case study on extracting PP-verb collocations. In Proceedings of the ACL Workshop on Collocations (pp. 39–46, Toulouse, France, July.

Krenn, B., Evert, S. & Zinsmeister H. (2004). Determining intercoder agreement for a collocation identification task. In Proceedings of Konvens '04. Vienna, Austria.

Krippendorff, K. (1980). Content Analysis: An Introduction to Its Methodology. Sage Publications, Beverly Hills, CA.

Manning, C. D. & Schütze, H. (1999). Foundations of Statistical Natural Language Processing. MIT Press, Cambridge, MA.

An application-centered Perspective on Multimodal Dialogue Systems

Jörn Kreutel

We will report on the results of the CHILI project, carried out by SemanticEdge GmbH and IAV GmbH and funded by the IBB Berlin, that was dedicated to the development of an embedded platform for multimodal automotive applications. We briefly describe the system architecture and the different types of application components, and concentrate on those aspects that are generalisable and address the issue of building end-device independent multimodal applications in arbitrary domains. We argue that a trade-off between scientific models for multimodal interaction developed in core research projects, on the one hand, and requirements like ease of development and reusability of application components, on the other, is necessary in order to meet market requirements and to raise the interest in multimodal services beyond the circles of academic and technological research.

Wir beschreiben die Projektergebnisse von CHILI, einem von der IBB Berlin geförderten Forschungsprojekt, das von SemanticEdge in Kooperation mit der IAV GmbH durchgeführt wurde. CHILI hatte den *proof of concept* für auf einer *embedded* Plattform betriebene multimodale natürlichsprachliche Anwendungen im Automobilbereich zur Zielsetzung. Unser Vortrag wird sich auf diejenigen Projektergebnisse konzentrieren, die die Entwicklung von endgeräteunabhängigen multimodalen Anwendungen im allgemeinen, und damit einen auch für *Mobility Services* in hohem Maße relevanten Themenbereich, betreffen. Auf dieser Grundlage soll die Ansicht diskutiert werden, dass es zur Durchsetzung von marktfähigen multimodalen Anwendungen bereits auf Seite der anwendungsorientierten Forschung eines pragmatischen Abgleichs von wissenschaftlichen Modellen und Anforderungen wie Wiederverwendbarkeit und Konfigurierbarkeit der zu entwickelnden Technologiekomponenten bedarf.

1. Introduction

In recent years, more than considerable funding has been granted to big joint consortia of academic and industrial partners dedicated to multimodal dialogue (e.g. SmartKom, FASiL, COMIC, SmartWeb (see references)). There are, further, ongoing standardisation activities at the level of the W3C in the field of multimodal interaction (see MMW3C). After all, it is evident that voice as an input modality can provide significant added value compared to a visual display only, particularly for small handheld devices with limited input capabilities.

Given these facts and efforts, the current stage of available commercial technology for building and deploying multimodal applications is more than disappointing.

This may partially be due to the – still existing – uncertainty about what could be the most appropriate application domain or application type to make the market aware of the presumed added value of multimodal interaction: the so called '*killer application*' for pushing multimodality keeps being out of sight. However, part of the problem could be the fact that projects in the area of 'application-oriented core research' tend to face the necessity to bridge the gap between sophisticated scientific models of the processes and data structures underlying multimodal interaction, on the one hand, and the obligation to build demonstrators as showcases and deliverables. Between these two activities, it seems that the importance of a clear framework and methodology for building applications, which addresses the issues of reusability and reconfigurability of existing system and application components, may not receive the attention it deserves.

Given this situation, our paper will report on the results of the publicly funded research project CHILI, carried out by SemanticEdge GmbH (SE) and IAV GmbH and funded by the IBB Berlin,[35] that was dedicated to the development of an embedded platform for multimodal automotive applications. In the course of this project, the participants tried to explore a 'third way' between scientific models and the pragmatic requirements of application development. Solutions have been developed for a range of issues that are related to the design of multimodal dialogue systems and applications in general and, particularly, to mobility applications, such as:

- Architectures for embedded dialogue systems vs. server-based solutions
- Dialogue management algorithms for processing information from natural language input
- Multimodal output generation
- Large vocabulary recognition, e.g. for city and street names
- Description languages for application building and their relation to ongoing standardisation efforts
- Dialogue design strategies, e.g. for confirmation in multimodal vs. unimodal environments
- Modularisation and reusability of application components

In the following sections, we will give an overview of the main achievements of the CHILI project in terms of the technology that has been developed. We will

[35] funded by grant No. 10019615

then discuss the notion of 'application orientation' that has been underlying our approach to dialogue system design.

2. Technological Achievements

In terms of technology, the main achievements of the CHILI project can be summarised as follows:

- design and implementation of a J2ME (see references) compliant dialogue system, comprising, among other things, a generic dialogue management component and an end-device independent multimodal output generation
- end-device independent XML markup language for visual output (SE DisplayXML)
- recogniser independent XML markup language for recognition grammars on the base of SRGS (SESRGS, see references)
- integration of DisplayXML and SESRGS with the SE output generation markup language for dynamic, context dependent generation of grammars and displays
- library of reusable, highly configurable, components for mobility applications (SE Mobility Suite)

The following sections will describe in more detail the system architecture and markup languages mentioned above.

2.1 Embedded Dialogue System

The starting point for the embedded dialogue system was the dialogue platform SemanticVoice, a robust and highly scalable runtime environment for flexible natural language dialogue applications based on a client-server architecture that is shown in figure 1. The platform comprises the SE SessionController as core component, components for load balancing and licensing, and the SE DialogClient, an interface component for integration with arbitrary Speech Recognition (ASR) and, if required, Text-to-Speech (TTS) components. Rather than directly interfacing with a particular ASR or TTS, the DialogClient also supports – through dynamic document creation – the emerging industry standard VoiceXML. This allows to integrate SemanticVoice with any VoiceXML runtime platform (e.g. the Voice Platforms by Nuance, Genesys or Aspect).

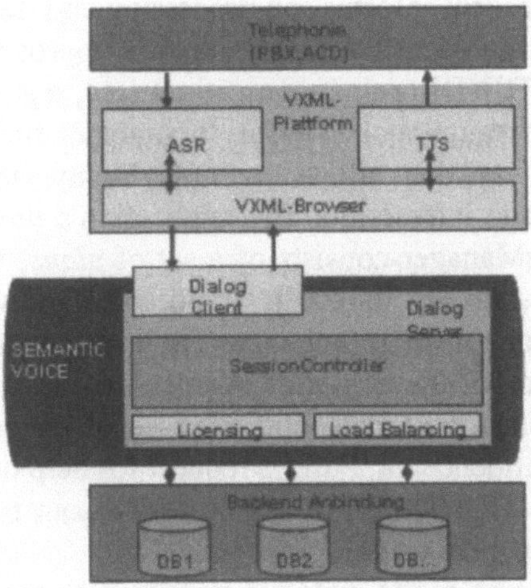

Figure 1: System architecture of the SemanticVoice server platform

We will briefly outline the main functional components of the SessionController in the following paragraphs.

The **DiscourseHandler** receives nbest lists of attribute value pairs from the ASR's natural language interpreter, which are passed through to the Controller by the DialogClient, and maps them onto a list of *dialogue acts* (see, e.g., Poesio and Traum (1998)) using discourse context information. A dialogue act is defined by a dialogue act type (e.g. `query-w`, `reply-w`, `confirm`, etc.), a topic (e.g. `destination`, `source-account`, `amount`, etc.) and possibly a set of further attribute value pairs.

The **OutputGenerator** receives lists of dialogue acts from the DialogManager (see below) and maps them onto data structures that contain, in most cases, a prompt string to be synthesised by TTS or, alternatively, a reference to a wav files or a list of wavs, and a reference to an ASR grammar rule or a dynamic inline grammar. Prompt and grammar referencing/generation is done using templates for the given dialogue act type and topic that shall be realised. Templates, which are written in an XML markup language (SE OutputXML), may contain control sequences to generate context dependent formulations or include dynamic values from the dialogue context. Dynamic values can be mapped onto well-formed expressions in the target language employing generic NLG algorithms, e.g. for generating NPs and coordinate structures.

The **DialogManager** receives a list of user dialogue acts from the DiscourseHandler and sends lists of system dialogue acts for realisation to the output generator. Its domain independent information processing and decision taking algorithms are inspired by the *information state update* approach to dialogue that was elaborated by the TRINDI project consortium (see, e.g., the TRINDI website (see references) and Traum et al. (1999)). It combines finite-state and event-based processing in a way that allows to build highly flexible applications driven by natural language interaction. The application's *domain model* that is processed by the DialogManager consists of a set of *plans*, written in a procedural scripting language, the SE PlanXML,[36] and a declarative event model for which we use the SE DomainXML language. The event model consists, on the one hand, of a description of the domain's business logics, and, on the other, a specification of the application's behaviour in case of events like recognition errors, timeouts, low confidence, or a user's request for help or clarification. It is this event model that, in TRINDI terms, can be seen as our particular variant of a set of *information state update rules.*

For the embedded version of the dialogue system, both the SessionController and the DialogClient were reimplemented in compliance with the J2ME framework (see references) and were interfaced through direct method invocation rather than via a client-server connection. The original speech-only DialogClient was, further, extended to a MultimodalDialogClient which is able to convert visual output specified in DisplayXML into the format required by the respective end device connected to it. For this purpose, we defined a DisplayManager interface, whose implementations can be plugged into the MultimodalDialogClient to support the interaction with a given end device.

To optimise performance, all XML application components are automatically transformed into Java sources by using an XSLT (see references) based converter that is integrated in the SE integrated development environment (DialogIDE). The compiled Java classes are loaded dynamically by the DialogManager and the OutputGenerator, which significantly improves performance of the runtime engine – up to factor 3 – compared with the runtime XML interpretation used in the original server solution.

[36] Our notion of „plan" historically draws upon the use of the term in the GoDIS System (see, e.g., Larsson(2000)), where plans specify high-level task structure in contrast to lower-level interaction management, e.g. the handling of confirmations or clarifications.

2.2 Markup Languages for Multimodal Output

2.2.1 DisplayXML

For end-device independent specification of visual output we developed the markup language DisplayXML, which supports, in its current stage, visual objects like lists of values (`<browse-list>`), tables (`<table>`), table cells and rows (`<row>`, `<cell>`) forms (`<kv-list>`) and arbitrary objects (`<object>`), which may be, e.g., images or animations.

In order to allow interaction with the visual display, table cells as well as the contents of forms may additionally be marked-up with semantic information in terms of slot value pairs. An appropriate pointing event to such an object, e.g. a click event in an html display realisation, will then result in the MultimodalDialogClient sending the associated slot value pair to the dialogue manager. Given that the DiscourseHandler maps slot value pairs onto dialogue acts, this implies that also interaction events that take place at the level of the visual display are interpreted in terms of dialogue acts or sequences of the latter. For example, in a confirmation context the pressing of an *ok* button may end up being interpreted as a `confirm` dialogue act. Pressing a *submit* button associated with a `<kv-list>`, on the other hand, will result in a list of `reply-w` dialogue acts, one for each key value pair of the list.

Apart from tables, which may be embedded into each other and may contain embedded occurrences of the other object types, we assume that any display document will contain either a single occurrence of one of these types, or that, otherwise, the application developer will markup one occurrence as `<main-element>`. In case some end-device, e.g. a WAP client, disposes of limited display capabilities, the respective DisplayManager implementation, which performs the device-specific mapping, will only map the main element and skip the rest of the document, e.g. buttons (represented by `<cell>` objects) with navigation commands. This approach requires, however, that the main element is designed by the application developer such that it is able to cover at least those responses that directly address the system's action in the respective interaction step – e.g. a `confirm` or `retract` response to a `request-confirm` action, rather than trigger a deviation from the – in terms of dialogue game theory (see, e.g., Carletta et al. (1996)) – "expected" interaction flow associated with the given system dialogue act.

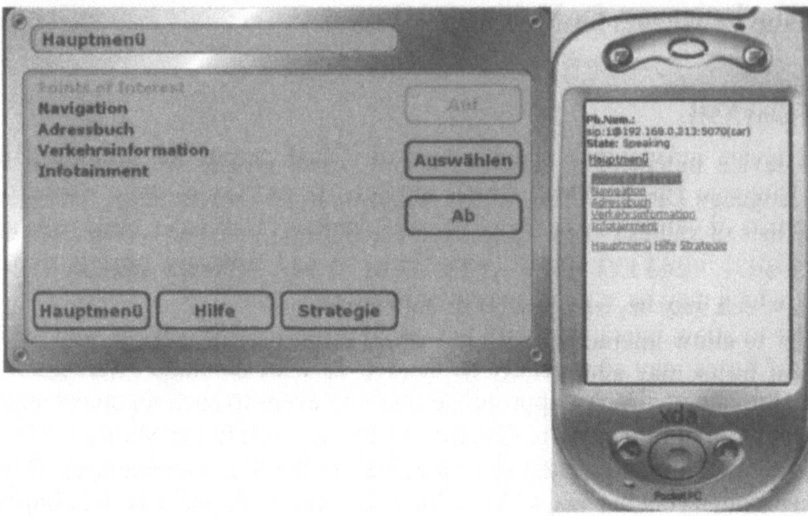

Figure 2: Example for a <browse-list> displayed by the IAV display and an HTML client

For the CHILI demonstrator, we created two implementations of the DisplayManager interface that process DisplayXML and generate HTML using XSLT stylesheets and the proprietary format that is required by the IAV in-car graphical display, respectively. Alternatively, the MultimodalDialogClient can seamlessly support both candidate formats for multimodal markup, XHTML+Voice and SALT (see references). Figure 2 shows how some display with `<browse-list>` as main element will be realised on the actual end devices, where in the case of HTML output we emulate a PDA running a standard web browser. Note that visual components for list navigation like the *Auf*, *Ab* and *Auswählen* buttons in the IAV display are generated, if necessary, by the end device specific DisplayManager and do not need to be foreseen in the DisplayXML source document. Also actions that result from clicking on one of these buttons are processed and handled by the DisplayManager rather than by the DialogManager that takes responsibility of any other interaction event.

2.2.2 SESRGS

As far as creation of recognition grammars is concerned, we, first of all, extended the existing SRGS specification (see references) such that it disposed of equivalent expressive power like the Nuance GSL grammar format. In particular, we allow sub-rules (referenced via the SRGS <ruleref> element) to return values in order to enhance the reusability of grammar rules and support a modular application design. The compatibility with less expressive formats, like SRGS itself or JSGF (see references), is assured by appropriate converters that map SESRGS onto the format expected by the respective ASR component.

We further introduced a `complexity` attribute on SRGS elements that may have the values `kw`, `cl` and `nl` and allows to markup grammar constituents as *keywords*, *controlled language* and *natural language*, respectively. The following example illustrates the use of the complexity markup in a grammar fragment that models inputs like *ich möchte einen neuen adressbucheintrag anlegen*:

```
<one-of>
    <item>
        <item complexity="nl">ich möchte
            <count number="?">gerne</count>einen
        </item>
        <item    complexity="kw">neuen    addressbuchein-
        trag</item>
        <item complexity="cl">anlegen</item>
    </item>
    <item complexity="kw">neuer adressbucheintrag</item>
</one-of>
```

Complexity can be set depending on the ASR capabilities that are available in the given deployment scenario. For use in an embedded system, e.g., only keyword or controlled language interaction may be supported, whereas a server-based deployment may support full natural language expressions. However, the complexity value can also be modified at runtime and thus be used to support error handling strategies. For example, in case the system detects repeated recognition errors it may reduce complexity from "`nl`" to "`cl`" or even "`kw`". Note that also the target grammar format can principally be set at runtime within a single session. This way, we meet a necessary requirement to support hybrid deployment scenarios in which a switching between different ASR platforms takes place, e.g. between an in-car embedded ASR and a remote server-based one with stronger recognition capabilities.

2.2.3 Dynamic Markup Generation (OutputXML)

Both DisplayXML and SESRGS have been embedded in the SE OutputXML markup language that in our original platform has been mainly used for generating dynamic prompts that include context specific information. The following OutputXML fragment, e.g., generates prompts in confirmation contexts like *Suchen Sie ein Hotel oder eine Tankstelle?* given appropriate dictionaries that map internal system representations of slot values onto the corresponding lexical items of the desired target language:

```
<entry type="prompt">
     <text>Suchen Sie</text>
          <iterate on="offeredValues">
               <separator>,</separator>
               <lastSeparator>oder</lastSeparator>
               <iterator   case="acc"   num="sing"   trans-
               late="poiTypes" function-word="indefDet"/>
          </iterate>
     <text>?</text>
</entry>
```

The integration of the two languages for displays and grammars with OutputXML allows us to create both visual output and context sensitive recognition grammars in the same fashion like the prompt above. This way, both constituents of displays, e.g. a bar of *ok* and *cancel* buttons, and grammar rules can be parametrised depending on the discourse context, which significantly increases the reusability of the respective components. Depending on the type of dialogue act performed and further context information, for example, an *ok* button may be activated or deactivated or may be associated with different semantic interpretations. See, e.g., the two displays in figure 3 that correspond to a `query-w` and a `request-confirm` dialogue act with regard to the street in a point of interest search:

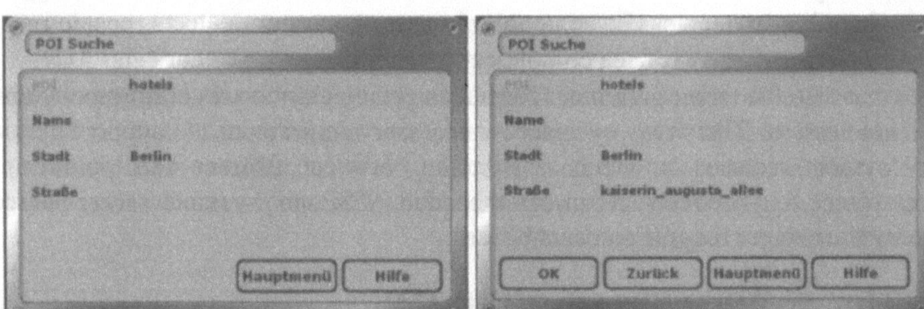

Figure 3: Example for context-sensitive realisations of a bar of buttons

Similarly, recognition grammars that will be loaded in `request-confirm` and `query-w` contexts can be parametrised such that in a `request-confirm` context utterances expressing confirmation and retraction are covered in addition to those that provide values for the slot addressed by the system, e.g. *Nein, nicht nach Berlin, sondern nach Hamburg möchte ich fahren.*

2.3 SE Mobility Suite

On the basis of the expressive means outlined in the previous section, and using the SE PlanXML and DomainXML markup languages, we developed a range of reusable application components that are meant to serve as a basis for a wide range of mobility services, including the CHILI demonstrator that will be described in the subsequent section.

The SE Mobility suite comprises, among others:

- a generic component for taking locations, supporting different strategies for optimising the large vocabulary recognition task of recognising city and street names as well as different confirmation strategies
- an address book component that provides a range of methods to be accessed by other components, e.g. for saving locations of points of interest or to retrieve locations given a person's or location's name
- a component for taking a person's or company's name given a location and a telephony directory
- components for taking and confirming phone numbers

All application components have been implemented using the SE DialogIDE that supports the creation of reusable application components by means of

- parametrisation, i.e. the manipulation of a component's behaviour given a range of input parameters, and/or
- component extension, i.e. the creation of a new component B given an existing component A, where B inherits all properties of A apart from those ones that are locally defined in B.

For example, the CHILI demonstrator uses the generic component for requesting locations, where a parameter controls whether the system asks to input a street given a city name only, or whether it requires a postcode in order to reduce grammar size for ASR. Via component extension, on the other hand, the generic *addressbook*, as well as the demonstrator's *navigation* and *points of interest* components inherit dialogue flow and grammars from the generic location component, while each one specifies its own prompts and visual output, in addition to component specific functionality.

2.4 The CHILI demonstrator

For demonstrating the results of our research, we built a show case application using the technology components that were described in the preceding sections. In addition to a demonstrator running on an embedded platform with 800MHz CPU, 256 Mb RAM and WindowsCE as operating system, we developed a server-based environment accessible via a standard web browser and an additional telephone or VoIP connection. For speech recognition and text-to-speech synthesis, we used Nuance ASR and Rhetorical TTS, and IBM embedded ViaVoice ASR and TTS for the server-based and embedded environments, respectively. Both environments run a single application that was developed on top of the reusable components for mobility applications mentioned above.

Whereas the dialogue management components support the same application features and show consistent behaviour in both scenarios in terms of response time and CPU usage, there is a drastic difference in functionality and performance exposed by the respective ASR and TTS components. The most striking example for this gap is city and street name recognition. Here, the Nuance server solution allows robust recognition – with an accuracy of clearly >90% – over the whole set of street names of Berlin or Hamburg, i.e. 15000 and 10000 unique names, respectively. These values can even be held in case we additionally try to recognise a house number and, in confirmation/correction scenarios, allow to input either a house number, a street name, or both. The embedded ASR,[37] in contrast, required to narrow down the range of potential street names to maximally 1000 by requesting the user to input the post code in case of big cities, and to recognise street name and house number in separate interaction steps. However, even then recognition rates did not reach the ones of the server based ASR. As for TTS, the main disadvantage of the embedded low-footprint solution was that understandability of synthesised street names decreased significantly compared with the server solution, which severely affects the usability of the demonstrator.

Both demonstrators, however, illustrate how flexible dialogue strategies and the additional modality of a visual interface are able to raise the usability of a speech-driven application. For example, we used visual disambiguation dialogues in case of repeated ambiguity of user inputs in large vocabulary recognition contexts. This proves superior over disambiguation via voice because the latter only reduces confusability of items if these are referenced via acoustically significantly distinct expressions, e.g. "one", "two", "three". The multimodal

[37] By the time the solution was developed, the IBM embedded ASR and TTS for German with support for the Java Speech API (see references) were only available as Beta versions.

interface, further, allows to apply optimistic grounding strategies, assuming that the user will correct erroneous values using the graphical input possibilities (for grounding in dialogue systems, see the work of David Traum, e.g. Traum (1994)).

As far as the impact of our work for the field of mobility applications, in general, is concerned, we do not see any obstacles on the side of server-based ASR, TTS and DialogProcessing components against the development and deployment of, e.g., multimodal applications that support any location based service use case like a point of interest search – provided that network technology allows a single point of access to such applications for both the voice and the data channel. As for actual *embedded* scenarios, we expect for 2006 that soft- and hardware will be ready to overcome the problems we encountered in the embedded version of the CHILI demonstrator. Even if client-side ASR capabilities may not be sufficient to support full-fledged natural language interaction with large vocabulary recognition, the use of controlled language and hybrid architectures that leverage research efforts in distributed ASR (see, e.g., ETSI's AURORA project (references)) will provide a solid technological basis for the development of multimodal mobility applications.

3. Summary and Discussion

The CHILI project, which we have described here, can be seen as 'application oriented' not only in the sense that it tried to *apply* research in multimodal dialogue management and converted it into technology, but also in so far as this conversion, from the beginning, was guided by the objective that the resulting technology should be optimised as far as its function as a basis for *building applications* on top of it is concerned. We think that only the combination of these two views on 'application orientation' will actually yield technology that has a potential for further being developed towards a product that can compete on the software and HLT market.

Such an approach, however, requires trading-off, at an early stage of design, practicability issues, on the one hand, and the aim of preserving the scientific sophistication of technology. In the case of dialogue systems, compromises need to be made between the expressivity, and possibly complexity, of data structures, e.g. dialogue acts, and the ease of handling them in application development. On the other hand, the scientific goal to maximise the simplicity of expressive means may need to be dropped in favour of the desired coverage they need to provide to developers. For example, for dialogue flow description a scientific perspective may desire a maximally restricted set of control structures to model natural language interaction. Extending one's view from 'laboratory' show case application towards robust real-life systems, however, may result in the need to add more and more ordinary programming constructs to the description language. This development was, unfortunately, even missed in the so far versions of VoiceXML, which still does not support loops or iteration statements, but needs to delegate this task to JavaScript.

We acknowledge that our view of 'application orientation' partially blurs the presumed neat distinction between research and the conversion of its results into technology, on the one hand, and the productisation of technology, on the other. However, if requirements from product development like modularity and reusability of application components – which in a straightforward way are related to market parameters like *time to market*, *return on investment* and *total cost of ownership* – are not sufficiently taken into account, work on technology may easily run into a dead end and may terminate at the day of the final project presentation.

Development of core technology components, therefore, needs to be complemented by a clear and well-thought framework and methodology for application building, which will affect the way technology will finally look like. It is this perspective that was underlying our work in the CHILI project, and thanks to which the commercialisation of the project's results will be able to make a significant value proposition in the emerging field of technology for multimodal applications.

References

AURORA. Distributed Speech Recognition. http://portal.etsi.org/stq/kta/DSR/dsr.asp

Carletta, J., Isard, A., Isard, S., Kowtko, J. Doherty-Sneddon, G., Anderson,A. (1996). HCRC dialogue structure coding manual. Research Paper 82, Human Communication Research Centre, University of Edinburgh, June 1996.

COMIC. COnversational Multimodal Interaction with Computers. http://www.hcrc.ed.ac.uk/ comic/

FASiL. Flexible and Adaptive Spoken Language and Multi-Modal Interfaces. http://www.fasil.co.uk

J2ME. Java 2 Platform, Micro Edition. http://java.sun.com/j2me/

JSAPI. Java Speech API. http://java.sun.com/products/java-media/speech

JSGF. Java Speech Grammar Format. http://www.w3.org/TR/jsgf/

Larsson, S. (2000). Question Accommodation and Information States in Dialogue. In: Proceedings of the Third Workshop in Human-Computer Conversation, Bellagio.

MMW3C. W3C Multimodal Interaction Activity. http://www.w3.org/2002/mmi/

Poesio, M. and Traum, D (1998). Towards an axiomatisation of dialogue acts. In: Twente Workshop on Language Technology.

SIRIDUS. Specification, Interaction and Reconfiguration in Dialogue Understanding Systems. http://www.ling.gu.se/projekt/siridus/

SRGS. Speech recognition grammar specification, Version 1.0. http://www.w3c.org/TR/ speech-grammar

SALT. Speech Application Language Tags. http://www.saltforum.org

SmartKom. Dialog-based Human-Technology Interaction by Coordinated Analysis and Generation of Multiple Modalities. http://www.smartkom.org/

SmartWeb. Mobile Applications of the Semantic Web. http://www.smartweb-project.de/

Talk. Talk and Look - Tools for Ambient Linguistic Knowledge. http://www.talk-project.org

Traum, D. (1994). A Computational Theory of Grounding in Natural Language Conversation. TR 545 and Ph.D. Thesis, Computer Science Dept., University of Rochester, December 1994.

Traum, D., Bos, J., Cooper, R., Larsson, S., Lewin, I., Matheson, C., Poesio, M. (1999). A model for dialogue moves and information state revision. TRINDI Deliverable 2.1, University of Göteborg.

TRINDI. Task Oriented Instructional Dialogue. http://www.ling.gu.se/projekt/trindi

XSLT. XSL Transformations, Version 1.0. http://www.w3c.org/TR/xslt

X+V, XHTML+Voice Profile, Version 1.0, http://www.w3.org/TR/xhtml+voice/

An Architecture for Parallel Corpus-based Grammar Learning

Jonas Kuhn

This paper describes a model architecture for accessing implicit information about the grammar of the languages included in a parallel corpus. By initially applying statistical word alignment to the corpus and defining an appropriate representation format for cross-linguistic structural correspondence, this implicit information can feed a system for bootstrapping grammars. The proposed architecture will be underlying in the new PTOLEMAIOS project.

Dieses Papier beschreibt einer Modellarchitektur, mit der auf die implizit in Parallelkorpora enthaltene Information über die Grammatiken der beteiligten Sprachen zugegriffen werden soll. Wenn auf das Korpus vorab eine statistische Wortalignierung angewandt wird und ein geeignetes Repräsentationformat für die crosslinguistische Strukturkorrespondenz definiert wird, kann diese implizite Information in einem Bootstrapping-Ansatz zum Grammatiklernen verwertet werden. Die vorgeschlagene Architektur wird im neuen PTOLEMAIOS-Projekt zur Anwendung kommen.

1 Introduction

In this programmatic paper, an architecture for grammar learning based on parallel corpora is outlined. This proposed architecture is the target for the PTOLEMAIOS project.[38] More concretely, the project goal is to develop a formal architecture and implement a software system that allows one to train a syntactic grammar for a language *L* from a parallel corpus including *L* and multiple other languages, for which a relatively small set of sentences has been hand-annotated for syntactic correspondences across the languages. The resulting grammar should be robust and have a broad coverage, while generally providing reliable analyses at the level of (at least clause-local) head-dependent relations; this will make the grammar applicable in NLP applications that involve syntactic/semantic parsing at moderate depth, such as information extraction, question answering, or advanced statistical machine translation.

---

[38] PTOLEMAIOS is for "Parallel Text-based Optimization for Language Learning – Exploiting Multilingual Alignment for the Induction of Syntactic Grammars." The project has been accepted for the Emmy Noether program (phase II) of the DFG (German Research Foundation); this means that a junior research group led by the author will be funded at the Saarland University in Saarbrücken.

We can also phrase the project goal as a methodological challenge: to develop a formal framework for grammar learning which is sophisticated enough to allow for the integration of insights and assumptions from linguistic theory, and at the same time surface-oriented, robust, and computationally efficient enough so it can be applied on large amounts of real corpus data, without presupposing time-intensive manual annotation of more than a small subset of the data. We expect that with this methodological goal, our project results will transcend the immediate engineering achievements and contribute to our general understanding of the learnability of linguistic knowledge. In particular, our software architecture will serve as an empirical test bed for linguistic representation systems (e.g., of lexical classes, functional/lexical category distinctions, morphological marking, argument structure, etc.) with respect to learnability properties – an aspect for which so far it has been very hard to test theoretical predictions empirically.

2 Project methodology

Let us call the initial system architecture we plan to achieve in the project the "PTOLEMAIOS I" system. Figure 1 illustrates the architecture with a flowchart. The main input for the PTOLEMAIOS I system is a parallel corpus, including translated text in at least two languages. As additional input, a subset of the parallel corpus is annotated with cross-linguistic information about phrasal correspondences and an underlying "pseudo meaning representation" which we will discuss below. We also use standard NLP preprocessing techniques, such as part-of-speech tagging and morphological analysis, to the extent that the required resources are available. As additional preprocessing, (i) the parallel corpus is sentence-aligned, following the standard algorithm of Gale and Church (1991), and (ii), a statistical word alignment is trained using the GIZA++ tool, which implements the standard IBM models (Och and Ney 2003).

Besides the preprocessing components, the PTOLEMAIOS I system consists of a bootstrapping cycle for improving grammar models learned from the parallel corpus. The base learning component (section 2.1) at the core of the cycle involves candidate generation (creating generation alternatives to the one observed for each language in the corpus) and discriminative training of a grammar model. The outer loop (section 2.2) applies the grammar models of each stage to the corpus for the creation of a more accurate annotation as the basis for the next learning stage. The outer loop uses a noisy channel model for "parallel parsing", inspired by the standard model underlying statistical MT.

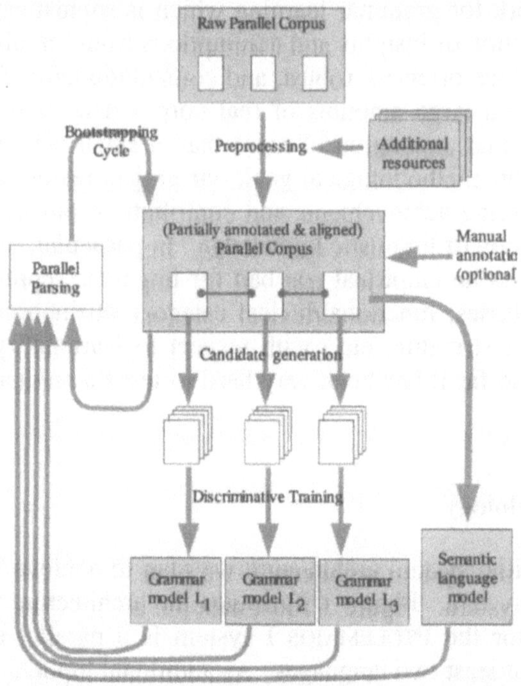

Figure 1: The PTOLEMAIOS I architecture

2.1 Base learning in PTOLEMAIOS I

The central grammar models obtained in the base learning components are log-linear models that predict for some language *L*, how likely it is to use a particular linguistic realization (let us call it *t* for "tree") for a given underlying meaning representation *m*: we get a language-specific model for $\Pr(t \mid m)$. The realization of a meaning with the highest probability can be viewed as our prediction of the correct grammatical realization of the meaning in *L*.

Note that the model is based on an expressive optimization, i.e., the comparison of alternative realizations of the same underlying meaning (as it is assumed in most linguistic work in Optimality Theory (OT)[39]), not an interpretive optimization as in classical statistical parsing. However, contrary to classical OT, we

[39] For a discussion of directionality in formal OT syntax, see for instance Kuhn 2003.

do not use a constraint ranking model, but the more robust probability models from statistical NLP. There are strong conceptual arguments for the expressive optimization architecture (compare also section 3): the most crucial aspect in knowing the syntax of English can be paraphrased as knowing for example that one has to say *what did you see?*, rather than *what saw you?* or *saw you what?* etc. In the initial implementation of the base learning component, we can build on an existing tool: the YASMET system, F. J. Och's small toolkit for training conditional Maximum Entropy models.[40] What needs to be implemented in the first phase of PTOLEMAIOS is a parser for the parallel corpus and routines for converting the parser output into the appropriate representation for the YASMET learning tool. The crucial conceptual points to clarify here are (i) what representation formats are used for the underlying meaning m and candidate analyses *t*, and (ii) how to parameterize the learning (in OT terms, what constraints to assume).

2.1.1 Representations

An important aspect of candidate analyses in OT is the distinction between a part defining the surface form and a part defining the underlying form (in syntactic OT, this corresponds to the meaning). In the PTOLEMAIOS I architecture we use a comparatively simple candidate representation: A candidate analysis is characterized by a tree in which the nonterminal symbols are augmented with atomic-valued features (from a finite set of features, each allowing for values from a finite set); let us call this representation format an augmented phrase structure tree (APT). There may be nonterminal symbols that do not dominate a terminal symbol; all terminal symbols are dominated by non-branching preterminal nodes. Consider for example the tree in figure 2, which we constructed for the English sentence *We will find out all the necessary information*, taken from the Europarl corpus. The EN-Nth and EN-Cat features encode the surface order of the daughters within the local subtree and the part-of-speech category of the syntactic head, respectively. Further feature distinctions for morphological form, sentence type etc. may be added. In our illustrations, only two categories are distinguished in the phrase structure backbone of the feature grammar: clausal nodes (CL) and non-clausal nodes (X).

The flat analysis of the clause-internal and NP-internal structure is motivated by the cross-linguistic context in which the analysis is used. We can assume very similar trees for translational correspondents as in (1) or the translations in (2).

[40] http://www.fjoch.com/YASMET.html.

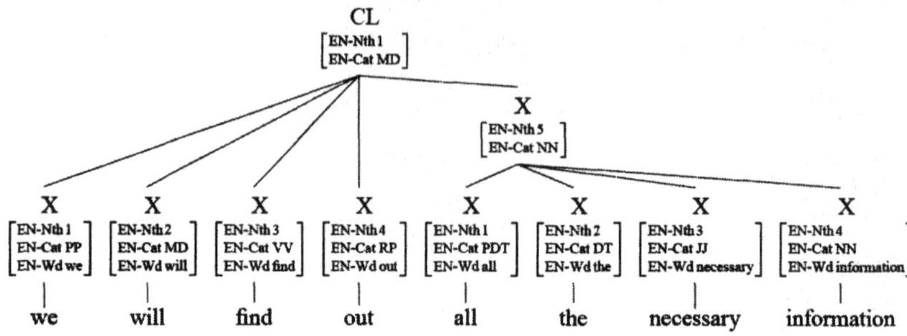

Figure 2: Augmented Phrase Structure Tree

(1) EN *We will find out all the necessary information*

FR	*Nous*	*chercherons*		*toutes*	*les*	*informations*	*nécessaires*	
	we	will seek		all	the	information	necessary	
DE	*Wir*	*werden*	*alle*	*notwendigen*	*Informationen*	*beschaffen*		
	we	will	all	necessary	information	acquire		

(2) EN *I am not satisfied with what happened*

DE	*Nicht*	*einverstanden*	*bin*	*ich*	*jedoch*	*mit*	*dem*	*was*	*geschehen*	*ist*
	not	agreeing	am	I	however	with	that	what	happened	has

We go so far as to assume that translations have the same hierarchical graph structure – we may think of this as the consensus representation. Formally, the multilingual consensus tree is generated by a variant of an inversion transduction grammar (ITG; compare Wu 1997). In the type of transduction grammar we assume, there are three ways in which the realization in a particular language may differ from the others: it is possible (i) to use different orderings of the daughters of a nonterminal, (ii) to use different nonterminal symbols for realizing a preterminal, and (iii) to leave certain nonterminal symbols unrealized.[41]

Given these assumptions we can draw a single graph for all translational realizations of a sentence. The graph for (2) in figure 3 includes the English and the German tree. (The actual terminal symbols and the sequencing for English is shown, but the reader may verify that the German version of (2) can be obtained by ordering the sisters in each local subtree according to the DE-Nth feature.) We can now specify the candidate analyses for PTOLEMAIOS I. A candidate analysis is an augmented phrase structure tree (APT) like in figure 3, including information about *n* other languages from a parallel corpus. The surface part of a

[41] A fourth option might be added at some point, using a special re-ordering operation for non-local realization (similar to the subtree cloning operation proposed by Gildea (2003)).

candidate analysis for language *L* is simply the word string obtained by forming the sequence of the *L*-Wd feature values when traversing the tree according to the order of daughter nodes according to the *L*-Nth feature. The meaning part of a candidate analysis is essentially the consensus tree representation.

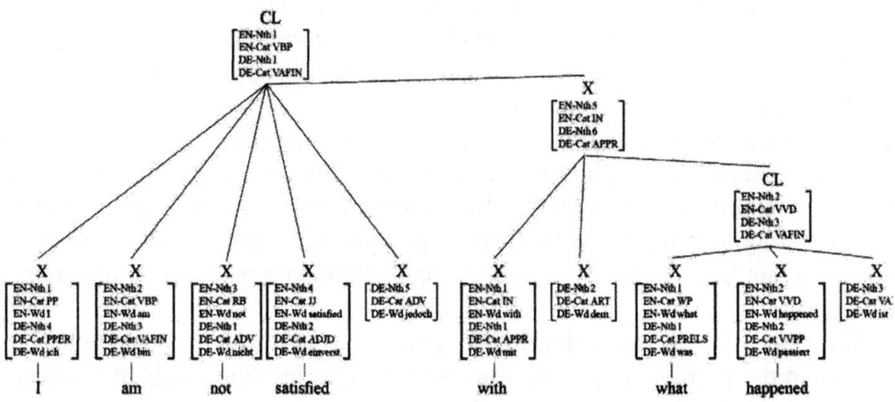

Figure 3: Candidate analysis for English, including pseudo meaning representation based on a German/English corpus

We define a pseudo meaning representation (PMR) relative to a language *L* as the (in principle unordered) graph obtained from the APT by leaving out all *L*-specific features and all terminal nodes. A PMR relative to L may contain nodes that have no overt realization in *L* (e.g., the *jedoch* node for the PMR for English in figure 3). The meaning part of a candidate defines the expressive competitors, i.e., the candidate set in discriminative training: the alternative realizations of the underlying PMR, i.e., variants of the hierarchical graph structure that may contain different words and a different ordering.

2.2.1 Parameterization of the expressive competition model

Our grammar models determine Pr($t \mid m$) for a particular language *L*. To estimate this conditional probability we will apply a log-linear or Maximum Entropy model (Ratnaparkhi 1999). This allows us to use a large number of constraints or learning features, which do not have to be statistically independent. Since many aspects of *t* are fixed by the PMR format that we assume for *m*, only the following information needs to be determined by the model (relative to a specific language *L*): for a nonterminal node, whether or not it gets realized in *L*, and if it does get realized which is the syntactic head daughter, and what is relative order of the daughters. For preterminal nodes, the terminal realizing the node in language *L* has to be determined.

In the flat APT representation, an entire clause is represented as a single subtree of depth 1, containing all argument and modifier phrases. Nominal phrases or prepositional phrases are also internally flat. Thus, most of the systematic cross-linguistic variation in the grammar of clauses and nominal phrases is reflected in ordering alternatives and the addition/omission of certain function words, i.e., these decisions are local to a subtree of depth 1. Therefore we will work with the following **separability assumption**: up to certain limited feature distinctions in our tree representations, the probability $\Pr(t \mid m)$ for the entire tree can be separated out into a product of probabilities for local subtrees; these can be computed separately and (at least approximately) combined by dynamic programming techniques for unification grammars.[42] This means that the candidate sets that have to be effectively computed and compared are comparatively small.

Since we plan to use a log-linear model, we can use fairly complex constraints in the training, reflecting linguistic insights into the levels of representation involved. Of course, we do not have access to a true, reliable semantic representation; it is a central hypothesis however that information from the other languages in the parallel text may be used as a substitute. Thanks to the assumption of an expressive optimization we will be in a position to experiment with the actual constraint sets assumed in the theoretical OT literature (to the extent that they can be adjusted to the specific representations we will assume).

2.2 The outer loop in PTOLEMAIOS I

Where does the PMR information (which is required to learn information about the grammar of language *L*) come from if no full manual annotation of the corpus is planned? The answer is that expressive optimization decisions are learned using a *bootstrapping approach* involving several languages. Initially, either a small set of manually annotated sentence tuples from the parallel corpus is used (indicating clauses and major nominal/prepositional phrases and their syntactic heads), or an unsupervised grammar induction process exploiting just the statistical word alignment is applied (compare Kuhn 2004).

In each bootstrapping cycle, expressive-optimization-based log-linear grammar models are trained for each of the languages, using only training data for which the PMR has been assigned with high confidence. The result is a model

---

[42] This is related to locality observations for OT competitions based on extended projections, which was made by Kuhn (2001). Dynamic programming techniques for log-linear models of syntax are discussed by Geman and Johnson (2002).

for the conditional probability Pr(t_L | m). Furthermore, the PMRs are used to train an unconditional model for Pr(m), using standard PCFG training on a canonical form of the underlying PMR trees with some compiled-out features. The models are then (re-)applied to the full training data in "parallel parsing mode" (see below), assigning PMRs with a certain confidence. The resulting data points for which a PMR tree could be determined with high confidence are used as training data for the next bootstrapping cycle of training log-linear models for the individual languages. Crosstalk between the grammars and the inherent redundancy of parallel corpora should lead to an increase of the amount of usable training data.

2.2.1 (Parallel) Parsing with a noisy channel model

This is the central procedure in the PTOLEMAIOS learning approach. The input to the parallel parsing step are corresponding sentences in two or more languages from a parallel corpus and statistical word alignment(s) for the sentence tuples. The *resources* used are the unconditional PMR model and a log-linear grammar model for each of the languages under consideration. Let us call the models used a family of PMR transduction grammars.

To keep the discussion simple, we will discuss parallel parsing for the case of parsing sentences in just two languages; the situation with more languages is analogous. The *output* of parallel parsing is the most probable PMR underlying each pair (or tuple) of input sentences. The application of the various probability models follows the noisy channel model, which is underlying in all work on Statistical Machine Translation (MT). There, the idea is to solve the problem of translating, say, from French to English, not by training a direct model for translating a given French sentence into an English sentence (finding the English sentence e that maximizes Pr(e | f)). Instead, Bayes' law is used as in (3)[43] to transform the problem into an equivalent combination of different subproblems, for which separate models are trained: (i) a *translation model* for determining how likely a French sentence is to be a translation of a given English source sentence (note that the assumed direction of translation underlying the training is reversed: a model for Pr(f | e) is trained), and (ii) a translation-independent *language model* for determining how likely a sequence of words is as an English sentence (Pr(e)). To apply the two models in an actual translation task from French to English (!), a third component, a *decoder* is needed, which searches

[43] The denominator can be ignored in the step from (3b) to (3c) since it remains constant when we are looking for the best e, given a fixed f.

the space of candidate word sequences *e* to maximize the product of the probabilities Pr(*f* | *e*)Pr(*e*).[44]

(3) a. $argmax_e \, Pr(\, e \mid f \,)$

b. $= argmax_e \; \dfrac{Pr(\, f \mid e \,)\, Pr(\, e \,)}{Pr(\, f \,)}$

c. $= argmax_e \, Pr(\, f \mid e \,)\, Pr(\, e \,)$

Parsing can be viewed as a translation problem too: a sentence in a natural language is given, and the output is a translation of the sentence into some structural or semantic representation format. In statistical parsing, it is standard to approach this translation problem using direct estimation of the probability Pr(*tree* | *sentence*). In the PTOLEMAIOS project, we apply the noisy channel model to the parsing problem. In order to find the right tree for a given sentence, we search for the tree that maximizes the product Pr(*sentence* | *tree*)Pr(*tree*). The idea can be easily generalized to a scenario dealing with several languages (and using a pseudo meaning representation (PMR) *m* instead of the *tree*, as the common goal for parsing all corresponding sentences $s_{L1} \ldots s_{Ln}$ (here we show the case for two languages):[45]

(4) a. $argmax_m \, Pr(\, m \mid s_{L1}, s_{L2} \,)$

b. $= argmax_m \; \dfrac{Pr(\, s_{L1}, s_{L2} \mid m \,)\, Pr(\, m \,)}{Pr(\, s_{L1}, s_{L2} \,)}$

c. $= argmax_m \, Pr(\, s_{L1}, s_{L2} \mid m \,)\, Pr(\, m \,)$

d. $= argmax_m \, Pr(\, s_{L1} \mid m \,)\, Pr(\, s_{L2} \mid m \,)\, Pr(\, m \,)$

The scheme involves our conditional grammar models that assign a probability to surface realizations in a particular language, given an underlying meaning representation (or PMR), and an additional model for the prior probability of PMRs (we can call this a "semantic language model", following Miller et al. 1994). In section 3.2, we will discuss the advantages of applying this type of noisy channel model in parsing. The actual search in parsing will be performed

---

[44] The split of the translation problem in two subproblems leads to much more reliable results. Many of the strings receiving a high probability in a Pr(*e* | *f*) model barely resemble English sentences, but since in the noisy channel model the probability is multiplied with the probability assigned by a language model (which in turn doesn't "know" anything about translation), the overall result is quite satisfactory.

[45] The step from (4c) to (4d) makes the assumption that generating a sentence from a PMR in one language is independent from generating from the same PMR in other languages. This reflects the assumption that all relevant information is encoded in the PMR (which is of course a simplifying assumption, but an important one to make the approach practical).

by a chart-based algorithm for parallel parsing (compare e.g., Wu 1997), but for space reasons we cannot include the discussion in this paper.

2.3 Evaluation

Evaluating grammar induction systems (as opposed to treebank-trained grammars) is somewhat problematic; no acknowledged standard methodology exists (compare van Zaanen et al. (2004), who come to the same conclusion). Since in PTOLEMAIOS I, the structural restrictions enforced by the PMR format convention are rather limited, this evaluation problem applies in part to our project as well. It is a research question for PTOLEMAIOS to identify adequate evaluation measures. For an appropriate set of measures, we will perform comparative evaluations for two variants of parsing: parallel parsing (with multilingual input) and simple parsing with monolingual input.

One set of evaluation measures commonly employed in work on grammar induction is the comparison of the induced grammar's behavior against an existing treebank. Besides such an evaluation against structural gold standard representations, we will work on a more task-oriented evaluation methodology. In collaboration with other projects, we will apply the induced grammars in multilingual information extraction or question answering tasks. Finally, a highly adequate application scenario, which at an advanced stage we will use for evaluation, is the use of parallel parsing of a corpus in order to improve statistical word alignment (and ultimately statistical MT). By exploiting the phrase correspondences of the most likely PMR, it can be expected that a simple word-based alignment can be improved.

3 Discussion of the PTOLEMAIOS methodology

The PTOLEMAIOS project will develop a novel technique for building the central component for NLP systems – grammars. The technique requires only small amounts of hand-annotated text, hence it will be broadly applicable, even to languages for which there is no high commercial interest in language technology. For languages like English, the methodology will be interesting too, since it can be applied to special sublanguages, such as scientific English of a particular community.

3.1 Applicability of the PTOLEMAIOS grammars

Initially, the character of the underlying pseudo meaning representation is primarily determined by its function as the common part in a comparison of (cross-linguistic and language-internal) generation alternatives. However, its language-independent character will be an important factor for the broad usability of the PTOLEMAIOS grammars in various NLP tasks. The great advantage of the grammars resulting from induction with the PTOLEMAIOS system is that they produce parallel tree representations in parsing, i.e., they can be used directly in multilingual applications such as multilingual information extraction, question-answering, and machine translation (for example to improve statistical alignment, or in work on hybrid MT systems).

3.2 Exploitation of a noisy channel model in parsing

The use of a noisy channel model in parsing (i.e., using a combination of a "semantic language model" Pr(m) and a conditional model Pr($s \mid m$) to determine the most likely parse/meaning representation m for a given string s) is largely unexplored.[46] Most statistical parsing approaches take a more direct approach, applying a model of Pr($m \mid s$) (or Pr(m, s)). When fully supervised learning is applied, the direct approach is of course very natural. However in a weakly supervised scenario building on an unannotated corpus, training has to live with meaning representations (m) that are not 100% reliable. In contrast, the actual sentence s is always known. Incorrectly labeled training data will thus always cause wrong predictions if we estimate and apply Pr($m \mid s$) directly, whereas we may be luckier if we estimate Pr($s \mid m$) and use it in a noisy channel model: Pr(m) may be low for incorrect meaning representations, so the better alternative may indeed win. This presupposes of course that we have a broader empirical basis for estimating the semantic language model Pr(m) (otherwise it would always suffer from the same labeling mistakes). The PTOLEMAIOS hypothesis is that the use of a multilingual parallel corpus will provide this additional empirical breadth. For training a model Pr(m), there are various ways of extending the training data beyond what is usable for training the conditional model for a particular language: the consensus requirement may be relaxed, so sentences for which no high-confidence PMR can be obtained using, say 11 languages, but for which there is a consensus among 4 or 5 languages, could be used in training the language-independent model for PMRs. This may expand the empirical basis considerably, so we can use more fine-grained learning features, e.g., lexicalization features, which may be too sparsely instantiated for the language-specific grammar models.

---

[46] But compare (Miller et al., 1994).

3.3 A (more) realistic model of the interplay of cognitive systems

The envisaged noisy channel model thus approximates a very basic split of cognitive systems and information sources involved in human sentence processing: as an input sentence *s* in language *L* is parsed, seeking to obtain the correct meaning m for it that was intended by the speaker, (i) grammatical knowledge (**linguistic competence**) is applied (i.e., the language-specific grammar model $Pr(s \mid m)$), and (ii) plausibility of the arising meaning representation m is checked, taking into account **contextual and encyclopedic knowledge** and making inferences as required. Part (ii) is modeled rather crudely by a context-independent statistical distribution $Pr(m)$, but note that the isolation of this group of knowledge sources is already a considerable conceptual advance over classical statistical parsers which indistinguishably accumulate grammar-specific knowledge, general world knowledge (reflected by certain patterns observed in the corpus) and domain-specific knowledge. Besides the advantage of being able to train the semantic language model on larger amounts of data, the conceptual split of models for different cognitive resources will facilitate error analysis and the improvement of the various subparts of the model.

The combination of knowledge sources (i) and (ii) leads to an infinite search space – any meaning whatsoever is a candidate for the correct *m*. This means that a heuristic search procedure is required: the decoder. This is the technological correspondence to (iii) the **performance system** in human sentence processing (which also doesn't cover the full search space of the competence grammar).

To close this section, it is important to note that we make no claims that the PTOLEMAIOS architecture models the cognitive language acquisition process in humans in any direct way. Nevertheless, to a certain extent the availability of corresponding versions of a sentence from the language learner's input in other languages may serve as a feasible simulation of the real learner's non-linguistic information about the utterance situation, using her/his other cognitive capabilities such as vision etc., which undoubtedly play a crucial role in the bootstrapping of grammatical knowledge.

4. Conclusion

In this paper, the system architecture and structural representation format that we plan to use in the PTOLEMAIOS project was outlined and discussed. The project will be of both theoretical and practical interest, as it addresses computational and representational issues in grammar learning and learnability, and it will lead to an implemented system for bootstrapping robust grammars for language-technological applications like Information Extraction, Question Answering and Machine Translation.

References

Gale, William A., & Kenneth Ward Church. (1991). A program for aligning sentences in bilingual corpora. In Proceedings of the 29th Meeting of Annual the Association for Computational Linguistics, pp. 177–184.

Geman, Stuart, & Mark Johnson. (2002). Dynamic programming for parsing and estimation of stochastic unification-based grammars. In Proceedings of the 40th Annual Meeting of the Association for Computational Linguistics (ACL'02), pp. 279–286, Philadelphia.

Gildea, Daniel. (2003). Loosely tree-based alignment for machine translation. In Proceedings of the 41st Annual Meeting of the Association for Computational Linguistics (ACL'03), Sapporo, Japan, pp. 80–87.

Kuhn, Jonas. (2001). Generation and parsing in Optimality Theoretic syntax – issues in the formalization of OT-LFG. In Peter Sells (Ed.), Formal and Empirical Issues in Optimality-theoretic Syntax, pp. 313–366. Stanford: CSLI Publications.

Kuhn, Jonas. (2003). Optimality-Theoretic Syntax – A Declarative Approach. Stanford, CA: CSLI Publications.

Kuhn, Jonas. (2004). Experiments in parallel-text based grammar induction. In Proceedings of the 42nd Annual Meeting of the Association for Computational Linguistics (ACL 2004), pp. 470–477.

Miller, Scott, Robert Bobrow, Robert Ingria, & Richard Schwartz. (1994). Hidden understanding models of natural language. In Proceedings of the 32nd Annual Meeting of the Association for Computational Linguistics (ACL 1994), pp. 25–32.

Och, Franz Josef, & Hermann Ney. (2003). A systematic comparison of various statistical alignment models. Computational Linguistics, 29, 19–51.

Ratnaparkhi, Adwait. (1999). Learning to parse natural language with Maximum Entropy models. Machine Learning, 34, 151–175.

van Zaanen, Menno, Andrew Roberts, & Eric Atwell. (2004). A multilingual parallel parsed corpus as gold standard for grammatical inference evaluation. In Proceedings of the Workshop on the Amazing Utility of Parallel and Comparable Corpora, LREC 2004, Lisbon, Portugal.

Wu, Dekai. (1997). Stochastic inversion transduction grammars and bilingual parsing of parallel corpora. Computational Linguistics, 23, 377–403.

Evaluierung von Systemen für die Eigennamenerkennung im cross-lingualen Information Retrieval

Thomas Mandl, René Schneider, Pia Schnetzler, Christa Womser-Hacker

Der Beitrag analysiert die Eigennamen im Korpus der Testaufgaben (Topics) des Cross Language Evaluation Forums für sprachübergreifendes Retrieval. Zwischen dem Vorkommen von Eigennamen und der durchschnittlichen Performanz der Systeme besteht ein deutlicher Zusammenhang, so dass die Bedeutung der Eigennamenerkennung für das Retrieval deutlich wird. Mit drei verschiedenen Systemen wurde die Qualität der Eigennamenerkennung für das Korpus „Testaufgaben" ermittelt. Es zeigt sich, dass die Trefferquote stark vom Eigennamentyp abhängt.

This paper summarizes the evaluation of named-entity recognizers within the context of cross-lingual information retrieval due to the strong relationship that exists between the average performance of a system and the apearance of proper names. The results of this paper are based on the CLEF-Topic Corpus and show how far three different NE-recognizers may support the process of proper name detection. As can be seen, the success rates depend heavily on the specific proper name types and the languages being investigated.

1. Cross Language Evaluation Forum (CLEF)

Das Cross Language Evaluation Forum (CLEF)[47] bietet eine Infrastruktur für die Bewertung von Information Retrieval in mehrsprachigen Kontexten. Ein mehrsprachiges Korpus von Texten, einheitliche Aufgaben (sog. Topics) und zentrale Relevanzbewertung sorgen für Vergleichbarkeit zwischen Systemen und sollen die Forschung und Entwicklung von Systemen und Algorithmen voranbringen.

Den Kern von CLEF bilden die ad-hoc Tracks mit mono-, bi- und multi-lingualem Retrieval für europäische Sprachen. Für die Initiative in 2005 sind Tschechisch, Rumänisch, Finnisch und Russisch geplant. Bi- und multi-linguales Information Retrieval (CLIR) liefert auch Ergebnis-Dokumente in anderen Sprachen als der Anfrage-Sprache. Modell hierfür ist ein Benutzer, der seine Anfrage nicht in allen Sprachen formulieren will, die im Korpus enthalten sind, der aber eine mehrsprachige Dokumentmenge wünscht.

---

[47] http://www.clef-campaign.org

2. Eigennamen in Topics und Retrieval-Qualität

Nachträgliche Analysen der CLEF-Ergebnisse tragen dazu bei, Retrieval-Systeme zu verbessern (vgl. Schneider et al 2004). Eine Untersuchung der Eigennamen in den CLEF Topics ergab einen auffälligen Zusammenhang. Eigennamen tragen positiv zum Retrieval-Ergebnis bei, je mehr Eigennamen ein Topic enthält, desto besser wird es von den unterschiedlichen Retrieval-Systemen gelöst. Die Varianz zwischen den Systemen ist aber sehr hoch und manche Systeme scheinen sich besser für Eigennamen zu eignen als andere (vgl. Demner-Fushman & Oard 2003, Mandl & Womser-Hacker 2005). Eine Zuordnung der Topics zu verschiedenen Systemen nach der Anzahl der enthaltenen Eigennamen könnte des Retrieval verbessern, erfordert aber eine automatische Eigennamenerkennung. Der folgende Abschnitt diskutiert eine Evaluierung derartiger Systeme.

3. Ansätze und Systeme für die Eigennamen-Erkennung

Grundsätzlich gibt es drei verschiedene Ansätze für Systeme zur Erkennung von Eigennamen (engl. Named Entities):

- Listenbasierte Systeme: Diese Systeme stellen den einfachsten Ansatz zur Erkennung von Eigennamen dar. Anhand eines Vergleichs der Texte mit den in das System implementierten Namenslisten, werden Eigennamen erkannt und klassifiziert. Die Vorteile dieses Ansatzes sind, dass solche Systeme einfach zu programmieren und relativ sprachunabhängig sind. Problematisch jedoch ist, dass nur die Namen erkannt werden, die in den Listen enthalten sind. Da Eigennamen eine offene Klasse sind und dementsprechend in unbegrenzter Zahl vorliegen, wird es nie möglich sein, alle Eigennamen in Listen zu speichern.
- Regelbasierte Systeme: Regelbasierte Systeme bedienen sich von Hand erstellter Grammatiken. Diese beinhalten Regeln anhand derer das System Eigennamen erkennen kann. Der Prozess der Regelentwicklung ist stark abhängig von dem Experten, der die Regeln schreibt. Daher spielt der Mensch bei diesem Ansatz eine große Rolle für die Performance des Systems (vgl. Appelt, Israel 1999).
- Systeme des maschinellen Lernens: Diese Systeme nutzen statistische Verteilungsmuster zur Erkennung von Eigennamen. Anhand eines Trainingskorpus' mit annotierten Eigennamen, auf dem die Systeme trainiert werden, erlernen sie die statistische Verteilung der Eigennamen innerhalb von Texten. Durch das Training ist das System in der Lage in neuen, unbekannten Texten die Eigennamen selbständig zu erkennen.

Für die Evaluierung wurden drei frei zugängliche Systeme zur Named Entity Recognition (NER) ausgewählt, von denen keines speziell für eine multilinguale Nutzung ausgelegt war. Zwei der Tools besitzen eine multilinguale Komponente, die jedoch keine umfassende bzw. automatische Erkennung von Eigennamen verschiedener Sprachen zulässt. Die evaluierten Systeme waren das System GATE der Universität Sheffield[48] sowie KIM des Ontotext Labs Sofia[49] und LingPipe der US-Amerikanischen Firma Alias-i.[50]

- GATE ist eine Infrastruktur zur Entwicklung von sprachverarbeitenden Anwendungen (vgl. Cunningham et al. 2003). Zu dem System gehört eine Komponente zur Eigennamenerkennung. GATE ist grundsätzlich regelbasiert und enthält Grammatiken für die englische Sprache. Es beinhaltet jedoch weiterhin auch Namenslisten, die jedoch auch nur für die englische Sprache erstellt wurden. Es unterstützt die Eigennamen-Kategorien „Organization", „Person" und „Location". Weitere Kategorien wie „Date" oder „Money" waren für die in den CLEF-Topics enthaltenen Eigennamen nicht relevant.
- Die KIM-Plattform ist eine Infrastruktur zur automatischen semantischen Annotation von Webinhalten, zur Ontologie-Erstellung sowie zur semantischen Indexierung und zum Retrieval (vgl. Ontotext 2003). KIM basiert auf den englischen GATE-Grammatiken, nutzt jedoch umfangreichere Namenslisten. Das System wurde entwickelt, um eine umfangreichere und genauere Erkennung von Eigennamen zu gewährleisten. Es werden dementsprechend mehr als 250 verschiedene Eigennamenkategorien unterstützt. Um dies zu ermöglichen, besteht KIM aus einer Ontologie und einer Knowledge Base, die als Namenslisten fungieren und mehr als 77.500 Eigennamen und 110.000 Alias-Namen enthalten. Bei diesen Alias-Namen handelt es sich um verschiedene Namensintensionen (Deutschland/Bundesrepublik Deutschland/BRD) oder auch Übersetzungen der einzelnen Namen (Deutschland/Germany/Alemania). Dadurch besitzt KIM trotz der rein englischen Grammatiken eine multilinguale Komponente.
- LingPipe ist eine Software, die von der US-amerikanischen Firma Alias-i entwickelt wurde. LingPipe basiert auf maschinellem Lernen. Das System nutzt zur Erkennung der Named Entities ein generatives statistisches Modell. In der Internet-Version enthält es zwei verschiedene Modelle zur Erkennung von Eigennamen, die an unterschiedliche Domänen angepasst wurden, eines zur Erkennung von Named Entities und Koreferenzen in Nachrichtentexten (EN-News-Modell), das andere für Named Entity Recognition von Genen in

[48] http://www.gate.ac.uk/
[49] http://www.ontotext.com/kim/index.html
[50] http://www.alias-i.com/lingpipe/

der biologischen Domäne (Genomics-Modell). Zusätzlich wurde das System auf die Erkennung von spanischen, niederländischen und deutschen Named Entites trainiert. Dazu wurden frei verfügbare Eigennamen-annotierte Korpora genutzt. Das deutsche Korpus stand jedoch nur in einer unvollständigen Version zur Verfügung. Durch das Trainieren auf den drei Korpora entstanden drei neue Modelle zur Erkennung von Eigennamen in unbekannten Texten. Diese Modelle sowie das EN-News-Modell unterstützen die Kategorien „Location", „Organization" und „Person". Da LingPipe jedoch nicht in der Lage ist, die Sprache des Textes automatisch zu erkennen und immer eines der Modelle explizit aufgerufen werden muss, ist die Unterstützung multilingualer Eigennamenerkennung durch LingPipe nicht optimal.

4. Evaluierung

4.1 Ziel der Evaluierung

Ziel der Evaluierung war es, das Potenzial des Tools für das cross-linguale Information Retrieval zu beurteilen sowie weiterhin mögliche Ansätze für die Einbindung in ein cross-linguales Information Retrieval-System darzustellen. Da die Eigennamenerkennung im Kontext des cross-lingualen Information Retrieval zu sehen war, wurden die Tools auch auf die Unterstützung von Multilingualität untersucht. Die Programme wurden deshalb nicht nur auf Texte in der Sprache angewendet, für die sie programmiert sind, sondern auf acht weitere Sprachen.

4.2 Methodisches Vorgehen

Die Aufgabe, die an die NER-Software gestellt wurde, war die Erkennung der in den CLEF-Topics enthaltenen Eigennamen. Dies umfasste eine eindeutige und korrekte Auszeichnung sowohl bezüglich der Kategorie als auch der Länge. Zur Evaluierung wurden die Standardmaße Recall, Precision und F-Maß herangezogen. Dies galt auch für die Erkennung der Eigennamen in Sprachen, für die die Software nicht ursprünglich entwickelt worden war. Jedes Tool wurde auf jede der neun Sprachen der CLEF-Topics angewendet. Ein Beispiel für CLEF-Topic auf Deutsch ist im Folgenden zu sehen:

<top>
<num> C142 </num>
<DE-title> Christo verhüllt den Deutschen Reichstag </DE-title>

<DE-desc> Finde Berichte über die Verhüllung des Deutschen Reichstages in Berlin durch den Künstler Christo. </DE-desc>
<DE-narr> Der Verhüllungskünstler Christo benötigte im Juni 1995 zwei Wochen, um den Deutschen Reichstag in Berlin komplett mit Material zu verhüllen. Finde Berichte über dieses Kunstereignis. Jede Information über die Vorbereitung oder die Durchführung ist relevant, einschließlich der politischen Debatten und Entscheidungen sowie der technischen Vorbereitungen. </DE-narr>
</top>

Die Evaluierung wurde pro Kategorie von Eigennamen durchgeführt. Zur Berechnung der beiden Maße wurde ein intellektuell sowie von Hand ermittelter Lösungsschlüssel zugrunde gelegt. Dazu wurde ein so genannter Gold-Standard erstellt. Dieser Gold-Standard ist ein durch Menschen annotierter Lösungsschlüssel für die zugrunde liegenden Texte, in dem die korrekten Antworten markiert sind und der so die Erfolgskriterien für die Systeme festlegt. Anhand dieses Gold-Standards wurden Recall und Precision der Eigennamen-Erkennung ermittelt. Zur Erstellung des Gold-Standards wurde auf Arbeitsergebnisse eines CLEF-Projektkurses aus dem Sommersemester 2003 an der Universität Hildesheim zurückgegriffen. Innerhalb dieses Projektkurses waren aus allen Topics der Jahrgänge 2000 bis 2003 die Eigennamen herausgesucht und einer von vierzehn Kategorien zugeordnet[51] worden. Diese Namensliste wurde überarbeitet und diente so als Gold Standard für die Evaluierung (vgl. Schnetzler 2004).

4.3 Ergebnisse der Evaluierung

4.3.1 GATE

Da GATE für die Erkennung englischer Eigennamen programmiert wurde, erreichte es erwartungsgemäß hier die besten Ergebnisse. Für die drei zu erkennenden Kategorien sind Recall, Precision und F-Maß in der folgenden Tabelle dargestellt:

[51] Dabei handelte es sich um die folgenden Kategorien: Astronomy, Award, Concept, Disease, medical, Document, cultural, Event (mit den Unterkategorien cultural, historical, natural, political, sports), Geography, Organization (mit den Unterkategorien cultural, governmental, non-governmental, profit), People, Project, Site, artificial, States/Countries/Cities, Thing, Treaty/ Law, Vehicle.

	Recall	Precision	F-Maß
Organization	0,4925	0,5789	0,5322
Person	0,4535	0,4875	0,4699
Location	0,8298	0,9254	0,8750

Die Organisationsnamen in GATE werden entweder direkt durch Nachschlagen in der Namensliste erkannt oder aber durch Schlüsselwörter wie „shares", „services" oder „company" identifiziert (vgl. Cunningham et al. 2003). GATE erreicht im Englischen den höchsten Recall-Wert. Dennoch ist dieser mit 0,4925 niedrig. Er ergibt sich hauptsächlich aus der Menge der langen und schwer zu erkennenden Namen wie „*German Federal Armed Forces*" oder „*General Assembly of the United Nations*" und sehr spezifischen Namen wie „*Hutu*" und „*Tutsi*", die in den CLEF-Topics enthalten sind. Auch der Precision-Wert bei englischen Texten ist mit 0,5789 relativ niedrig. Die Haupt-Fehlerquelle ist eine in GATE enthaltene Regel, die besagt, dass unbekannte Nomen, denen ein Location-Tag vorausgeht, als „Organization" zu annotieren sind. Knapp die Hälfte aller Organization-Fehler lassen sich darauf zurückführen. Beispiele dafür sind „*Venice Film*" oder „*Kaliningrad Exclave*". Ein weiteres Problem ist, dass einige bekannte Organisationsnamen wie „*Amnesty International*" oder „*Irish Republican Army*" nicht in den Namenslisten enthalten sind.

Personennamen werden hauptsächlich anhand einer Kombination von Titeln, Initialen oder Vornamen, die in Listen enthalten sind, erkannt. Wenn Personennamen nicht erkannt werden, liegt das daran, dass sie entweder nicht in der Vornamensliste stehen wie beispielsweise „*Aki*" Kaurismäki oder aber in den Topics nur der Nachname genannt wurde.

In der Kategorie Location wurden mit Abstand die besten Ergebnisse erzielt. Die Eigennamen der Location-Kategorie werden hauptsächlich durch Abgleich mit den Namenslisten erkannt. Das erklärt vor allem die hohen Precision-Werte in fast allen Sprachen. Da es kaum Regeln zur Erkennung von Ortsnamen gibt, die nicht auch wiederum auf die Namenslisten zurückgreifen, werden hier wenige Fehler gemacht. Die Wörter, die falsch annotiert wurden, ergeben sich meistens aus falsch erkannten Namensgrenzen wie z. B. „*Europe*" in „Europe de l'Est".

Für die Eigennamen in den anderen Sprachen kann allgemein festgehalten werden, dass sie nur erkannt werden, wenn sie in den GATE-Namenslisten enthalten sind. Dies kann entweder bedeuten, dass in einer Sprache der englische Name genutzt wird oder aber, dass der Name zufällig genauso geschrieben wird wie im Englischen wie beispielsweise engl. Europe / franz. Europe. Sobald die Namen nicht enthalten sind werden die Eigennamen auch nicht erkannt und der Recall ist dementsprechend niedrig. Dies verdeutlicht die folgende Tabelle, die

die Werte für die romanischen Sprachen in der Kategorie Organization abbildet (cf Schnetzler 2004).

	Recall	Precision	F-Maß
Spanisch	0,031	0,286	0,056
Französisch	0,034	0,118	0,053
Italienisch	0,065	0,333	0,108
Portugiesisch	0,061	0,400	0,105

Da sich die Bildung von Organisationsnamen hier grundlegend von der der englischen Sprache unterscheidet, beispielsweise durch die Stellung des Adjektives wie in engl. United Nations/span. Naciones Unidas, werden hier besonders niedrige Recall-Werte erreicht. Ähnliche Ergebnisse werden auch in den beiden anderen Kategorien Person und Location erzielt. Nur in Französisch erreicht GATE in der Kategorie Location einen Recall von 0,724, da auch eine französische Ortsnamenliste vorhanden ist.

Niedrige Precision-Werte ergeben sich größtenteils daraus, dass Wörter, die in der jeweiligen Sprache gar keine Namen sind, in den englischen Listen enthalten sind. Dies gilt vor allem für Personennamen. Beispiele dafür sind dt. „*solange*“, span. „*al*“, ital. „*che*“, holl. „*van*“ oder franz. „*demi*“.

4.3.2 KIM

Bereits im Vorfeld ist anzumerken, dass KIM trotz der umfangreichen Konzepte sehr wenige Eigennamen erkennt, die nicht in die Kategorien „Organization“, „Location“ und „Person“ fallen. Sicherlich sind einige der Eigennamen wie „*unified electroweak theory*“ aus der Kategorie „Concept“ oder „*gulf war syndrome*“ aus „Disease, medical“ sehr speziell, und es ist deshalb nicht zu erwarten, dass sie in der KIM Knowledge Base enthalten sind. Dennoch wäre anzunehmen gewesen, dass KIM zumindest bekanntere Konzepte und Entitäten aus dem Bereich Event wie „*Olympic Games*“, oder „*World War II*“ enthält.

KIM liefert im Englischen die besten Ergebnisse. Die einzelnen Werte sind in der folgenden Tabelle dargestellt (vgl. Schnetzler 2004).

	Recall	**Precision**	**F-Maß**
Organization	0,597	0,6667	0,6300
Person	0,5233	0,5357	0,5294
Location	0,8571	0,8896	0,8730

Auch KIM greift bei der Erkennung der meisten Eigennamen auf Namenslisten zurück. Nur in englischen Texten werden einige Organisationsnamen anhand von Regeln erkannt. Ein Beispiel dafür ist *Federal Constitutional Court of Germany*.

KIM verursacht in der Kategorie Organization größtenteils dieselben Fehler, die auch GATE verursacht hat (vgl. Schnetzler 2004).

Die Recall-Werte in der Kategorie „Person" liegen alle relativ dicht beieinander, was damit zu erklären ist, dass der Großteil der Personennamen durch die KIM Knowledge Base identifiziert wird. Sollten Vornamen oder der komplette Name darin nicht enthalten sein, dann ist KIM in keiner der Sprachen in der Lage zu erkennen, dass es sich um einen Personennamen handelt. Variationen im Recall-Wert ergeben sich allein durch eine unterschiedliche Anzahl von Personennamen innerhalb der Topics oder durch das Nicht-Vorhandensein eines Vornamens, der zur Identifizierung benötigt wird.

Die Precision-Werte in der Kategorie „Person" sind deutlich heterogener als die Recall-Werte. Finnisch und Deutsch erreichen mit 0,1875 und 0,3043 die niedrigsten Werte. KIM erkennt in Finnisch 13 Wörter aufgrund der Abfrage der Vornamensliste fälschlicherweise als Namen. In deutschen Texten konnte KIM zwar ein Drittel der Namen richtig erkennen, hat aber mit 64 Fehlern in der Kategorie „Person" die meisten Wortfolgen falsch annotiert. Dies liegt, ähnlich wie in GATE, wieder an den deutschen Wörtern wie „*Tod*", „*Art*" oder „*von*", die in den englischen Vornamenlisten enthalten sind.

Die Recall-Werte der Kategorie „Location" sind sehr heterogen. Englisch liegt mit 0,8571 sehr hoch. Die meisten Ortsnamen, die KIM nicht erkennt, sind Namen von unbekannteren Orten oder Regionen wie z. B. „*Sainte-Mère-Église*". KIM erkennt jedoch auch einige geläufige Regionennamen wie „*Eastern Europe*", „*Scandinavia*" oder „*Latin America*" nicht. Es wäre zu erwarten gewesen, dass der Recall im Vergleich zu den GATE-Ergebnissen aufgrund der umfangreichen KIM Knowledge Base deutlich höher sein würde. Die niedrigsten Recall-Werte erreichen Spanisch (0,1638), Portugiesisch (0,0959) und Finnisch (0,0337). Die Schreibweise der englischen im Vergleich zu den spanischen, portugiesischen und finnischen Ortsnamen differiert stark, deshalb werden wenige Ortsnamen erkannt. Hinzu kommt weiterhin, dass die KIM Knowledge Base so gut wie keine spanischen, portugiesischen und finnischen Alias-Namen enthält. Deutsche, italienische und französische Übersetzungen der englischen Namen sind dagegen häufig vorhanden, was auch den höheren Recall-Wert in diesen Sprachen erklärt. Die Precision der Ortsnamen liegt außer bei den finnischen Topics mindestens bei 0,7. Deutsch, Portugiesisch und Spanisch liegen mit ihren Werten am unteren Ende der restlichen Sprachen. Im Deutschen verursacht eine Regel, die festlegt, dass alle großgeschriebenen Worte, die auf die Präposition „*in*" folgen als „Location" annotiert werden, diesen niedrigeren Precision-Wert. Diese Regel verursacht relativ viele Fehler, da im Deutschen alle Substantive groß geschrieben werden und die Präposition „in" häufig vorkommt.

Die beiden einzigen Kategorien außerhalb der drei gebräuchlichen, in denen KIM Eigennamen erkennt, sind Event und Astronomy. Es handelt sich hierbei um die Namen „*D-Day*“ und „*Jupiter*“. Die beiden Namen werden auch nur erkannt, da sie in der Knowledge Base enthalten sind. Sobald die Namens jedoch übersetzt werden wie franz. „*jour J*“. oder ital. „*Giove*“ ist KIM nicht mehr in der Lage, die Namen zu erkennen.

4.3.3 LingPipe

Da LingPipe ein System, das auf der automatischen Erkennung von Eigennamen anhand durch maschinelles Lernen erstellter Statistiken basiert, ist es nicht möglich zu erklären, warum LingPipe Namen erkennt oder nicht erkennt. Allgemein ist zu sagen, dass sowohl die Recall- als auch die Precision-Werte von LingPipe außer im Englischen bis auf einige „Ausreißer“ zum größten Teil niedrig sind. Dennoch liegen viele der Werte in Bereichen, die mit den GATE-Ergebnissen vergleichbar sind. Dabei muss immer bedacht werden, dass LingPipe in der für die vorliegende Arbeit genutzten Standardversion keine Listen oder Wörterbücher enthält, sondern Eigennamen ausschließlich anhand von Verteilungsmustern innerhalb der Texte und den daraus folgenden statistischen Regularitäten erkennt. Die Ergebnisse für das englische EN-News-Modell zeigt die folgende Tabelle (vgl. Schnetzler 2004):

	Recall	**Precision**	**F-Maß**
Organization	0,4925	0,1714	0,2543
Person	0,3837	0,6	0,4680
Location	0,8116	0,7458	0,7773

In der Kategorie „Organization“ erreicht LingPipe im Englischen, Schwedischen sowie Finnischen die höchsten Werte. Die Ergebnisse liegen jedoch auch nur bei 0,4925, 0,4138 und 0,375. Das bedeutet, dass weniger als die Hälfte der in den Topics enthaltenen Organisationsnamen erkannt werden. LingPipe erkennt in englischen Texten Eigennamen, die bisher von keinem der anderen Tools erkannt wurden wie beispielsweise „*Deutsche Bundesbahn*“ oder „*French Academy*“. Der Recall der anderen Sprachen liegt im unteren Drittel der Skala. Vor allem Französisch und Spanisch mit Werten unter 0,1 erzielen sehr niedrige Ergebnisse. Die Precision der meisten Sprachen liegt zwischen 0,039 (Holländisch) und 0,2692 (Italienisch). Einzig Finnisch hat mit 0,5714 einen deutlich höheren Precision-Wert. Die Fehler, die LingPipe im Englischen macht, liegen vor allem an zwei Wörtern. LingPipe annotiert in 107 Topics das Wort „*relevant*“ fälschlicherweise als Organisationsname. Zusätzlich annotiert LingPipe in 91 Topics das Wort „*Find*“ falsch. Dabei handelt es sich jedes Mal um das erste Wort des Descriptive-

Teils der Topics. Derselbe Fehler passiert in den deutschen Topics mit dem Wort „Finde" sowie in den französischen mit „Trouver des". Einfluss auf die niedrigen Precision-Werte hat sicherlich auch das verwendete EN-News-Modell, da es neben der Erkennung von Eigennamen auch für die Koreferenz-Analyse programmiert ist. So erkennt LingPipe beispielsweise im Spanischen in vielen Topics mehrmals die Worte „*los*" oder „*de*" als Organisationsnamen.

In der Kategorie Person ist der Recall im Englischen mit 0,3837 am höchsten. Dies ist deutlich niedriger als in GATE oder KIM. Die restlichen Recall-Werte liegen um die 0,2 alle sehr dicht beieinander. LingPipe erkennt auch in dieser Kategorie einige Eigennamen, die weder von GATE noch von KIM erkannt wurden, da in diesen Programmen diese Namen nicht in der Namensliste enthalten waren. Ein Beispiel dafür ist „*Edouard Balladur*". Die Precision in der Kategorie Person weist größere Schwankungen auf als der Recall. Englisch liefert mit einem Precision von 0,6 die höchsten Werte. Hier gibt es keine auffälligen, immer wieder auftretenden Fehlerquellen. Im Deutschen dagegen, wo der Precision-Wert bei 0,0326 liegt, verursachen Wortfolgen, die ein „*von*" enthalten, sehr viele Fehler. Im Französischen, das mit 0,0438 einen vergleichbar niedrigen Precision-Wert hat, wird das Wort „*les*" in einem Viertel aller Topics fälschlicherweise als Personenname annotiert sowie im Holländischen mit 0,0428 die Worte „*van*" und „*de*".

LingPipe erreicht in der Kategorie Location in englischen Texten sowohl hohe Recall- als auch Precision-Werte. Der Recall ist hier nur geringfügig niedriger als in GATE. Im Deutschen, Italienischen und Holländischen liegen der Recall zwischen 0,4 und 0,5. Die übrigen Sprachen erreichen deutlich niedrigere Ergebnisse. In den finnischen Topics werden nur 8 von 89 Ortsnamen gefunden, was einen Recall von 0,0899 ergibt. Die Precision-Werte liegen bei allen Sprachen außer Englisch durchschnittlich um 0,26 höher als die Recall-Werte.

Die für das Erkennen spanischer Eigennamen trainierte LingPipe-Version erreicht größtenteils bessere Werte als die englische. Dies liegt sicherlich daran, dass dieses Modell nur auf die Erkennung von Eigennamen und nicht auf die Koreferenz-Analyse trainiert wurde. Die Ergebnisse für LingPipe Spanisch zeigt die folgende Tabelle (vgl. Schnetzler 2004):

	Recall	**Precision**	**F-Maß**
Organization	0,721	0,465	0,5653
Person	0,6627	0,6627	0,6627
Location	0,7003	0,6067	0,6501

Wendet man LingPipe Spanisch auf andere romanische Sprachen an, verschlechtern sich die Ergebnisse deutlich (vgl. Schnetzler 2004).

Auch die holländische LingPipe-Version erreicht bis auf einige Ausnahmen bessere Ergebnisse als das EN-News-Modell. Die Ergebnisse zeigt die folgende Tabelle (vgl. Schnetzler 2004).

	Recall	**Precision**	**F-Maß**
Organization	0,574	0,5532	0,5632
Person	*0,681*	0,4189	0,5188
Location	0,752	0,7641	0,7578

Die deutsche LingPipe-Version dagegen erreicht deutlich schlechtere Ergebnisse als alle anderen LingPipe-Modelle (vgl. Schnetzler 2004). Da sich die Ergebnisse so stark unterscheiden, kann man davon ausgehen, dass der Grund dafür im Trainingskorpus zu suchen ist. Wie bereits erwähnt, stand der deutsche Trainingskorpus nur unvollständig zum Download zur Verfügung. Dementsprechend wurde beim Trainieren auch nur ein sehr unzureichendes Modell für das Erkennen deutscher Eigennamen erstellt, das beim Verarbeiten von Texten schlechte Ergebnisse liefert. Die Ergebnisse für LingPipe Deutsch zeigt die folgende Tabelle (vgl. Schnetzler 2004).

	Recall	**Precision**	**F-Maß**
Organization	0,032	0,2667	0,0567
Person	0,071	0,2609	0,1121
Location	0,262	0,4049	0,3180

4.4 Zusammenfassung und Vergleich der Evaluierungsergebnisse

Die Ergebnisse der Named Entity Recognition-Tools in den Sprachen, für die sie programmiert oder trainiert wurden, sind abhängig von der Kategorie unterschiedlich gut. Allgemein kann festgehalten werden, dass die evaluierten Named Entity Recognition-Systeme unabhängig vom zugrunde liegenden Ansatz in der Kategorie „Location" die besten Ergebnisse erzielen. Das F-Maß liegt in dieser Kategorie fast immer höher als in den anderen Kategorien. Dies gilt bis auf einige wenige Ausnahmen auch für alle Sprachen. Ortsnamen scheinen dementsprechend am einfachsten zu erkennen zu sein und am wenigsten Fehler zu verursachen.

Es ist sowohl bei regelbasierter NER-Software als auch bei Programmen, die maschinelles Lernen nutzen offensichtlich, dass die Anwendung der Tools auf Sprachen, für die sie nicht programmiert oder trainiert wurden, keine guten Ergebnisse liefert. Die NER-Systeme erzielen die besten Ergebnisse, wenn sie auf den Sprachen angewendet werden, für die sie auch programmiert oder trainiert wurden. GATE und KIM mit englischen Texten, LingPipe Spanisch auf spanischen Texten sowie LingPipe Holländisch erreichen die besten Recall-Werte sowie relativ gute Precision-Werte. Auch die Anwendung auf verwandten Sprachen wie beispielsweise die Anwendung eines spanischen Systems auf andere romanische Sprachen brachte keine guten Ergebnisse. Es kann also davon ausgegangen werden, dass die Charakteristika der Namensbildung sowie die statistischen Verteilungen von Eigennamen in Texten zu spezifisch sind, als dass NER-Systeme ohne Anpassung für andere Sprachen verwendet werden können.

Es zeigt sich beim Vergleich der Tools GATE und KIM, dass KIM bis auf wenige Ausnahmen bessere Ergebnisse erreicht. Der Vergleich zwischen KIM und GATE ist besonders interessant, da diese beiden Tools dieselben Grammatiken zur Named Entity Recognition nutzen. Die bessere Performance von KIM ist auf die im Vergleich zu GATE viel umfangreicheren Listen zurückzuführen. LingPipe Englisch erreicht in der Kategorie „Organization" deutlich niedrigere Werte als GATE und KIM. Dagegen erreichen LingPipe Spanisch und Holländisch in dieser Kategorie sogar bessere Ergebnisse als KIM. In der Kategorie „Person" erreicht LingPipe Spanisch sogar die besten Ergebnisse aller Tools. Nur LingPipe Deutsch erreicht schlechte Werte. Man kann also davon ausgehen, dass Named Entity Recognition-Tools, die auf maschinellem Lernen basieren, ähnliche Ergebnisse erreichen können wie regelbasierte Systeme.

5. Fazit

Das Ziel der hier vorgestellten Forschungsarbeit lag in der Identifizierung eines optimalen Systems für die Erkennung von Eigennamen im Kontext des Information Retrieval. Die Ergebnisse sollen in den weiteren Entwicklungen des Retrieval-Systems der Universität Hildesheim integriert werden. Bislang werden die Ergebnisse der vorliegenden Analyse für die Implementierung eines Frage-Antwort-Systems im Rahmen von CLEF genutzt (vgl. Mandl et al. 2005).

Literaturverzeichnis

Appelt, D. & Israel, D. (1999): Introduction to information extraction technology. A tutorial prepared for IJCAI-99. http://www.ai.sri.com/~appelt/ie-tutorial/, Verifizierungsdatum 13.12.2004

Cunningham, H., Maynard, D., Bontcheva, K., Tablan, V., Ursu, C. & Dimitrov, M. (2003): Developing language processing components with GATE (a user guide). http://gate.ac.uk/sale/tao/index.html, Verifizierungsdatum 13.12.2004.

Demner-Fushman, D., Oard, D. W. (2003): The effect of bilingual term list size on dictionary-based cross-language information retrieval. Thirty-Sixth Hawaii Intl. Conference on System Sciences (HICSS) (Hawaii, Jan 6–9).

Hackl, R., Mandl, T. & Womser-Hacker, C. (2005): Mono- and Cross-lingual Retrieval Experiments at the University of Hildesheim. Erscheint in: Peters, C.; Clough, P.; Gonzalo, J.; Kluck, M.; Jones, G.; Magnini, B. (Eds): Evaluation of Cross-Language Information Retrieval Systems. Proceedings of the CLEF 2004 Workshop. Berlin et al.: Springer [Lecture Notes in Computer Science] Vorab in: Working Notes CLEF-Workshop.15.-17.8.2004. Bath, England. S. 123–125. http://clef.iei.pi.cnr.it:2002/2004/working_notes/WorkingNotes2004/16.pdf

Mandl, T., Schneider, R. & Strötgen, R. (2005): Implementierung eines mehrsprachigen Frage-Antwort-Systems. Erscheint in: Proceedings 27. DGI Online-Tagung. Frankfurt a.M. Mai 2005.

Mandl, T., Womser-Hacker, C. (2005): The Effect of Named Entities on Effectiveness in Cross-Language Information Retrieval Evaluation. Erscheint in: 20th ACM SAC Symposium on Applied Computing. Information Access and Retrieval (IAR) Track. Santa Fe, New Mexico, USA. 13.–17. März 2005.

Ontotext (2003): KIM – Semantic Annotation Platform. http://www.ontotext.com/kim/KIMPlatform.pdf, Verifizierungsdatum 15.02.2004.

Schneider, R., Mandl, T. & Womser-Hacker, C. (2004): Workshop LECLIQ: Lessons Learned from Evaluation: Towards Integration and Transparency in Cross-Lingual Information Retrieval with a special Focus on Quality Gates. In 4th Intl. Conference on Language Resources and Evaluation (LREC) Lisbon, Portugal, May 24–30. Workshop Lessons Learned from Evaluation: Towards Transparency and Integration in Cross-Lingual Information Retrieval (LECLIQ). S. 1–4.

Schnetzler, P. (2004): Evaluierung von Named Entity Recognition-Software für das cross-linguale Information Retrieval. Magisterarbeit Internationales Informationsmanagement, Universität Hildesheim.

Zur Automatischen Klassifikation von Webgenres

Alexander Mehler, Matthias Dehmer, Rüdiger Gleim

Der Beitrag thematisiert die Kategorisierung von Webdokumenten und argumentiert, dass mit HTML-basierten Webpages defizient Bezugsgrößen für die Anwendung des Kategorisierungsinstrumentariums gegeben sind. Er plädiert alternativ für die Exploration logischer Hypertext-Dokumentstrukturen, deren Konstituenten insbesondere durch Linkstrukturen von Webpages manifestiert werden.

The paper focuses on the categorisation of Web documents and argues that HTML based web pages are deficient when used as focal units of categorisation. It pleads for the exploration of the logical document structure of hypertexts whose constituents are manifested by link structures.

1. Einleitung

Ansätze zum Webmining orientieren sich fast ausnahmslos an der Übertragung von Textkategorisierungsverfahren auf hypertextuelle Einheiten. Anders als die Textkategorisierung aber rekurrieren sie über lexikalische Einheiten hinaus auf HTML-Markup, Metatags und Hyperlinks als Input für die Merkmalsauswahl (Fürnkranz, 1998; Ghani et al., 2001; Yang et al., 2002). So werten etwa Gibson et al. (1998), Kumar et al. (1999) und Amitay et al. (2003) Linkstrukturen zur Kategorisierung von Websites bzw. zur Exploration von „communities" der Pages solcher Autoren aus, die ihre Seiten aufgrund vergleichbarer Interessen verlinken. Chakrabarti et al. (1998) und Fürnkranz (2002) erweitern diesen Ansatz, indem sie auch jene Webpages berücksichtigen, welche mit der fokalen Page verlinkt sind. Die Aggregation von Informationen der Wort-, Markup- und Link-Ebene zeigen Joachims et al. (2001) und Getoor et al. (2001).

Im Kern geht es diesen Ansätzen um die Abbildung hypertextueller Einheiten auf vorgegebene Kategorien. Außen vor bleibt jene Theoriebildung, welche die Entwicklung von Kategorisierungsmethoden von theoretischen Überlegungen zu Struktur, Inhalt und Funktion hypertextueller Einheiten abhängig macht. Zwar firmieren unter dem Namen der Webgenre-Analyse Kategorisierungsansätze, die mit der Genre-Analyse (Swales, 1990; Yates/Orlikowski, 1992) einen theoretischen Unterbau besitzen. Jedoch verbleiben sie i. d. R. auf der Ebene taxonomischer Untersuchungen und werden nur in Ausnahmefällen computerlinguistisch entwickelt (Rehm, 2002). Im Kern zielen diese Ansätze auf die Kategorisierung

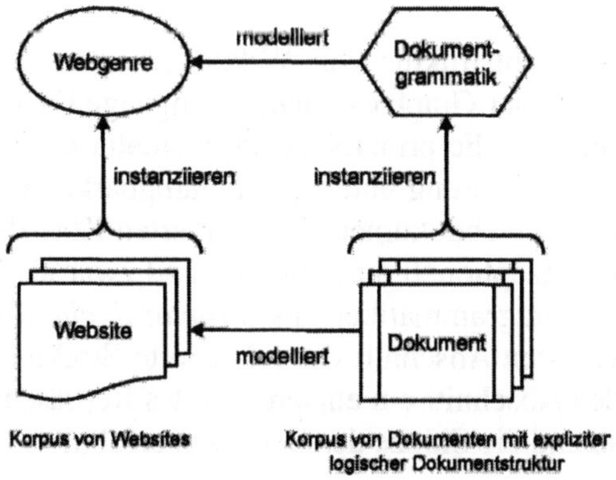

Abbildung 1: *Dokumentgrammatiken als Modelle von Webgenres.*

und Segmentierung von Ausdruckseinheiten auf der Ebene einzelner Webpages, für die trennscharfe Genre-Marker zu ermitteln sind, welche die Anwendung des herkömmlichen Kategorisierungsapparats ermöglichen.

Der Beitrag beschreitet einen anderen Weg. Als theoretische Basis dient die systemisch-funktionale Linguistik (SFL), die Genres als Typen von Kommunikationshandlungen beschreibt, deren Ablaufstrukturen sie als *generic structure potentials* spezifiziert (Halliday/Hasan, 1989). Neben dieser Strukturorientierung ist es ein weiteres Merkmal, dass die SFL als theoretische Basis rechtfertigt: Ausgehend von dem Begriff der Manifestationsrelation beschreibt sie Genres als kontextuelle Einheiten, die durch textuelle Einheiten informationell ungewiss manifestiert werden. In Analogie hierzu sind Webdokumente als informationell ungewisse Manifestationen von Webgenres zu identifizieren, was der Beitrag als Anlass dazu nimmt, zwischen manifester Dokumentgestalt und zugrunde liegender Genre-bedingter logischer Dokumentstruktur zu unterscheiden. Ziel ist die Konzeptionierung eines Analyserahmens, der auf die unmittelbar HTML-orientierte Kategorisierung von *Webpages* verzichtet und stattdessen auf die prototypischen Aufbaustrukturen von *Webgenres* fokussiert.

Die Abkehr von der strukturinsensitiven Kategorisierung macht es erforderlich, auf das Instrumentarium der explorativen Datenanalyse zurückzugreifen. Die Orientierung an der logischen Dokumentstruktur unter Abstraktion von der äußeren Gestalt hypertextueller Einheiten erfordert darüber hinaus die Aufgabe des strukturinsensitiven Vektorraummodells zugunsten eines Strukturmodells, das Konstituentenstrukturen ebenso wie hyperlinkbasierte Constraints zu berücksichtigen erlaubt. Folgerichtig geht es um eine Verbindung von statistischer und strukturorientierter Modellierung auf der Basis eines systemisch-funktionalen Webgenre-Modells. Ausgehend von azyklischen Graphen zur Modellierung der logischen Dokumentstruktur von Webdokumenten und ihrer generischen Repräsentation mittels der Graph eXchange Language (Winter et al., 2002) wird ein Beweis skizziert, der die prinzipielle Problematik einer HTML-Seitenstruktur orientierten Kategorisierung und die Unabdingbarkeit einer an der logischen Dokumentstruktur von Webdokumenten orientierten Klassifikation aufzeigt. Der Beitrag ist primär konzeptionell ausgerichtet, und zwar als Vorstudie für die Induktion von Dokumentgrammatiken als *structural classifiers* für Webgenres. Hierzu wird im nächsten Abschnitt das rekurrierte Strukturmodell erläutert und im darauf folgenden Abschnitt ein entsprechendes Repräsentationsformat vorgestellt, ehe abschließend die Skizze des Beweises erfolgt.

2. Logische Hypertext-Dokumentstruktur

Den Ausgangspunkt zur Analyse der logischen Dokumentstruktur Web-basierter Hypertexte bildet ein Vier-Ebenen-Modell, das auf der objektorientierten Unterscheidung von Strukturtypen und ihrer Instanzen als beobachtbare Komponenten des WWW basiert. Gemäß dieser Sichtweise sind Dokumenttypen Repräsentationen von (veränderlichen) Produktionsmustern auf der Ebene von Websites und Homepages (wie z.B. Projekt-Websites, Tagungs-Websites, persönliche akademische Homepages, Fakultäts-Websites, etc.). Sie bestehen aus Instanzen von Modultypen und ihrer Konstituentenstruktur- bzw. Dependenzrelationen, wobei diese Modultypen ihrerseits regelhafte Kompositionen von entweder komplexen oder elementaren Modulbausteinen bilden. Dieses Mehrebenen-Typensystem sieht oberhalb von Modulbausteinen zumindest drei Ebenen vor, und zwar unter Bezug auf die Unterscheidungen aus Tabelle (1). Den Bezugspunkt hierfür bildet die einem Dokumenttyp als Korrelat der generischen logischen Dokumentstruktur eines Webgenres annahmegemäß zugehörige Hypertextfunktion – als Analogon zur Textfunktion textueller Einheiten (Brinker, 1992). Eine zweite Unterscheidungsdimension bildet (in Fortsetzung dieser Analogie) der Begriff des Hypertextthemas. Zumindest auf funktionaler Ebene soll angedeutet werden, wie diese Begriffe genauer zu fassen sind – wegen der Schwierigkeit einer Definition des Begriffs des Hypertextthemas unterbleibt an dieser Stelle eine nähere Charakterisierung thematischer Bezugsgrößen:

> Eine Komponente X der logischen Dokumentstruktur eines Hypertexts heißt funktional bzw. pragmatisch homogen, wenn sie genau eine Funktion f bedient, die nicht als Teilfunktion von einer ihrer Komponenten als Ganzes bedient wird, und wenn umgekehrt jede weitere Funktion, die mit X verbunden wird, als Teilfunktion von f von einer Komponente von X bedient wird. Eine funktional homogene Einheit besteht also – wenn sie überhaupt in funktionaler Hinsicht zusammenge-

setzt ist – aus Komponenten, die Funktionen bedienen, welche sich als möglicherweise optionale Teilfunktionen von f identifizieren lassen. Eine Einheit heißt funktional bzw. pragmatisch geschlossen, wenn die Funktion, die sie bedient, einen abgeschlossenen Kommunikationsakt konstituiert.

	Modultypen	Dokumenttypen	Dokumentnetztypen
funktional homogen	+	+	–
funktional geschlossen	–	+	–
thematisch homogen	+	–	–
thematisch geschlossen	+/–	–	–

Tabelle 1: *Kriterien zur Unterscheidung von logischen Hypertext-Dokumentstrukturen.*

Vor diesem Hintergrund ergeben sich folgende Unterscheidungen:

1. Auf der untersten Ebene ist das Typensystem hypertextueller *Modulbausteine* angesiedelt, zu denen unter anderem die Typen ‘Aufzählung’, ‘Tabelle’ und ‘Paragraph’ zählen, welche im Sinne von Power et al. (2003) weder funktional noch inhaltlich unmittelbar festgelegt bzw. einzugrenzen sind. Diese fehlende Festlegung zeigt sich auch in ausdrucksseitiger Hinsicht: Als Typen von Komponenten der logischen Dokumentstruktur konkreter Hypertexte werden sie nicht zwingend mittels HTML-Markup manifestiert. Modulbausteine typisieren daher funktional und ausdrucksseitig unselbständige Komponenten hypertextueller Einheiten, die stets als Komponenten von Webpages vorkommen.
2. *Modultypen* typisieren ausdrucksseitig selbständige Einheiten logischer Hypertext-Dokumentstrukturen. Sie werden mittels einer oder mehrerer Webpages und deren Links manifestiert. Ihre Instanzen bilden funktional und in der Regel auch thematisch homogene, jedoch nicht geschlossene und also unselbständige Komponenten der Hypertext-basierten Kommunikation, die Teilfunktionen in einem funktional geschlossenen System bedienen. Das bedeutet, dass ihre Rezeption in der Regel an die Rezeption von Instanzen anderer Modultypen gebunden ist. Im Bereich von Tagungs-Websites sind die Modultypen ‘Call for Papers’, ‘Paper Submission’ und ‘Program’ als Beispiele hierfür zu nennen; sie sind der Hypertextfunktion ‘Web-basierte Organisation einer wissenschaftlichen Tagung’ untergeordnet. So lassen beispielsweise Webpages, welche allein das Konferenzprogramm manifestieren, vielfach nicht erkennen, was das Konferenzthema ist bzw. wo und wann die Konferenz stattfindet respektive stattgefunden hat. Die interne Struktur von Modultypen wird durch logische Links als Repräsentanten von Konstituentenstruk-

turrelationen aufgespannt, die ausdrucksseitig nicht notwendigerweise durch HTML-Links manifestiert werden. Die Hypertext-Literatur rekurriert vielfach auf die Theorie der rhetorischen Struktur (Mann/Thompson 1988) zur Typisierung ausdrucksseitig manifester Links (Kuhlen, 1991; Routledge et al., 2000; Thüring et al., 1995). Der vorliegende Beitrag argumentiert, dass damit der falsche Bezugspunkt gewählt wird, da ein ausdrucksseitig manifester Link unter Umständen gar keine Manifestation eines logischen Links ist oder umgekehrt ein logischer Link unter Umständen nicht durch einen Hyperlink ausdrucksseitig manifestiert wird.

3. Dokumenttypen typisieren funktional homogene und zugleich geschlossene, jedoch thematisch heterogene Einheiten der logischen Hypertext-Dokumentstruktur. Sie bilden das unmittelbare Korrelat von Webgenres im Sinne von Abbildung (1). Insofern ihre Instanzen aus wechselseitig funktional/inhaltlich heterogenen Instanzen von Modultypen bestehen, ordnen sie unter einer kommunikativ geschlossenen Gesamtfunktion jene Teilfunktionen, die zur Erfüllung dieser Gesamtfunktion zu bedienen sind.
4. Eine Strukturebene oberhalb der Ebene von Dokumenttypen liegt schließlich mit pragmatisch und thematisch heterogenen Dokumentnetztypen vor, deren Instanzen Systeme von (logisch) verlinkten Instanzen von Dokumenttypen bilden. Ein Beispiel bildet die Website einer Universität, die unter anderem persönliche akademische Homepages, Projekt-Websites oder auch Websites von wissenschaftlichen Tagungen umfasst. Unterhalb von Dokumenttypen werden folglich Einheiten beobachtet, die zwar funktional homogen sind, dafür aber nicht mittels funktional abgeschlossener Kommunikationseinheiten manifestiert werden. Oberhalb von Dokumenttypen werden funktional heterogene Einheiten beobachtet, die in verschiedenen, nicht notwendigerweise wechselseitig kohärenten Kommunikationsprozessen rezipiert werden.

Dieses Mehrebenensystem wird durch Tagungs-Websites illustriert, deren regelhafter Aufbau ihre erwartungsgeleitete Rezeption unterstützt. Sie bestehen typischerweise aus Webpages, die über Einreichungsmodalitäten, das Konferenzprogramm oder zusätzliche Workshops informieren und als Instanzen von Dokumenttypen fungieren. Der regelhafte Aufbau von Tagungs-Websites setzt sich auf der Ebene dieser Modultypen fort. So umfasst beispielsweise ein *call for participation* typischerweise Komponenten, die über Einreichungskategorien, Konferenzthemen, -vorsitzende und die Einreichungsprozedur informieren. Schließlich wird der regelhafte Gebrauch von Modulbausteinen durch den Hinweis auf die rekurrente Enumeration von Konferenzthemen exemplifiziert.

Die Unterscheidung von Modulbausteinen bzw. von Modul- und Dokumenttypen folgt der Unterscheidung von Textmustern (bzw. Textbausteinen) und

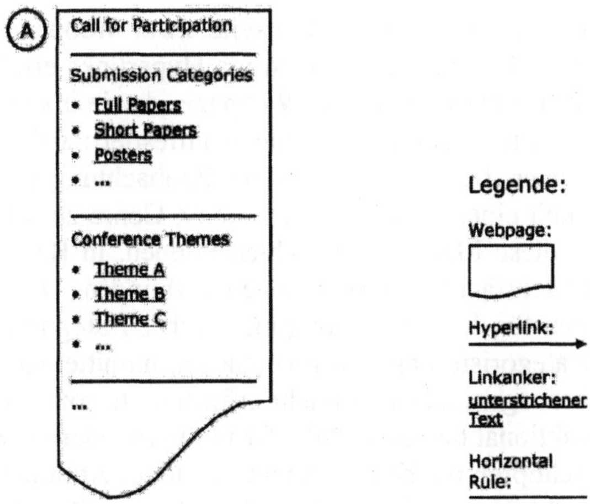

Abbildung 2: *Schematische Darstellung funktional äquivalenter Manifestationen derselben Information mittels (A) einer Liste und (B) dreier Webpages.*

Texttypen (Heinemann, 2000). Sie findet ihre Fortsetzung in dem hier als Manifestationsvariabilität bezeichneten Phänomen. So wie dasselbe Textmuster durch verschiedene, jedoch funktional (annähernd) äquivalente Textstrukturen manifestierbar ist (Power et al., 2003), ist derselbe Modulbaustein aber auch derselbe Modul-/Dokumenttyp mittels verschiedener Ausdruckseinheiten manifestierbar. Der Begriff der Manifestationsvariabilität beschreibt das Verhältnis von Typen von Komponenten logischer Dokumentstrukturen und Inventareinheiten zur Manifestation dieser Strukturen in konkreten Hypertexten, und zwar aus der Sicht ersterer Komponententypen. Demgegenüber wird im Folgenden von Polymorphie gesprochen, wenn umgekehrt das Verhältnis von beobachtbaren Ausdruckseinheiten zu diesen Komponententypen betrachtet wird.

Diese Unterscheidung sei an einem Beispiel verdeutlicht: Dieselbe logische Dokumentstruktur kann durch verschiedene, jedoch funktional äquivalente Ausdruckseinheiten manifestiert werden. Umgekehrt kann dieselbe Ausdruckseinheit gleichzeitig verschiedene Funktionskategorien manifestieren, ohne dies durch inhalts- oder strukturorientiertes Markup kenntlich zu machen, so dass die betrachtete Ausdruckseinheit als Ganzes keine trennscharfe Kategorisierung erlaubt. Diese Art der Polymorphie hypertextueller Einheiten wird in Abbildung (2) exemplifiziert. Variante (A) zeigt eine Webpage als Ausschnitt einer Tagungs-Website, die über Einreichungsmodalitäten und Konferenzthemen informiert, und zwar mit Hilfe von Listen, die über *horizontal rules* der HTML separiert sind. Dieselbe Funktion wird in Variante (B) mittels dreier Webpages manifestiert, wobei ausgehend von einer Leitseite zwei Webpages zu den Einreichungsmodalitäten bzw. Konferenzthemen via Hyperlinks erreichbar sind. Variante (A) demonstriert eine polymorphe Webpage, da sie als Ganzes zwei Komponenten des Webgenres Tagungs-Website manifestiert: *submission categories* und *conference themes*. Der Versuch, aus der Beobachtung von Genre-Markern auf die Zugehörigkeit eines Dokuments zu einem Genre zu schließen, ist, abgesehen davon, dass diese Marker ganz fehlen können, in Beispielen wie diesen zwangsläufig mit Mehrfachkategorisierungen verbunden. Damit fehlt aber eine der Voraussetzungen für die Anwendung klassischer Kategorisierungsverfahren. Anstatt also das Kategorisierungsinstrumentarium unmittelbar auf hypertextuelle Einheiten zu übertragen, ist es vielmehr erforderlich, sozusagen in Anlehnung an die SFL, die funktional bedingte Ablaufstruktur von Genres zu betrachten.

Offensichtlich schöpfen die beiden Alternativen aus Abbildung (3) das Spektrum möglicher Strukturen in diesem Bereich nicht aus. Die obere Schranke polymorpher Webeinheiten ist etwa durch eine Tagungs-Website gegeben, die sämtliche der für diesen Dokumenttyp konstitutiven Modultypen mittels derselben Page manifestiert. Die untere Schranke bildet demgegenüber eine Website, die keine zwei Modultypen über dieselbe Seite realisiert. Polymorphismus und Manifestationsvariabilität konstituieren eine *n:m*-Relation zwischen Hypertextstrukturtypen und Inventaren zu ihrer ausdrucksseitigen Manifestation. Offensichtlich ist das Spektrum dieser Relation bislang unerforscht.

Um diese Typ-Instanz-Relation weiter einzugrenzen, kann das Dokumentstrukturmodell von Power et al. (2003) herangezogen werden, das unter anderem die Divergenz von rhetorischer, logischer und layoutbasierter Struktur in schriftsprachlichen Texten thematisiert. Power et al. verweisen auf Beobachtungen, in denen dieselbe Dokumentstruktur über verschiedene, funktional äquivalente Texte manifestiert wird. Die Bedeutung dieses Ansatzes für die vorliegende Untersuchung besteht in dem Vorschlag einer Dokumentgrammatik zur Modellierung logischer, im Falle von Power et al. jedoch hierarchischer Dokumentstrukturen. Dieser Ansatz steht in Übereinstimmung mit der linguistischen Tradition hierarchieorientierter Repräsentationen sprachlicher Strukturen wie sie am Beispiel des OHCO-Modells (Renear, 1997) zum Ausdruck kommt, das Texte als *Ordered Hierarchies of Content Objects* beschreibt. Der Stand der Diskussion um die Adäquatheit dieses Modells sieht derzeit ein polyhierarchisches Textstrukturmodell vor (Renear, 1997), das jedoch ebensowenig die netzwerkartige Struktur von Hypertexten abzubilden erlaubt. Dies gilt auch für Instanzen von Dokumenttypen: Obwohl diese, wie weiter unten erläutert wird, im Kern eine hierarchische Struktur aufweisen, enthalten sie vielfach Links, welche diese Grundstruktur transzendieren. Dies betrifft beispielsweise *across links* oder auch *external links* (Amitay et al., 2003; Eiron/McCurley, 2003), welche gewissermaßen Pages verschiedener Instanzen von Dokumenttypen verknüpfen.

Vor diesem Hintergrund erscheint eine Extension des Modells von Power et al., die auch solche Links berücksichtigt, welche die polyhierarchische Kernstruktur transzendieren, ein vielversprechender Kandidat für die Modellierung der Beziehung von logischer Hypertext-Dokumentstruktur und ihren Instanzen zu sein. Allerdings wird in Abkehr von Power et al. (2003) die logische Dokumentstruktur als funktional-inhaltlich fundiert betrachtet: oberhalb der Ebene von Modulbausteinen werden Konstituenten beobachtet, deren Konstituentenstatus auf teils funktionalen, teils inhaltlichen Kriterien fußt. Dieser Ansatz wird im Folgenden als LOGOS-Modell (für *LOGical hypertext dOcument Structure*-Modell) bezeichnet. Er beruht auf den folgenden Annahmen:

- Webdokumente sind vielfach Instanzen von Webgenres, deren logische Dokumentstruktur auf zumindest vier Ebenen zu beschreiben ist.
- Die Beziehung der dabei einschlägigen Strukturtypen zu ihren Instanzen ist durch mehrere Aspekte informationeller Ungewissheit gekennzeichnet. Neben der für sprachliche Einheiten vielfach beobachteten Vagheit und Mehrdeutigkeit betrifft dies insbesondere den Aspekt der Polymorphie.
- Trotz ihrer netzwerkartigen Gesamtstruktur besitzen Instanzen von Dokumenttypen in der Regel eine hierarchische Kernstruktur, die durch logische, hierarchiekonstitutive Kernellinks aufgespannt wird.
- Ein adäquates Modell von Hypertext-Strukturtypen und ihrer logischen Links besteht in Form einer probabilistischen Dokumentgrammatik zur Repräsentation prototypischer Webstrukturen auf der Ebene von Dokumenttypen.

Eine probabilistische Grammatik logischer Hypertext-Dokumentstrukturen ist als generative Repräsentation des derzeit unbekannten Spektrums an Manifestationsvariabilität bzw. Polymorphie im Bereich von Webgenres aufzufassen. Die Grundlage hierfür bildet die Einsicht in die generelle Problematik einer Übertragung des Kategorisierungsparadigmas auf Webgenres. Dokumentgrammatiken sind demgegenüber als *structural classifiers* aufzufassen, welche das Polymorphieproblem dadurch umgehen, dass sie Strukturbeschreibungen von Inputdokumenten zu erzeugen erlauben.

3. Hypertextrepräsentation

Die Induktion einer Dokumentgrammatik für Webgenres setzt eine Sprache zur weitgehend standardisierten und erweiterbaren Repräsentation voraus, die ausdrucksmächtig genug ist, die strukturelle Variabilität funktionaler Äquivalente zur Manifestation hypertextueller Strukturtypen abzubilden. Es geht dabei insbesondere um eine Integration der Repräsentation textueller und hypertextueller Strukturen, und zwar für die verschiedenen Zwecke der Hypertextanalyse. Das bedeutet, dass das Bag-of-Words-Modell unzulänglich ist. Gefordert ist stattdessen ein Format, das ausgehend von den Konstituentenstrukturen von Websites die Repräsentation des lexikalischen Materials einzelner Seiten in das im Kern hierarchische Modell der Website-Struktur integriert – anders als im IR werden also keine „flachen“ Merkmalsvektoren, sondern Graphen solcher Vektoren als Repräsentationsmodelle erzeugt. Der folgende Abschnitt stellt ein XML-basiertes Format vor, das sich an dieser Anforderung orientiert. Es basiert auf der Graph eXchange Language (GXL) (Winter et al., 2002), die als Austauschformat für den Datenaustausch zwischen beliebigen computerbasierten Informationssystemen entwickelt wurde.

3.1 XML-basierte Hypertextrepräsentation

Die Hypertextrepräsentation dient der Abbildung von Hypertexten auf Instanzen eines Formats, das die verschiedenen Aufgaben der *Hyper*textanalyse unterstützt. Der vorliegende Ansatz repräsentiert hierzu Hypertexte als Graphen der GXL, wofür folgende Klassen bereitstehen:

1. *Graphen* sind geordnete Paare (*V*, *E*) bestehend aus der Knotenmenge *V* und der Kantenmenge *E*. Die GXL referiert auf Knoten mittels des Elementtyps **`node`**. Im LOGOS-Modell repräsentieren Elemente dieses Typs einzelne Webpages, die über eine **`ID`** und ein GXL-Attribut namens **`URI`** identifiziert werden. Dies wird in Tabelle 2 demonstriert. Analog dienen Instanzen der Elementtypen **`edge`** und **`rel`**(ation) zur Abbildung von Links dieser Pages.
2. *Typisierte Graphen* sind Graphen mit typisierten Knoten und Kanten. Im LOGOS-Modell dienen Typen unter anderem zur Unterscheidung von Anker- und Page-Knoten sowie von Links. Die Typisierung wird mittels des **`type`**-Elementtyps und seines **`xlink:href`**-Attributs manifestiert. Da mehrere Typensysteme zur unabhängigen Klassifikation derselben Menge von Hypertextkonstituenten nötig sind, werden die typisierten Graphen zu attribuierten Graphen erweitert:

```
<gxl xmlns:xlink="http://www.w3.org/1999/xlink">
  <graph hypergraph="true" edgemode="directed" id="HyperGraph0">
    <attr name="Title"><string>Hypertext 2004</string></attr>
    <node id="Page1">
      <attr name="URI"><locator xlink:href="http://www.ht04.org"/></attr>
      <attr name="Title">
        <string>Hypertext 2004 - Fifteenth Annual Conference on
        Hypertext and Hypermedia</string>
      </attr>
      <graph hypergraph="false" edgemode="directed" id="EmbeddedGraph2">
        <node id="Anchor5"> ... </node> ...
      </graph>
    </node> ...
    <node id="Page2">
      <attr name="URI">
        <locator xlink:href="http://www.ht04.org/cfpPapers.php"/>
      </attr>
      <attr name="Title">
        <string>Hypertext 2004 - Papers Call for Participation</string>
      </attr> ...
    </node> ...
    <rel id="HyperLink1">
      <attr name="LinkStructureType"><enum>kernellink</enum></attr>
      <relend direction="in" target="Page1" role="sourcepage"/>
      <relend direction="in" target="Anchor5" role="sourceanchor"/>
      <relend direction="out" target="Page2" role="targetpage"/>
    </rel> ...
  </graph>
</gxl>
```

***Tabelle 2:** GXL-basierter Hypertextgraph (eines Ausschnitts) der Tagungs-Website (der ACM-Hypertext-Tagung 2004) (Punkte indizieren ausgelassenen Inhalt).*

3. *Attribuierte Graphen* sind Graphen, deren Knoten und Kanten Attribute besitzen, die möglicherweise geschachtelten Mengen oder Sequenzen von Booleschen, ganzzahligen, reell- oder stringwertigen Attributen entsprechen. Sie dienen unter anderem zur Abbildung von Metatags von Webpages auf Attribut-Wert-Paare, welche als Inhalt des GXL-Attributs **MetaTags** auftreten. Analog hierzu werden Inhaltskomponenten von Webpages (wie z.B. ihre lexikalische Struktur und dominierte HTML-Tags des HTML-Elements **body**) mittels eines Tokenvektor-Elements erfasst. Diese Vektoren dienen als Repräsentationsmodell für das maschinelle Lernen. Anders als das Bag-of-Words-Modell konstituieren sie jedoch eine hierarchische Struktur isomorph zur Kernhierarchie der Website, deren Seiteninhalte sie repräsentieren. Weiterhin besitzen Linkrepräsentationen ein GXL-Attribut namens **LinkType** zur Unterscheidung von Up-, Down-, Kernel-, External- und Acrosslinks.

Ferner ist das GXL-Attributmodell dazu heranzuziehen, HTML-Listen, Tabellen und andere Inhaltsobjekte zu modellieren.

4. *Gerichtete Graphen* sind Graphen, deren Kanten geordnete Paare von Knoten bilden. Sie dienen zur Repräsentation von einfachen, seiteninternen HTML-Links, deren Start- und Zielanker derselben Webpage angehören. Zur Erfassung solcher Links werden (wie in Tabelle 2 zu sehen) die Attribute **from** und **to** des Elementtyps **edge** benutzt, deren Werte den **ID**s der entsprechenden Quell- und Zielanker-Knoten entsprechen. Beide Attribute verhalten sich wie **IDREF**-Attribute im Sinne von XML Schema.
5. *Geordnete Graphen* sind gerichtete Graphen, deren Kanten Ordinalzahlen besitzen, die eine bestimmte Ordnung ausgehend vom jeweiligen Startknoten reflektieren. Mit ihrer Hilfe können unter anderem Links geordnet, die innerhalb derselben Seite verankert sind, wobei die syntagmatische Ordnung der Startanker als Ordnungskriterium ausgewertet wird. Hierfür steht das GXL-Attribut **order** des Inhaltsmodells des Elementtyps **rel**(ation) bereit.
6. *Stratifizierte Graphen* sind Graphen, deren Knoten selbst wieder Graphen sein können. Sie dienen zur Abbildung von Links, deren Start- und Zielanker derselben Seite angehören. Hierzu wird der Graph, den diese Links aufspannen, als Inhaltskomponente jenes Knotens bestimmt, der die betrachtete Webpage repräsentiert. An dieser Stelle folgt die Nutzbarmachung der ansonsten datenorientierten GXL dem Ansatz der dokumentorientierten Modellierung. Da seiteninterne Links auf der (möglicherweise attribuierten) Assoziationen von zwei Ankern derselben Seite beruhen, reicht der **edge**-Elementtyp als GXL-Analogon zur Modellierung dieses Linktyps aus. In allen anderen Fällen werden *Hyperkanten* benötigt:
7. *Hypergraphen* sind Graphen, deren Hyperkanten Teilmengen der Knotenmenge bilden, die selbst wieder geordnet oder ungeordnet sein können. Dies qualifiziert sie zur Abbildung von HTML-Links, deren Anker verschiedenen Pages angehören, zumindest aber verschiedene Seiten verlinken. Tabelle (2) illustriert eine Instanz des Elementtyps **rel**(ation), die einen Link zwischen **Page1** und **Page2** modelliert. Die betrachtete Hyperkante umfasst ein **relend**-Element (d.h. ein „Relationsende"), das auf die Quellseite des Links verweist, ferner ein Ende, das auf die Zielseite verweist, sowie ein Ende, das auf den Anker innerhalb der Startseite referiert. Links mit einer Zielankerspezifikation im **URL**-Wert ihres **href**-Attributs werden mittels eines zusätzlichen Elements erfasst, das auf diesen Anker verweist. Da Relationsenden mittels GXL-Attributen informationell angereichert werden können und Hyperkanten auf keine bestimmte Zahl von Komponenten beschränkt sind, erlauben sie die Abbildung von Relationen beliebiger, variabler Stelligkeit.

Mittels der GXL kann die manifeste Struktur von Instanzen von Modulbausteinen sowie von Modul- und Dokumenttypen abgebildet werden, ihre Linkstruktur ebenso wie ihre seiteninternen Inhalte. Auf Modul- und Dokumenttypebene haben solche Hypertextgraphen annahmegemäß eine hierarchische Kernstruktur, deren konstitutive Links als Hyperkanten des Linktyps **`kernellink`** modelliert werden. Diese Kernhierarchie wird durch eine Tagungs-Website illustriert, deren Startseite u. a. zu dem entsprechenden CfP überleitet, der wiederum zu Seiten mit Formatierungshinweisen überleitet, u.s.w. In der vorliegenden Fassung wird die Kernhierarchie mittels einer Breitensuche exploriert. Wegen der Polymorphie von Instanzen von Webgenres werden Kernhierarchien nicht zwingend mittels Links manifestiert – vielmehr kann dieselbe Seite mehrere Knoten einer Kernhierarchie manifestieren. Infolgedessen bildet die auf der Grundlage der manifesten Linkstruktur nachgezeichnete Hierarchie bestenfalls einen Ausschnitt der verdeckten Zielhierarchie ab. In Fällen, in denen sichtbare Links gar keine verdeckten Konstituentenstrukturbeziehungen manifestieren, führt dies derzeit zu fehlerhaften Repräsentationen.

Up-, Down-, Across- und Externallinks (Amitay et al., 2003; Eiron/McCurley, 2003; Routledge et al., 2000) werden – wie Abbildung (5) zeigt – unter Rekurs auf die durch Kernellinks aufgespannte Kernhierarchie identifiziert: *Kernellinks* assoziieren innerhalb der Kernhierarchie dominierende Knoten mit ihren unmittelbar dominierten Nachfolgerknoten. *Downlinks* assoziieren Knoten der Kernhierarchie mit einem ihrer (mittelbaren) Nachfolgerknoten. *Uplinks* assoziieren analog Knoten der Kernhierarchie mit einem ihrer (mittelbaren) Vorgängerknoten in der Hierarchie, wobei der Wurzelknoten als höchstgeordneter Knoten gilt. *Acrosslinks* assoziieren zwei Knoten der Kernhierarchie, die zueinander in keiner Vorgänger-Nachfolger-Beziehung auf der Grundlage von Kernellinks stehen. *Insidelinks* sind – insoweit manifeste Linkstrukturen betrachtet werden – seiteninterne Links. Werden demgegenüber logische Dokumentstrukturen betrachtet, so beziehen sie sich auf Instanzen von Modultypen, die selbst keine Instanzen von Modultypen mehr enthalten, sondern bloß noch von Modulbausteinen. Schließlich assoziieren *Externallinks* Knoten der Kernhierarchie mit anderen Websites. Diese Linktypen werden mittels des GXL-Attributs **`LinkType`** annotiert, dessen Stringwerte der Menge {**`kernellink`**, **`uplink`**, **`downlink`**, **`externallink`**, **`acrosslink`**} angehören. Web-basierte Hypertexte werden somit als typisierte, attribuierte, gerichtete, geordnete, auf zwei Ebenen stratifizierte Hypergraphen modelliert. Die GXL dient dabei als ein einheitliches Repräsentationsformat für Links, Knoten und andere Bausteine von Hypertexten bzw. als uniformes Ein- und Ausgabeformat für alle nachfolgenden Arbeitsschritte der Hypertextanalyse (Gleim 2005).

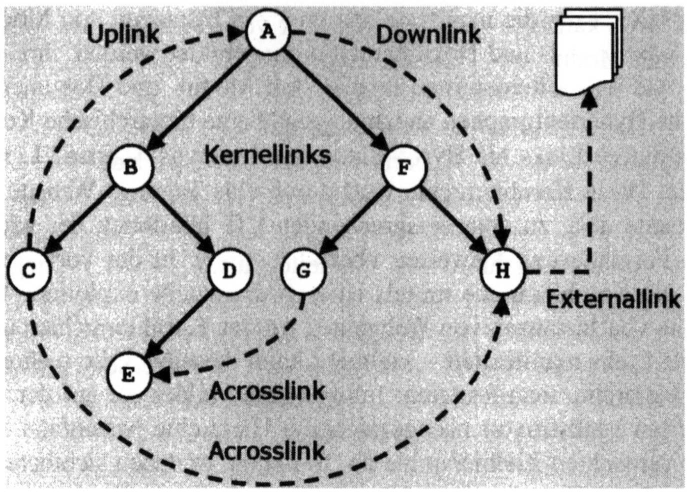

Abbildung 3: *Die kernbildende Konstituenten Struktur eines Hypertextgraphen.*

4. Eine Beweisidee für einen Polymorphiebeweis

Hypertextkategorisierung meint die Zuordnung von Kategorienbezeichnern zu hypertextuellen Einheiten (Chakrabarti et al., 1998). Sie basiert vielfach auf denselben ML-Methoden wie die Textkategorisierung, rekurriert für die Merkmalsselektion jedoch über lexikalische Einheiten hinaus auf HTML-Markup, Metatags und die Links der zu kategorisierenden Einheiten (Fürnkranz, 1998; Yang et al., 2002). Wenn vor diesem Hintergrund nachgewiesen werden kann, dass Polymorphie in Webgenres erwartungsgemäß systematisch mit Mehrfachkategorisierungen korreliert, fehlt eine der wesentlichen Voraussetzungen dieses Ansatzes: die funktionale Abbildung von Pages auf Kategorien. Zwar sehen sämtliche Kategorisierungsverfahren die Möglichkeit von Mehrfachkategorisierungen vor, jedoch nur als defiziente Fälle von Mehrdeutigkeit, die durch weiteren informationellen Input auszuräumen sind. Polymorphie, die zu hohen Mehrfachkategorisierungsraten führt, steht dem jedoch entgegen und ist als Beleg dafür zu deuten, dass Webpages als Ausdruckseinheiten von Webgenres ungeeignete Bezugsgrößen für Kategorisierungsexperimente darstellen, die Mehrfachkategorisierungen nicht als Fälle von Polymorphie berücksichtigen, was eine Strukturanalyse voraussetzte. Es geht im Folgenden *nicht* um die Behauptung, Hypertextkategorisierung sei prinzipiell unmöglich. Vielmehr geht es um einen Beleg für die Relevanz des oben eingeführten Konzepts der logischen Hypertext-Dokumentstruktur, deren Komponenten annahmegemäß erst die relevanten Bezugsgrößen von Kategorisierungen darstellen, nicht aber die unmittelbar beobachtbaren Webpages, die ebenso wie layoutbasierte Seiten schriftsprachlicher Texte ungeeignete Bezugspunkte für die Kategorisierung darstellen. Um diese Argumentation zu belegen, sind die folgenden Beweisschritte abzuarbeiten:

1. In einem ersten Schritt ist für das bestehende Kategorisierungsinstrumentarium sowie für möglichst viele Webgenres, die aufgrund der rekurrenten Funktionen, welche ihre Instanzen zu bedienen haben, über rekurrente, stabile Strukturen verfügen, und schließlich für plausible, durch die jeweilige Hypertextliteratur gestützte Kategorienmengen zu zeigen, dass die Kategorisierungsverfahren in diesen Szenarien systematisch zu Mehrfachkategorisierungen führen.
2. Ein Beispiel bildet das Webgenre der Tagungs-Websites, das offenbar die Anforderung erfüllt, rekurrente Funktionen bedienen zu müssen. In einer Vorstudie (Mehler et al. 2004) wurden seine Komponenten kategorisiert, und zwar mittels Kategorien, die mit einer Ausnahme der Kategorienliste von Yoshioka/Herman (2000) entsprechen. Zwei der Kategorien von Yoshioka/Herman wurden amalgamiert, was tendenziell die Zahl der Mehrfachkategorisierungen jedoch reduzieren müsste. An dieser Stelle zeigt sich das Defizit, dass es bislang kaum einschlägige Literatur zur Struktur von Webgenres gibt, auf die für die genannten Zwecke zurückgegriffen werden könnte (Rehm, 2004). Genau genommen ist daher eine der Voraussetzungen der Beweisidee (noch) nicht erfüllt.
3. In einem zweiten Schritt ist umgekehrt zu zeigen, dass für bestimmte Komponenten der spezifischen logischen Dokumentstrukturen der analysierten Instanzen von Webgenres die Kategorisierung unter Bezug auf die zuvor bestimmte Kategorienmenge zu einer signifikanten Reduktion von Mehrfachkategorisierungen führt. Da diese versteckten logischen Bezugsgrößen allererst mit Hilfe einer automatisch zu induzierenden Dokumentgrammatik ermittelt werden sollen, ist nach einer Beweisalternative zu suchen. Diese besteht darin, dass die Webpages der beobachteten Webgenre-Instanzen in hinreichend kleine Einheiten segmentiert werden, die aufgrund ihrer Merkmale zwar nach wie vor eine effiziente Kategorisierung ermöglichen, aufgrund ihrer Segmentgröße jedoch zu Einfachkategorisierungen führen (sollten).

Um zumindest den ersten Teil dieser Aufgabe anzugehen, wurde in einer Vorstudie ein Experiment anhand eines Korpus von ca. 1.000 Websites durchgeführt. Hierzu wurde das derzeit erfolgreichste Kategorisierungsverfahren in Form der *Support Vector Machines* angewandt, die hochdimensionale, spärlich und fehlerhaft besetzte Merkmalsvektoren handhaben können (Joachims, 2002). Die Ergebnisse dieser Studie werden in Mehler et al. (2004) dokumentiert. Dabei zeigt sich die erwartete hohe Zahl an Mehrfachkategorisierungen und somit die geringe Trennschärfe der Kategorien. Dieses Teilergebnis ist dadurch zu erklären, dass die falschen Merkmale, die falschen Kategorien, der falsche Klassifikator ausgewählt wurden oder – so unsere noch weiter zu untermauernde Interpretation – die betrachteten Webpages systematisch *polymorph* sind.

5. Schlussfolgerungen

In diesem Beitrag wurde das Konzept der logischen Dokumentstruktur auf Hypertexte bezogen. Es bildet nicht nur den Ausgangspunkt für die dokumentgrammatische Modellierung von Webgenres, sondern auch für die kritische Analyse bisheriger Versuche einer nahtlosen Übernahme von Verfahren der Textkategorisierung. Nachfolgende Arbeiten zielen – hierauf aufbauend – auf einen Ansatz zur automatischen Induktion von Dokumentgrammatiken.

Literaturverzeichnis

Amitay, E., & Carmel, D., & Darlow, A., & Lempel, R., & Soffer, A. (2003). The connectivity sonar: detecting site functionality by structural patterns. In Proc. of the 14th ACM conference on Hypertext and Hypermedia, 38–47.

Botafogo, R. A., & Rivlin, E., & Shneiderman, B. (1992). Structural Analysis of Hypertexts: Identifying Hierarchies and Useful Metrics. ACM Trans. on Inf. Sys., 10(2), 142–180.

Brinker, K. (1992). Linguistische Textanalyse. Eine Einführung in Grundbegriffe und Methoden. Berlin: Erich Schmidt.

Chakrabarti, S., & Dom, B., & Indyk, P. (1998). Enhanced Hypertext Categorization Using Hyperlinks. In Proc. of ACM SIGMOD Intern. Conf. on Management of Data, 307–318.

Eiron, N., & McCurley, K. S. (2003). Untangling compound documents on the web. In Proc. of the 14th ACM conf. on Hypertext and Hypermedia, Nottingham, UK, 85–94.

Furner, J., & Ellis, D., & Willett, P. (1996). The Representation and Comparison of Hypertext Structures using Graphs. In M. Agosti & A. F. Smeaton (Eds.), Information Retrieval and Hypertext. Boston: Kluwer, 75–96.

Fürnkranz, J. (1998). Using Links for Classifying Web-Pages. TR-OEFAI, 98–29.

Fürnkranz, J. (2002). Hyperlink Ensembles: a Case Study in Hypertext Classification. Information Fusion, 3(4), 299–312.

Getoor, L., & Segal, E., & Taskar, B., & Koller, D. (2001). Probabilistic models of text and link structure for hypertext classification. In IJCAI Workshop on Text Learning: Beyond Supervision, Seattle, Washington.

Ghani, R., & Slattery, S., & Yang, Y. (2001). Hypertext Categorization using Hyperlink Patterns and Meta Data. In Proc. of the 11th Intern. Conf. on Machine Learning, 178–185.

Gibson, D., & Kleinberg, J., & Raghavan, P. (1998). Inferring Web communities from link topology. In Proc. of the 9th ACM conf. on Hypertext and Hypermedia: links, objects, time and space-structure in hypermedia systems, Pittsburgh, 225–234.

Gleim (2005): HyGraph - Ein Framework zur Extraktion, Repräsentation und Analyse webbasierter Hypertextstrukturen. In diesem Band.

Halliday, M. A. K., & Hasan, R. (1989). Language, Context, and Text: Aspects of Language in a Socialsemiotic Perspective. Oxford: Oxford University Press.

Heinemann, W. (2000). Textsorte – Textmuster – Texttyp. In K. Brinker & G. Antos & W. Heinemann & S. F. Sager, Text- und Gesprächslinguistik. Berlin: de Gruyter, 507–523.

Joachims, T. (2002). Learning to classify text using support vector machines. Boston: Kluwer.

Joachims, T., & Cristianini, N., & Shawe-Taylor, J. (2001). Composite Kernels for Hypertext Categorisation. In Proc. of the 11th International Conf. on Machine Learning, 250–257.

Kuhlen, R. (1991). Hypertext: ein nichtlineares Medium zwischen Buch und Wissensbank. Berlin: Springer.

Kumar, R., & Raghavan, P., & Rajagopalan, S., & Tomkins, A. (1999). Trawling the Web for emerging cyber-communities. In Proceeding of the eighth international conference on World Wide Web, Toronto, Canada, 1481–1493.

Mann, W. C., & Thompson, S. A. (1988). Rhetorical Structure Theory: Toward a functional theory of text organization. Text, (8), 243–281.

Mehler, A., & Dehmer, M., & Gleim, R. (2004). Towards Logical Hypertext Structure – A Graph-Theoretic Perspective. In T. Böhme & G. Heyer (Eds.), Proc. of the 4th International Workshop on Innovative Internet Computing Systems. Berlin, Springer.

Power, R., & Scott, D., & Bouayad-Agha, N. (2003). Document Structure. Computational Linguistics, 29(2), 211–260.

Rehm, G. (2002). Towards Automatic Web Genre Identification – A Corpus-Based Approach in the Domain of Academia by Example of the Academic's Personal Homepage. In Proc. of the Hawai'i Internat. Conf. on System Sciences.

Rehm, G. (2004). Ontologie-basierte Hypertextsorten-Klassifikation. In A. Mehler & H. Lobin (eds.), Automatische Textanalyse: Systeme und Methoden zur Annotation und Analyse natürlichsprachlicher Texte, Wiesbaden: VS, 121–137.

Renear, A. (1997). Out of Praxis: Three (Meta)Theories of Textuality. In K. Sutherland (ed.), Electronic Text. Investigations in Method and Theory. Oxford, 107–126.

Routledge, L., & Bailey, B., & van Ossenbruggen, J., & Hardman, L. & Geurts, L. (2000). Generating Presentation Constraints from Rhetorical Structure. In Proceedings of the 11th ACM Conference on Hypertext and Hypermedia, ACM, 19–28.

Swales, J. M. (1990). Genre Analysis. English in Academic and Research Settings. Cambridge: Cambridge University Press.

Tajima, K., & Tanaka, K. (1999). New Techniques for the Discovery of Logical Documents in Web. In Intern. Symp. on Database Appl. in Non-Traditional Env. IEEE, 125–132.

Thüring, M., & Hannemann, J., & Haake, J. M. (1995). Hypermedia and Cognition: Designing for Comprehension. Communications of the ACM, 38(8), 57–66.

Winter, A., & Kullbach, B., & Riedinger, V. (2002). An Overview of the GXL Graph Exchange Language. In S. Diehl (ed.), Software Visualization. Berlin: Springer, 324–336.

Yang, Y., & Slattery, S., & Ghani, R. (2002). A Study of Approaches to Hypertext Categorization. Journal of Intelligent Information Systems, 18(2-3), 219-241.

Yates, J., & Orlikowski, W. J. (1992). Genres of Organizational Communication: A Structurational Approach to Studying Communications and Media. Academy of Management Review, 17(2), 299–326.

Yoshioka, T., & Herman, G. (2000). Coordinating Information Using Genres. Technical report, Massachusetts Institute of Technology – Sloan School of Management: Center for Coordination Science.

Requirements for a Parallel Treebank Search Tool

Charlotte Merz, Martin Volk

Parallel treebanks, i.e. syntactically annotated corpora of translated texts, are invaluable resources for cross-linguistic research. Whereas some parallel treebanks have been created, little work has been devoted to parallel treebank query systems. In this paper, we compare experiences from monolingual corpus query tools and project these insights for the development of parallel treebank search tools. We distinguish between two different query types, namely single constraint queries and combined constraint queries, and show how the certainty of the alignment information can be included in the search result as well. Suggestions for graphical output representation are also made. We show that a large amount of the work which has been done on monolingual treebanking can be used with parallel treebanks as well, although additional requirements need to be observed and fulfilled.

Parallele Baumbanken, d.h. syntaktisch annotierte Korpora aus übersetzten Texten, sind wertvolle Ressourcen für die sprachübergreifende Forschung. Obwohl bereits einige parallele Baumbanken erstellt wurden, findet man noch fast keine Arbeiten zum Thema der dazugehörigen Suchwerkzeuge. In diesem Artikel vergleichen wir Erfahrungen, die mit einsprachigen Korpusabfragesystemen gemacht wurden, und übertragen diese Erkenntnisse auf die Entwicklung eines Abfragesystems für parallele Baumbanken. Wir unterscheiden zwei verschiedene Abfragearten, nämlich Abfragen mit einfachen Baumbedingungen und Abfragen mit kombinierten Baumbedingungen. Wir veranschaulichen, wie Angaben zur Sicherheit der Alignierung in die Suchresultate miteinbezogen werden können und machen einen Vorschlag zur graphischen Abbildung der Suchresultate. Wir zeigen auf, dass ein großer Teil der Erfahrungen mit einsprachigen Baumbanken für parallele Baumbanken weiterverwendet werden kann, betonen aber, dass zusätzliche Anforderungen beachtet und realisiert werden müssen.

1. Introduction

Recent years have seen a merging of work on parallel corpora and treebanks. Parallel treebanks, i.e. syntactically annotated corpora of translated texts, combine the best of these resources. In addition they can be aligned on a sub-sentential level (typically phrase-level) and thus provide access to detailed cross-language correspondences. While some suggestions have been made on the compilation, annotation and alignment of parallel treebanks, little work has been devoted to the development of a search tool for parallel treebanks. In order to prepare the implementation of such a tool, the requirements for a parallel treebank search tool need to be analyzed. In this paper we compare experiences from monolingual corpus query tools and project these insights for the development of parallel treebank search tools.

2. Overview of Corpus Query Systems

Our overview of corpus query systems starts with tools for raw corpora (i.e. corpora without annotation). These general corpus query systems focus on linguistic precedence. A popular example system is Wordsmith. In the last decade, corpus query tools have been extended to search monolingual treebanks, thus including linguistic dominance as well. Out of these systems, we examine and compare TGrep and TIGERSearch, always bearing in mind the question of whether they can be adapted to serve the needs of parallel treebanks. We are aware that the selection of tools presented is not exhaustive, but we intend to illustrate the most important developments.

2.1 General Corpus Query Systems

At a first stage, corpus query systems retrieve items from a corpus and display the results by showing their immediate context. Items can be words, word forms, phrases, or words restricted by a part-of-speech tag, just to name a few of the most common. The graphical output is often in the form of a KWIC-list (Key Word In Context).

As one example of these general corpus query tools, Wordsmith[52] allows a user to make a concordance search, sort the results, make a word list and compare two wordlists. The result of this comparison is, for example, a key word list which shows words occurring unusually frequently in comparison to some reference corpus. As an example, the key words *Sylla*, *assemblies*, and *Caesar* occur significantly more often in the text *History of Julius Caesar* by Jacob Abbott[53] than in the British National Corpus. Wordsmith does not rely on a proprietary corpus format but allows untagged as well as tagged texts (typically with part-of-speech tags) from any source to be imported and analyzed.

2.2 Corpus Query Systems for Monolingual Treebanks

With the availability of syntactically annotated corpora, corpus query systems need additional functionalities. Increasingly complex annotation structures require

---

[52] Wordsmith is currently available in its 4th version, downloadable and documented at www.lexically.net/wordsmith/

[53] Abbott, J. (1902). *History of Julius Caesar*. New York: Harper & Brothers Publishers.

extended query languages and more efficient search mechanisms. A query language needs to be able to represent terminal nodes, non-terminal nodes and relationships between these nodes. Crossing edges may also be possible. The following two systems have become standards in today's treebank research.

TGrep is a Unix-based query tool similar to grep but specifically designed to retrieve data from tree structures such as the Penn Treebank. TGrep is not designed to be especially user-friendly but focuses on fast retrieval times. It is currently available in its second version described by Rohde (2004). TGrep enables a user to specify a pattern consisting of nodes and relationships between nodes. As a next step, this pattern is matched against the corpus which is represented in the same format.

(1) (NP . NP) > VP

Example (1) shows a TGrep query for a sentence containing a verb phrase (VP) which immediately dominates two noun phrases (NP) that are in an immediate precedence relationship (i.e. they follow each other immediately).

In the second phase of the Penn treebank project, the annotation possibility of predicate-argument structures was introduced (Taylor et al. 2003). This extension is based on functional tags which are added to the top-level brackets. This shows that a bracketed tree representation structure can be extended to serve supplementary purposes, such as for example alignment information.

Whereas TGrep is based on a bracketed representation format, the TIGER Project works with an XML-format (Voormann and Lezius 2002). The main components of TIGERSearch are TIGERRegistry (a tool to convert the currently most common corpus formats into TIGER-XML), TIGERSearch (the query tool consisting of a query interface allowing queries in a special query and description language), and TIGERin (a graphical input tool for queries with TIGER-Search). The query language allows queries for all kinds of word-specific information (e.g. part-of-speech tag, lemma, morphological information, and semantic class) but also to dominance, precedence, and arity of non-terminal nodes in the syntactic tree.

(2)
```
#n1:[cat="VP"] > #n2:[cat="NP"] &
#n1 > #n3:[cat="NP"] &
#n3 .* #n2
```

Example (2) shows a TIGERSearch query for the same sentence structures as in example (1) containing a verb phrase which immediately dominates two noun phrases in a precedence relationship. In order to specify dominance, an identifier is assigned to each node. Since complex queries in this query language can get complicated, the component TIGERin allows a user to input the query graphically by specifying boxes as nodes and lines between these boxes to represent precedence and dominance.

In order to extend TIGERSearch to the use with parallel treebanks, Samuelsson (2004) has conducted several experiments with a German-Swedish treebank. To represent the alignment information, she used an additional XML-file in which the treebank files as well as the node numbers are linked. The node numbers refer to the node identifiers used in the TIGER-XML versions of the two treebanks. For example, the following XML statement says that node number 507 in sentence 11 of the first language is aligned with node number 500 in sentence 12 of the second language.

```
<phraseLink xtargets="11_507 ; 12_500"/>
```

In the graphical output, the alignments are shown as colored lines connecting the corresponding nodes.

2.3 Corpus Query Systems for Multilingual Treebanks

According to our knowledge, there is currently only one treebank query system for parallel treebanks. SearchTree is being developed at the University of Oslo and has been presented by Nygaard and Bondi Johannessen (2004).[54] Besides providing a query interface for monolingual searches, SearchTree also comprises an interface for parallel treebanks. Its search engine is based on TGrep2.

Compared to other treebank interfaces, SearchTree relies on a graphical interface and has a sophisticated way of presenting the search results in two steps in order to avoid scrolling. It is web-based and can thus be used with a regular web-browser instead of requiring the installation of programs and local downloads of corpora. Its drawbacks, however, are the lack of flexibility of the interface to express complex node bracketing and crossing branches.

3. Parallel Treebank Querying

Querying parallel treebanks entails a number of characteristics which go beyond the functionalities of monolingual treebank query systems. As a major difference to monolingual treebanks, multilingual treebanks contain alignment information. Alignment may take place on several levels, namely on sentence-, constituent-, word- and morpheme-level. Although sentence-level alignment is the most basic alignment, it has shown to create more difficulties than expected, because the re-

---

[54] SearchTree: http://logos.uio.no/treesearch/

lationship between translated sentences is not 1:1 but m:n. A tool for parallel treebank queries needs to be able to handle and graphically illustrate these differences.

When sketching a query language for parallel treebank queries, two basic query types can be distinguished. As a first type, single constraint queries search a linguistic match in one tree and retrieve the corresponding tree in the other language. Combined constraint queries search a matching pair of sentences in which two different constraints are found.

3.1 Single Constraint Queries

Single constraint queries involve a search in one treebank combined with the retrieval of the aligned sentence. Its mechanisms correspond to those already implemented in monolingual treebank query tools. The design of the output may vary, as the following examples show.

Example (3) is taken from the Sofie Treebank, a parallel treebank of Northern European languages.[55] This treebank contains currently the first 50 sentences of Jostein Gaarder's novel *Sofie's World*[56] with syntactic annotations in six languages (Danish, Norwegian, Swedish, English, German, and Estonian). In Volk & Samuelsson (2004), the bootstrapping of a German-Swedish parallel treebank with sentences from *Sofie's World* is described and some suggestions for graphical output are presented. The annotations of both the German and the Swedish trees are based on the TIGER annotation scheme (Brants and Hansen 2002). The following extracts are based on this work.

The alignment is conducted on node-level (i.e. constituent level) and is deterministic in the sense that each node is aligned to at most one other node in the corresponding parallel tree. The node alignment is based on meaning and not on syntactic constituent types, i.e. constituents of different types are aligned if the meanings of their token sequences are roughly the same in both languages.

Example (3) illustrates the search result of a query for an NP containing the noun "Vater" (*father*) in the German part of the Sofie treebank. The resulting German sentence contains two matching instances of this constraint, both of which are highlighted by a yellow-colored rectangle. The graphical output is created in the SVG format[57] in which the highlighting rectangle can easily be calculated and inserted automatically. The rectangle is drawn by finding the

---

[55] The Sofie Treebank http://omilia.uio.no/sofie/

[56] The Norwegian original is Jostein Gaarder (1991). *Sofies verden: roman om filosofiens historie*. Aschehoug.

[57] SVG (scalable vector graphics) is a language for describing two-dimensional vector graphics in XML.

minimal and maximal x- and y-coordinates respectively of the phrase and adding a margin of 20 pixels.

The matching Swedish sentence is displayed below the German sentence. The nodes of the two sentences are connected by red lines representing phrase alignment. The Swedish NPs corresponding to the German search results can thus be identified and highlighted as well.

Interestingly, the two occurrences of the German word "Vater" in this sentence correspond to two different translations in the Swedish sentence. In the first case, "Sofies pappa" is in its singular form. In the second, however, the syntactic construction differs and requires a plural form in the Swedish construction (German: *he was after all not a normal father* vs. Swedish: *he was after all not like other fathers*). Due to this difference, the Swedish NP is also modified by the adverb phrase (AVP) "heller inte", whereas the German NP does not include a modifying adverb phase.

3.2 Combined Constraint Queries

Combined constraint queries search for a matching pair of sentences in which a match in the tree of language 1 as well as another match in the corresponding instance of the tree in language 2 is found. An example for a query is "find a tree in language 1 containing a NP modified by any clause where the parallel tree in language 2 uses a relative clause to modify the corresponding NP". One result of this example query from the Sofie treebank is displayed in example (4). The German NP modified by an adjective phrase (AP; its function recognizable by the edge label MNR (postnominal modifier)) is aligned with a Swedish NP modified by a relative clause (recognizable by the edge label RC (relative clause) and the subsequent S).

The retrieval of the search results is based on a process which starts with a single constraint query in one tree and continues to determine the corresponding counterpart in the other language. Over this structure, a second query with the search parameters of the second language is run and if a match is found, the result is displayed. The manner of highlighting is similar to the one described above and displayed in example (4).

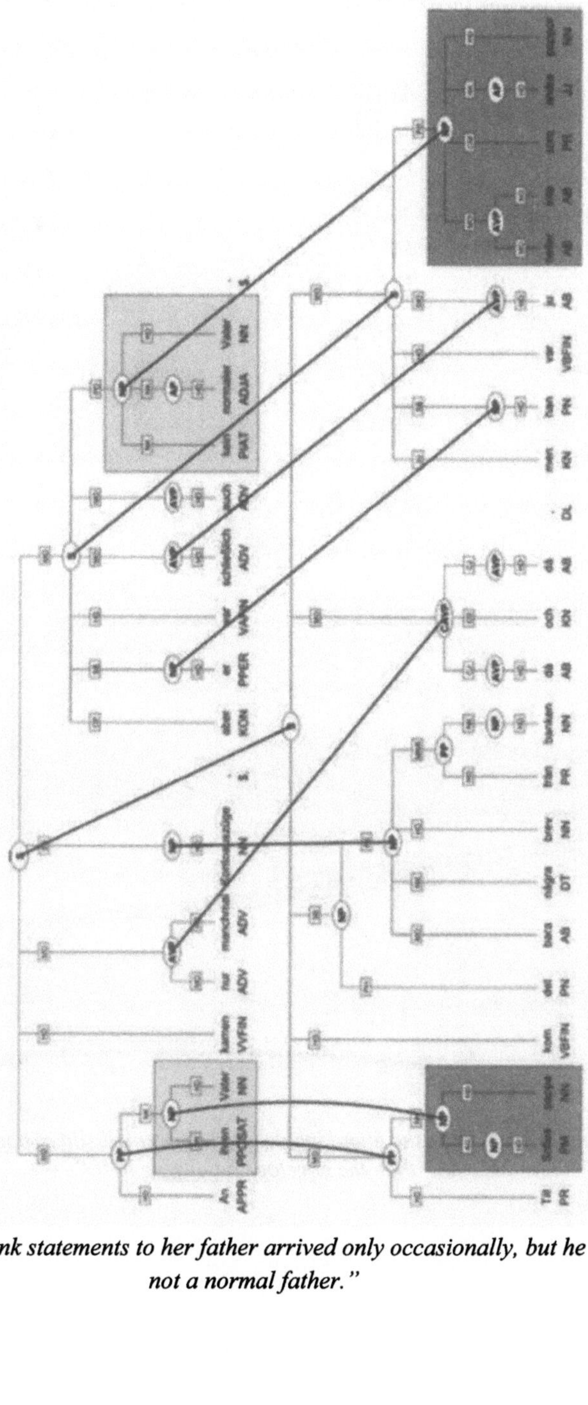

Example (3): "Bank statements to her father arrived only occasionally, but he was after all not a normal father."

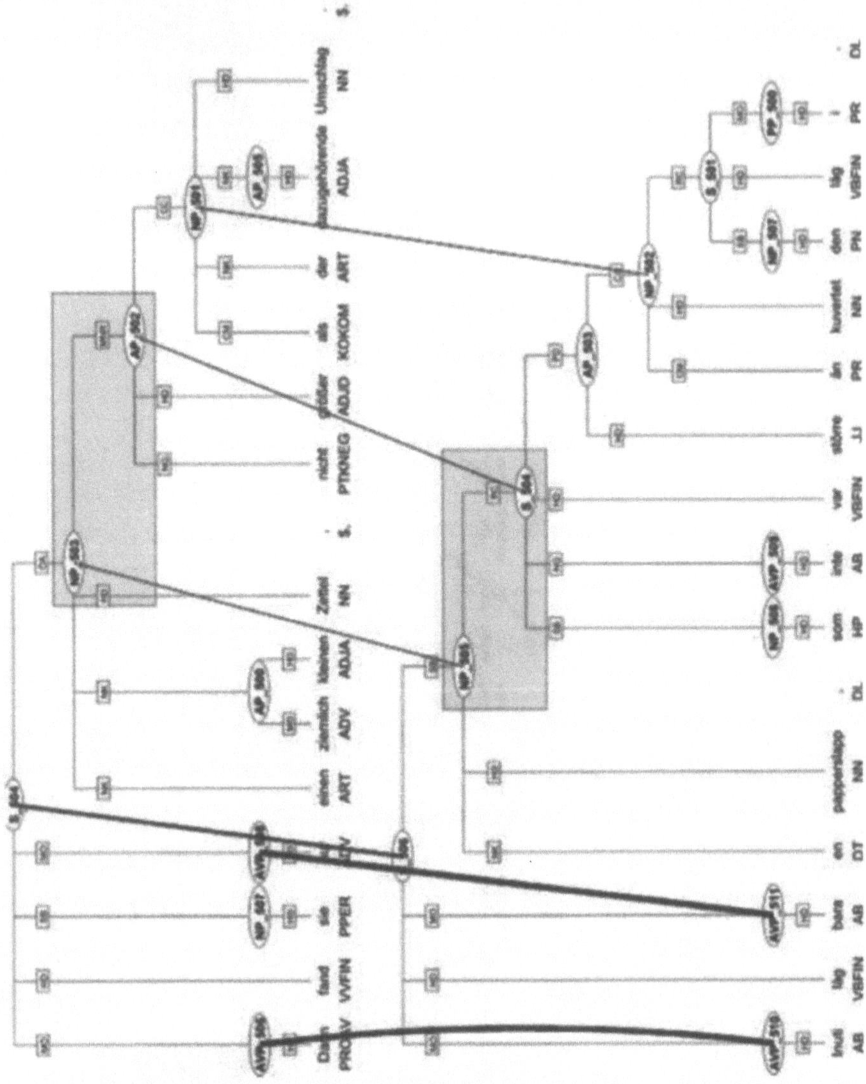

Example (4): "Then she found inside it a rather small slip of paper no bigger than the envelope belonging to it."

3.3 Certainty of Alignment Information

As a further step in querying parallel treebanks, the certainty of the alignment information can be used to refine the search result. In some cases, the alignment of two constituents is undisputed. In others, the alignment is based on compromises or assumptions in order to reveal at least some connection between the two languages. The disclosure of such information is helpful to assess the linguistic proximity of the translation. With parallel treebanks being a new field of research, no such measure has been proposed so far. We chose to work with confidence values ranging from 0 to 1.0 with the top value representing alignment of utmost confidence.

Ideally, an automatic node alignment algorithm assigns a confidence value to each alignment, as is done in automatic word alignment (see Tiedemann 2003). Alternatively, the person translating or aligning the sentences indicates a measure of the confidence of the alignment. Since such confidence scores are not available in our case, we suggest calculating the scores by using a formula which compares the number of direct sub-constituents (i.e. the number of children) of two aligned nodes. This calculation is based on the assumption that similar syntactic structures are more likely to represent the same meaning (in closely related languages like German and Swedish) than structures which differ widely. Further refinement and linguistic evidence is necessary to test the reliability of these values. Table (1) shows the alignment confidence values of the sentences in example (4). It is clear that other factors such as the number of tokens that are spanned by a given node or the internal complexity of a node may also be taken into account.

Node in language 1	Node in language 2	Number of subconstituents of node in language 1	Number of subconstituents of node in language 2	Alignment confidence value
AVP 506	AVP 510	1	1	1.0
AVP 508	AVP 511	1	1	1.0
S 504	S 506	5	4	0.8
NP 503	NP 505	4	3	0.75
AP 502	S 504	3	4	0.75
NP 501	NP 502	4	3	0.75

Table (1): alignment confidence values of the sentences in example (4)

In the graphical representation, the stroke width of the lines aligning the nodes is adjusted proportionally as can be seen in example (4). Simple adverb phrases (AVPs) representing the exact same meaning are connected by thick lines. The NP modified by an adjective phrase (AP) is connected to the NP which is modified by a relative clause by a much thinner line. A person interpreting the sentences can thus observe that some nodes are strictly parallel whereas others need further analyses to understand the grammatical alignment.

4. Conclusion

Our analysis shows that a large amount of the work which has been done on search tools for monolingual treebanking can be reused for parallel treebanks. There are, however, a number of additional requirements for parallel treebank search tools. Query languages need to be extended in order to allow constraints on two or more trees. Search engines need to be able to realize different queries and pass on parameters regarding alignment information. In the graphical output, the aligned trees as well as the results of the query need to be visible without extensive scrolling.

As a major difference between mono- and multilingual treebanks, alignment information needs to be processed as well. Moreover, alignment information may be used to reveal linguistic facts about the translation as well. We suggest introducing a measure of alignment confidence but we find that a lot more research on this topic must be done.

References

Brants, S. & Hansen, S. (2002). Developments in the TIGER Annotation Scheme and Their Realization in the Corpus. In Proceedings of the Third Conference on Language Resources and Evaluation (LREC 2002) (pp.1643–1649).

Lezius, W. (2002). Ein Suchwerkzeug für syntaktisch annotierte Korpora. Dissertation thesis, Institut für Maschinelle Sprachverarbeitung, Universität Stuttgart.

Nygaard, L. & Bondi Johannessen, J. (2004). SearchTree – A User-Friendly Treebank Search Interface. In Proceedings of the Third Workshop on Treebanks and Linguistic Theories (TLT 2004) (pp. 183–189).

Rohde, D.L.T. (2004). TGrep2 User Manual Version 1.12. http://tedlab.mit.edu/~dr/TGrep2/.

Samuelsson, Y. (2004). Parallel Phrases – Going Automatic. Further Experiments Towards a German-Swedish Parallel Treebank. Master's thesis, Stockholm University.

Taylor, A., Mitchell, M. & Santorini, B. (2003). The Penn Treebank: An Overview. In Anne Abeillé (ed.). Treebanks: Building and Using Parsed Corpora (pp. 5–22). Dordrecht: Kluwer Academic Publishers.

Tiedemann, J. (2003). Recycling Translations. Extraction of Lexical Data from Parallel Corpora and Their Application in Natural Language Processing. PhD Thesis, Uppsala University.

Volk, M. & Samuelsson, Y. (2004). Bootstrapping Parallel Treebanks. In Proceedings of the 5th International Workshop on Linguistically Interpreted Corpora (COLING 2004) (pp. 63–69).

Voormann, H. & Lezius, W. (2002). TIGERin – Grafische Eingabe von Benutzeranfragen für ein Baumbank-Anfragewerkzeug. In Proceedings der 6. Konferenz zur Verarbeitung natürlicher Sprache (KONVENS-2002) (pp. 231–234).

Multilingual Text Retrieval on the Web: The Case of a Cantonese-Dagaare-English Trilingual e-Lexicon

Sally Y.K. Mok

The World Wide Web has its limitations concerning the manipulation of multilingual data. Web technologies such as Unicode, a universal standard of multilingual text encoding, have attempted to solve the problem of internationalization. In the literature of computational lexicography, studies have analyzed the design and compilation of electronic dictionaries, but not much research has been done on exploiting resources that handle multilingual lexical transfer and natural language processing on the web. In the case of the Cantonese-Dagaare-English e-Lexicon developed for this research, a character set of Dagaare, a language spoken in Ghana, containing special characters and combining diacritics has posed problems for the input of search queries and synchronization of these queries with the lexical data entries during the matching and searching procedure.

This paper gives an overview of the existing technologies and computing environment for retrieving information from a Cantonese-Dagaare-English e-lexicon. It proposes the use of a keyboard input system by mapping keystrokes with Unicode code points that helps with the input of Dagaare characters (applicable to other African languages) on the web form for accomplishing the lexical search. This research also examines the compatibility of different font systems for this character set and discusses the issue of a unified font system that supports every language of the world. It suggests that these limitations owing to the distinctive orthography of world languages, along with the knowledge of tackling the encoding problems of these character sets, on the part of linguists and lexicographers, have generated possible obstructions to the development of multilingual e-lexicons.

1. Introduction

As far as globalization of the World Wide Web is concerned, many languages other than English are emerging on the internet to serve the need of non-English web users. Multilingual transfer has become a necessity for various kinds of governmental, business and educational communications. Yunker (2004) contends that web globalization is in action and the trend shows no signs of slowing. He believes that it is the fastest-growing segment of the global language translation industry. It is undoubtedly true that the internet has served as a low-cost and effective means for global communications unaffected by locative and temporal barriers. The effectiveness of the internet to serve global communicative purposes, however, requires our effort to tackle the problems of internationalization (i18n) so as to allow lexical transfer of non-ASCII characters on the internet.

Unicode Consortium and ISO have jointly established a universal standard and character set, Unicode/ISO-10646; while World Wide Web Consortium (W3C) aims at 'promoting technologies that take into account the vast differences in culture, languages, education, ability, material resources, access devices' (W3C, 2004). All this effort has indicated that international organizations have reacted on the growing needs for internet communications of different languages by providing specifications, protocols and standards.

Despite these attempts, we often come across garbled output indicated by '??' (question marks), '□□'(empty boxes) or other unidentifiable symbols as we browse websites of other languages. This common problem is concerned with the manipulation of multilingual data on the internet caused by missing fonts to display the correct glyphs or/and wrong encoding forms that have failed to decode the information. The techniques to implement specific character encoding and fonts are highly dependent on the language of the data, multilingual support of database systems, browsers, servers and programming languages used. This research suggests that these factors have posed obstacles that may hinder the development of multilingual e-lexicons. It addresses these issues further in the case of a Cantonese-Dagaare-English Trilingual e-Lexicon developed in this research.

This paper has just briefly introduced the background of multilingual e-lexicon development in the context of web internationalization. Next, this paper discusses the problems involved at the stage of storage in the database and retrieval of these languages on the web during the course of developing the Cantonese-Dagaare-English e-lexicon. These bi-levels of information storage and retrieval procedures include techniques for language input, string matching, specification of encoding forms and acquisition of various character sets (charset) and fonts. Finally, this paper summarizes the issue of i18n by proposing a factorial model that identifies four essential components required to facilitate flawless storage and retrieval of multilingual lexical entries. These are important considerations for compiling browser-based lexicons. In addition, this research puts forward the idea that all languages have equal status viewed from the communicative value of these languages and hence the need for less widely spoken languages (as compared with English, French, German) such as Dagaare and Cantonese to be represented on the web should not be neglected. It concludes by identifying the limitations of this research, summarizing the research findings and discussing the prospect of a computing environment that could encode all languages.

2. The Cantonese-Dagaare-English Multilingual e-Lexicon

The Cantonese-Dagaare-English electronic lexicon is located in the Department of Linguistics server, The University of Hong Kong. This is an online version of the trilingual Cantonese-Dagaare-English lexicon in paper form published in 2004 whose 'objective was to compile a concise on-line dictionary or lexical resource of the basic vocabulary items in Dagaare with Cantonese and English equivalents' (Bodomo, 2004:9). The lexicon records lexical entries of three languages: Dagaare, Cantonese and English glosses in which the best possible equivalences of these languages were established since the paper lexicon was published. 'This lexicon comprises more than 1200 entries or headwords. Within each headword or entry are several other words in paradigmatic relation to the headword. Thus the dictionary actually contains 3000–4000 words.' (Bodomo, 2004:7).

2-I. Objectives

This research investigates the techniques of manipulating non-ASCII characters including Dagaare and Hong Kong Cantonese Characters in the development of a multilingual e-lexicon. It aims to provide 'a database for discussing and testing various salient aspects of a language to illustrate many linguistic principles and phenomena in phonology, morphology, syntax, and semantics' (Bodomo, 2004:7). The trilingual e-lexicon has also fulfilled what has been laid out in the paper lexicon published to provide an online version of the trilingual lexical resource in the hope of contributing to the global lexical knowledge bases. Currently, there seems to be few of these trilingual lexical resources on the internet.

2-II. General Specifications

Figure 1 below lists out the general specifications of the Cantonese-Dagaare-English trilingual e-lexicon and figure 2 is a snapshot of the e-lexicon.

Server	Apache HTTP Server 1.3
Server-side Language	PHP 4.0
Browser-side Language	(x)HTML, CSS
Database System	MySQL server 4.0.9 (phpMyAdmin as the administration tool)
Size of the lexicon	Approx. 3000-4000 entries including different verb forms (continues to enlarge)
Languages	Dagaare and English data sets: Orthography and pronunciation; Cantonese: Orthography, Jyutping romanization and pronunciation
Search functions	Fuzzy search, Diacritics Insensitive/Sensitive Search
Search Directions	3 ways: English -> Cantonese and Dagaare Dagaare-> English and Cantonese

	Cantonese-> English and Dagaare
Multimedia	YES (in the form of sound clips recorded by the native speaker of the corresponding languages)
Others	Dagaare input installation package and user guide (with Dagaare IME file *For Windows User)

Figure 1

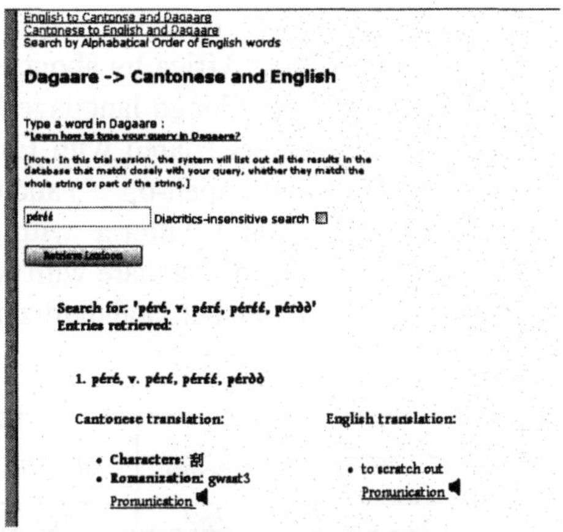

Figure 2

The e-lexicon allows lexical transfer in three directions: English to Cantonese and Dagaare equivalents, Cantonese to Dagaare and English equivalents and Dagaare to Cantonese and English equivalents. Instead of locating the entries by alphabetical order of Dagaare words in the paper lexicon, this online lexicon is searchable by web queries in Cantonese, Dagaare and English. Additionally, it can perform diacritics-sensitive or diacritics-insensitive search. In other words, the user can search the lexical equivalents in Cantonese and English by submitting a Dagaare query (whether with diacritics or not) and the system will output the corresponding lexical translations.

3. Data Storage and Retrieval of Dagaare, Cantonese and English: The Challenges

In developing the Cantonese-Dagaare-English e-lexicon, multilingual data storage and retrieval are two essential processes for the exchange of information on the web. These are not two separate procedures, but connected entities that are highly dependent on each other. The retrieval of the data relies on how the data is stored.

3-I. Multilingual Data Manipulation: Dagaare, Cantonese and English

Unlike other bilingual online dictionaries, this research deals with the manipulation of three languages with two languages which have very different writing systems. Both of these languages contain some non-ASCII (American Standard Code for Information Interchange) characters which have to be encoded differently from English character repertoires.

Dagaare is a tonal language spoken in West Africa by about two million people. It belongs to the Gur branch of the Niger-Congo language family. The graphemic representation contains not only letters shared with English alphabets, but also special characters (e.g. open-e, 'ɛ' and open-o, 'ɔ') and often with tones on them (e.g. 'open-e' with a high tone, 'ɛ́' and 'letter a' with a low tone, 'à'). Figure 3 below shows the character repertoire of Dagaare with two proposals by GLASC report 1990 (Ghana Languages Alphabet Standardization Committee Report) and Bodomo (2000).

		Graphemes				*Graphemes*	
	Phonemes	*GLASC '90*	*Bodomo '00*		*Phonemes*	*GLASC '90*	*Bodomo '00*
1.	/p/	p	p	20.	/ŋm/	ngm	ngm
2.	/b/	b	b	21.	/l/	l	l
3.	/m/	m	m	22.	/y/	y	y
4.	/f/	f	f	23.	/w/	w	w
5.	/v/	v	v	24.	/h/	h	h
6.	/t/	t	t	25.	/ɦ/	–	ɦ
7.	/d/	d	d	26.	/ʍ/	mh	mh
8.	/r/	r	r	27.	/ˀl/	l	l
9.	/n/	n	n	28.	/i/	i	i
10.	/s/	s	s	29.	/ɪ/	e	e
11.	/z/	z	z	30.	/e/	e	e
12.	/tʃ/	ky	ky	31.	/ɛ/	ɛ	ɛ
13.	/dʒ/	–	gy	32.	/a/	a	a
14.	/ɲ/	ny	ny	33.	/ɔ/	ɔ	ɔ
15.	/k/	k	k	34.	/o/	o	o
16.	/g/	g	g	35.	/ʊ/	o	u
17.	/ŋ/	–	ng	36.	/u/	u	u
18.	/kp/	kp	kp				
19.	/gb/	gb	gb				

Figure 3: Adapted from Bodomo, Marfo, Cunningham & Mok, 2004

To ensure consistent results, this research employs only Bodomo's version of graphemic representation that provides a fuller set of glyphs. This selection contains more extensive representation of speech sounds that occur in phonemic Dagaare words as compared with the GLASC's proposal (Bodomo, 2000). Thus, this research deals with all the graphemes in Bodomo's proposal.

Cantonese is a tonal language spoken by about 66 million people mainly in the South East of China, particularly in Hong Kong, Macau, Guangdong,

Guangxi and Hainan. It is also spoken in Malaysia, Indonesia, Thailand, Singapore and among Overseas Chinese communities in many other countries (Ager, 2004). Colloquial Hong Kong Cantonese, the language data collected in this research, is written with a mixture of standard Chinese characters and hundreds of extra characters invented specifically for Cantonese. These extra characters are included in the Hong Kong Supplementary Characters Set (HKSCS) which will be discussed further in section 3-II-1 B. Cantonese (or Chinese) characters are stored as double-bytes in computers, same as other ideographic writing systems such as East Asian languages like Japanese and Korean. These languages altogether are called CJK (Chinese, Japanese and Korean) languages. Big5 is a legacy character set used to encode Traditional Chinese used in Taiwan and Hong Kong before and after the invention of Unicode, while GB (Simplified Chinese, National Standard used for Chinese in the PRC and Singapore), JIS (Japanese Industry Standard) and EUC (Extended Unix Code, other variants) are coded character set families for encoding other CJK languages. However, this research, as we will see, demonstrates that the use of Big5, specially used for traditional Chinese characters is problematic when encoding with Dagaare and English character strings on a single web document.

3-II. Data Storage

3-II.1. Language Input: Dagaare and Cantonese

Regarding data storage, one of the challenges is to input multilingual data in the computer. Let alone the input of English characters, the ability to type Cantonese and Dagaare characters is the central task of developing this e-lexicon. It involves entering the data into the database and inputting search queries on the web interface. The following sub-sections focus on the approaches taken in the input of Dagaare and Cantonese.

A) Dagaare: Microsoft Keyboard Layout Creator and Tavaultesoft Keyman Developer

In my previous work with Bodomo, Marfo and Cunningham (2004), we point out that with the ever-growing technological advancements on font representations, a keyboard for Dagaare input is long overdue. We compare these applications towards developing a Unicode keyboard layout for Dagaare (and Twi) input. We suggest that they are both essentially alternatives towards creating a Unicode keyboard system for Dagaare, despite that these applications have their own merits and demerits.[58] In this research, Microsoft Keyboard Layout Creator is employed. This software provides an application interface that helps to assign Unicode code points (or scalar values) on keystrokes. It also assists in building a windows installer package for distribution. The Dagaare installation package and user guide are available in the e-lexicon. This research has explored one of the effective solutions among other possibilities such as Java Multilingual Input Method Engine proposed by Leung, Liu & Wu (1998).

B) Cantonese: Hong Kong Supplementary Character Set (HKSCS)
As mentioned in section 3-I, Cantonese used in Hong Kong contains an additional set of unique characters which had not been encoded in Big5 until the Hong Kong S.A.R Government established the HKSCS-2001 (GCCS, the previous version) which includes these new characters in the two code allocation schemes, Big5 and Unicode/ISO-10646. The HKSCS-2001 package[59] contains the new character set, reference font and input software. A separate package has to be obtained from Microsoft Hong Kong if MS Access is used for database retrieval. This package contains important system settings necessary to support HKSCS so as to encode Cantonese data retrieved from the MS Access database (Note that MySQL does not require this package to be installed). With the HKSCS, the Hong Kong characters can be inputted and displayed on locale and non-locale platforms. Characters which cannot be encoded owing to the lack of the HKSCS will appear on the screen as empty spaces, question marks, '??' or empty boxes, '□□', depending on which browser is used.

3-II.2. Web Scripting and Database System
PHP is used in this research as the scripting language. PHP is a server-side language. It runs on the Web server when a page is requested via HTTP, rather than on the Web browser or other client. It uses UTF-8 (multi-byte) as its internal encoding. Many technical writers credit PHP as an easy-to-use web development tool because 'it has been designed from the outset for the Web environment' (Zend, 2004). Dan (2001) comments that PHP is built with the needs of web developers and that this script solves complex problem scenarios faster and easier than comparable technologies like Java. PHP, as he explains, is naturally more compatible with all operating systems than ASP.

---

[58] See Bodomo, Marfo, Cunningham & Mok (2004) for the comparison of Microsoft Layout Creator and Tavultesoft Keyman Developer.

[59] The HKSCS-2001 package can be obtained freely from the Hong Kong S.A.R Government Website, http://www.info.gov.hk, retrieved on Jan 12, 2005.

The choice of the database system is based on its capability of handling multilingual data with PHP. This paper is restricted to comparing the capabilities of MS Access and MySQL associated with PHP to handle Dagaare, Cantonese and English lexical entries. Among some other database drivers and tools options such as Oracle, PostgreSQL and SQL server, other factors[60] or considerations may include the amount of simultaneous data access, security control, ease of user interface but they are not the scope of this research.

Although there are other existing web scripting and database systems, it is not clear which of these tools can be used jointly to produce the most effective result in storing and retrieving lexical data of the languages investigated. Indeed, the formation of many i18n organizations (such as W3C Internationalization Working Group[61]), collaborations (such as A12n-collaboration[62]) and i18n discussion groups (such as Yahoo i18n programming and Java Sun i18n forum[63]) have revealed the need for gathering information on issues regarding web internationalization. These discussion groups / mailing lists as a medium for experience sharing on program development and testing results among internationalization bodies, committees and individuals, is perhaps one valuable source where up-to-date information can be acquired. Related research work is also ongoing so as to contribute to i18n in relation to multilingual web application development. Belussi & Posenato (2004) propose a general framework for the internationalization of data-intensive web application. This 'framework' describes some cost-effective design techniques of web and database management on script rewriting, database extensions and static text translation (like PHP, ASP and JSP). Other studies have concentrated on particular processing languages such as Vietnamese as in Do, Nhan, Nguyen (1992).

Adding to the existing literature, this paper discusses the critical factors of internationalization to be considered in the course of developing an internet multilingual lexicon, and proposes a factorial model that affects multilingual lexical transfer in section 4. This research performs a series of tests on PHP made connected to two database systems, MS Access and MySQL on Windows platform.

---

60 Ponomareva (2004) writes an article comparing various database systems and tools, http://www2.magicwebsolutions.co.uk/Database-Development-1.php, retrieved on Jan 12, 2005.

61 W3C Internationalization Working Group, http://www.w3c.org/International/, retrieved on Jan 12, 2005.

62 A12N, African languages & ICT technical working group, http://lists.kabissa.org/mailman/listinfo/a12n-collaboration, retrieved on Jan 12, 2005.

63 Internationalizations Java Forums, http://forums.java.sun.com/, retrieved on Jan 12, 2005.

(A) MS Access

The database has been set up in MS Access on Apache server 1.3 with ODBC connection. But there exist several problems:

- Accents of Dagaare characters cannot be inputted directly into the database.
- Cantonese characters cannot be retrieved properly if the HKSCS support package for Windows is not properly installed.
- Although non-ASCII Dagaare letters such as accented open-e and open-o can be inputted into the MS Access database, the browser cannot encode these characters correctly as when they are retrieved on the web.
- The Unicode characters typed in the query which are not supported by Big5 is converted into Numeric Character References (NCRs). Thus, string matching will fail unless the database stores NCRs.

These problems are mainly due to the fact that MS Access uses UTF-16[64] which uses two 8-bit bytes for each code point. The retrieval of Cantonese characters is automatically converted into Big5 encoding (non-unicode legacy encoding) when UTF-16 encoded data in MS Access is called by the PHP program which uses UTF-8. The problem of Big5 is, however, that it does not contain all the Unicode characters. Hence, some of the Dagaare characters including diacritics and IPA symbols (such as open-e and open-o) cannot be displayed correctly as shown in figure 4.

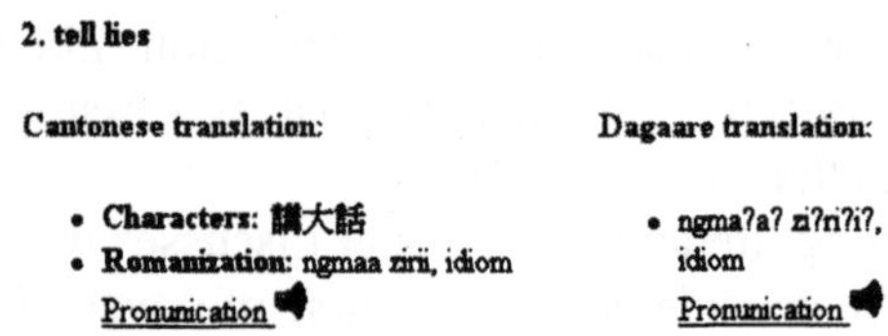

Figure 4

This observation confirms the view of Addison Phillips (Chair, W3C Internationalization Working Group) in the Yahoo internationalization (i18n) discussion forum[65] that MS Access provides a special "wide char" set of functions that

---

[64] Microsoft Access 2000 or later uses the Unicode character-encoding scheme (UTF-16) to represent field data. Unicode represents each character as two bytes. For more information, refer to http://office.microsoft.com/en-us/assistance/HP052604161033.aspx, retrieved on Jan 12 2005.

[65] Addison P. discusses the character encoding issues of MS Access in the Yahoo internationalization forum, *http://groups.yahoo.com/group/i18n-prog/message/1577*, retrieved on Jan 12, 2005.

work with UTF-16 only, not UTF-8 or code page 65001 (UTF-8's Windows code page number). He explains that Windows has itself support for non-Unicode legacy multi-byte encodings (or code pages) and automatically converts from UTF-16 to these code pages when these methods are called.

Therefore, as in the case of this e-lexicon, we still can see these characters correctly displayed in MS Access. Owing to the limitation of MS Access in using double-byting (UTF-16) data storage, however, PHP cannot access MS Access data by its multibyte method. As a result, the data is converted back into its non-Unicode encoding, Big5 and hence Cantonese characters can be encoded correctly but non-ASCII accented Dagaare characters have become empty boxes '□□' or question marks '??', indicating a mismatch of encodings. Encoding problems on Cantonese occurs if Big5 is not specified (See samples on Internet Explorer 6.0: Figure 5a (Big5 encoding); Figure 5b (UTF-8 & UTF-16 encoding)). Other browsers such as Mozilla, Firefox, Netscape and Opera have the same encoding failures but the appearance of the improperly encoded characters may be different.

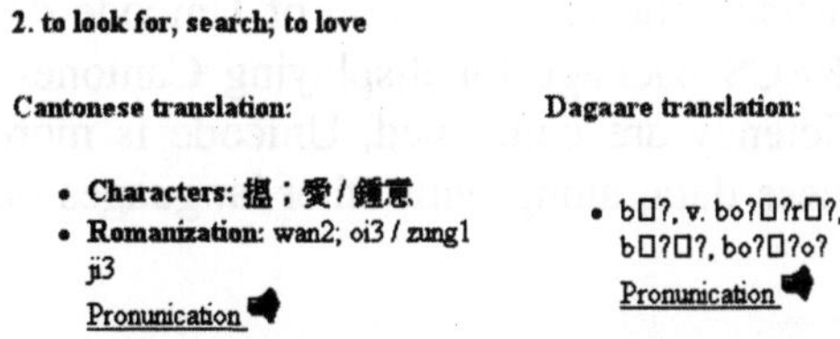

Figure 5a

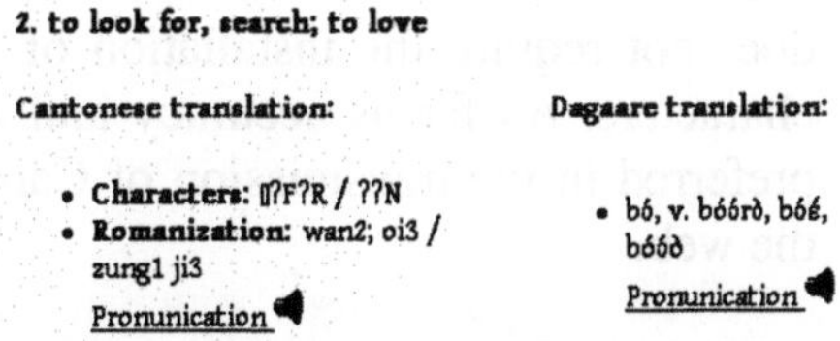

Figure 5b

The solution to this, as suggested by Addison P., is to find a suitable driver for the PHP installation that claims to support UTF-16 in Access. However, he does not recommend such an approach because compatibility has not been guaranteed and he doubts the portability of this PHP program with the new driver to platforms other than Windows.

(B) MySQL

This research has opted to use MySQL with PHP. The problem of encoding experienced with MS Access no longer exists with the use of MySQL. This is because both MySQL and PHP support UTF-8 encodings.

UTF-8 and UTF-16 can encode a full set of characters, hence it is not a matter of which encoding scheme is used that has caused errors. The central technique is to ensure that both the database system and the web scripting (or possibly with the help of a database connection driver) use the same encodings (same byte sequence in data storage and retrieval). A disparity of encodings often results in unknown or hardly identifiable display problems.

3.1.2.3. Methods of Encoding: Unicode/ISO-10646 or Big5?

Unicode/ISO-10646 and Big5 are able to handle Cantonese characters. However, when Cantonese characters are encoded with Big5 together with other languages (in this case Dagaare and English), it is likely to cause encoding problems. As we see from MS Access data retrieval, Big5 is limited in the number of characters coded. It fails to encode characters such as open-e, 'ɛ'and open-o, 'ɔ'. Conversely, the use of UTF-8, a character encoding form (CEF) or Unicode Transformation Format (UTF) of Unicode, can encode all the three languages and is well-supported by PHP and MySQL. It is 'typically the preferred encoding form for HTML and similar protocols, particularly for the internet…it preserves ASCII transparency, making use of 8-bit code units' (The Unicode Standard 4.0, 2004:30). The multilingual capacity of UTF-8 enables consistency and avoids ambiguity in encoding texts. Besides, the latest version of Unicode 4.0 does not require the installation of HKSCS package for displaying Cantonese characters. As far as accuracy and efficiency are concerned, Unicode is more preferred in the transmission of Cantonese data, along with other languages on the web.

3-III. Data Retrieval

3-III.1. Browsers and Fonts

Regarding retrieval of Dagaare characters, the users have to install one of the Unicode fonts such as Arial Unicode MS, Doulos SIL, Gentium, Lucida Sans Unicode[66] etc. to ensure that these non-Roman characters or glyphs are correctly displayed in their browsers. This research collects information on different font support for different Unicode characters[67] and decides on the font used for the display of Dagaare characters and the web text input. However, this tedious effort has revealed the fact that there seems to be no consistency and standardization as to which Unicode characters are supported by which particular font. Some Unicode fonts seem to support more Unicode glyphs than the others.

[66] More information on Unicode fonts can be found in Alan Wood's Unicode Resources, http://www.alanwood.net/unicode/, retrieved on Jan 12, 2005.

[67] The information of font support for Unicode characters is obtained from the Unicode font database compiled on the FileFormat.Info website, http://www.fileformat.info/info/unicode/char/, retrieved on Jan 12, 2005.

The requirement for the installation of certain fonts to display a particular set of glyphs has often created nuisance for developers and caused inconvenience for web users. This paper suggests that this situation is far from ideal for achieving global information exchange on the internet. A universal font that supports every language would probably solve the problem. It is beneficial to the development of multilingual e-lexicons, hence paving the way towards achieving the real 'world wide' communications on the World Wide Web. Future technologies may aim at developing a font-standard or a set of Unicode font package that can be standardized on all computers.

3-III.2. Form Data Set: Fonts and Encoding Negotiation

To be able to match the query with the strings in the database, the form input should be well configured such that the form data can be well displayed and encoded. First, the input has to be specified with the Unicode font that should enable the user to see the inputted Unicode characters correctly on the form input box. Second, to ensure that the form data set is sent through the browser HTTP get request to the server, the accept-charset should be specified as UTF-8, the same encoding of the data stored in the MySQL database.

The script log extract in figure 6 shows how the form input can be configured in the style sheet to control the multilingual data display on the web form search box, and figure 7 illustrates how the encoding of form data is specified and sent to the server and database.

```
<style>
INPUT {
font-family: gentium, lucida sans unicode, arial unicode MS;
}
</style>
```

Figure 6

```
<form name="form1" method="post" action="<?php echo
$_SERVER['PHP_SELF']?>" accept-charset="UTF-8">
```

Figure 7

3-III.3. Normalization of Strings: String Matching

This section touches upon briefly the normalization of strings involved in the trilingual e-lexicon. A very typical application of electronic lexicons often requires the user to input the query, and subsequent matching of the query with the data stored in the database. As explained in the Character Model for the World Wide Web 1.0, 'solving the string matching problem involves normalization, which in a nutshell means bringing the two strings to be compared to a common, canonical encoding prior to performing binary matching'. Tonal languages which contain accented character repertoire often pose problems on string matching. W3C comments that 'string matching is usually taken for granted and performed by comparing two strings byte for byte, but the existence on the Web of multiple character representations means that it is actually non-trivial' (W3C, 2004). Normalization is therefore important in the development of any multilingual e-lexicon where matching of strings is required to perform lexical research.

The encoding scheme used affects how data is stored as bytes in the computer. The byte sequence determines the way these data can be stored and accessed. Figure 8 describes how a lexical search query is transmitted from the web interface to the server, followed by the return of output. In the case of this e-lexicon, character strings have been normalized into the same form (NFD) in both query input and stored data to allow string matching.

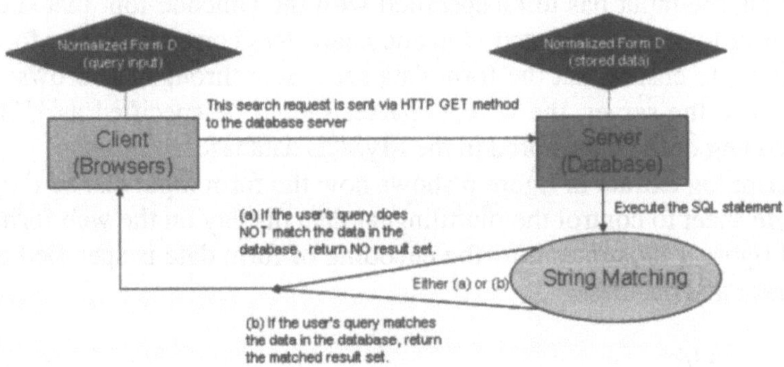

Figure 8

In the case of Dagaare, accented characters can be represented in more than one form. For instance, the character, 'ɔ̀' can be represented as a base character, 'ɔ', followed by a falling accent '`' (Normalized Form D), or a pre-composed form (Normalized Form C), 'ɔ̀'.The output of these representations is the same but they have different code points or scalar values, hence byte sequences. Therefore, a potential problem of mismatch may arise if the user types the query in its composed form, while the data in the query is stored in the pre-composed form. Therefore, it is important to ensure that both the queries and the data stored in the database are normalized.

It is true that Normalized Form C (NFC) has 'the advantage that almost all legacy data (if transcoded trivially, one-to-one) as well as data created by current software is already in this form...has a slight compactness advantage and a better match to user expectations' as recommended by the W3C working group.[68] However, in the current context of performing diacritics sensitive and insensitive search in this e-lexicon, Normalized Form D (NFD) has been employed such that data stored in its decomposed form in the database can be extracted effectively for matching purpose when diacritics-insensitive search option is checked.

4. A Factorial Model for Developing a Multilingual e-Lexicon

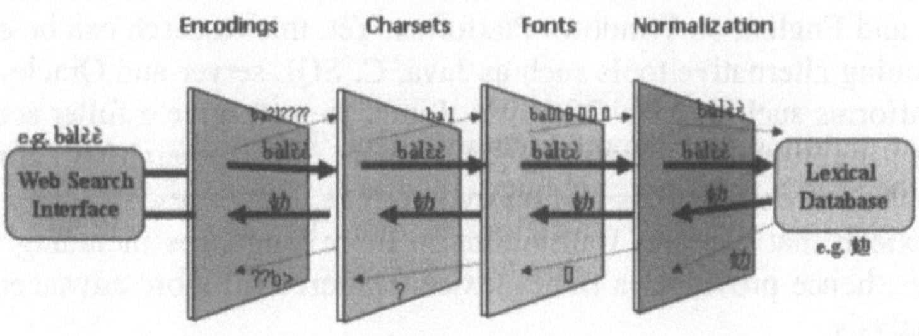

Figure 9

This paper proposes a factorial model that governs consistent multilingual lexical data transfer in developing a e-lexicon. In figure 9, the black thick arrows of both directions represent the right paths that ensure information to be transmitted correctly, while the dotted arrows represent the possible wrong paths caused by the absence of control panels labeled Encodings, Charsets, Fonts and Normalization. These control panels serve to guide the content of the information to travel on the right path towards the goal. Information relies on the right paths to ensure accuracy and consistency of the data. The absence of either one of these control panels results in information distorted away from the original data. For example, the search query, '*bàlɛ̀ɛ̀*' will travel on the wrong paths if there is no proper control on the encodings, charsets and fonts, resulting in distorted representations in the form of square brackets, question marks or empty spaces. The same is true for the return of the result set from the server, for example, the Cantonese word '趷' will be transmitted wrongly as question marks, square brackets or some unidentifiable symbols. The wrong paths that carry the distorted information are likely to cause failure in string matching, along with non-normalized strings, hence the return of an inaccurate result set. Therefore, the problem of

[68] More information on Normalization can be found in W3C working draft of Character Model for the World Wide Web 1.0: Normalization, http://www.w3.org/TR/charmod-norm/, retrieved on Jan 12, 2005.

encoding, missing fonts, missing charset and wrong normalization are four critical factors governing the development of a multilingual e-lexicon.

5. Conclusions

This research has investigated the practicality and effectiveness of web technologies and database tools including PHP, MySQL, MS Access and Microsoft Layout Creator in facilitating multilingual lexical data exchange in Cantonese, Dagaare and English on Windows Platforms. Yet, this research can be enhanced by examining alternative tools such as Java, C, SQL server and Oracle, etc. and other platforms such as Mac OS, Unix, Linux so as to give a fuller scenario of the current multilingual computing environment. This research will continue to improve the search functions and query interface. Future research may aim at a larger lexicon that contains translations in more languages including minority languages, hence providing a richer lexical resource for more advanced and in-depth analysis.

Despite these limitations, this research has put forward the view that Unicode (UTF-8) is more preferred than Big5 in encoding Chinese or Cantonese texts with other multilingual data such as Dagaare and English. It is also found that PHP works better with MySQL than MS Access in multilingual data transfer on the World Wide Web, as shown in the case of Dagaare, Cantonese and English. Besides, it is observed that encodings, charsets, fonts and normalization are four major ingredients that make up the multilingual lexical data retrieval system. Improper management of these essentials, as we have seen, may hinder the development of online multilingual e-lexicons which should be avoided. It is hoped that this paper can contribute to the existing research on computational lexicography and web internationalization, and promote further development on multilingual e-lexicons that would facilitate language transfer and enrich the lexical knowledge base. These multilingual lexical resources are crucial for language, social and cultural exchange, hence benefiting global communications as a whole.

6. References

Books & Journals:

Belussi & Posenato (2004). Internationalizing Data-Intensive Web Applications, Department of Computer Science, Rapporto di ricerca RR 16/2004, 2004.

Bodomo (2000). *Dàgáárè*. Lincom Europa, München.

Bodomo (2004). A Dagaare-Cantonese-English Lexicon for Lexicographical Field Research Training (Afrikawissenschaftliche Lehrbücher vol. 14), 194 pp., ISBN 3-89645-009-3. Cologne: Rudiger Koppe Verlag.

Bodomo, Marfo, Cunningham & Mok (2004). A Unicode Keyboard for African Language: The Case of Dagaare and Twi. To appear in the International Workshop of Human Language Technology Conference Proceedings 2004. University of Hong Kong.

GLASC (1990). Ghana Languages Alphabet Standardization Committee Report. National Commission on Culture publication.

Leung, Liu & Wu (1998). Web Internationalization and Java Keyboard Input Method. In INET'98 Conference Proceedings. 21–24 July 1998. Geneva, Switzerland.

Unicode Consortium (2004). The Unicode Standard: Version 4.0. Boston: Addison-Wesley.

Yunker, J. (2003). Building a Global Website. In Multilingual Computing & Technology. Guide to Global Web. April/May 2003. MultiLingual Computing, Inc..

Web Resources:

A12N, African languages & ICT technical working group. Retrieved on Jan 12, 2005, from http://lists.kabissa.org/mailman/listinfo/a12n-collaboration.

Ager S. (2004). Retrieved on Jan 12, 2005, from Omniglot, a guide to the writing system: http://www.omniglot.com/writing/cantonese.htm.

Alan Wood (2004). Retrieved on Jan 12, 2005, from Alan Wood's Unicode Resources: http://www.alanwood.net/unicode/.

Character Model for the World Wide Web 1.0: Normalization. Retrieved on Jan 12, 2005, from World Wide Web Consortium, W3C: http://www.w3.org/TR/charmod-norm/.

Dan (2001) Advantages of PHP Over Java. Retrieved on Jan 12, 2005, from Zend, The PHP Company: http://www.zend.com/zend/art/php-over-java.php.

FileFormat.Info Information and Conversions. Retrieved on Jan 12, 2005, from http://www.fileformat.info/info/unicode/char/.

HKSCS-2001 Reference Font & Input Software and Documentation. Retrieved on Jan 12, 2005, from Hong Kong SAR Government website: http://www.info.gov.hk/digital21/eng/hkscs/download.html.

HTML 4.01 Specifications (1999). Retrieved on Jan 12, 2005, from World Wide Web Consortium (W3C): http://www.w3.org/TR/html40/.

Internationalizations Java Forums. Retrieved on Jan 12, 2005, from http://forums.java.sun.com/.

The HKSCS support for Windows Platform. Retrieved on Jan 12, 2005, from Microsoft Hong Kong: http://www.microsoft.com/hk/hkscs/default.aspx?dw=win#pre.

Microsoft Office Assistance. Retreved on Jan 12, 2005, from http://office.microsoft.com/en-us/assistance/HP052604161033.aspx.

Ponomareva (2004). Database and Web Development. Retrieved on Jan 12, 2005, from Magic Web Solutions: http://www2.magicwebsolutions.co.uk/Database-Development-1.php.

W3C Internationalization Working Group. Retrieved on Jan 12, 2005, from World Wide Web Consortium, W3C: http://www.w3c.org/International/.

Zend. The PHP Company. Retrieved on Jan 12, 2005, from http://www.zend.com/why-php.php.

Ein Parser für natürlichsprachlich formulierte mathematische Beweise

Darja Mönke

Das Ziel dieses Projekts ist die Entwicklung eines syntaktischen Parsers für natürliche Beweissprache. Anhand eines Korpus ausgesuchter natürlichsprachlich formulierter mathematischer Beweise werden einige syntaktische und lexikalische Besonderheiten dieser natürlichen Beweissprache erfasst. Es wird gezeigt, dass Beweisbestandteile wie die Prämisse und die Konsequenz durch einige syntaktische und lexikalische Indikatoren erkannt werden können. Mit Hilfe dieser Ergebnisse ist der Ansatz einer Grammatik für den Parser Sysana entwickelt worden.

The aim of this project is the development of a syntactic parser for a natural proof language. On the basis of a corpus of selected mathematical proofs formulated in natural language, several syntactic and lexical characteristics of this natural proof language are captured. It is shown that parts of a proof such as premise and consequence can be recognized by a few syntactic and lexical indicators. With the help of these results, a starting point of a grammar for the Sysana parser was developed.

Einleitung

Im Rahmen eines Projektes an der Universität Bonn wird an der Entwicklung der Annotationssprache ProofML für natürlichsprachlich formulierte mathematische Beweise gearbeitet, die die semantische Struktur eines Beweises explizit macht und als Textanreicherung für einen Beweis-Checker gelten soll, der mathematische Beweise auf ihre Korrektheit hin untersucht (Schröder und Koepke 2003). Der hier erarbeitete syntaktische Parser soll ein Schritt zur automatischen Annotation sein. Da die Annotation eng an die syntaktische Struktur des Beweises angelehnt sein soll, ist eine der Voraussetzungen für die vollständige automatische Annotation ein syntaktischer Parser, der mit seinen Ergebnissen bereits eine erste Teilannotation vornehmen kann, die dann durch semantische Verfahrensschritte oder manuell angereichert werden muss.

Die wichtigsten Bestandteile eines mathematischen Beweises, Prämisse und Konsequenz, sind durch einige syntaktische Besonderheiten voneinander unterscheidbar. Diese Merkmale wurden zusammengetragen und in einer Grammatik beschrieben. Dieser Artikel beschreibt einige syntaktische und lexikalische

Merkmale natürlicher Beweissprache und zeigt deren Einbettung in eine Grammatik.

Im ersten und zweiten Teil wird kurz auf das verwendete Korpus und den in Prolog programmierten Parser Sysana eingegangen. Im dritten Teil werden dann die syntaktischen Besonderheiten natürlicher Beweissprache erläutert. Und im vierten und letzten Teil soll dann auf einige Regeln und das Lexikon der Grammatik eingegangen werden.

Korpus

Das hier verwendete Korpus hält sich stark an die bereits im Rahmen der ProofML-Entwicklung von Schröder und Koepke (2003) und Fisseni (2003) annotierten deutschsprachigen Beweise. So wurde der durch Schröder und Koepke (2003) annotierte Beweis für die Unendlichkeit von Primzahlen nach Euklid verwendet und der durch Fisseni (2003) annotierte Goedelsche Vollständigkeitssatz. Zusätzlich sind jedoch noch Wendungen aus Kapitel V des Lehrbuchs von Ebbinghaus et al. (1996) hinzugezogen worden, um ein breiteres Spektrum an Beispielen für die Grammatik nutzen zu können. Insbesondere das Vorkommen von Verben und bestimmten Phrasen konnte so besser erfasst und nachgeprüft werden.

Da die Annotation durch ProofML einmal automatisch geschehen soll, wurde hier davon ausgegangen, dass ein einheitliches Eingabeformat des Textes nötig ist. Hier wurde ein XHTML-Format gewählt, da es eine originalgetreue Formatierung ermöglicht, die beispielsweise Überschriften und Absätze unterscheidet und außerdem die Integration von MathML-kodierten Formeln erlaubt. Der so erstellte Text wird dann durch ein Perl-Skript normalisiert, um ihn für den hier verwendeten Parser entsprechend zu formatieren. Im Zuge dieses Prozesses wird eine Reihe von Vereinfachungen vorgenommen, die den Parseprozess erheblich erleichtern. So sind alle Formeln durch *formel* ersetzt worden. Unter Formeln fallen grundsätzlich alle komplexen Einheiten, wie beispielsweise $\Phi \subset L^S$. Weiterhin fallen in diesem Zusammenhang aber auch als Variablen verwendete Buchstaben unter die Definition Formel. Da keine Unterscheidung zwischen satzwertigen und nicht-satzwertigen Formeln gemacht wird, können am Ende unvollständige Satzkonstruktionen entstehen, die ohne ein Verb auskommen müssen, wie beispielsweise in *wenn formel so formel*, dessen Original folgendermaßen ausgesehen haben könnte: *wenn* $x = y$ *dann* $a = b$. Diese Konstruktion würde in ausführlicher natürlichsprachlicher Form etwa folgenden Satz ergeben: *wenn x gleich y ist, dann ist a gleich b.*

Des Weiteren sind Kommentare, die in Klammern erscheinen, ersatzlos aus dem Text gestrichen worden. Das wirft Probleme auf, wenn ein Klammerausdruck ein Referenzobjekt ist wie in *sei die in (a) gegebene Aussage wahr*. Derartige Erscheinungen sind hier jedoch nicht weiter behandelt worden.

Als dritte und letzte Maßnahme der Vereinfachung sind alle Kapitelangaben wie *2.4* durch *kap* ersetzt worden. Außer bei *gdw* sind alle Abkürzungen aufgelöst worden, so dass *bzw.* zu *beziehungsweise* wird. Im Zuge dessen sei noch darauf hingewiesen, dass auch Komposita wie *im* aufgelöst werden, da es eine einfachere Handhabung gewährleistet, wenn Präposition und definiter Artikel getrennt voneinander behandelt werden können. Die Normalisierung des Textes führt dann zu einem Text, der ohne Interpunktion innerhalb eines Satzes und ohne Großschreibung aber mit einem Punkt als Endmarkierung eines Satzes erscheint. In diesem Format kann der Text dann Satz für Satz in den Prolog-Parser eingespeist werden.

Sysana 1.02

Der am Institut für Kommunikationsforschung und Phonetik (IKP) der Universität Bonn von Schröder (2002) entwickelte, in Prolog implementierte Parser arbeitet *top-down*, links-rechts und mit einem *chart*. Für den Parser ist ein eigener Präprozessor angelegt worden, der *Definite Clause Grammars* (DCGs) verarbeitet, die in der von Covington (1989) entwickelten *GULP*-Notation (*Graph Unification Logic Programming*) verfasst sind. Dies bedeutet, dass in den Merkmalsstrukturen die Merkmale von deren Wert durch das Prädikat :/2 getrennt sind und die einzelnen Merkmale voneinander durch das Prädikat ../2. Im folgenden Beispiel drückt die Merkmalsstruktur aus, dass ein Element vom Typ *Wort*, der Kategorie *Nomen*, mit dem Kasus *Nominativ* und dem Numerus *Singular* definiert ist:

```
type:word..pos:noun..case:nom..num:sg.
```

Sysana 1.02 bietet eine übersichtliche Oberfläche, die das Importieren einer in DCG-Form geschriebenen Grammatik und einer Testsatzdatei ermöglicht. Die Testsatzdatei muss nach jedem Satz einen Punkt und einen Zeilenumbruch aufweisen, um korrekt eingelesen zu werden. Für die Ausgabe der Analyse werden verschiedene Optionen angeboten. Zum einen können Merkmale ausgeblendet werden und zum anderen kann für die Struktur des Parsebaumes aus den zwei Darstellungsrichtungen vertikal und horizontal und einer listenförmigen Darstellung gewählt werden. Eine Übertragung der Ergebnisse der syntaktischen Analyse in ein externes Dokument soll nach Angaben des Entwicklers bald möglich sein.

Syntaktische Merkmale natürlicher Beweissprache

Bevor im Folgenden näher auf die syntaktischen Strukturen mathematischer Beweise eingegangen wird, soll vorab erläutert werden, von welcher allgemeinen Struktur innerhalb eines Beweises ausgegangen wird. Denn wie sich gezeigt hat, weisen verschiedene Indikatoren auf derartige Strukturen hin, was sehr hilfreich für die spätere Annotation ist. Generell spaltet sich ein mathematischer Beweis nach Schröder und Koepke (2003) in drei Teile auf, die je nach Beweis unterschiedlich häufig auftreten können. Ausgangspunkt eines Beweises sind zumeist eine oder mehrere Prämissen, deren Aussagen Gültigkeit über den gesamten Beweis haben sollen, z.B. *sei x eine Zahl.* Aus der Festlegung und Gültigkeit von Prämissen ergeben sich Konsequenzen, die für die weitere Argumentation verwendet werden: *somit ist x eine Zahl.* Neben den Prämissen und Konsequenzen enthält ein Beweis zumeist noch sein Beweisziel, d.h. ein Demonstrandum: *wir werden sehen, dass x eine Zahl ist.* Für weitere Informationen sei an dieser Stelle auf Schröder und Koepke (2003) und Fisseni (2003) verwiesen.

Prämissen

Eine Prämisse kann in vielerlei Gestalt auftreten. Diese unterschiedlichen Formen sollen im Folgenden Gegenstand der Betrachtung sein. Da die Grobstruktur eines Beweises wie bereits oben erwähnt in Prämisse, Konsequenz und Demonstrandum unterteilt wird, ist es von großer Wichtigkeit, diese drei Bestandteile für die automatische Annotierung zu erkennen. Insbesondere scheint es auch den Autoren mathematischer Texte ein Anliegen zu sein, diese Einteilung so klar und unmissverständlich wie möglich aufzuzeigen, so dass jeder Leser dem Beweis intuitiv folgen kann. Hilfreich sind dabei immer wieder auftretende feste Formen und Fügungen, die schon fast formelhaften Charakter in ihrer Nutzung aufweisen (Gerisch 1982). Im Folgenden sollen drei Indikatoren für Prämissen besprochen werden.

Der Adhortativ „sei"

Neben den Kopulaverben *werden*, *bleiben* und *heißen* ist *sein* das auch in der Allgemeinsprache am meisten gebrauchte Kopulaverb. Trotzdem stellt *sein* nach Gerisch (1982) in mathematischen Texten einen fast doppelt so hohen Anteil an den Vollverben dar als in allgemeinsprachlichen Texten. In Kapitel V von Ebbinghaus et al. (1996) kommen Satzgefüge mit dem Verb *sein* 171-mal vor, wobei der Indikativ *ist* 90-mal und der Konjunktiv I *sei* 76-mal auftreten, so dass mehr als jedes dritte Verb eine Form von *sein* ist. Während Kopulaverben grundsätzlich wenig Eigenbedeutung haben, haben sie doch eine wichtige grammatische Funktion, und zwar die der Darstellung von Beziehungen zwischen dem Subjekt und dem Prädikativ, das zusammen mit dem Kopulaverb das vollständige Prädikat bildet (Bußmann 1990). Das Prädikativ kann auf eine von zwei Arten gefüllt sein. Zum einen ist es häufig durch ein Nomen dargestellt, welches entweder eine Symbol-Wort-Zuordnung oder eine Element-Menge-Relation (Gerisch 1982) aufzeigt, oder es ist durch ein Adjektiv beziehungsweise ein adjektivisch gebrauchtes Partizip II dargestellt, welches Relationen oder rein qualitative Eigenschaften (Gerisch 1982) aufzeigt. Ein Beispiel für ein adhortatives sei ist:

Im Folgenden sei x eine reelle Zahl.

Eine der Bedeutungen des Konjunktiv I ist nach Engel (1991) die *soll der Fall sein* Bedeutung, die außerdem einen adhortativen beziehungsweise auffordernden Charakter hat und besonders häufig in fachsprachlichen Texten vorkommt (Engel 1991). Durch den adhortativen Konjunktiv wird dazu aufgefordert, eine Bedingung für die Dauer des Beweises als wahr anzusehen. Genau diese Bedeutung ist es, die in mathematischen Texten häufige Anwendung findet und derartige Prämissen klar erkennbar macht.

Subjunktorsätze

Neben Kopulafügungen im Konjunktiv I kann eine Prämisse auch durch einen konditionalen oder kausalen Nebensatz ausgedrückt werden.

[...] falls Φ negationstreu ist und Beispiele enthält.

Subjunktorsätze können entweder eingeleitet oder uneingeleitet auftreten. Konditionale Nebensätze können durch Subjunktoren, wie *falls*, *sofern* und *wenn*, eingeleitet werden und kausale Nebensätze beispielsweise durch *da* (Engel 1991). Subjunktorsätze können entweder vor oder nach dem Obersatz auftreten (Engel 1991). Der Nebensatz selbst ist durch den einleitenden Subjunktor und durch Verbletztstellung gekennzeichnet. Bei einem nachfolgenden Obersatz befindet sich das Verb in Zweitstellung, da der Nebensatz das Vorfeld einnimmt.

Da Φ negationstreu ist, gilt [...]

Das Tempus der Verbformen eines kausalen Subjunktorsatzes und des Obersatzes machen eine Aussage darüber, wie weit die Bedingungen, die im Subjunktorsatz dargestellt werden, erfüllt sind oder nicht. Im obigen Beispiel sind beide Verbformen im Präsens, was bedeutet, dass die Erfüllung der Bedingung bereits entschieden ist (Engel 1991).

Uneingeleitete konditionale Nebensätze stehen nach Engel (1991) zumeist vor dem Obersatz und weisen eine Verberststellung auf. Genau wie bei eingeleiteten konditionalen Nebensätzen weist auch hier der Obersatz Verbzweitstellung auf. Im Korpus sind Beispiele vorhanden, die zwischen dem uneingeleiteten konditionalen Nebensatz und dem Obersatz ein *so* enthalten. Das soll eine gekürzte Version einer Implikation mit *wenn ... so ...* darstellen.

Präpositionalphrasen
Einige Präpositionen werden dazu gebraucht, auf bereits erarbeitete Sachverhalte oder Ereignisse zu verweisen. Dies geschieht in mathematischen Texten zumeist mit Hilfe der Präpositionen *nach* und *aus*.

> Wie bereits in der Einleitung zu diesem Kapitel ausgeführt, gewinnen wir aus 2.4 beziehungsweise 3.3 die Vollständigkeit des Sequenzenkalküls.

Das Beispiel weist eine durch *aus* indizierte Prämisse und eine Konsequenz auf, die sich aus der Anwendung dieser Prämisse ergibt. *aus* und *nach* sind somit eindeutige Indikatoren dafür, dass die nachfolgende Nominalphrase eine Prämisse darstellt.

Zusammenfassung
Neben den bisher genannten Indikatoren für Prämissen sollen an dieser Stelle noch als Indikatoren verwendete Schlüsselwörter und Phrasen genannt werden. Als Schlüsselwörter können zum Beispiel Verben gelten, die auf eine Implikation hinweisen und in deren Umgebung eine Prämisse beispielsweise als ergänzende Angabe auftritt. Diese Verben werden jedoch im Zusammenhang mit den Konsequenzen noch einmal auftreten und bleiben an dieser Stelle somit als Prämissenindikatoren nur erwähnt. Als Indikatoren verwendete Phrasen sind Gefüge, die vermuten lassen, dass eine Prämisse folgt, ansonsten aber wenig Inhalt und nur einen hinweisenden Charakter haben. In solchen Phrasen treten beispielsweise diejenigen Verben auf, die ein personelles Subjekt benötigen. Zu solchen Phrasen zählen *wir nehmen an*, *wir wählen*, *wir definieren* und *wir setzen*. Diese Art der Prämissendarstellung ist jedoch eher selten, da sie nicht den sprachökonomischen Ansprüchen entspricht, die sonst in mathematischen Texten Vorrang haben.

Dieser Abschnitt hat gezeigt, dass Prämissen in vielerlei Gestalt auftreten können, aber auch, dass sie syntaktisch abgrenzbar sind. Sie weisen eindeutige und oftmals recht starre Strukturen auf, die sich relativ gut in eine Grammatik integrieren lassen. Kopulafügungen mit *sei* sind wenig variabel und weisen zumeist eine ergänzende Angabe mit der Präposition *für* auf. Eine Präpositionalphrase mit *für* wird in mathematischen Texten dazu verwendet, das mathematische Objekt zu bezeichnen, für das eine Aussage gelten soll.

Subjunktorsätze kommen sehr häufig mit dem Subjunktor *da* vor. Und die Präpositionen *nach* und *aus* sind eindeutige Indikatoren für eine Prämisse.

Konsequenzen

Eine der drei Bestandteile eines Beweises ist, wie bereits erwähnt, die Konsequenz, d.h. der Schluss, der sich aus einer Aussage oder aus einer Prämisse ergibt. Eine Konsequenz kann genau wie eine Prämisse durch unterschiedliche Indikatoren erkennbar sein. Zumeist tritt eine Konsequenz innerhalb einer Implikation auf. Diese wiederum kann auf unterschiedliche Art und Weise zum Ausdruck kommen.

Implikation (durch Subjunktion)
Der vorangegangene Abschnitt hat gezeigt, dass ein Subjunktorsatz eingeleitet oder nicht eingeleitet innerhalb eines Satzes die Prämisse zu einer Implikation anzeigen kann, wobei der Obersatz die Konsequenz darstellt. Somit ergibt sich für die vorliegende Grammatik, dass ein einem konditionalen oder kausalen Nebensatz folgender Satz mit Verbzweitstellung als Konsequenz angesehen und als solche auch analysiert werden kann. In dem bereits oben erwähnten Fall, einer Konstruktion mit *wenn ... so...*, kommen sehr häufig Wendungen ohne explizites Verb vor. Bei derartigen Wendungen stellt die Formel einen vollwertigen Satz dar. Die Grammatik muss somit auch Konstruktionen der Form *wenn formel so formel* erkennen. Dies wird als vollwertige Satzkonstruktion erlaubt und analysiert.

Implikation durch Verben wie (sich) ergeben und erhalten
Die beiden Verben *(sich) ergeben* und *erhalten* sind Indikatoren für eine Implikation. In einem Satz mit *erhalten* steht die Konsequenz im Akkusativ und das Subjekt wird oft durch *man*, im vorliegenden Korpus jedoch eher durch *wir* realisiert. Bei *(sich) ergeben* steht die Konsequenz im Nominativ und bildet das Subjekt des Satzes.

Schlüsselwörter
Neben der Implikation und ihren Bestandeilen können Konsequenzen auch durch bestimmte Schlüsselwörter erkannt werden. Das Adverb *dann* und die Partikeln *somit* und *also* sind starke Indikatoren für eine Konsequenz.

Eine endliche Menge $\{p_1,...,p_r\}$ kann also niemals die Menge aller Primzahlen sein.

Das Adverb oder eine der Partikeln können entweder in der Vorfeldposition direkt vor dem Verb oder im Mittelfeld direkt nach dem finiten Verb auftreten. Bei den für die Grammatik verwendeten Beispielen kommt zumeist die Vorfeldbesetzung durch *dann* oder *also* vor.

Zusammenfassung
Ähnlich wie bei den Prämissen sind eine Reihe von syntaktischen Indikatoren vorhanden, die hilfreich für die spätere semantische Annotation sein können. Am wohl eindeutigsten lassen sich Konsequenzen im Zusammenhang mit Implikationen erkennen. Gerade bei den Verben, die einen logischen Schluss einleiten, kann eine Konsequenz mit Sicherheit erwartet werden.

Ansatz einer Grammatik

Im folgenden Abschnitt soll ein Überblick über die Regeln der Grammatik und die damit eingebetteten Phänomene gegeben werden.

Das Startsymbol ist *beweisteil*, wobei ein Beweisteil aus einem oder mehreren der vier Einheiten Prämisse, Konsequenz, Proposition und Demonstrandum bestehen kann.

```
beweisteil -->
        (type:phrase..pos:premise;
        type:phrase..pos:demonstrandum;
        type:phrase..pos:consequence;
        type:phrase..pos:proposition)+ .
```

Prämissen

Der mit einer Prämisse im Konjunktiv I scheinbar fest verbundene Modus adhortativ wird mit dem Merkmal *mod* ausgedrückt. Neben der Angabe zum Modus wird außerdem das Merkmal *form* eingesetzt, das die Werte *simple* und *conj* annehmen kann, je nachdem ob es sich um eine einfache oder zusammengesetzte Prämisse handelt.

```
type:phrase..pos:premise..mod:adhortativ..form:simple --> ...
```

Die Abbildung 1 stellt einen nach der vorliegenden Grammatik erzeugten syntaktischen Parsebaum zu der Prämisse im folgenden Beispiel dar.

Sei, im Induktionsschritt, Φ_n widerspruchsfrei.

Es wurden die Merkmale *type*, *num* und *case* im Parsebaum ausgeblendet, da sie hier unerheblich sind. Die Analyse liefert Informationen zum Beweisteil, dessen Modus und Form, zur Funktion der Präpositionalphrase, zum Subjekt und Prädikat. Diese Informationen können fast ohne Abstriche in die Annotation mit ProofML übernommen werden. Der *tag*-Name wird durch das Merkmal *pos* angegeben und alle anderen Merkmale können als Attribute übernommen werden.

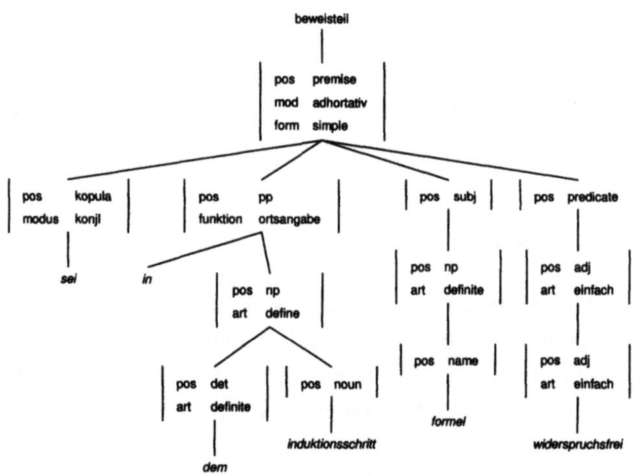

Abbildung 1: Parsebaum zu sei in dem induktionsschritt formel widerspruchsfrei.

Die Stellungsvarianten, die die Regeln erkennen können, insbesondere die der ergänzenden Angaben und des Verbs, sind den bereits annotierten Beweisen und den gewählten Beispielsätzen aus Kapitel V in Ebbinghaus et al. (1996) entnommen, so dass in dieser Hinsicht keine Vollständigkeit in der Grammatik erwartet werden darf.

Konsequenzen

Treten Schlüsselwörter als Indikator für Konsequenzen auf, sind bisher zwei Positionen besetzt worden. Entweder tritt das Schlüsselwort, ausgedrückt durch ein

Partikel oder Adverb, im Vorfeld des Satzes auf und somit vor dem finiten Verb, oder es tritt im Mittelfeld des Satzes direkt nach dem finiten Verb auf. Die folgende Regel deckt den ersten Fall ab.

```
type:phrase..pos:consequence -->
     (partikel;adverb),
     vp_ZweitSt,
     (relSatz)? .
```

Der angeschlossene Relativsatz bleibt optional, da er in einem der Beispiele auftritt, aber nicht als notwendig betrachtet werden darf.

Implikationen

Die Implikation ist eine der Strukturen, die syntaktisch recht gut zu erkennen ist. Liegt eine Konstruktion der Form *wenn ... so ...* ohne explizites Verb vor, stellt die Einheit nach *wenn* die Prämisse und die Einheit nach *so* die Konsequenz dar. Bei diesen Einheiten handelt es sich wie bereits erläutert zumeist um Formeln. Um im Syntaxbaum klarer verdeutlichen zu können, dass es sich bei den Einheiten um Prämisse und Konsequenz handelt, sind in die Grammatik die Kategorien *premise_formula* und *consequence_formula* eingeführt worden. Neben diesen beiden Einheiten erlaubt die Grammatik außerdem eine Proposition der Form *equivalence* als Konsequenz, die durch das Schlüsselwort *gdw* gekennzeichnet ist. Die beiden eingeführten Kategorien werden auch innerhalb von Implikationen verwendet, die durch bestimmte Verben angezeigt werden.

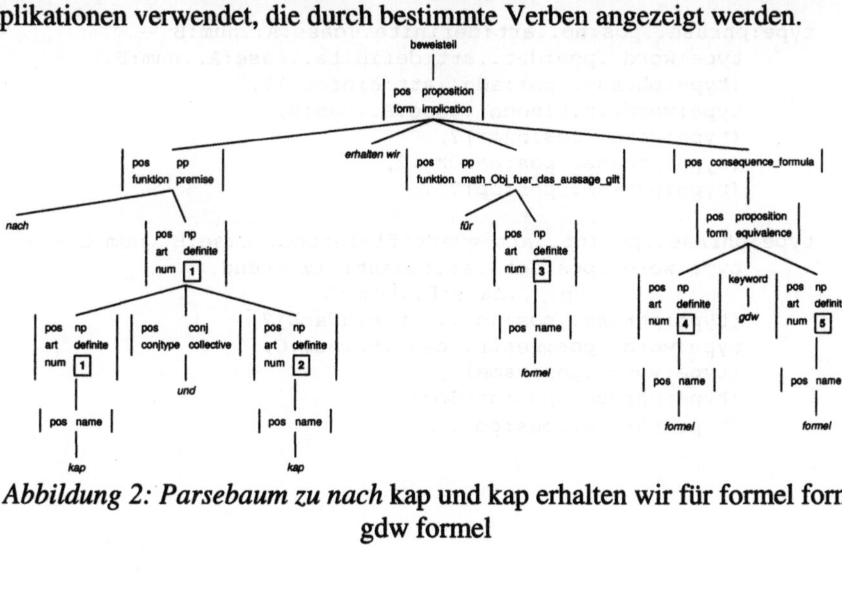

Abbildung 2: Parsebaum zu nach kap und kap erhalten wir für formel formel gdw formel

Da diese beiden Kategorien jedoch nicht behilflich sind, wenn es sich um vollständige Satzkonstruktionen mit Subjunktoren handelt, wurden außerdem die zwei Kategorien *premise_sentence* und *consequence_sentence* eingeführt, die verschiedene Verbstellungen erlauben. Diese vier Kategorien sind für die syntaktische Analyse nicht notwendig, liefern aber für die semantische Annotation Informationen darüber, welche Konstituenten innerhalb einer Implikation eine Prämisse oder eine Konsequenz darstellen.

Abbildung 2 zeigt die syntaktische Analyse von folgendem Beispielsatz, der eine Implikation darstellt, welche durch das Verb *erhalten* indiziert wird.

[...] nach 3.3 und IV.7.5 erhalten wir: Für $\Phi \subset L^S$: Erf Φ gdw $Wf_S\ \Phi$.

Nominalphrasen

In der Semantik geht man von zweierlei Arten von Nominalphrasen aus. Zum einen verweisen Namen und definite Nominalphrasen in einem gegebenen Kontext auf eindeutige Referenzobjekte, und zum anderen referieren quantifizierende Nominalphrasen auf eine Menge von Objekten. Diese Nominalphrasen können als generalisierte Quantoren im Sinne von Barwise und Cooper (1981) verstanden werden. Eine quantifizierende Nominalphrase besteht aus einem quantifizierenden Determinator, der gegebenenfalls auch eigenständig auftreten kann, einem Restriktor und dem dazugehörigen Skopus. Die beiden folgenden Regeln sind die beiden Hauptregeln für Nominalphrasen in dieser Grammatik.

```
type:phrase..pos:np..art:definite..case:A..num:B -->
      type:word..pos:det..art:definite..case:A..num:B,
      (type:phrase..pos:adj..art:einfach)?,
      type:word..pos:noun..case:A..num:B,
      (type:word..pos:name)?,
      (type:phrase..pos:genObj)?,
      (type:phrase..pos:pp)? .

type:phrase..pos:np..art:quantifizierend..case:B..num:C -->
      type:word..pos:det..art:quantifizierend..
                  typ:_..case:B..num:C,
      (type:phrase..pos:adj..art:einfach)?,
      type:word..pos:restr..case:B..num:C,
      (type:word..pos:name)?,
      (type:phrase..pos:genObj)?,
      (type:phrase..pos:pp)? .
```

Präpositionalphrasen

Für die jeweilige Funktion einer Präpositionalphrase in mathematischen Beweisen ist die gewählte Präposition ein starker Indikator. Um die jeweilige Funktion auch in der Analyse verdeutlichen zu können, sind Präpositionalphrasen mit dem Merkmal *funktion* versehen worden, das Angaben über die enthaltenen Informationen dieser Präpositionalphrase macht. *funktion* kann dabei die Werte *premise*, *ortsangabe*, *mittel* und *math_obj_fuer_das_aussage_gilt* annehmen.

Zusammenfassung

Durch diesen Grammatikansatz wurde deutlich, dass sich insbesondere die Beweisbestandteile Prämisse und Konsequenz, außerdem die logische Implikation, quantifizierende Nominalphrasen und Präpositionen mit einer bestimmten beweisstrukturierenden Funktion an syntaktischen und lexikalischen Merkmalen erkennen lassen und somit für die semantische Annotation bereits markiert werden können. Die hier gezeigten Regeln stellen nur einen Ausschnitt der in der Grammatik enthaltenen Regeln dar.

Fazit

Die erstellte Grammatik deckt die hier beschriebenen Phänomene natürlicher Beweissprache ab. Aus der syntaktischen Analyse können Informationen für die semantische Anntotation übernommen werden, die Aufschluss über Einheiten und deren Funktion im Beweis ausdrücken. So werden durch den syntaktischen Parser Prämissen, Konsequenzen, quantifizierende Nominalphrasen, Präpositionen und Propositionen erkannt.

Trotz des Vorhandenseins einiger eindeutiger syntaktischer Merkmale natürlicher Beweissprache, die Rückschlüsse auf Beweisbestandteile zulassen, kann die hier vorliegende Grammatik nur als ein erster Versuch angesehen werden. Aufgrund der begrenzten Größe des verwendeten Korpus kann nicht davon ausgegangen werden, dass alle syntaktischen Merkmale natürlicher Beweissprache erfasst worden sind. Außerdem bleiben neben den recht formelhaften Strukturen, beispielsweise der Prämisse, immer noch natürlichsprachliche Wendungen, die der normalen Vielfalt einer Sprache entsprechen und so schwer vollständig zu erfassen sind. Es soll an dieser Stelle jedoch noch einmal hervorgehoben werden, dass beispielsweise die Wahl der Verben sehr fachspezifisch, d.h. an die Anforderungen eines mathematischen Textes angepasst ist. Außerdem treten einige Phrasen immer wieder auf und erfüllen zudem den gleichen Zweck, entweder auf eine Prämisse oder auf eine Konsequenz zu verweisen. Auch Präpositionen insbesondere *für*, *nach* und *aus*, treten sehr häufig auf, um bestimmte Informationen zu vermitteln, wie zum Beispiel die Angabe zu einem mathematischen Objekt, für das eine Aussage gelten soll.

Auf Dauer erweist es sich als unzulänglich, die Unterscheidung zwischen satzwertigen und nicht satzwertigen Formeln nicht zu vollziehen. Für zukünftige Projekte ist zu empfehlen, diese Unterscheidung vorzunehmen, da der Gewinn an Präzision für die Annotation erheblich steigt.

Außerdem hat sich der Grammatikformalismus in der vorliegenden Form als problematisch erwiesen, denn gerade die relativ freie Stellungsvarianz im Deutschen muss bisher durch eine Vielzahl anderer Regeln kompensiert werden. Dies könnte jedoch in zukünftigen Arbeiten durch die Einbettung von Metaregeln umgangen werden.

Literaturverzeichnis

Barwise, J. & R. Cooper (1981). Generalized quantifiers and natural language. Linguistics and Philosophy, 4, 159–219.

Bußmann, H. (1990). Lexikon der Sprachwissenschaft. 2. Aufl. Stuttgart: Alfred Kröner Verlag.

Covington, M. A. (1994). GULP 3.1: An Extension of Prolog for Unification-Based Grammar. Research Report AI-1994-06. University of Georgia.

Ebbinghaus, H.-D., J. Flum & W. Thomas (1996). Einführung in die mathematische Logik. 4. Aufl.. Heidelberg: Spektrum, Akademischer Verlag.

Engel, U. (1991). Deutsche Grammatik. Heidelberg: Julius Groos Verlag.

Fisseni, B. (2003). Die Entwicklung einer Annotationsprache für natürlichsprachlich formulierte mathematische Beweise. Magisterarbeit, Universität Bonn.

Gerisch, P. (1982). Das Verb und seine Leistung bei der Darstellung von Sachverhalten im deutschen mathematischen Fachtext, untersucht an Hochschullehrbüchern. Dissertation, Dresden.

Koepke, P. & B. Schröder (2003). ProofML – eine Annotationssprache für natürliche Beweise. In U. Seewald-Heeg (Hg.), Sprachtechnologie für die multilinguale Kommunikation. Textproduktion, Recherche, Übersetzung, Lokalisierung. Beiträge der GLDV-Frühjahrstagung 2003.

Ontologien für mathematische Beweistexte

Martin Müller

Mathematische Beweise werden meist in natürlicher Sprache geführt und setzen dabei oft mathematisches Hintergrundwissen voraus. Für eine automatische Beweisprüfung muss dieses Wissen in einer maschinell auswertbaren Repräsentation vorliegen. Im Folgenden wird der Versuch unternommen, eine solche Repräsentation für einen mathematischen Satz in Form einer OWL-Ontologie zu modellieren.

Mathematical proofs are usually presented in natural language and require mathematical background knowledge. In order to apply an automatic proof checker the implicit knowledge has to be represented in a machine interpretable format. What follows is an attempt to model the background knowledge for a mathematical proposition as an OWL ontology.

1. Formalisierung natürlichsprachlicher mathematischer Beweise

1.1 Hintergrund

Mathematiker stellen mathematische Sätze und Beweise meist in natürlicher Sprache dar mit eingestreuten, formelsprachlichen Konstrukten. Vorraussetzung für eine automatische Überprüfung eines Beweises ist jedoch dessen lückenlose Formalisierung einschließlich der Definitionen und Axiome der Theorie, die ihm zugrunde liegt. Erschwert wird ein solches Unterfangen u.a. dadurch, dass bestimmte im Beweistext oder in den Definitionen benutzte Begriffe nicht explizit eingeführt, sondern als Hintergrundwissen vorausgesetzt werden.

Koepke & Schröder (2003) und Fisseni (2003) entwickelten die Annotationssprache ProofML, um im Beweistext der natürlichsprachlichen Struktur eine formal-logische Interpretation zuordnen zu können. Vorausgesetzt wird dabei neben der Verwendung eines Lexikons für sprachliches Wissen auch eine Wissensbasis für mathematisches Hintergrundwissen (Fisseni, 2003:47ff). Für eine Automatisierung der Annotation und Beweisüberprüfung muss dieses bislang vom Annotator oder Mathematiker eingebrachte Wissen in einer Form vorliegen, die sich maschinell auswerten lässt.

Ziel dieser Arbeit ist es, eine Ontologie zu entwickeln, die dieses Hintergrundwissen für einen Satz aus den Elementen Euklids repräsentiert und einem maschinellen Verfahren für eine Auswertung zugänglich macht.

1.2 Lücken durch implizite Voraussetzungen

Im günstigsten Fall ist die im Beweistext fehlende Information in einer dem Beweis bzw. dem Satz zugrunde liegenden Theorie in Form von Definitionen und Axiomen kodiert. Häufig wird aber auch in diesen von Voraussetzungen ausgegangen, die einem menschlichen Leser zwar unmittelbar einleuchten mögen (und deshalb häufig gar nicht als solche wahrgenommen werden), gleichwohl aber eine recht komplexe Struktur aufweisen können und für einen automatischen Beweiser Lücken darstellen.

In der hier zugrunde gelegten englischen Übersetzung der Elemente Euklids[69] heißt es etwa in den Definitionen zu Buch I ‚an equilateral triangle is that which has its three sides equal' (Def. 20), ohne dass zuvor der Begriff ‚side' definiert oder Seiten als Elemente von Dreiecken (bzw. Figuren) eingeführt worden wären. Die Kenntnis komplexerer Zusammenhänge wird z.B. in Satz 6 vorausgesetzt, wo in Bezug auf ein Dreieck von ‚ the sides opposite the equal angles' die Rede ist: hier muss die Ein-Eindeutigkeit der opposite-Relation innerhalb eines Dreiecks (ein Winkel liegt nur jeweils einer Seite gegenüber und umgekehrt) erschlossen werden.

Die meisten dieser Phänomene lassen sich als bridging-Phänomene klassifizieren[70]: in der Linguistik versteht man darunter den Sachverhalt, dass Entitäten (sogenannte Diskursreferenten) im Diskurs benutzt werden oder Eigenschaften von Entitäten vorausgesetzt werden, die nicht explizit in den Diskurs eingeführt wurden, sondern implizit durch einen bereits vorangehenden Diskursreferenten, zu dem sie in einer (dem Rezipienten bekannten) salienten Beziehung stehen.

Aus einer Ontologie, in der diese Abhängigkeiten entsprechend modelliert sind, sollten dann bei Instanziierung einer Entität die gebridgeten Entitäten und Eigenschaften inferiert und so für den weiteren Diskurs zur Verfügung gestellt werden können.

---

[69] Euclid's Elements. D.E. Joyce:
http://aleph0.clarku.edu/~djoyce/java/elements/elements.html. 1996–1998.

[70] Auf andere Formen von Lücken, die sich etwa durch Sätze wie „daraus ergibt sich unmittelbar" im Beweis ausdrücken und meist dadurch charakterisiert sind, dass mehrere Beweisschritte übersprungen wurden, wird hier nicht weiter eingegangen (siehe dazu Fisseni, 2003:35)

2. Instrumentarium

Voraussetzung für eine entsprechende Ontologie ist ein Repräsentationsformat, das einerseits mächtig genug ist, die Komplexität der Zusammenhänge darzustellen, und für das andererseits maschinelle Beweiser zur Verfügung stehen, die eine effiziente Auswertung des Wissens ermöglichen. Ferner sollte einem standardisierten Format der Vorzug vor einem proprietären eingeräumt werden; ein XML-Austauschformat bietet sich nicht zuletzt deshalb an, weil auch die ProofML-Annotation auf XML-Basis definiert ist.

2.1 Mögliche Kandidaten

Ein XML-Repräsentationsformat für mathematische Inhalte bieten die OpenMath content dictionaries, die allerdings überwiegend algebraische Definitionen beinhalten.[71] Obwohl durch die Entwicklung eines Typensystems für OpenMath die Möglichkeiten einer präziseren Beschreibung und damit theoretisch auch einer maschinellen Auswertung erweitert wurden (Caprotti & Cohen, 1999; Davenport, 1999), stehen dafür noch zu wenig leistungsfähige Tools zur Verfügung. Dies gilt auch für die strukturell erweiterten OMDoc dictionaries (Kohlhase to appear, Kap. 15.6).

WordNet ist eine lexikalische Datenbank, die sich an psycholinguistischen Theorien lexikalischen Wissens orientiert[72]. Es fasst synonyme Begriffe zu sogenannten synsets zusammen und bildet deren charakteristische Eigenschaften und einige Relationen zwischen synsets ab. WordNet könnte als lexikalische Wissensbasis für die automatische Annotation von Beweistexten genutzt werden; für eine Repräsentation mathematischen Wissens sind die Kategorien und Relationen jedoch zu unscharf gefasst.

2.2 Beschreibungslogiken

Aus der Tradition der in der KI entwickelten semantic networks und framebasierten Systeme hat sich Ende der 70er Jahre die Beschreibungssprache KL-ONE (Brachmann, 1977) und darauf beruhend die Familie der Beschreibungslogiken (description logics, DLs) (Baader/Nutt, 2003) herausgebildet. Sie zeich-

[71] OpenMath ist ein Standard zur Repräsentation mathematischer Objekte und deren Semantik, entwickelt zum Informationsaustausch zwischen Computer-Programmen. URL: http://www.openmath.org/cocoon/openmath//index.html

[72] WordNet. URL: http://www.cogsci.princeton.edu/~wn/

nen sich vor früheren Ansätzen vor allem durch eine vollständige Formalisierung der Semantik aus (sie basieren auf einem Fragment der Prädikatenlogik 1. Stufe). Wichtige Charakteristika von Beschreibungslogiken sind ihre hohe Ausdrucksstärke bei gleichzeitiger Wahrung der Entscheidbarkeit (in einem beschränkten Zeitrahmen) und Vollständigkeit. Sie wurden gerade auf den tradeoff zwischen Mächtigkeit des Formats und Effizienz in der maschinellen Auswertung hin optimiert. DL-reasoner sind dabei ein zentrales Instrument, da sie implizit in der Wissensbasis enthaltenes Wissen explizit machen, zum Beispiel durch Strukturierung aller Konzepte in Form einer Hierarchie oder durch Klassifikation von Objekten, woraus sich Informationen über deren Eigenschaften gewinnen lassen. Durch ihre Mächtigkeit und gute Tool-Unterstützung bieten sich die Beschreibungslogiken als Basis für eine Ontologie mathematischen Wissens an.

2.3 OWL

Die vom *world wide web consortium* (W3C) entwickelte und als Standard empfohlene Ontologiesprache OWL (*web ontology language*) basiert in ihrer Variante OWL DL unmittelbar auf den Beschreibungslogiken (es gibt noch eine schwächere Variante, OWL Lite, und eine mächtigere, OWL Full, die jedoch nicht alle für DLs geforderte Kriterien erfüllt). OWL wurde konzipiert als Erweiterung der Beschreibungsstandards RDF und RDFS[73], die im Rahmen der Semantic Web Initiative ursprünglich zur Beschreibung von Web-Ressourcen entstanden sind (Manola und Miller, 2004). Wie für diese liegt auch für OWL eine Spezifikation einer XML-Syntax vor. OWL setzt sich als Repräsentationsformat in vielen Bereichen der Wissensmodellierung durch und es besteht eine rege Aktivität in der Entwicklung von entsprechenden Tools und in Diskussionsforen von Entwicklern und Nutzern. OWL DL kann zum gegenwärtigen Zeitpunkt als das für eine maschinell nutzbare Ontologie am besten geeignete Format gelten. Im Folgenden werden die Komponenten von OWL DL und die für die Modellierung zur Verfügung stehenden Konstrukte in knapper Form dargestellt[74].

[73] *Resource Description Framework* (RDF) und *Resource Description Framework Schema* (RDFS).

[74] Eine ausführliche Beschreibung von OWL findet sich u.a. in der [OWL-Reference], URL: http://www.w3.org/TR/owl-ref/

2.3.1 Die Datenstruktur von OWL

Die Grundbausteine einer OWL-Ontologie sind Klassen (in DL: Konzepte)[75], Properties (in DL: Rollen) und Individuen. Eine Klasse fasst Individuen (die Instanzen der Klasse) zusammen und wird interpretiert als einstelliges Prädikat. Klassen können (1) benannt werden durch die Zuweisung eines Namens oder als anonyme Klassen beschrieben werden (2) durch Aufzählung ihrer Instanzen, (3) durch so genannte *property restrictions* und (4) durch boolsche Kombinationen von Klassen. (1) bis (4) wird in der OWL-Terminologie als *class description* bezeichnet.

Properties repräsentieren Merkmale von Individuen, die bestimmte Werte annehmen können. Für sie kann jeweils global eine Klasse als Definitions- und Wertebereich angegeben werden. Mit property restrictions lassen sich lokale Constraints formulieren, die entweder den Wertebereich einer Property auf eine Teilmenge des globalen Wertebereichs einschränken (value constraints) oder deren Kardinalität spezifizieren (cardinality constraints), d.h., die Anzahl der Werte, die die betreffende Property für jedes Individuum des Definitionsbereichs haben kann. Interpretiert wird eine solche restriction als Klasse aller Individuen, die die geforderte Bedingung erfüllen. Für Kombinationen der Klassenbeschreibunen (1) bis (4) lassen sich innerhalb eines Klassen-Axioms die mengentheoretichen Beziehungen Subsumption, Äquivalenz oder Disjunktheit ausdrücken.

Properties werden als zweistellige Prädikate interpretiert. Es gibt zwei Arten von Properties: object properties, die zwei Individuen in Bezug setzen, und datatype properties, die einem Individuum einen literalen Wert zuweisen. Neben der Spezifikation des Werte- und Definitionsbereich lassen sich im Property-Axiom noch Superproperties, äquivalente Properties und eine inverse Property angeben. Darüberhinaus können Properties hinsichtlich der logischen Eigenchafen Symmetrie und Transitivität spezifiziert werden. Funktionale Properties, die für jedes Individuum im Definitionsbereich nur einen Wert des Wertebereichs erlauben, können global als solche deklariert werden, ebenso wie invers funktionale, für die für jedes Individuum im Wertebereich nur ein Wert aus dem Definitionsbereich möglich ist.

Mittels Klassen- und Property-Axiomen lässt sich eine Terminologie definieren. Davon unterschieden wird die Faktenbasis, in der Aussagen über konkrete Individuen getroffen werden, etwa in Form einer Klassenzuweisung oder indem

---

[75] Die OWL-Terminologie weicht zum Teil von der in der Literatur zu Beschreibungslogiken üblichen ab. In Klammern wird deshalb ggf. der entsprechende in DL gebräuchliche Terminus angegeben.

ihnen für bestimmte Properties konkrete Werte zugewiesen werden.[76] Wir beschränken uns hier soweit möglich auf die Entwicklung einer Terminologie.

3. Entwicklung der Ontologie

Die Ontologie soll nun an einem Satz und den entsprechenden Definitionen aus Buch 1 der Elemente Euklids entwickelt werden. Die Bücher beginnen häufig mit einer Reihe von Definitionen, gefolgt von Sätzen und deren Beweisen. Buch 1 enthält darüber hinaus noch eine Reihe von Postulaten und Axiomen. Am Beispiel des Satzes 6 aus dem ersten Buch soll die Entwicklung und Anwendung der Ontologie demonstriert werden. Da sich der Satz auf Verhältnisse von Seiten und Winkeln in Dreiecken bezieht, wird zuerst auf die Definitionen eingegangen, die die betreffenden Konzepte einführen.

3.1 Die grundlegenden Konzepte

Wir fassen die grundlegenden Konzepte für Punkte, Linien, Flächen und Winkel (Euklid, Buch I, Def.s 1,2,5 und 8) unter dem Konzept `GeometricalObject` zusammen. Die Klasse der Geraden (`StraightLine`) ist eine Teilmenge der Klasse der Kurven (`Line`). Figuren sind definiert als rundum begrenzte geometrische Objekte, wobei sich spezielle Figuren wiederum durch die Art der Begrenzung und ggf. durch deren Anzahl unterscheiden. So zeichnen sich geradlinigen Figuren (als Instanzen von `RectilinearFigure`) etwa dadurch aus, dass ihre Begrenzungen Instanzen der Klasse `StraightLine` sind, Dreiecke aus der Subklasse `Triangle`, die von ihrer Superklasse die Art der Begrenzung erbt, durch eine Anzahl der Begrenzungen von drei.

Bevor wir auf Details der Modellierung eingehen, sei die (aus den noch folgenden Klassen-Axiomen) resultierende Taxonomie durch Abb. (1) veranschaulicht (Klassen, für die nur notwendige Bedingungen angegeben sind (primitive classes) sind hellgrau dargestellt, während Klassen, die mittels hinreichenden und notwendigen Bedingungen definiert wurden (defined classes), dunkelgrau unterlegt sind)[77].

---

[76] In DL spricht man hier entsprechend von TBox (*terminology*) und ABox (*assertions*).

[77] Die Grafiken wurden mit dem für den Ontology-Builder Protégé 2000 von Matthew Horridge entwickelten Plugin *OWLViz* erzeugt.

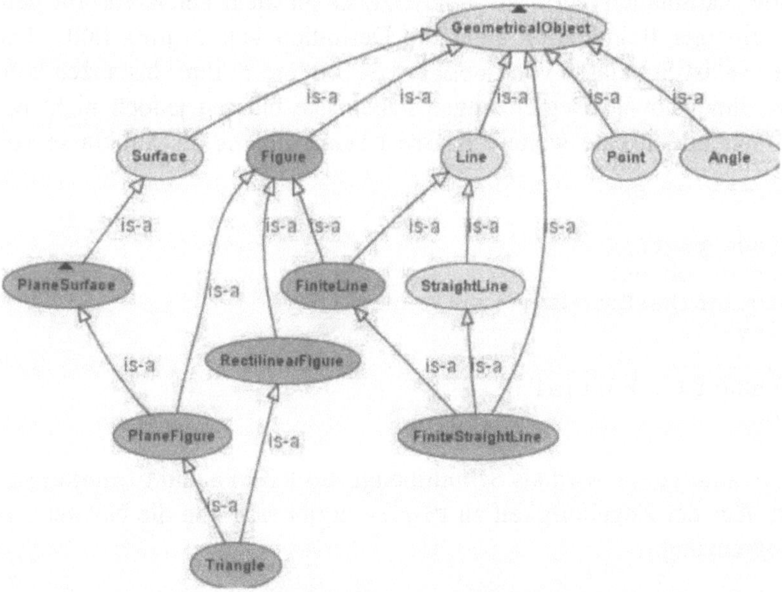

Abb.1: Taxonomie der Grundkonzepte

Die Klasse `Figure` wird mittels notwendigen und hinreichenden Bedingungen formuliert. In OWL lässt sich dies realisieren, indem eine nach (1) (vgl. Abs. zu OWL) benannte Klasse als Äquivalenzklasse zu einer anderen Klassenbeschreibung (1)-(4) deklariert wird. Dadurch erhält man eine Definition der Klasse `Figure` (auch als defined concept bezeichnet; in der hier benutzten Syntax sind Definitionen durch das Attribut complete gekennzeichnet): alle Individuen der Domäne, die die angegebenen Bedingungen erfüllen, sind Instanzen dieser Klasse.[78]

```
Class(Figure complete
    intersectionOf(
        GeometricalObject
        restriction(hasBoundary  minCardinality(1)))
```

[78] Dem stehen Klassen-Axiome gegenüber, in denen für eine Klasse lediglich notwendige Bedingungen angegeben werden. Die OWL-Realisierung besteht in einer Subklassifikation der zu beschreibenden Klasse unter die Klasse, die aus den Bedingungen gebildet wird. Solche Klassen-Axiome sind durch das Attribut *partial* markiert und werden auch als *primitive concepts* bezeichnet.

Die minimale Kardinalität wird auf 1 gesetzt, damit auch der Kreis mit dem Umfang als einziger Begrenzung unter die Definition von `Figure` fällt. Die Klasse `Surface` ist Subklasse von `GeometricalObject;` ihre Instanzen können nur zweidimensionale Begrenzungen haben, sie müssen jedoch nicht begrenzt sein. Wir bilden eine weitere Klasse `PlaneSurface` als Subklasse von `Surface`[79].

```
Class(Surface partial
    GeometricalObject
    restriction(hasBoundary  allValuesFrom(
        Line)))

Class(PlaneSurface partial
    Surface)
```

Die Klasse `PlaneFigure` wird als Schnittmenge aus `Figure` und `PlaneSurface` definiert. Aus der Zugehörigkeit zu `Figure` ergibt sich nun die Notwendigkeit einer Begrenzung.

```
Class(PlaneFigure complete
    intersectionOf(
        Figure
        PlaneSurface))
```

Geradlinige Figuren sind als von Geraden begrenzte definiert (Def. 19). Wir bilden für Geraden die Klasse `StraightLine` als Subklasse von `Line`. Dann kann die Klasse `RectilinearFigure` definiert werden: sie besteht aus allen Elementen der Klasse `PlaneFigure`, deren Werte für `hasBoundary` ausschließlich Instanzen von `StraightLine` sind:

```
Class(RectilinearFigure complete
    intersectionOf(
        restriction(hasBoundary  allValuesFrom(
            StraightLine))
        PlaneFigure))
```

[79] Euklids Definition einer ebenen Fläche als ‚a surface which lies evenly with the straight lines on itself'' (Def. 7) hat verschiedene Interpretationen erfahren (vgl. Joyces Anmerkung zu Def. 7). Wir gehen hier nicht weiter auf die Probleme einer Modellierung ein und setzten eine eindeutige Definition von `PlaneSurface` für das weitere Vorgehen voraus. Buch 1 der Elemente (und somit auch der daraus entnommene und hier behandelte Satz) bezieht sich nur auf zweidimensionale Objekte in der ebenen Fläche.

Eine spezielle geradlinige Figur stellt das Dreieck dar mit genau drei Begrenzungen:

```
Class(Triangle complete
    intersectionOf(
        RectilinearFigure
        restriction(hasBoundary  cardinality(3)))
```

3.2 Modifikationen der Grundkonzepte

An dem im vorangehenden Abschnitt definierten Grundgerüst werden nun entsprechend den Erfordernissen, die sich aus dem folgenden Satz ergeben, Erweiterungen und Modifikationen vorgenommen.

> *If in a triangle two angles equal one another, then the sides opposite the equal angles also equal one another.* (Euclid: Elements, book I, proposition 6)

Für das Verständnis des Satzes (und des in den Elementen folgenden Beweises) wird das Wissen vorausgesetzt, dass (i) ein Dreieck drei Seiten hat (der Definition lässt sich nur entnehmen, dass die Figur von drei Geraden begrenzt ist), dass (ii) ein Dreieck drei Winkel hat, dass (iii) Seiten bzw. Winkel gleich sein können, und dass (iv) in einem Dreieck einem Winkel jeweils genau eine Seite gegenüberliegt. Wir gehen im Folgenden auf die Punkte (i), (ii) und (iv) ein.

3.2.1 Voraussetzung (i): Ein Dreieck hat drei Seiten.

Euklid definiert in den Elementen nicht, was unter Seiten eines Objekts zu verstehen ist. Wir interpretieren deshalb Begrenzungen von Figuren so, dass sie nicht über die Figur „hinausragen", also an den Berührungspunkten mit anderen Begrenzungen enden und somit mit den Seiten der Figur identisch sind.[80] Dann kann eine Property `figureHasBoundary` als Subproperty von `hasBoundary` definiert werden, die äquivalent ist mit `hasSide`:

```
ObjectProperty(figureHasBoundary super(hasBoundary))

EquivalentProperties(figureHasBoundary hasSide)
```

[80] Vgl. dazu Joyce's Anmerkung zu Def. 19, http://aleph0.clarku.edu/~djoyce/java/elements/bookI/defI19.html

Um an die Werte für `figureHasBoundary` gelangen zu können, muss in allen Klassen-Axiomen für Figuren `hasBoundary` durch `figureHasBoundary` ersetzt werden, denn die für `hasBoundary` angegebenen Werte werden nicht an die Subproperty `figureHasBoundary` vererbt[81]. Aus der Definition eines Dreiecks entsprechend dem modifizierten Klassen-Axiom für `Triangle`

```
Class(Triangle complete
    intersectionOf(
        RectilinearFigure
        restriction(figureHasBoundary  cardinality(3)))
```

lässt sich nun Art (bedingt durch Constraints, die für `RectilinearFigure` gelten) und Zahl der Seiten ableiten.

3.2.2 Voraussetzung (ii): Ein Dreieck hat drei Winkel

Explizit wird in den Definitionen nicht auf ein Verhältnis von Figuren und Winkeln eingegangen. Den Definitionen (8) bzw. (9) entnehmen wir, dass zwei Geraden, die nicht parallel liegen und sich treffen, einen Winkel bilden. Geradlinige Figuren sind von Geraden eingeschlossen und bilden (nach unserer Interpretation) die Seiten der Figur. Eine Seite trifft an ihren beiden Endpunkten (dies sind auch die Eckpunkte der Figur) jeweils eine andere (die angrenzende) Seite und bildet mit dieser einen Winkel. Bei drei Seiten lassen sich auf diese Weise drei Paare bilden, vorausgesetzt, die Paar-Relation ist symmetrisch (d.h., Paare der Art <*a,b*> und <*b,a*> fallen zu einem zusammen) und nicht reflexiv (d.h., es gibt keine Paare der Art <*a,a*>, <*b,b*>...). Jedes der drei Paare schließt einen Winkel ein.

Da Properties nur zwei Argumente haben können, muss eine Relation zwischen drei Individuen (hier: zwei angrenzende Seiten, ein Winkel) durch Reifikation auf eine zweistellige reduziert werden (vgl. Noy & Rector, 2004): Wir bilden eine Klasse `PairOfAdjacentSides` (als Subklasse von `Reification`, die in der Taxonomie neben `GeometricalObjects` eine eigene Klasse abstrakter Konstrukte bildet), deren Instanzen Paare aus angrenzenden Seiten repräsentieren. Jedes Paar steht in der Beziehung `hasConstituent` zu zwei Seiten und `buildsAngle` zu einem Winkel eines Dreiecks. In folgenden Klassen-

---

[81] In der Gegenrichtung werden die Werte vererbt: Werte der Subproperties sind immer in der Menge der Werte der der Superproperties enthalten. Vgl. `hatElterteil` mit den Subproperties `hatVater`, `hatMutter`: wenn ***Hans*** der Vater ist, ist er auch ein Elternteil. Das Elternteil ***Hans*** ist jedoch nicht Wert der Subproperty `hatMutter`!

Axiom wird vorausgesetzt, dass die Property `buildsAngle` funktional und invers funktional, d.h., die Beziehung zwischen Paar und Winkel ein-eindeutig ist. Für `hasConstituent` ist der Definitionsbereich auf `PairOfAdjacentSides` und der Wertebereich auf `SideOfTriangle` eingeschränkt.

```
Class(PairOfAdjacentSides partial
    Reification
    restriction(buildsAngle someValuesFrom(
        AngleOfTriangle))
    restriction(hasConstituent Cardinality(2)))
```

Die Klassen `SideOfTriangle` und `AngleOfTriangle` sind jeweils durch die *property restriction* `isSideOf someValuesFrom(Triangle)` bzw. `isAngleOf someValuesFrom(Triangle)` definiert. Wir stellen für jede Seite die notwendige Bedingung, dass sie jeweils Konstituente zweier Paare ist, und legen für Winkel fest, dass sie von einem Paar gebildet werden. Als Beispiel ist das Klassen-Axiom für `SideOfTriangle` angegeben:

```
Class(SideOfTriangle complete
        restriction(isSideOf someValuesFrom(
            Triangle)))
SubClassOf(
    restriction(isConstituentOfPair cardinality(2))))
```

Dadurch, dass die Kardinalität von `hasConstituent` für Paare auf 2 festgesetzt wurde, ist – unter der Voraussetzung, dass eine Seite nicht verschiedene Namen haben kann (*unique name assumption*) – gewährleistet, dass ein Paar aus verschiedenen Seiten besteht und die Paar-Relation, wie oben gefordert, nicht reflexiv ist. Die Symmetrie hingegen ist bei diesem Ansatz nicht gewahrt: Paare lassen sich nicht daraufhin überprüfen, ob sie jeweils aus den gleichen zwei Konstituenten bestehen, d.h., die Paare <*a*,*b*> und <*b*,*a*> werden unterschieden. So ließen sich im ungünstigsten Fall sechs Winkel aus drei Seiten ableiten. Die einzige Möglichkeit, ohne eine Verwendung von Regeln sicherzustellen, dass eine Seite mit einer anderen jeweils nur ein Paar bildet, besteht darin, spezielle Klassen für die drei Seiten einzuführen. Darauf wird im folgenden Abschnitt zu Voraussetzung (iv) eingegangen.

3.2.3 Voraussetzung (iv): In einem Dreieck liegt einem Winkel jeweils genau eine Seite gegenüber.

Zu jedem Winkel gibt es nur eine Seite, die ihm gegenüberliegt. Eine Property `angleHasOppositeSide` muss also funktional sein. Diese Einschränkung ist jedoch nicht ausreichend, um auf die richtige Seite schließen zu können, denn als Wert könnte – ohne dass die Ontologie dadurch inkonsistent würde – jede beliebige Seite des Dreiecks eingesetzt werden. Wir wissen, dass zwei Seiten an den Winkel angrenzen (siehe Abschnitt 2.1.2) und dass die gegenüberliegende keine der beiden ist. Mit den Mitteln, die uns OWL DL zur Verfügung stellt, scheint die einzige Möglichkeit darin zu bestehen, für jeden Winkel jeweils zu fordern, dass die Klasse der Seiten, an die er angrenzt, disjunkt ist mit der Klasse der Seite, der er gegenüberliegt. Dies setzt eine Struktur voraus, die für jede Seite eines Dreiecks eine eigene Klasse vorsieht (Abb. 2).

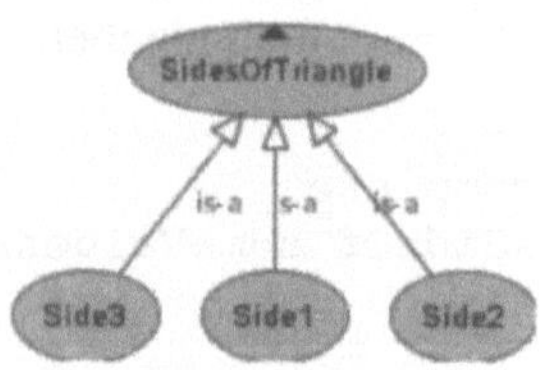

Abb. 2: Klassen für jede Seite

Definiert werden drei Subproperties von `hasSide` mit jeweils einer Kardinalität von 1: `hasSide1`, `hasSide2` und `hasSide3` und drei disjunkte Klassen als Äquivalenzklassen zu *restrictions* mit den jeweils inversen Properties `isSide1 someValuesFrom(Triangle)` etc.

`SideOfTriangle` wird definiert als `unionOf (Side1 Side2 Side3)`, so dass die Klasse durch ihre Subklassen vollständig partitioniert ist. Für Winkel von Dreiecken kann nun als notwendige Bedingung angegeben werden:

```
SubClassOf(
     unionOf(
          intersectionOf(
          restriction(isAdjacentTo allValuesFrom(
            unionOf(Side1 Side2)
                        restriction(isOppositeTo allValuesFrom(
                                Side3)))
                    intersectionOf(
          restriction(isAdjacentTo allValuesFrom(
```

```
        unionOf(Side1 Side3)
                      restriction(isOppositeTo allValuesFrom(
                           Side2)))
                 intersectionOf(
      restriction(isAdjacentTo allValuesFrom(
        unionOf(Side2 Side3)
                      restriction(isOppositeTo allValuesFrom(
                           Side1)))))
```

Dadurch ist sichergestellt, dass die gegenüberliegende Seite immer Instanz einer anderen Klasse ist als die der angrenzenden.

3.3 Zusammenfassung

Auf der Grundlage der im Vorangehenden entwickelten Ontologie lässt sich nun anhand der Begrenzungen eines Dreiecks auf die drei Seiten schließen. Ferner lässt sich die Zahl der Winkel auf sechs – und wenn (ii) entsprechend der Modellierung in (iv) modifiziert ist – auf drei Winkel einschränken. Unter der Voraussetzung, dass dadurch eine eindeutige Beziehung zwischen den an einen Winkel angrenzenden Seiten und den ihn definierenden Seiten hergestellt ist, sollte sich schließlich für einen Winkel, gegeben die definierenden Seiten, die gegenüberliegende Seite ableiten lassen.

4. Fazit

Es ist möglich, zumindest einige der in mathematischen Beweistexten als Hintergrundwissen gemachten Voraussetzungen in den gegenwärtig zur Verfügung stehenden Ontologiesprachen zu modellieren und so einem automatischen Beweisverfahren zugänglich zu machen. Es zeigt sich jedoch, dass auf den ersten Blick trivial erscheinende Voraussetzungen ggf. eine äußerst aufwändige Modellierung erfordern. Dies ist unter anderem eine Folge mangelnder Ausdrucksmöglichkeiten DL-basierter Formate bedingt durch Constraints, die sich aus entsprechenden Algorithmen zur Auswertung ergeben. So würden etwa die Möglichkeit einer Verkettung von Properties oder Konstrukte, die die Deklaration disjunkter Properties erlauben, die Modellierung deutlich vereinfachen. Eine Integration die Mächtigkeit von OWL erweiternder Komponenten in Form von Regeln (sogenannten Trigger-Rules) – etwa durch die Semantic Web Rule Language (SWRL) (Horrocks et. al, 2004) ist zwar vorgesehen, wird aber bislang von gängigen DL-Beweisern noch nicht unterstützt.

Literaturverzeichnis

Brachman, R. (1977). A Structural Paradigm for Representing Knowledge. Ph.D. thesis. Harvard University, USA.

Caprotti, O. & A.M. Cohen (1999). A Type System for OpenMath. OpenMath Esprit Consortium. URL: http://www.openmath.org/standard/ecc.pdf

Davenport, J. (1999). A Small OpenMath Type System. URL: http://www.openmath.org/standard/sts.pdf

Fisseni, B. (2003). Die Entwicklung einer Annotationssprache für natürlichsprachlich formulierte mathematische Beweise. Magisterarbeit, IKP Uni Bonn.

Horrocks I. et al. (2004). SWRL: A Semantic Web Rule Language Combining OWL and RuleML. W3C Member Submission 21 May 2004 [Zugriff im Januar 2005] URL: http://www.w3.org/Submission/2004/SUBM-SWRL-20040521/

Koepke, P. & B. Schröder (2003). PROOFML – eine Annotationssprache für natürliche Beweise. In Seewald-Heeg, Uta (Hg.), Sprachtechnologie für die multilinguale Kommunikation. Textproduktion, Recherche, Übersetzung Lokalisierung. Beiträge der GLDV-Frühjahrstagung 2003, Sprachwissenschaft, Computerlinguistik, Neue Medien 5, hrsg. von N. Weber, S. 428–441. St. Augustin: Gardez!

Kohlhase, M. (to appear). OMDOC – An open markup format for mathematical documents (Version1.2). Techn. Ber., Computer Science, Carnegie Mellon University.

Manola, F. & E. Miller (2004). RDF Primer. [Zugriff im Januar 2005] URL: http://www.w3.org/TR/rdf-primer/

Noy, N. & A. Rector (2004). Defining N-ary Relations on the Semantic Web: Use With Individuals. Techn. Ber., W3C. [Zugriff im Januar 2005]. URL: http://www.w3.org/TR/2004/WD-swbp-n-aryRelations-20040721/

Verwendete Euklid-Ausgaben

Euclid in Greek. Book I. With introduction and notes by Sir Thomas L. Heath. Cambridge: University Press, 1920.

Euclid's Elements. D.E. Joyce. [Zugriff im Januar 2005] URL: http://aleph0.clarku.edu/~djoyce/java/elements/elements.html. 1996–1998.

The status of functional phonological classification in statistical speech recognition*

Moritz Neugebauer

The observation that much of the variation which makes automatic speech recognition (ASR) difficult is related to articulatory phenomena (coarticulation being one of them) has led towards an integration of articulatory feature specification systems and speech recognition systems. This paper first presents an overview of functional phonological classes which are frequently adopted in ASR. The main part of the paper is concerned with the automatic induction of functional phonological classification systems using constraint programming techniques.

Da Koartikulationsphänomene ein Problem für die automatische Spracherkennung darstellen, wurden artikulatorische Merkmalssysteme in die Architektur von Erkennungssystemen integriert. Dieser Beitrag liefert zuerst einen Überblick über funktionale phonologische Klassen, welche in früheren Experimenten zur merkmalsbasierten Spracherkennung Anwendung gefunden haben. Der Hauptteil widmet sich dann der automatischen Induktion funkionaler Klassen mit Hilfe von Techniken aus dem Bereich der Constraintprogrammierung.

1. Introduction

Conventional automatic speech recognition (ASR) schemes are loosely based on acoustic theories of speech which contend that a given utterance can be constructed from a basic set of atomic units called *phonemes*. In ASR, these phonemes are mapped directly to the acoustic waveform without any intervening description of other phonetic or phonological characteristics. Phonemes are distinguished based on their acoustic properties and are therefore designed to be maximally distinct in the acoustic domain. Thus in conventional approaches to automatic recognition of spoken language, only two levels of representation are assumed: an acoustic level and a level of speech sounds.

However, the observation that much of the variation which makes ASR difficult is related to articulatory phenomena (coarticulation being one of them) has

* This material is based upon works supported by the Science Foundation Ireland under Grant No. 02/IN1/ I100. The opinions, findings and conclusions or recommendations expressed in this material are those of the authors and do not necessarily reflect the views of Science Foundation Ireland.

lead towards an integration of speech production models and speech recognition systems. The aim of this kind of research is to replace the phonemic sequence as the principal unit of acoustic modelling with an overlapping articulatory representation, assuming that combined physiological information completely specifies the acoustic speech signal. As stated in earlier work (Deng, Ramsay, & Sun, 1996) the following two key requirements must be provided by speech production models to be applicable in practical spoken language recognition systems:

1. an articulatory feature specification system
   example: *manner features, place features, phonation features*
2. constraints on feature overlaps and spreads
   example: *p(manner:plosive,place:bilabial,phonation:voiceless)*

Regarding the first point, it should be noted that the term *articulatory* does not refer to research into the estimation of vocal tract parameters from the acoustic waveform. While the integration of *real* physiological measurements with ASR systems is desirable, it is at the same time impractical since this kind of data is simply not available in real-world scenarios. Thus the specification systems dealt with in this paper are sometimes referred to as *pseudo-articulatory* since no direct articulatory data is involved.

As for the relationship between specification system (the first requirement) and constraints on features (the second requirement) it will be argued that all logically possible specifications systems can be derived automatically as long as all constraints on permissible feature combinations are satisfied. Thereby, the impact of the specification system in terms of groupings of features can be reduced, since the first requirement may be inferred given the second requirement. In other words, only a set of phoneme definitions is required to give rise to numerous feature groupings which correspond to recognition streams in spoken language recognition.

This paper is organised as follows: section 2 provides an overview of three articulatory feature specification systems which have been applied in ASR. Next, we determine the logical assumptions shared by all these systems and give examples of how they have been integrated in previous work. The main part of the paper (section 3) is concerned with the implementation and application of a constraint solver which builds on the assumption that constraints on phonemes in terms of articulatory properties are sufficient to give rise to groupings of articulatory properties. Finally, we draw conclusions and point out directions for future research.

2. Articulatory specification systems

The idea of a featural layer for articulatory specification goes back to work of Jakobson, Fant, & Halle (1952) and Chomsky & Halle (1968) who presented the first thorough treatment of feature bundles as a replacement of phonological segments. Here, this idea is reformulated in an application-oriented perspective which includes quantising of articulatory variables.

Each of the following three subsections describes a different articulatory specification system which has been applied in automatic speech recognition. The presentation focuses on formal characteristics of each system and their implications for system architectures. Based on these insights, section 2.4 distinguishes between necessary and sufficient implications, claiming that the latter can be abandoned without loss of phonetic-phonological information.

2.1. Binary systems

An important theoretical assumption expressed both in Jakobson et al. (1952) and in Chomsky & Halle (1968) is that distinctive phonological features are binary. This means, that a feature like [*nasal*:*X*] can take two values, i.e. $X \in \{+,-\}$. For the example of the feature *nasal*, the positive specification is taken to correspond to a lowering of the velum.

A definition of a system, where each phoneme is characterised by a specification of each binary feature can be given in terms of formal contexts[82] which have been introduced by Wille (1982). A formal context is a structure of the form

$$C = \langle G, M, I \rangle$$

where G and M are non-empty sets whose elements are interpreted as objects and features, respectively, and $I \subseteq G \times M$ is a binary relation. If $g \in G$, $m \in M$ and $\langle g, m \rangle \in I$, then the object g is said to have the feature m. If G is finite, then the relation I can be naturally represented as a matrix $c\langle g, m \rangle = 1$, otherwise $= 0$.

Hübener & Carson-Berndsen (1994) and King, Taylor, Frankel, & Richmond (2000) use such an articulatory specification system which leads to the following labelling of data: for each feature, the target is set to „1" if the feature is pre-

[82] It should be noted that some phonological descriptions make use of binary notations while actually defining a three-way alternation of values. For example, the overview of phonological representations in Stevens (2000) includes an attribute *strident* which may either be present („+"), absent („-") or unspecified. Consequently, such a system cannot be described as a proper formal context.

sent in the canonical representation, and „0“ otherwise. Accordingly, the outputs can be interpreted as specifying a probability for each feature which during training is either „0“ or „1“. Consequently, for a set of twelve binary features, the same amount of recognition outputs (plus one additional silence network) appear in an output like Figure 1.

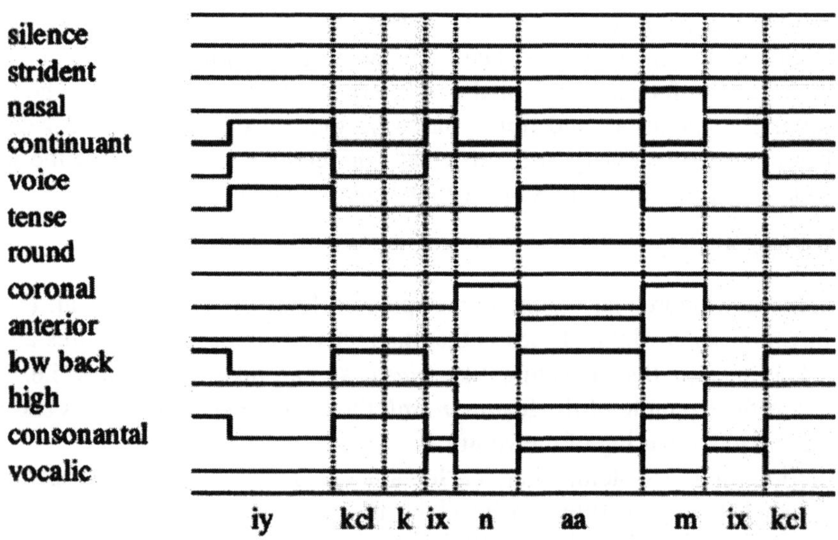

Figure 1: Binary feature system according to King et al. (2000).

In this articulatory specification system every phoneme unit may be exhaustively defined simply by naming its present features. An interpretation of a formal context in such a way results in a *property system* (Vakarelow 1998). A formal context (or a binary feature system) is equivalent to a property system $\langle G, M, f \rangle$ such that $f(g) = \{m \in M : \langle g, m \rangle \in I\}$ for every $g \in G$. A *property system* is a structure of the form

$$S = \langle OB, PR, f \rangle$$

where *OB* is a non-empty set of objects, *PR* is a non-empty set of properties (here the properties are not necessarily expressed of attributes and their values, see next section) and $f: OB \to P(PR)$ is a mapping that assigns sets of properties to objects.

This means that the recognition experiment of King et al. (2000) using Chomsky-Halle binary features has as its formal basis a property system rather than a formal context. The important contribution of an articulatory specification system is in this case by no means the binary specification, but rather the make-up of the set of articulatory properties. This becomes obvious during run-time application, where – in contrast to the presence/absence of features in canonical representations – the outputs for each feature take continuous values between „0“ and „1“. According to the formal investigations carried out in this section, we might want to reformulate so that the presence of properties (understood in the sense of *PR* from above) can take values between „0“ and „1“, thereby eliminating any notion of arity from our description.

2.2 Multi-valued systems

In contrast to binary systems, multi-valued systems are characterised by the fact that a feature can take more than two values. We therefore argue a binary system to be merely a special case of a system which offers a larger set of values to choose from. In line with the interpretation of a positive feature specification of binary feature as property of an object (section 2.1) for multi-valued systems each value corresponds to a property which is defined for some object $o \in O$.

Carson-Berndsen (1998), Stüker, Schultz, Metze, & Waibel (2003) and King et al. (2000) present examples of recognition with multi-valued specification systems. The motivations of these systems often make reference to sound descriptions in the International Phonetic Alphabet and work on phonological feature classes (Clements & Hume, 1996). Since the actual make-up of the articulatory labels is not fixed to any set of attributes or values, Figure 2 serves as an example only with respect to the shared representational foundations underlying in this line of research.

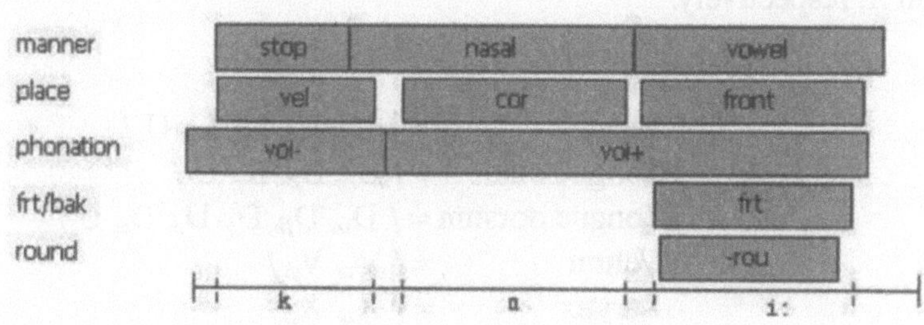

Figure 2: Multilinear representation.

It can be observed that the set of values as it appears in Figure 2 bears similarity to the binary feature system described in the previous section. For instance, the attribute *phonation* is a binary feature (cf. *voice* in Figure 1). We showed earlier that binary systems can be regarded as formal contexts which are interpretable as property systems. Since binary systems are special cases of multi-valued ones, we can handle the latter in a similar way.

Consequently, we are dealing with another instance of property systems which does not rely on any prescribed arity of features. However, it is still necessary to show that attributes like *manner* and *place* are not lost in a property system but appear to be derivable (section 2.4).

The next subsection does not add to this finding but rather extends its applicability: it will be shown that the specifications employed in systems based on articulatory gestures are yet another instance of our property system *S*.

2.3. Gesture-based systems

The major difference between the approaches described in the previous section and the specification system presented here lies in the motivation of articulatory labels rather than their formal interplay. In Browman & Goldstein (1989) a model based on articulatory gestures is described, where a gesture is defined as pair of articulator and its position. According to Deng et al. (1996) every phoneme can be regarded as a quintuple, a combination of lip, tongue tip, tongue body, velum and glottis gesture. Since articulators can be straightforwardly interpreted as attributes and positional information as their values, the system also corresponds to the structure *S* which we defined as a property system. The difference consists only in the rather fixed – since physiologically motivated – set of attributes and values. The specification system of Articulatory Phonology can thus formally be defined as in Figure 3; the indices α, β, γ, δ and ε may be read as different degrees of closure for each articulator which are abbreviated as *L, B, D, V* and *X*, respectively.

Lips	$= \{ L_\alpha, L_\beta, L_\gamma, L_\delta, U \}$
Tongue blade	$= \{ B_\alpha, B_\beta, B_\gamma, U \}$
Tongue dorsum	$= \{ D_\alpha, D_\beta, D_\gamma, D_\delta, D_\varepsilon, U \}$
Velum	$= \{ V_\alpha, V_\beta \}$
Larynx	$= \{ X_\alpha, X_\beta \}$

Figure 3: Gesture-based system according to Deng et al. (1996).

Research on speech recognition using articulatory gestures is described in Deng et al. (1996). It should be noted that, even though the set of gestures may be restricted by physiological constraints which consequently determine the make-up of the specification system, there is no agreed set of gesture-based phoneme definitions. Therefore, Figure 3 does not represent a complete property system due the lack of a set of objects O. The major representational format for speech events consists less in classification tables but rather in gestural scores:

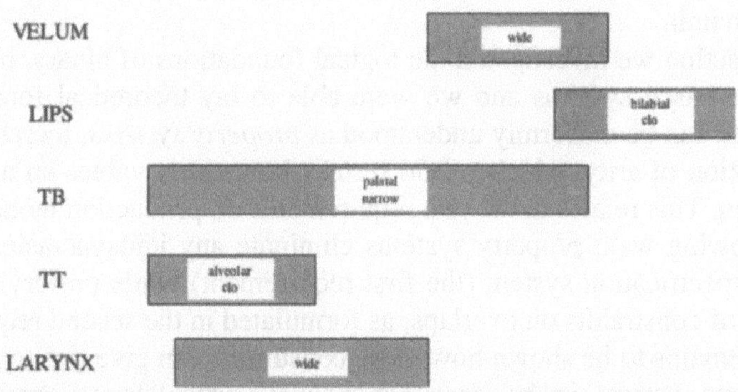

Figure 4: Gestural score according to Browman & Goldstein (2000).

At first sight, gestural scores fall formally into the same category as the multi-valued systems described in section 2.2. The main motivation to treat Articulatory Phonology in a subsection of its own, was its distinctively prescriptive set of attributes and values. However, we also noted that there is a lacking definition of objects for it to be conceived as a property system. This is due to the fact, that Articulatory Phonology does not define its principle unit of description, be they phonemes, syllables or larger units. What is provided is a set of gestures as atomic properties which break up the linguistic message into five streams of gestural events. One way out this situation may be to define individual phoneme units for each system in question. This is in fact what is done in approaches which use multi-valued features (section 2.2). For the specific case of Articulatory Phonology, the most evident gap is the lack of an appropriate characterisation of sounds, or *objects* in our terminology. However, since it is the mapping from gestural information to larger units which is crucial in recognition systems, gesture-based approaches have to be regarded as a notational variant of multi-valued systems.

2.4. Information systems as a unifying structure

The major contribution of articulatory classification systems to automatic speech recognition is the provision of an intermediate fine-grained level of description between an acoustic level and a phoneme level. Since articulatory streams typically contain only partial information about phoneme units, the strictly syntagmatic ordering of information is now augmented in terms of a paradigmatic dimension. While the first dimension supplies the linear ordering of units including unit boundaries, the latter dimension is required to define the internal structure of each unit.

In this section we investigated the logical foundations of binary, multi-valued and gesture-based systems and we were able to lay theoretical foundations so that all three can be uniformly understood as *property systems*, thereby eliminating any notion of arity, which would restrict how many values an attribute can choose from. This relates to the two requirements on production models for ASR in the following way: property systems eliminate any idiosyncrasies of the articulatory specification system (the first requirement) while preserving a unifying format of constraints on overlaps, as formulated in the second requirement.

It now remains to be shown how these constraints can give rise to articulatory specifications systems, in the sense that exclusive articulatory properties are cast as alternating values on a single recognition stream. The important remaining step consists in showing that any model topology described in this section may be derived from just the set of phoneme definitions. Elaborating on our notion of *property system* which we established as a unifying view of all specification systems, it is necessary to formally account for groupings of properties, ultimately obtaining attributes along with properties as their values. From any property system we can derive a corresponding *information system* (Pawlak 1982). An *information system* is a structure of the form

$$I = \langle OB, AT, (VAL_\alpha)_{\alpha \in AT}, f \rangle$$

where OB is a non-empty set AT of attributes, VAL_α is a non-empty set of values of the attribute $\alpha \in AT$, and f is a total function $OB \times AT \rightarrow \cup_{\alpha \in AT} P(VAL_\alpha)$ such that every $\langle x, \alpha\rangle \in OB \times AT, f(x, \alpha) \subseteq VAL_\alpha$. All systems presented in this section originally build on S as depicted in Figure 5 for a small example.

	OB	AT	VAL
binary-valued	{p, b, m}	*bilabial*	+
multi-valued	{p, b, m}	*place*	*bilabial*
gesture-based	{p, b, m}	*lip*	*bilabial clo*

Figure 5: Articulatory specification systems as information systems.

It is the distinctive relationship between attributes and values which is brought into a unified form as a property system. Now, any property system *S* and the information system $I = \langle OB, AT, (VAL_\alpha)_{\alpha \in AT}, f \rangle$, such that $AT = \{ f \}$ and $VAL_f = PR$, provide the same information about objects from *OB*. This implies that for given any property system, we can derive equally valid specification systems of different arity. In the next section we will take a closer look at technical demands on articulatory representations to motivate the search strategy pursued in the application of our constraint solver.

3. A constraint solver for articulatory specification systems

We have now achieved a better understanding of how a specific research branch of ASR aims to implement the articulatory-phonetic sound characteristics in recognition systems. The notion of *information system* was introduced to account for the interpretation of properties as pairs of attributes and values in the derived multi-valued or binary systems. This section employs a specific problem-solving approach to demonstrate how the computation of different information systems can be treated in an elegant way. More precisely, we employ constraint logic programming over finite domains to solve our combinatorial problem; our aim is to model a compact representation and efficient processing of articulatory-phonetic information. The first subsection provides a precise specification of the problem along with a suitable constraint solver, section 3.2 then applies this solver to a set of phonemes based on the International Phonetic Alphabet.

3.1. Modelling in Oz

Oz (Mozart Consortium, 2004) is a concurrent constraint language which provides functional, object-oriented and constraint programming. Oz allows the possible values of variables to be restricted to finite sets while it is crucial for constraint programming to add constraints on variables concurrently and incrementally.

In Oz, it is possible to carry out flexible enumeration of possible solutions to a given constraint satisfaction problem (CSP). A CSP is specified by a number of variables and a finite number of constraints on these variables:

$$\text{CSP} \equiv \text{Variables} + \text{Constraints}$$

A solution to a CSP is an assignment of variables such that the constraints are satisfied. Two ideas are key to the constraint programming approach to solving a CSP: (1) devise an explicit representation of the partial information which is known about the desired assignment of variables and (2) improve this information by constraint propagation. Constraint propagation effectively helps in pruning the search space.

In the case of Oz, customised search strategies can be invented for solving a specific problem – like the one presented in this paper – and for optimising the solutions. Here, we combine a first-fail strategy with a priority scheme for the selection of individual values. By these means, we obtain first solutions which approximate our optimality criteria. These criteria will have to be defined in the following specification of our CSP in the area of phonological modelling.

A problem specification for the aims of this paper can be formulated as follows: given a set of phoneme definitions in terms of ⟨*phoneme,properties*⟩-pairs, we can formulate that properties which compose a phoneme must not be values of one and the same attribute. For instance, if a phoneme may be *plosive* and *bilabial* at the same time, at least two attributes are required such that both properties can potentially overlap. In other words, both values must be members of disjoint sets of values. For our example we might formulate the constraint

The properties plosive and bilabial must be disjoint.

Often, articulatory specification systems will display several solutions all of which satisfy the set of our constraints. To force the first solutions that are found to approximate the one that represents the desired solution, we can implement the minimisation of specific variables, thus customising the search strategy. Assume that we want to minimise the number of attributes, yielding a maximally compact representation of all articulatory specifications. To this end, we introduce a couple of variables which capture important characteristics of a given articulatory system. In the context of our constraint solver, we speak of finite domain variables. A finite domain variable I denotes an integer, and a finite domain constraint denotes a relation over a tuple of integers. However, we may not know exactly which integer is to be chosen to achieve the optimal solution. Typically, we only know a finite number of possible solutions.

We first define a finite domain variable *AT* which is constrained to the total numbers of attributes we permit. If we want the number of attributes in our problem solution to be minimal then we also need to constrain the number of values per attribute: the more values are defined for one attribute, the less attributes we will possibly need to assume. The constraint on the finite domain variable *VALPerAT* may be defined by the user to restrict the number of possible values per attribute. For example, if the value of *VALPerAT* is set to „1" then we obtain a one-to-one correspondence between attributes and values. As shown in section 2 such a system may be interpreted as a binary system (or a formal context) since for a certain phoneme each attribute either defines presence or absence of an articulatory property. If the domain for *VALPerAT* is set to range from „1" up to the total number of all values *VAL* – which may be derived from the basic property system – the minimisation strategy may operate without restrictions, assigning as many values to attributes as possible.

To solve this finite domain problem *P* we choose our constraints *C* and then solve both $P \cup \{C\}$ and $P \cup \{\neg C\}$. We say that we have distributed *P* with *C*. With regard to our problem, we begin with *AT*, trying smaller values first. Once *AT* is determined, we consider the variable *VALPerAT* – which is constrained to the domain {1, ... , *VAL*} – using a first-fail strategy. Our distribution strategy may thus be described as two-dimensional; its application is the subject of the next section.

3.2. Application to the IPA vowel chart

Based on the vowel chart of the International Phonetic Alphabet this section is intended to demonstrate that with the developed constraint solver a wide range articulatory specification systems can be generated. Specifically, we will show how the vowel chart in Figure 6 may be brought into a binary-valued as well as a multi-valued format; in the latter case, minimisation strategies will be crucial.

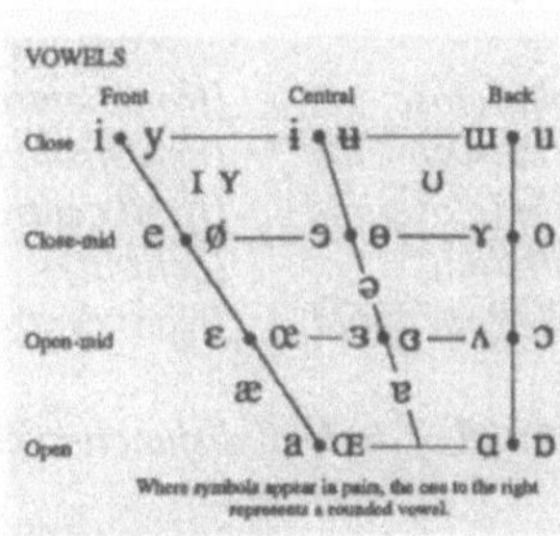

Figure 6: IPA vowel chart.

We will consider three systems which result from a different instantiation of the variable *VALPerAT*. In the first we examine, this finite domain variable is set to „1“ which results in maximal number of attributes, that is an equal number of values and attributes. The resulting formal context is exemplified in Figure 7. As pointed out earlier, formal contexts contain the same information as property systems which is how we first conceived the vowel chart from above.[83]

Feature	i	y	ɨ	ʉ	ɯ	u	ɪ	ʏ	ʊ	e	ø	ɘ	ɵ	ɤ
close	+	+	+	+	+	+	–	–	–	–	–	–	–	–
near–close	–	–	–	–	–	–	+	+	+	–	–	–	–	–
close–mid	–	–	–	–	–	–	–	–	–	+	+	+	+	+
mid	–	–	–	–	–	–	–	–	–	–	–	–	–	–
open–mid	–	–	–	–	–	–	–	–	–	–	–	–	–	–
near–open	–	–	–	–	–	–	–	–	–	–	–	–	–	–
open	–	–	–	–	–	–	–	–	–	+	+	–	–	–
front	+	+	–	–	–	–	–	–	–	–	–	–	–	–

Figure 7: Selection of the formal context for the IPA vowel chart

Having established the relevant finite domain variables, we now present the constraints which have to be satisfied by any solution (any resulting specification system). Similar to the paraphrased constraint from section 3.1, the full constraint set for the IPA-vowel chart is given in Figure 8. All constraints have been derived automatically from the phoneme definitions which contain all the information on which properties must no be values of the same attribute. With respect to the actual constraint notation we may say that those properties which appear as the argument of a disjunction constraint must belong to disjoint sets.

constraints: [disjoint(close [front central back round])
disjoint(near-close [near-front near-back round])
disjoint(close-mid [front central back round])
disjoint(mid [central])
disjoint(open-mid [front central back round])]

Figure 8: Selection of derived disjunction constraints.

[83] The five feature labels *near-open, mid, near-close, near-front* and *near-back* used for the formal context are not contained in Figure 6. We adopt the labels which are suggested in sound definitions in TIPA, a typesetting system for processing IPA symbols in LaTeX. Additionally, the feature *round* is handled as suggested at the bottom of Figure 6.

In addition to the binary system (Figure 7) we can choose to compute other n-ary systems by constraining the finite domain variable *VALPerAT* differently. For the system below, the value has been set to an integer „> 13" (the total number of properties) which results in a minimal number of attributes or streams of articulatory-phonetic information. On the right-hand side we also give the tree for the first-fail search.

AT_1 { front, near-front, central, near-back }
AT_2 { close, near-close, close-mid, mid, open-mid, near-open, open }
AT_3 { round }

a.

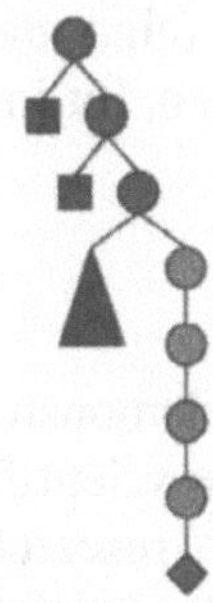

b.

Figure 9: a. Information system (minimal attributes), b. search tree.

The result obviously mirrors the three dimensions of vowel characteristics specified in the IPA, namely the front/back-dimension (AT_1), vowel height (AT_2) and lip rounding (AT_3). Since consequently a phoneme may be defined by at most three features, the minimal number of attributes can only be three, thus enabling the overlap of three articulatory events in time. Similarly, if we constrain *VALPerAT* to the integer „5", our constraint solver computes a specification system with maximally five values for a single tier (Figure 10).

AT_1 *{ close, near-close, close-mid, open-mid, near-open }*
AT_2 *{ front, near-front, central, near-back, back }*
AT_3 *{ mid, round }*
AT_4 *{ open }*

Figure 10: Specification system with maximally five values per attribute.

This solution of our CSP demonstrates that if only formal – in contrast to physiological or linguistic – constraints are considered for the construction of specification systems, we might obtain sets of values which may appear rather uncommon. For instance, it could hardly be argued from a physiological viewpoint, that lip rounding and mid tongue position make good candidates for articulatory properties which should be grouped together in a set of values as in AT_3 (Figure 10). For the purposes of speech recognition we would like to argue that a specification system such as the one in Figure 10 is as valid as any other solution which satisfies the constraints. The central argument is that pseudo-articulatory features, just like phoneme units in conventional ASR, are assumed to be maximally distinct in the acoustic domain. Therefore, the most promising specification system for achieving high recognition accuracy will group those properties as values of a single attribute which display maximal acoustic contrast. The groupings in standard specification systems have not been established with this aspect in mind and are thus not necessarily better suited for acoustic-based modelling than, for instance, the system in Figure 10.

4. Conclusion

We hope to have demonstrated with a range of examples, that our constraint solver is a valuable scientific tool that generates articulatory specification systems to the speech researcher's requirements. It conceives featural arity as a theoretical assumption rather than a built-in property of linguistic classification systems. This obviously is a benefit for comparative recognition experiments, since only the effect of recogniser ordering, not of the articulatory description system is compared. For instance, the study of King et al. (2000) may be recast by computing a binary and a multi-valued system which are both based on a single system of articulatory properties.

References

Browman, C. P., & Goldstein, L. M. (2000). Competing constraints on intergestural coordination and self-organization of phonological structures. In Les Cahiers de l'ICP, Bulletin de la Communication Parlée, 5, 25–34.

Carson-Berndsen, J. (1998). Time Map Phonology: Finite State Models and Event Logics in Speech Recognition. Dordrecht: Kluwer Academic Publishers.

Chomsky, N., & Halle, M. (1968). The Sound Pattern of English. New York: Harper & Row.

Clements, G. N., & Hume, E. (1996). The internal structure of speech sounds. In J. Goldsmith (Ed.), Phonological Theory (pp. 245–306). Cambridge: Blackwell.

Deng, L., Ramsay, G., & Sun, D. (1996). Production models as a structural basis for automatic speech recognition. In Proceedings of the Fourth European Speech Production Workshop, Autrans, 69–80.

Hübener, K., & Carson-Berndsen, J. (1994). Phoneme Recognition using Acoustic Events. In Proceedings of the International Conference on Spoken Language Processing. Yokohama, 1919–1922.

Jakobson, R., Fant, G., & Halle, M. (1952). Preliminaries to Speech Analysis. Cambridge: MIT Press.

King, S., Taylor, P., Frankel, J., & Richmond, K. (2000). Speech recognition via phonetically-featured syllables. Phonus, 5, 15–34.

Mozart Consortium (2004). Mozart Documentation. Retrieved from http://www.mozart-oz.org.

Pawlak, Z. (1982). Rough sets. International Journal of Information and Computer Sciences, 11, 341-356.

Stevens, K. (2000). Acoustic Phonetics. Cambridge: MIT Press.

Stüker, S., Schultz, T., Metze, F., & Waibel, A. (2003). Multilingual articulatory features. In Proceedings of the IEEE International Conference on Acoustics, Speech, and Signal Processing, Hong Kong, 144–147.

Vakarelow, D. (1998). Information systems, similarity and modal logics. In E. Orlowska (Ed.), Incomplete Information: Rough Set Analysis (pp. 492–550). Heidelberg: Physica.

Wille, R. (1982). Restructuring lattice theory. In I. Rival (Ed.), Ordered sets (pp. 445–470). Dordrecht: Reidel.

Kookkurrenzanalyse und korpusbasierte Sachgruppenlexikographie

Uwe Quasthoff

Korpusbasierte Wörterbucherstellung ermöglicht neben der Unterstützung bei der Auswahl des Wortmaterials auch eine Unterstützung bei der Einordnung in ein gegebenes Sachgruppensystem: hier stellen Kookkurrenzen gute Kandidaten zur Erweiterung dar.

Corpus-based dictionary production does not only support lemma selection, but also classification due to a given thesaurus: for this task, co-occurrences are good candidates for enlargement.

Sachgruppenlexikographie

Sachgruppenwörterbücher

Sachgruppenwörterbücher präsentieren den Wortschatz einer Sprache nach einem inhaltlichen Zusammenhang. Dabei besteht das Sachgruppensystem in der Regel aus 600–1000 Sachgruppen (mit Sachgruppentiteln wie *Kosmos, Gesundheit, Unordnung, oben, sich entfernen, Feigheit, Fußball* usw.). Jeder solche Sachgruppenartikel enthält Wörter und Wortgruppen, die inhaltlich zum Thema der Sachgruppe gehören. Er untergliedert sich in Substantive, Adjektive und Verben, wobei zusätzlich Wortgruppen sowie Affixe bzw. Affixoide angegeben sein können. Innerhalb einer Wortart erfolgt eine feinere Gliederung in so genannte Bedeutungsgruppen.

Außerdem enthalten die Sachgruppen Verweise auf andere, thematisch verwandte Sachgruppen.

Deutschsprachige Sachgruppenwörterbücher

Die zwei bekanntesten deutschsprachigen Sachgruppenwörterbücher sind Wehrle/Eggers (1961) und Dornseiff (2004).

Wehrle/Eggers hat seine Wurzeln in Schlessing (1881). Die Sachgruppenstruktur orientiert sich hier seit Schlessing stets mehr oder weniger fest an Roget's Thesaurus (Kipfer 2001). Die letzte Bearbeitung erfolgte 1961.

Der Dornseiff erschien erstmalig 1934 und verfügt über eine eigene Sachgruppenstruktur. Die letzte Bearbeitung von Franz Dornseiff erfolgte 1959. Eine geplante Neubearbeitung durch S. Kaiser (vgl. Kaiser 1984) scheiterte ca. 1985. Erst 2004 erschien eine Neubearbeitung (Dornseiff 2004), über die hier berichtet werden soll.

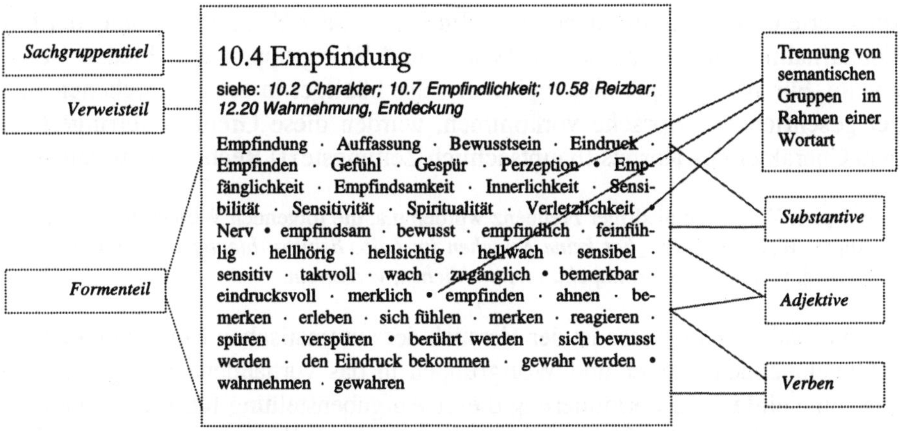

Abbildung 1: Struktur eines Sachgruppenartikels

Bearbeitungsschritte

Die Neubearbeitung eines Sachgruppenwörterbuchs umfasst die folgenden zwei Teilaufgaben:

- Überarbeitung des Sachgruppensystems (einschließlich der Verweise zwischen den Sachgruppen)
- Überarbeitung des Wortschatzes

Da der Schwerpunkt der Überarbeitung in der Aktualisierung des Wortschatzes bestand, bildet diese auch hier den Schwerpunkt.

Möglichkeiten durch einen korpusbasierten Ansatz

Bei der Erstellung der achten Auflage des Dornseiff wurde erstmals streng korpusbasiert vorgegangen: Nicht nur die Auswahl der aufzunehmenden Wörter und Wortgruppen erfolgte korpusbasiert, sondern auch Vorschläge zur Einordnung in das Sachgruppensystem wurden mit Hilfe eines Korpus erzeugt.

Als Korpus wurde die Daten des Projekts „Deutscher Wortschatz" (www.wortschatz.uni-leipzig.de; Quasthoff 1998) benutzt. Mit rund 230 Millionen laufenden Wörtern stand ausreichend Material zur Verfügung, um zuverlässig die Vorkommen auch seltenerer Wörter und Wortgruppen einzuschätzen.

Zunächst wurden die Häufigkeiten der in der siebten Auflage enthaltenen Wörter und Wortgruppen ermittelt. Danach ließen sich Grenzen für Häufigkeitswerte definieren, mit denen über Entfernen oder Verbleib vorhandener bzw. Neuaufnahme nicht vorhandener Wörter und Wortgruppen entschieden werden konnte. Für Wortgruppen, die typischerweise häufiger in der gesprochenen als in der geschriebenen Sprache vorkommen, wurden diese Grenzen verringert, um dem Charakter des Korpus (hauptsächlich Zeitungstext) Rechnung zu tragen.

Beispiel: Wegen zu niedriger Frequenz wurden u.a. die folgenden Wörter aus der Sachgruppe *Weich* entfernt: *hat keine Knochen im Leib, beinlos, biegbar, bildbar, breiig, flaumig, verpäppeln, verpimpeln, verweichlichen, verzärteln.*

Von besonderem Interesse ist der Versuch der automatischen Einordnung der neu aufzunehmenden Wörter und Wortgruppen in das vorhandene Sachgruppensystem. Eine einfachere Formulierung dieser Aufgabenstellung führt dazu, dass neues Wortmaterial an den Stellen eingeordnet werden soll, an denen schon inhaltlich ähnliche Wörter vom gleichen grammatischen Typ stehen. Diese Aufgabenstellung lässt sich (zumindest teilweise) automatisch lösen. Die für ein einzuordnendes Wort nötigen ähnlichen Wörter konnten auf zwei Wege ermittelt werden: Einmal verfügt das Wortschatz-Lexikon über Angaben zu Synonymen für rund 90'000 Wörter. Zum anderen wurden Kookkurrenzen (Heyer, Quasthoff & Wittig 2005) benutzt: Ein Wort lässt sich wahrscheinlich dort sinnvoll einordnen, wo auch andere Wörter der gleichen Wortart stehen, die statistisch auffällig gemeinsam mit dem einzuordnenden Wort in einem Satz auftreten. Da für solche neu einzuordnenden Wörter eine Mindesthäufigkeit von 20 Vorkommen gefordert wurde, gab es in der Regel derartige Kookkurrenzen.

Beispiel: Automatisch erzeugte Vorschläge zur Aufnahme in die Sachgruppe *Weich* waren beispielsweise: *Flexibilität* als Kookkurrenz zu *Elastizität*, *Latex* und *Silikon* als Kookkurrenz zu *Gummi* sowie *Stoßdämpfer* als Kookkurrenz zu *Federung*.

Kurze Beschreibung des tatsächlichen Arbeitsablaufs

Die praktische Ausführung erfolgte in mehreren Schritten: Als erstes wurden die wegen zu niedriger Frequenz zu entfernenden Wörter aus der achten Auflage entfernt. Der verbleibende Teil diente als erstes Manuskript für die Neubearbeitung.

Danach wurden die automatisch erzeugten Kandidaten für neu aufzunehmende Wörter in farbiger Schrift automatisch an den (ebenfalls automatisch) ausgewählten Stellen in das Manuskript übernommen. Anschließend wurde das so erweiterte Manuskript von Hand durchgesehen und speziell die farbigen Bereiche begutachtet: Unpassende Vorschläge wurden entfernt, ggf. wurden Verschiebungen und Teilungen von semantischen Gruppen vorgenommen. Auch wenn hier ca. 50% der automatisch erzeugten Vorschläge zurückgewiesen wurden, beschränkte sich der manuelle Aufwand auf ein einmaliges Durcharbeiten des Manuskripts.

Nicht alle aufzunehmenden Wörter ließen sich auf diese Weise einordnen. Speziell bei Wörtern aus neuen Fachbereichen wie Computer, Sport oder Politik ergab sich in vielen Fällen so keine Möglichkeit der automatischen Einordnung. Hier blieb nur die traditionelle Möglichkeit, die Wörter von Hand zusammenzufassen und neue Sachgruppen sowie semantische Gruppen einzurichten.

Als Konsequenz des korpusbasierten Auswahlverfahrens hat sich die Zusammensetzung vieler sachgruppenbezogener Wörterbuchartikel geändert. Viel seltenes Wortmaterial wurde herausgenommen; aber in den meisten Fällen war dieses für den Benutzer als veraltetes oder regionales Wortgut ohnehin nicht produktiv nutzbar. Die neuen Wörterbuchartikel zeichnen sich durch eine größere Homogenität in der Auswahl und bessere Benutzbarkeit aus: Die jeweils angeführten Wörter und Wortgruppen sollten sich neben ihrer inhaltlichen Nähe auch in Bekanntheit und Anwendbarkeit ähneln.

Diese Veränderungen im Ablauf der Wörterbucherstellung haben wichtige Auswirkungen: Zunächst wird der Bearbeiter von der manuellen Suche nach neu aufzunehmenden Wörtern und nach der Stelle zur semantischen Einordnung befreit. Statt dessen werden automatisch Vorschläge generiert, die vom Bearbeiter nur bestätigt oder zurückgewiesen werden müssen. Dies bedeutet für den Bearbeiter eine enorme Arbeitserleichterung und verkürzt die Bearbeitungszeit um den Faktor fünf bis zehn.

Literaturverzeichnis

Dornseiff, F. (1934). Der deutsche Wortschatz nach Sachgruppen. De Gruyter, Berlin u. Leipzig.

Dornseiff, F. (2004) Der deutsche Wortschatz nach Sachgruppen. 8., völlig neu bearb. u. mit einem vollständigen alphabetischen Zugriffsregister versehene Aufl. von Uwe Quasthoff. Mit einer lexikographisch-historischen Einführung und einer Bibliographie von Herbert Ernst Wiegand. DeGruyter: Berlin, New York.

Heyer, G., U. Quasthoff & Th. Wittig (2005). Wissensrohstoff Text; Text Mining: Konzepte, Algorithmen, Ergebnisse. w3l-Verlag, Bochum, 2005

Kaiser, S. (1984). Der neue Dornseiff. Konzept einer Neubearbeitung von Franz Dornseiffs „Der deutsche Wortschatz nach Sachgruppen".Zeitschrift für germanistische Linguistik 12, 181–199.

Kipfer, B. N. (2001). Roget's International Thesaurus. 6. Ed., Harper Collins, New York

Quasthoff, U. (1998): Deutscher Wortschatz im Internet, LDV-Forum 2/1998.

Schlessing, A. (1881). Deutscher Wortschatz oder: Der passende Ausdruck. Praktisches Hilfs- und Nachschlagebuch in allen Verlegenheiten der schriftlichen und mündlichen Darstellung. Für Gebildete aller Stände und Ausländer, welche einer correcten Wiedergabe ihrer Gedanken in deutscher Sprache sich befleißigen. Mit einem den Gebrauch ungemein erleichternden Hilfswörterbuch. Stuttgart.

Wehrle, H. & H. Eggers (1961). Deutscher Wortschatz. Ein Wegweiser zum treffenden Ausdruck. 12. Aufl., Klett, Stuttgart

On the Relationship between Word Frequency and Word Familiarity

Reinhard Rapp

In this study we try to answer the question if during language acquisition information on word frequencies is recorded in human memory. Our approach involves asking test persons to answer questions concerning word familiarity, and to compare these subjective familiarities to the frequencies of words as derived from large text corpora. The finding is that the human estimates are highly correlated with the corpus frequencies. This is an indication that familiarity intuitions are based on frequency information stored in memory.

In der vorliegenden Studie wird der Frage nachgegangen, ob beim Spracherwerb Informationen über Worthäufigkeiten im Gedächtnis gespeichert werden. Hierzu wurden Versuchspersonen über den Bekanntheitsgrad (Geläufigkeit) von Wörtern befragt, und diese Einschätzungen wurden mit den Korpushäufigkeiten der Wörter in umfangreichen Textkorpora verglichen. Es stellt sich heraus, das zwischen den subjektiven Bekanntheitsgraden und den objektiven Korpushäufigkeiten eine hohe Korrelation besteht. Dies deutet darauf hin, dass die Geläufigkeitsintuitionen der Versuchspersonen auf im Gedächtnis gespeicherten Häufigkeitsinformationen beruhen.

1. Introduction

The question if word frequencies are stored in human memory is part of the question whether the human brain works statistically or not. The latter question has been the central theme of much of our previous research, and in many papers we have dealt with various aspects of this problem. Among other things, we could show that human word associations can be derived from the co-occurrences of words in text (Rapp, 1996), that intuitions on word meaning are based on lexical neighbourhood (Rapp, 2004a), and that word senses can be induced by clustering the local contexts of an ambiguous word (Rapp, 2004b). However, there are many missing pieces in the big puzzle of human language, which is why there is still no agreement concerning the underlying mechanisms.

The widely differing opinions are reflected in the *empiricism versus rationalism* debate (Isabelle, 1992; Language Industry Monitor, 1992; Wilks, 1994; Kiss, 2002; Ney, 2003) and can be exemplified by contrasting some of Noam Chomsky's statements to the positions of a former group of researchers at the

IBM Thomas J. Watson Research Centre in Yorktown Heights that introduced the statistical approach to machine translation (Brown et al., 1990). Here a few examples:

> "We find that no finite-state Markov process that produces symbols with transitions from state to state can serve as an English grammar. Furthermore, the particular subclass of such processes that produce n-order statistical approximations to English do not come closer, with increasing n, to matching the output of an English grammar."
> [Chomsky, 1956, p. 113]

> "It must be recognized that the notion 'probability of a sentence' is an entirely useless one, under any known interpretation of this term." [Chomsky, 1969, p. 57]

> "With friends like statistics, who needs linguistics?" [Robert Mercer[84]]

> "rationalist methods in MT will be on the scrapheap five years from now"
> [Robert Mercer (Language Industry Monitor, 1992)]

> "Every time I fire a linguist, my performance goes up." [Frederick Jelinek[85]]

In this paper, we do not intend to directly answer the question whether the rationalist or the empiricist approach is more appropriate in natural language processing (NLP). Instead, we will try to give a partial answer to the question whether the human brain works statistically by concentrating on a small, well defined problem. It is the question what the mechanisms are that are the basis for human intuitions on word familiarities.

This question may at first seem of little interest for NLP. However, we believe that it is related to one of the fundamental mechanisms underlying human language processing, and that the ubiquitous limitations that we are faced with in NLP (and in Artificial Intelligence) have their roots in the fact that such mechanisms are often ignored because they have neither been clearly identified nor have they been understood.[86] Let us therefore look at what psychologist George

[84] Title of an invited talk at the Fifth Annual CUNY Conference on Human Sentence Processing, 1992.

[85] This statement is attributed to Frederick Jelinek (Language Industry Monitor, 1992), but was toned down during his talk when awarded the Antonio Zampolli prize at LREC 2004.

[86] Hereby we assume that trying to simulate the human brain is a sensible approach in NLP. However, it is often argued that it is possible to achieve useful results without understanding the brain. This is of course true to some extend. On the other hand, it is well possible that the mechanisms behind language are not as complex as is often stated. Only evolutionary constraints have caused language to be a rather indirect way of transferring information from individual A to individual B, as a mechanism for the direct copying of information

A. Miller, author of the seminal paper "The Magical Number Seven, Plus or Minus Two" (Miller, 1956) and principal investigator of WordNet, says on word familiarity:

> "One of the best known and most important psycholinguistic facts about the mental lexicon is that some words are much more familiar than others. The familiarity of a word is known to influence a wide range of performance variables: speed of reading, speed of comprehension, ease of recall, probability of use. The effects are so ubiquitous that experimenters who hope to study anything else must take great pains to equate the words they use for familiarity. To ignore this variable in a lexical database that is supposed to reflect psycholinguistic principles would be unthinkable." [Miller, 1990]

In the same paper, the practical consequences with regard to WordNet drawn from this insight are described as follows:

> "Frequency of use is usually assumed to be the best indicator of familiarity. [...] The frequency data that are readily available in the technical literature, however, are inadequate for a database as extensive as WordNet. [...] Fortunately, an alternative indicator of familiarity is available. It has been known at least since Zipf (1945) that frequency of occurrence and polysemy are correlated. That is to say, on the average, the more frequently a word is used the more different meanings it will have in a dictionary. [...] Instead of using frequency of occurrence as an index of familiarity, therefore WordNet uses polysemy." [Miller, 1990]

Note that in this passage word frequency is only seen as one of several possible indicators of familiarity, and finally another indicator is chosen. In contrast, the hypothesis that we want to prove in this paper is that word frequencies are explicitly stored in human memory, and that they are the very reason for human familiarity intuitions.

Our approach involves asking test persons to answer questions concerning word familiarity. If we find that their estimates are strongly correlated with the

---

(like between computers) does usually not exist (the copying of genes during reproduction is an important exception). In our view, the apparent complexity of language is the result of the interference between a few basic mechanisms. Obtaining the same interference patterns on the basis of other underlying mechanisms is probably more difficult than identifying and simulating the original mechanisms. Our previous research indicates that these mechanisms may include operations that are in their effects equivalent to counting, computing the logarithm, testing for significance, comparing vectors, and reducing the dimensionality of a matrix. Note that each of these mechanisms is applied many times at different levels of processing and that it is not obvious what input data each step uses. In this framework, the current paper concentrates on the mechanisms of counting and taking logarithms with the input being word-segmented text.

frequencies of words as derived from a large text corpus, this would be an indication that frequency information is stored in memory.

2. Familiarity Norms

In psychology, large scale experiments with hundreds of subjects have been conducted where the test persons were asked to rank the subjective familiarities of words on a scale between 1 and 7. Hereby, the 1 is to be assigned to an unknown word, and the 7 to a very familiar word from everyday language. The familiarity judgements resulting from these experiments have been compiled in large tables, the so called *familiarity norms*.[87]

For our experiments, we decided to use the online version of the MRC Psycholinguistic Database (Coltheart, 1981a; 1981b). According to Wilson (1988) the MRC database provides familiarity estimates for 9392 entries. Table 1 shows a few examples. However, these 9392 entries correspond to only 4920 words, as in the MRC database an entry is defined as the combination of a word with its part of speech. Therefore, ambiguous words that can belong to several parts of speech classes are counted more than once.

The familiarity estimates are based on judgements from test persons who were asked to assign each word a familiarity value on the usual scale between 1 and 7. However, in order to provide estimates to as many words as possible, familiarity judgements from three different experiments were included in the MRC database. The experiment conducted by Toglia & Battig (1978) contributed 2854 words, the experiment by Gilhooly and Logie (1980) 1944 words, and Paivio et al. (1968) provided an unpublished expanded version of their data that comprised 2310 words. As there is some overlap in vocabulary, table 2 lists how many words the three studies have in common.

Coltheart (1981a) compared the three familiarity norms and found that they were highly correlated (see table 2). On this basis he decided to merge the three norms. This was done by first adjusting their means and standard deviations and then computing the averages of the corresponding familiarity estimates. The results were multiplied by 100 and rounded. According to Wilson (1988) the range of the familiarity estimates in the MRC database should be between 100 and 700. However, we noticed that a few values in the database are well below 100.

---

[87] Alternatively, it would also be possible to ask test persons for relative judgments, i.e. to decide which of two given words is more familiar. This would probably be more accurate, as scaling issues would be avoided. However, the approach with an absolute scale from 1 to 7 is more widely used.

This can probably been attributed to the merging procedure, which has occasionally been criticized methodologically.

WORD	FAM.	FREQ.
BREAKFAST	657	53
AFTERNOON	655	106
CLOTHES	652	89
BEDROOM	646	52
DAD	646	15
GIRL	645	220
RADIO	644	120
BOOK	643	193
NEWSPAPER	641	65
WATER	641	442
BIG	640	360
CANADA	638	34
BED	636	127
COMES	636	137
NIGHT	636	411
TRY	636	140
PAPER	635	157
SUN	635	112
BAG	634	42
CAR	634	274

WORD	FAM.	FREQ.
ARMADILLO	181	2
COULOMB	176	1
CONVOCATION	175	3
DEBACLE	169	3
DAIS	168	2
ADAGE	160	3
GADFLY	158	3
BIVOUAC	154	5
ACUMEN	149	1
QUERULOUS	148	1
LOQUACITY	144	1
MIEN	143	1
YUCCA	136	1
BURGHER	133	1
PAEAN	133	2
OBELISK	131	6
PLENIPOTENTIARY	128	1
TAPIS	118	1
METIS	101	1
VERDANT	98	1

Table 1: The 20 words with the highest and the lowest familiarities in the MRC Psycholinguistic Database together with their frequency counts in the Brown Corpus (words with a corpus frequency of zero are not included).

FAMILIARITY NORMS	COMMON WORDS	CORRELATION
Toglia & Battig / Gilhoooly & Logie	597	0,77
Paivio et al. / Gilhooly & Logie	427	0,88
Toglia & Battig / Paivio et al.	882	0,88

Table 2: Vocabulary overlap and correlations between three familiarity norms according to Coltheart (1981a).

3. Previous Work

As mentioned in the introduction, familiarity is an important property of a word that is of importance for the explanation of a multitude of experimental findings, and frequency of use has often been seen as the best indicator of familiarity (Miller, 1990). Consequently, quite a few studies have dealt with the relationship between word familiarity and word frequency (Ulrich et al., 1996). For example, Underwood et al. (1965) compared the subjective frequency of a word (familiarity) with its objective frequency and obtained a correlation of $r = 0{,}85$ between the two. Kreuz (1987) obtained a somewhat lower correlation of $r = 0{,}75$ between the familiarity estimates of college students on 828 homophonic words and the log frequencies taken from Kučera & Francis' (1967) printed frequencies which are based on the Brown Corpus. Kreuz also compared his test persons' familiarity judgements with other published familiarity measures and obtained a correlation of $r = 0{,}85$.

Since according to Kreuz (1987) the correlation between the objective word frequencies and the estimates obtained from the test persons is not much lower than the correlation between the estimates of different groups of subjects, it seems likely that the subjects' estimates are based on frequency information stored in memory. The moderate discrepancy could be explained by the fact that the Brown Corpus is not truly representative for the language environment of the test persons. However, the results of various studies seem sometimes contradictory. Some support the above hypotheses, others seem to refute it. As an example for the latter, Surprenant et al. (1999) obtain a high correlation of $r = 0{,}92$ between different groups of test persons, but a very low correlation of only $r = 0{,}26$ between the test persons and the frequencies taken from the Brown Corpus. Also, the conclusions that are drawn from the experiments are not consistent. To get a clearer picture of the situation, we decided to conduct our own study.

4. Approach

Initially, we considered two possibilities how to examine our hypothesis, namely that word frequencies are stored in memory. The first, which is the one we assumed in the previous sections, is to ask test persons about their familiarity intuitions concerning English words that have been learned during childhood and in everyday life, i.e. in an uncontrolled environment. The second possibility is to try to control the learning process. This could be done by presenting artificial words to the test persons that they have never heard before, an approach that is analogous to experiments on meaningless syllables first conducted by Hermann Ebbinghaus (1885). The number of presentations of each artificial word has to be recorded and the aim is to find out if the subjects (if asked in an appropriate way) are able to correctly reproduce the counts.

Both methods have different strengths and weaknesses. With the corpus-based method, the difficulty lies in obtaining corpora that are representative for the language environment of the test persons. The approach based on artificial words requires more of a test persons' time, as the learning process takes place during the experiment. Also, by using a large number of artificial words, many repetitions, and an appropriate experimental setting, one has to make sure that the test persons do not explicitly count the words, thereby possibly using a part of their brain that is not related to language acquisition. Another problem with this approach is that it is more or less impossible to generate artificial words that are truly novel, i.e. that have no orthographic or phonological similarity with any known words from the English vocabulary. For this reason, it is likely that there will be interferences with previously acquired words.

Since from previous studies on word associations (Rapp, 2004a) we obtained the impression that for many purposes it is reasonable to consider balanced corpora like the British National Corpus (BNC, Burnard & Aston 1998) as representative for the language environment of an average English subject, we decided to use the first approach. We therefore compare the familiarity ratings taken from the MRC Psycholinguistic Database to the frequency counts as obtained from various versions of the BNC and the Brown Corpus (Francis & Kučera, 1989; Kučera & Francis, 1967). The BNC and the Brown Corpus both were compiled with the intention of providing a balanced sample of current day English. The older Brown Corpus comprises about 1 million words, whereas the BNC consists of 100 million words.

Of the BNC, we not only used the original version, but also a version that had been partially lemmatized, i.e. all word forms that according to a large lexicon (Karp et al., 1992) could be unambiguously assigned to a lemma were replaced by the base form (Rapp, 2004a). Also, for another experiment, only the spoken part of the BNC comprising about 5 million words was used. Note that all characters in the corpus were converted to uppercase beforehand, as the words in the MRC database are uppercase only.

Since, as we will see later, the comparison between word familiarities and word frequencies needs to be based on log frequencies, and because the logarithm of zero is not defined, all comparisons are based on only those words that have a corpus frequency of at least one. In the MRC database for 4920 words familiarity judgements are provided. Of these, 4179 words occurred in the Brown Corpus and 4890 words occurred in the BNC.

5. Results

Table 3 shows the correlations between word familiarities and word frequencies as obtained from the MRC database and the above mentioned corpora. Note that the reason for giving 4 digits in the table is not that we want to pretend a high accuracy, but only to show that the values for the Brown Corpus and the spoken part of the BNC although being similar are not identical. To give a visual impression of the type of relationship, we also computed dotplots for the Brown Corpus and the unlemmatized version of the BNC as shown in figures 1 and 3. In these dotplots the lines of regression are included. Figures 2 and 4 show the same data when the frequency axis is divided in intervals and the corresponding familiarities are averaged. The intervals were chosen in such a way that 50 data points (or as little more as possible) correspond to each interval.

CORPUS	CORPUS SIZE	CORRELATION
Brown Corpus (log frequencies)	1 million	0.6629
BNC (log frequencies)	100 million	0.7465
BNC (no logarithm)	100 million	0.1233
BNC (lemmatized, log frequencies)	100 million	0.7080
BNC (spoken only, log frequencies)	5 million	0.6631

Table 3: Correlations between corpus frequencies and familiarity judgements.

6. Discussion

The correlation coefficients as shown in table 3 can be interpreted as follows: With a value of 0.7465 the log frequencies of the BNC show a high correlation with the familiarities from the MRC database. This is in accordance with the correlation of 0.75 reported by Kreuz (1997) on other data (see section 3). The correlation coefficient of 0.6629 obtained when using the Brown Corpus is somewhat lower. This can be expected as the Brown Corpus is much smaller than the BNC and therefore probably not as representative for the language environment of the test persons.

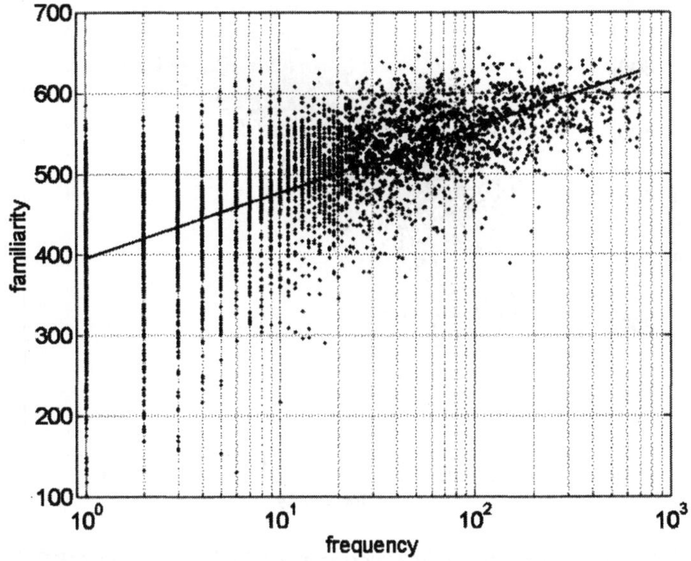

Fig. 1: Word frequency in the Brown Corpus versus word familiarity in the MRC database.

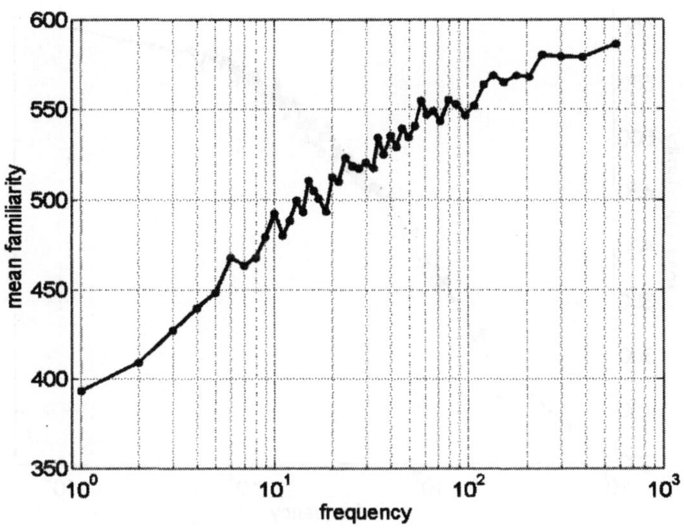

Fig. 2: Word frequency in the Brown Corpus versus mean word familiarity in the MRC database.

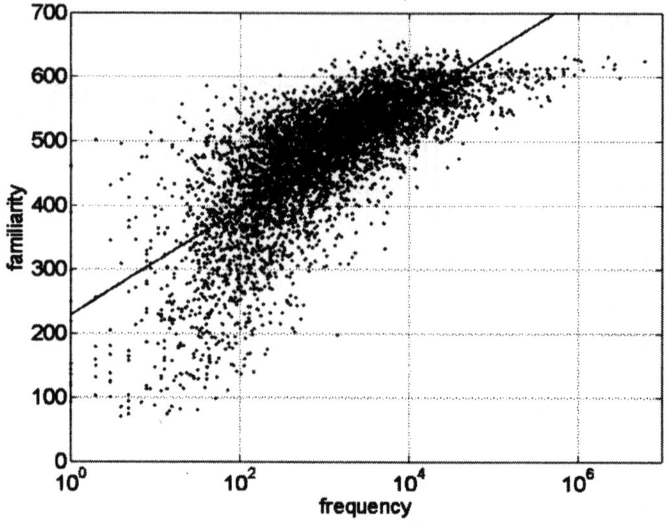

Fig. 3: Word frequency in the BNC versus word familiarity in the MRC database.

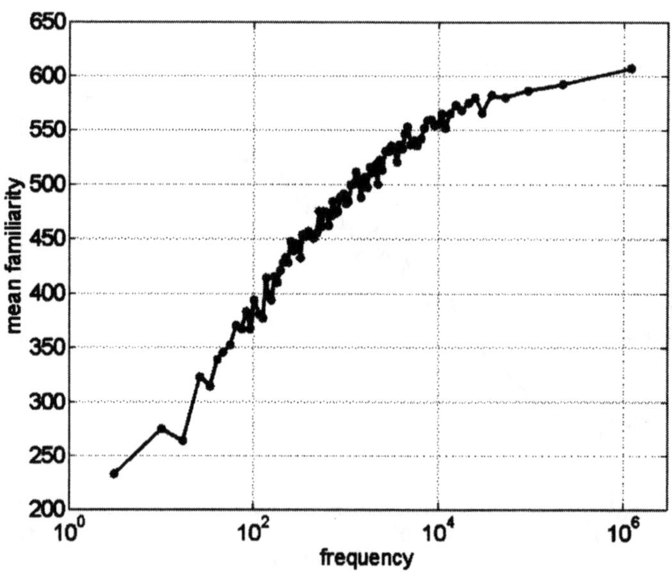

Fig. 4: Word frequency in the BNC versus mean word familiarity in the MRC database.

If we use the corpus frequencies from the BNC directly without computing logarithms, the correlation coefficient drops dramatically to 0.1233. This result shows that taking logarithms is essential for our purpose. It also indicates that a well-known psychological observation, the Weber-Fechner law, also holds in this case, namely that strength of perception is proportional to the logarithm of stimulant strength (Fechner, 1860). Its applicability is not obvious here, as this law is usually considered to be valid for analogue stimuli (like the volume of a sound or the brightness of a light source), but our stimuli are of digital nature (number of repetitions). This finding also explains why Surprenant et al (1999), as mentioned in section 3, obtained only a very low correlation between frequencies and familiarities: They used the observed corpus frequencies without computing the logarithms.

In table 3, we also give the correlation coefficients for a lemmatized version of the BNC and for its spoken language part. The correlation of 0.7080 for the lemmatized BNC is lower than the value of 0.7465 for the original version, thus indicating that lemmatization does not improve the frequency estimates. The correlation of 0.6631 for the spoken part of the BNC is almost identical to the value of 0.6629 for the Brown Corpus, although corpus size is about 5 times larger. From this we can conclude that frequency estimates taken from a corpus of spoken language do not reflect the language environment of the test persons better than written English.

Let us now look at the diagrams in figures 1 to 4. Figures 2 and 4 show that the relationship between familiarity and log frequency is approximately linear. However, the curves do not start at the origin of the coordinate system, as could be expected. Instead, the y-coordinate of the starting point is at approximately 400 for the Brown Corpus and at 250 for the BNC. The reason for this becomes clear when we look at figures 1 and 3. There we can see that the shape of the area covered by the data points is roughly triangular, which means that the familiarity ratings for the low frequency words vary much stronger than the ratings for frequent words. This can be expected because the word frequencies that we derive from our corpora are only estimates of the word frequencies in the test persons' language environments. And according to the law of large numbers, these estimates should be more accurate for frequent words. As the estimates from the BNC are generally better than those from the Brown Corpus, it can also be expected that the curve derived from the BNC starts at a lower y-coordinate.

Other effects that have some influence on the distribution of the data points in figures 1 and 3 include the following: 1) The occurrence frequencies of rare words show more variation in the language environments of different test persons, which in turn leads to a greater variation in familiarity ratings. 2) Since in the familiarity experiments an absolute scale is used, the familiarities of low frequency words can only be overestimated and the familiarities of high frequency words only underestimated.[88] The latter has no major impact on the shape of the data points as the ratings for frequent words are fairly accurate. The former has the effect that the data points in figures 1 and 3 tend to be situated above the diagonal. 3) As the familiarity estimates taken from the MRC database are averages from three familiarity norms, extreme values are averaged out and are thus underrepresented.

7. Summary and Conclusions

Our study compared three large familiarity norms for English comprising approximately 5000 words to the word frequencies as found in two well known corpora, namely the Brown Corpus and the BNC. Both corpora had been compiled with the intention of providing balanced samples of the English language. Provided that the corpus frequencies are scaled logarithmically, it turns out that the correlation coefficient between the frequencies derived from the Brown Corpus and the familiarity norms is around 0.66, and the corresponding value for the much larger British National Corpus is 0.75.

This compares to correlation coefficients of 0.77, 0.88, and again 0.88 (average: 0.82) when the three groups of test persons are compared (see table 2). As the correlations between different groups of subjects are not much higher than the correlation between the subjects and the BNC, and as the small discrepancy can be attributed to deficiencies in corpus representativeness, we conclude that our initial hypothesis is likely to be true, i.e. that the familiarity estimates given by the test persons are actually based on word frequencies stored in memory.[89] This view is also supported by a more detailed analysis based on correlation graphs and dotplots. For example, figures 2 and 4 indicate that there is a roughly linear dependency between corpus frequencies and familiarity estimates.

From our perspective, the main objections against our hypothesis do not seem valid. One is that introspection gives no indication that word frequencies are recorded in our memory. This observation is undisputed, but the consequence is not necessarily that such a process does not exist. It is quite as well possible that it does exist and only takes place unconsciously. Another objection, namely that knowledge about frequencies might be the result of explicit teaching, could to some extend be true for letters but seems very unlikely for words, as there are so

---

[88] This is probably the reason for the slight s-shape of the curve in figure 4.

[89] Note that this is not a proof in a strict mathematical sense, as a high correlation is not necessarily based on causality.

many of them in the English vocabulary, and because no school seems to see a necessity to include the topic *Frequencies of English Words* in its syllabus.

To conclude, let us mention that the outcome of this study nicely complements the results of previous investigations which showed that – among other things – human word associations and human intuitions on various kinds of word similarities can also be explained statistically (Rapp, 1996; Rapp, 2002). With regard to the empiricism versus rationalism debate mentioned in the introduction, none of these findings are a final proof that our brain is a statistics machine, but each of them makes it more likely (Ney, 2003).

Acknowledgements

I would like to thank Manfred Wettler and Craig Clark for helping with ideas and data, and the DFG for financial support.

References

Brown, P.; Della Pietra, S.; Della Pietra, V.; Jelinek, F.; Lafferty, J.; Mercer, R.; Rossin, P. (1990). A statistical approach to machine translation. Computational Linguistics 16(2), 79–85.

Burnard, L.; Aston, G. (1998). The BNC Handbook: Exploring the British National Corpus with Sara. Edinburgh University Press.

Chomsky, N. (1956). Three models for the description of language. IRE Transactions on Information Theory, 2(3), 113–124.

Chomsky, N. (1969). Quine's empirical assumptions. In: D. Davidson and J. Hintikka (Eds.): Words and Objections. Essays on the Work of W.V. Quine. Dordrecht: Reidel, 53–68.

Coltheart, M. (1981a). MRC Psycholinguistic Database User Manual: Version 1. Electronic version as of January 2005: http://www.psych.rl.ac.uk/User_Manual_v1_0.html

Coltheart, M. (1981b). The MRC psycholinguistic database. Quarterly Journal of Experimental Psychology, 33A, 497–505.

Ebbinghaus, H. (1885). Über das Gedächtnis. Leipzig: Duncker & Humblot.

Fechner, G.T. (1860). Elemente der Psychophysik, Band 1. Leipzig: Breitkopf und Härtel.

Francis, W.N.; Kučera, H. (1989). Manual of Information to Accompany a Standard Corpus of Present-Day Edited American English, for Use with Digital Computers. Providence, R.I.: Brown University, Department of Linguistics.

Gilhooly, K.J.; Logie, R.H. (1980). Age of acquisition, imagery, concreteness, familiarity and ambiguity measures for 1944 words. Behaviour Research Methods and Instrumentation, 12, 395–427.

Isabelle, P. (Ed.) (1992). Proceedings of the Fourth International Conference on Theoretical and Methodological Issues in Machine Translation, Montréal, 1992.

Kreuz, R.J. (1987). The subjective familiarity of English homophones. Memory & Cognition, 15, 154–168.

Kučera, H.; Francis, W.N. (1967). Computational Analysis of Present-Day American English. Providence: Brown University Press.

Karp, D.; Schabes, Y.; Zaidel, M.; Egedi, D. (1992). A freely available wide coverage morphological analyzer for English. In Proceedings of 14th COLING, Nantes, 950–955.

Kiss, T. (2002). Anmerkungen zur scheinbaren Konkurrenz von numerischen und symbolischen Verfahren in der Computerlinguistik. In G. Willée, B. Schröder, H.-C. Schmitz (Eds.): Computerlinguistik. Was geht, was kommt? Festschrift für Winfried Lenders. Sankt Augustin: Gardez! Verlag, 163–171.

Language Industry Monitor (1992). Statistical methods gaining ground. Language Industry Monitor, September/October 1992 issue. Electronic version as of January 2005: http://www.lim.nl/monitor/tmi92.html

Miller, G.A. (1956). The magical number seven, plus or minus two: some limits on our capacity for processing information. The Psychological Review, 63, 81–97. Electronic version as of January 2005: http://psychclassics.asu.edu/Miller/

Miller, G.A. (1990). Nouns in WordNet: a lexical inheritance system. International Journal of Lexicography, 3(4), 245–264. Electronic version (revised August 1993) as of 01/2005 (5 papers on WordNet): http://www.cogsci.princeton.edu/%7Ewn/5papers.pdf

Ney, H. (2003). Der statistische Ansatz in der maschinellen Sprachverarbeitung. In: L. Cyrus; H. Feddes; F. Schumacher; P. Steiner (Eds.): Sprache zwischen Theorie und Technologie. Festschrift für Wolf Paprotté zum 60. Geburtstag. Wiesbaden: Deutscher Universitäts-Verlag, 237–255.

Paivio, A.; Yuille, J.C.; Madigan, S.A. (1968). Concreteness, imagery and meaningfulness values for 925 words. Journal of Experimental Psychology Monograph Supplement, 76 (3, part 2).

Rapp, R. (1996). Die Berechnung von Assoziationen. Ein korpuslinguistischer Ansatz. Hildesheim: Olms.

Rapp, R. (2002). Unsupervised learning of second order dependencies. In Tagungsband der 6. Konferenz zur Verarbeitung natürlicher Sprache, Saarbrücken, 155–162.

Rapp, R. (2004a). A freely available automatically generated thesaurus of related words. In Proceedings of the Fourth International Conference on Language Resources and Evaluation (LREC), Lisbon, Vol. II, 395–398.

Rapp, R. (2004b). Word sense induction as statistical pattern recognition. In E. Buchberger (Ed.): Proceedings of the 7th KONVENS (Conference for Natural Language Processing), Universität Wien, 161–168.

Surprenant, A.M.; Hura, S.L.; Harper, M.P.; Jamieson, L.H.; Long, G.; Thede, S.M.; Rout, A.; Hsueh, T.H.; Hockema, S.A.; Johnson, M.T.; Srinivasan, P.N.; White, C.M.; Laflen, J.B. (1999). Familiarity and pronounceability of words and names. Behavior Research Methods, Instruments, & Computers, 31, 638–649.

Toglia, M.P.; Battig, W.F. (1978). Handbook of Semantic Word Norms. New York: Erlbaum.

Ulrich, R.; Stapf, K.-H.; Giray, M. (1996). Faktoren und Prozesse des Einprägens und Erinnerns. In: D. Albert; K.-H. Stapf (Hg.): Gedächtnis. Enzyklopädie der Psychologie: Kognition – Band 4. Göttingen: Hogrefe.

Underwood, B.J.; Ekstrand, B.R.; Keppel, G. (1965). An analysis of intralist similarity in verbal learning with experiments on conceptual similarity. Journal of Verbal Learning and Verbal Behavior, 4, 447–462.

Wilks, Y.A. (1994). Stone Soup and the French Room. In A. Zampolli, N. Calzolari, M. Palmer (eds.): Current Issues in Computational Linguistics: In Honor of Don Walker. Dordrecht: Kluwer.

Wilson, M.D. (1988). The MRC psycholinguistic database: Machine readable dictionary, version 2. Behavior Research Methods, Instruments, & Computers, 20, 6–11.

Zipf, G.K. (1945). The meaning-frequency relationship of words. Journal of General Psychology, 33, 251–256.

Computerlinguistische Anwendungen zur Verbesserung der Kommunikation zwischen militärischen Einheiten und deren Führungsinformationssystemen

Ulrich Schade, Miłosław Frey, Sebastian Becker

In dem vorliegenden Beitrag wird ein System vorgestellt, welches natürlichsprachliche, schriftliche, militärische Meldungen automatisch analysiert und deren Inhalt auf einer Karte visualisiert. Dieses genannte „Sokrates"-Modul, von dem ein Prototyp vorliegt, kann in solche IT-Systeme (Führungsinformationssysteme) integriert werden, die einen militärischen Befehlshaber bei der Führung seiner Kräfte und bei der Kommunikation mit übergeordneten Stäben unterstützt. Das Modul benutzt computerlinguistische Techniken, insbesondere die Informationsextraktion und den Einsatz von Ontologiekomponenten zur semantischen Anreicherung. In dem Beitrag wird die Funktion der computerlinguistischen Techniken innerhalb des Moduls exemplarisch beschrieben. Des weiteren wird aufgezeigt, wie die Ontologiekomponente generell eingesetzt werden kann, um die Interoperabilität zwischen unterschiedlichen Führungsinformationssystemen zu verbessern.

The paper at hand presents a specific IT-system, the so-called Sokrates module. It has the task to process military reports written in natural language. The Sokrates module can be integrated into IT-systems for command and control. It uses computational linguistic techniques to analyze the reports such that their content can be displayed within a map, especially information extraction and ontological processing. The paper illustrates the modes of operation of these techniques by specific examples. In addition, it argues on the basis of these examples that the usage of an ontology may also help to increase the level of inter-operability among command an control systems of different origins.

Einleitung

Die Kommunikation zwischen militärischen Einheiten ist insbesondere dann mit Problemen verbunden, wenn diese Einheiten unterschiedlichen Nationen oder unterschiedlichen Teilstreitkräften (Heer, Luftwaffe, Marine) angehören. Beides ist jedoch in aktuellen Einsätzen, insbesondere bei friedenssichernden Einsätzen, der Normalfall. Die auftretenden Probleme lassen sich allerdings durch den Einsatz von computerlinguistischen Techniken verringern. Im vorliegenden Beitrag soll dies exemplarisch anhand von zwei Beispielen aufgezeigt werden, die sich aufeinander beziehen und in ihrer Wirkung ergänzen. Der Schwerpunkt bei den hier vorzustellenden computerlinguistischen Techniken liegt bei Ontologien, die als Komponenten in Führungsinformationssystemen integriert werden. Unter Führungsinformationssystemen versteht man dabei spezifische IT-Systeme, die den militärischen Befehlshaber darin unterstützen, seine Truppen im Einsatz zu führen. Eine Ontologiekomponente in einem solchen System ist entsprechend ein Modul, welches auf Ontologie zurückgreift, in der insbesondere militärisches Wissen abgelegt ist. Um Ontologiekomponenten bzw. Ontologien als computerlinguistische Werkzeuge besser einschätzen zu können, sei im Folgenden den eigentlichen Ausführungen ein Abschnitt zu Ontologien vorangestellt.

Ontologien

Unter einer Ontologie im klassischen Sinn versteht man „die Lehre vom Sein" (Weissmahr, 1991). Entsprechend kommt der klassische Begriff „Ontologie" nur im Singular vor. In der Informatik jedoch wird der Begriff „Ontologie" etwas anders verwendet. Die hier benutzte Definition stammt von Gruber (1993) und besagt: 'An ontology is an explicit specification of a shared conceptuali-zation.' Eine Ontologie ist also eine Menge von expliziten Repräsentationen von Bedeutungen, über die (unter Fachleuten) eine gewisse Einigkeit besteht. Da „explizit" im Sinne der Informatik aber auch bedeutet, dass diese Repräsentationen formalisiert sind und von den IT-Systemen genutzt werden, kann nicht das gesamte Wissen der Menschheit über das Seiende in eine Ontologie im Sinne der Informatik abgelegt werden. Entsprechend sind Ontologien der Informatik in ihrer Darstellungen beschränkt auf spezifische Gegenstands- bzw. Anwendungsbereiche, und somit wird von Ontologien (Plural) gesprochen.

Die Konzepte (Begriffe) zu den Objekten, die den gewählten Anwendungsbereich ausmachen, werden durch eine entsprechende Ontologie expliziert. Das bedeutet zunächst, dass geklärt wird, was die Begriffe denotieren. Des weiteren werden die (relevanten) Eigenschaften der Objekte festgestellt, bezeichnet und repräsentiert. Sodann werden die Beziehungen, in denen die Objekte zueinander stehen, bestimmt und repräsentiert, und schließlich werden die Regeln, die für die Begriffe in dem gewählten Anwendungsbereich gelten, zusammengetragen und so abgelegt, dass sie durch IT-Systeme genutzt werden können.

Dieser Explizierung sind naturgemäß Grenzen gesetzt. Beispielsweise müssen Eigenschaften von Objekten bekannt sein (wahrgenommen werden können und wahrgenommen worden sein), um Berücksichtigung zu finden. Ontologien sind also Explikationen von Konzeptualisierungen und nicht Explikationen der „Welt" selbst. Sie enthalten ein subjektives Moment. Trotz dieser prinzipiellen

Einschränkung bedeutet der Versuch, eine Ontologie zu erstellen, eine Auseinandersetzung mit dem vorhandenen impliziten Wissen über den Anwendungsbereich, und jede Explizierung dieses impliziten Wissens erweitert das Verständnis vom Bereich und vermindert das Risiko, dass bei einer Kommunikation, die diesen Bereich betrifft, Missverständnisse und Probleme auftreten. Aus dieser Sicht ist die Erstellung einer Ontologie von besonderem Nutzen, wenn sie von Vertretern verschiedener Nationen, also Mitgliedern unterschiedlicher Sprachgemeinschaften bzw. unterschiedlicher Kulturkreise, gemeinsam betrieben wird, denn das so gewonnene explizierte Wissen über einen Bereich ist für alle Partner in derselben Weise nutzbar. Speziell in diesem Sinn stellen Ontologien gemeinsames Wissen ('shared knowledge') dar.

Detaillierte Diskussionen zu Ontologien generell sowie zu Ontologien unterschiedlicher Anwendungsbereiche finden sich etwa bei Staab & Studer (2004). Spezifische Ontologien, die in Führungsinformationssysteme als Komponenten eingebaut werden sollen, repräsentieren Wissen über solche Objekte und Aktionen, die in militärischen Kontexten relevant sind. In der in den folgenden Abschnitten erwähnten Ontologie ist unter anderem Wissen über militärische Einheiten, über Konvois, über Stellungen und Sperren und über spezifisch militärische Aktionen mit Bewegungsanteilen repräsentiert. Näheres zu dieser Ontologie findet sich bei Schade (2003, 2004).

Das Sokrates-Modul für Führungsinformationssysteme

Zur Unterstützung der Kommunikation zwischen Einheiten unterschiedlicher Nationen wurde am FGAN-FKIE ein Prototyp entwickelt, welcher schriftliche, natürlichsprachliche und auf Deutsch verfasste militärische Meldungen automatisch analysiert und deren Inhalt in Karteneinträge transformiert. Die so entstandenen Karteneinträge werden an die Systeme der Einheiten anderer Nationen übertragen. Auf diesen Systemen können die Karteneinträge mittels zusätzlicher Layer über das aktuelle Lagebild gelegt werden. Da die Visualisierung auf Karten im Bereich der NATO mittels der APP-6A (NATO-MAS, 1997) standardisiert ist, werden zu Karteneinträgen umgeformte Meldungen auch von den Systemnutzern anderer Nationen verstanden, und da die Meldung über die aktuelle Lage gelegt wird, kann sie auch in Bezug auf diese Lage ausgewertet werden. Letztlich ergibt sich so das gewünschte, gemeinsame Verständnis der aktuellen Lage.

Der Aufbau des Sokrates-Moduls

Der Sokrates-Prototyp arbeitet in drei Schritten. Im ersten Schritt werden die Meldungen geparst und mit der computerlinguistischen Technik der Informationsextraktion (Appelt, 1999) in eine Attribut-Wert-Matrix umsetzt. In einem zweiten Schritt wird das in der Ontologie abgelegte Wissen angewendet, um diese Matrix semantisch anzureichern. Das wichtigste Ziel dieser Anreicherung ist, die Meldungsinhalte so zu explizieren, dass sie in einem dritten Schritt auf der Karte dargestellt werden können. Außer zur Visualisierung auf der Karte werden die angereicherten Inhalte der Matrix auch in Datenbankeinträge umgeformt und entsprechend in der Einsatzdatenbank abgelegt. Der hiermit beschriebene Aufbau des Systems aus drei Modulen (Informationsextraktion, semantische Anreicherung und Visualisierung auf der Karte) soll im Folgenden näher beschrieben werden. Dabei liegt das Schwergewicht der Beschreibung auf der semantischen Anreicherung und der Nutzung der Ontologie.

Informationsextraktion

Zum Parsen der schriftlichen, natürlichsprachlichen Eingabe wird im Sokrates-Prototypen die computerlinguistische Technik der Informationsextraktion genutzt. Das Ergebnis des Extraktionsprozesses ist eine formale Repräsentation der Eingabemeldung in der Form einer Attribut-Wert-Matrix (Shieber, 1986; Bresnan, 2001). Als Entwicklungsgrundlage für das Extraktionsmodul diente das am DFKI entwickelte SMES-System (Neumann, 2003), welches auf die Spezifika der in militärischen Meldungen verwendeten Variante des Deutschen abgestimmt wurde. Die sprachliche Basis für diese Anpassung bildeten dabei Meldungs-Korpora aus den IFOR-Einsätzen in Bosnien-Herzegowina und aus einem am Gefechtsübungszentrum der Bundeswehr (GÜZ) durchgeführten Manöver. Da militärische Meldungen situationsbedingt knapp und präzise sein sollen, ist die verwendete Sprache in besonderem Maße eliptisch und mit Be-griffen durchsetzt, die abweichend vom Standarddeutsch interpretiert werden. Das Meldungsbeispiel „*Absicht weiter unverändert, Feind über Bundesstraße antreten zu lassen, nach Auflaufen auf Sperre dann Artillerie- und Mörserfeuer sowie Einsatz SPz-Panzerabwehrwaffen*" etwa würde man in Standarddeutsch formulieren als: „*Meine Absicht ist weiter unverändert, nämlich den Feind über die Bundesstraße hinweg angreifen zu lassen, um ihn dann, wenn er durch unsere Sperre gestoppt wird, durch Artillerie- und Mörserfeuer sowie durch den Einsatz der Panzerabwehrwaffen unserer Schützenpanzer zu bekämpfen*". Das Verb „*antreten*" hat also beispielsweise in militärischen Meldungen die Bedeutung von „*angreifen*".

```
type:    report
sender:  | type:     unit
         | name:     2./PzGrenBtl332-D
         | located:  | type:       position
         |           | latitude:   53.0299
         |           | longitude:  10.4141
rep_d:   | type:     in_position
         | agent:    | type:   demonstration
         |           | count:  ...
         | located:  | type:     point
         |           | relatum:  | type: kloster
         |           | mod:      vor
```

Abbildung 1: Ausschnitt aus der Attribut-Wert-Matrix zu „Demonstration vorm Kloster" vor dem Prozess der semantischen Anreicherung

Ein weiteres Beispiel ist die Meldung „*Demonstration vorm Kloster*". Abbildung 1 zeigt einen Ausschnitt aus der Attribut-Wert-Matrix, die zu dieser Meldung durch den Informationsextraktionsprozess erzeugt wird. In der Matrix befinden sich Einträge dazu, dass eine Meldung repräsentiert ist (type: report) und dass diese Meldung vom Zug D der 2. Kompanie des Panzergrenadierbataillon 332 versendet wurde. Zum Meldungsinhalt (rep_d für „reported data") ist repräsentiert, dass sich eine Demonstration an einem Punkt befindet, der in Bezug auf ein Objekt vom Typ „Kloster" lokalisiert werden kann. Im folgenden Abschnitt wird auf die semantische Anreicherung dieser Matrix eingegangen. Detailliertere Informationen zu der im Sokrates-Modul verwendeten Informa-tionsextraktion finden sich bei Hecking (2003, 2004).

Semantische Anreicherung

Das Resultat des Informationsextraktionsprozesses ist eine formale Repräsentation des Meldungsinhalts in Form einer Attribut-Wert-Matrix. Sprachliche Äußerungen generell und militärische Meldung insbesondere sind jedoch zu elliptisch, zu mehrdeutig und zu vage, als dass ihr Inhalt ohne weitere Bearbeitung auf einer Karte dargestellt werden könnte. Die primäre Aufgabe der semantischen Anreicherung ist es daher, die Matrix mit zusätzlichen Angaben zu füllen, um eine für die Kartendarstellung ausreichende Explizitheit zu erreichen. Dies bedeutet zweierlei. Erstes sind die in der Meldung genannten Objekte (Fahrzeuge, Sperren, Stellungen sowie militärische Einheiten und Gruppen ziviler Organisationen) und

Aktionen so zu spezifizieren, dass ihnen ein sie repräsentierendes Symbol der APP6A (NATO-MAS, 1997) zugeordnet werden kann. Zweitens sind für die Objekte Positionskoordinaten festzulegen, mit deren Hilfe die entsprechenden APP6A-Symbole auf der Karte platziert werden können. Die Symbole für die Aktionen, in der Regel spezifische Pfeile, können dann nach standardisierter Vorgabe den Symbolen der jeweils agierenden Einheiten oder thematisierten Fahrzeuge zugeordnet werden. Zur semantischen Anreicherung wird das in der Ontologie abgelegte allgemeine und gegenstandsspezifische Wissen ausgenutzt.

Zur Verarbeitung von Ellipsen

Die meisten in den Meldungen vorkommenden Ellipsen können schon durch den Informationsextraktionsprozess aufgelöst werden. In der Meldung „*Beziehe Wechselstellung*" liegt beispielsweise eine Subjektellipse vor. In diesem Fall wird die Einheit, die die Meldung gesendet hat, als Agens der gemeldeten Bewegung identifiziert, was aus der Flektionsform des Verbs (1. Person) abge-leitet wird. In den Fällen, in denen syntaktisches Wissen nicht ausreicht, wird das in der Ontologie repräsentierte semantische und situative Wissen genutzt. Die Subjektellipsen in der schon genannten Meldung „*Absicht weiter unverändert, Feind über Bundesstraße antreten zu lassen, nach Auflaufen auf Sperre dann Artillerie- und Mörserfeuer sowie Einsatz SPz-Panzerabwehrwaffen*" müssen durch militärspezifisches, semantisches Wissen aufgelöst werden, welches besagt, dass der Zweck einer Sperre darin besteht, gegnerische Kräfte zu stoppen („*auflaufen zu lassen*"), damit sie ein geeigneteres Ziel für den Einsatz von Artillerie und anderen Waffen bieten.

Zur Verarbeitung von Mehrdeutigkeit und Vagheit

Die Mehrdeutigkeitsprobleme bei Meldungen sind meist nicht lexikalischer oder syntaktischer Art. Im militärischen Kontext denotiert „Jaguar" einen Jagdpanzer und damit weder eine Raubkatze noch ein Luxusauto. Entsprechend ist das Lexikon aufgebaut, welches bei der Informationsextraktion verwendet wird. Die tatsächlich problematischen Mehrdeutigkeiten und Vagheiten beziehen sich in der Regel auf die Verwendung definiter Nominalphrasen und damit auf die Bestimmung der entsprechenden Diskursreferenten sowie auf Lokalisationen durch Präpositionalphrasen. Als Beispiel diene wiederum die Meldung „*Demonstration vorm Kloster*", eine typische Meldung bei friedenssichernden Einsätzen. Wie bereits erwähnt wurde, muss die semantische Anreicherung die Attribut-Wert-Matrix zu dieser Meldung so ergänzen, dass das Symbol für „Demonstration" auf der Karte platziert werden kann. Dies bedeutet letztlich, dass die Koordinaten der Lokalität festgelegt werden müssen, an welcher die Demonstration stattfindet.

Der erste Schritt der semantischen Anreicherung der Beispielsmeldung besteht darin, den Diskursreferenten für „Kloster“ zu ermitteln. Wenn es in dem betrachteten geographischen Ausschnitt mehrere Klöster gibt, so muss das gemeinte Kloster für den Adressaten der Meldung aus der Diskurssituation erkennbar und damit prinzipiell identifizierbar sein. Anderenfalls hätte der Sender das gemeinte Kloster ausführlicher benennen müssen, etwa durch die Angabe eines eindeutigen Namens (vgl. Levelt, 1989, Abschnitt 4.5.1). Die Identifikation des gemeinten Klosters kann also durch Auswertung der bisher zwischen Meldendem und Empfänger ausgetauschten Nachrichten bzw. durch die Auswertung des Auftrags der meldenden Einheit geleistet werden. Entsprechende Regeln sind in der Ontologie abgelegt. In erster Näherung kann auch die Position der meldenden Einheit betrachtet werden, wobei dann das nächstliegende Kloster als das Gemeinte identifiziert wird. Durch die so erreichte Identifikation kann die Matrix mit einer Angabe zum Namen des Klosters sowie mit der Angabe von dessen Lokalisationskoordinaten angereichert werden (vgl. Abbildung 2).

```
rep_d: | type:     in_position
       | agent:    | type: demonstration
       | located:  | type:  point
       |           | relatum: | type: kloster
       |           |          | name: "Kloster Ebstorf "
       |           |          | long:   10.4125
       |           |          | latt:    53.0303
       |           | mod: | at_forefront
       |           |      | ...
```

Abbildung 2: Ausschnitt aus der Attribut-Wert-Matrix zu „Demonstration vorm Kloster“ nach der semantischen Anreicherung

Als zweiter Schritt ist die Präpositionalphrase zu analysieren. Das Kloster dient als Relatum für die Lokalisation der Demonstration. Es bleibt die Frage, ob die Präpositionalphrase eine (sekundäre) deiktische Referenz darstellt, womit sich die Demonstration zwischen der sendenden Einheit und dem Kloster befinden würde, oder ob es sich um eine intrinsische Referenz handelt, womit sich die Demonstration an der Vorderseite des Klosters aufhielte. Die Ontologie beinhaltet Wissen darüber, welche Objekttypen eine Vorderseite besitzen. Zu diesen Objekttypen gehören Sperren, Stellungen, aber eben auch Klöster, deren Vorderseite durch das jeweilige Eingangstor festgelegt ist. Bei Meldungen wird bei Vorhandensein einer solchen Orientierung des Relatums die intrinsische Refe-renz bevorzugt, was einer klassischen psycholinguistischen Beobachtung entspricht: „[U]sually, intrinsic interpretations dominate deictic ones" (Miller & Johnson-Laird, 1976, S. 398). Für die Beispielmeldung bedeutet dies, dass das Symbol für die Demonstration auf der Seite des Klostern zu platzieren ist, auf der sich laut Geo-Datenbank das Eingangstor befindet. Abbildung 3 zeigt das Resultat dieser Visualisierung: Das rote Symbol mit der Aufschrift „MASS" repräsentiert die Demonstration, das hellblaue Symbol die meldende Einheit. Diese beiden Symbole werden durch die Visualisierung erzeugt. Das Symbol für das Kloster befindet sich auf der unterlegten Karte. Es besteht wie üblich aus einem schwarzen Kreis mit einem Kreuz (sichtbar an der rechten oberen Ecke des Demonstrationssymbols).

Die Verwendung intrinsischer Referenzen in militärischen Meldungen wird auch dadurch gefördert, dass typische militärische Objekte wie Sperren und Stellungen, aber auch militärische Einheiten selbst, in der Regel über eine Ausrichtung und damit über eine wohldefinierte Vorderseite verfügen. Bei den genannten Objekten ist diese Vorderseite dem Gegner zugewendet. Dies wird in der Datenbank durch die Angabe des entsprechenden Winkelwertes repräsentiert. Die ontologischen Prozesse der semantischen Anreicherung greifen auf diese Angaben zurück, um Meldungen wie *„Vier feindliche Kampfpanzer in Zufahrt"* zu verarbeiten (vgl. dazu Schade & Frey, 2004).

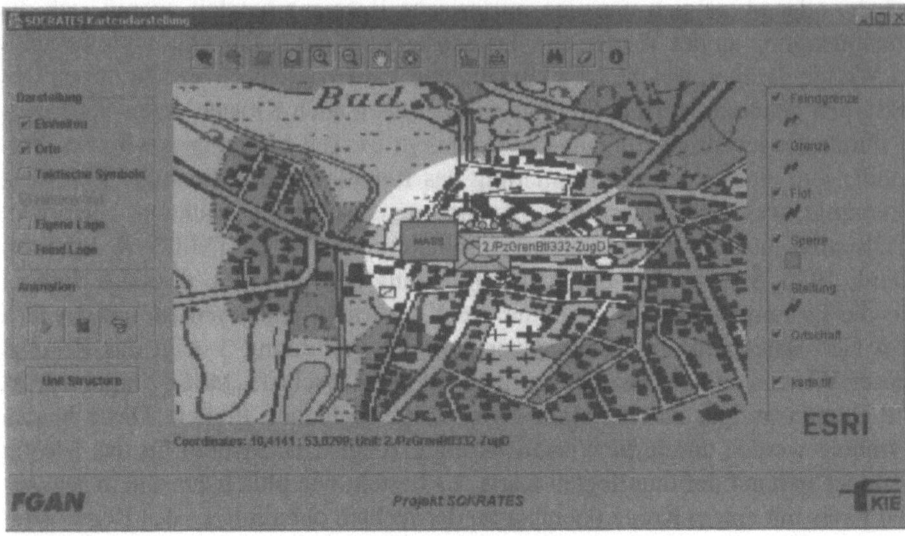

Abbildung 3: Screenshot der vom Sokrates-Modul gelieferten Visualisierung zu „Demonstration vorm Kloster“

Interoperabilität

Wie bereits erwähnt wurde, beteiligen sich an aktuellen Einsätzen, insbesondere an solchen zur Friedenssicherung, Einheiten unterschiedlichster Nationen und sämtlicher Teilstreitkräfte (Heer, Marine, Luftwaffe). Damit diese Einheiten in abgestimmter Weise handeln können, müssen sie Informationen austauschen. Die Einheiten müssen also „interoperabel“ sein. Diese Fähigkeit zur Zusammenarbeit ist neben „Agility“ eine der beiden Kernfähigkeiten, über die mo-derne und zukünftige militärische Verbände verfügen sollten (Alberts & Hayes, 2003, Kapitel 7; Gumbert II et al., 2003). Unter dem Stichwort ‘Network Centric Warfare’ (Alberts & Garstka, 1999), das für das Ziel der derzeitigen Umstrukturierung der Streitkräfte aller NATO-Staaten steht (vgl. dazu Alberts, 2002, bzw. in Bezug auf die Bundeswehr das Vorwort des Generalinspekteurs, General Wolfgang Schneiderhahn, in Mey & Krüger, 2003), wird ein effektiver Informationsaustausch und damit Interoperabilität nicht nur für Einheiten, sondern auch für deren Führungsinformationssysteme verlangt. Interoperabilität kann in unterschiedlichen Ausprägungen (Stufen) vorliegen (vgl. dazu Schade & Dürr 2005). Interoperabilität der Stufe 1 bedeutet dabei in Bezug auf Systeme, dass eine physikalische Verbindung zwischen diesen besteht. Die Stufe 2 ist dann gegeben, wenn die Systeme

Daten in einem wohldefinierten Format austauschen, gewährleistet etwa durch ein XML-Schema, so dass das Empfängersystem die eingehenden Daten verarbeiten kann und Information entsteht. Stufe 3 ergibt sich aus dem gemeinsamen Verständnis der ausgetauschten Information. Diese Stufe bedingt die Repräsentation von Wissen, was den Einsatz von Ontologiekomponenten nahe legt (Schade, 2004; Wunder & Schade, 2004).

Die für das Sokrates-Modul aufgebaute Ontologie lässt sich damit auch zur Verbesserung von Interoperabilität einsetzen. Mit ihr können Informationen, die in dem Führungsinformationssystem einer Teilstreitkraft vorhanden sind, so anreichert und aufbereitet werden, dass sie für die Systeme der anderen Teilstreitkräfte verarbeitbar sind und im Sinne des Senders durch das Empfängersystem interpretiert werden. Entwickelt wird dazu derzeit ein Prototyp, mit dem Lageinformationen, die in den Führungsinformationssystemen des Heeres vorliegen, mit der Hilfe der Ontologiekomponente für die Übertragung in Luftwaffensysteme aufbereitet werden. Übertragen werden dann Informationen über die Positionen der eigenen Kräfte, aber auch Informationen über aufgeklärte Feindkräfte, insbesondere über feindliche Flugabwehrkräfte. Bei diesen muss etwa für die Übertragung ins Luftwaffensystem die zweidimensionale Lokalisation auf dem Boden um den zugehörigen dreidimensionalen Wirkungsraum angereichert werden. Die Verbesserung des Informationsaustausches in die Luftwaffensysteme auch anderer beteiligten Nationen ist insbesondere auch deswegen anzustreben, weil der Einsatz der Luftwaffe zur Unterstützung eigener Heereskräfte aus aktueller Sicht als geboten erscheint (s. Führungsakademie der Bundeswehr, 2003).

Fazit

In dem vorliegenden Beitrag wurde anhand von Beispielen aufgezeigt, wie man durch Einsatz computerlinguistische Techniken (Informationsextraktion und Nutzung von Ontologien) den Austausch von Informationen zwischen den Führungsinformationssystemen militärischer Einheiten verbessern kann. Wenn diese Systeme automatisiert Informationen austauschen, hat dies für die Nutzer mehrere Vorteile. Jede Information, die das System adäquat analysiert, muss nicht durch den Nutzer selbst eingeschätzt und aufbereitet werden. Der Nutzer kann sich dadurch wieder seinen Kernaufgaben zuwenden. Darüber hinaus können durch die automatische Analyse auch natürlich-sprachliche Meldungen so aufbereitet werden, dass der entsprechende Inhalt auch von den Nutzern verstanden wird, die die in der Meldung verwendete Sprache nicht verstehen. Auf diese Weise können computerlinguistische Techniken einen relevanten Beitrag auch für die Kommunikation zwischen den militärischen Einheiten selbst leisten.

Literaturverzeichnis

Alberts, D.S. (2002). Information Age Transformation: Getting to a 21st Century Military. Washington, DC: CCRP.

Alberts, D.S. & Hayes, R.E. (2003). Power to the Edge: Command ... Control ... in the Information Age. Washington, DC: CCRP.

Alberts, D.S., Garstka, J.J. & Stein, F.P. (1999). Network Centric Warfare. Washington, DC: CCRP.

Appelt, D. & Israel, D. (1999). Introduction to Information Extraction Technology. Stockholm: IJCAI-99 Tutorial, http://www.ai.sri.com/~appelt/ie-tutorial/.

Bresnan, J. (2001). Lexical-Functional Syntax. Malden, MA: Blackwell Publishers.

Führungsakademie der Bundeswehr (2003). Luftkrieg im Irak 2003. Bonn: Report-Verlag.

Gruber, T.R. (1993). A translation approach to portable ontology specifications. Knowledge Acquisition, 5, 199–220.

Gumbert II, J., Cranford, T.C., Lyles, T.B. & Redding, D.S. (2003). DARPA's future combat system Command and Control. Military Review, May–June 2003, 79–84.

Hecking, M. (2003). Information Extraction from battlefield reports. Proceedings of the 8th International C2 Research and Technology Symposium (ICCRTS). Washington, DC: CCRP.

Hecking, M. (2004). How to represent the content of free-form battlefield reports. Proceedings of the 9th International C2 Research and Technology Symposium (ICCRTS). Washington, DC: CCRP.

Levelt, W.J.M. (1989). Speaking: From Intention to Articulation. Cambridge, MA: MIT Press.

NATO-MAS [Military Agency for Standardization] (1997). NATO Allied Procedures Publication (APP) 6A: Military Symbols for Land-Based Systems (APP-6A). Brüssel.

Mey, H.H. & Krüger, M.K.-D. (2003). Vernetzt zum Erfolg? „Network-Centric Warefare" – zur Bedeutung für die Bundeswehr. Bonn: Report-Verlag.

Miller, G.A. & Johnson-Laird, P.N. (1976). Language and Perception. Cambridge, MA. : Havard University Press.

Neumann, G. (2003). http://www.dfki.de/~neumann/pd-smes/pd-smes.html .

Schade, U. (2003). Towards an Ontology for Army Battle C2 Systems. In: Proceedings of the 8th International Command and Control Research and Technology Symposium, June 17-19, 2003. National Defense University, Washington, DC.

Schade, U. (2004). Towards a higher level of interoperability: Ontology components for command and control systems. In: Proceedings of the NATO R.T.O. Information Systems Technology Panel Symposium on Coalition C4ISR Architectures and Information Exchange Capabilities. Den Haag.

Schade, U. & Dürr, G. (2005). Die Stufen der Interoperabilität. Strategie und Technik, 01/2005, 16–18.

Schade, U. & Frey, M. (2004). Beyond information extraction: The Role of Ontology in Military Report Processing. In: Buchberger, E. (Ed.), KONVENS 2004: Beiträge zur 7. Konferenz zur Verarbeitung natürlicher Sprache (= Schriftenreihe der Österreichischen Gesellschaft für Artificial Intelligence, Band 5) (pp. 177–180). Wien.

Shieber, S.M. (1986). An Introduction to Unification-Based Approaches to Grammar (= Volume 4 of CSLI Lecture Notes Series). Stanford, CA: Center for the Study of Language and Information.

Staab, S. & Studer, R. (2004). Handbook on Ontologies. Berlin: Springer.

Weissmahr, Bela (1991). Ontologie. Kohlhammer.

Wunder, M. & Schade, U. (2004). Ontologiebasierte Interoperabilität. IT-Report, 02/2004, 4–7.

Weaving the Semantic Web :
Extracting and Representing the Content of Pathology Reports

David Schlangen, Thomas Hanneforth, Manfred Stede

This paper reports on an ongoing project that combines NLP with semantic web technologies to support a content-based storage and retrieval of medical pathology reports. We describe the NLP component of the project (a robust parser containing a sophisticated morphological analysis module) and the background knowledge component (a domain ontology represented in OWL), and how they work together during extraction of domain specific information from natural language reports. The system provides a good example of how NLP techniques can be used to populate the Semantic Web.

Wir berichten von einem aktuellen Projekt, das sich der Kombination von Techniken der Verarbeitung natürlicher Sprache (NLP) mit solchen des Semantic Webs widmet, um ein inhalts-basiertes Speicher-und Verarbeitungssystem zu realisieren. Wir beschreiben die NLP-Komponente des Projektes (ein robuster Parser, der eine aufwändige morphologische Analyse vornimmt) und die Hintergrundswissenskomponente, und ihre Zusammenarbeit.

Introduction

Clinical pathologists work with and produce vast amounts of data: images of biological samples and written reports of their findings. *Digital Pathology* is the cover term for a number of efforts to introduce digital processing into the workflow of the pathologist. While previous projects have focussed on storage and distribution of images and reports (e.g. in *Tele-Pathology*-projects, (Slodowska et al., 2002; Demichellis et al., 2002)), the work reported here explores the use of Natural Language Processing and Semantic Web technologies to support a *content-based* storage and retrieval of case reports. The system that we are building, LUPUS (Lung Pathology System, see also (Schlangen et al., 2004)), consists of an NLP component (a robust parser) and a Semantic Web component (a domain ontology represented in OWL, and a Description Logic reasoner), which work closely together, with the domain ontology guiding the information extraction process.

The remainder of the paper is organised as follows. In the next section we describe the context and intended application of the system, we discuss linguistic properties of the input material we are working with, and we give some details of the background ontology we are using. In Section 3, we go into the technical details of the process of extracting information from natural language reports and representing it in an OWL representation, after which we describe a preliminary evaluation. We close with discussing related work, and planned future work.

Digital Pathology

The Application

LUPUS is intended to support the pathologist in two ways. First, it is used to semantically annotate a large archive of case reports, turning them into a valuable resource for diagnosis and teaching. The system uses the case reports produced by experts (the pathologists) to extract information about the accompanying images (of the tissue samples), and thus produces semantic annotation both for the report and for those images.

This corpus of cases can then be searched in a fast, *content-based* manner to retrieve case reports (the textual reports together with the images of tissue samples) that might be relevant for a case the pathologist is working on. The search is content-based in that it can make use of semantic relationships between search concepts and those occurring in the text. We also encode in rules knowledge about certain diagnostics tasks, so that for example queries asking for ‚differential diagnosis' („show me cases of diagnoses which are known to be easily confusable with the diagnosis I am thinking of for the present case") can be processed - tasks which normally require consultation of textbooks. These search capabilities are useful both during diagnosis and for teaching, where it makes interesting examples immediately available to students.

Another use case is quality control during input of new reports. Using our system, such reports can be entered in a purpose-built editor (which combines digital microscopy facilities (Saeger et al., 2003) with our semantic annotator / search engine), where they are analysed on-the-fly, and potential inconsistencies with respect to the background domain ontology are spotted.[90] During the development phase of the system, we are using this feature to detect where the coverage of the system must be extended.

The present paper focuses on the process of extracting the relevant information from natural language reports and representing it in a semantic web-ready

[90] Naturally, to gain acceptance by working pathologists, this process has to be "minimally invasive".

format as a precondition for performing searches; we leave the description of the search and retrieval functions to another paper. To give an idea of the kind of data we are dealing with, and of the intended target representation, Figure 1 shows an example report (at the top of the figure) and the representation of its content computed by our system (at the bottom).[91] We discuss the input format in the following subsection, and the target representation together with the domain knowledge available to us later; discussion of the intermediate format that is also shown in the figure is also deferred until later Sections.

Pathology Reports

During the development phase of the system, we are using a corpus of 90 randomly selected case reports (ca. 13,000 words; i.e. the average length of the reports is ca. 140 words, with a standard deviation of 12 words) for testing and grammar development. Linguistically, these reports are quite distinguished: they are written in a „telegram“-style, with verbs largely being absent (a rough examination of the corpus showed that only about every 43rd token is a verb, compared to every 11th in a comparable corpus of German newspaper). Also, the vocabulary is rather controlled, with very little variation - this of course is good news for automatically processing such input. On the discourse level we also find a strict structure, with a fixed number of semantically grouped sections. E.g., information about the diagnosis made will normally be found in the section „Kritischer Bericht“ (critical report), and the information in the „Makroskopie“ and „Mikroskopie“ sections (macroscopy and microscopy, respectively) will be about the same parts of the sample, but on different levels of granularity.

The last peculiarity we note is the relatively high frequency of compound nouns. These are especially important for our task, since technical concepts in German tend to be expressed by such compound nouns (rather than by noun groups). While some of those will denote individual concepts and hence will be recorded in the domain lexicon, others must be analysed and their semantics must be composed out of that of their parts (see below).

[91] What is shown in the figure is actually already the result of a preprocessing step; the cases as stored in the database contain patient data as well, and are formatted to comply with the HL7 standard for medical data (The HL7 Consortium, 2003). Moreover, the italicisation in the input representation and the numbers in square brackets are added here for ease of reference and are *not* part of the actual representations maintained by the system.

An example report (with translation):

```
<befund>
    <makroskopie>
        Stanzzylinder von 15 mm Länge und 1 mm Durchmesser. [1]
    </makroskopie>
    <mikroskopie>
        Stanzbiopsat [2] eingenommen durch Infiltrate einer soliden malignen epithelialen Neoplasie. [3]
        Die Tumorzellen mit distinkten Zellgrenzen [4], zum Teil interzellulär Spaltr äume [5], zwischen
        denen stellenweise kleine Brücken [6] nachweisbar sind. Das Zytoplasma leicht basophil,
        z.T. auch breit und eosinphil, [7] die Zellkerne hochgradig polymorph mit zum Teil
        multiplen basophilen Nukleolen. [8] Deutliche desmoplastische Stromareaktion. [9]
    </mikroskopie>
    <kritischer_bericht>
        Stanzbiopsat aus einer Manifestation eines soliden Karzinoms [10]
        (klinisch rechte Lunge apikal).
    </kritischer_bericht>
    <kommentar>
        ...
    </kommentar>
</befund>
```

(Biopsy cylinder of 15 mm length and 1 mm diameter. | Biobsy infiltrated by a solid malignant epithelial neoplasia. The tumor cells with distinct cell borders, partially intercellular spatia, between which sporadically small bridges are verifiable. The cytoplasm lightly basophil, in part also broad and eosinphile, the nuclei highly polymorphic, partially with multiple basophile nucleoli. Distinct desmoplastic stroma reaction. | Biopsy cylinder from a manifestation of a solid carcinoma (clinical right lung apical).)

⇓

Intermediate Representation (excerpt):

[2] $unspec\_det(x_2) \wedge punch\_biopsat(x_2)$ [3] $unspec\_plur\_det(x_3) \wedge infiltrate(x_3, x_4) \wedge indef\_det(x_4) \wedge solid(x_4) \wedge malign(x_4) \wedge epithelial(x_4) \wedge neoplasia(x_4)$
[4] $def\_plur\_det(x_5) \wedge tumorcell(x_5) \wedge with\_rel(x_5, x_6) \wedge unspec\_plur\_det(x_6) \wedge distinctive(x_6) \wedge cell\_borders(x_6)$ [7] $spec\_det(x_9) \wedge low\_degree(d_1) \wedge basophile(x_9, d_1) \wedge partially(d_2) \wedge broad(x_9, d_2) \wedge eosinphile(x_9, d_2) \wedge cytoplasm(x_9)$
[8] $def\_plur\_det(x_{10}) \wedge high\_degree(d_3) \wedge polymorpheous(x_{10}, d_3) \wedge nucleus(x_{10}) \wedge with\text{-}rel(x_{10}, x_{11}) \wedge unspec\text{-}plur\text{-}det(x_{11}) \wedge partially(d_4) \wedge multiple(x_{11}, d_4) \wedge basophile(x_{11}) \wedge nucleoli(x_{11})$

⇓

Target Representation (excerpt):

```
<Malignant Epithelial Neoplasm C0432650 rdf:ID="neoplasia x4">
    <solidity rdf:datatype="http://www.w3.org/2001/XMLSchema#float">1.0</solidity>
</Malignant_Epithelial_Neoplasm>
<Cell_Border_C0032743 rdf:ID="cell_border x61"/>
<Tumor cells C0431085 rdf:ID="tumor cell x52">
    <hasBoundary rdf:resource="file:...#cell_boundary x61"/>
</Tumor_cells_C0431085>
<cytoplasm_C0326583 rdf:ID="cytoplasm1">
    <broad rdf:datatype="http://www.w3.org/2001/XMLSchema#float">1.0</broad>
    <eosinphil rdf:datatype="http://www.w3.org/2001/XMLSchema#float">1.0</eosinphil>
    <basophil rdf:datatype="http://www.w3.org/2001/XMLSchema#float">0.5</basophil>
</cytoplasm>
```

Figure 1: Input, Intermediate and Target Representation

Lung Pathology Knowledge in OWL

The result of processing such reports with LUPUS is a representation of (relevant aspects of) their content. This representation has the form of instances of concepts and assertions of properties that are defined in an ontology, which constitutes the domain knowledge of the system (at the moment focussed on pathologies of the lung). This ontology is specified in OWL DL (W3C WebOnt WG, 2004), a version of OWL with a formal semantics and a complete and decidable calculus. Consequently, the content of the texts is represented in OWL DL as well, and so the knowledge base of the system consists of the ontology and the instances.

The ontology we use is compiled out of several medical sources (such as UMLS (The UMLS Consortium, 2003) and SNOMED (SNOMED international consortium)), but since these sources often were not intended for machine *reasoning* (i.e., are not necessarily consistent, and use rather loosely defined relations), considerable effort has been spent (and is being spent) on cleaning them up.[92] At the moment, about 1,000 domain-level concepts and ca. 160 upper-level concepts have been identified, which are connected by about 50 core relation types. To our knowledge, this makes it one of the biggest OWL-ontologies currently in use.

Besides representing concepts relevant to our domain, the ontology also lists properties that instances of these concepts can have. These properties are represented as two-place relations; to give an example, the property „green“ attributed to an entity *x* will in our system not be represented as „green(x)“, but rather as something like „colour(x, green)“. This allows us to enforce consistency checks, by demanding that for each second-order predicate (colour, malignity, consistency, etc.) appropriate for a given concept only one value is chosen.[93] This choice of representation has consequences for the way the semantics of adjectives is represented in the lexicon, as we will see presently.

Using OWL DL as a representation format for natural language content means certain limitations have to be accepted. Being a fragment of FOL, it is not expressive enough to represent certain finer semantic details, as will be discussed below. However, the advantage of using an emerging standard for delivering and sharing information outweighs these drawbacks.

[92] There are several current research projects with a similar aim of extracting stricter ontologies from sources like those mentioned above (see e.g. (Schulz and Hahn, 2001; Burgun and Bodenreider, 2001)), and this is by no means a trivial task. The present paper, however, focuses on a different (but of course interdependent) problem, namely that of extracting information such that it can be represented in the way described here.

[93] Technically, these constraints are realised by functional data-properties relating entities to enumerated data types.

Implementation

Overview

As mentioned above, most of the sentences in our corpus do not contain a finite verb; i.e., according to standard rules of grammar they are *elliptical*. While a theoretically motivated approach should strive to resolve this ellipsis contextually (for example as described in (Schlangen 2003)), in view of the intended application and for reasons of robustness we have decided to focus only on extracting information about the entities introduced in the reports - that is, on recognising *nominal phrases*, leaving aside the question of how verbal meanings are to be resolved.

Our strategy is to combine a „shallow" preprocessing stage (based on finite-state methods and statistical approaches) with a symbolic phase, in which the semantics of the NPs is assembled.[94] A requirement for the processing is that it must be *robust*, in two ways: it must be able to deal with unknown *tokens* (i.e., „out of vocabulary" items) and with unknown *structure* (i.e., „out of grammar" constructions), degrading gracefully and not just failing.

Figure 2 shows a flow chart of the system; the individual modules are described in the following sections.

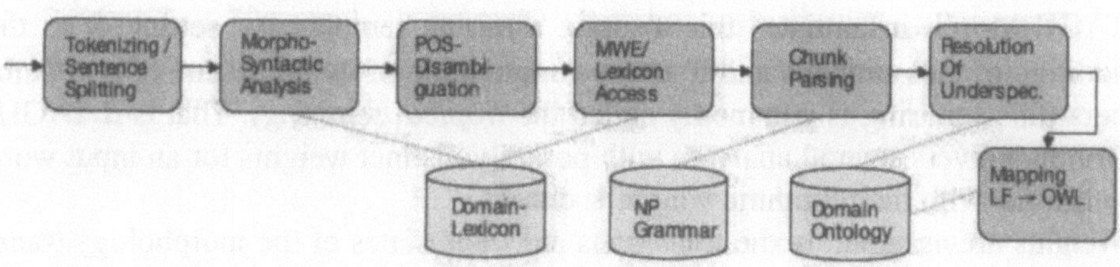

Figure 2: Flowchart

Preprocessing

The first step, tokenising and sentence splitting, is fairly standard, and so we skip over it here. The second step, morpho-syntactic analysis, is more interesting. It is performed by a module called TAGH, a huge finite-state machine that makes use of a German word-stem lexicon (containing about 90,000 entries for nouns, 17,000 for verbs, 20,000 adjectives and adverbs, and about 1,500 closed

[94] This strategy sits somewhere between *Information Extraction*, where also only certain phrases are extracted, for which, however, normally no compositional semantics is computed, and „full" parsing, where such a semantics is computed only if the whole input can be parsed.

class word forms). The transducer is implemented in C++ and has a very high throughput (about 20,000 words per second on modern machines). The coverage achieved on a balanced corpus of German is around 96% (Jurish, 2003), for our domain the lexicon had to be extended with some domain-specific vocabulary.

More specifically, TAGH-Morph is based on a multi-purpose library for weighted finite state automata over arbitrary semirings written in C++. A semiring is a generic algebraic structure (Mohri, 2002) based on two operations ⊗ and ⊕ which provides a useful abstraction over the notion of a *weight* of a transition or a final state. Along a path π (consisting of transitions t_0 t_1 … t_k) in a given finite state automata beginning at the start state q_0, leading to a final state *f* and thereby accepting a certain string *w* the weights of the transitions and the final state are abstractly multiplied:

$$weight(\pi) = weight\,[t_0] \otimes weight[t_1] \otimes \ldots \otimes weight[t_k] \otimes weight[f]$$

If there are several successful paths π_i accepting *w* the weights of all these paths are combined by ⊕:

$$weight(w) = weight(\pi_1) \oplus weight(\pi_2) \oplus \ldots \oplus weight(\pi_l)$$

TAGH-Morph instantiates this abstract semiring template by setting ⊗ to the addition of real numbers and ⊕ to the computation of the minimum of two numbers (this semiring is commonly called the *tropical semiring*). That is if TAGH-Morph delivers several analyses with possibly distinct weights for an input word *w* the one with the minimum weight is chosen.
Weights are assigned to the transitions and final states of the morphology transducer as follows: Its central component is a *weighted regular grammar* consisting of several hundred rules covering all major aspects of German inflection, derivation, and compounding. Each rule is assigned a weight which can be considered as a penalty for using that rule during the derivation of some input word. We consider a word that needs more rules during its derivation as *more complex* than a word using fewer rules. This assumption simplifies the treatment of lexicalized words. By that we mean a word *w* with overt morphological structure but with noncompositional meaning. If we assume that we included *w* and also its parts in our stem lexicon the noncompositional, lexicalized analysis of *w* would be preferred over the others, since it involves fewer morphological rules.

To give an example of the results of the morphological analysis, the following shows all weighted output strings for the word "*Bronchialschleimhautproben*" (weights are shown in angle brackets):

<35> bronchial/A#Schleimhaut/N#Probe [NN Gender=fem Number=pl Case=*]
<37> bronchial/A#Schleimhaut/N#prob/V~en [NN Gender=neut Number=sg Case=nad]
<45> bronchial/A#Schleim/N#Haut/N#Probe [NN Gender=fem Number=pl Case=*]
<47> bronchial/A#Schleim/N#Haut/N#prob/V~en[NN Gender=neut Number=sg Case=nad]
<50> bronchial/A#schleim/V#Haut/N#Probe [NN Gender=fem Number=pl Case=*]
<52> bronchial/A#schleim/V#Haut/N#prob/V~en [NN Gender=neut Number=sg Case=nad]

As you can see the decomposition of the word into the adjective *bronchial*, the lexicalized noun *Schleimhaut* (*engl. mucous membrane*) and the head noun *Probe* (*engl. sample*) is the one with the best weight and therefore the preferred reading.

Furthermore the output strings of TAGH-Morph contain some information about the categories of the segments. Thus, the analysis gives us information about the stems of the compounds; this can be used to guide the computation of the meaning of the complex noun. However, this meaning is not fully compositional, as the nature of the relation between the compounds is *underspecified*. We represent this by use of an underspecified relation *rel* that holds between the compounds, and which has to be specified later on in the processing chain.

The output of this module is then fed into a statistically trained POS-disambiguator, which finds the most likely path through the lattice of morphological analyses (Jurish, 2003) (with an accuracy of 96%). In cases where morphology failed to provide an analysis, the syntagmatically most likely POS tag is chosen. At the end of this stage all analyses for a given token agree on its part of speech; however, other features (number, person, case, etc.) might still not be disambiguated.

At the next stage, certain sequences of tokens are grouped together, namely *multi-word expressions* that denote a single concept in our ontology (e.g., „anthrakotische Lymphknoten“ denotes a single concept, and hence is marked as one token of type NN at this step), and certain other phrases (e.g. specifications of spatial dimensions) which can be recognised easily but would require very specialised grammar rules later on.[95]

Then, the domain-specific lexicon is accessed, which maps „concept names“ (nouns, or phrases as recognised in the previous step) to the concept IDs used in the ontology.[96] Tokens for which there is no entry in that lexicon, and which are hence deemed ‚irrelevant' for the domain, are assigned a ‚dummy' semantics

---

[95] See for example (Grover et al., 2002) for a discussion of the utility of a named entitiy recognition preprocessing stage for robust symbolic parsing.

[96] Note that this lexicon is one single resource out of which also the domain specfic additions to the morphology-lexicon and the list of multi-word expressions are compiled.

appropriate for their part of speech, so that they do not confuse the later parsing stage. (More details about this kind of robustness will be given shortly.)

Chunk Parsing

Next, the analyses of the tokens are transformed into a feature structure format, and are passed to the parsing component.[97] The output of this stage is an intermediate semantic representation of (aspects of) the content. This format is akin to traditional logical forms and still has to be mapped into OWL; we decided on this strategy because such a format is closer to surface structure and hence easier to build compositionally (see discussion below). Also note that the semantics is „flat", and does not represent scope of quantifiers (which only very rarely occur in our data, and cannot be represented in OWL in any case).

Chunk parsing is performed by a chart parser running a grammar that is loosely inspired by HPSG (Polard and Sag, 1994).[98] The grammar contains context-free rules for fairly complex NPs (allowing arguments of Ns, modification by PPs, and coordination). When extracting chunks, the strategy followed by the system is to always extract the largest non-overlapping chunks.[99]

An example might help to illustrate the robustness of the system. The following shows a full syntactic analysis of our example sentence:

[NP ([NP) [Nom Stanzbiopsat] (]), [AdjP [VVPP2 eingenommen] [PP [P durch] [NP Infiltrate einer soliden malignen epithelialen Neoplasie.]]]]

Our system only recognises the chunks indicated by the brackets printed in bold typeface: since it can't recognise the predicative use of the verb here, it is satisfied with just building parses for the NPs it does recognise. (The round brackets around the analysis of the first word indicate that this parse is strictly speaking not correct if the full structure is respected.)

This is an example of the system's tolerance to unknown *structure*; the following (constructed) example shows an NP where the structure is covered by the

[97] Up until here, all steps are performed in one go for the whole document. The subsequent steps, on the other hand, are performed incrementally for each sentence. This allows the system to remove ambiguity when it occurs, rather than having to maintain and later filter out different analyses.

[98] The parser is implemented in PROLOG, and based on the simple algorithm given in (Gazdar and Mellish, 1989). It also uses code by Michael Covington for dealing with feature structures in PROLOG, which is described in (Covington, 1994).

[99] That strategy will prefer lenght of individual chunks over coverage of input, for example when there is one big chunk and two overlapping smaller chunks at each side of that chunk, that however together span more input.

grammar, but there are ‚unknown' (or rather, irrelevant) *lexical items*. As described above, we assign a ‚dummy semantics' (here, a property that is true of all entities) to words that are irrelevant to the domain, and so parsing can proceed.

Solid, *hardly detectable* tumor cells. → solid(x) & true & tumor_cell(x)

A few last remarks about the grammar. First, NPs without determiner introduce an underspecified relation *unspec_det*, and information about definiteness and number of determiners is represented. This means that all information to do discourse processing (bridging of definites to antecedents) is there; we plan to exploit such information in later incarnations of the system. Secondly, it can of course occur that there is more than one analysis spanning the same input; i.e., we can have syntactic ambiguity. This will be dealt with in the transformation component, where domain knowledge is used to only let through „plausible" analyses.

Lastly, prepositions are another source for underspecification. For instance, given as input the string „Ein Tumor mit freien Alveolaren / A tumor with free alveolars", the parser will compute a semantics where an underspecified *with_rel* connects the two entities *tumor* and *alveolar*; this relation will be specified in the next step, using domain knowledge, to a relation *contains*.

Resolution of Underspecification using Ontologies

As described in the previous sections, the output of the parser (and of the morphological analysis) might still contain underspecified relations. These are resolved in the module described in this section. This module sends a query to a reasoning component that can perform inference over the ontology, asking for possible relations that can hold between (instances of) entities. For the example string above, this will return the answer *contains*, since the ontology specifies that ‚alveolars' are parts of tumours (via a chain of *is-a*-relations linking tumours with cells, and cells with alveolars). In a similar way the underspecification of compound nouns is resolved. This process proceeds recursively, „inside-out", since compound nouns can of course be embedded in NPs that are parts of PPs, and so on.

Mapping Text to OWL

In the final step, the logical forms produced by the parser and specified by the previous module are transformed into OWL-compliant representations. This process is fairly straightforward, as should be clear from comparing the intermediate representation in Figure 1 with the target representation:

- unique identifiers for the instances of concepts are generated;
- in cases of plural entities („three samples" → card(x,3) & sample(x)), several separate instances are created; and
- appropriateness conditions for properties are applied: if a property is not defined for a certain type of entity, the analysis is rejected.

This translation step also handles potential syntactic ambiguity, since it can filter out analyses if they specify inconsistent information. Note also that certain information, e.g. about second order properties, might be lost, due to the restricted expressivity of OWL. E.g., an expression like „highly polymorpheous" in Figure 1 either has to be converted into a representation like *polymorphism:high*, or the modification is lost (*polymorpheous(x)*).

This ends our brief description of the system. We now discuss a preliminary evaluation of the modules, related work, and further extensions of the system we are currently working on or which we are planning.

Evaluation

At the moment, we have only evaluated the modules individually, and – since the system is still under development – this evaluation only provides a snapshot of the current state of development. A full-scale evaluation of the whole system in its application context is planned as soon as the modules are finalised; plans for this are discussed below.

The coverage of the morphology module and the POS-tagger have already been reported above, so we concentrate here on the chunk-parser. To evaluate this module, we have manually annotated the NPs in a randomly selected test set of 20 reports (ca. 2,800 words; we found about 500 NPs). The reports were then morphologically analysed and POS-filtered, and the results were manually checked and corrected, to ensure that the input was optimal and really only the performance of the chunker was evaluated. We then computed precision and recall based on two different matching criteria: for *exact matching*, where only exact congruence of chunks counts, a precision of 48% and a recall of 63% was computed; the numbers improve when *partial matches*, i.e. smaller chunks within the target chunk, receive partial credit (by a factor of .25), resulting in a (relaxed) precision of 61% and a (relaxed) recall of 80%. This difference can be explained by the fact that some of the more complex NP-constructions (with quite complex modifications) in our data are not yet covered by the grammar, and only their constituent NPs are recognised.

Note that this evaluation just takes into account the boundaries of the chunks and not the correctness of the computed semantic representations. For a full-scale evaluation, we will manually annotate these NPs with semantic representations, and we will use this to compute precision and recall also with respect to semantics, and ultimately with respect to sample search queries. This annotation, however, is very resource-intensive, and so will only be done once the modules have been finalised.

Related Work

Acquisition of information from texts especially from the medical domain is a lively research area. Among the many projects in that field, we share some of our central concerns with the *medSyndiKAte* system (Hahn et al., 2002): robust text analysis of medical reports; a background knowledge base for guiding the analysis and storing the text's content; emphasis on handling co-reference phenomena. What distinguishes LUPUS from medSyndiKAte, though, is foremost the parsing scheme: the language used in the reports analysed by Hahn et al. is much closer to 'natural' language in that it contains sentences with tensed verbs. Accordingly, they use a variant of dependency parsing which is driven by verb information. As described in above, this is not an option for us, given the style of our input texts, and hence our data renders a bottom-up chart parsing approach much more promising. Besides this difference, the work in medSynDiKAte predates the emergence of XML/web ontology standards and thus uses an earlier description logic knowledge representation language; we are hoping that by using a standard we will be able to allow even future semantic web technologies to work with our data.

As for the robust analysis side, (Grover et al., 2002), also use a similar pre-processing pipeline in combination with parsing. However, they also focus on more „natural“ input texts (Medline abstracts), and they use statistical rather than symbolic/ontology based methods for computing the meaning of compound nouns.

Summary and Further Work

We have described LUPUS, an NLP system that makes use of a domain ontology to guide extraction of information about entities from medical texts, and represents this information as instances of concepts from that ontology. Besides its direct use for content-based search on these texts, the fact that the system relies entirely on emerging semantic web standards will make the resulting annotated information usable for all kinds of agents working with such data.

As a next step, we plan to add *discourse processing* to the pipeline (see e.g. (Hahn et al., 1998) for a discussion why such a step is required even for such relatively simple texts). As mentioned above, the prerequisite information (about definite articles, for example) is already there; we plan to use the available domain knowledge to guide the search for antecedents for bridging. As a more technical improvement we are investigating ways of making the architecture less pipeline-y, and to integrate domain reasoning in computing edges in the chart. Lastly, we are also working on a large-scale evaluation of the system, by manually annotating reports to compute precision and recall.

References

Burgun, A.and Bodenreider, O. (2001). Mapping the UMLS semantic network into general ontologies. In Proceedings of the AMIA Symposium.

Covington, M.A. (1994). GULP 3.1: An extension of PROLOG for unification based grammar. Technical Report AI-1994-06, University of Georgia.

Demichellis, F., Della Mea, V., Forti, S., Dalla Palma, P. and Beltrami, C.A. (2002). Digital storage of glass slides for quality assurance in histopathology and cytopathology. Telemedicine and Telecare, 8(3): 138-142.

Gazdar, G. and Mellish, C. (1989). Natural Language Processing in PROLOG. Wokingham, England: Addison-Wesley.

Grover, C., Klein, E., Lapata, M. and Lascarides, A. (2002). XML-based NLP tools for analysing and annotating medical language. In Proceedings of the 2nd Workshop on NLP and XML, Taipei, Taiwan, September.

Hahn, U., Romacker, M., and Schulz, S. (1998). Why discourse structures in medical texts matter for the validity of automatically generated text knowledge bases. In MedInfo 1998 – Proceedings of the 9th World Congress on Medical Informatics, Seoul, Korea, August.

Hahn, U., Romacker, M., and Schulz, S. (2002). Creating knowledge repositories from biomedical reports: The MedSyndikate text mining system. In Pacific Symposium on Biocomputing (pp. 338–349), Hawaii, USA, January

Jurish, Bryan (2003). Part-of-speech tagging with finite state morphology. In Proceedings of the Workshop on Collocations and Idioms: Linguistic, Computational and Psycholinguistic Perspectives, Berlin, Germany, September.

M. Mohri (2002). Semiring Frameworks and Algorithms for Shortest-Distance Problems. Journal of Automata, Language, and Combinatorics,7:3, 321–350.

Pollard, C. and Sag, I. (1994). Head-Driven Phrase Structure Grammar. Chicago: CSLI / The University of Chicago Press

Seager, K., Schlüns, K., Schrader, T. and Hufnagl, P. (2003). The virtual microscope for routine pathology based on a PACS system for 6 GB images. In Proceedings of the 17th International Congress on Computer Assisted Radiology and Surgery (CARS) (pp. 299–304), London, UK, June.

Schlangen, D. (2003). A Coherence-Based Approach to the Interpretation of Non-Sentential Utterances in Dialogue. Ph.D. thesis, School of Informatics, University of Edinburgh, Edinburgh, UK.

Schlangen, D., Stede, M. and Paslaru Bontas, E. (2004). Feeding OWL: Extracting and Representing the Content of Pathology Reports. In Proceedings of the 4th Workshop on NLP and XML, Barcelona, Spain; July.

Schulz, S. and Hahn, U. (2001). Medical Knowledge engineering – converting major portions of the UMLS into a terminological knowledge base. International Journal of Medical Informatics.

Slodowska, J., Kayser, K. and Hasleton, P. (2002). Teleconsutlation in the chest disorders. European Journal for Medical Research, 7(Suppl. I): 80.

SNOMED International (2004). SNOMED clincal terms. http://www.snomed.org

The HL7 Consortium (2003). HL7 Version 2.5 ANSI Standard, June. http://www.hl7.org

The UMLS Consortium (2003). UMLS Release 2003AC. http://www.nlm.nih.gov/research/umls

W3C WebOnt WG (2004). OWL web ontology language overview. W3C recommendation, W3C, February. http://www.w3.org/TR/2004/REC-owl-features-20040210

Modellbildung und Modellierungsparadigmen in der computergestützten Korpuslinguistik

Thomas Schmidt[100]

Dieser Beitrag diskutiert methodologische und technologische Aspekte der computergestützten Korpuslinguistik. Ausgangspunkt der Überlegungen sind die Unterschiede, die die Arbeit mit Korpora historischer oder gesprochener Sprache gegenüber der korpuslinguistischen Untersuchung moderner, geschriebener Sprache aufweist. Es wird vorgeschlagen, diese Unterschiede zum einen anhand des wissenschaftlichen Modellbegriffs, zum anderen mit Hilfe der Drei-Ebenen-Architektur digitaler Datenverarbeitung zu ordnen und zu erklären.

This paper discusses methodological and technological aspects of computer-assisted corpus linguistics. It departs from some observations concerning differences between the work with corpora of historical or spoken language as compared to the analysis of modern, written language. It is suggested to explain these differences with the help of the concept of 'scientific modelling' and the three-level-architecture of digital data processing.

1. Computergestützte Korpuslinguistik als Methode

But is corpus linguistics really comparable with these other hyphenated branches of linguistics? No, because "Corpus linguistics" refers not to a domain of study, but rather to a methodological basis for pursuing linguistic research. (Leech 1992: 106)

Der Gedanke, dass Korpuslinguistik keinen eigenständigen Teilbereich der Sprachwissenschaften darstellt, sondern vielmehr die Bezeichnung für eine *Methode* ist, derer sich verschiedenste linguistische Disziplinen für die Untersuchung unterschiedlichster Phänomenbereiche bedienen, ist der Ausgangspunkt für diesen Aufsatz. Übergeordnetes Ziel soll ein Beitrag zur Reflexion dieser Methode sein: es wird ein Begriff vorgeschlagen, anhand dessen sich die Methode „Korpuslinguistik" charakterisieren und in die Methodologien der beteiligten Wissenschaften einordnen lässt. Um zu illustrieren, wie sich die entwickelte Idee in der Praxis der

[100] Dieser Beitrag verdankt seine Entstehung einer Kooperation verschiedener Teilprojekte des SFB 538 ‚Mehrsprachigkeit'. Ich danke den daran beteiligten Mitarbeitern Nicole Baumgarten, Annette Herkenrath, Notis Toufexis, Kai Wörner und Ludger Zeevaert für die fruchtbare Zusammenarbeit.

computergestützten Korpusanalyse niederschlägt und welche konkreten Konsequenzen sich aus ihr ergeben können, wird an mehreren Stellen die Arbeit eines Kooperationsprojektes herangezogen, das zur Zeit am SFB 538 ‚Mehrsprachigkeit' durchgeführt wird: in diesem Projekt werden Sprachkorpora verschiedenen Typs – ein Korpus moderner geschriebener Sprache (englisch und deutsch), zwei Korpora historischer geschriebener Sprache (griechisch und altschwedisch) und ein Korpus gesprochener Sprache (türkisch und deutsch) – unter einer gemeinsamen Fragestellung – der diachronen Entwicklung koordinierender Konjunktionen – mit computergestützten Methoden analysiert. Die ursprüngliche Erwartung war, dass die Kombination aus gemeinsamer Fragestellung und gemeinsamer Methode (nämlich „Computergestützte Korpusanalyse") mehr oder weniger zwangsläufig zu vergleichbaren Ergebnissen führen müsse. In den folgenden Abschnitten wird zu zeigen sein, inwieweit sich diese Erwartung erfüllt hat bzw. wo und warum nicht.

Um einen Rahmen für die folgenden Ausführungen zu haben, soll jedoch zunächst das folgende Schema erläutert werden, das nach unserer Vorstellung den allgemeingültigen Arbeitsablauf jeder computergestützten Korpusanalyse skizziert:

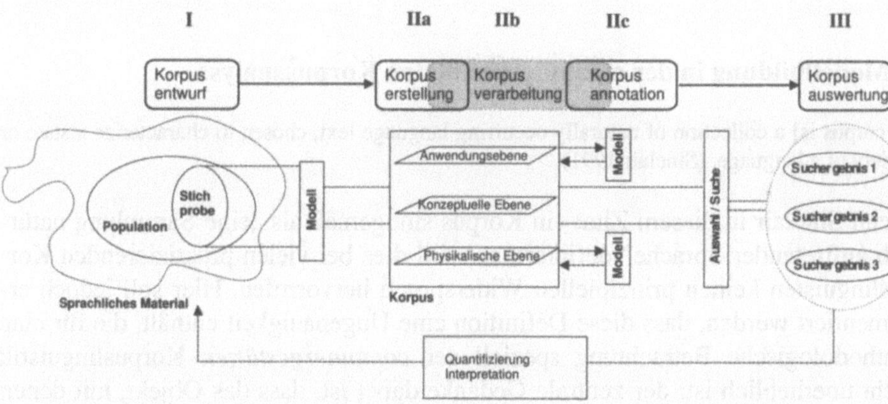

In Phase I (*Korpusentwurf*) wählt der Forscher aus der Gesamtheit des vorhandenen sprachlichen Materials eine Population aus, für die seine Hypothesen gültig sein sollen. Anschließend definiert er eine Stichprobe, die diese Population repräsentiert. Diese Stichprobe ist dann die Basis für das in Phase II (*Korpusverarbeitung*) entstehende Korpus. Wie zu zeigen sein wird, wird das Korpus zunächst als ein digitales, symbolisches Modell der sprachlichen Stichprobe erstellt. Anschließend wird es ggf. in verschiedenen Schritten mit zusätzlicher Struktur und Information angereichert. Dies beinhaltet beispielsweise eine Tokenisierung (also eine Segmentierung in kleinste Einheiten), eine Alignierung (also das Hinzufügen von Verweisen zwischen verschiedenen Korpusbestandteilen) oder eine Annotation (also das Zuordnen bestimmter Korpusbestandteile zu einer vordefinierten Menge von Kategorien). Das Resultat dieses Prozesses bildet dann wiederum die Grundlage für Phase III (*Korpusauswertung*), in der durch geeignete Suchanfragen aus der im Korpus repräsentierten Information diejenige ausgewählt wird, die im Hinblick auf die zu untersuchende Hypothese relevant erscheint. Die Gesamtheit solcher Suchergebnisse wird dann ggf. quantifiziert und im Hinblick auf die gestellten Hypothesen und die in Phase I definierte Population interpretiert.

Dabei stellen sich an jeder Stelle dieses Arbeitsablaufs interessante methodologische Probleme. Beispielsweise wirft das Prinzip, nach dem in Phase I eine Population und eine diese repräsentierende Stichprobe definiert werden, Fragen auf, die zwar selten thematisiert, für die Methode der Korpusanalyse aber eigentlich grundlegend und sicherlich nicht in trivialer Weise zu beantworten sind. Im Folgenden soll jedoch vor allem auf Unterschiede in den methodologischen und technologischen Rahmenbedingungen der zweiten Phase eingegangen werden.

2. Modellbildung in der computergestützten Korpusanalyse

[A corpus is] a collection of naturally occurring language text, chosen to characterize a state or variety of a language. (Sinclair 1991)

Wenn Sinclair in diesem Zitat ein Korpus sinngemäß als „eine Sammlung natürlich auftretender Sprache" definiert, so wird dies bei vielen praktizierenden Korpuslinguisten keinen prinzipiellen Widerspruch hervorrufen. Hier soll jedoch argumentiert werden, dass diese Definition eine Ungenauigkeit enthält, die für eine methodologische Betrachtung speziell der *computergestützen* Korpuslinguistik nicht unerheblich ist: der zentrale Gedanke dabei ist, dass das Objekt, mit denen Linguisten in einer computergestützten Korpusanalyse vornehmlich zu tun haben, niemals das sprachliche Material selbst ist, sondern immer ein *wissenschaftliches Modell* dieses Materials, in dessen Herstellung und Verarbeitung modellhaft verkürzende Abstraktions- und Interpretationsprozesse eingehen.

Nach Stachowiak (1973: 131ff) zeichnen sich alle wissenschaftliche Modelle durch drei Merkmale aus: Das *Verkürzungsmerkmal* beschreibt die Eigenschaft eines Modells, gegenüber der Realität systematisch vereinfachende Annahmen zu machen. In dieser Vereinfachung liegt einer der Hauptnutzen der Modellmethode, denn sie erlaubt dem Forschenden, „die komplexe Realität [...] allein auf die zentrale Aussage der ihr zugrunde liegenden Theorie [zu fokussieren]"

(Maas 1993: 5). Das *Abbildungsmerkmal* beschreibt die Stellvertreterfunktion eines Modells, d.h. die Tatsache. dass es im Auge des Forschenden an die Stelle des eigentlich zu Erforschenden tritt. Das *Pragmatische Merkmal* schließlich beschreibt die Subjekt- und Zweckbezogenheit eines Modells, also den Umstand, dass zum Verständnis eines Modells immer die Konstellation der Personen und Zielsetzungen, unter der es entsteht, berücksichtigt werden muss. Abbildungs- und Pragmatisches Merkmal führen dazu, dass wissenschaftliche Modelle immer in einer „dreistelligen Relation Subjekt – Original – Objekt" (Flaschka 1981: 17) zu betrachten sind.

Dass linguistische Korpora das Abbildungsmerkmal tragen, dass sie also im Analyseprozess an die Stelle des eigentlich zu erforschenden sprachlichen Materials treten, dürfte ohne weitere Erläuterung und für alle Arten computergestützter Korpusanalysen gleichermaßen einsichtig sein.

Hinsichtlich des Verkürzungsmerkmals offenbaren sich hingegen erste grundlegende Unterschiede im Bezug auf verschiedene Korpustypen: bei Korpora moderner geschriebener Sprache ist der Verkürzungsschritt, der zwischen dem sprachlichen Material (z.B. einem gedruckten Zeitungsartikel oder Buchkapitel) und seiner Repräsentation in einem digitalen Korpus liegt, meist ein relativ unkomplizierter: in der Regel wird lediglich über das Layout und andere physikalische Eigenschaften eines Textes abstrahiert, indem die den Text konstituierenden Graphen auf eine Sequenz entsprechender Grapheme einer vorgegebenen Zeichentabelle (z.B. Unicode) abgebildet werden. Die Systematik, nach der dieser Vorgang abläuft, ist den meisten Computernutzern so selbstverständlich, dass sie kaum noch eine methodologische Reflexion nötig zu machen scheint. Bei Korpora historischer geschriebener Sprache beinhaltet die Abbildung von sprachlichem Material auf ein digitales Objekt hingegen bereits ein wesentlich höheres Maß an Abstraktion und Interpretation. Besonders deutlich wird dies daran, dass digitale historische Korpora häufig nicht auf Original-Manuskripten, sondern auf deren (philologischen) Editionen beruhen. Die interpretatorische Leistung, die der Herausgeber beispielsweise beim Normalisieren orthographischer Varianten, beim Hinzufügen von Spatien oder beim Auflösen von Kürzeln erbracht (und entsprechend dokumentiert) hat, wird daher bei der Korpuserstellung zwangsläufig eine Rolle spielen. Da die gängigen Zeichentabellen für den Computer auf modernen Alphabeten beruhen, kann weiterhin auch die Abbildung auf der Zeichenebene bei historischen Korpora Schwierigkeiten mit sich bringen, die sich bei modernen Korpora nicht stellen. Bei Korpora gesprochener Sprache schließlich ist offensichtlich, dass der Übergang vom modellierten Objekt zum Modell ein selektiver Vorgang ist, der weit reichende Konsequenzen für die Analyse nach sich zieht. In der Literatur wird dieser Umstand vielerorts ausgehend von der mangelnden Isomorphie zwischen gesprochener und geschriebener

Sprache unter dem Stichwort „Transcription as theory“ (Ochs 1979) diskutiert. Die dort vertretene Auffassung, dass die Abbildung einer mündlichen Interaktion bzw. deren Aufnahme auf ein „schriftliches“ Transkript vielerlei theoretisch zu motivierende Entscheidungen beinhaltet, behält ihre Gültigkeit auch dann, wenn es sich statt um analoge Transkripte um digitale Transkriptionskorpora handelt.[101]

Dass das Verkürzungsmerkmal sich somit für verschiedene Typen von Korpora in verschieden starker Form manifestiert, hat auch Auswirkungen auf die jeweilige Ausprägung des Pragmatischen Merkmals: so spielt bei der Erstellung moderner schriftsprachlicher Korpora der konkret anvisierte Untersuchungszweck zunächst nur eine untergeordnete Rolle, denn der darin enthaltene Verkürzungsschritt ist nur in geringem Maße von sprachwissenschaftlichen Theorien oder Untersuchungszielen abhängig und bietet dementsprechend wenig Anlass für methodologisch zu motivierende Entscheidungen. Wie ebenfalls in der Literatur mehrfach thematisiert (vgl. z.B. wiederum Ochs 1979), ist hingegen die Wahl eines bestimmten Transkriptionssystems, das bei der Erstellung eines Korpus gesprochener Sprache zum Einsatz kommt, bereits sehr stark davon abhängig, wer dieses Korpus zu welchem Zweck einsetzen wird.

Der wissenschaftliche Modellbegriff kann nach diesen Überlegungen also mit einigem Recht als übergeordnetes Konzept herangezogen werden, um den sprachwissenschaftlichen Erkenntnisvorgang, der durch die Arbeit mit einem Korpus ermöglicht wird, methodologisch zu präzisieren. So lassen sich beispielsweise viele Entscheidungen, die bei einer Korpuserstellung und -verarbeitung getroffen werden müssen, über den Modellbegriff wesentlich plausibler rechtfertigen, als vor der (oben zitierten) Annahme, dass das Korpus das sprachliche Material selbst sei.[102] Als hilfreich erweist sich der Modellbegriff auch dann, wenn die Rolle des Computers in der Korpusanalyse näher betrachtet werden soll, wenn also der Zusammenhang zwischen sprachwissenschaftlichen Methoden und Methoden der digitalen Datenverarbeitung im Blickpunkt steht. Für letztere spielt nämlich das Konzept des Modellierens eine zentrale Rolle. Wichtig ist in diesem Zusammenhang zum einen der aus der Datenbanktheorie stammende Begriff des Entity-Relationship-*Modelling* (Chen

[101] Für eine eingehendere Untersuchung dieser Thematik siehe auch Schmidt (2005).

[102] Man denke etwa an Fragen wie „Was ist das *richtige* Tagset?“ oder „Was ist *die* Struktur eines Textes?“, die normalerweise kaum eindeutig zu beantworten sind und in dem Moment, in dem das modellhaft Verkürzende eines Korpus als eines seiner prinzipiellen Wesensmerkmale angenommen wird, ihre Brisanz, wenn nicht gar ihren Sinn verlieren. Ziel einer Korpuserstellung wäre nach den obigen Überlegungen ja gerade *nicht*, die sprachliche Realität in ihrer vollen Komplexität wiederzugeben, sondern eine vereinfachte Repräsentation von ihr zu konstruieren, die wissenschaftlich fruchtbar gemacht werden kann.

1976), der ganz allgemein Datenverarbeitung auf dem Computer als ein Anfertigen und Manipulieren von (symbolisch/digitalen) Modellen der realen Welt erklärt. Zum anderen stützt sich auch die Texttechnologie, für die Methoden der linguistischen Korpusbeschreibung und -analyse ein zentrales Themenfeld sind, ganz wesentlich auf den Modellbegriff, was zum Beispiel in dem Terminus der „texttechnologischen Informations*modellierung*" (Lobin 2000) zum Ausdruck kommt. Der Modellbegriff bietet sich daher auch an, um dem Umstand angemessen Rechnung zu tragen, dass der Computer bei der Analyse von Korpora heutzutage eine substantielle Erweiterung des Methodenrepertoires darstellt, die nach einer methodologischen Reflexion verlangt:

> [Some] colleagues refer to the computer as "just a tool" or "simply a bunch of techniques", as if ways of knowing did not have much to do with what is known. Because the computer is a meta-instrument – a means of constructing virtual instruments or models of knowing – we need to understand the effects of modelling on the work we do as humanists. (Orlandi 2002)

Auf einige Aspekte dieser interdisziplinären Zusammenhänge geht der nächste Abschnitt genauer ein.

3. Modellierungsparadigmen

3.1. Drei-Ebenen-Architektur

In der Datenbanktheorie werden digitale Daten meist als symbolische Modelle der realen Welt betrachtet (Chen 1976). Sieht man im oben vorgeschlagenen Sinne auch Korpora als Modelle von Sprache an, so stellt sich die Korpusverarbeitung also einfach als ein Spezialfall der allgemein angenommenen Wesensart digitaler Daten dar, und Konzepte aus der Informatik sollten auch auf die Arbeit mit Korpora sinnvoll anwendbar sein. So hat sich in der Datenbanktheorie gezeigt, dass es für die Arbeit mit digitalen Daten sinnvoll ist, von einer Drei-Ebenen-Architektur auszugehen, die einerseits die Daten von ihren Anwendungen trennt und andererseits auf der Datenebene weiter zwischen konzeptuellem (logischem) und physikalischem Aspekt unterscheidet. Wenn Korpora als Modelle nur ein spezieller Fall solcher digitalen Daten sind, so mag es folglich auch nützlich sein, ein Korpus auf diesen drei Ebenen zu betrachten. Wie die folgenden Abschnitte ausführen, lassen sich so einerseits Unterschiede und Gemeinsamkeiten in der Arbeit mit heterogenen Korpora theoretisch ordnen und erklären. Andererseits kann eine solche Ordnung helfen, einen konkreten Entwicklungsbedarf für Standards und Software-Werkzeuge, die in der Praxis der Korpusverarbeitung benötigt werden, zu definieren.

3.2. Konzeptuelle Ebene

Auf der konzeptuellen Ebene werden logische Aspekte von Daten und Datenstrukturen unabhängig von konkreten technischen Umgebungen und Anwendungszwecken betrachtet. Dies führt zu *Modellierungsparadigmen*, deren algebraische Eigenschaften präzise Aussagen über die Ausdruckskraft und über formale Operationen auf einer gegebenen Datenstruktur ermöglichen. Das in der Informatik wohl am besten untersuchte Modellierungsparadigma ist das *relationale*, in dem Daten als Modelle der realen Welt in Tabellen organisiert und ihre Verarbeitung als Operationen auf solchen Tabellen, die weitere Tabellen zum Ergebnis haben, angesehen werden (Date 1995). In der Arbeit mit sprachlichen Korpora sind andere Modellierungsparadigmen vorherrschend:[103,104]
1) „Flacher“ Text (+ Interpunktion): In diesem Modellierungsparadigma werden die digitalen Modelle zunächst als eine einfache Sequenz von Zeichen angesehen. In vielen konkreten Anwendungen (z.B. Konkordanz-Software, Korpus-„Workbenches“) wird allerdings unter der Annahme, dass einige dieser Zeichen – die Interpunktionszeichen – systematisch als implizite Strukturmarkierungen genutzt werden können, daraus eine Hierarchie sprachlicher Einheiten (i.d.R. mindestens Absätze – Sätze – Wörter) gebildet, die die Verarbeitungsmöglichkeiten bereits wesentlich erweitert.[105] Wichtig ist jedoch einerseits, dass diese Hierarchien in der Regel starr sind, d.h. dass sie nur eine fest vorgegebene Anzahl von Einheiten und Hierarchieebenen zulassen, und andererseits, dass ihre Markierung implizit in der Sequenz der Zeichen belassen wird und nicht etwa explizit als ein eigener Schritt in der Korpusverarbeitung konstruiert wird. Für Korpora moderner geschriebener Sprache ist dieses Modellierungsparadigma das gebräuchlichste.
2) OHCO: Wie oben bereits angesprochen, liegt bei der Arbeit mit Korpora historischer Sprache zwischen dem eigentlichen sprachlichen Material und dem daraus konstruierten digitalen Modell meist ein stärker ausgeprägter Verkürzungsschritt als bei Korpora moderner geschriebener Sprache. Das Modellierungsparadigma

---

[103] Wie Simons (2000) darlegt, hat das relationale Modellierungsparadigma einen entscheidenden Nachteil für den Umgang mit sprachlichen Daten: es beinhaltet keinerlei inhärente Unterstützung für die Beziehung der *Sequenz*.

[104] Neben den hier aufgeführten wären in jedem Falle noch diejenigen Paradigmen zu nennen, die sich um den Bergiff der „Standoff-Annotation“ formiert haben. Das in dieser Hinsicht am ausführlichsten beschriebene Paradigma ist das NITE Object Model (Evert et al. 2003).

[105] Man denke z.B. an die Möglichkeit, nur nach „ganzen Wörtern“ zu suchen oder Werte wie die Type/Token-Ratio oder die durchschnittliche Satzlänge eines Textes bestimmen zu können.

„Flacher Text + Interpunktion“ ist daher in diesen Fällen oft nicht ausreichend:[106] erstens ist die Hierarchie hier nicht notwendigerweise implizit in der Sequenz der einzelnen Zeichen – z.B. sind einzelne Wörter nicht notwendigerweise durch Leerzeichen getrennt, die Einheit „Satz“ ist nicht notwendigerweise durch entsprechende Endzeichen kenntlich gemacht, und es kann allgemein nicht davon ausgegangen werden, dass Interpunktion in historischen Texten in einer systematischen oder gar standardisierten Weise eingesetzt wird. Zweitens erfordert der größere Abstand zwischen sprachlichem Material und Modell flexiblere Unterscheidungsmöglichkeiten als nur zwischen Wörtern, Sätzen und Absätzen – z.B. kann es nötig sein, neben einem aufgelösten Kürzel oder einer normalisierten orthographischen Variante auch deren Originalformen zu berücksichtigen oder die Kommentare eines Herausgebers in das Korpus zu integrieren. Die an der Kooperation beteiligten historischen Projekte arbeiten daher mit einem OHCO-basierten Modellierungsparadigma, das die fest gefügte Hierarchie des „Flacher Text + Interpunktion“-Paradigmas verallgemeinert und beliebige geordnete Hierarchien beliebiger Inhaltselemente („Ordered Hierarchy of Content Objects“) zulässt.

3) DAG-basierte Modellierungsparadigmen: Von allen betrachteten Korpustypen weisen die Korpora gesprochener Sprache den am stärksten ausgeprägten Verkürzungsschritt in der Modellbildung auf. Weil das entstehende Modell somit in vielerlei Hinsicht von zugrunde gelegten Theorien und anvisierten Untersuchungszielen abhängig ist, muss ein geeignetes Modellierungsparadigma – ähnlich wie es für Korpora historischer Sprache der Fall ist – entsprechend flexibel hinsichtlich der zu verwendenden Struktureinheiten sein. Zusätzlich zeichnen sich die meisten Modelle gesprochener Sprache dadurch aus, dass sie neben den Beziehungen der Sequenz und der hierarchischen Dominanz auch von parallelen Strukturen (zeitliche Überlappung von Modalitäten und von Beiträgen verschiedener Sprecher) Gebrauch machen. Da das OHCO-Modellierungs-paradigma diesen Strukturtyp nicht vorsieht, ist es für Korpora gesprochener Sprache also oft ungeeignet. Für diesen Korpustyp wurden daher in den letzten Jahren verschiedene Paradigmen vorgeschlagen (z.B. Annotationsgraphen: Bird/Liberman 2001, Transkriptionsgraphen: Schmidt 2005), deren Gemeinsamkeit darin besteht, dass sie für die betreffenden Modelle die Struktur azyklischer, gerichteter Graphen (DAGs) annehmen.

[106] Natürlich gilt allgemein, dass die Beschränkungen dieses Modellierungsparadigmas sich für komplexer geartete Modelle von Sprache sehr schnell als zu stark erweisen. Korpora historischer Sprache sind lediglich ein Beispiel für solche komplexer geartete Modelle.

3.3. Physikalische Ebene

Ein wesentlicher Unterschied in der computergestützten Analyse der verschiedenen Korpustypen besteht also darin, dass sie auf der konzeptuellen Ebene Modellierungsparadigmen unterschiedlicher Gestalt und Komplexität erfordern. Auf der physikalischen Ebene werden diese Modellierungsparadigmen unterschiedlich gut durch standardisierte Datenformate unterstützt: Am weitesten fortgeschritten ist diese Unterstützung für das OHCO-Paradigma. Hier liegt mit XML nicht nur ein stabiler und weit verbreiteter Standard für die Kodierung sequentiell-hierarchisch organisierter Datenstrukturen im Allgemeinen vor; es existiert zusätzlich in Form der TEI-Richtlinien auch ein etablierter Vorschlag, wie XML für konkrete linguistische Belange eingesetzt werden kann. Das „flacher Text + Interpunktion"-Paradimga" hingegen wird zwar bzgl. seiner Grundeinheiten durch standardisierte Zeichentabellen (ANSI-Codepages oder Unicode) unterstützt; die Kodierung der darüber hinausgehenden Strukturen wird aber in den Interpunktionszeichen implizit belassen. Wie in einem solchermaßen kodierten Korpus also z.B. Satz- oder Worteinheiten kenntlich gemacht sind, hängt von einzelsprachlich verschiedenen orthographischen Normen ab und ist als formale Grundlage einer kontrollierbaren computergestützten Manipulation entsprechend unzuverlässig. Für die DAG-basierten Modellierungsparadigmen schließlich existieren bislang noch gar keine Vorschläge für Standards auf der physikalischen Ebene.[107]

Das unterschiedliche Maß an Unterstützung der verschiedenen Modellierungsparadigmen durch Standards auf der physikalischen Ebene ist in zweierlei Hinsicht relevant für die Praxis der computergestützten Korpusarbeit. Erstens entscheiden solche Standards wesentlich darüber mit, wie gut Korpora zwischen einzelnen Anwendungen oder Systemen austauschbar und damit auch, wie zuverlässig sie langfristig archivierbar sind. Zweitens kann ein weit verbreiteter und stabiler Standard die Konstruktion neuer Software-Werkzeuge für die Korpusverarbeitung wesentlich vereinfachen.

3.4. Anwendungsebene

Die Unterschiede zwischen Modellierungsparadigmen auf der konzeptuellen Ebene schlagen sich auch auf der Anwendungsebene nieder. Zu fragen ist hier nach Software-Werkzeugen zur Eingabe, zum Annotieren, zur Visualisierung, und zum Durchsuchen von Korpusdaten. Erwartungsgemäß existiert für das am we-

---

[107] Dies zeigt sich z.B. daran, dass das verschiedene, strukturell sehr ähnliche Varianten des DAG-basierten Datenmodells „Single Timeline, Multiple Tiers" von verschiedenen Software-Werkzeugen recht unterschiedlich physikalisch repräsentiert werden (vgl. Schmidt 2004).

nigsten komplexe Paradigma („Flacher Text + Interpunktion") die umfassendste Unterstützung durch Standard-Software und spezialisierte Anwendungen: beispielsweise kann hier als Werkzeug für die Eingabe und Visualisierung im Prinzip ein beliebiger Texteditor dienen, und der weitaus größte Teil derzeit verfügbarer Konkordanztools operiert ebenfalls auf flachem Text. Das Verarbeiten OHCO-basierter Datenmengen erfolgt in aller Regel mit Technologien aus dem XML-Umfeld (XML-Editoren, XSL und Stylesheet-Prozessoren, XPath, XQuery, etc.). Damit ist immerhin eine Basis gegeben, mit deren Hilfe sich *im Prinzip* der größte Teil der in der praktischen Korpusarbeit anfallenden Aufgaben lösen lässt. Allerdings mangelt es derzeit noch an Anwendungen, die die hierdurch gegebenen Möglichkeiten für die Arbeit mit linguistischen Korpora optimieren (z.B. auf XML-Daten operierende Konkordanzwerkzeuge) und den Korpuslinguisten von eigener Entwicklungsarbeit entlasten – die Unterstützung dieses Paradigmas auf der Anwendungsebene fällt also bereits wesentlich weniger komfortabel aus. Für die DAG-basierten Modellierungsparadigmen schließlich befinden sich zwar zahlreiche Anwendungen in der Entwicklung (z.B. das AG Toolkit, EXMARaLDA, TASX oder ELAN), von einer umfassenden Unterstützung des gesamten Verarbeitungs- und Auswertungsprozesses kann für DAG-basierte Korpora aber bislang keine Rede sein.[108]

Diese Unterschiede auf der Anwendungsebene sind letztendlich ausschlaggebend dafür, dass in der oben erwähnten Kooperation unmittelbar vergleichbare Ergebnisse für die verschiedenen Korpustypen bislang ausgeblieben sind. So führt der wesentlich höhere Aufwand, den die Erstellung, Verarbeitung und Auswertung eines OHCO- oder DAG-basierten Korpus im Vergleich zu einem „einfachen" Textkorpus bedeutet, unter anderem dazu, dass Resultate für Korpora historischer oder gesprochener Sprache sich prinzipiell auf wesentlich kleinere Datenmengen stützen müssen als für Korpora moderner, geschriebener Sprache. Darüber hinaus nimmt die Auseinandersetzung mit technologischen Rahmenbedingungen im Falle historischer und gesprochener Korpora derzeit generell einen ganz wesentlichen Teil der Arbeit in Anspruch, während bei der Arbeit mit moderner, gesprochener Sprache die notwendige Technologie als gegeben vorausgesetzt werden und sich der Forscher folglich auf die nicht-technologischen Fragen konzentrieren kann.

[108] Besonders deutlich wird dies daran, dass DAG-basierte Daten zwar mittlerweile relativ gut eingegeben, bearbeitet und visualisiert werden können, Lösungen für die Auswertung von (i.e. Suche auf) solchen Daten sich aber bislang eher auf exemplarische, prototypische Anwendungen beschränken.

4. Fazit

Die Unterschiede, die die „Methode" der computergestützten Korpusanalyse im Bezug auf verschiedene Korpustypen aufweist, lassen sich nach den hier vorgelegten Überlegungen zunächst als Unterschiede im Modellierungsprozess, den die Erstellung eines Korpus bedeutet, erklären: Einerseits ist es der Abstand zwischen modelliertem Objekt und Modell, andererseits Eigenschaften des modellierten Objektes selbst (parallele Strukturen in gesprochener Sprache), die auf der konzeptuellen Ebene der Korpusverarbeitung unterschiedlich komplexe Modellierungsparadigmen notwendig machen. Auf der physikalischen und der Anwendungsebene werden diese unterschiedlichen Modellierungsparadigmen unterschiedlich gut durch Standards bzw. geeignete Software-Werkzeuge unterstützt. Der Weg vom Korpus-Design zur Korpus-Auswertung ist daher mit hochgradig unterschiedlichem Aufwand verbunden, was am Ende dazu führt, dass vergleichbare Ergebnisse für die verschiedenen Korpustypen vorerst ausbleiben.

In diesem Sinne wird der Begriff „Computergestützte Korpusanalyse" also derzeit dem Anspruch, eine gemeinsame methodologische Basis für verschiedene linguistische Teildisziplinen zu bilden (vgl. das einleitende Zitat), nicht uneingeschränkt gerecht. Vielmehr fungiert er oft eher als ein Sammelbegriff für eine Vielzahl irgendwie verwandter (nämlich computergestützter und quantifizierender) Techniken, über deren genaue Gestalt aber erst auf einer Fall-zu-Fall-Basis und in Abhängigkeit vom untersuchten Gegenstand entschieden werden kann. Um aus dieser Sammlung von *Techniken* eine wissenschaftliche *Methode* zu machen, die über den Einzelfall hinaus erklär- und anwendbar ist, mag es – wie auch Orlandi (2002, s.o.) feststellt – hilfreich sein, den Modellcharakter von Korpora stärker zu beachten. Dies scheint insbesondere dann unerlässlich, wenn unter „Korpusanalyse" neben dem ursprünglichen Anwendungsgebiet der Untersuchung moderner, geschriebener Sprache auch die Analyse historischer oder gesprochener Sprache gefasst werden soll, denn hier tritt das modellhaft Verkürzende eines digitalen Korpus wesentlich deutlicher zu Tage.

Außer durch einen solchen übergeordneten Modellbegriff würde Korpuslinguistik als gemeinsame methodische Basis für verschiedene linguistische Teildisziplinen vor allem dann an Nutzen gewinnen, wenn die technologischen Rahmenbedingungen für komplexer geartete Modellierungsparadigmen sich denen annähern würden, die derzeit für das einfachste (und dominierende) Paradigma gegeben sind. Dies betrifft sowohl die physikalische Ebene, wo auf lange Sicht eine ähnliche Unterstützung, wie sie das OHCO-Paradigma in Form von XML und den TEI-Richtlinien erfährt, auch für DAG-basierte Modellierungsparadigmen wünschenswert wäre, als auch die Anwendungsebene, auf der die Unterstützung von OHCO- und DAG-Paradigmen durch geeignete Korpus-Werkzeuge allgemein noch unzulänglich ist.

Literaturverzeichnis

Bird, S. & M. Liberman (2001). A formal framework for linguistic annotation. Speech Communication. 33, 23–60.

Chen, P. (1976). The Entity-Relationship Model – Toward a Unified View of Data. Nachdruck in M. Stonebraker (Ed.) (1988), Readings in Database Systems (pp. 374–387). San Mateo: Morgan Kaufmann Publishers.

Date, C. (1995). An Introduction to Database Systems. New York: Addison-Wesley.

Evert, S. et al. (2003). The NITE Object Model. Version 2.1. (24 March 2003). NITE Internal document. Retrieved from http://www.ltg.ed.ac.uk/NITE/documents.html

Flaschka, H. (1981). Modell, Modelltheorie und Formen der Modellbildung in der Literaturwissenschaft. Köln, Wien: Bohlau Verlag.

Leech, G. (1992). Corpora and theories of linguistic performance. In J. Svartvik (Ed.), Directions in Corpus Linguistics (pp. 105–122). Berlin/New York: Mouton De Gruyter.

Lobin, H. (2000). Informationsmodellierung in XML und SGML. Berlin: Springer.

Maas, J. (1993). Das sichtbare Denken. Modelle und Modellhaftigkeit in der Philosophie und den Wissenschaften. Amsterdam, Atlanta: Rodopi.

Ochs, E. (1979). Transcription as Theory. In E. Ochs & B. Schieffelin (Eds.), Developmental Pragmatics (pp. 43–72). New York: Academic Press.

Orlandi, T. (2002). Is humanities computing a discipline? In: G. Braungart, K. Eibl, & F. Jannidis (Eds.), Jahrbuch für Computerphilologie 4 (pp. 51–58). Paderborn: Mentis.

Schmidt, T. (2004). Transcribing and annotating spoken language with EXMARaLDA. In A. Witt, U. Heid, J. Carletta, H. Thompson & P. Wittenburg (Eds.), XML-based richly annotated corpora. LREC 2004 Satellite Workshop. (pp. 69–74). Paris: ELRA.

Schmidt, T. (2005). Computergestützte Transkription – Modellierung und Visualisierung gesprochener Sprache mit texttechnologischen Mittel. In der Reihe Sprache, Sprechen und Computer. Frankfurt a.M.: Peter Lang.

Simons, G. (1998). The nature of linguistic data and the requirements of a computing environment for linguistic research. In: J. Lawler & H. Dry (Eds.), Using Computers in Linguistics (pp. 10–25). New York: Routledge.

Sinclair, J. (1991). Corpus, Concordance, Collocation (Describing English Language). Oxford: OUP.

Stachowiak, H. (1973). Allgemeine Modelltheorie. Wien u.a.: Springer.

Semantic transparency of cellular phone menus. Comparing users from different age groups

Sabine Schröder, Martina Ziefle

This study experimentally examines the usability of hierarchically structured mobile phone menus, focusing on the semantic transparency of menu labels and categories used as well as age-related differences in navigation performance. A quantitative and qualitative analysis of typical errors occurring when searching for a specific function within simulated menu structures was undertaken. The outcomes showed that children and older adults experienced the very same difficulties when navigating through the menus. Shortcomings are traced back to suboptimal naming and categorization of functions. On the basis of the results recommendations are given for the improvement of language-based dialogue systems in technical devices addressing a wide range of users.

Im vorliegenden Experiment wurde die Verständlichkeit von hierarchischen Menüstrukturen am Beispiel von Mobiltelefonen untersucht. Dabei richtete sich der Fokus einerseits auf die Güte der verwendeten Funktionsnamen und Gruppierungen und andererseits auf altersbedingte Unterschiede im Begriffsverstehen. Eine quantitative und qualitative Analyse von Fehlern bei der Suche nach Funktionen in computersimulierten Menüstrukturen ergab eine hohe Übereinstimmung sprachgebundener Schwierigkeiten im Umgang mit Mobiltelefonen in verschiedenen Altersgruppen. Aus den Ergebnissen werden Empfehlungen für die sprachliche Gestaltung von hierarchischen Menüstrukturen in technischen Geräten abgeleitet, die eine hohe Erreichbarkeit verschiedener Nutzergruppen gewährleisten.

1 Introduction

In the last years, mobile phones have evolved to one of the most wide-spread consumer devices worldwide. The phones, primarily developed to enable users to call and being called from everywhere, are no longer restricted to this functionality, but have expanded to comprehensive personal digital assistants with a built-in telephone. The increasing number of functions implemented concurrently competes with the ergonomic demands of usability and design. Even though users prefer tiny devices for practical and optical reasons, the small display, providing only limited space, distinctly hampers the ease of use. A limited number of menu items is presented on different levels of a menu, which is hierarchically organized, and the user accesses the settings and features of the phone by selecting one option on each level, mostly not aware of the alternative functions above and below the term selected.

On the one hand, the hierarchical menu, still the most common form of interaction in communication technology devices, has several advantages as the functions are organized in smaller groups, thus rationing the multitude of options and keeping the information manageable. Opposed to other interactive techniques such as command languages, the users do not need to recall a menu function, but only have to recognize it. However, choices that are not essential do not have to be presented when using command languages (Allen, 1983), thus relieving the users of additional workload. On the other hand, hierarchical menus also hold great potential for confusions and disorientation when menu structures are complex (Bay & Ziefle, in press; Ziefle, 2002; Ziefle & Bay, in press). This is especially the case when the screen is small and only little information can be displayed simultaneously. While for example in Windows Explorer© lists of menu functions, a cascading number of (sub)titles indicates the path taken so far by constantly visualising the hierarchical structure, the menus of mobile phones only provide the functions currently available with only little information given about previous or subsequent menu levels. As depth of the phones' menu continuously increases with increasing number of functionalities, still more function labels intervene along the path and seduce the users to take the wrong turnoff in the menu, if not being prevented from by an excellent spatial and verbal memory (e.g. Bay & Ziefle, 2003). Users have to remember which functions they have already selected during the search and where they are located within menu hierarchy. If short-term memory capacity is exceeded, disorientation in the menu occurs, accompanied by additional meandering in search for the targeted function.

Poor categorization and ambiguous naming are further factors that aggravate the risk of getting lost within the menu. Findings from memory research (e.g. Chang, 1986; Kogan, 1974; Noordman-Vonk, 1974) assume that well-defined semantic categories should represent the basic or prototypic idea of the concept they stand for. Accordingly, "typical" items lead to benefits in information processing as they allow more reliable predictions about the concept's meaning than less typical ones (e.g. McClosky & Glucksberg, 1978; Rosch, 1975). As choices of menu options mostly involve inferences about logical or categorical relationships among items, urging the users to draw a deduction from a category name to the corresponding sub-functions, it is a crucial demand of usable designs to implement unequivocal naming of functions and categories and a clear-cut assignment of subordinate terms to categories. Optimally, any menu category should unmistakably include all its sub-functions and, at the same time, unequivocally exclude all other functions placed elsewhere in the menu (Paap & Cooke, 1997).

Recent studies examining the usability of mobile phones (e.g. Bay & Ziefle, in press; Ziefle, 2002, Ziefle & Bay, in press) show that users have indeed difficulties to navigate through the menu jungle not knowing where they are and where the sought-after function is located. These problems were experimentally ascribed to the complexity of the phones' menu and the navigation keys, the impact of user characteristics interacting with performance outcomes, and to the quantity of information displayed at a time on the display (e.g. Bay & Ziefle, in press; Bay & Ziefle, 2003; 2004; Kurniawan et al. 2003; Noyes & Sheard, 2003; Ziefle & Bay, in press). However, the impact of the language in terms of the appropriateness of categories and naming of menu functions have not been experimentally addressed so far.

2 Questions Addressed

The present study focused on the shortcomings in language based design features in current mobile phones. Without doubt, from an ergonomic point of view it is highly useful to learn if language-based effects can be identified at all, and if there are labels and categorical arrangements that are more efficient than others in terms of information retrieval. Furthermore, it is of interest if the outcomes can be generalised to a broader user group, affecting users' general understanding of functions beyond age and experience with language and technology. The purpose of the study thus was to define criteria that help to design language based dialogue systems which can be easily used not only by young technology-prone and well-educated individuals, but also by older and less experienced people. As real phones' menus were under study, it was examined whether the menus are designed in a way that users are directed through the menu by an adequate naming and allocation of functions to categories. To learn about the generalisability of the results, a differential approach was pursued comparing the difficulties of younger and older users when navigating menu structures of mobile phones. If no age differences show up, a high generalisability of the findings can be assumed.

3 Method

From a methodological point of view, experimentally investigating language-based effects is highly sophisticated as confounding linguistic variables (e.g. word length, frequency, usage of foreign words) have to be controlled. However, since the transparency of language in current mobile phones is under study, the linguistic effects were disregarded in this experiment. Instead, in order to meet demands of ecological validity, menus from real phones were simulated and semantic transparency was evaluated with regard to the logical coherence of the dialogue system on the one hand and the suitability of menu titles for representing a specific function on the other hand.

3.1 Experimental set-up

To isolate language effects and at the same time to simulate closely the real searching process in a mobile phone, a special set-up had to be developed. Participants were presented simulations of the menus of two real mobile phones, which had to be navigated through in order to search for specific functions. As experimental tasks participants had to search for particular functions of the mobile phones, solving seven common phone applications (looking up a number in the phone book, reading an SMS, sending an SMS, hiding the own number, setting up a call divert, activating the mailbox, and, finally, setting the phones' alarm clock). Since the type of the mobile phone was of only minor importance, two widespread mass models (Nokia 3210 and Siemens C35i) were selected and the menus were taken from both models and alternated over tasks and participants (such that each participant received another sequence of the taks). To avoid biases, participants were though not informed about the brands from which the software originated.

The task' instruction was of particular methodological complexity. On the one hand, the functions searched for were not to be mentioned in the instruction, ruling out any biases and artifacts from priming effects. Thus, circumscriptions of the scenarios had to be used. On the other hand, especially as children took part, the instructions had to be formulated in a way that was appropriate for children or adults by using scenarios of the children's or adults' everyday life.

The simulations of the phones' menu were accomplished by using the Windows Explorer©. Each menu item was represented by one file which was interconnected with other files according to the hierarchical structure of each of the two models. Items belonging to one level were shown simultaneously, each with an indication of its position within the menu structure (Figure 1). In order to ensure a good legibility (especially as older adults took part), the font was enlarged. Moreover, menu items could be selected by mouse click thus eliminating effects of the different navigation key solutions present in the two phone types. Thus, by controlling confounding factors, the results can be ascribed to shortcomings with respect to functions' naming and categorization.

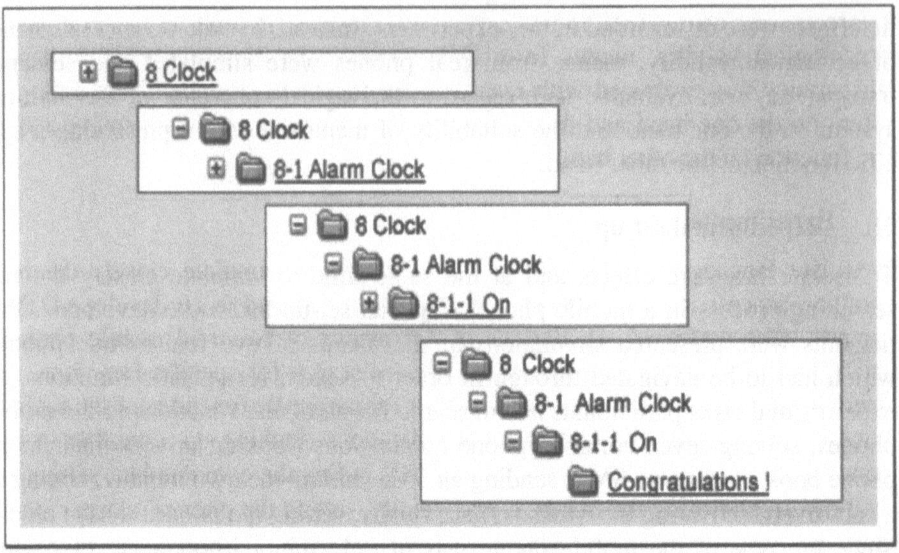

***Figure 1**: Snapshot of one simulated menu branch*

It was ensured that participants understood exactly what they had to do in each task. They navigated through the menu structure by selecting one file after another entering different submenus within the hierarchy. To ensure that all items displayed on one level were taken into consideration by the participant, (s)he had to read aloud the whole list first before making a decision. The item-selection by mouse-click was executed by the experimenter to keep participants from hasty reactions. While searching for a function they were allowed to move up and down within any level of the menu structure thus having the possibility to correct choices. If the function searched for was found, a "congratulations"-message appeared on the screen. However, if subjects had lost their way and reached the lowest menu level, they received the information "dead end" thus being forced to make a return step.

Users' actions were listed in detail in order to reconstruct which term was chosen and how often and at which point within the menu structure the users got astray. Since the steps necessary to solve a task on the shortest path possible varied between two and four, we assumed that from a certain number of selections users' search is driven more by a trial-and-error-strategy than by a strategy based on word associations. Therefore, a limit of 25 steps was set for each task. Depending on the individual working speed, the whole experiment lasted between 30 and 50 minutes.

Phone book		Language	
Office & Fun		Key Pad	
Messages	Menu range	Display	
Records	Phone	...	
Divert	Security		
Internet	Net	Call waiting	**Set**
Set Up	**During call**	**Incognito**	Clear
Audio	Fax/Data mode	Minute beep	Check status
Time / Charge	Clock		
Usage Hints			
Profiles			

***Table 1**: Menu branch of the Siemens C35i for the task "hide own number". The bold line is indicating the correct path as implemented in the original software solution.*

3.2 Participants

Twenty children (aged 9 to 15) and twenty older adults (aged 41 to 65) volunteered to take part in the study. In each age group, 10 males and 10 females were examined ruling out effects from gender. Three children and eight older participants were novice users; they were equally distributed among experimental conditions. Within every sample subjects had different educational backgrounds. Thus, a wide range of typical user profiles was covered.

3.3 Variables

Independent variable was the users' age, contrasting the performance of children and older adults. As dependent variable, the tasks' effectiveness (the number of tasks solved) and efficiency (number and type of navigation errors) were investigated. Since incorrect decisions had different consequences, three types of errors were distinguished. In the following, they will be illustrated by situations that may occur when users of the Siemens C35i attempt to hide their number when calling somebody. Table (1) helps to understand the examples given.

False turn-offs. The most severe error occurs if users select one of the alternative options instead of the correct function. Taking the "hiding own number" task as an example (Table 1), the users do not select "during calls", which would be correct, but, e.g. "phone", thus making the wrong decision and selecting a false turn-off, consequently leading into distraction.

Keeping the false track. This error occurs when users do not realize that they have chosen a wrong path, thus going deeper within the hierarchy by selecting another incorrect function. Taking again the example from table 1, users select "display", sticking to the wrong track they already entered when they selected "phone" instead of "during calls".

Erroneous returns. Finally, these errors occur when users do not detect the targeted function, even though being on the correct menu path. For example, they correctly enter "during calls" but do not select "incognito" as the next correct menu option, but return to a higher level in the menu hierarchy, assuming that they have chosen the wrong path. In this case, the semantic transparency of the target ("incognito") is too low to suggest the function intended.

4 Results

In this section, results of quantitative analysis (tasks effectiveness and efficiency) are reported followed by a detailed presentation of the qualitative outcomes, specifying the typical misleading functions. The level of significance was set on 10%.

4.1 Impact of age differences on navigation performance

With respect to the number of tasks solved, no significant age differences were found. From the seven tasks, children solved 5,8 (83%) tasks and older adults 6 (86%) tasks correctly. A similar picture emerged from the analysis of errors. Even though the number of each error type differed slightly between age groups, only one significant difference between age groups occurred concerning the frequency of erroneous returns (Table 2).

	Age group	**N**	**Mean**	**Sd**	**F**	**sig.**
False turn-offs	children	20	8.95	4.96	0.65	.43
	older adults	20	7.7	4.84		
Keeping the false track	children	20	7.7	4.62	0.57	.46
	older adults	20	9.1	6.92		
Erroneous returns	children	20	2.25	1.98	3.58	.07*
	older adults	20	1.2	1.47		

***Table 2:** Differences among age groups with respect to error types*

Since results presented so far indicate little differences *among* groups, thus hinting at a very similar problem solving, insightful differences were found *within*

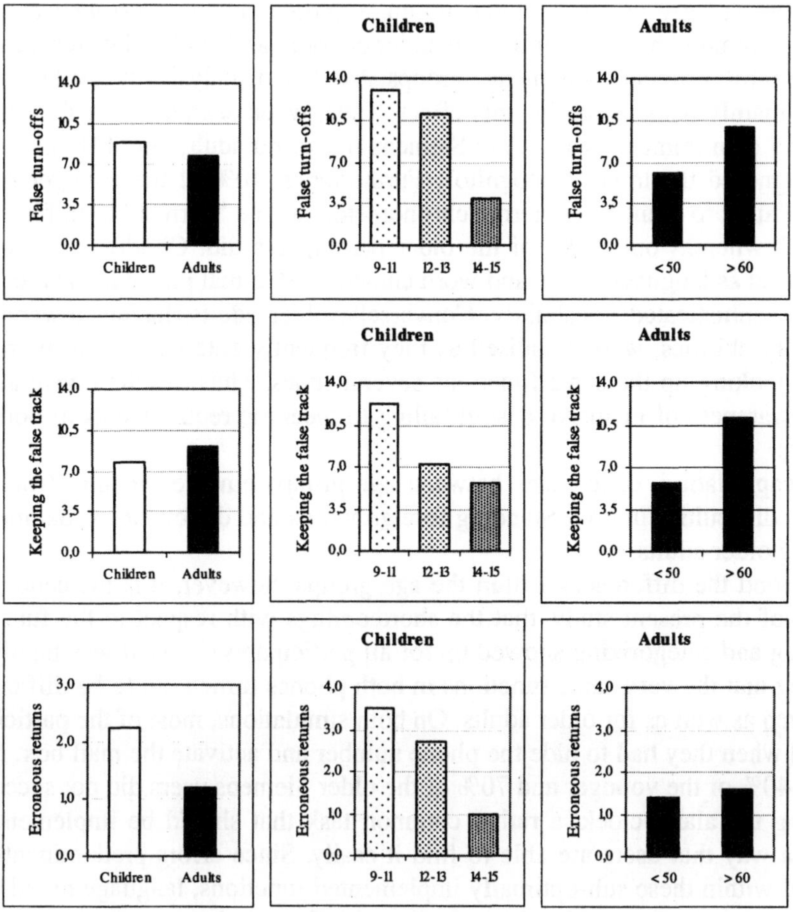

Figure 2: *Age-related differences in the number of error types*

groups. To delve deeper into age-related differences in language based navigation performance, samples were divided into five sub-samples according to age - three groups within children (aged 9–11, 12–13, 14–15) and two groups within older participants (aged 41–50, 51–65). Age differences were expected to be higher among children due to different stages of cognitive development.

Indeed, the results from the ANOVA analysis yielded significant effects for the children group in all measures, whereas only one significant effect was found for older adults concerning the frequency of keeping false tracks. For all error types, the data showed improvements of performance with increasing age for children and decreasing age for older adults. In Figure 2, this typical pattern is visualised for all three error types separately.

Focusing only on the children group, significantly more *erroneous returns* were committed by younger than by older children and adults, thus resulting in a meaningful difference among age groups. A detailed analysis revealed Latinisms to be mainly responsible for this effect. Thus, when searching for the function "hiding own number" within the Siemens menu, no adult, but 50% of the children ignored the target "incognito". Furthermore, 40% of the younger participants failed to identify the term "chronometer" as the "correct" term for "alarm clock", whereas only 10% of the older participants did. Children were clearly penalised as language usage and word choice used in real phone menus require a rather sophisticated vocabulary. Conversely, older adults, having lower verbal memory abilities, were penalised as they frequently entered a menu more than once, looking up the same functions several times. Thus, results reveal a fairly low awareness of inclusive design failing to meet the requirements of both user groups.

Recapitulating, differences between age groups emerged mainly from children's difficulties in understanding foreign words and deficits in verbal memory among older adults.

Beyond the differences within the age groups, however, it is the central outcome of the present study, that the shortcomings with respect to the functions' naming and categorizing showed up for all participants. Thus, it was highly surprising that the very same functions in both phones turned out to be difficult for children as well as for older adults. On both simulations, most of the participants failed when they had to hide the phone number and activate the mail box. Moreover, 40% of the younger and 70% of the older Siemens users did not succeed in finding the alarm-clock, a rather common task that should be implemented in such a way that users are able to find it easily. Since errors predominantly occurred within these sub-optimally implemented functions, language based shortcomings can be assumed to be generic and influence the two age groups in the very same way.

In the following, a detailed analysis is undertaken with respect to the different error types that are referred to typical difficulties in the functions' naming and categorizing. This should help to identify design features which produce deficits in semantic coherency and semantic transparency causing frequent occurrence of errors.

4.2 Similarities in navigation performance in children AND older adults: Hints towards shortcomings in naming

Assessing similarities in navigation performance and isolating typical weaknesses of menu structures required a consistent and ergonomically reasonable criterion. In order to set a "fair" criterion, similarities in both age groups were assumed to exist whenever at least 30% of participants in each group make the same error at a specific point within the menu hierarchy.

False turn-offs occurred frequently on the first menu level indicating difficulties in finding the one category which contains the sought-after function. Thus, 40% of participants (comprising children and older adults) using the Nokia menu expected the internal phone book which was actually placed in the submenu "directory" within the category "call register". Also, the location of the function "mailbox" within the category "call divert" (Nokia) or "divert" (Siemens) was mistaken on both phone models: At least 50% of the subjects started their search within the submenus "settings" (Nokia) or "set-up" (Siemens) and "messages" (both phones). Half of the children even entered these options twice to make sure that they had not missed the sought-after function. This frequent occurrence of misleading terms reveals a distinct flaw of the categorization of functions in the real phones not fitting to participants' mental model and expectations where a specific function should be located. The same problem emerged from the assignment of the alarm clock function to the category "office & fun" (Siemens menu), which does not conform to users' expectations at all. Instead, subjects searched elsewhere entering the submenus "set-up" (85%), "time/charge" (60%) and "audio" (45%) that apparently provide a stronger association with the sought-after function than the submenu actually chosen. One adult, finally succeeding in finding "alarm clock" in the menu was completely upset stating: "Fun and alarm clock – that does not fit at all!" Whereas adults were confused by the combination of functions assigned to semantically dissimilar categories, children, however, did not feel disturbed by the conflicting category name, as it was expressed by a thirteen year old boy: "What the hell should a child do with the option 'office'?"

Moreover, the analysis revealed errors that did not result from deficits in the functions' categorization, but from deficits in semantic transparency. To give an example, even though the alarm clock was placed in the category "clock" within the Nokia menu – as it may have been expected by users – still 35% of the participants did not choose directly this menu function, but selected the category "settings" first. "Settings", a very general term, obviously competes with the target, as its alleged universal fitness suggests the inclusion of many functions and thus, promises a high probability to succeed. However, on a lower menu-level, confusion was even higher since users had to semantically distinguish between the specifications "call settings", "phone settings" and "security settings". When searching for the function "hiding own number", the option "security settings" was preferred by about one third (35%) and the option "phone settings" by two thirds (65%) of the subjects, before they finally entered the correct submenu "call settings". Apparently, semantic transparency decreases with a high semantic fuzziness of functions' naming.

To summarize, false turn-offs resulted mainly from a mismatch between category name and subordinate function, a high distracting value of rather generic category terms and a low distinctiveness of different options within one menu level.

Since *keeping false track errors* typically result from the first error type (false turn-off), they were found to be related to the same deficits in semantic coherency and transparency. Thus, due to a poor categorization of the mailbox function, 30% of Nokia users and 50% of Siemens users who had started their search within the wrong submenu "messages" followed this track by choosing the option "voice mailbox number" (Nokia) or "voice message" (Siemens) located on the next (lower) level. Also, searching for the mailbox function, 55% of users of both phones were again mislead by the submenu "settings" or "set-up", being distracted here by "phone settings" (Nokia) or "phone" (Siemens) located on a deeper menu level. Further, 30% of the Siemens users entered the submenu "during calls", before they realized that they were mistaken. These findings indicate that keeping false track errors are evoked when attributes of the same function – e.g. the number and the status of the mailbox – are ascribed to different categories, thus providing a strong association with the sought-after function at different points within the menu structure. In addition, users again seemed to be attracted by terms with a generic scope that suggest to house the targeted function even if they mostly do not. Thus, when attempting to hide the own number, 35% of participants selected "option" within the submenu "phone book", before realising that they are wrong and subsequently starting from scratch.

In *summary*, keeping false track errors resulted primarily from semantically highly similar functions located on different menu levels, and, secondarily, from terms with a very generic scope located on lower menu levels.

Errors by erroneous returns occurred frequently in both phone types. In the Nokia menu when searching for the function "hiding own number". 35% of all participants did not expect that the term "sending own number" could be negated at the next level (by selecting the option "off") and returned to the previous level, since the (chrono)logical order of menu items suggested the very opposite of what they intended to do. Also, when trying to divert voice calls, 30% of the users working on one of the two prototypes ignored functions like "activate" (Nokia) and "set" (Siemens), since they intuitively indicate the final completion of a task, but not the chance to select specific functionalities (mailbox or phone number) on the next lower level.

To sum up, errors by erroneous returns emerged from semantically incoherent function sequences within mobile phones' menu.

5 Discussion

The present study examined the comprehensibility of mobile phones' menus focusing on the semantic transparency of functions' naming and categorization. To address the issue of how to design hierarchical menu structures in order to be useful for a broad user group, a differential approach was pursued. Children and older adults had to search for seven common functions within simulated menus that were taken from real mobile phones, the two widespread mass models Nokia 3210 and Siemens C35i. As effects of language based design features were isolated from different key solutions, difficulties in information retrieval can be interpreted solely as a function of technical language usage.

Examining children and older users is of central ergonomic importance, since they are important user groups of technical devices and since current devices do not address the cognitive needs of both groups. On the contrary, children – as they grow up with technology – are commonly overrated with respect to their ability to handle technical devices, and older adults are often underrated, assuming that they are neither interested in modern technologies nor able to learn the usage of technical devices.

The outcomes draw a clear and insightful picture and are now discussed with respect to their implications for an inclusive design of mobile phones. Analysis of users' actions indicated that usage of functions' naming is a critical factor affecting effectiveness and efficiency of navigation performance. It was shown that language based design features in current mobile phones are in fact suboptimally implemented, failing to meet the requirements due to cognitive functioning of users. As the most central message of the study, it can be concluded that the shortcomings with respect to the functions' naming and categorizing are independent from users' age. Older adults, having a higher experience with language usage in general, and children, having a higher experience with the usage of technology, showed the same difficulties with respect to the functions' naming and the allocation of functions to categories.

Beyond the markedness of the outcomes and the astounding agreement of the observations with respect to children and to older adults, one might critically argue that the findings represent specific developmental changes in cognitive functioning, improving in the case of children, and worsening for older adults. However, this argument can be ruled out. The findings of the present study impressively match previous findings with students. In a similar study (Pinsdorf,

2004) also investigating the shortcomings in language based design features in mobile phones, the students experienced basically the same difficulties as found here. Even though the students generally showed a higher effectiveness (solving 6.3 out of seven tasks successfully) and a higher efficiency (40% to 60% fewer errors) compared to the performance of children and older adults, the very same deficits with respect to the semantic coherency of the menu structures and the semantic transparency of functions' naming were encountered. The central problems result from poor categorization of functions, low distinctiveness of different options on the same menu level, assignment of semantically similar functions to different submenus, logically incoherent item sequences and the usage of generic terms.

Apparently, language-based design features do neither reflect individual preferences, nor modes nor basic differences within cognitive functioning. Rather, users seem to have a similar intuitive concept with respect to what a specific menu term stands for. Thus, a universally valid prototypic understanding of functions can be assumed for a broad user group. If language based design features of menu structures are not in line with this understanding, confusion results in children and older adults and even in younger adults being bright and technology-prone. From these observations it may be concluded that language comprehension is not a differential, but a universal phenomenon in human beings, thus corroborating the feasibility of an inclusive design of menu structures in mobile phones. If interfaces are not well defined and sub-optimally designed, performance is likely to be worse, irrespective of user characteristics.

Based on the results, a number of recommendations are proposed that should be considered when designing mobile phones that meet usability requirements of and for a broad user group:

Recommendations for semantic coherency:

- Make sure that lower-level items are naturally associated with a single higher-level item.
- Create groups of semantically similar items.
- Make sure that items on the same menu level do not overlap.
- Use logically coherent item sequences.
- Avoid conflicting classifications on the same menu level.

Recommendations for semantic transparency:

- Use familiar terminology, but ensure that items are distinct from each other.
- Do not apply generic terms and the usage of foreign words.

References

Allen, R. (1983). Cognitive Factors in the Use of Menus and Trees: An Experiment. IEEE Journal on Selected Areas in Communications, 1(2), 333–336.

Bay, S. & Ziefle, M. (2003). Design for All: User Characteristics to be Considered for the Design of Devices with Hierarchical Menu Structures). In H. Luczak & K.J. Zink (eds.). Human Factors in Organizational Design and Management (pp. 503–508). Santa Monica: IEA Press.

Bay, S. & Ziefle, M. (2004). Effects of menu foresight on information access in small screen devices (pp. 1841–1845). 48th Annual meeting of the Human Factors and Ergonomic Society. Santa Monica, Human factors Society.

Bay, S. & Ziefle, M. (in press). Children Using Cellular Phones. The Effects of shortcomings in User Interface Design. Human Factors.

Chang, T. M. (1986). Semantic memory: Facts and models. Psychological Bulletin, 99(2), 199–220.

Kogan, N. (1974). Categorizing and Conceptualizing Styles in Younger and Older Adults. Human Development, 17, 218–230.

Kurniawan, S., Zaphiris, P., and Ellis, R. (2003). Age-related Differences in subjective ratings of Hierarchical Information. In C. Stephanidis (Ed.). Universal Access in HCI. (pp. 857–861). Mahwah, NJ: LEA.

McCloskey, M.E. & Glucksberg, S. (1978). Natural categories. Well-defined or fuzzy sets? Memory and Cognition, 6, 462–472.

Noordman-Vonk, W. (1979). Retrieval from Semantic Memory. In: W.J.M. Levelt (ed.). Language and Communication 5. Berlin: Springer.

Noyes, J. and Sheard, M., (2003). Designing for Older Adults: Are they a Special Group? In C. Stephanidis (Ed.). Universal Access in HCI. (pp. 877–881). Mahwah, NJ: LEA.

Paap, K. & Cooke (1997). Design of menus. In M. Helander, T. landauer & P. Prahu (Eds.). Handbook of Human Computer Interaction (pp.533–572). Amsterdam: Elsevier.

Pinsdorf, V. (2004). Names and categories: A validating study of the utility of different methods for the optimising of menu navigation in mobile phones. Unpublished master thesis, RWTH Aachen, Germany.

Rosch, E. (1975). Cognitive representations of semantic categories. Journal of Experimental Psychology, General, 104 (3), 192–233.

Ziefle, M., 2002. The influence of user expertise and phone complexity on performance, ease of use and learnability of different mobile phones. Behaviour and Information Technology, 21(5), 303–311.

Ziefle, M. & Bay, S. (2004). Mental models of Cellular Phones Menu. Comparing older and younger novice users. In S. Brewster & M. Dunlop (Eds.). Mobile Human Computer Interaction (pp. 25–37). Berlin, Heidelberg: Springer.

Ziefle, M. & Bay, S. (in press). Older adults and the man-machine interface: Aging effects on the usability of different cellular phones. Behavior & Information Technology.

Standardisierung von Sprachressourcen: Der aktuelle Stand

Thorsten Trippel, Thierry Declerck, Ulrich Heid

Wir berichten über internationale Normungsarbeit im Bereich von Sprachressourcen. Die Normen werden von internationalen Arbeitsgruppen im Rahmen von ISO, der International Organization for Standardization, entwickelt und jeweils national von entsprechenden Gruppen, in Deutschland koordiniert vom DIN, begleitet und diskutiert. Für die automatische Sprachverarbeitung besteht sei Jahren zunehmend Bedarf an elektronischen Ressourcen: Lexika, Korpora, Grammatiken, Annotationskonventionen, Sprachdatensammlungen, usw. Damit solche Ressourcen über einen einzelnen Anwendungskontext hinaus wiederverwertbar sind und zwischen Arbeitsgruppen ausgetauscht werden können, wird an einer Normung ihrer Repräsentationsformate und der zur Beschreibung von Ressourceninhalten benutzbaren Vokabularien gearbeitet (Datenkategorien). Waren in der Vergangenheit Standardisierungsbemühungen auf bestimmte Ausschnitte aus dem Spektrum der linguistischen Beschreibungen von Ressourcen beschränkt (z.B. die EU-Projekte SAM im Bereich gesprochener Sprache, EAGLES und ISLE im Bereich von Morphosyntax, Syntax, lexikalischer Semantik in Texten und Lexika und Sprachtechnologie), so ist die Zielsetzung der 2002 und 2003 gegründeten ISO- (TC 37 SC 4) bzw. DIN- (NAT AA 6) Arbeitsgruppen breiter: es geht um Metarichtlinien für die Repräsentation und Annotation von Texten ebenso wie um Datenkategorien für Lexika, morphologische und morphosyntaktische Analyse, usw. Wir beschreiben den aktuellen Stand der Normungsdiskussion.

We will discuss current work towards standards developed for the exchange of language resources. The use and reuse of linguistic resources has become more important due to the progressing use of automized applications over the last years. Not only motivated by the immense work put into the creation of language resources, the interfaces for the exchange of such resources have to be created independently from specific work groups. In the past, the efforts for standardization have been restricted to some initiatives, for example within the SAM, EAGLES and ISLE projects of the European Comission. Another group working on standards was the Text Encoding Initiative (TEI). Language resources are now part of national and international standardization organisations, for Germany the Deutsches Institut für Normung (DIN) has created a working group on language resources (Arbeitsausschuss Sprachressource, AA6) within its technical committee Normenausschuss Terminologie (NAT). This group mirrors the committee of the International Organization for Standardization (ISO), technical committee 37, subcommittee 4 (Language Resources).

1. Einführung in die Normierung für Sprachressourcen

Sprachressourcen sind die Klasse heterogener Informationen, die Gegenstand von Linguistik und Sprachtechnologie sind, aber auch in Anwendungskontexten wie Übersetzungen und Lexikonentwicklungen gefragt sind. Hierzu gehören beispielsweise Textkorpora, Lexika, Daten gesprochener Sprache, aber auch Annotationsrichtlinien und -verfahren. Die Form der verschiedenen Ressourcen ist dabei ebenso vielfältig, wie die verwendeten Datenstrukturen und Anwendungskontexte, aber auch die konsistente Verwendung von Annotationsstrukturen kann in verschiedener Weise zum Tragen kommen. In der Praxis läuft dies in der Regel auf idiosynkratische Bestimmungen von Datenformaten und Verarbeitungsverfahren hinaus; Konsistenzprüfungen werden, wenn überhaupt, ad hoc von Experten oder von applikationsspezifischen Parsern übernommen. Diese idiosynkratischen Strukturen erlauben es aber nicht, Daten zwischen Applikationen oder Nutzern auszutauschen, ohne vorher eine detaillierte Analyse und Transformation durchzuführen, selbst wenn Teilstrukturen und Informationsgehalt direkt vergleichbar wären.

Nicht zuletzt wegen der hohen Kosten bei der Erstellung von Sprachressourcen und des größer werdenden Bedarfs an hochwertigen Ressourcen, insbesondere für statistische Verfahren, wird eine Standardisierung von Formaten und Formalismen über Grenzen der linguistischen Theoriebildung hinweg angestrebt, um zumindest existierende Werkzeuge und Verfahren verwenden und austauschen zu können, aber auch Ressourcen selbst als Grundlage auch anderer als der ursprünglich intendierten Verwendung benutzen zu können.

Der vorliegende Beitrag beruht auf den Normenentwürfen und Vorschlägen aus dem Standardisierungsgremium der International Organization for Standardization (ISO) im Rahmen des technischen Komitees 37, Arbeitsausschuss 4 (Language Ressources) ISO TC 37/SC 4. Das Komitee wurde im Sommer 2002 gegründet und ist international besetzt; dabei entsenden interessierte nationale Normungsinstiutionen Experten, die an Normentwürfen mitarbeiten. In Deutschland, wie in anderen Ländern, gibt es seit Mai 2003 eine nationale Arbeitsgruppe, die deutsche Beiträge zur internationalen Normung koordiniert. Sie wird organisatorisch vom Deutschen Institut für Normung (DIN) im Rahmen seines Normungsausschusses Terminologie betreut. Die Autoren sind Mitglieder dieser Arbeitsgruppe.

2. Wortsegmentierung für geschriebene Sprache für einsprachige und mehrsprachige Informationsverarbeitung

2.1. Ziel der Norm

In der automatischen Verarbeitung von Sprache und damit auch von Sprachressourcen ist ein wesentliches Konzept die Segmentierung von Worten. Anders als in modernen westlichen Sprachen mit lateinischer Schrift ist die Segmentierung von Worten in schriftlichen Ressourcen bei anderen Schriftsystemen nicht durch Leerzeichen oder vergleichbare Konventionen gegeben. Ein weiteres Problem besteht auch in der Differenzierung zwischen Worten und Phrasen, wo etwa im Deutschen Komposita zusammen geschrieben werden, in relativ nah verwandten Sprachen wie dem Englischen aber häufig als Kombination von zwei oder mehr graphischen Wörtern gesehen werden. Ziel des Normungsvorhabens ist eine Vereinheitlichung, um etwa zu Evaluationszwecken von sprachverarbeitenden Systemen Benchmarks definieren zu können, primär mit dem Ziel einer Wortdefinition für nicht lateinische Schriftsysteme ohne Wortgrenzenkonventionen. Mittelfristig können die Ergebnisse von Wortsegmentierungsverfahren in der Informationsrecherche und der Terminologieextraktion unmittelbar eingesetzt werden.

2.2. Inhalt der Norm

Basierend auf linguistischen Regeln, Häufigkeit und Stabilität gewisser Zeichenkombinationen wird die *Wortheit* von Mehrwort-Ausdrücken auf der Grundlage von Wortlistenkonstruktionen aus Korpora und ein Metamodell für die Segmentierung von Worten definiert.

2.3. Diskussionspunkte

Ein wesentliches Problem besteht in den unterschiedlichen Auffassungen zu Wortgrenzen und in der Verwendung von Worteinheiten in existierenden Systemen. Dieses Problem ist etwa aus der Praxis des Übersetzungswesens hinreichend bekannt, in dem Übersetzungsumfänge nach Wortzahl bewertet werden. Dies führt bereits bei der Bewertung von verschiedenen agglutinierenden Sprachen zu Problemen. Ein einheitliches Vorgehen wäre also auf Grund von praktischen Erwägungen sinnvoll, um eine einheitliche Bezugsgröße definieren zu können.

2.4. Stand des Verfahrens

Diese Norm ist derzeit als Vorschlag eingereicht, eine Entscheidung, ob die Standardisierungsgremien eine Normierung anstreben, steht noch aus. Auch liegt noch kein Normentwurf vor.

3. Grundlagen für Morphosyntaktische Annotation: Morphosyntactic Annotation Framework

3.1. Ziel der Norm

Das *Morphosyntactic Annotation Framework* soll zu einem Standard führen, durch den morphosyntaktische Informationen einheitlich kodiert werden, die in Datenströmen enthalten sind. Dabei wird von Datenströmen sowohl im Bereich der textuellen Repräsentation ausgegangen, mit Referenz zu den TEI-Konventionen, als auch der Signalannotationen mit einem Verweis auf MPEG 7.

3.2. Inhalt der Norm

Der Normentwurf zerfällt in zwei verschiedene Teile, nämlich in

1. die Segmentierung, insbesondere also die Wortbestimmung mit einer Beschreibung der Behandlung von Ambiguitäten und die formale Beschreibung von internen Strukturen mit Hilfe von Merkmalsstrukturen (auch Attribut-Werte Paare genannt), und
2. die Inhaltsbeschreibung der morphosyntaktischen Annotation, also eine Angabe zur Einbettung strukturierter Informationen. Dies schließt auch die Möglichkeit der mehrfachen Annotation mit ein, etwa für Numerus, Genus, Tempus, etc.

3.3. Diskussionspunkte

Wesentliche Diskussionspunkte betrafen die Definitionen der relevanten Datenkategorien, die ein großes Spektrum von Sprachen abdecken sollen. Auch ist zu klären wann, wie z.B. in der deutschen Sprache, Komposita zu behandeln sind, etwa als mehrere Wörter oder als lexikalische Einheit.

3.4. Stand des Verfahrens

Das Morphosyntactic Annotation Framework befindet sich noch am Anfang der Normierungsphase, ist aber bereits als Gegenstand der Normierung bestimmt. Erste Entwürfe für eine Norm befinden sich in der internen Diskussion.

4. Grundlagen linguistischer Annotation: Linguistic Annotation Framework

4.1 Ziel der Norm

Mit existierenden Konventionen aus dem World Wide Web Consortium (W3C) wie XML (Bray et al. 2004), RDF (Beckett, 2004), OWL (McGuinness und van Harmelen, 2004), etc. versucht das Linguistic Annotation Framework eine einheitliche Grundlage für die Annotation von linguistischen Daten zu legen. Ungeachtet einer Offenheit gegenüber anderen Bereichen liegt der Schwerpunkt auf höheren Annotationsebenen, etwa Morphosyntax und semantische Annotation, die auf tieferen Ebenen aufsetzen.

4.2. Inhalt der Norm

Die auf der Grundlage verschiedener Bedürfnisse entwickelten Annotationsstandards, z.B. die Ergebnisse von EAGLES (Calzolari und McNaught, 1996; Leech und Wilson, 1996), ISLE (Atkins et al., 2002, Atkins et al., undatiert), etc. zu Morphosyntax, Syntax, Semantik und Lexikon haben zu einer Vielzahl von Inkompatibilitäten geführt. Um eine gemeinsame Basis existierender Annotationen zu finden, wird daher mit Hilfe einer allgemeinen Merkmalsstruktur auf Grundlage von Datenkategorien, die ebenfalls zu standardisieren sind, ein generisches Datenformat definiert. Annotationen sind daher in dieses Format transformierbar. Ziel ist also ein Metaformat, das es erlauben soll, linguistische Annotationen auszudrücken und auszutauschen.

4.3. Diskussionspunkte

Die Definition der Datenkategorien ist genauso ein Problem wie die Verwendung verschiedener Merkmalsstrukturhierarchien, resultierend aus unterschiedlichen theoretischen Hintergründen. Ersteres Problem wird durch die Erstellung eines offenen Datenkategorien-Repositorys angegangen, wodurch eine maximale Unabhängigkeit von spezifischen Theorien möglich wird. Die Merkmalsstrukturhierarchie ist dagegen nicht als linguistische Theorie per se zu betrachten, auch wenn sie unter Umständen eine bestimmte linguistische Theorie abbildet, sondern nur als Austauschformat. Ob diese Trennung zwischen Theorie und Austauschformat allerdings vollständig erreicht werden kann, ist noch nicht beschrieben worden.

4.4. Stand des Verfahrens

Das *Linguistic Annotation Framework* wurde als Gegenstand in den Normierungsprozess eingebracht, über die Spezifikation der Anforderungen an das Linguistic Annotation Framework ist das Verfahren noch nicht hinaus, insbesondere gibt es noch keinen Entwurf einer Norm.

5. Grundlagen lexikalischen Markups: Lexical Markup Framework

5.1 Ziel der Norm

Analog zu existierenden Standards für Terminologiedatenbanken (ISO 12200) und deren Überarbeitung wird mit dem *Lexical Markup Framework* ein Standard zur Beschreibung von Inhalten lexikalischer Datenbanken, etwa Wörterbüchern, geschaffen, in der formale Oberflächenmerkmale und Semantik voneinander getrennt strukturiert werden, und in denen lexikalische Strukturen konsequent modelliert werden.

5.2. Inhalt der Norm

Lexikalische Inhalte in Applikationen folgen verschiedenen Datenmodellen. Das *Lexical Markup Framework* (LMF) stellt eine Repräsentation lexikalischer Information in einem einheitlichen Modell dar, durch das bestimmte Arten von Wörterbüchern repräsentiert werden können,

5.3. Diskussionspunkte

Es ist derzeit nicht Teil des Standardentwurfs, wo die Grenzen des LMF liegen, also welche lexikalischen Ressourcen mit seiner Hilfe abgebildet werden können. Analog zu terminologischen Ressourcen im *Terminology Markup Framework* (Neufassung von ISO 12200) können semantische Lexika beschrieben werden.

5.4. Stand des Verfahrens

Ein erster Entwurf einer Norm ist Bestandteil des derzeitigen Verfahrens.

6. Repräsentation von Merkmalsstrukturen: Feature Structure Representation

6.1. Ziel der Norm

Viele linguistische Formalismen, etwa HPSG, LFG, das generative Lexikon, etc., verwenden hierarchisierte Merkmalsstrukturen. Aufbauend auf Vorarbeiten der

Text Encoding Initiative (TEI, siehe Sperberg-McQueen und Burnard, 2004) wird für diese Norm eine Syntax für diese Merkmalsstrukturen festgelegt.

6.2. Inhalt der Norm

Vor dem Kontext von Anwendungsbeispielen für Merkmalsstrukturen wird eine Syntax für die Repräsentation von Merkmalsstrukturen definiert, basierend auf atomaren Merkmalen, der Zusammenfassung von Merkmalen in Containern, der Struktur von Inhalten und der Gruppierung von Mustern. Als Grundlage für diese Beschreibung wurde die TEI-Spezifikation herangezogen (siehe Sperberg-McQueen und Burnard, 2004, Kapitel 16).

6.3. Diskussionspunkte

Diskussionspunkte waren teilweise identisch mit denen, die unter 4.3 oben erwähnt wurden. Nicht nur die mögliche Trennung von linguistischen Theorien und Repräsenationsformalismus (getypte Merkmalstrukturen) ist nach wie vor vage, auch ging es darum, eine relevante Menge von merkmalbasierten linguistischen Analysesystemen aufzulisten und zu untersuchen, um die Adäquatheit der vorgeschlagenen Standardisierungsstrategie zu überprüfen, auch im Hinblick auf die Interoperabilität der vorgeschlagenen Merkmalhierarchien zwischen praktischen Systemen.

6.4. Stand des Verfahrens

Das Standardisierungsverfahren für diese Norm ist weiter fortgeschritten, die Veröffentlichung dieser Norm für weitere Kommentare an Mitglieder der Standardisierungsgremien auf der zweitletzten Stufe vor der Verabschiedung als internationaler Standard steht noch aus.

7. Datenkategorien für elektronische lexikalische Ressourcen: Terminology and other language resources – Data categories

7.1. Ziel der Norm

Die Festlegung, wie Datenkategorien für lexikalische Datenbanken zu definieren sind, ist Gegenstand der Standardfamilie Terminology and other language resources – Data categories. Diese Norm basiert auf einer Überarbeitung des Standards ISO 12620, der für den Bereich Terminologiedatenbanken Datenkategorien spezifiziert. Im Bereich Sprachressourcen ist der dritte Teil angesiedelt *Data category selection (DCS) for electronic lexical resources (ELR)*, der auf dem ersten Teil

Specification of data categories and management of a data category registry for language resources aufbaut. Ausgehend von zentralen Datenkategorien werden dazu Mechanismen normiert, die der Erweiterung der Datenkategoriebasis dienen (siehe auch Ide und Romary, 2004).

7.2. Inhalt der Norm

Der derzeitige Entwurf von ISO 12620 (3) besteht im wesentlichen aus einer langen Liste von Datenkategorien, die teilweise mit Subkategorien versehen sind, zusammen mit einer Definition der Kategorie.

7.3. Diskussionspunkte

Wesentliche Probleme bei der Erstellung eines Datenkategorieverzeichnisses bestehen in den folgenden Bereichen:

1. Die Trennung in lexikalische (ISO 12620-3 neu) und terminologische (ISO 12620-2 neu) Datenkategorien erscheint fast willkürlich, da die ersten Entwürfe eine weitgehende Gleichheit der Kategorien mit wenigen Ausnahmen zeigen.
2. Der Anspruch, theorieübergreifend zu sein, führt zu dem Problem, dass auch für anfangs nicht betrachtete Modelle Kategorien zu definieren sein müssen. Das *Data Category Repository* muss also offen sein.
3. Die Offenheit des *Data Category Repository* führt dazu, dass man Mechanismen zur Aufnahme von neuen Datenkategorien definieren muss, die ebenfalls unabhängig von Vorlieben und theoretischen Annahmen sind; allerdings muss sichergestell werden, dass die Offenheit nicht dazu führt, dass äquivalente Datenkategorien definiert werden, was dem Grundsatz der Austauschbarkeit diametral entgegen stünde.

7.4. Stand des Verfahrens

Die Normierung von Datenkategorien wurde in das Arbeitsprogramm der Normungsausschüsse aufgenommen, allerdings steht die Trennung in die drei Bereiche Grundlagen, Terminologiekategorien und Lexikonkategorien wieder zur Diskussion.

8. Zusammenfassung und Ausblick

Die bisherige Mitarbeit von den Autoren an den Normierungsaktivitäten basiert wie auch bei anderen Beteiligten der Standardisierungsinitiativen auf freiwilligem

Engagement. Auf Initiative einer französische Forschungsorganisation (LORIA) wurde zusätzlich ein europäisches Projekt im Rahmen vom eContent eingereicht und akzeptiert. Das Projekt heißt „LIRICS" (Linguistic Infrastructure for Interoperable Resources and Systems) und wird auf europäischer Ebene einige der oben vorgestellten Themen in enger Kooperation mit der ISO vorantreiben. LIRICS hat sich vorgenommen, eine open-source Implementierung, Webservices und Testsuites für 9 Sprachen zu entwickeln, die die Implementierung einiger der oben besprochenen Standards unterstützen und validieren. Die Notwendigkeit der Standardisierung von Sprachressourcen ist also auch auf dieser Ebene deutlich geworden.

Literaturverzeichnis

Atkins, S., Bel, N., Bertagna, F., Bouillon, P., Calzolari, N., Fellbaum, C., Grishman, R., Lenci, A., MacLeod, C., Palmer, M., Thurmair, G., Villegas, M., and Zampolli, A. (2002). From resources to applications. Designing the multilingual ISLE lexical entry. In *LREC 2002*, pages 687–693, Las Palmas de Gran Canaria.

Atkins, S., Bel, N., Bouillon, P., Charoenporn, T., Gibbon, D., Grishman, R., Huang, C.-R., Kawtrakul, A., Ide, N., Lee, H.-Y., Li, P. J. K., McNaught, J., Odijk, J., Palmer, M., Quochi, V., Reeves, R., Sharma, D. M., Sornlertlamvanich, V., Tokunaga, T., Thurmair, G., Villegas, M., Zampolli, A., and Zeiton, E. (undatiert). Standards and best practice for multilingual computational lexicons and MILE (the multilingual ISLE lexical entry). Deliverable D2.2-D3.2 ISLE computational lexicon working group, International Standards for Language Engineering (ISLE), Pisa.

Beckett, D. (2004). RDF/XML syntax specification (revised). URL: http://www.w3.org/TR/2004/REC-rdf-syntax-grammar-20040210/.

Bray, T., Paoli, J., Sperberg-McQueen, C. M., Maler, E., and Yergeau, F. (2004). Extensible markup language (XML) 1.0 (third edition). URL: http://www.w3.org/TR/2004/REC-xml-20040204/.

Calzolari, N. and McNaught, J. (1996). Synopsis and comparison of morphosyntactic phenomena encoded in lexicons and corpora a common proposal and applications to european languages. Technical report, Expert Advisory Group on Language Engineering Standards (EAGLES).

Ide, N. and Romary, L. (2004). A registry of standard data categories for linguistic annotation. In *Proceedings of LREC 2004*, Lisbon.

ISO 12200:1999 (1999). Computer applications in terminology – machine-readable terminology interchange format (MARTIF) – negotiated interchange. ISO standard.

ISO 12620:1999 (1999). Computer applications in terminology – data categories. ISO standard.

Leech, G. and Wilson, A. (1996). Recommendations for the morphosyntactic annotation of corpora. Technical report, Expert Advisory Group on Language Engineering Standards (EAGLES).

McGuinness, D. L. and van Harmelen, F. (2004). OWL web ontology language overview. URL: http://www.w3.org/TR/2004/REC-owl-features-20040210/.

Sperberg-McQueen, C. M. and Burnard (2004). TEI P4 Guidelines for Electronic Text Encoding and Interchange XML-compatible edition. URL: http://www.tei-c.org/P4X/

Evaluation der audiovisuellen Kongruenz bei der multimodalen Sprachsynthese

Charlotte Wollermann

Bei der multimodalen Sprachsynthese wird die akustische Synthese durch die visuelle ergänzt, d.h. sie wird durch die Visualisierung eines Gesichts erweitert. In diesem Kontext stellt sich die Frage, welche Rolle die Kongruenz zwischen der akustischen und der visuellen Information spielt. Dies wird anhand von zwei Perzeptionsexperimenten überprüft. Experiment 1 dient als Vorexperiment und untersucht, ob Stimuli mit kongruenter Kopfbewegung als verständlicher wahrgenommen werden als Stimuli ohne Kopfbewegung. Die Ergebnisse zeigen, dass sich die Rezipientenurteile entgegen der Erwartung nicht signifikant voneinander unterscheiden. In Experiment 2 wird die Fragestellung des Vorexperiments in einem anderen Kontext untersucht. Zudem wird überprüft, ob Stimuli mit kongruenter Kopfbewegung überzeugender wirken als Stimuli ohne bzw. mit inkongruenter Kopfbewegung. Bezüglich der Verständlichkeit werden die Ergebnisse von Experiment 1 weitgehend, aber nicht generell bestätigt. Auffällig ist, dass die Versuchspersonen inkongruente Äußerungen vergleichsweise schlecht verständlich und kaum überzeugend finden. Äußerungen mit kongruenter Kopfbewegung werden aber entgegen der Erwartung als nicht signifikant überzeugender wahrgenommen als Antworten ohne Kopfbewegung.

In multimodal speech synthesis facial animation supplements the synthesized speech. Which role does the congruency between auditory and visual information play in this context? This paper presents two perceptual experiments. Experiment 1 is meant to be a preliminary test exploring whether subjects find stimuli with congruent head movements more intelligible than stimuli without head movements. Results show that there are no significant differences between the judgements. Experiment 2 investigates the same question in a different context. The results of the pretest are mainly, but not always confirmed. In addition, this experiment tests whether subjects are more convinced by stimuli with congruent head movements than by those with none, or incongruent head movements. Results confirm that subjects find incongruent utterances barely intelligible or convincing, whereas there is no significant difference between the judgement of congruent utterances and those with no head movements concerning their persuasive powers.

1 Einleitung

Bei der multimodalen Sprachsynthese wird die akustische Synthese durch die visuelle ergänzt, d.h. sie wird durch die Visualisierung eines Gesichts erweitert. In diesem Zusammenhang stellt sich die Frage, welche Bedeutung die Kongruenz zwischen der akustischen und der visuellen Information hat. Dies wird anhand von zwei Perzeptionsexperimenten überprüft, wobei Experiment 1 als Vorexperiment dient. Bei der vorliegenden Untersuchung soll das methodische Vorgehen im Mittelpunkt stehen.

Nach Massaro (1998) werden bei der natürlichsprachlichen Interaktion nicht nur akustische Informationen gebraucht, sondern auch Kopf- und Lippengesten. Diese visuellen Informationen werden bei der multimodalen Sprachsynthese eingesetzt, um die Verständlichkeit zu erhöhen. Multimodale (audiovisuelle) Sprachsynthesesysteme in Form von so genannten Talking Heads fungieren als Informationssysteme, E-Commerce-Systeme und Akteure in virtuellen Welten. Bei audiovisuellen Systemen unterscheidet man zwischen dem modellbasierten und dem datenbasierten Ansatz. Beim modellbasierten Ansatz wird das menschliche Gesicht modelliert und animiert. Pionier auf diesem Gebiet war Parke mit seinem parametrisierten Gesichtsmodell (Parke 1982), das die Grundlage für moderne Systeme wie BALDI (Cohen, Massaro 1993) bildet. Im Unterschied dazu dient beim datenbasierten Ansatz (Bregler, Covel, Slaney 1997) ein vorher aufgenommenes Videokorpus als Datenbasis.

Auf dem Gebiet des „Audio-Visual Speech Processing" befassen sich mehrere Arbeiten damit, inwieweit ein Talking Head die Verständlichkeit in einer lauten Umgebung oder bei Hörschäden verbessert (Beskow et al. 1997; Siciliano et al. 2003). Solche Verständlichkeitstests sind insbesondere bei Systemen sinnvoll, bei denen das akustische Signal von Hintergrundlärm überlagert wird, z.B. bei Auskunftssystemen an Bahnhöfen oder Flughäfen.

Im Rahmen der vorliegenden Untersuchung wird in Experiment 1 geprüft, ob die Kongruenz zwischen der akustischen und der visuellen Information die Verständlichkeit bei der audiovisuellen Sprachsynthese erhöht. Dieselbe Fragestellung wird in Experiment 2 in einem anderen Kontext untersucht und außerdem, ob sich die Kongruenz positiv auf die persuasive Kraft eines solchen Systems auswirkt.

2 Material

In beiden Experimenten werden Audio- und Videoaufnahmen einer 21-jährigen Sprecherin verwendet. Der Kopf der Sprecherin wird aus einer Entfernung von einem Meter mit einer digitalen Sony-DV-Kamera aufgenommen. Die Sprecherin äußert /ja/ bzw. /nein/ einmal ohne und einmal mit kongruenter Kopfbewegung, d.h. mit gleichzeitigem Kopfnicken bzw. Kopfschütteln. Für Experiment 2 äußert sie außerdem /ja/ bzw. /nein/ mit einer inkongruenten Kopfbewegung, d.h. /ja/ mit synchronem Kopfschütteln und /nein/ mit gleichzeitigem Kopfnicken. In einem weiteren Schritt wird die natürliche Stimme durch eine synthetische ersetzt. Hierzu wird das System BOSS (Bonn Open Synthesis System) (Klabbers et al. 2001) verwendet.

Die synthetischen Äußerungen simulieren mit einer vorangestellten Audio-Datei einen Dialog. Bei der Audio-Datei handelt es sich um eine Frage, die von einer natürlichen Stimme gesprochen wird. Bei Experiment 1 wird der Dialog zwischen einem Reisenden und einem Zugauskunftssystem simuliert. Die einleitende Frage lautet: „Kann ich für den ICE heute um 18 Uhr nach Berlin einen Platz reservieren?“ Bei Experiment 2 wird ein Dialog mit einem geografischen Informationssystem simuliert. Hier heißt die Frage: „Ist Tanna eine Insel im Indischen Ozean?“ Diese Frage ist nicht ohne weiteres zu beantworten, da Tanna eine unbekannte Insel im Pazifik ist.[109]

3 Experiment 1

3.1 Ziel

In diesem Vorexperiment soll überprüft werden, ob Stimuli mit kongruenter Kopfbewegung als verständlicher wahrgenommen werden als Stimuli ohne Kopfbewegung.

3.2 Methode

Die 20 Versuchspersonen sind Studierende der Universität Bonn im Alter von 20 bis 40 Jahren. Sie haben kein spezielles Wissen zum Thema audiovisuelle Systeme und nehmen unentgeltlich an dem Experiment teil.

Die Stimuli bestehen wie oben ausgeführt aus der einleitenden Frage „Kann ich für den ICE heute um 18 Uhr nach Berlin einen Platz reservieren?“ und der audiovisuellen Antwort /ja/ bzw. /nein/ einmal ohne und einmal mit kongruenter Kopfbewegung. Insgesamt gibt es vier Stimuli, wie in Abbildung 1 bis 4 dargestellt ist.

Die Versuchspersonen werden einzeln getestet. Sie sitzen vor einem Bildschirm mit Lautsprechern oder Kopfhörern in einem ruhigen Raum. Die Stimuli werden in zufälliger Reihenfolge präsentiert. Die Versuchspersonen sollen auf je einer Skala von 1 bis 5 (1=positiv, 5=negativ) angeben, wie Ihnen die Antwort des Zugauskunftssystems gefällt und wie verständlich sie diese finden.

---

109 Nach der Durchführung von Experiment 2 bestätigten alle Versuchspersonen, Tanna nicht zu kennen.

Abbildung 1: /ja/ ohne Kopfbewegung

Abbildung 2: /ja/ mit Kopfnicken

Abbildung 3: /nein/ ohne Kopfbewegung

Abbildung 4: /nein/ mit Kopfschütteln

Anhand des Mann-Whitney-U-Tests wird geprüft, ob es einen signifikanten Unterschied zwischen den Bewertungen der Stimuli ohne und denen mit kongruenter Kopfbewegung gibt. Dabei werden die Stimuli paarweise miteinander verglichen (/ja/ ohne Kopfbewegung - /ja/ mit Kopfnicken; /nein/ ohne Kopfbewegung - /nein/ mit Kopfschütteln). Die Nullhypothese (H_0) lautet: Die Rezipienten beurteilen Äußerungen ohne und mit kongruenter Kopfbewegung nicht unterschiedlich. Die Alternativhypothese (H_1) heißt: Die Rezipientenurteile sind abhängig von der fehlenden bzw. vorhandenen kongruenten Kopfbewegung. Das Signifikanzniveau beträgt 5%.

3.3. Ergebnisse

Sowohl hinsichtlich der Frage „Wie gefällt Ihnen die Antwort?" als auch in Bezug auf die Verständlichkeit unterscheiden sich die Bewertungen weder bei /ja/ noch bei /nein/ signifikant ($p>0{,}05$). Somit wird H_0 beibehalten, d.h. die Kopfbewegung als zusätzliche visuelle Information erhöht entgegen der Erwartung nicht entscheidend die Verständlichkeit.[110]

[110] An dieser Stelle wird auf eine ausführliche Darstellung der Ergebnisse verzichtet, da es sich um ein Vorexperiment handelt. Bei Experiment 2 werden die Ergebnisse detailliert dargestellt.

4 Experiment 2

4.1 Ziel

Ziel dieses Experiments ist, die Fragestellung von Experiment 1 in einem anderen Kontext zu prüfen. Zudem wird getestet, ob Äußerungen mit kongruenter Kopfbewegung überzeugender wirken als Äußerungen ohne bzw. mit inkongruenter Kopfbewegung.

4.2 Methode

Die Stimuli bestehen wie oben beschrieben aus der Frage „Ist Tanna eine Insel im Indischen Ozean?" und den audiovisuellen Antworten wie in Experiment 1, d.h. /ja/ bzw. /nein/ einmal ohne und einmal mit kongruenter Kopfbewegung. Hinzu kommen /ja/ mit gleichzeitigem Kopfschütteln und /nein/ mit synchronem Kopfnicken als inkongruente Stimuli (siehe Abbildung 5 und 6). Somit gibt es insgesamt sechs Stimuli.

Abbildung 5: /ja/ mit Kopfschütteln

Abbildung 6: /nein/ mit Kopfnicken

Die Versuchspersonen, die Bedingungen und die Prozedur sind dieselben wie in Experiment 1. Dieses Mal sollen die Versuchspersonen nicht nur angeben, wie ihnen die Antwort des geografischen Informationssystems gefällt und wie verständlich sie diese finden, sondern auch, wie überzeugend die Antwort ist.

Wieder wird mit Hilfe des Mann-Whitney-U-Tests geprüft, ob der Vergleich der Rezipientenurteile bezüglich der Stimuli ohne kongruente bzw. mit kongruenter sowie inkongruenter Kopfbewegung eine signifikante Differenz zeigt. Wie beim Vorexperiment werden die Stimuli paarweise miteinander verglichen (/ja/ ohne Kopfbewegung - /ja/ mit Kopfnicken, /ja/ mit Kopfnicken - /ja/ mit Kopfschütteln; /nein/ ohne Kopfbewegung - /nein/ mit Kopfschütteln, /nein/ mit Kopfschütteln - /nein/ mit Kopfnicken, /nein/ ohne Kopfbewegung – /nein/ mit Kopfschütteln). H_0 lautet: Die Rezipientenurteile hinsichtlich der Äußerungen ohne kongruente, mit kongruenter sowie inkongruenter Kopfbewegung unterscheiden sich nicht. H_1 heißt: Die Rezipientenurteile sind abhängig von der fehlenden bzw. vorhandenen kongruenten Kopfbewegung sowie von der inkongruenten Kopfbewegung. Das Signifikanzniveau beträgt wie beim Vorexperiment 5%.

4.3 Ergebnisse und Diskussion

Die Abbildungen 7 und 8 zeigen die Ergebnisse des Experiments.

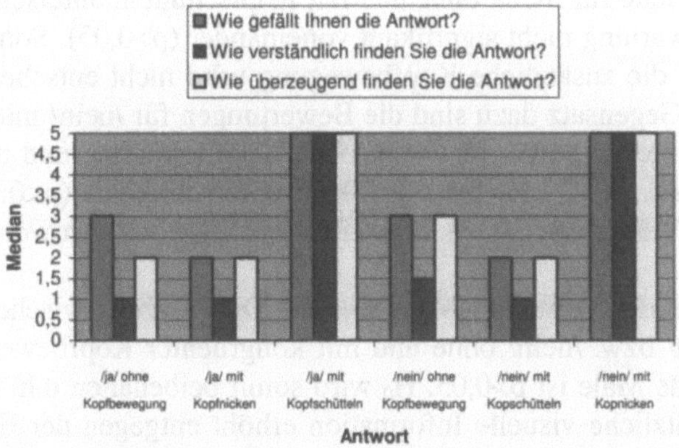

Abbildung 7: Darstellung der Mediane für die unterschiedlichen Antworten

Frage	zu vergleichende Antworten	empirischer z-Wert	p	geltende Hypothese
Wie gefällt Ihnen die Antwort?	***/ja/ ohne Kopfbewegung - /ja/ mit Kopfnicken***	***2,36***	***<0,05***	H_1
	/ja/ mit Kopfnicken - /ja/ mit Kopfschütteln	***4,63***	***<0,05***	H_1
	/ja/ ohne Kopfbewegung - /ja/ mit Kopfschütteln	***4,54***	***<0,05***	H_1
	/nein/ ohne Kopfbewegung - /nein/ mit Kopfschütteln	*1,24*	***>0,05***	H_0
	/nein/ mit Kopfschütteln - /nein/ mit Kopfnicken	***4,96***	***<0,05***	H_1
	/nein/ ohne Kopfbewegung - /nein/ mit Kopfnicken	***4,72***	***<0,05***	H_1
Wie verständlich finden Sie die Antwort?	*/ja/ ohne Kopfbewegung - /ja/ mit Kopfnicken*	*1,28*	***>0,05***	H_0
	/ja/ mit Kopfnicken - /ja/ mit Kopfschütteln	***4,73***	***<0,05***	H_1
	/ja/ ohne Kopfbewegung - /ja/ mit Kopfschütteln	***4,54***	***<0,05***	H_1
	/nein/ ohne Kopfbewegung - /nein/ mit Kopfschütteln	*1,28*	***>0,05***	H_0
	/nein/ mit Kopfschütteln - /nein/ mit Kopfnicken	***4,58***	***<0,05***	H_1
	/nein/ ohne Kopfbewegung - /nein/ mit Kopfnicken	***4,32***	***<0,05***	H_1
Wie überzeugend finden Sie die Antwort?	*/ja/ ohne Kopfbewegung - /ja/ mit Kopfnicken*	*0,43*	***>0,05***	H_0
	/ja/ mit Kopfnicken - /ja/ mit Kopfschütteln	***5,09***	***<0,05***	H_1
	/ja/ ohne Kopfbewegung - /ja/ mit Kopfschütteln	***4,81***	***<0,05***	H_1
	/nein/ ohne Kopfbewegung - /nein/ mit Kopfschütteln	*1,49*	***>0,05***	H_0
	/nein/ mit Kopfschütteln - /nein/ mit Kopfnicken	***5,28***	***<0,05***	H_1
	/nein/ ohne Kopfbewegung - /nein/ mit Kopfnicken	***5,17***	***<0,05***	H_1

Abbildung 8: Ergebnisse des paarweisen Vergleichs der Bewertungen für die Antworten (Mann-Whitney-U-Test: zweiseitig, α=0,05, kritscher z-Wert=1,96). Signifikante Unterschiede sind fett dargestellt.

Bezüglich der Frage „Wie gefällt Ihnen die Antwort?“ tritt bei dem Vergleich von /ja/ ohne und mit Kopfnicken mit $p<0,05$ ein signifikanter Unterschied bei den Bewertungen auf ($z=2,36$). /Ja/ mit bzw. ohne Kopfnicken und /ja/ mit Kopfschütteln unterscheiden sich hinsichtlich der Beurteilungen mit $z=4,63$ bzw. $z=4,54$ höchst signifikant voneinander ($p<0,05$). In allen drei Fällen wird H_1 angenommen. Dies belegt, dass die Versuchspersonen kongruente Äußerungen positiv beurteilen, wohingegen inkongruente negativ bewertet werden. Die Rezipientenurteile für /nein/ ohne und mit Kopfschütteln unterscheiden sich entgegen der Erwartung nicht signifikant voneinander ($p>0,05$). Somit wird H_0 beibehalten, d.h. die zusätzliche Kopfbewegung wird nicht entscheidend positiver bewertet. Im Gegensatz dazu sind die Bewertungen für /nein/ mit Kopfschütteln und mit Kopfnicken sowie für /nein/ ohne Kopfbewegung und mit Kopfnicken mit $z=4,96$ bzw. $z=4,72$ höchst signifikant unterschiedlich ($p<0,05$). Daher gilt H_1, d.h. die Versuchspersonen beurteilen inkongruente Antworten vergleichsweise negativ.

Hinsichtlich der Verständlichkeit sind die Differenzen zwischen den Beurteilungen für /ja/ bzw. /nein/ ohne und mit kongruenter Kopfbewegung nicht bedeutsam. Beide Male ist $p>0,05$. H_0 wird somit beibehalten d.h. die Kopfbewegung als zusätzliche visuelle Information erhöht entgegen der Erwartung nicht maßgeblich die Verständlichkeit. Der Vergleich zwischen Rezipientenurteilen für /nein/ mit bzw. ohne Kopfschütteln und /nein/ mit Kopfnicken zeigt eine höchst signifikante Differenz mit $z=4,58$ bzw. $z=4,32$ ($p<0,005$). In beiden Fällen wird H_1 angenommen: Kongruente Antworten bzw. Antworten ohne Kopfbewegung werden erwartungsgemäß als verständlicher wahrgenommen als inkongruente Antworten.

In Bezug auf die Überzeugungskraft werden /ja/ bzw. /nein/ ohne und mit kongruenter Kopfbewegung nicht signifikant unterschiedlich bewertet ($p>0,05$). H_0 gilt in beiden Fällen, d.h. die zusätzliche visuelle Information wirkt sich entgegen der Erwartung nicht entscheidend auf die Verständlichkeit aus. Im Gegensatz dazu gelten die Unterschiede zwischen den Bewertungen für /ja/ bzw. /nein/ mit kongruenter und inkongruenter Kopfbewegung mit $p<0,05$ als höchst signifikant ($z=5,09$ bzw. $z=5,28$). Ebenso gilt bei den Rezipientenurteilen für /ja/ bzw. /nein/ ohne und mit inkongruenter Kopfbewegung ein $p<0,05$ als äußerst signifikant. Der z-Wert beträgt hier 4,81 bzw. 5,17. In allen vier Fällen wird H_1 angenommen, d.h. inkongruente Äußerungen gelten erwartungsgemäß als weniger überzeugend als Äußerungen ohne bzw. mit kongruenter Kopfbewegung.

Abschließend lässt sich sagen, dass die Ergebnisse von Experiment 1 zeigen, dass die Kongruenz zwischen der akustischen und der visuellen Information entgegen der Erwartung nicht entscheidend die Verständlichkeit erhöht. Hingegen belegt Experiment 2, dass bei der positiven Äußerung die zusätzliche Kopfbewegung in einem anderen Kontext eine Rolle bezüglich der Verständlichkeit[111] spielt. Die weiteren Vergleiche von positiven bzw. negativen Äußerungen ohne und mit kongruenter Kopfbewegung ergeben jedoch, dass die zusätzliche visuelle Information weder die Verständlichkeit noch die Überzeugungskraft maßgebend erhöht. Auffällig ist, dass inkongruente Äußerungen vergleichsweise negativ beurteilt werden sowohl in Bezug auf die Verständlichkeit als auch hinsichtlich der Überzeugungskraft.

Fazit ist, dass sich die Inkongruenz negativ auf die persuasive Kraft eines audiovisuellen Sprachsynthesesystems auswirkt. Ungelöste Fragestellungen ergeben sich in Hinblick auf die Rolle der Kongruenz. Aufgrund der teilweise nicht übereinstimmenden Ergebnisse sind weitere Untersuchungen notwendig, um zu prüfen, welche Bedeutung die kongruente Kopfbewegung in unterschiedlichen Kontexten hat. Zudem stellt sich die Frage, welche weiteren visuellen Informationen für die multimodale Sprachsynthese von Bedeutung sind.

Literaturverzeichnis

Beskow, J., Dahlquist, M., Granström, B., Lundeberg, M., Spens, K.E., Öhman, T. (1997). The teleface project: Multimodal speech communication for the hearing impaired. In Proceedings of the 5th European Conference on Speech Communication and Technology (EUROSPEECH'97). Rhodos, Greece.

Bregler, C., Covel , M., Slaney, M. (1997). Video Rewrite: Driving Visual Speech with Audio. In Proceedings of SIGGRAPH 97, Los Angeles, CA, 353–360.

Cohen, M., Massaro, D. (1993). Modelling Coarticulation in Synthetic Visual Speech. In Magnenat-Thalmann, N., Thalmann, D. (Eds.). Models and Techniques in Computer Animation (pp.139-156). Tokyo: Springer Verlag.

Klabbers, E., Stöber, K., Veldhuis, R., Wagner, P., Breuer, S. (2001). Speech synthesis development made easy: The Bonn Open Synthesis System. In Proceedings of EUROSPEECH 2001. Aalborg, Danmark.

Massaro, D. W. (1998). Perceiving Talking Faces. Cambridge, MA: MIT Press.

Parke, F. (1982). Parameterized models for facial animation. IEEE Computer Graphics,2 (9), 61–68.

Siciliano, C., Williams, G., Beskow, J., Faulkner, A. (2003). Evaluation of a multilingualsynthetic talking face as a communication aid for the hearing impaired. In *Proceedings of the 15th International Congress of Phonetic Sciences.* Barcelona, Spain.

[111] Hier wurde die Frage „Wie gefällt Ihnen die Antwort des Systems?“ gestellt.

II

Beiträge zum Workshop Anwendungen des GermaNet II

Leitung des Workshop: Lothar Lemnitzer und Claudia Kunze

Einleitung

Claudia Kunze, Lothar Lemnitzer

Dieser Band enthält alle Beiträge des zweiten GermaNet-Anwenderworkshops, der im Rahmen der Jahrestagung der „Gesellschaft für Linguistische Datenverarbeitung" am 31. März 2005 stattfindet. Nach dem Erfolg des ersten GermaNet Workshops im Oktober 2003 in Tübingen wurde von verschiedenen Seiten ein weiteres Treffen vorgeschlagen. Da der Kontakt und Austausch mit den Anwendern des GermaNet auch unser Ziel ist, haben wir die Bitte gern aufgegriffen und die Möglichkeit genutzt, diesen Workshop im Rahmen der GLDV-Jahrestagung 2005 anzubieten.

Die „Entwicklungsgeschichte" des GermaNet haben wir bereits in der Einleitung zu den Proceedings des letzten Workshops dargestellt, vgl. Kunze, Lemnitzer & Wagner (2004). Einige historische und generelle Aspekte zu Wortnetzen finden sich in unserem „Roadmap"-Beitrag in diesem Band. In eigener Sache können wir die gute Nachricht verbreiten, dass die Arbeiten an GermaNet nunmehr fortgeführt werden.

Wir freuen uns, mit Karel Pala einen erfahrenen Wortnetz-Entwickler als Gastredner gewonnen zu haben, der in seinem Beitrag "The Balkanet Experience" über die Ideen und Ergebnisse in einem multilingualen Wordnet-Projekt berichtet. Zwei weitere Aufsätze der ersten Session befassen sich mit Anwendungen. Peter Michael Kruse, André Naujoks, Manuela Kunze und Dietmar Rösner stellen „Clever Search" vor, eine auf Wordnet basierte Komponente zur verbesserten Suche im Internet. Rosmary Stegmann und Wolfgang Wörndl haben einen individualisierten Benutzerdialog zur Erstellung von Kundenprofilen mit Hilfe des GermaNet entwickelt.

Der zweite Teil des Workshops thematisiert, wie GermaNet bzw. WordNet zu anderen semantischen Ressourcen in Beziehung gesetzt wird. Ingo Glöckner, Sven Hartrumpf und Rainer Osswald beschreiben ihren Ansatz, die in GermaNet enthaltenen Glossen zur Gewinnung formalisierter Bedeutungspostulate für die HagenLex Ressource zu nutzen. Mit Hilfe des WordNet Indexes können die in mikrostruktureller Hinsicht komplexeren Einträge des FrameNet auf indirektem Weg erschlossen werden, wie Aljoscha Burchardt, Katrin Erk und Anette Frank in ihrem Beitrag "A WN Detour to FrameNet" zeigen. Daniel Naber stellt mit OpenThesaurus ein offenes deutsches Wortnetz vor und kontrastiert es hinsichtlich des Aufbaus und der Struktur mit den „klassischen" Wortnetzen.

Schließlich gibt es drei Beiträge zu stochastischen Anwendungen und Evaluierungen von Wortnetzen. Wolfgang Grund, Anke Holler und Heiner Petith diskutieren die maschinelle Generierung assoziativer Netze und deren Nutzen für die Dokumentensuche. Um die Evaluierung verschiedener Ansätze der Lexikalischen Akquisition geht es im Beitrag von Stefan Bordag, Frieder Witschel und Thomas Wittig. Im Mittelpunkt des Aufsatzes von Iryna Gurevych und Thomas Niederlich stehen Verfahren zur Berechnung der semantischen Verwandtschaft von GermaNet-Konzepten.

Wir danken allen AutorInnen für ihre interessanten Workshop-Beiträge und hoffen – beim Schreiben dieser Einleitung – auf eine anregende und produktive Tagung. Den Organisatoren in Bonn gilt unser Dank genau wie dem Vorstand der GLDV für seine finanzielle Unterstützung.

Tübingen, im Februar 2005

Literatur

Kunze, C., Lemnitzer, L. & Wagner, A. (Hrsg.) (2004). Anwendungen des deutschen Wortnetzes in Theorie und Praxis. Beiträge des GermaNet-Workshops, Tübingen, Oktober 2003. LDV Forum Bd. 19 H. 1/2.

Die Zukunft der Wortnetze oder die Wortnetze der Zukunft – ein Roadmap-Beitrag

Claudia Kunze, Lothar Lemnitzer

In diesem Beitrag geben wir einen Überblick über neuere Entwicklungen im Bereich lexikalisch-semantischer Wortnetzressourcen. In Wortnetzen werden lexikalische Einheiten zu Synsets gruppiert und durch verschiedene Typen lexikalisch-semantischer Beziehungen miteinander verknüpft. Ausgehend vom Princeton WordNet wurden in den letzten zwei Jahrzehnten Wortnetze für eine Vielzahl von Sprachen entwickelt und miteinander verbunden. Der Beitrag skizziert aktuelle Entwicklungen beim Auf- und Ausbau sowie der Verwendung von Wortnetzen. Im Mittelpunkt steht dabei das deutsche Wortnetz GermaNet.

In this paper we will give an overview of recent developments in the area of the development and use of wordnets. Wordnets are lexical-semantically organised resources. In wordnets, lexical units are grouped into synsets. The synsets are linked by various types of lexical-semantic relations. With the Princeton WordNet as its common origin, a large number of wordnets for various languages have been compiled over the last two decades. Most of these wordnets have been connected through an interlingual index. In the paper we will give an outline of recent activities in the extension and use of wordnets, with a focus on the German wordnet, GermaNet.

1. Einleitung

Lexikalisch-semantische Wortnetze bezeichnen einen recht jungen Typus semantischer Online-Ressourcen, die seit den Neunziger Jahren in Anlehnung an das Modell des Princeton WordNet (vgl. Miller 1990; Fellbaum 1998) entwickelt worden sind.

Wortnetze wie WordNet oder GermaNet (vgl. Kunze 2001) modellieren die wichtigsten und häufigsten Konzepte einer Sprache und die grundlegenden lexikalischen und semantischen Relationen, welche diese zu anderen Konzepten und Wörtern der Sprache aufweisen.[112]

Der große Erfolg der Wortnetze, sowohl bei Entwicklern als auch bei Anwendern, liegt in der Verfügbarkeit umfangreicher, semantisch strukturierter Daten,

[112] Für eine detaillierte Darstellung der Aufbauprinzipien von Wortnetzen wird auf Kunze (2001) verwiesen.

die eine wertvolle Hintergrundressource für zahlreiche sprachtechnologische Anwendungen darstellen. Mittlerweile zählen Wortnetze zu den Standardressourcen in der sprachtechnologischen Infrastruktur von Einzelsprachen und Sprachverbünden.

Um zukünftigen Anforderungen für neue Anwendungen, etwa in den Bereichen der terminologischen Erweiterung und des Semantic Web, gerecht zu werden, ist eine Analyse zum Forschungsstand, die Defizite und Desiderate gleichermaßen berücksichtigt, unverzichtbar. Dazu dient nicht zuletzt der Erfahrungsaustausch zwischen Anwendern und Entwicklern, den unser Workshop und insbesondere dieser Beitrag anregen will.

Im zweiten Kapitel geben wir einen kurzen historischen Abriss zur Geschichte von Wortnetzen, bevor wir im dritten Kapitel verschiedene Aufgabenbereiche und Desiderate skizzieren. Aktuelle Arbeiten am deutschen Wortnetz GermaNet stehen im Mittelpunkt des vierten Kapitels, bevor wir im fünften Kapitel Aspekte der Modularisierung und Integration von Wortnetzen und anderen Ressourcen zusammenfassen.

2. Historisches zur Wortnetz-Familie

In Arbeiten zur Modellierung des semantischen Gedächtnisses (Semantic Memory), im Forschungskontext der Künstlichen Intelligenz, hat Quillian bereits vor vierzig Jahren lexikalische Einträge des Englischen mit allen bedeutungstragenden Begriffen ihrer Definitionen auf dem Computer vernetzt und damit das Urmodell semantischer Netze hervorgebracht (Quillian 1966, 1968).

Nach der langjährigen Dominanz domänenspezifischer semantischer Netze und wissensbasierter Expertensysteme innerhalb der Künstlichen Intelligenz und der Computerlinguistik, z.B. des KL-ONE Frameworks (vgl. Brachman & Schmolze 1985), oder der Theorie der Conceptual Graphs (vgl. Sowa 1984, 1991), deren Anwendungshorizont auf spezifische Formalismen und Szenarien eingeschränkt war, hat mit der Entwicklung des Princeton WordNet seit 1985 erneut eine Hinwendung zur Abdeckung größerer Datenmengen stattgefunden – unter erheblich besseren Voraussetzungen für die computertechnische Handhabung umfangreicher Sprachressourcen als zu Quillians Zeiten.

Die ursprüngliche Ausrichtung des Princeton WordNet war, ähnlich wie Quillians Repräsentation des Semantischen Gedächtnisses, psychologisch motiviert, d.h. mit WordNet sollte das mentale Lexikon des Menschen kognitiv adäquat modelliert werden.

Nichtsdestotrotz hat WordNet weniger als plausibles Lexikonmodell in der Kognitionswissenschaft Bedeutung erlangt, sondern ist vor allem innerhalb der

Computerlinguistik und maschinellen Sprachverarbeitung auf große Resonanz gestoßen und zur wohl meist genutzten Anwendungsressource avanciert, wozu neben der on-line Verfügbarkeit nicht zuletzt die große Datenabdeckung und die Vormachtstellung der englischen Sprache beitrugen.

Der große Erfolg des WordNet in den Neunziger Jahren hat einen Boom einzelsprachlicher und mehrsprachiger Initiativen zur Wortnetzentwicklung ausgelöst. Neben GermaNet (ab 1996), Czech Wordnet (ab 1998), ItalNet (ab 1996), Indo WordNet für Hindi und vielen anderen sprachspezifischen Wortnetzen sind multilinguale Ressourcen wie EuroWordNet (ab 1996), MultiWordNet (ab 2001), BalkaNet (ab 2001) - vgl. Vossen (1998) und Pala et al. (2002) - oder auch CoreNet (Choi & Bae 2003) zur Abdeckung asiatischer Sprachen (Chinesisch, Koreanisch, Japanisch) entstanden. Weitere multilinguale Vorhaben betreffen den Aufbau eines Wortnetzes für zentraleuropäische Sprachen und eines Wortnetzes für afrikanische Sprachen.

Von entscheidender Bedeutung für das Mapping der Konzepte verschiedener Sprachen ist eine Interlingua, wozu in vielen Projekten der Princeton WordNet Index verwendet wird, s. Abschnitt 3.2.2.

Die im Jahr 2000 gegründete Global Wordnet Association (GWA) hat sich u.a. zur Aufgabe gemacht, verbindliche Standards zum Aufbau von Wortnetzen und zum Austausch der in Wortnetzen enthaltenen Daten und Strukturen zu setzen (http://www.globalwordnet.org).

3. Aufgaben und Desiderate

3.1. Ressourcenaufbau für bisher nicht berücksichtigte Sprachen

Der Aufbau von Wortnetzen bislang noch nicht berücksichtigter Sprachen kann erheblich von den Einsichten erfahrener Wortnetzentwickler profitieren und darüber hinaus auf eine bessere technische Infrastruktur und umfangreichere linguistische Ressourcen, z. B. Online-Wörterbücher, Korpora, Baumbanken, zurückgreifen. Sollte man für mehrere Sprachen aus einer Sprachfamilie, z.B. Bantusprachen, ein Wortnetz planen, könnte von Anfang eine polylinguale Ausrichtung zugrunde gelegt werden, s. Abschnitt 3.2.2.

3.2 Ressourcenerweiterungen für bereits vorhandene Wortnetze

3.2.1. Terminologische Erweiterungen

Spezialisierter Wortschatz, z.B. die Terminologie bestimmter Fachgebiete, liegt typischerweise außerhalb des lexikalischen Abdeckungsbereichs von Wortnetzen. Allerdings ist in der Community in letzter Zeit die Erweiterung von Wortnetzen durch terminologische Bestände erörtert worden (vgl. Bentovogli et al. 2003; Magnini & Speranza 2001). Da terminologische und terminographische Arbeit eher konzeptuell als linguistisch orientiert ist, bieten sich die Synsets eines Wortnetzes als Bezugspunkte an. Die Einbindung terminologischer Einheiten könnte dabei so aussehen wie im so genannten Plug-in Approach (vgl. Magnini & Speranza 2001), bei dem diese Einheiten unter ein generisches Synset als Wurzel eines Teilbaums gruppiert werden (z.B. *Fischerei, Informationstechnologie*). Da der terminologische Wortschatz aber vermutlich quer zur Unterteilung des Wortnetzes in Wortarten, und innerhalb der Wortarten in lexikalische Felder, liegen wird, dürfte eine andere Art der Auszeichnung spezialisierten Wortschatzes, nämlich die Verwendung eines Attributs, z.B. *Domäne*, mit den entsprechenden Werten (*Fischerei, Informationstechnologie* etc.) näher liegen. Dadurch wird der Fachwortschatz einerseits mit dem allgemeinsprachlichen Wortschatz vernetzt, andererseits ist eine Filterung der Daten auf Grund dieses Attributs möglich.

3.2.2. Polylingualität als Aspekt der Erweiterung

Wenn man sich für die Anbindung eines monolingualen Wortnetzes an den Interlingualen Index (ILI) entscheidet, eröffnet sich dadurch der Zugang zu einer Vielzahl von Wortnetzen anderer Sprachen. Der Preis, den man dafür bezahlt, ist die notwendigerweise anglozentrische Sicht, die dieser Index vermittelt. Die Wahl einer vom ILI unabhängigen sprachübergreifenden semantischen Struktur vermeidet zwar die anglozentrische Sichtweise, aber der zusätzliche Aufwand besteht darin, eine weitere Abstraktionsebene zu definieren, um ggf. ein Mapping mit Wortnetzen, die über den ILI miteinander verbunden sind (wie zum Beispiel die in EuroWordNet berücksichtigten sprachspezifischen Wortnetze, s. Abb. 1), herzustellen. Je mehr verwandte Sprachen ein Verbund umfasst und je ferner diese Sprachen dem Englischen sind, umso eher bietet sich die Verwendung eines eigenen sprachübergreifenden semantischen Indexes an. Ein Beispiel für eine vom ILI verschiedene semantische Hierarchie ist die NTT Goidaikei des koreanisch-chinesisch-japanischen Wortnetzes CoreNet (vgl. Choi & Bae, 2003).

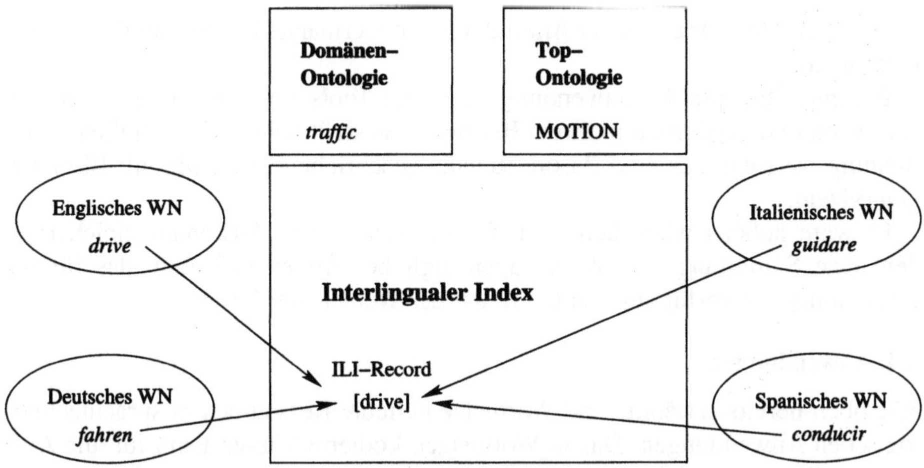

Abb. 1: EuroWordNet Architektur mit sprachunabhängigen und sprachspezfischen Komponenten

3.3.3. Strukturelle Anpassungen und Erweiterungen

Trotz der großen Übereinstimmung unterschiedlicher Wortnetze hinsichtlich ihrer Relationen, gibt es dennoch Spielraum für individuelle Modellierungsentscheidungen einzelner Wortnetz-Entwickler. Das kann zum einen die Unterteilung bereits vorhandener Relationen, z.B. der Meronymie- oder der Antonymie-Relation, in entsprechende Subrelationen (z.B. bei der Meronymie: Teil eines Artefakts, Mitgliedschaft in einer Gruppe, Komponente in einer Substanz) betreffen oder auf die Einführung neuer Relationstypen wie semantische Rollen oder morphosemantische Derivationsbeziehungen abzielen.

3.3. Tools

Wir unterscheiden prinzipiell zwischen Werkzeugen, die bei der Entwicklung und Pflege von Wortnetzen nützlich sind, und solchen, welche den Anwendern von Wortnetzen dienen. Ein prominentes Werkzeug der ersten Kategorie ist VisDic, ein Tool zum Browsen und Editieren von Wortnetzstrukturen in verschiedenen Formaten (u.a. XML). VisDic wurde im Rahmen der EuroWordNet- und BalkaNet-Projekte von der tschechischen Gruppe um Karel Pala entwickelt (vgl. Pavelek & Pala 2002). Die GermaNet-Gruppe konnte mit TALS, einem auf der Basis des Amsterdam Lexical System (vgl. Vossen et al. 1998) adaptierten Tools, auf ein Werkzeug zum Browsen und Bearbeiten lexikalischer Daten zurückgreifen, das vor allem zur Anbindung von GermaNet Synsets an den ILI genutzt wurde.

Ein gutes Beispiel für anwendungsbezogene Tools sind die Java-Klassen, die Gurevych und Niederlich in ihrem Beitrag vorgestellt haben. Eine ähnliche Zielrichtung verfolgt das von Jason Rennie geschriebene Perl-Modul *WordNet-QueryData*.

Es wäre äußerst wünschenswert, für Entwickler und Anwender gleichermaßen, eine Sammlung von Werkzeugen jeglicher Art einzurichten, das für die Community zur Verfügung steht, z.B. auf der Website der GWA.

3.4. Anwendungen

Wie oben bereits erwähnt, sind Wortnetze beliebte Ressourcen in sprachtechnologischen Anwendungen. Das in Wortnetzen kodierte Wissen kann für alle Aufgabenstellungen, welche der Lesartendisambiguierung bedürfen oder semantische Relationen identifizieren müssen, von großem Nutzen sein. Wir wollen zwei zentrale Anwendungsbereiche beispielhaft skizzieren:

1. Suchmaschinen, welche die Lokalisierung von und den Zugriff auf Dokumente im Internet ermöglichen, können mit der Hilfe von Wortnetzen verbessert werden: Bei der Informationserschließung kann der Recall-Wert erhöht werden, indem auch auf Dokumente erfolgreich zugegriffen wird, die zwar keinen der Anfrageterme, dafür aber mit diesen semantisch verknüpfte Wörter enthalten. Die Anordnung der gefundenen Dokumente kann ebenso durch semantische Differenzierung mit Hilfe von Wortnetzen optimiert werden, siehe den Beitrag von Kruse, Naujoks, Kunze und Rösner.
2. Einige Ansätze zur Automatischen Zusammenfassung verwenden als Grundlagentechnik das "Lexical Chaining". Wörter eines Textes, die in einer semantischen Beziehung zueinander stehen, werden zu einer Termsequenz zusammengefasst, die eine bestimmte Spanne des Textes abdeckt. Mit dieser Technik lassen sich thematische Stränge in Texten identifizieren. Sätze, die besonders viele Terme einer „Lexical Chain" enthalten, sind präferierte Kandidaten für eine Textzusammenfassung. Hirst und St-Onge (1998) zeigen, wie WordNet als eine Wissensquelle für das Lexical Chaining verwendet werden kann.

3.5. Wortnetze und das Semantic Web

Betrachtet man in Wortnetzen vorhandene lexikalische Objekte als Ressourcen, zu denen auf verschiedenen linguistischen Ebenen Angaben gemacht, also Aussagen getroffen werden können, dann erschließen die formalen Sprachen aus dem Umfeld des *Semantic Web* (RDF(S), OWL etc.) weiteres Potenzial für die Integration dieser Netze in das Semantic Web. Dazu müssen die oben genannten lexikalischen Objekte in eindeutig festgelegte und frei zugängliche „Ressourcen“ (im Sinne des Semantic Web) umgewandelt werden, an die von verschiedenen Seiten Angaben zu unterschiedlichen Aspekten adressiert werden können. Für das Princeton WordNet gibt es bereits eine partielle Portierung in das RDF-Format (vgl. Melnik & Decker, o.J.). Für die meisten anderen Wortnetze ist dies noch zu leisten.

4 . Fallbeispiel *GermaNet*

4.1. Der Stand der Dinge

Nachdem in der Zeit von 1996 bis 2001 kontinuierlich an GermaNet gearbeitet wurde, hat diese Ressource, sowohl als sprachspezifisches deutsches Wortnetz als auch in Bezug auf die multilinguale Abdeckung, einen recht großen Umfang erreicht. GermaNet enthält zurzeit ca. 42 000 Synsets, die mit gut 62 000 lexikalischen Einheiten den allgemeinsprachlichen Kernbestand der deutschen Lexik weitgehend abdecken. Der Beleg hierfür konnte durch einen Vergleich der in GermaNet enthaltenen lexikalischen Einheiten mit den lemmatisierten Vollformen aus dem Index des deutschen Referenzkorpus (vgl. Dereko, o.J.) erbracht werden. Die Anbindung an den Interlingual Index (ILI), welche im Rahmen des EuroWordNet II Projektes vorgenommen wurde, umfasst etwa 15 000 Synsets. Die Anbindung erfolgte im Projekt an den ILI, der zu der Zeit auf der Version 1.5 des Princeton WordNet basierte.

Seit 2001 ruhten die Arbeiten an GermaNet, bzw. sie beschränkten sich in dieser Zeit darauf, die Ressource in der Community bekannt zu machen und zu verbreiten, Feedback von den Nutzern der Ressource wahrzunehmen und die Community auf mittlerweile zwei GermaNet-Workshops zusammenzubringen. Eine substanzielle Änderung aus dieser Zeit betrifft das Datenformat von GermaNet. Es wurde eine XML-Version der Daten erstellt, die den Austausch, die Integration und die Nutzung der Daten erleichtert (Kunze & Lemnitzer 2002; Lemnitzer & Kunze 2002).

In diesem Jahr sind die inhaltlichen Arbeiten an GermaNet wieder aufgenommen worden. Wir wollen im Folgenden beschreiben, welche Veränderungen an GermaNet in den folgenden Monaten zu erwarten sind.

4.2 Multilinguale Aspekte

Der Interlinguale Index, an den die einzelsprachlichen Wortnetze angebunden werden, ist, wie Karel Pala es in seinem Beitrag dargestellt hat, dynamischer Natur. Mittlerweile bildet die Version 2.0 des Princeton WordNet die Grundlage für diesen Index. Die Verbindungen der deutschen Synsets zu den Einheiten dieses Indexes (die ILI-Links) müssen daher überprüft werden. Dies erfolgte mittlerweile zum großen Teil automatisch.[113] Einige ‚hängende Verbindungen', also Synsets, deren Ziel nicht auf die neue Version des ILI abbildbar waren, werden manuell mit dem neuen Index 2.0 verknüpft. Darüber hinaus werden Möglichkeiten geprüft, weitere Synsets semi-automatisch mit ILI-Records zu verbinden, um mit möglichst geringem Aufwand die multilinguale Abdeckung von GermaNet zu aktualisieren und zu erweitern.

4.3 Erweiterung der monolingualen Abdeckung

Die Arbeiten an der monolingualen Substanz gliedert sich in zwei Bereiche:

1. Die Abdeckung von lexikalischen Einheiten und Synsets in den bestehenden nominalen, verbalen und adjektivischen Feldern wird erweitert. Grundlage des Ausbaus ist der oben genannte Abgleich der lexikalischen Einheiten des Wortnetzes mit einer lemmatisierten Vollformenliste des Deutschen Referenzkorpus. Diese Liste wurde bereinigt, u.a. von falschen Grundformen, Tippfehlern und Eigennamen. Zurzeit werden ca. 7000 lexikalische Einheiten, die jeweils mehr als 100 Mal im Korpus belegt sind, eingepflegt. Diese Liste wird ergänzt durch ca. 500 mittlerweile gebräuchliche Neologismen, die der *Wortwarte* (Lemnitzer & Ule 2000) entnommen wurden. Wie zu erwarten war, entfallen gut 90 Prozent dieser lexikalischen Einheiten auf die Wortart Substantiv.
2. Es wird eine neue Datei mit Adverbien erstellt. Bisher wurden in GermaNet keine Adverbien erfasst. Ihre Integration ist dennoch wünschenswert. Da im Deutschen fast alle Adjektive auch adverbial verwendet werden können und diese Funktion nicht zu einer Änderung ihrer der Form führt, werden in der Adverbiendatei nur genuine Adverbien erfasst. Es existiert bereits eine korpusbasierte Liste mit ca. 500 Einträgen. Das Feld der Adverbien soll stärker strukturiert werden, als dies etwa im Princeton WordNet der Fall ist (vgl. Miller 1998). Auch bei den Adverbien soll die prinzipiell hierarchische Gliederung der Synsets beibehalten werden. Funktionale und grundlegende semantische Unterscheidungen bieten sich als oberste Gliederungsmerkmale

[113] Wir danken Dan Tufis für seine freundliche Unterstützung beim automatischen Mapping.

an. Wir erwarten, dass die Antonymie die vorherrschende Relation neben der Synonymie sein wird.

4.4. Informationsprogramm

Das Informationsprogramm wird sich gegenüber dem bisherigen nicht verändern. Im Zentrum stehen nach wie vor die Synsets und ihre Verknüpfung untereinander. Darüber hinaus:

1. werden bei den Verben die Valenzrahmen angegeben. Dieses Informationsangebot ist mittlerweile auch in anderen Wortnetzen verankert, wie Karel Pala in seinem Beitrag gezeigt hat;
2. wird zu jedem neuen Synset eine Glosse erstellt. Unser Workshop – hier vor allem die Beiträge von Glöckner, Hartrumpf & Osswald und von Gurevych & Niederlich – hat gezeigt, dass Bedarf an den Glossen besteht. Nicht zuletzt sind diese auch für den menschlichen Benutzer des GermaNet hilfreich.
3. wird zu möglichst vielen Synsets eine Belegstelle aus dem Deutschen Referenzkorpus als Verwendungsbeispiel ausgewählt. Da sich der Arbeitsumfang schlecht a priori abschätzen lässt, kann eine komplette Abdeckung nicht gewährleistet werden.

4.5. Korrekturen

Die Korrekturarbeiten an der bestehenden Substanz müssen sich aus Zeit- und Kostengründen auf ein Minimum beschränken. Hinweise auf Fehler in der bestehenden Substanz werden wir aber gerne entgegennehmen und uns in diesen Fällen bemühen, sie möglichst schnell zu korrigieren.

4.6 Terminologische Erweiterungen

Die Aufnahme terminologischen Wortschatzes ist im Rahmen des lancierten Ausbaus nicht möglich. Es ist aber nicht ausgeschlossen, dass, finanziert durch ein anderes Projekt, eine spezifische Fachterminologie in GermaNet integriert wird. Die Arbeiten würden Pilotcharakter aufweisen und sollten zeigen, ob die Integration von terminologischen Einheiten in GermaNet prinzipiell machbar und sinnvoll ist. Sollte dies der Fall sein, dann können Anwender, die sich darauf spezialisieren, die entsprechenden Erweiterungen für ihre Domäne(n) oder die Verbindung ihrer terminologischen Einheiten mit GermaNet selbst vornehmen.

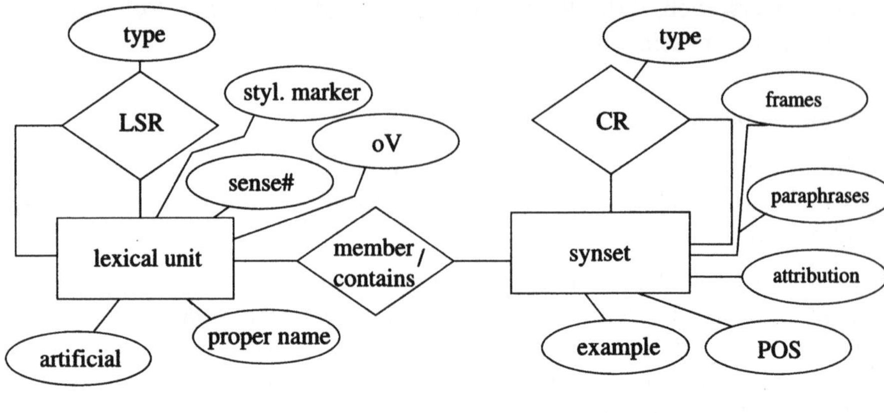

Abb. 2: Datenmodell von GermaNet (Entity-Relationship Graph)

5. Modularisierung als Schlüssel zur Vernetzung von Ressourcen

Das Datenmodell von Wortnetzen im Allgemeinen, und von GermaNet im Besonderen (s. Abb. 2), macht folgende Aspekte deutlich:

1. Die zentralen Objekte der Beschreibung sind lexikalische Einheiten (*lexical units)* und Synsets. Zwischen beiden besteht eine Teil-Ganzes Beziehung. Eine lexikalische Einheit ist Teil genau eines Synsets. Die Bedeutung der lexikalischen Einheit ist aus deren Mitgliedschaft in einem Synset und den lexikalisch-semantischen Beziehungen dieses Synsets mit anderen Synsets erschließbar. In manchen Wortnetzen, z.B. GermaNet, wird die Bedeutung eines Synsets zusätzlich durch eine kurze Glosse spezifiziert.
2. Die Polysemie von lexikalischen Zeichen wird in einem Wortnetz dadurch reflektiert, dass die lexikalische Form Mitglied in mehreren Synsets ist. Durch das Synset wird die jeweilige Lesart des lexikalischen Zeichens determiniert. Die Festlegung von Anzahl und Art der Lesarten für ein lexikalisches Zeichen ist eine intellektuelle Leistung der beteiligten Lexikographinnen, die sich dabei meist auf vorhandene Wörterbücher beziehen. Erst in der Evaluierung eines Wortnetzes, z. B. durch eine Anwendung, erweist sich, ob die Binnengliederung eines lexikalischen Zeichens möglicherweise zu grob oder zu fein ausgefallen ist. Die genaue Form der Binnengliederung legt auch den Bedeutungsumfang jeder Lesart des lexikalischen Zeichens fest.

Diese hat Auswirkungen auf die Verknüpfung der lexikalischen Einheiten mit lexikalischen Einheiten anderer lexikalischer Ressourcen. Wie problematisch diese Verknüpfung sein kann, zeigen die Beträge von Burchardt, Erk & Frank und von Glöckner, Hartrumpf & Osswald auf dieser Tagung. Im ersten Beitrag wird die Abbildung von WordNet Synsets auf Frames des FrameNet dargestellt, im zweiten Beitrag die Verknüpfung von GermaNet Synsets und HagenLex Einträgen.

3. Will man lexikalische Ressourcen verschiedener Provenienz miteinander vernetzen, dann spielen lexikalische Einheiten als Paare von lexikalischer Form und lexikalischer Bedeutung eine zentrale Bedeutung.

Die zentralen Objekttypen *lexikalische Einheit* und *Synset* bilden auch die Angelpunkte für die Verknüpfung der lexikalisch-semantischen Beschreibungen mit anderen Informationstypen:

1. Formbezogene lexikalische Ressourcen können die orthographischen, phonologischen, morphologischen und syntaktischen Informationen beisteuern, die in Wortnetzen typischerweise nicht vorhanden sind.[114] Dabei besteht eine n:m-Beziehung zwischen vielen dieser Angaben und den lexikalischen Einheiten. Einige Angaben z.B. zum Genus oder Valenzrahmen, sind für viele lexikalische Einheiten gültig. Andere Angaben, z.B. zur Flexion oder Konjugation, sind in den meisten Fällen für alle lexikalischen Einheiten der gleichen lexikalischen Form zutreffend, einige andere wiederum nur für einige Lesarten einer lexikalischen Form (Flexion: das Finale → die Finale, die Finals; Konjugation: erschrecken→ sie erschreckte, sie erschrak). In diesen Fällen korreliert die Alternanz in der Flexion mit einer Bedeutungsalternanz. Auch hier ist die *lexikalische Einheit* das Strukturelement, an das Informationen zu anderen linguistischen Ebenen adressiert werden sollten.
2. Die Behandlung domänenspezifischer Erweiterungen fällt auch in diesen Aufgabenbereich (s. auch Abschnitt 3.2.1). Wie bereits oben erwähnt, gibt es wahlweise die Möglichkeit, Terminologie an spezifischen Synsets einzuhängen ("Plug-in Approach") oder die Auszeichnung von geeigneten Synsets mit terminologisch spezifischen Attributen vorzunehmen.
3. Synsets verschiedener Wortnetze, u.a. des GermaNet, sind an eine gemeinsame sprachübergreifende Struktur, den Interlingual Index, angebunden. Der Interlingual Index ist eine unstrukturierte Liste von ursprünglichen WordNet-Synsets. Jeder ILI-Record besteht aus einer Kategorienangabe, einer lexikalischen Form aus dem Synset und einem eindeutigen numerischen Identifikationskode. Relationen zwischen den Synsets werden lediglich über die

[114] In GermaNet sind allerdings Informationen zu den Valenzrahmen von Verben kodiert.

sprachspezifischen Wortnetze hergestellt. Die sog. Base Concepts, 1300 generische und häufig verwendete Konzepte, sind in allen EuroWordNet-Sprachen, die ja an den ILI anzubinden waren, abgebildet. Die Base Concepts wurden unter Rückgriff auf das Merkmalsinventar der sog. Top Concepts definiert (s. Abb. 1). Zwei Probleme ergeben sich jedoch aus dieser Form der Verknüpfung einzelsprachlicher Wortnetze. Erstens werden Synsets verknüpft, nicht lexikalische Einheiten. Die Äquivalenzbeziehung zwischen lexikalischen Einheiten, die sonst bei zwei- und mehrsprachigen Ressourcen zentral ist, ergibt sich hier nur mittelbar über die Synsets. Dies könnte zu Problemen führen, wenn Wortnetze in Anwendungen der (maschinellen) Übersetzung verwendet werden. Für Anwendungen in der multilingualen Informationserschließung dürfte dieser Ansatz aber eher von Vorteil sein. Zweitens ist die Bezugsgröße selbst ein Wortnetz, nämlich das Princeton WordNet. Dass diese Ressource weiterentwickelt, ergänzt und modifiziert wird, hat damit auch unmittelbare Auswirkungen auf die Verknüpfungen der einzelsprachlichen Wortnetze. Diese Verknüpfungen müssen in regelmäßigen Abständen angepasst und aktualisiert werden. Weiterhin fehlen in diesem Index Konzepte, die in anderen (Gruppen von) Sprachen eine wichtige Rolle spielen. Beide Probleme haben in der Konzeption des BalkaNet Projekts, die Karel Pala in seinem Beitrag darstellt, eine bedeutende Rolle gespielt.

Die sprachübergreifende Verknüpfung von einzelsprachlichen Wortnetzen eröffnet zwei Stufen der Vererbung. Innersprachlich erben Konzepte die Eigenschaften der ihnen übergeordneten Konzepte bis hin zu den Base Concepts. Diese erben die grundlegenden semantischen Unterscheidungen der Top Concepts. In der lexikalischen Semantik zumindest des Deutschen ist das Potenzial dieser Vererbungshierarchie, z.B. für die Festlegung von Abstraktionsebenen für Generalisierungen, noch nicht voll erschlossen. Der Beitrag von Glöckner, Hartrumpf & Osswald nennt ein Beispiel aus dem Bereich der Selektionsrestriktionen für Verben.

6. Schlussbemerkungen

In unserem Beitrag haben wir aktuelle Forschungen und Entwicklungen im Bereich lexikalisch-semantischer Wortnetze thematisiert. Insbesondere sind Desiderate in Bezug auf Polylingualität und Modularisierung skizziert worden. In unserer Fallstudie zu GermaNet haben wir die aktuellen Arbeiten am deutschen Wortnetz vorgestellt und zu den Forschungsdesideraten in Beziehung gesetzt.

Die Zukunft der Wortnetze hängt nicht zuletzt davon ab, in welchem Maße Fördermittel für den Ausbau bestehender Wortnetze und den Aufbau neuer Wortnetze zur Verfügung stehen. Darüber hinaus profitieren Fortentwicklungen von einem gemeinsamen Bestreben der Community, Ideen, Daten und Tools auszutauschen und sich über neuere Anwendungen und Evaluierungen mitzuteilen. Entwicklungen hinsichtlich der Architektur des World Wide Web und der semantischen Beschreibung von Ressourcen eröffnen innovative Möglichkeiten bei der Zusammenführung unterschiedlicher lexikalischer Ressourcen einer Sprache. Auch dieses Potenzial gilt es in Zukunft zu nutzen.

Literaturverzeichnis/References

Bentivogli, M., Bocco, A. & Pianta, E. (2003). ArchiWordNet: Integrating Wordnet with Domain-Specific Knowledge. In: Sojka et al (eds.). Proc. of the Second International WordNet Conference. Brno January 20–23 2004, p. 39–46

Brachman, R.& Schmolze, J. (1985) An Overview of the KL-ONE Knowledge Representation System. Cognitive Science 9(2), S. 171–216.

Choi, K.-S. & Bae, H.-S. (2003). Procedures and Problems in Korean-Chinese-Japanese Wordnet with Shared Semantic Hierarchy. In: Sojka, P. et al. Proc. Second International WordNet Conference GWC 2004. Brno, S. 91–96.

Dereko (o.J.). Deutsches Referenzkorpus.
URL: http://www.sfs.nphil.uni-tuebingen.de/dereko/.

Fellbaum, C. (1998). WordNet. . An Electronic Lexical Database. Cambridge, Mass: MIT Press.

Hamp, B., Feldweg. H. (1997). GermaNet – a lexical semantic net for German. In: Vossen, P. et al.: Proc. ACL/EACL-97 Workshop on Automatic Information Extraction and Building of Lexical-Semantic Resources for NLP Applications. Madrid, S. 9–15.

Hirst G. & St-Onge, D. (1998). Lexical Chains as Representations of Context for the Detection and Correction of Malapropisms. In: Fellbaum (ed.), S. 304–332.

Kunze, C. (2001). Lexikalisch-semantische Wortnetze. In: Carstensen, K.U. et al. Computerlinguistik und Sprachtechnologie. Eine Einführung. Heidelberg et al:Spektrum Verlag, S. 386–393. 2. Auflage 2004.

Kunze, C. & Lemnitzer, L. (2002). Standardizing Wordnets in a Web-Compliant Format: The Case of GermaNet. In: Christodoulakis et al. Workshop on Wordnet Structures and Standardization, and how these affect Wordnet Applications and Evaluation. Las Palmas. S. 24–29.

Kunze, C. & Wagner, A. (2001). Anwendungsperspektiven des GermaNet, eines lexikalisch-semantischen Netzes für das Deutsche. In: Lemberg et al. (Eds.) Chancen und Perspektiven computergestützter Lexikographie. Tübingen:Niemeyer, S. 229–246.

Lemnitzer, L. & Kunze, C. (2002). GermaNet – representation, visualization, application. In: Proc. Int. Conf. On Language Resources (LREC). Las Palmas, S. 1485–1491.

Lemnitzer L. & Ule, T. (2000). Die Wortwarte. Wörter für heute und morgen.
URL: http://www.sfs.uni-tuebingen.de/~lothar.nw

Magnini, B. & Speranza, M. (2001). Integrating Generic and Specialized Wordnets. In Proceedings of Recent Advances in Natural Language Processing, RANLP-2001, Tzigov Chark, Bulgaria, 2001, pp. 149–153..

Melnik, S & Decker, S. (o.J.). Wordnet RDF Representation. URL: http://www.semanticweb.org/library/

Miller, G. (1990). Five Papers on WordNet. CSL Report #43. Cognitive Science Laboratory. Princeton University.

Miller, Kathrine J. (1998). Modifiers in WordNet. In: Fellbaum (ed.), S. 47–67.

Pala, K et al. (2002) BalkaNet: A multilingual Semantic Network for Balkan Languages. In: Proceedings of 1st International WordNet Conference, Mysore, India.

Pavelek, T. & Pala, K. (2002). VisDic – a new tool for wordnet editing. In: First International Wordnet Conference, Mysore, India.

Quillian, M.R (1966) Semantic Memory, Report AD-641671, Clearinghouse for Federal Scientific and Technical Information. Abridged version in Minsky (1968) S. 227–270.

Quillian, M.R (1968) Semantic memory. In M. Minsky (Hrsg.) Semantic Information Processing, S. 227–270. MIT Press, Cambridge, MA.

Sowa, J.F (1984) Conceptual Structures: Information Processing in Mind and Machine, Addison-Wesley, Reading, MA 1984.

Sowa, J.F (1991) Principles of Semantic Networks. Explorations in the Representation of Knowledge. San Mateo, California.

Vossen, P. (o.J.). EuroWordNet General Document. URL: http://www.illc.uva.nl/EuroWordNet/docs.html

Vossen, P. (1998). EuroWordNet: A Multilingual Database with Lexical Semantic Networks. Dordrecht:Kluwer.

Vossen, P., L. Bloksma, P. Boersma, F. Verdejo, J. Gonzalo, H. Rodriquez, G. Rigau, N. Calzolari, C. Peters, E. Picchi, S. Montemagni & W. Peters (1998). EuroWordNet Tools and Resources Report. EuroWordNet (LE-4003) Deliverable D021D025, University of Amsterdam.

The Balkanet Experience

Karel Pala

This paper describes the exhaustive results obtained within IST 290388 Project Balkanet, which went on 2001–2004. The attention is paid to the restructuring and final shaping the individual Balkan WordNets. In comparison with the EuroWordNet Project some new results have been obtained: The sets of Base Concepts have been extended and a set of the Balkanet

1. Common Synsets has been introduced (8,000 synsets). These were relinked to Princeton WordNet 2.0 (PWN) and converted to XML standard format,
2. The language specific synsets that do not have translation equivalents in PWN 2.0 have been established for Balkanet languages,
3. Valency frames have been developed for Czech, Bulgarian and Romanian,
4. Domains have been added to Balkanet WordNets and implemented in the VisDic browser,
5. Integrating derivational relations into Czech WordNet and adding semantic relations into Turkish WordNet exploiting Turkish derivational morphology,
6. Links to the SUMO/MILO Ontology were added to and implemented in VisDic.

In unserem Beitrag stellen wir einige der im Projekt BalkaNet erzielten Resultate vor. Wir beschreiben vor allem die Restrukturierung und die endgültige Form der einzelnen Wortnetze. Gemessen am EuroWordnet Projekt wurden die folgenden Ergebnisse erzielt: a) Die Menge an Base Concepts wurde erweitert und Synsets, die allen BalkaNet Wortnetzen gemeinsam sind, wurden hinzugefügt (insgesamt 8000 Synsets). Die Daten wurden mit dem Princeton WordNet in der Version 2.0 verknüpft und in ein XML-Standardformat konvertiert; b) in allen Wortnetzen wurden sprachspezifische Synsets, die kein Äquivalent im Princeton WordNet 2.0 haben, erzeugt; c) für das Tschechische, das Bulgarische und das Rumänische wurden Valenzrahmen erzeugt; d) Domänenbezeichner wurden den Einträgen der BalkaNet Wortnetze hinzugefügt. Dieses Feature wurde außerdem im VisDic Browser implementiert; e) Es wurden Verknüpfungen zur SUMO/MILO Ontologie hinzugefügt. Auch dieses Feature wurde in VisDic implementiert.

1. Introduction

The main result of the Balkanet Project has been the development of the multilingual WordNet database following the EuroWordNet model for six languages, namely Bulgarian (21,444 synsets), Czech (30,400 synsets), Greek (18,313 synsets), Romanian (19,680 synsets), Serbian (8,000 synsets) and Turkish (14,626 synsets).

If we compare the results of EuroWordNet and Balkanet we can say that, in general, the quality of the Balkanet WordNets is higher and they contain less errors. Due to the introduction of the larger set of Balkanet Common Synsets (BCSs, approx. 8,000) the overlapping between the national WordNets is more exhaustive. Attention has been paid to the validation and consistency checking using Word Sense Disambiguation (WSD) tools. This, of course, was enabled by the fact that Balkanet lasted three years. The following new results that definitely push the development of the WordNets further have been achieved:

- extension of the Base Concept (BCs) set by adding Balkanet Common Synsets (BCSs) – the final number has reached 8,000 items[115].
- introduction of the language specific synsets typical of Balkanet languages,
- developing the new tools for editing and browsing WordNets, particularly VisDic together with the new format in XML,
- development of the valency frames for Czech, Bulgarian and Romanian verb synsets and the design of the new inventory of semantic roles,
- adding domains and relations (links) to the SUMO/MILO Ontology and their implementing in VisDic tool[116].

2. Extension of the BCs and BCSs

From the very outset of the BalkaNet Project, it has been our intention attention to achieve the most comprehensive overlap between national wordnets. The goal was to maximize the possibility of future applicability of the database as a whole. A special set of synsets – BCSs (BalkaNet Common Synsets, marked with asterisk in VisDic) has been introduced. They were selected according to the following guiding principles:

---

[115] The individual wordnets developed within Balkanet project can be obtained from the members of the Balkanet consortium together with BILI-records. PWN 2.0 in XML notation containing "domain" and SUMO/MILO attributes to the ILI records plus the VisDic tool can be downloaded from the address http://nlp.fi.muni.cz/projekty/visdic.

[116] Within Balkanet Project the Romanian team has developed a WSD tool allowing to perform a Cross Lingual Validation based on George Orwell's 1984 Multext Corpus. The individual teams applied the tool on their WordNets and validated them. This has contributed considerably to ensuring a better quality of the Balkanet WordNets. A detailed description of the WSD tool and the application of Cross Lingual Validation procedure can be found in Ion and Tufis (2004).

- All synsets contained in EuroWordNet base concepts have been included to maximize the overlap between the two projects,
- The set has been extended based on the proposals of all partners who added synsets corresponding to the most frequent words in their corpora and in various dictionary definitions for their particular languages,
- As an additional criterion, several noun synsets that had many semantic relations in the Princeton 2.0 WordNet database have been added as well,
- All the selected synsets based on PWN 1.5 have been automatically mapped to PWN 2.0, which is currently the version BalkaNet WordNets are connected to. The synsets that found one-to-one correspondence in the new version were those that were finally chosen,
- All the hypernyms and holonyms of the chosen synsets have been added to BCSs as it was decided to close the set in this respect.

These guiding principles meant that the set of synsets obtained within the expand model were used in building a substantial part of the national wordnets. However, also the merge model was applied, e.g. a significant portion of verb synsets in the Czech WordNet originated in that way.

In the BalkaNet WordNets synsets are formed by true context synonyms as well as variants (typographic, regional, style, register, etc.). Moreover, the verb synsets contain literals enriched by a number of relations such as aspect opposition, i.e. ASPECT="perfective" or ASPECT="imperfective", and iteratives, i.e. AKTIONSART="iterative" (e.g. in Bulgarian and Czech WordNet).

All the Balkanet data are currently linked to PWN 2.0 at the moment. The initial impetus for BalkaNet Project was to create wordnets that would correspond to PWN 1.5 which would make it compatible also with EuroWordNet. However, once the limitations of PWN 1.5 unfolded, it became necessary to switch to PWN 1.7.1 and later to PWN 2.0, which is definitely much more consistent and complete with regard to the glosses and semantic relations.

2.1. Relinking to PWN v.2.0

We consider that our move from WordNet 1.7.1 to the most recent version of Princeton WordNet 2.0 is a significant achievement of the Balkanet Project. All mappings – the first one from Princeton WordNet 1.5 to Princeton WordNet 1.7.1) – assumed applying a set of mapping rules and in some cases, where the mapping was not deterministic, a manual mapping. The scripts for these conversions were developed and applied by all partners.

Both procedures for relinking synsets took advantage of the VisDic tool. PWN 2.0 is represented in XML notation and the standard for all Balkanet WordNets. At the same time the XML format developed together with the Vis-

Dic editor has been used to represent both PWN and EuroWordNet data and can be regarded as a standard: it is recommended by the Global WordNet Association.

3. Language specific synsets

Bulgarian, Greek, Romanian, Serbian and Turkish language specific concepts (LSCs) have been added into the Balkanet WordNets. Not having lexicalized translational equivalents in PWN 2.0, they are included in Balkanet Interlingual Index (BILI) with their English descriptions. In an effort to develop a single Balkanet contribution to the Interlingual Index, the local synsets developed by each partner have been checked by all other partners – identical concepts have been determined and assigned a single "BILI" (Balkanet ILI) number.

Since very few "Balkan" specific concepts can be found in the Czech WordNet, they are not mentioned here. The Language Specific Concepts (LSCs) found and listed are mostly related to the fields given below – the list represents a union of them as they come from the individual languages:

- administrative system (provinces, municipalities, officers)
- animals, plants, fish (local varieties)
- architecture (buildings, parts of buildings, styles)
- customs and related words
- derived adjectives
- family relations (relatives)
- folk literary genres
- holidays
- food, cuisine (names of dishes and food ingredients)
- musical instruments and folk dances
- units of measurement (length)
- objects or notions related to the Ottoman Empire
- occupations
- important historical events
- important dates
- concepts related to the Orthodox Church
- mythological figures
- social organization
- traditional arts, handicrafts
- religious objects and religious practices
- tools (special types of scissors, knives, cooking utensils, farming equipment etc.)

- wedding traditions

3.1. Bulgarian

In Bulgarian Wordnet the additional 237 language-specific concepts have been encoded and grouped in the categories given above. So far 48 Bulgarian specific synsets common with Turkish specific synsets have been identified. In cases where English synsets that denote concepts existing in the Bulgarian language consciousness but not lexicalized in Bulgarian, the strategy of marking it with the label "no lexicalization" has been adopted.

3.2. Greek

The fields related to Greek LSCs are rather similar to the ones given in the enumeration for Turkish below. Also the number of the LSCs is about 300 items. It should be noted, that the relations between LSCs in Greek and Turkish would deserve a separate confrontational linguistic study, however, this goes beyond the scope of the present text.

3.3. Romanian

For the expansion of the Interlingual Index with Balkan languages specific concepts (BILI), Romanian-specific concepts have been identified as well.The 300 found concepts were provided with the respective synsets, the glosses both in Romanian and in English, together with their hyperonyms.

3.4. Serbian

The number of the Serbian specific concepts defined so far is 174, including 22 adjectives, 6 verbs and 146 nouns. Each synset for Serbian specific concepts contains at least one usage example from the 25 MW corpus of the modern Serbian language. There is also an English translation of each concept definition in the Semantic Note field. Each simple synset literal is accompanied by its morphological class code, to account for the inflection.

3.5. Turkish

In Turkish, the domains contain a number of the culture-specific concepts. The number LSCs included is approximately 300. It was decided to limit the number of Turkish-specific synsets in some domains because there are many of them and reaching agreement is difficult.

Obviously, the Turkish LSCs represent the most interesting collection thanks to the different language type and the life and institutions.

4. Valency Frames

One of the important contributions of the Balkanet Project is the adoption of a new approach to the verb valencies (valency frames) for Czech, Bulgarian and Romanian. The approach outlined below has been developed by the Czech team thus its main features are mostly explained with regard to Czech. Approximately 1,600 Czech verb synsets with their respective surface and deep valency frames have been prepared so far.

Though the semantic roles have been introduced in EuroWordNet Project (Vossen et al., 1999) and included in Internal Language Relations (ILRs) they have not been, as far as we know, further systematically introduced and exploited in the individual WordNets. It is also clear that ILRs have been conceived as the binary relations whereas syntactic and semantic properties of verbs are typically described by means of their **valency frames.** They can contain both the **syntactic information** about the verb construction itself, i.e. what **surface cases** (in Czech and other highly inflected languages) are associated with a particular verb, and the **deep cases** or **semantic roles** that are required by the meaning of the verb. We are aiming at a consistent system of semantic role tags that would yield a **more adequate sub-categorization of the roles** (lexico-semantic constraints).

We offer labels for almost all semantic roles that are usually postulated in the standard theories such as FRAMENET (Baker et al., 1998), SALSA (Pinkal et al., 2003), Czech Valency Dictionary (Vallex, Lopatková, Žabokrtský, 2002), Valency Dictionary of Czech Verbs (Pala, Ševecek, 1997).

The main reason for doing this is the fact that the standard collections of the semantic roles treat the most of the roles more syntactically than semantically. From this point of view, they are too general and thus they are unable to describe the real lexical data adequately.

4.1. A Notation for Valency Frames

While EuroWordNet notation for Internal Language Relations including semantic roles (such as ROLE_AGENT – ROLE_AGENT_INVOLVED) (Vossen et al, 1999) is based on binary relations we have decided to opt for the more **complex** and **empirically adequate** notation which comprises both **surface** (morphological) cases required by Czech, and the corresponding (deep) **semantic roles**, e.g.:

(vf1) {*jíst/eat*} kdo1*AG(person:1|animal:1) = co4*SUBSTANCE(food:1)
(vf2) {*pít/drink*} kdo1*AG(person:1|animal:1) = co4*SUBS(beverage:1)

(vf3) {*obléct si / put on*} kdo1*AG(person:1|animal:1) = co4*ART(garment:1) na co4*BODY(body part:1),
(vf4) {*vyprávět:1/tell:3*}kdo1*AG(person:1) = co4*INFO(message:2), komu3*ADR(recipient:1)

The solution we are offering uses **two level semantic role labels**. The first level contains **standard** and **general labels** (denoted by the capitals) taken mainly but not exclusively from the **EWN TOP Ontology** such as AGENT, PATIENT, OBJECT, INSTRUMENT, LOCATION, ABSTRACTION, ACT, ARTIFACT, ATTRIBUTE, CAUSE, COMMUNICATION, ENTITY, EXTENT, FEELING, GROUP, INTENTION, KNOWLEDGE, MANNER, PHENOMENON, RELATION, STATE, SUBSTANCE, TIME, etc. On the second level, we decided to take advantage of rich WordNet hierarchical structures and use the **selected literals** (given in the brackets) as **subcategorization** features occurring in the particular synsets. They are selected mainly from the set of Base Concepts and include the numbers of the respective senses from PWN 2.0 that are necessary for their identification.

The notation used in (vf1)–(vf4) presents the information about the syntactic and semantic properties of a given verb in a natural way and it is able to describe the real lexical data more adequately. The same notation has also been used for Bulgarian and Romanian in the same form.

The following example shows, in our view convincingly, that this two level notation is a more comprehensive and more accurate representation of the language. Take e.g. the verbs *vstoupit / to enter* in the following sentences:

(v1) Ten člověk vstoupil do strany v r. 1968.
(v2) Ten člověk vstoupil do budovy před 10 min.
(v1eng) This person entered the (Communist) party in 1968.
(v2eng) This person entered the building 10 min. ago.

If we use a standard inventory of the roles (e.g. the one given in Lopatková, Žabokrtský, 2002) then the constituents *strana/party* and *budova/building* would be most likely labeled as PATIENT but our knowledge of Czech and English tells us that this label can hardly capture the existing difference in meaning. We are evidently dealing with the two different senses of the verb *vstoupit/enter* or, more precisely, with verbs *vstoupit:4/enter:3* and *vstoupit:3/enter:1* if we use the standard WordNet notation (PWN 2.0). Thus *vstoupit:4/enter:3* means that people typically enter political organizations and *vstoupit:3/enter:1* denotes the fact that people enter places like buildings. If we want to express this fact by means of the semantic role labels we need **more specific subcategorization features** (labels) that are able to express the meaning differences indicated above. A similar observation can be made about many other verb classes, as can be seen in the roles associated with verbs like *eat, drink, wear* or *drive*, which in turn require subcategorization features like *food:1, beverage:1, garment:1* and *vehicle:1*. Here we can take advantage of the rich WordNet hierarchical structure and use the **selected literals** occurring in the particular synsets as labels – through them we can access the individual lexical units when we process sentences (v1) or (v1eng) on the morphological and syntactic level and obtain the necessary lexical information. Moreover, the nodes in the respective Hypero/Hyponym tree can be exploited as semantic features that can determine a semantic compatibility of the particular sentence constituents when using valency frames during parsing.

4.2. Further results – Bulgarian and Romanian

By the end of Balkanet Project, the frames for more than 1,000 Bulgarian verb synsets had been created. The overall number of added frames is approx. 1,300. About 25% of the Bulgarian verb valency frames completely coincide with the Czech ones.

Two software tools have been developed for the construction of the Bulgarian verb frames by the Bulgarian team. The first one – Verb Example Extractor – is a subsidiary tool that extracts simple example sentences (along with their syntactic frames) for a given verb from text corpora. The examples produced for a verb serve to direct the frame constructor (supposed to be an expert-linguist) while he/she is developing the verb frames using the functionality of the Frame Editor. The basic tool used for development of the BGWN is the Frame Editor itself. The main purpose of the Frame Editor is to automate the construction of valency frames for WordNet verb synsets in a given language. It is designed as a universal tool for the construction of frames, no matter which language they belong to.

Both Czech and Bulgarian are Slavonic languages, thus a relatively large part of the verbs should realize their valency in the same way.

This can be seen in the following examples:

- *produce, make, create* – create or manufacture a man-made product
- BG: {произвеждам} някой*AG(person:1) | нещо*ACT(plant:1) = нещо*OBJ(artifact:1)
- CZ: {vyrábět, vyrobit} kdo1*AG(person:1) | co4*ACT(plant:1) = co4*OBJ(artifact:1)
- *uproot, eradicate, extirpate, exterminate* – destroy completely, as if down to the roots; "the vestiges of political democracy were soon uprooted"

- BG: {изкоренявам, премахвам} някой*AG(person:1) | нещо*AG(institution:2) = нещо*ATTR(evil:3) | *EVEN(terrorism:1)
- CZ: {vykořenit, vyhladit, zlikvidovat} kdo1*AG(person:1) | co1* AG(institution:2) = co4*ATTR(evil:3) | *EVEN(terrorism:1)
- *carry, pack, take – have with oneself*; have on one's person
- BG: {нося, взимам} някой*AG(person:1) = нещо*OBJ(object:1)
- CZ: {vzít si s sebou, brát si s sebou, mít s sebou, mít u sebe} kdo1* AG(person:1) = co4*OBJ(object:1).

The valency frames have been introduced into Romanian WordNet as well. The synsets corresponding to the equivalent Czech synsets have been identified where they existed, checked against the Romanian data, and modified accordingly if necessary. When a Czech valency has not been identified, a valency suggestion for the Romanian verb has been provided, following the indication in the file provided by the Czech team. The valency frames have been identified for one verb in a synset only. The validity of other verbs in the same synset has not yet been checked against a corpus. However, taking a brief look at them, one could say that the frame suggested for one of the verbs stands correct for the others as well.

For all the senses identified for the Romanian verbs, only 13 have Czech equivalents for which frames are provided in the CzWN. When comparing them with the ones suggested for the verbs in RoWN, one notices that in most cases the frames are identical. In some situations the identity is prevented by the incompleteness of RoWN frames; the frames suggested for Czech are valid for Romanian, too, but they have not been encountered in the concordances analyzed.

In our view it can be concluded that the results of the introduction of the valency frames in the Czech, Bulgarian and Romanian WordNets appear to be promising since they show that frames devised for one language can be reasonably used in other languages as well. We are aware that the size of the data, i.e. the number of the frames processed, is rather small, thus more data to confirm this preliminary conclusion is necessary. Unfortunately, this could not have been done within the Balkanet Project.

The results point in at least two directions, namely, the idea of the multilingual dictionary of the valency frames is feasible, and secondly, it can be reasonably assumed that the translation equivalents can be captured if not by the same valency frames then by the similar or very close ones. This may sound a bit universalistic but the presented results point in that direction.

4.3. Integrating Derivational Relations into Czech WordNet

One of the relevant results is the procedure for enriching Czech WordNet with the collection of the derivational (word formation) relations and linking the synsets through them. This is possible since the Czech morphology tool AJKA, is able to identify the main regular derivational relations between Czech word forms (Sedláček, 2004). In particular, it concerns the semantic relations that hold across the different parts of speech, i. e. relations like *učit / to teach – učitel/ teacher – učení/teaching – učený/educated – učenec/scholar – učiliště/training* institution. Such Czech derivations are both frequent and regular, being centered around stems or roots that create derivational nests. The semantic relations between the individual items in the nests are, in fact, quite similar if not identical to the semantic roles (this assumption is yet to be examined more deeply), for example in *učit / to teach – učitel/teacher* there is an AGENT relation – *učitel/ teacher* is an AGENT for *učit / to teach*, or *učiliště/training* institution is a LOCATION where *učení/teaching* takes place.

Using the interface SAFT (Čapek, 2004) we are able to track derivational (semantic) relations automatically by means of AJKA and also link them to the synsets in Czech WordNet with the following benefits:

- we obtain an independent and relevant check of the roles in the deep valency frames, which have been assigned to verbs manually,
- it is done automatically for a considerable number of Czech suffixes which cover a reasonably large portion of Czech word stock (presently 67 %),
- Czech WordNet is thereby enriched with the derivational nests that actually represent subnets in a large net and in this way make Czech WordNet more suitable for NLP applications,
- the derivational (semantic) relations are available for immediate use for these linguistic inferences not captured by any logical rules and which differ from hypero/hyponymical and synonymical relations.

To handle the integration of the derivational relations into Czech WordNet we need to associate the word forms occuring in the free text with the individual literals occurring in the synsets.

This mapping is done by the module SAFT (Čapek, 2004) that allows to label the stems (word bases) in a free text to be labelled with the identifiers of WordNet synsets. In doing so, we have to deal with collocations such as terminological units, proper nouns and other types of multi-word expressions (MWE). SAFT enhances power of AJKA by recognizing the multi-word expressions in any grammatical form if found in the database of collocations. In this way we are able to find WordNet synsets "hidden" in the free text as collocations. No attempt is made to disambiguate senses that may be associated with the individual literals. Moreover, it is possible to generate identifiers for these synsets and import them into the VisDic tool.

4.4. Adding semantic relations using Turkish derivational morphology

Similarly, rich derivational morphology of Turkish has allowed the addition of a limited number of semantic relations that do not exist in PWN 2.0. This holds true also for Czech. Using simple regular expressions, all literals in Turkish WordNet that appeared to be derivationally related to each other have been extracted. The resulting lists have then been filtered manually and pairs that were not derivationally related have been eliminated.

The experiment focused on two suffixes: The “CAUSES suffix” *-dir* and the “BECOME suffix” *-laş*. The method proved reasonably fruitful and we added 79 CAUSES relations and 81 INVOLVED_RESULT relations that do not exist in PWN 2.0 or in the English Wordnet developed during the EuroWordNet project. The existence of such high numbers of morphosemantically related pairs in a small WordNet of 10,000 synsets shows that it is feasible to use this method to add semantic relations to Turkish Wordnet. See also Bilgin, Çetinoğlu, Oflazer, (2004).

5. Adding Domains and Links to SUMO/MILO Ontology

For the application of the Balkanet project a search engine has been developed, which is able to perform a conceptual indexing of web documents and multilingual query expansions. Three domains have been selected for the purposes of this experiment, namely **law**, **politics** and **economy**. These domains have been selected from the BalkanTimes Journal website, which has been used as the central repository feeding the engine’s index with web documents. Each team added to its WordNet 100 predetermined synsets from each of these three domains.

Within the context of this experiment, all Balkanet wordnets have been enriched with domain information. The following two resources have been used:

- The mapping from WordNet 1.6 to the Suggested Upper Merged Ontology (SUMO), and the ontology tree of SUMO, see http://virtual.cvut.cz/kifb/en/toc/all.html.
- Wordnet Domains 1.0 (Database) developed by the Istituto Trentino di Cultura (ITC).

The first resource is in the public domain. It contains SUMO domain labels for 17,453 adjectives, 3,101 adverbs, 65,636 nouns and 11,793 verbs.

The second resource is not in the public domain and individual licenses have been obtained from ITC. It assigns every PWN 1.6 synset to one of the 165 domains which are arranged in a special hierarchy. Although all PWN 1.6 synsets are assigned to one of the domains, 32.154 synsets are assigned to the domain "factotum", which shows that the synset in question does not belong to any special domain.

Two different approaches were considered regarding the incorporation of these domains into Balkanet: (i) Encoding domain information at the ILI level, or (ii) encoding domain information in each monolingual wordnet. It was ultimately decided to incorporate domains into the ILI by adopting the following approach: once a synset belonging to one of the three pre-specified domains is traced, the starting and ending nodes of its taxonomy will be marked with the domain label information using the RELATED_TO lexical relation. All nodes that belong to the path and are between the starting and ending node will inherit the domain information that results from the transitivity of the IS_A relation. It is also important that inheritance of domain-information can be blocked or overwritten at a certain level in the hierarchy.

The experimental search engine also requires preprocessing of the documents to be queried. Therefore, each team has assigned POS-tags and provided lemmata for a predetermined set of texts.

5.1. Links to SUMO and MILO Ontologies

SUMO has been created as part of the IEEE Standard Upper Ontology Working Group. An upper ontology is limited to concepts that are meta, generic, abstract or philosophical, and hence are general enough to address a broad range of domain areas at a high level. Concepts specific to the particular domains are not included in an upper ontology, but such ontology does provide a structure upon which ontologies for specific domains (e.g. medicine, finance, engineering, etc.) can be constructed. MILO (Mid-Level Ontology) is intended to act as a bridge between the high-level abstractions of the SUMO and the low-level detail of the domain ontologies.

The main part of relations from SUMO and MILO has been converted to a "dictionary" that can be browsed in VisDic. It is a union of SUMO and MILO containing all the concepts together with subclass, instance, subRelation and subAttribute relations.

The respective SUMO concepts have been added to all Princeton synsets in attribute SUMO. The Czech team has prepared the mapping from PWN 2.0 to SUMO under VisDic. Since it is now fully implemented, it is now possible to look up a concept in the "SUMO & MILO" dictionary and view the ontology tree that contains it.

6. Conclusions

In Balkanet Project the number of the synsets planned at the outset has been significantly surpassed in all participating languages. The consortium undertook the difficult, but very useful process of harmonizing with the moving target of English WordNet, which went, during the lifetime of the Balkanet Project, from PWN 1.5 to 1.7 and then to PWN 2.0.

The introduction of the Language Specific Concepts is a new feature in the development of the multilingual WordNets and will certainly be pursued in future research.

The project developed an impressive number of tools connected to WordNet production and validation, of which VisDic is certainly the most useful, and aspires to be the standard WordNet editor and browser. The same can be said about the XML format that has been devised in conjunction with VisDic.

The integration of the valency frames into a multilingual lexical database such as Balkanet appears promising and it brings thought-provoking stimuli for a deeper intertwining of syntax and semantics in NLP applications.

The introduction of the domains into Balkanet WordNets and implementing the links to the SUMO/MILO Ontology brings WordNet-like lexical databases closer to the research in the fuzzy area of the Semantic Web.

References

Baker, C. F., Fillmore, C. J., Lowe & J. B. (1998). FrameNet Project. Proceedings of the Coling-ACL, Montreal, Canada.

Bilgin, O., Çetinoğlu, Ö. & Oflazer, K. (January 2004). Morphosemantic Relations In and Across Wordnets: A Preliminary Study Based on Turkish. Proceedings of the Global WordNet Conference, Brno, Masaryk University.

Čapek, T. (July, 2004). SAFT – Morphological Interface for Czech WordNet. Presentation at the Euromasters Summer School, Bonn. University of Bonn.

Christodoulakis, D. et al. (August, 2004). Balkanet Final Report, CD ROM. Patras, University of Patras.

Horak, A. & Smrz, P. (January 2004). VisDic – Wordnet Browsing and Editing Tool. Proceedings of the Second Global WordNet Conference. Brno, Masaryk University.

Levin, B. (1993). English Verb Classes and Alternations: A Preliminary Investigation. Chicago: The University of Chicago Press.

Lopatková, M. & Žabokrtský, Z. (2002). Valency Dictionary of Czech Verbs. Proceedings of LREC, Elda/Elra, Las Palmas.

Pala, K., Sedláček & R. (February 2005).Enriching WordNet with Derivational Subnets (Derivational Relations as Semantic Subnets). Proceedings of the Cicling 2005 Conference, Berlin: Springer, to appear.

Pala, K. & Smrž, P. (2003). Top Ontology as a Tool for Semantic Role Tagging, Proceedings of LREC Conference, Lisabon: Elda/Elra.

Pala, K. & Ševeček, P. (1997). Valencies of Czech Verbs. Studia Minora Facultatis Philosophicae Universitatis Brunensis, vol. A45, Masaryk University, Brno, 41–54 (in Czech).

Pinkal, M., Erk, K., Kowalski, A. & Padó, S. (2003). Building a Resource for Lexical Semantics (SALSA Project). Proceedings of the 17th International Congress of Linguists, Prague.

Sedláček, R. (2004). Morphemic Analyser for Czech. Dissertation Thesis, Faculty of Informatics, Masaryk University, Brno.

Tufis, D., Ion R. (2004). Multilingual Word-Sense Disambiguation (Using Aligned Wordnets). Romanian Journal of Information Science and Technology, vol.7, 183–200.

Clever Search: A WordNet Based Wrapper for Internet Search Engines

Peter M. Kruse, André Naujoks, Dietmar Rösner, Manuela Kunze

This paper presents an approach to enhance search engines with information about word senses available in WordNet. The approach exploits information about the conceptual relations within the lexical-semantic net. In the wrapper for search engines presented, WordNet information is used to specify a user's request or to classify the results of a publicly available web search engine, like Google, Yahoo, etc.

In diesem Beitrag wird ein Ansatz vorgestellt, der auf der Grundlage der verfügbaren Informationen in WordNet die Ergebnisse von herkömmlichen Suchmaschinen verbessert. Es werden hierzu die konzeptuellen Relationen des lexikalischen-semantischen Netzes genutzt. Der beschriebene Suchmaschinenaufsatz nutzt WordNet-Informationen um Nutzeranfragen zu spezifizieren und um die gefundenen Webseiten der herkömmlichen Suchmaschinen (Google, Yahoo etc.) zu klassifizieren und zu gruppieren.

1. Introduction

In most cases, when a user employs a web search engine, he will be confronted with a large amount of web pages as results. Most of the web search engines rank the web pages according to their relevance.

The vivísimo (*http://vivisimo.com/*) search engine offers the user web pages classified according to frequent words in the web pages. For example, as result for the search term 'Java', the user gets a list of web pages which are grouped into categories like *Java, Technology, JavaScript* etc.

But web pages about the topic 'Java' in the sense of 'island' or 'coffee' don't occur in the list. Other search engines deliver only a small number of web pages about the topics 'coffee' or 'island'. In this case, it is necessary to extend the search request by additional information.

In general, two deficiencies can be observed when using a common web search engine:

- web pages without the relevant information are presented in the results and
- web pages are not grouped according to similar content (classification).

To avoid these deficiencies, additional information for the query and a posteriori analyses of query results are necessary.

For the *first problem* described above, the extension of the user request is helpful. But the question is: Which additional terms added to the user request are necessary to get only relevant web pages?

The *second problem* is related to a user-friendly presentation of the results. In this case, it is sufficient to analyse the occurrence of relevant terms on the web pages within the result set of the query. Here again, it must be decided what the relevant terms on a web page are (with respect to the user request).

Both (problem) cases need information about the relevant terms: in the first case to expand the user query and in the second case for the classification of web pages within the answer set.

For the selection of relevant terms, the wrapper described below uses WordNet's information about different senses of a word. WordNet (Miller, G. (1990)) contains one or more senses for a word. For each sense there exists information about conceptual relations (like hypernyms, hyponyms, etc.). In this lexical-semantic net, each concept presented in a conceptual relation is represented by a so-called synset. A synset is a set of synonyms, which can contain more than one element. The wrapper uses these words to improve the results from a common web search engine and their presentation to the user.

The next section describes the wrapper and its different modes. After this, some ideas are outlined for an improvement of the post-filter mode of the wrapper. In section 4, we describe the integration of GermaNet (Hamp, B., Feldweg, H. (1997), Kunze, C. (2001)) as resource for the wrapper. A summary is given at the end of the paper.

2. Clever Search

The wrapper for web search engines described in this paper supports the user in two modes in order to cope with the problems described above: *search with a pre-filter* and *search with a post-filter*. Both approaches use information available from WordNet in order to improve the results of a standard web search engine.

The wrapper can be used with different common search engines (Google, Yahoo, and MSN). For search engines that use the same sources (e.g. Yahoo and Altavista), only one search engine of this group is offered to the user. Via configuration parameters, additional search engines can also be integrated into the *clever search* wrapper. In the following, both modes of the wrapper are explained in detail.

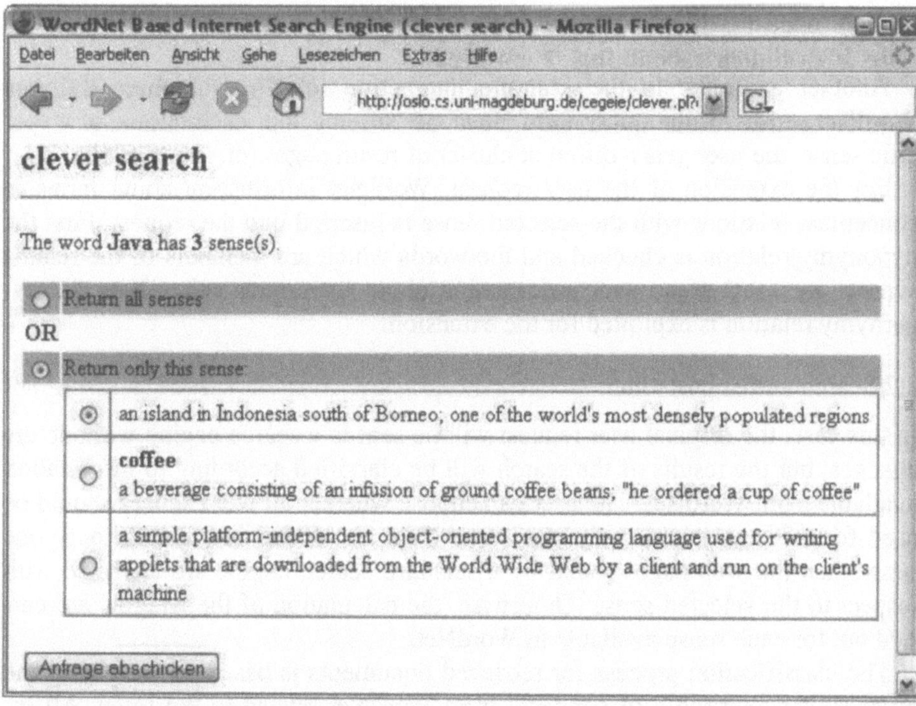

Fig. 1: Selection of word senses for a request.

2.1. Search with a pre-filter

When searching with a pre-filter, the user request will be extended by additional terms to obtain better search results. The user can concretise the search request by selecting a distinct word sense from WordNet (see Fig. 1). For the selection process, WordNet's short glossary descriptions for each sense are presented to the user. The user has two options: the user can either use the option 'return all senses' or only one specific sense can be selected.

If the option 'return all senses' is selected then no extension is carried out. In this case, the original user request will be forwarded to the search engine.

In the other case, when one specific sense is selected, the original user request is extended by information selected from WordNet. This request will be forwarded to the search engine and the results of the search are presented by the search engine.

For example, the user types 'ring' as input. *Clever search* presents all senses, like ring → gang; ring → jewelry; etc. The user selects one sense and the user's original request will be extended with the WordNet information of the selected sense (e.g. all pages about ring → jewelry).

Another example: in the example interaction (cf. Fig. 1), three different WordNet senses of the query term 'Java' are offered. For each choice of a specific sense, the user gets a different cluster of result pages (cf. Fig. 6 to Fig. 8).

For the extension of the user request, WordNet information about terms in conceptual relations with the selected sense is inserted into the request. First the hyponymy relation is checked and the words which are members of the related synsets are used. If no such information about hyponyms exists then the hypernymy relation is exploited for the extension.

2.2 Search with a post-filter

In this case, the original user request will be sent to a search engine without any changes, but the results of the search will be classified according to information available from WordNet. The user can choose whether all word senses should be used for this analysis or only one sense (Fig. 2). If the user selects only one sense then the web pages found by a standard search engine are analysed with respect to the selected sense. Otherwise, the calculation of the weights are carried out for each sense available in WordNet.

The classification process for retrieved documents is based on weighting the number of occurrences of concepts from WordNet related to the input. All information available via hypernymy, hyponymy, meronymy, and holonymy relations for the different senses is used as relevant concepts.

The results of this mode can be presented in list form or in a ranking table. The screenshot presented in Fig. 3 shows a ranking table for the search string 'ring'. In WordNet, 9 senses are available for this term. For each web page found by a standard search engine, the weight was calculated with respect to the information for the different senses within WordNet (because the option 'Return all senses' was selected). In the ranking table, all web pages and their weights for the different senses (columns '1.' to '9.') are presented. Above the table, the short glossary descriptions of the different senses are given.

The weighting process itself will be explained below.

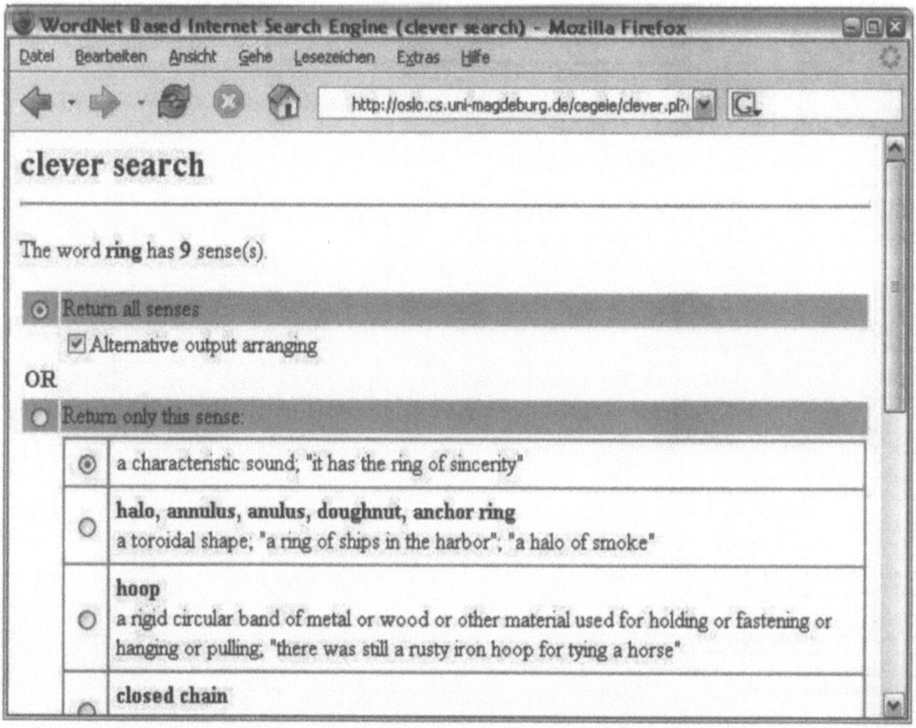

Fig. 2: Selecting form for post-filter mode.

Weighting of Results for Classification

The next paragraphs describe the steps of the weighting algorithm, which are realized for each WordNet sense. For each sense of a search term in case of first option one or for the chosen sense (in case of second option), a list is created of all concepts of hypernyms, hyponyms, meronyms, and holonyms of a sense. Then according to the position in the tree of conceptual relations, the concepts are weighted.

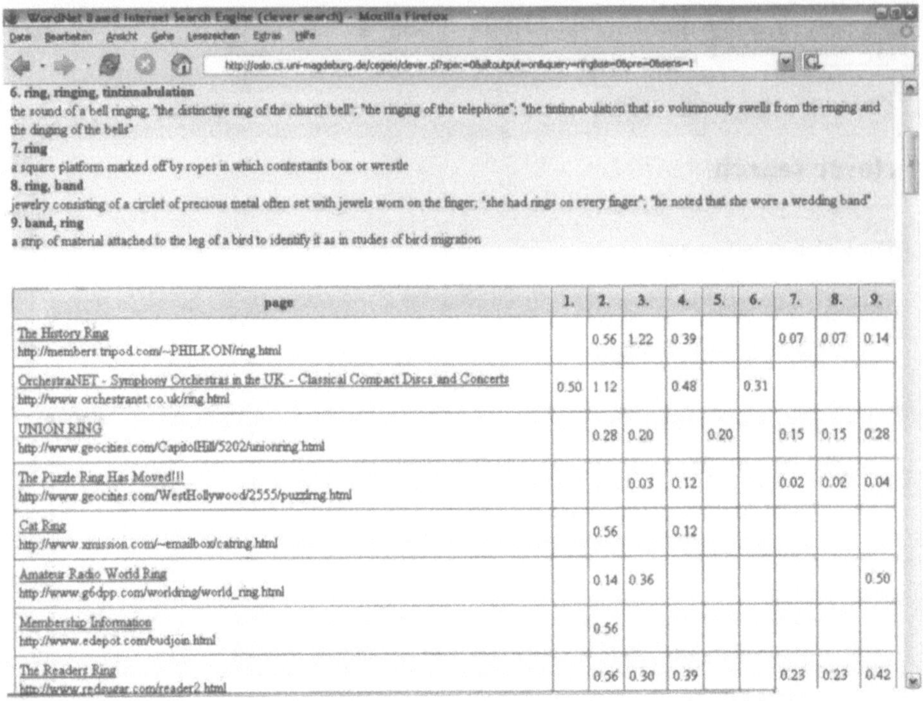

WordNet Based Internet Search Engine (clever search) - Mozilla Firefox

Datei Bearbeiten Ansicht Gehe Lesezeichen Extras Hilfe

http://oslo.cs.uni-magdeburg.de/cegeie/clever.pl?spec=0&altoutput=on&query=ring&se=0&pre=0&sens=1

6. ring, ringing, tintinnabulation
the sound of a bell ringing; "the distinctive ring of the church bell"; "the ringing of the telephone"; "the tintinnabulation that so volumnously swells from the ringing and the dinging of the bells"
7. ring
a square platform marked off by ropes in which contestants box or wrestle
8. ring, band
jewelry consisting of a circlet of precious metal often set with jewels worn on the finger; "she had rings on every finger"; "he noted that she wore a wedding band"
9. band, ring
a strip of material attached to the leg of a bird to identify it as in studies of bird migration

page	1.	2.	3.	4.	5.	6.	7.	8.	9.
The History Ring http://members.tripod.com/~PHILKON/ring.html		0.56	1.22	0.39			0.07	0.07	0.14
OrchestraNET - Symphony Orchestras in the UK - Classical Compact Discs and Concerts http://www.orchestranet.co.uk/ring.html	0.50	1.12		0.48		0.31			
UNION RING http://www.geocities.com/CapitolHill/5202/unionring.html		0.28	0.20		0.20		0.15	0.15	0.28
The Puzzle Ring Has Moved!!! http://www.geocities.com/WestHollywood/2555/puzzring.html			0.03	0.12			0.02	0.02	0.04
Cat Ring http://www.xmission.com/~emailbox/catring.html		0.56		0.12					
Amateur Radio World Ring http://www.g6dpp.com/worldring/world_ring.html		0.14	0.36						0.50
Membership Information http://www.edepot.com/budjoin.html		0.56							
The Readers Ring http://www.redsugar.com/reader2.html		0.56	0.30	0.39			0.23	0.23	0.42

Fig. 3: Ranking table of the results.

In the next step, each web page delivered by the common search engine will be analysed with respect to each of the possible word senses. The occurrences of terms referring to different concepts on the web page are counted. After this, the number of occurrences is multiplied by the weight of the concept. The weight of the web page is the sum of the weight of all concepts appearing within the web page.

For each sense, the web pages can be listed in descending order according to their weight for this sense.

A crucial point in the weighting process is the determination of the relevance factor. Using the level information within the hypernym tree is only a coarse approach. This can be improved by using and applying more information for the determination of the relevance factor to get a more differentiated factor. In the next section, a number of ideas for this are presented.

3. Improvement of the Algorithm

There are a number of ways to improve the algorithm. The following list contains some ideas which can be integrated into the algorithm:

- Even for different senses there may exist joint ancestors in the hypernym tree. In this case, the terms associated with these (general) concepts should get a lower relevance factor than those of a more specific concept (occurs only in one sense of WordNet). For example, the concept 'entity' of the hypernym tree of the entry 'Java' (see Fig. 4) gets a lower relevance factor than the concept 'abstraction', because the former is defined as hypernym for two distinct senses ('island' and 'coffee').
- Another extension of the algorithm could be a user-definable weighting of the different conceptual relation types. For example, hypernyms or hyponyms could be assigned a higher relevance factor than meronyms.
- Short web pages often contain information in a more compact and more condensed form. This means, the information on these web pages is probably more relevant for a given topic. On the other hand, for a web page with a longer text it can be assumed that this web page is less focussed and that it can also contain concepts which are not so relevant for a topic.
- If one sense is selected, then it is possible to use the information about all senses. The concepts of the non-selected senses are assigned with a negative factor, i.e., if one of these concepts occur in the web page then the negative factor is included in the calculation of the weight of a web page. Thus web pages with content about another (non-selected) sense or web pages with multi-thematic content get a lower weighting, while web pages with content about the sense selected obtain a higher weighting.
- Another finer classification approach is to consider the word frequencies within a (sub-)language. Frequent words are assigned with a lower relevance factor than rarely used words. Statistical approaches proven in many information retrieval (IR) applications can be used for this task. For example, the integration of IR measures (Sparck Jones (1972)) like term frequencies (TF) and inverse document frequencies (IDF) will be helpful for the weighting process within the *Clever Search* wrapper.

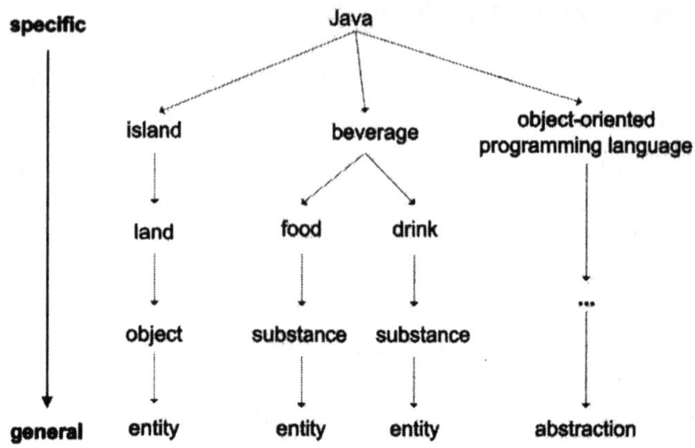

Fig. 4: Excerpt of the hypernym tree for the concept 'Java'.

4. Integration of GermaNet

Can *Clever Search* be used with GermaNet for retrieving web pages in German? In both methods (pre-filter and post-filter), the WordNet function 'Overview of Senses' (option '-over') and the parameter –g ('Display gloss') is used. This functionality delivers information about the different senses for the different word categories (noun, verb, etc.). For each sense, a short natural language description is presented (see Fig. 5).

This function is a feature of WordNet version 2.0. The current version of GermaNet does not support such a function. Additionally, the short natural language descriptions are often missing in GermaNet. Therefore an easy, direct adaptation of the wrapper for GermaNet is not possible.

Nevertheless, it is possible to use the wrapper with GermaNet. One solution could be that instead of the description of the word sense, information about the hypernymy and hyponymy relation is presented to the user, so that the user can choose one of the senses. Further more, the information presented by the 'overview' function in WordNet can be created manually. It is a little bit more complex than to use a predefined function, but it is possible.

5. Summary

The wrapper for search engines presented in this paper uses WordNet in two modes to improve the results. One mode expands the user's request with additional information based on WordNet's senses. The other mode classifies the results of a search engine according to WordNet's sense information. Both approaches exploit WordNet's information about the conceptual relations for a word sense.

The search with a pre-filter delivers better results than the search with a post-filter. The reason is that in general it is not possible to analyse **all** results of the search engine. In many cases, the search engine delivers only its 1000 top-ranked pages. The search with a post-filter will possibly improve when all pages found can be analysed.

The further development of the wrapper will include the integration and evaluation of different weighting strategies as described in section 3. Another point which should be investigated is the combination of both modes, so that the user can select a sense and the web pages delivered by the standard search engine will be ranked with respect to the information available in WordNet.

The Clever Search wrapper described in this paper is available at *http://oslo.cs.uni-magdeburg.de/~cegeie/*

The techniques from Clever Search's pre-filter approach are useful for the retrieval of other media types as well. Currently, only text retrieval is implemented, but experiments with query expansion for image retrieval in pre-filter mode showed promising results (cf. Fig. 9).

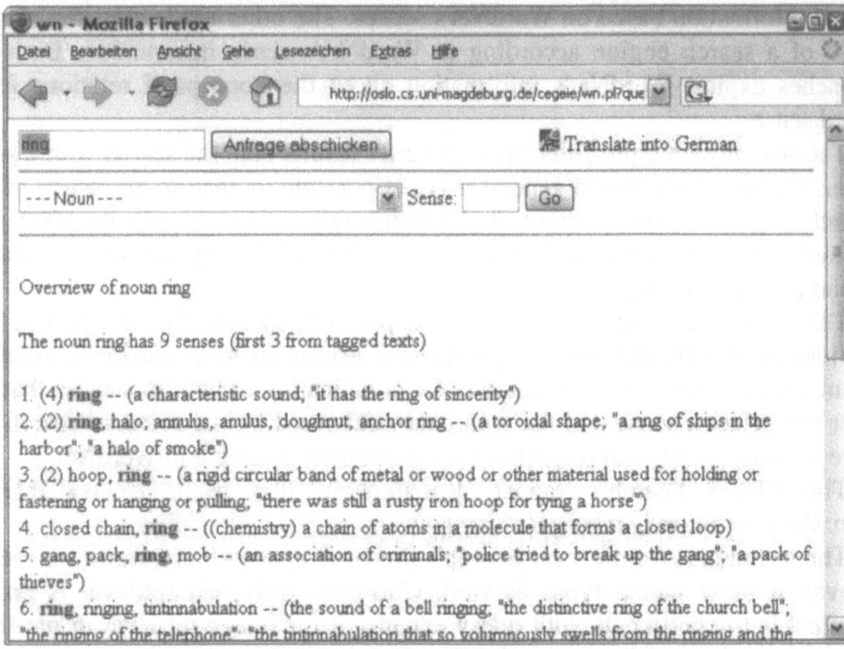

Fig. 5: Function 'overview' for the term 'ring'.

References

Miller, G. (1990). Five Papers on WordNet. CSL-Report (43). Cognitive Science Laboratory. Princeton University.

Hamp, B., Feldweg, H. (1997). GermaNet – a lexical-semantic Net for German. In Vossen, P. et.al.: Proc. of ACL/EACL-97 workshop Automatic Information Extraction and Building of Lexical Semantic Resources for NLP Applications. 9–15, Madrid.

Kunze, C. (2001) Lexikalisch-semantische Wortnetze, 386–393, Spektrum Akademischer Verlag, Heidelberg; Berlin.

Sparck Jones, K. (1972). A Statistical Interpretation of Term Specificity and its Application in Retrieval. Journal of Documentation, 28:1. 11–21.

Appendix

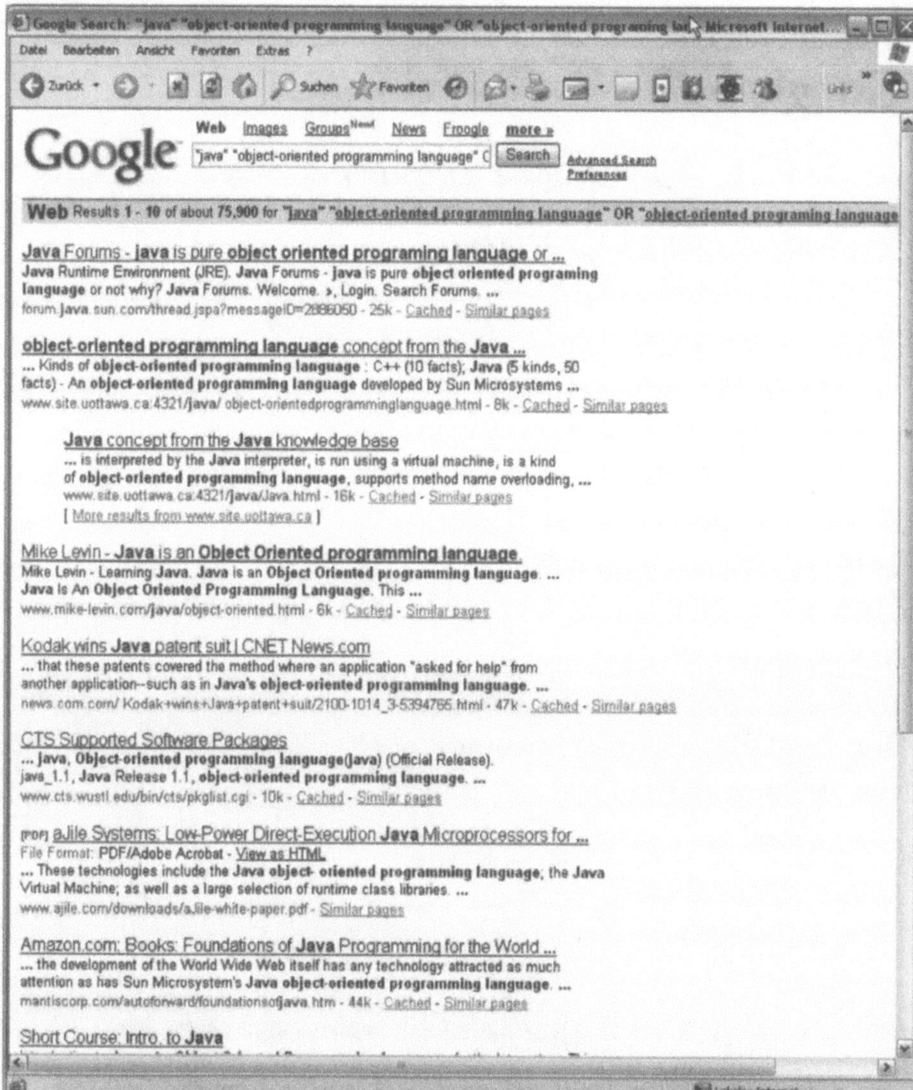

Fig. 6: Results of Clever Search for WordNet's sense of 'java': 'programming language'.

Fig. 7: Results of Clever Search for WordNet's sense of 'java': 'coffee'.

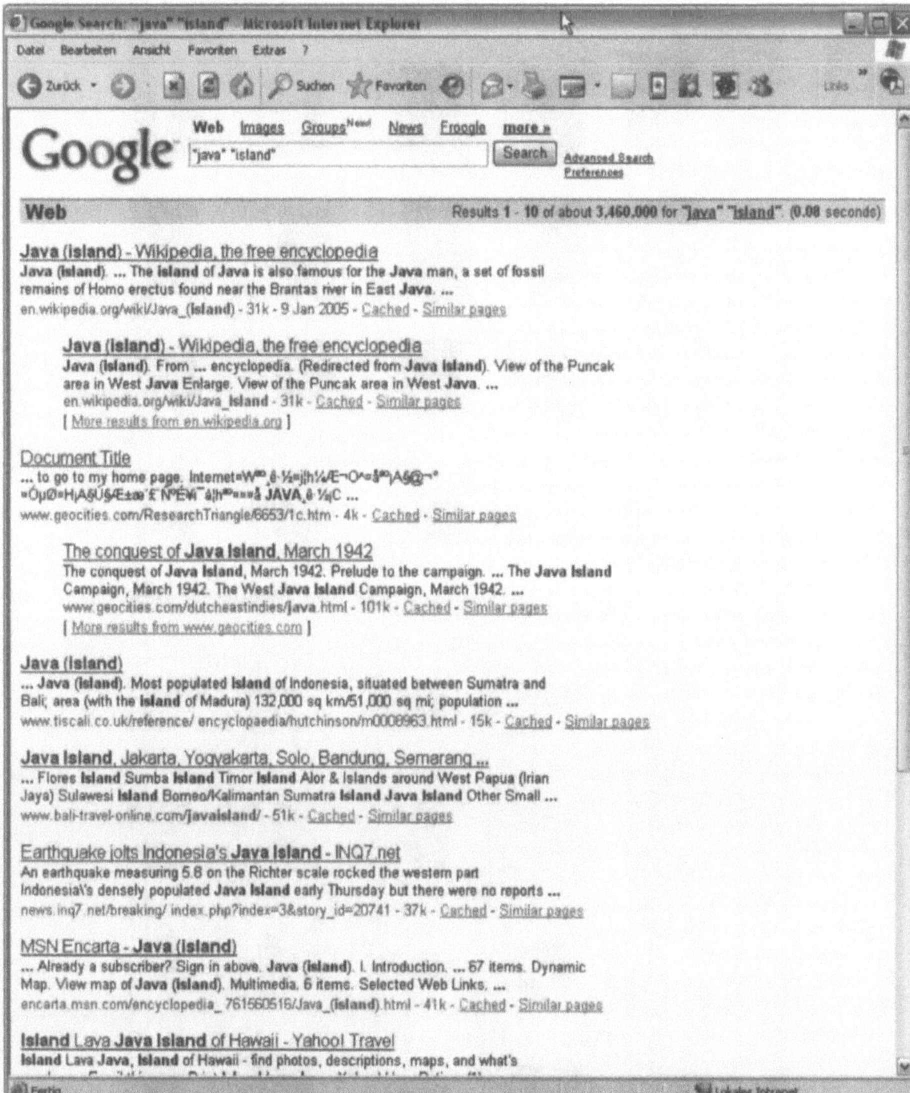

Fig. 8: Results of Clever Search for WordNet's sense of 'java': 'island'.

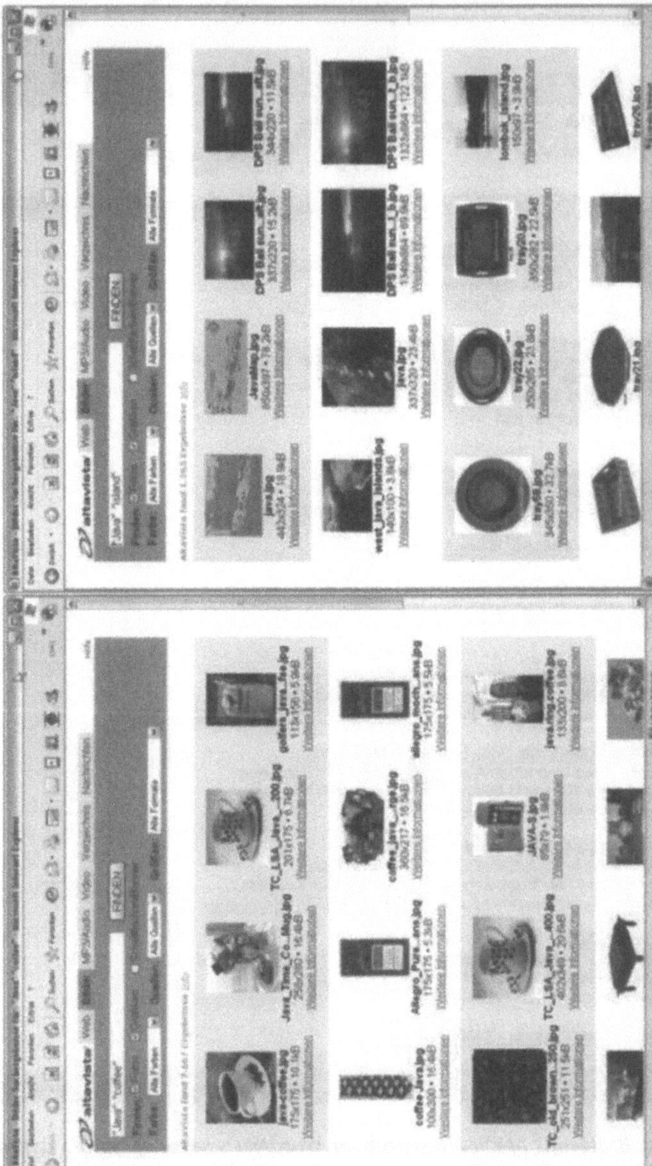

Fig. 9: Image retrieval for 'java' for senses 'coffee' and 'island'.

Using GermaNet to Generate Individual Customer Profiles

Rosmary Stegmann, Wolfgang Woerndl

Web-based services need customer profiles to give personalized recommendations to customers. However, the acquired profiles are often not reliable enough or demand too much effort on the user's side. We have developed a method for profile acquisition overcoming these drawbacks by using an adaptive natural language dialog and by constructing profiles on the basis of GermaNet. GermaNet helps us to insert new, not predefined information automatically in order to create highly individual, explicit profiles. In this paper we describe the core of our approach, the analysis of natural language customer input and the construction and extension of profiles with new information by using GermaNet.

Web-basierte Dienste brauchen Benutzerprofile von Kunden, um personalisierte Dienste anbieten zu können. Die verwendeten Profile sind jedoch oft nicht zuverlässig genug oder die Erhebung erfordert zu viel Aufwand vom Kunden. Wir haben daher eine Methode entwickelt, um diese Schwächen zu beheben und Benutzerprofile durch adaptiven, natürlichsprachlichen Dialog auf Basis von GermaNet zu gewinnen. Wir verwenden GermaNet, um neue, nicht vordefinierte Informationen automatisch zu gewinnen und individuelle, explizite Profile zu erstellen. In diesem Beitrag beschreiben wir einen Hauptteil unseres Ansatzes, nämlich die Analyse natürlichsprachlicher Benutzereingaben und den Aufbau und die Erweiterung von Profilen mit Hilfe von GermaNet.

1. Introduction

Web-based applications and E-Commerce platforms need customer profiles to personalize their services and recommend products and other offers to customers. In general, these systems either use implicit or explicit customer information (Brusilovsky & Maybury 2002). The former is acquired by observing the customer and recording his transactions. Explicit information, on the other hand, is acquired by asking the customer directly, typically by presenting questionnaires he has to fill in. For a variety of recommender systems explicit information is more desirable, because it often is of higher quality and yields more adequate recommendations. However, the problem is the effort the user has to take to fill in a standardized questionnaire or select predefined answers. In addition, these types of explicit user profile acquisition do not match each customer equally well and lead to a lack of profile and recommendation quality (Ardissono 1996).

Therefore, the goal of our approach is to collect customer data by means of an adaptive natural language dialog to overcome the limitations of implicit user profiles and explicit profiling methods. We use GermaNet (Hamp & Feldweg 1997) to construct individual user profiles, with the focus on personal interests. Complex and semantically rich profile attributes are acquired without having the user to fill in questionnaires but answering straightforward questions that are adapted based on what is already known about him. Our method can also be used to assign customers to specific customer groups, see (Stegmann et al. 2004) for more details.

The outline of the paper is as follows. In Section 2, we summarize related work and thus motivate our approach. In Section 3, we give an overview of our approach to acquire customer profiles using adaptive dialog. To explain our solution in more detail we then introduce our profile model (4.1.) and briefly explain how we linguistically analyze customer input and extract profile attribute values from it (4.2.). We describe the initial construction of a profile (4.3.) and the process of augmenting the profile with further information (4.4.). We also outline our prototype implementation and first component tests. Finally, we conclude with a brief summary and outlook.

2. Related Work and Motivation

Kobsa (2001) gives an overview of user modelling systems and emphasizes that current commercial user modelling servers often use observed user actions for constructing the model. Only few approaches use explicit user profile acquisition similar to our solution.

An interesting earlier approach is the Lifestyle Finder by Krulwich (1997). Lifestyle Finder gathers information about users and groups them into clusters. The profile acquisition is done by asking questions to the user. Users can choose from a set of possible answers. However, Lifestyle Finder does not use natural language processing (NLP). It is not possible to answer questions with free text.

Zadrozny et al. (2000) explain the importance and possible benefits of using a natural language dialog for personalization. They argue that NLP can be a compelling technology for personalization, because users can interact with the system in their own words (unlike Lifestyle Finder). In (Chai et al. 2001) the group presents a natural language sales assistant that helps users find relevant information about products and services in E-Commerce sites. Their evaluation results demonstrate that 79% of users prefer natural-language based navigation over menu-driven navigation (21%) in the E-Commerce context. In contrast to our approach, their system does not construct and store a detailed, semantically rich, user profile. Their Natural Language Sales Assistant (NLSA) analyses consumer requests in natural language to customize Web site navigation, arrange follow-up dialog, and give product recommendations.

Zukerman & Litman (2001) also point out possible advantages of systems that create and (dynamically) update user profiles through natural language processing. Their survey lists approaches that consult user models in order to improve the understanding of users' utterances, but does not include existing systems that actually manage an explicit user profile comparable to our approach.

3. The Profile Acquisition Process

In this section, we give an overview of our approach, part of which is described in more detail in Section 4. The profile acquisition process serves to construct a profile which represents the user's interests in form of a semantic graph (cf. Section 4.1). We concentrate on a subset of customer information, personal interests, which are of particular importance for recommender systems and exhibit a complex semantic structure. This semantic structure is especially suitable for the acquisition by means of natural language dialog, where different questions refer to different aspects of the structure.

The process can be divided into two parts: the initial profile construction and the refining of the profile during the dialog interaction. For the **initial profile construction**, a new user is asked to describe his interests in form of a list of phrases (headwords) in his own words, such as "spannende Bücher lesen (reading exciting books)", "mit Freunden kochen (cooking with friends)", "guter, alter Wein (good, old wine)", etc. Each element of his input is then linguistically analyzed (cf. Section 4.2) and a corresponding profile node is built from the attribute-value pairs found in the input. The key attribute value of a profile node is then searched for in GermaNet and a profile graph is constructed from the paths found in GermaNet (cf. Section 4.3).

After the initial profile has been constructed, it can be **refined by conducting a natural language dialog** with the user. The dialog is carried out on the basis of what is already contained in the profile and a match with possible user groups that show similar interests to the actual user (Stegmann et al. 2004). For this purpose we use a sociological model of customer groups. By matching a profile with the group model, a most suitable next question is selected from a set of question frames, which contain variable slots. A question is then constructed for the user on the basis of his individual profile contents. From analyzing the user's answers during this dialog, new nodes, attribute-value pairs, or values can be inserted into the profile (cf. Section 4.4).

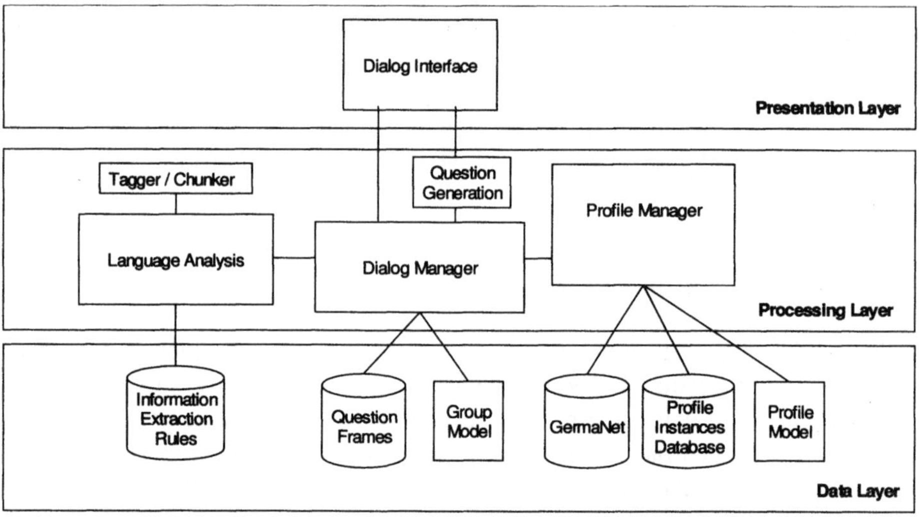

Figure 1: Components of the Profile Acquisition System

Figure 1 shows the components that are involved in the profile acquisition process. The **Dialog Manager (DM)** outputs questions to the user and receives answers, communicates with the Language Analysis to have answers analyzed, and sends new information about the user to the Profile Manager.

The **Profile Manager (PM)** is responsible for constructing an initial profile for a new user as well as augmenting existing profiles with new nodes, attribute values, or attribute-value pairs. It uses GermaNet to find out where to semantically locate new information in the profile. The **Profile Model** specifies the structures and data types a profile may consist of. The Profile Instances Database stores the user profiles.

The **Language Analysis (LA)** uses an external tagger and chunker (cf. section 4.2) and a set of information extraction rules, which are used for the extraction of attribute values from user answers. It constructs a profile node, which represents a user interest, and sends it back to the DM. A suitable question frame is then selected by the DM. The Question Generation constructs the next question according to the actual contents of the profile and the selected frame.

4. Input Analysis and Profile Management

In this paper we focus on the initial construction and the refinement of the user profile by means of GermaNet. Therefore we concentrate on the PM and LA components as introduced in the previous section. One of the most important aspects is that GermaNet helps us to insert new, not predefined information dynamically into the profile.

In this chapter, we first introduce our Profile Model (Section 4.1) and briefly describe how we linguistically analyze customer input and extract attribute values from it (Section 4.2). As the main contribution we then present the underlying concept of the profile construction and illuminate the role of GermaNet in this process. We distinguish the initial construction of a profile (Section 4.3) and the process of augmenting the profile (Section 4.4).

4.1 The Profile Model

In our approach a *Profile Instance* refers to a specific customer and contains his personal data, whereas the *Profile Model* defines the data structures that are allowed in profile instances. For reasons of reusability and transparency we decided to use a **graph** structure to represent a user profile. For each user an individual Profile Instance is created. A Profile Instance is a subgraph of GermaNet. Profile Instances may vary considerably with respect to the type of interests stored. A **node** in the graph is either a (semantically complex) user interest or a (simple) intermediate node (which does not represent a user interest), as described below. **Paths** are the hyponym/hypernym relations of GermaNet. Node names are identical with GermaNet concepts.

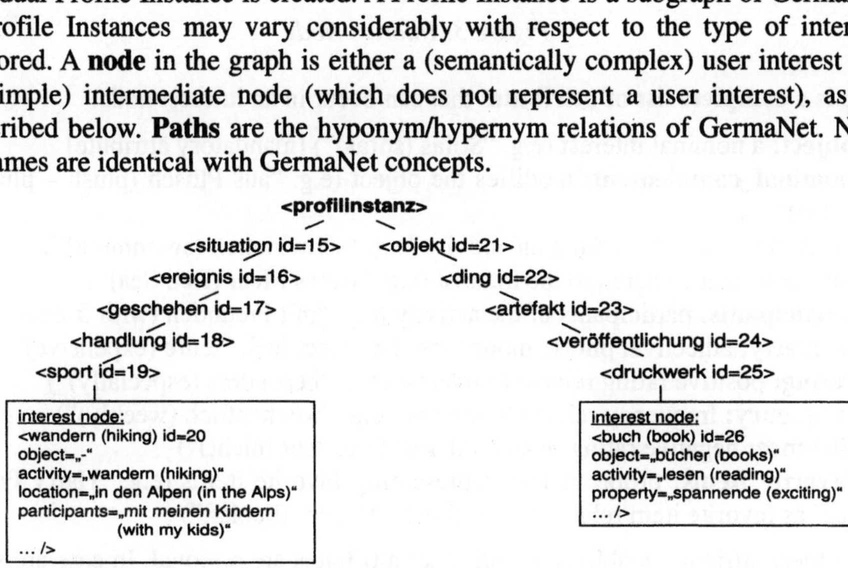

Figure 2: Cutout from a user profile

Figure 2 shows a cutout of a profile instance as an example. Sample interest nodes are shown in the boxes. The others are intermediate nodes building paths to interest nodes and are identical with GermaNet concepts (not translated here).

Since the profile is a subgraph of GermaNet, it contains only paths that are contained in GermaNet, with one exception. The node NOT_FOUND is used to temporarily store unknown interest nodes that could not be found in GermaNet. There are two different types of nodes in the profile graph: interest nodes and intermediate nodes. An *interest node* represents a specific user interest and consists of a node ID (for localizing the node in the profile graph), a node name (which is identical to a GermaNet concept), and attribute-value pairs, which represent the semantic contents of the node (cf. Figure 3).

node ID: 8, name: buch
object: bücher (books)
- activity: lesen (reading)
- location: in meinem garten (garden)
- rating/frequency: häufig (often)
- property: spannende (exciting)
- favorite items: harry potter

Figure 3: Interest Node

This is a **complete list of attributes** that can occur in an interest node:

- **object:** a nominal interest (e.g. “Sofas (sofas)”) [mandatory attribute]
- **nominal_complement:** modifies the object (e.g. “aus Plüsch (plush – plush sofas)”)
- **activity:** verb representing an activity (e.g. “schwimmen (swimming)”)
- **location:** place related to the interest (e.g. “Rotes Meer (Red Sea)”)
- **participants:** participants of the activity (e.g. “mit Freunden (with friends)”)
- **property:** adjectival phrase modifying the object (e.g. “teure (expensive)”)
- **rating:** positive rating related to interest (e.g. “besonders (especially)”)
- **frequency:** frequency related to interest (e.g. “wöchentlich (weekly)”)
- **distance:** negative rating related interest (e.g. “not (nicht)”)
- **favorite_items:** proper names representing favorite items (e.g. “Harry Potter” as favorite item related to the object “Bücher (books)”)

The object attribute is obligatory, all other attributes are optional. In case an optional attribute does not have a value, its name is not listed in the interest node. The value type for all attributes is **set of strings**. Object is the only attribute that is restricted to one string element at most. The node IDs are generated by the

PM during the profile construction and are necessary for a unique reference to a node, since node names may not be unique.

Intermediate nodes have no complex semantic structure but only a node ID and node name (cf. Figure 2). These nodes are part of the path extracted from GermaNet that leads to an interest node. The status of being interest node or intermediate node is not static. It is possible that intermediate nodes become interest nodes during the dialog interaction as the system learns more about the user's interests. Then these nodes are enriched with attribute-value pairs. The node name of both node types is identical with the first element of the corresponding GermaNet synonym set (synset) and is determined by our search algorithm (cf. Section 4.3).

4.2 Analyzing the User Input

The aim of the LA component is to linguistically analyze the user input, to extract attribute values from it, and to build up an interest node (cf. Section 4.1) from these attribute-value pairs.

To achieve this goal, we had to create a lexicon with semantic keywords before user input could be processed. This was done automatically by extracting keyword lists from the GermaNet XML files that store synsets. We extracted concept names and stored them in a database together with a keyword indicating their semantics as locations, temporal expressions, human entities, and positive or negative ratings. Rating expressions could not be extracted from GermaNet, however. One reason for the absence of ratings is the fact that they are mainly adverbial expressions and these are not contained in GermaNet.

After a keyword lexicon has been created, natural language input can be part-of-speech tagged and parsed with a chunk parser and the attribute extraction rules developed in our approach can be applied. The LA operates on a list of strings the user has entered, e.g. “spannende Bücher lesen (reading exciting books)”, “Autos (cars)” “tauchen im Roten Meer (diving in the Red Sea)”, “mit Freunden kochen (cooking with friends)”. We put some linguistic restrictions on the input and give guidelines to the user to let him know which structure and form the input should have, e.g. we restrict the input to phrases, not sentences or texts.

We use TreeTagger (Schmid 1994, Schmid 1995), which combines a tagger (using the Stuttgart Tübingen Tagset (Schiller et al. 1995)) and chunker and performs sufficiently well for our input. The part-of-speech and chunk tag annotation is detailed enough to serve as a basis for the attribute value extraction and tagging and chunking errors could either be captured by the extraction rules or were marginal enough to be neglected. This was an important criterion because we do not have enough data at our disposal yet to train a statistical tool.

Our attribute extraction rules written in Java are applied to the tagged and chunked input. They make use of syntactic, lexical, semantic, and heuristic criteria to determine suitable candidates for attribute values. At present, we have implemented nine rules that are specialized for the recognition of different attributes. Some merely extract a phrase that contains a specific semantic keyword, others are more complex. They take into account syntactic categories, word and phrase order, lexical properties of prepositions, capitalization of words, etc. Some errors produced by the tagger can even be captured by mere heuristic observations integrated into these rules.

From all attribute-value pairs found by the extraction rules the final interest node is created and handed over to the PM, which locates this node in the profile graph (cf. Section 4.3). For examples of the LA output (i.e. the XML node) created on the basis of the chunker output see Figure 4.

(1)
Chunker output: *speziell (especially):ADJD<NC>orientalische (oriental):ADJA Länder (countries):NN</NC>*

Created XML node: *<interest object="Länder" property="orientalische" rating="speziell"> </interest>*

(2)
Chunker output: *<VC>wandern (hiking):VVFIN</VC><PC>in (in):APPR<NC>den (the):ART Alpen (Alps):NN</NC></PC><PC>mit (with):APPR<NC> meinen (my):PPOSAT Kindern (kids):NN</NC></PC>*

Created XML node: *<interest object="-" activity="wandern" location="in den Alpen" participants="mit meinen Kindern"></interest>*

Figure 4: Language Analysis Output Examples

4.3 Constructing the Profile Tree

Before the profile can be constructed, the attribute values found in the user input have to be reduced to their base forms (e.g. "Bücher (books)" to "Buch (book)"), since GermaNet does not contain inflected forms and the system has to look up the values in GermaNet. For this task a lemmatizer can be used, which we do not explain in more detail in this paper. After this preparation has been done, the PM can start with the construction or update of the profile.

The PM has two main tasks: to build up a profile graph from scratch for a new user and to augment this graph with information acquired during the profiling dialog. The PM is called by the DM and checks whether a profile ID already exists. If yes, it opens the profile with this ID, if not it creates a new profile. It is the task of the DM to remember the node ID to which a question is asked during the dialog and to make this information available to the PM together with the received user answer.

In the first case, where a new user enters the system and no profile exists for him yet, the PM reads the XML representation of one or several interest nodes created by the LA (cf. Section 4.2). It looks up their attribute values in GermaNet according to the following algorithm (cf. Figure 5):

1. *If an object value is set in the XML representation, check if it occurs in GermaNet. If yes, insert all paths found in GermaNet for this value into the profile and stop. If no, continue with step 2.*
2. *If no object value but a favorite_items value is set, check if it occurs in GermaNet. If yes, insert all paths found in GermaNet for this value into the profile and stop. If no, continue with step 3.*
3. *If no object and favorite_items but an activity value is set, check if it occurs in GermaNet. If yes, insert all paths found in GermaNet for this value into the profile and stop. If no, insert the interest node below the node NOT_FOUND and stop.*

Figure 5: Search Algorithm for Profile Construction

We always insert all GermaNet paths found into the profile because we deliberately want to keep ambiguity at this stage of the profiling process. Nodes located below NOT_FOUND can be relocated later during the dialog when more information about them becomes available. In the second case, an already existing profile is augmented with additional information as described in the next section.

4.4 Augmenting the Profile

In this section we describe how an existing user profile can be augmented with new information. This is typically what happens during the refining dialog. For the updating process, an existing XML profile with a particular ID is loaded. The node ID depends on the actual question asked at the present state of the dialog. Information extracted from the answer is supposed to be inserted into the node with this ID. The attribute-value pairs of the profile node are then compared with the new information and the profile node will be updated in case they are different.

For this update, nodes existing in the profile can be modified in three different ways:

1. **New attribute:** A new attribute-value pair is added to a profile node.
2. **New value:** A new value is added to an existing attribute, which has one or several values already.
3. **Relocation of node:** A node, which could previously not be located in the graph and is hence temporarily stored under the node NOT_FOUND, is enhanced with new user information. It can then, in turn, be relocated in the profile graph, i.e. inserted at the semantically correct position.

For the relocation of a node several steps are necessary. First, the node is updated with new information according to 1. (new attribute-value pair added) and/or 2. (new value added) described above. Furthermore, a check has to be made if the node can now (after the information update) be found in GermaNet according to the algorithm presented in Section 4.3. If it can be found, it is relocated in the profile and gets a new ID. This is due to the fact that NOT_FOUND has a different ID set as the rest of the graph. The old node below NOT_FOUND is deleted. If it still cannot be found it stays under NOT_FOUND.

At the present stage we do not remove information from the profile automatically, but this can be done by the user any time via a user interface.

4.5 Implementation

At the moment we are realizing a prototype implementation of the most important system components, which we plan to evaluate with a "Wizard-of-Oz" study. We intend this type of study, because we will not implement the Question Generation at this stage, but rather have a human assistant generate the questions according to a defined algorithm.

Until now we have implemented a first version of the PM and the LA in Java. The PM stores profile instances as XML files in an SQL database. It is able to create new profile graphs and to enhance them with new information as described in Sections 4.3 and 4.4. The LA contains the attribute extraction rule class as its core as well as several additional classes needed for language processing. We have created the lexicon of semantic keywords automatically from GermaNet and use an SQL database to store the concepts together with their semantics. The lexicon has been enriched with manually created keyword lists for positive and negative ratings.

We have tested both LA and PM with a large set of user interests, which we have collected in three different scenarios: 1) private interests entered by visitors of a conference during registration, 2) interest profiles of members of a Techno community, and 3) interests collected in a user study via Email. We furthermore enriched this test set with manually constructed interest phrases that show a more complex syntactic structure (e.g. coordination, nominal complements, all sorts of combinations of attribute types, etc.). Thus we were able to test the attribute extraction rules more thoroughly.

The LA has been tested with this data. We found that we can handle most of the input structures satisfactorily with our nine attribute extraction rules. We have excluded some rare structures and structures introducing ambiguity (e.g. complex coordinations) from the input at the present stage, because most interests can be expressed using an easier syntax.

The PM has also been tested with this test set for three cases: 1) creation of a new profile, 2) updating of an existing profile with new attribute-value pairs and attribute values, and 3) relocating profile nodes that have previously been children of the node NOT_FOUND (cf. Section 4.4). All cases have been tested with sets of user interests of different lengths (up to 5, up to 10, more than 10 interests). We also used different combinations of attributes within one user interest. Attributes might have one or several values each. Some profiles have been created manually in order to test the process of adding information to existing profiles. We also tested whether all paths contained in GermaNet for a specific concept were completely included into the profile by our search algorithm. Our preliminary tests demonstrate that these functionalities work properly.

5. Conclusions and Prospects

Natural language dialog can be a promising concept to improve interaction with customers and service personalization. For example, the study conducted by Chai et al. (2001) shows that users prefer natural language enabled navigation over menu-driven navigation.

The key idea of our approach is to acquire structured and individualized user profiles during an adaptive natural language dialog as an alternative means and improvement over implicit user observation or static questionnaires. In this paper, we have focused on the construction and refinement of the profile hierarchy by means of GermaNet. We have also explained how we linguistically analyze the user input to acquire information for the profiles.

The main advantages of the presented solution are as follows. It allows creating profiles that are truly personalized in structure and contents and hence are more adequate for the individual customer than standardized profiles with static structure and contents. The approach is not bound to a single application. The created profiles are suitable for various types of recommender applications. Moreover, the dialog strategy can be configured for the purposes of specific applications, for example, by setting priorities for certain question types, topics, etc. In addition, while a questionnaire in general has to be filled in completely (no matter whether the questions are appropriate for the individual customer), our dialog can terminate after a few adaptively selected questions.

We are currently implementing the profile construction in order to show the feasibility of our approach. The implementation is based on XML and the profile tree is constructed from customer input using paths found in GermaNet. We are implementing our concept for the German language, but a prototype can easily be realized for other languages for which wordnets exist.

The next step is to combine the Language Analysis and Profile Manager into an integrated system, since they have only been implemented and tested independently so far. The most important task in the near future will be to refine the concept for our dialog strategy. A prototype implementation of the Dialog Manager will be realized in order to be able to evaluate the Profile Manager, Language Analysis, and Dialog Manager components together by means of a "Wizard-of-Oz" study.

The attribute extraction rules cover a large share of the phrase structures users have entered in our test scenarios. However, in case an application wanted to give more freedom to their customers by allowing further and more complex phrase structures the rules would have to be extended. Another possibility for a future extension is to integrate the handling of negations and dispreferences (i.e. objects and activities the customer is not interested in) into the Profile Manager. In consequence, this means to allow the complete removal or gradual adaptation of existing interest nodes and attribute values.

References

Ardissono, L. (1996). Dynamic User Modeling and Plan Recognition in Dialogue. PhD Thesis. Department of Information, University of Torino, Italy.

Brusilovsky, P. & Maybury, M. (2002). From Adaptive Hypermedia to the Adaptive Web. Communications of ACM, 45(5), 31–33.

Chai, J., Horvath, V., Nicolov, N., Stys-Budzikowska, M., Kambhatala, N. & Zadrozny, W. (2001). Natural Language Sales Assistant – A Web-based Dialog System for Online Sales. In Proc. of the Thirteenth Innovative Application of Artificial Intelligence Conference (IAAI2001). Seattle, USA.

Hamp, B. & Feldweg, H. (1997). GermaNet – a Lexical-Semantic Net for German. In Proceedings of ACL workshop Automatic Information Extraction and Building of Lexical Semantic Resources for NLP Applications. Madrid, Spain.

Kobsa, A. (2001). Generic User Modeling Systems. User Modeling and User-Adapted Interaction, 11(1-2), 49–63.

Krulwich, B. (1997). Lifestyle Finder – Intelligent User Profiling Using Large-Scale Demographic Data. AI Magazine, 18(2), 37–45.

Schiller, A., Teufel, S. & Thielen, C. (1995). *Guidelines für das Tagging deutscher Textcorpora mit STTS*. Technical Report, IMS Stuttgart/Seminar f. Sprachwiss. Tübingen, Germany.

Schmid, H. (1995). Improvements in Part-of-Speech Tagging with an Application to German. In Proc. of the ACL SIGDAT-Workshop.

Schmid, H. (1994). Probabilistic Part-of-Speech Tagging Using Decision Trees. In Proc. of International Conference on New Methods in Language Processing.

Stegmann, R., Koch, M. & Woerndl, W. (2004). Acquisition of Customer Profiles by Means of Adaptive Text-Based Natural Language Dialog. In Annual Workshop of the SIG Adaptivity and User Modeling in Interactive Systems of the German Informatics Society (GI) (ABIS04). Berlin, Germany.

Zadrozny, W., Budzikowska, M., Chai, J., Kambhatla, N., Levesque, S. & Nicolov, N. (2000). Natural Language Dialog for Personalized Interaction. Communications of ACM, 43(8), 116–120.

Zukerman, I. & Litman, D. (2001). Natural Language Processing and User Modeling: Synergies and Limitations. User Modeling and User-Adapted Interaction, 11, 129–158.

From GermaNet Glosses to Formal Meaning Postulates

Ingo Glöckner, Sven Hartrumpf, Rainer Osswald

We present an investigation as to what extent the verb glosses provided by the GermaNet database can be employed as a resource for generating formal meaning postulates for the lexicon HaGenLex. Our method of transforming glosses into formal entailments yields semi-formal, regimented paraphrases as an intermediate result. We give a detailed analysis of the involved problems and a thorough evaluation of our results.

Wir untersuchen, inwieweit die Verb-Glosses von GermaNet als Ressource verwendet werden können, um automatisch formale Bedeutungspostulate für das Lexikon HaGenLex zu generieren. Als Zwischenresultat der Transformation von Glosses in formale Entailments erhalten wir semi-formale, reglementierte Paraphrasen. Die bei der Transformation auftretenden Probleme werden analysiert und die Resultate gründlich evaluiert.

1. Introduction

Nowadays, NLP systems for text retrieval, question answering, and similar tasks often rely on purely shallow methods. Although advantageous with respect to ease of development and maintenance, the precision and recall of such systems seems to be limited in principle compared with systems that make use of a deep semantic analysis. Building the latter type of system, however, calls, first, for a reasonably large computational lexicon that provides sufficient morphosyntactic and semantic information about lexical units, and, second, for a syntactico-semantic parser that is able to construct semantic representations for arbitrary (meaningful) natural language expressions.[117] Since solving such tasks typically involves drawing inferences, a large *knowledge base* and an inference engine are also indispensable components of the system.

It is common to distinguish between *lexical knowledge* and *world knowledge* in general, the former of which is thought to cover the explications of word meanings that can be found in traditional monolingual dictionaries. The focus of the present paper is on the acquisition of lexical knowledge for the lexicon HaGenLex (Hartrumpf, Helbig, & Osswald 2003), a semantically based compu-

[117] For question answering systems which go beyond presenting document fragments, some sort of natural language generator is of course also required.

tational lexicon for German. Our approach is part of the more general project to build a large knowledge base by means of the knowledge representation formalism MultiNet (Helbig 2001). HaGenLex and MultiNet are core components of the semantic analyzer WOCADI (Hartrumpf 2003), which has been successfully applied in the InSicht question answering system (Hartrumpf 2004) and for the GIRT information retrieval task (Leveling & Hartrumpf 2004).

More concretely, we aim at generating *formal meaning postulates*, or *entailments*, from meaning explications, also known as *glosses*, given in natural language. Since writing meaning postulates is a rather time consuming activity, it is desirable to exploit machine readable resources. Unfortunately, there are no high quality monolingual dictionaries for German available in machine readable form.[118] We therefore investigated as to what extent the glosses provided by the GermaNet database can be employed as a resource for meaning postulates. Similar approaches to formalizing WordNet glosses have been successfully pursued in the OntoWordNet project (Gangemi, Navigli, & Velardi 2003) and the eXtended WordNet project (Harabagiu, Miller, & Moldovan 1999).

2. Lexical Semantics and Entailments in HaGenLex

HaGenLex (Hagen German Lexicon) is a lexical database for German which to date comprises about 22,700 entries (including 11,300 nouns and 6,700 verbs). In this section, we briefly introduce the representational aspects of HaGenLex that are relevant to the purposes of this paper. For more information about HaGenLex see e.g. (Hartrumpf, Helbig, & Osswald 2003).

Lexical Semantics in HaGenLex

HaGenLex entries carry morphosyntactic and semantic information. The semantic representation in HaGenLex is based on the so-called MultiNet paradigm – a semantic network formalism for natural language semantics and knowledge representation in general (Helbig 2001). The representational inventory of MultiNet includes a hierarchy of ontological sorts (like *discrete object*, *action*, etc), a set of binary semantic features (HUMAN, ARTIFICIAL, etc), and a set of more than 100 semantic relations and functions.

Each lexical concept is classified with respect to its ontological sort and its semantic features, which together determine the *semantic sort* of the concept. Semantic valency is characterized by means of specific MultiNet relations, called *cognitive roles* (like AGT, BENF, etc); selectional restrictions can be

118 The ideal candidate would be a German analogue of the Collins Cobuild English Language Dictionary, whose meaning explications already have a moderately regimented form.

specified by ontological sorts and semantic features. For example, the semantic class and the case frame of the verb *boxen* in its HaGenLex reading *boxen.1.3* (whose intended meaning is revealed by sentence (2)) is sketched in (1):

(1) boxen.1.3 *action*, MENTAL–

AGT	AFF	DIRCL
concrete object	*concrete object*	
NP[nom]	NP[acc]	PP
		optional

The verb in question is assumed to denote a non-mental action with three participants, characterized respectively as agent (AGT), affected object (AFF), and local direction (DIRCL), of which the last one needs not be syntactically realized. Moreover, the agent and the affected object are required to be concrete entities. We also speak of the tuple of cognitive roles given by the case frame as the *(semantic) role frame* of the verb.

Each HaGenLex entry for a verb is equipped with at least one example sentence containing the verb in third person form and all obligatory and optional complements in the order given by the case frame; e.g., the example sentence for *boxen.1.3* is:

(2) (Das Känguruh) (boxt) (den Touristen) (auf die Nase).
[The kangaroo boxes the tourist onto the nose.]

Entailments in HaGenLex

HaGenLex supports two formats for meaning postulates – a semi-formal, regimented format that is in essence still part of natural language, with the exception that the arguments of the verb have been replaced by *schematic pronouns*, i.e. *variables*, and a fully formalized logical format that is suitable for logical inferences. It is often easier for lexicographers to work with meaning postulates in semi-formal, regimented form than in logical form, which has been the main reason to introduce the former.[119]

For our running example *boxen.1.3*, a possible entailment in regimented form is shown in (3). Notice that the *xi*'s correspond to the arguments of the verb in the order given by the role frame of the verb.

119 Cf. Schnelle 1991, Chap. 11, for some fundamental considerations concerning the use of regimented sentences for explicating lexical meaning.

(3) x1 boxt x2 auf x3: x1 schlägt x2 mit der Faust auf x3
[x1 boxes x2 onto x3:] [x1 beats x2 onto x3 with the fist.]

The actual HaGenLex entry contains only the succedent of the entailment, which is sufficient because of the aforementioned convention on variable names. The form of the logical representation of entailments will be discussed in detail in Section 4.3.

The GermaNet-HagenLex Linking

The lexical entries of HaGenLex are systematically linked to the lexical units of GermaNet. This linking has been established and is maintained by the HaGenLex lexicographers. It is thus possible to project the sense relations of GermaNet onto HaGenLex, which is used, for instance, to uncover semantic inconsistencies in HaGenLex (see Osswald 2004). Another application is to employ the interlingual index of EuroWordNet. In the context of the present paper, the GermaNet-HaGenLex linking is essential for identifying the correct HaGenLex readings of the glossed verbs.

3. Glosses in GermaNet

GermaNet provides about 2750 glosses (also called "paraphrases") for verbs, 1150 for nouns, and 750 for adjectives.[120] We restricted our experiments to verb glosses, which, in general, are given as infinitival paraphrases. There are good candidates like (4a).[121] More problematic examples are (4b) and (4c), where the paraphrase contains an argument of the paraphrased verb (here, *sein ganzes Geld* and *Schiffe*, respectively). In addition, there are many paraphrases by support verb constructions, e.g. (4d), which may be useful for explicating the meaning of these support verb constructions by the paraphrased verbs, but not as meaning postulates for the verbs in question.

(4) a. boxen.2 mit der Faust schlagen
b. versaufen.1 sein ganzes Geld für Alkohol ausgeben
c. torpedieren.1 Schiffe mit Torpedos beschießen
d. merken.2 von etwas Notiz nehmen

[120] It has been emphasized by one of the reviewers that the paraphrase field used for glosses in GermaNet is optional and may also contain other sorts of information.

[121] Indices of lexical units refer to the ordering of their synsets in the file "data.verb" of the GermaNet 4.0 release.

Finally, there are non-glosses like infinitival example phrases or syntactic explications. For instance, the paraphrase field of *belaufen.1* contains *sich belaufen auf*.

4. Transformation Method

Our transformation method consists of two stages: The first stage (see Section 4.2) transforms GermaNet glosses into semi-formal, regimented entailments, the second stage (see Section 4.3) turns these regimented forms into logical form. Section 4.1 describes a preselection step that is needed to discard non-glosses as well as glosses currently not processable by our method.

4.1 Preselection Criteria

Since our goal is to construct meaning postulates with fully disambiguated HaGenLex senses, we have to restrict ourselves to glosses of verbs which have a corresponding HaGenLex reading via the GermaNet-HaGenLex linking described in Section 2. This leaves us with about 1200 glosses. A possible explanation for this reduction seems to be a bias in GermaNet towards glosses for less frequent verbs.

These glosses are parsed by the WOCADI analyzer (Hartrumpf 2003). For 320 glosses, no appropriate verb concept can be identified in the gloss. For an additional 140 glosses, the verb is too general, which is typically the case for support verbs. In almost 60 cases, the verb in the gloss is identical to the glossed verb. Another 60 glosses are ignored because of low quality of the parse results. Finally, a small number of glosses are left aside because they make use of the passive voice or contain complement clauses. All in all, we are left with 510 glosses which undergo the transformation step described in the next section.

4.2 From Glosses to Regimented Entailments

The first transformation stage on the way to using GermaNet glosses in the context of HaGenLex is to automatically transform them into the HaGenLex format of regimented (or semi-formal) entailments. The transformation method is designed to work for glosses of verbs and other words that bear valency information in a lexicon like HaGenLex. For verbs, the gloss should be a verb phrase (like in GermaNet) or a sentence.

First, the gloss from GermaNet is analyzed by the WOCADI parser. In the parse result (a syntactic dependency structure and a semantic network), the main verb of the gloss is determined. As GermaNet glosses often have a small context, the verb reading chosen by the disambiguating parser might be incorrect.

Therefore all readings available in HaGenLex for the verb lemma from the gloss parse are investigated in order to find the reading used in the gloss. To narrow down the search space, the set of candidate readings is reduced to readings similar to the glossed verb. Several similarity criteria have been tested: arity, control properties, reflexivity, role frames, and semantic sort. All except the last turned out to be too strict. Therefore only the semantic sort criterion is applied to reduce the candidate set. For some glosses (typically describing causative verbs), this criterion needs refinements. But most such glosses contain complement clauses and are thus not investigated (see Section 4.1).

In the second phase, the HaGenLex example of the glossed verb and an example sentence constructed from the glossed verb's example and the gloss is parsed. This construction aims at adding complements of the glossing verb to the gloss (see below). If the parse of the constructed example fails or the quality of the parse result falls below a certain threshold, the combination of gloss and candidate reading of the glossing verb is ignored. For each candidate reading of the glossing verb, a separate parse is attempted. If one candidate remains, it is selected and passed on to the third phase; if no or several candidates remain, the gloss is discarded.

Generating Gloss Examples

The example for the glossing verb reading is constructed by looking for complements and adjuncts. The complements in the parse of the glossed verb example are copied to a new example for the glossing verb if a syntactically compatible complement is specified in the lexicon entry of the glossing verb. If a complement cannot be copied, the glossing verb reading is discarded for the current gloss. When transforming the *boxen.1.3* gloss, the example for the glossed verb is (2), here repeated as (5a).

(5) a. Das Känguruh *boxt* den Touristen auf die Nase.
    b. Das Känguruh *schlägt* den Touristen auf die Nase.

The *schlagen.1.1* reading of *schlagen*, which is the correct glossing verb reading for *boxen.1.3*, has the same syntactic valency frame; so all complements can be copied yielding example sentence (5b) after filling in the generated verb form.

A change in the syntactic realization is not allowed in order to reduce the number of candidate readings, although this constraint causes the loss of an entailment sometimes. Adjuncts and adverbs of the verb from the gloss parse are added to the constructed example (if not already realized as complements of the glossed verb). In the case of *boxen.1.3*, the only adjunct in the gloss parse is a *mit*-PP (since the HaGenLex case frame of *schlagen.1.1* does not cover instrumental PPs); the example sentence (5b) is hence extended to (6).

(6) Das Känguruh schlägt mit der Faust den Touristen auf die Nase.

In sentence (6), the somewhat marked position of the adjunct right after the finite form of the verb is currently chosen to make the attachment of PPs unambiguous (or at least less ambiguous in the case of several adjunct PPs). Notice that some aspects of German verb valency like expletive *es*, reflexivity, or separable verb prefixes require a special treatment.

Introducing Variables as Schematic Pronouns
In the third (and last) phase of the first transformation stage, both example sentences are abstracted by replacing the concrete complements of the verbs by the corresponding variables used in HaGenLex entailments: *x1*, *x2*, *x3*, *x4*, or *x5*. If the verb is plural in the example, the singular form must be generated instead. The occurrence of a variable is preceded by the masculine singular form of the definite article *der* in order to make the regimented entailments more readable for humans and better parsable for NL tools. The masculine singular forms are chosen because they are unambiguous with respect to syntactic case; all feminine singular forms and some neuter singular forms are ambiguous. The WOCADI parser adds lexicon entries for artificial masculine nouns *x1*, *x2*, *x3*, *x4*, and *x5* when parsing the succedent of a regimented entailment in the next transformation stage (see Section 4.3). The introduction of variables gives us the desired regimented representation of entailments; for the *boxen* example, it has the following form:

(7) boxen.1.3: Der x1 boxt den x2 auf den x3:
[x1 boxes x2 onto x3:]
Der x1 schlägt.1.1 mit der Faust den x2 auf den x3.
[x1 beats x2 onto x3 with the fist.]

Note that the HaGenLex identifier of the selected glossing verb reading is appended to its surface form in order to keep this information for the second transformation stage described in the next section. Two other typical examples of regimented entailments are given in (8) and (9).

(8) präzisieren.1.1: Der x1 präzisiert den x2:
[x1 states-more-precisely x2:]
Der x1 bestimmt.1.4 genauer den x2.
[x1 specifies x2 more precisely.]

(9) überdachen.1.1: Der x1 überdacht den x2:
[x1 roofs x2:]
Der x1 versieht.1.2 den x2 mit einem Dach.
[x1 adds a roof to x2.]

4.3 From Regimented Entailments to Formal Meaning Postulates

The second transformation stage aims at the generation of logical axioms which precisely capture the meaning of each gloss. The starting point for this translation is the gloss in its regimented form. When glossing *boxen* as *mit der Faust schlagen* (*beat with the fist*), for example, the translation process starts with (7). The formal meaning postulate to be generated for such a regimented entailment will always be an implicational rule where the premise is constructed from the antecedent of the regimented entailment (describing the glossed verb and its arguments) and the conclusion is built from the succedent of the gloss in regimented form. In the case of (7), for instance, a suitable target axiom has the following form:[122]

(10) AGT(v, x1) & AFF(v, x2) & DIRCL(v, x3) & SUBS(v, boxen.1.3) →
(exists w c1) AFF(w, x2) & AGT(w, x1) & DIRCL(w, x3)
& INSTR(w, c1) & SUB(c1, faust.1.1) & SUBS(w, schlagen.1.1)

We shall now discuss how formal meaning postulates of this kind can be automatically generated from the regimented entailments of the previous translation stage.

Formalizing the Antecedent

Let us first consider the process of constructing the premise of the target rule, which corresponds to the antecedent of the regimented entailment (e.g. *Der x1 boxt den x2 auf den x3*). Notice that the information expressed in the antecedent of the semi-formal entailment can actually be derived from the information stored in the semantic role frame of the verb. This is because the reading *boxen.1.3* of the glossed verb is already known – and the arguments listed in the antecedent are modeled in accordance with the role frame of the verb, where the *i*-th argument in the role frame is expressed by variable *xi*. As shown in (1), we have three argument slots AGT (agent), AFF (affected object) and DIRCL (direction) for *boxen.1.3*, which correspond to variables *x1*, *x2*, and *x3*, respec-

[122] To simplify notation, all unbound variables of such implicational rules are considered universally quantified.

tively. By conjoining the descriptions of all arguments specified in the role frame, we can directly construct the list of premise literals:

(11) AGT(v, x1) & AFF(v, x2) & DIRCL(v, x3) & SUBS(v, boxen.1.3)

Here *v* represents the main concept which is restricted to situations of type *boxen.1.3* by means of the SUBS statement.

To sum up, there is no need for parsing (or even processing) the antecedent of regimented entailments to construct the premise, because the lexicon has sufficient knowledge about the glossed verb. Thus, antecedents of entailments have the only purpose of making the axiom more intelligible for human readers in that they introduce the role frame of the glossed verb.

Formalizing the Succedent

Let us now turn to the problem of constructing the conclusion of the implicational rule from the succedent of a regimented entailment, e.g. *Der x1 schlägt.1.1 mit der Faust den x2 auf den x3*. In this case, more effort is required because the information expressed in the gloss cannot be simply derived from the role frame of the glossing verb. We rather need to parse the succedent and construct the conclusion of the rule from the results of the semantic analysis in a postprocessing phase.

The first phase of constructing the conclusion, parsing the succedent of the regimented entailment, is delegated to the WOCADI parser. WOCADI supports a special entailment parsing mode in which the variables *x1*, *x2*,... are treated as underspecified nouns (see Section 4.2). This makes it possible to analyze the regimented forms using the ordinary grammar of German. In the semantic representation generated for the gloss, the *xi*'s will appear as pseudo concepts *x1.1.1*, *x2.1.1*, etc. The result of parsing for the *boxen* example thus looks as follows:

(12) SUB(c1, x2.1.1) & AFF(c2, c1) & AGT(c2, c3) & DIRCL(c2, c4) & INSTR(c2, c5) & SUBS(c2, schlagen.1.1) & TEMP(c2, present.0) & SUB(c3, x1.1.1) & *AUF(c4, c6) & SUB(c5, faust.1.1) & SUB(c6, x3.1.1)

Several postprocessing steps are necessary to refine this "raw" representation of the conclusion into a form suited for logical inferences. First of all, literals like SUB(*c3*, *x1.1.1*) which refer to the pseudo concepts must be removed. The involved variables (like *c3*) will then be replaced with the corresponding role variable (*x1* in the example). This will be done for all *xi*'s. In this way, the correspondence between the premise variables, i.e. the arguments in the role frame of the glossed verb, and the *xi*'s used in the succedent of the entailment will be established. The conclusion literals now look as follows:

(13) AFF(c2, x2) & AGT(c2, x1) & DIRCL(c2, c4) & INSTR(c2, c5) & SUBS(c2, schlagen.1.1) & TEMP(c2, present.0) & *AUF(c4, x3) & SUB(c5, faust.1.1)

Temporal, Local, and Directional Abstraction

The generated axiom will always show a temporal specification like TEMP(c2, present.0) because the regimented entailment is formulated in present tense. In order to ensure that the axiom holds for states of affairs at other times as well, the temporal restriction must be deleted. Consequently, the literal TEMP(c2, present.0) will be removed from the list of conclusion literals.

A more subtle abstraction step is necessary if local and directional prepositions are involved in the gloss. In this case, natural language forces us to commit to a specific choice of preposition, like *auf*, in order to express the gloss. However, other local or directional prepositions will usually be acceptable as well – at least if the preposition really has local or directional content and thus persists in the semantic representation. It is therefore necessary to abstract from the specific choice of preposition and simply express within the axiom that a local or directional specification is required. In the *boxen* example, this means that the conjunct DIRCL(*c2*, *c4*) & *AUF(*c4*, *x3*) will be replaced by DIRCL(*c2*, *x3*), where *x3* directly corresponds to the direction variable introduced in the premise. Furthermore, every occurrence of *c4* (the eliminated variable) will be replaced by *x3*. The list of conclusion literals therefore becomes:

(14) AFF(c2, x2) & AGT(c2, x1) & DIRCL(c2, x3) & INSTR(c2, c5) & SUBS(c2, schlagen.1.1) & SUB(c5, faust.1.1)

Building the Axiom

In order to ensure that the generated axioms will not depend on the variable names chosen by the parser or the order of the literals in the parse, a normalization procedure is applied to the conclusion, which involves a renaming of the *ci* variables and a reordering of the literals. This invariance greatly simplifies the maintenance of axioms and the setup of regression tests.

The premise and conclusion constructed in the foregoing steps are combined into the target axiom by adding quantifiers where needed. Due to the convention of treating all free variables in axioms as universally quantified, we must only take care of those variables that require existential quantification. These are the variables which only occur in the conclusion but not in the premise.[123] The nor-

[123] Since ((exists *z*)*Pz*) →*C* is logically equivalent to (forall *z*)(*Pz*→*C*), for any variable *z* not occurring in *C*.

malization step and the subsequent axiom assembly finally result in the meaning postulate for *boxen.1.3* shown in (10). The resulting axioms for the entailments (8) and (9) are given in (15) and (16), respectively.

(15) AGT(v, x1) & MCONT(v, x2) & SUBS(v, präzisieren.1.1) →
(exists w) AGT(w, x1) & MANNR(w, genau.1.1) & OBJ(w, x2)
& SUBS(w, bestimmen.1.4)

(16) AGT(v, x1) & OBJ(v, x2) & SUBS(v, überdachen.1.1) →
(exists w c1) AFF(w, x2) & AGT(w, x1) & OBJ(w, c1)
& SUB(c1, dach.1.1) & SUBS(w, versehen.1.2)

Possible Improvements

Several improvements are possible in order to enhance the quality of the generated axioms. First, many glosses call for equivalence rules rather than implications. For example, we might wish to conclude from *mit der Faust schlagen* to a case of *boxen.1.3*. Second, it might be necessary to refine the axioms to increase coherence. For example, *boxen* means that you beat someone with your fist, but the generated axiom does not establish this connection between the agent who boxes and the fist used for boxing. The axiom generator, it seems, cannot be assumed to have any information regarding the owner of the fist. In many cases, however, such identifications (e.g. of a body part used as an instrument and the agent of an action) might be understood, and a recognition of these dependencies will then improve the quality of the generated axioms. Third, there are glosses which contain selectional restrictions. However, it is often difficult to find a single generic concept that covers such a restriction. For this reason, the restriction is usually stated as a list of typical examples, witness:

(17) Der x1 bietet dem x2 den x3 an:
Der x1 unterbreitet.1.1 als Möglichkeit/Anregung/Angebot dem x2 den x3.

An ontology would be needed to determine generic concepts which are reasonable "upper bounds" for these choices. In particular, the hyponymy/hyperonymy information of GermaNet might help to determine a matching superconcept in these cases.

5. Evaluation

We evaluated the described formalization method by annotating its final result and two important intermediate results in order to rate the correctness of the different phases. This also helps to guide the development process and to run regression tests. Partly due to the restrictive conditions imposed on the gloss in the first transformation stage (Section 4.2), a HaGenLex reading for the glossing verb is chosen only for 178 of the considered 510 glosses. The correctness results in Table 1 are thus based on 178 glosses. As the result in each table row builds on the results listed above them, the cumulative correctness in the last column (the correctness of all phases run from the start to the current result) is decreasing from top to bottom. The other columns concentrate on the performance of a single phase by calculating correctness only for the correct results from the preceding phase.

	correct	incorrect	correctness	cumulative correctness
glossing verb reading	156	22	87.6%	87.6%
regimented entailment	142	14	91.0%	79.8%
formal entailment	126	16	88.7%	70.8%

Table 1: Correctness results of different formalization phases

The first intermediate result that we annotate is the selected reading of the glossing verb. The correct reading was chosen by the system in 87.6% of all 178 investigated glosses. In some cases, the system could not identify the correct reading because it was missing in HaGenLex. The second result annotated is the regimented entailment automatically derived from a GermaNet gloss. A correctness of 91% was achieved. So the cumulative correctness of the first transformation stage is 79.8%.

The final result, the formal entailment produced by the second transformation stage, is also annotated. Compared to the transformation of glosses into regimented entailments, the translation of these regimented forms into formal axioms is expected to be less prone to errors because most lexical or syntactical problems associated with a gloss will already show up in the first translation stage, thus preventing the construction of a semi-formal entailment for the gloss. Indeed, the analysis of the regimented entailment by the WOCADI parser and the subsequent axiom construction shows a high success rate of 88.7%. This demonstrates the value of our decision to use regimented entailments in the HaGenLex framework: On the one hand, the regimented form is close to natural language and easy to understand even for non-linguists, on the other hand, it is sufficiently controlled so that parsing and postprocessing will construct a correct target axiom in most cases.

6. Perspectives and Conclusion

There are several options for improving our transformation method. For instance, one could include more information in the first transformation stage; e.g., if several HaGenLex examples are available for a glossing verb reading only the first one is investigated currently and also the GermaNet examples and relations could help to disambiguate the glossing verb. The current version of our transformation method concentrates on certain types of glosses; some of the constraints could be relaxed if the method is generalized. Furthermore, the matching of complements between glossed and glossing verb should be made more flexible.

We regard our experiments as a first step towards a general method for extracting formalized meaning postulates from machine readable dictionaries and open cooperative web resources like Wikipedia. In these cases, the HaGenLex reading identifier of the glossed verb is not available in advance (in contrast to GermaNet, where we have the GermaNet-HaGenLex linking). Therefore, one must disambiguate not only the reading of the glossing verb but also the reading of the glossed verb. The disambiguation method described in Section 4.2 has thus to be extended to the effect that it takes into account all combinations of readings of both verbs involved.

References

Gangemi, A., Navigli, R., & Velardi, P. (2003). The OntoWordNet Project: Extension and Axiomatization of Conceptual Relations in WordNet. LNCS 2888 (pp. 820-838). Berlin: Springer.

Glöckner, I., & Helbig, H. (to appear). Wissensrepräsentation und Antwortfindung mit Mehrschichtigen Erweiterten Semantischen Netzen. KI.

Harabagiu, S.M., & Moldovan, D.I. (1998). Knowledge Processing on an Extended WordNet. In C. Fellbaum (Ed.): WordNet – An Electronic Lexical Database (pp. 379–405). Cambridge, MA: MIT Press.

Harabagiu, S.M., Miller, G.A., & Moldovan, D.I. (1999). WordNet 2 – A Morphologically and Semantically Enhanced Resource. Proc ACL-SIGLEX99, pp. 1–8.

Hartrumpf, S. (2003). Hybrid Disambiguation in Natural Language Analysis. Osnabrück, Germany: Der Andere Verlag.

Hartrumpf, S. (2004). Question answering using sentence parsing and semantic network matching. In C. Peters & F. Borri (Eds.), Results of the CLEF 2004 Cross-Language System Evaluation Campaign (pp. 385–392). Bath, England.

Hartrumpf, S., Helbig, H., & Osswald, R. (2003). The Semantically Based Computer Lexicon HaGenLex – Structure and Technological Environment, TAL 44(2), 81–105.

Helbig, H. (2001). Die semantische Struktur natürlicher Sprache – Wissensrepräsentation mit MultiNet. Berlin: Springer.

Kunze, C., & Wagner, A. (2001). Anwendungsperspektiven des GermaNet, eines lexikalisch-semantischen Netzes für das Deutsche. In Lemberg et. al. (Eds.), Chancen und Perspektiven computergestützter Lexikographie. (pp. 229–246). Tübingen: Niemeyer.

Leveling, J., & Hartrumpf, S. (2004). University of Hagen at CLEF 2004: Indexing and Translating Concepts for the GIRT task. In C. Peters & F. Borri (Eds.), Results of the CLEF 2004 Cross-Language System Evaluation Campaign (pp. 199–208). Bath, England.

Osswald, R. (2004). Die Verwendung von GermaNet zur Pflege und Erweiterung des Computerlexikons HaGenLex. LDV-Forum 19(1/2), 43–51.

Schnelle, H. (1991). Die Natur der Sprache. Berlin: de Gruyter.

A WordNet Detour to FrameNet

Aljoscha Burchardt, Katrin Erk, and Anette Frank

In this paper, we present a rule-based system for the assignment of FrameNet frames by way of a "*detour* via WordNet". The system can be used to overcome sparse-data problems of statistical systems trained on current FrameNet data. We devise a weighting scheme to select the best frame(s) out of a set of candidate frames, and present first figures of evaluation.

In diesem Aufsatz beschreiben wir einen regelbasierten Ansatz zur Überbrückung fehlender Lexikoneinträge in FrameNet. WordNet Synsets dienen als „*Umweg* zu FrameNet". Auf der Basis von WordNet generieren wir für ein gegebenes Wort eine Menge von Kandidatenframes. Wir entwerfen ein Gewichtungsschema zur Auswahl des/der besten Frames und zeigen erste Evaluationsergebnisse.

1. Motivation

Recently, there has been a growing interest in more in-depth semantic analysis for practical NLP tasks, in particular as a basis for open-domain information access. Large-scale lexical semantic resources, such as WordNets (Fellbaum, 1998) have been developed and put to use for approximate semantic modeling in many applications. The FrameNet (Baker et al., 1998) and PropBank (Kingsbury et al., 2002) projects are developing lexical semantic resources that focus on the modeling of predicate-argument structure. The Berkeley FrameNet database groups words and expressions (lexical units, LUs for short) into semantic classes (frames) and lists semantic roles for each frame. This type of lexical semantic information is particularly useful for information access tasks, like Information Extraction (IE), or Question Answering (QA).

We are currently investigating the use of FrameNet frames for building partial text meaning representations (see Burchardt et al., 2005), to be used in applications like IE and QA as e.g. addressed by the Recognising Textual Entailment (RTE) Challenge[124]. Semantic representations building on frames provide normalisations over surface realisations (e.g. active/passive, verb/nominalization) and thus a sensible granularity for these applications.

Two major tasks in the (automatic) annotation of texts with frames are the *frame assignment problem*, i.e. the identification of the proper frame for a given

[124] http://www.pascal-network.org/Challenges/RTE/.

lexical unit, and the *semantic role assignment problem*, i.e., the assignment of the frame's semantic roles to major sentence constituents. In this paper, we are mainly concerned with the frame assignment problem.

As a base system for frame assignment we are using a system that treats this task as (supervised) word sense disambiguation, using the FrameNet collection of annotated sentences as training data (Erk 2005). But as FrameNet is still a growing resource, the annotation of contiguous text is confronted with two problems. The first is a problem of coverage: For example, for the 574 sentences of the RTE development corpus, with an average of 16.24 words/sentence, our WSD system yields an assignment of 2.7 frames and 3.6 frame elements per sentence. The second problem concerns lacking senses in the current FrameNet resource and is caused by the fact that FrameNet is being constructed one frame at a time, rather than one lemma at a time. While a lack of coverage leads to missing frame assignments, lacking senses result in wrong assignments.

In this paper we develop an approach to overcome these sparse data problems, by using WordNet as a "*detour* to FrameNet". We use WordNet synsets as an interface layer to propose LU-frame pairs that are missing in the FrameNet database. We employ an open-source WordNet-based WSD system of (Banerjee and Pedersen, 2003) to annotate lexical units in unseen texts with their contextually determined WordNet synset. Frame assignment can then proceed by using not just a single word, but also its synonyms and hypernyms. We devise a weighting scheme to select the best frame(s) out of a set of candidate frames, and present first figures of evaluation on the basis of held-out LU-frame associations. While the research reported here is devoted to English, the methods we propose will naturally carry over to German data, resources and linguistics analysis tools.

The paper is structured as follows. Section 2 provides background information on FrameNet and the context of our work. Section 3 describes the suite of systems we use for NL processing using FrameNet resources. Section 4 presents our rule-based frame-assignment system that assigns frames via WordNet. We describe the basic method and present the algorithm with the chosen weighting scheme for frame selection. We evaluate the system in two experiments. Section 5 concludes with an outlook on future work.

2. Background: FrameNet and SALSA

FrameNet (Baker et al, 1998) is based on Fillmore's Frame Semantics (Fillmore, 1976). Frame Semantics models the lexical meaning of predicates in terms of *frames*. A frame describes a conceptual structure or prototypical situation together with a set of semantic roles, or *frame elements (FEs),* that are involved in the situation. FrameNet currently contains about 600 frames of general conceptual classes.[125] As an example, consider the frame STATEMENT. This frame is evoked by *lexical units (LUs)* like *disclose.v, speak.v, suggest.v, comment.n,* etc., as illustrated in (1)–(4). The frame STATEMENT defines the core semantic roles SPEAKER, TOPIC, MESSAGE, and MEDIUM, and a set of *peripheral* (i.e., non-core) roles, e.g., ADDRESSEE and MANNER. Additionally, FrameNet defines *extra-thematic roles*, such as TIME in (4), which are not frame-specific.

(1) [Judy Rumbold $_{\text{SPEAKER}}$] *suggested* [in the Guardian $_{\text{MEDIUM}}$] [that one of the reasons for the maleness of your work was that you both had domineering mothers $_{\text{MESSAGE}}$].
(2) "[He $_{\text{SPEAKER}}$] *speaks* [highly $_{\text{MANNER}}$] [of you $_{\text{TOPIC}}$]," she said.
(3) "Did [Dominic $_{\text{SPEAKER}}$] ever *make* any *comments* [regarding Toby $_{\text{TOPIC}}$] [to you $_{\text{ADDRESSEE}}$]?"
(4) [In January 1990 $_{\text{TIME}}$] it was *disclosed* that [in 1976 a meltdown at Greifswald had only narrowly been averted $_{\text{MESSAGE}}$].

SALSA The research described below is conducted in the SALSA project (Saarbrücken Lexical Semantics Annotation and Acquisition Project). The aim of SALSA is to create a large lexical semantics resource for German based on Frame Semantics and to develop methods for the automated annotation and semantic analysis of corpora using frame semantic representations. SALSA is manually annotating the German TIGER corpus (Brants et al, 2002) with frames, following the definitions of frames and roles in the Berkeley FrameNet database (Erk et al, 2003b). SALSA further investigates probabilistic models for automatic frame annotation on the basis of manually annotated corpora (Baldewein et al, 2004) and explores the use of frame semantic annotations for dynamic semantic analysis in NLP tasks (Burchardt et al, 2005).

3. Towards using Frames for NLP

3.1 Current Architecture

In our current work, we combine learning techniques for automated frame and role assignment with deep grammatical LFG parsing, to develop methods for open-domain frame-based information access and reasoning.

---

[125] For example: AWARENESS, COMMERCIAL_TRANSACTION, THEFT, MOTION, etc.; examples in this Section are from FrameNet: http://www.icsi.berkeley.edu/~framenet/.

We employ the deep syntactic representations provided by large-scale LFG grammars (Butt et al, 2002)[126] as a syntactic basis for frame-based meaning assignment. In (Frank and Erk, 2004), we have designed a modular syntax-semantics interface to project frame semantic representations from the f-structure output of LFG parsing. We have built interfaces to the statistical frame and role assignment systems of (Erk, 2005) and (Baldewein et al, 2004) that propose disambiguated frame assignments for a given text. For further refinement of the frame semantic representations, we defined semantics construction rules for modifiers and named entities that realise extra-thematic semantic roles (e.g. TIME, LOCATION, PURPOSE, etc.). As an additional knowledge source, we have integrated the SUMO/MILO ontology (Niles and Pease, 2001), by way of the WSD system of (Banerjee and Pedersen, 2003), and the mapping from WordNet synsets to SUMO/MILO classes.

We are currently using this architecture as a base system for the Recognising Textual Entailment Challenge (RTE). In this task a system is presented with two text snippets, a so-called Text-Hypothesis pair, and has to decide whether the meaning of the Hypothesis is entailed by (can be inferred from) the Text. Examples (5,6), taken from the RTE corpus, may serve as an illustration.

(5) T: Ostriches put their heads into the sand to avoid the wind.
H: Ostriches bury their heads in the sand.

(6) T: A Cuban American who is accused of espionage pleads innocent.
H: American accused of espionage.

Figure 3, in the Appendix, displays the frame semantic annotation for the most probable LFG analysis for (5:H). The f-structure is enriched with a frame semantic projection (s::), according to the proposed assignments of the frame and role assignment systems (Erk 2005; Baldewein et al., 2004). SUMO/MILO concept classes are displayed as an additional projection (in the feature ONT). **Figure** below displays the same structure, converted to the TIGER-SALSA format and visualised in the SALSA annotation tool (Erk et al, 2003a).

The verb *bury* is assigned the frame PLACING, with the roles AGENT, THEME and GOAL assigned to its SUBJ (*ostriches*), OBJ (*heads*), and OBLique (*in the sand*) arguments.[127] The noun *heads* evokes the frame OBSERVABLE_BODYPARTS, with roles POSSESSOR and BODY-PART assigned to SUBJ (*ostriches*) and OBJ SPEC POSS (*their*), and OBJ (*heads*), respectively.

---

[126] We are using the German LFG grammar developed at the IMS, University of Stuttgart, and the English LFG grammar developed at Parc (Riezler et al., 2002).

[127] Functional edges are not made visible in **Figure 1**, but see **Figure 33**.

The example further illustrates the coverage problem mentioned above: the frame OBSERVABLE_BODYPARTS is the only frame that could be assigned by the statistics-based frame assignment system. This gap in coverage is compensated by the system that assigns frames via WordNet, which we describe in Section 4. This system proposes all the frames as shown in **Figure** , including the frame GROUND_UP, which, however, is wrongly assigned.

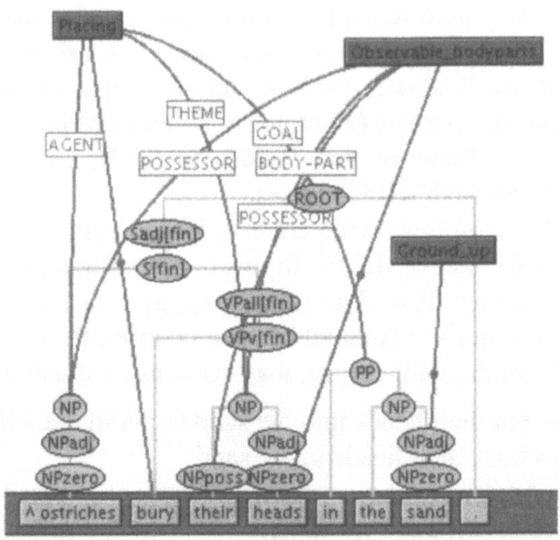

Figure 1: Frame and role assignments for (5:H) viewed in the SALSA annotation tool.

3.1 Frame Assignment as Word Sense Disambiguation

The task of frame assignment can be conceived as word sense disambiguation: A target expression may be listed as a lexical unit of several frames. Each of these frames can be seen as a sense of the target expression. For example, the verb *skim.v* is listed as a lexical unit for four frames: (All examples are from the FrameNet corpus. Some are abbreviated.)

- **READING:** **Skimming** a chapter for its main idea may be done over coffee.
- **REMOVING:** Remove the vanilla pod, **skim** the jam, and let it cool.
- **SCRUTINY:** She **skimmed** through the newspaper clippings.
- **SELF_MOTION:** We **skimmed** across the surface of that sodding lake whilst all around us gathered the dark hosts of hell.

The frames READING, REMOVING and SELF_MOTION constitute clearly distinguished senses of *skim.v*. READING and SCRUTINY are hard to distinguish as far as *skim.v* is concerned, even though in general they describe different situations, with different semantic roles and different LUs: READING includes *devore.v, peruse.v* while SCRUTINY has LUs like *analyze.v, search.v, survey.v*.

The frame assignment system of (Erk, 2005) views frame assignment as a supervised word sense disambiguation task, using the FrameNet annotated examples as its training corpus. The system uses the same rich set of features that (Florian et al, 2002) propose:

- A bag-of-words context including lemma and part of speech information for each word; the window size for the context is one sentence (since the FrameNet corpus does not provide contiguous annotated sentences).
- Word bigrams and trigrams centered on the target word.
- Head words and prepositions of complements and adjuncts of the target.

In addition to the features introduced by (Florian et al, 2003) we use features that describe the subcat frame of the target, both in terms of individual grammatical functions found for the target and as an n-gram combining all grammatical functions. For example, for the sentence *She skimmed through the newspaper clippings* there would be three subcat features: *subj, ppobj-through, ppobj-through+subj*. Grammatical functions are determined heuristically.

All feature types are weighted with a fixed, empirically determined weight. In addition, context word features are weighted by their distance from the target. The system has a simple architecture: a Naïve Bayes classifier, which assigns each instance x the sense s that maximizes $P(s \mid x) = \frac{P(x \mid s)}{P(x)} P(s)$, with the simplifying (false) assumption that all features of the instance are independent: $P(x \mid s) = \prod_{f \text{ in } x} P(f \mid s)$. Probabilities of features are determined using (smoothed) maximum likelihood estimation on the weighted features.

While the FrameNet corpus has been used successfully as a training corpus for frame-semantic role assignment, it is somewhat problematic as a training corpus for frame assignment. FrameNet is a growing resource, constructed frame by frame, which means that while each frame lists all LUs that introduce it, many LUs are still lacking some of their frames. For example, there is no frame for the sense of *treat.v* in *He treated them with patience*. Also, some frames have no annotated examples, and hence cannot be learned in a supervised learning setting, among them important frames like the Possession frame for *have.v*. To illustrate the problem, only 10.7% of the current 8000 LUs are ambiguous at all, and the baseline for the WSD task (assign each LU its most frequent frame) is already at 93% f-score. This is a problem of the FrameNet corpus, not of the FrameNet approach as such, as experiments with a snapshot of the German SALSA corpus confirm (Erk, 2005).

4. A WordNet Detour to FrameNet

4.1 More Coverage

As outlined above, applications using the current FrameNet release are facing coverage problems. In many cases, an appropriate frame exists for a given *target word,* but the word is not yet listed as an LU for that frame, or else the word may be listed, but there are not enough annotated sample sentences as training data for statistical frame assignment.

In the following we describe a system that addresses these problems. The system is rule-based and uses WordNet to generalize over a given target word in order to compensate for the missing LU and to assign the appropriate frame. For each target word, we consider a set of related words (*wordnet relatives*) and collect all *candidate frames* that are evoked by these words. To select, among the candidates, the frame to be assigned, we use a weighting function which is described in detail below.

This approach requires that we know the correct WordNet synset of the target word. To this end, we use an existing WordNet-based WSD system of (Banerjee and Pedersen, 2003) that disambiguates a word in its sentential context by computing the relatedness between the word and its context words. The underlying assumption is that semantically related words often co-occur. Relatedness is measured on the basis of WordNet, including overlap between the words that occurs in the glosses.

As an example of how our WordNet-based frame assignment system works, consider again example (5). For the target word *bury,* Pedersen's system returns the target synset 'bury#v#2'. Although *bury* is not yet listed in FrameNet, our system correctly assigns the frame PLACING because several WordNet relatives of this target are listed as LUs for this frame (e.g. *lay, put, place,...*). The second best candidate frame is ATTACK (which lists the WordNet relatives *set* and *lay*), but its weight is less than one third of the weight of PLACING. Our system therefore selects the latter.

4.2 Assigning Frames via WordNet

For a given input synset, the central algorithm of our system proceeds in three steps. First, we compute a **set of wordnet relatives** of the target word.[128] It contains all synonyms and hypernyms of the input word plus the antonyms of these words. The inclusion of antonyms is effective because antonyms are usually defined within the same FrameNet frame.

Second, we compute all **candidate frames evoked by the wordnet relatives**. These frames are in the first place those frames that list the respective words as LU. For words that are not listed as LU for any frame, we check whether they match any frame name, to exploit the fact that sometimes target words that correspond to a frame name are not yet listed as LUs, e.g. the noun *researcher* is not listed as LU in the frame RESEARCHER. As success criteria for matching, we currently require more than 50% overlap between the word and the frame name.

Finally, in order to select the best frame, **all candidate frames are weighted**. The overall weight for each frame is the sum of the weights for each wordnet relative that evokes this frame. These weights are computed according to the following formula:

$$\frac{\text{similarity}(\text{wordnet\_relative}, \text{target\_word}) * \text{BoostFactor}}{\text{Spreading\_factor}(\text{wordnet\_relative})}$$

This formula takes into account three factors: (i) the similarity between the target word and the wordnet relative. We currently take the square of the WordNet path distance as similarity measure here.[129] (ii) A boost factor that rewards words that are listed as this frame's LU as opposed to those that only match the frame name. (iii) The spreading factor of the wordnet relative. This is the number of frames evoked by that word. For example, *go* is listed as LU for three frames (MOTION, COMPATIBILITY, NAME_BEARING) and thus has spreading factor 3. The more frames a synset evokes, the less discriminative and thus informative it is for our purpose. The complete algorithm is given in Figure 2.

As an example that highlights the algorithm's matching functionality and the interplay of the factors, take the target synset 'researcher#n#1'. The algorithm assigns the frame RESEARCH to this synset although the noun *researcher* is not yet listed as LU of this frame. But both *researcher* and its synonym *research worker* match the frame name. As both are in the target word's synset, the weight of this frame is relatively high. The second best candidate frame is PEOPLE_BY_VOCATION, evoked by the LU *scientist*, which is a hypernym of the tar-

[128] We use a Perl package available at http://search.cpan.org/dist/WordNet-QueryData/.

[129] We use a Perl package (http://search.cpan.org/dist/WordNet-Similarity/) that allows for experimentation with a number of measures known from literature.

get word. Although frames evoked by LU lookup are preferred, here a frame evoked by name similarity wins because of the two strong matches.

```
Search_words = {w | w ∈ Input_synset} ∪ {w | ∃ Synset: hypernym(Synset, Input_synset)
∧ w ∈ Synset}

Search_words = Search_words ∪ {w' | ∃ w ∈ Search_words ∧ antonym(w',w)}

forall F in Frames:
Evoked_by_LU(F) = { }
Evoked_by_Match(F) = { }
end
forall F in Frames, forall W in Search_words:
        if W is a LU of F then
Evoked_by_LU(F) = Evoked_by_LU(F) ∪ W
Spreading_factor(W) += 1
        elsif W matches name of F then
Evoked_by_Match(F) = Evoked_by_Match(F) ∪ W
Spreading_factor(W) += 1
        end
end, end

forall synset,synset': similarity(synst,synset') = WordNet_Path_Distance(synset,synset')^2

forall F in Frames:
```

$$Weight(F) = \sum_{Synset \in Evoked\_by\_LU(F)} \frac{similarity(Synset, Input\_synset) * BoostFactor}{Spreading\_factor(Synset)} + \sum_{Synset \in Evoked\_by\_Match(F)} \frac{similarity(Synset, Input\_synset)}{Spreading\_factor(Synset)}$$

end

Figure 2: Algorithm for assigning frame(s) to a given synset.

As an example for the effectiveness of using antonyms, consider the target word *new,* as in *There is a new U. S. law that bans e-mail.* While FrameNet does not yet list *new* as LU of the frame AGE, our system can assign the frame AGE, because its antonym *old* is listed for this frame.

4.3 Evaluation

For evaluation of the system we need suitable frame-annotated test data. The only data available as gold standard is the FrameNet corpus, yet this is not immediately suited for our evaluation context, because all words that are frame annotated there are already listed as LUs in FrameNet. Thus, our system would not have to use the detour via WordNet at all. In order to effectively evaluate our system on this data, we have devised a *detour-only* version. In this mode, we prevent the target word itself from being looked up as an LU, thus forcing the algorithm to take the detour via synonyms, antonyms, and hypernyms. This is equivalent to deleting the respective target word from any frame's LUs.

Table 2 shows the system's performance on the FrameNet corpus.[130] The first row shows in how many cases no, one, or more than one frame was assigned, thus measuring coverage. The second row indicates whether the gold standard frame assigned in the FrameNet corpus was equal to (contained in) the assigned frame(s), which is a weak measure of precision.

	frames assigned per synset		
	none	*1*	*> 1*
Total instances	*13%*	*71%*	*16%*
Gold standard frame equal to (contained in) assigned frame(s)	-	*38%*	*7%*

Table 2: Frame assignment of detour-only system (FrameNet corpus).

The detour-only system has high coverage: In 87% of the cases, it assigns one or more frames. So, if a target word is unknown to FrameNet, we have a 87% chance to assign some frame(s), in constrast to a statistical system, which could not assign any frame in this case. For the complete data set, precision in terms of containment of the gold standard frame is at 39%. If we only consider cases where some frame was assigned, the precision is 45%. For the non-matching cases, it is still to be determined how close the assignments are to the gold standard. Since there is no formal measure such as frame distance, we have computed a table that compares gold standard and assigned frames.

130 By the time of writing we have evaluated on 80.000 frame annotated word instances (60.000 verb, 20.000 noun, 20.000 adj./adv.).

Gold standard frame	*Frames assigned by system*	*Number of instances*
MANUFACTURING	*INVENTION*	*19*
	INTENTIONALLY_CREATE	*12*
	BUILDING	*11*
	CAUSE_TO_START	*5*
	GETTING	*4*
	TRANSFORMATION	*1*

Table 3: Frames assigned by detour-only system and gold standard from FrameNet corpus.

Table 3 shows a small excerpt of this table for the gold standard frame MANUFACTURING. Most of the frames that the system assigns are either from the same domain as or compatible with the gold standard frame. Inspection of more examples reveals that the frames we assign are in many cases semantically closely related, often only differing in aspect, perspective or specificity (e.g. CHOOSING vs. DECIDING, AMOUNTING_TO vs. ADDING_UP, TRAVEL vs. MOTION).

In addition to the detour-only condition, we also tested the full system on the FrameNet corpus. Here, coverage raises to 96%. For 83% the gold standard frame is contained in the set of assigned frames (for 67% the gold standard frame is unambiguously assigned). Inspection of the frames that do not match the gold standard shows that these are acceptable in the vast majority of cases.

In a second experiment we tested the two versions of the system – the full system and the detour-only version – on unseen text. We ran both versions on 560 sentences of the first development set of the RTE data (3.800 noun, verb, and adjective instances). **Table 4** gives an overview of the distribution of the distance between the respective target synset and the synset(s) that finally triggered the frame assignment. We distinguish three cases: (i) both synsets are the same, (ii) the frame evoking synset is a direct hypernym of the target synset, and (iii) the frame evoking synset is a transitive hypernym of the target synset.

	Same synset (distance 0)	*Hypernym synset (distance 1)*	*Transitiv hypernym (distance >1)*
Full system	*54%*	*18%*	*27%*
Detour-only system	*33%*	*31%*	*35%*

Table 4:Distribution of distance between frame evoking and target synset (RTE data).

The table shows that even in the detour-only system, in almost two thirds of the cases the distance is 0 or 1. The only effect of switching to detour-only is that we get a 21% drop of cases with distance 0, yet two thirds of the cases only move to distance 1. In both cases, the frame assignment is triggered by a synonym, direct hypernym or antonym of the target word and one can expect the assigned frame to be of appropriate specificity. For the cases with distance greater 1 we also computed the average WordNet path distance to the target, which is 3 for both system modes. The frames we assign here are usually more general. For example, for the target 'life#n#6', which is the synset for the lifespan of e.g. a battery, we get the frame QUANTITY. It is evoked by 'measure#n#3' which is a hypernym of the target with distance 3.

5. Conclusion and Outlook

We have presented a rule-based system for mediating frame assignment by a "detour via WordNet". It uses WordNet synsets and relations to generalize over target words, in order to assign frames to words that are not yet listed in the FrameNet database. This method is suited to overcome the sparse-data problem caused by the current, incomplete FrameNet data set. In our current NLP architecture, the system is used in cases where statistical frame assignment fails.

A preliminary evaluation of the system yields promising results. Our method exploits the fact that sense discrimination in WordNet is in general more fine-grained than FrameNet senses, so that we can account for missing FrameNet entries. However, in certain cases, close wordnet relatives map to distinct FrameNet senses. Moreover, the method is dependent on the assignment of the correct synset by an independent WordNet-based WSD system. Thus, errors in the initial assignment of synsets immediately affect the quality of frame assignment. Our current evaluation is still restricted, in that we are lacking appropriate measures of distance to assess the quality of frame assignments that do not match the gold standard. Also, up to now, we have employed a weighting scheme that combines a limited number of factors: similarity (path distance), spreading factor, and assignment by LU-lookup vs. name matching. In future work, we will experiment with additional factors, threshold settings, and machine learning techniques for estimation of weights for the individual factors.

As frames are general conceptual classes and thus to a large extent language-independent, the method described will naturally carry over to other languages that dispose of WordNets. Since the Pedersen system is rule-based, it should be possible to apply the algorithm to German on the basis of GermaNet (Hamp and Feldweg, 97). Our system could thus directly be applied for frame assignment on the basis of the German FrameNet data created in the SALSA project.

References

Baker, C. F., Fillmore, C. J., & Lowe, J. B. (1998). The Berkeley FrameNet project. In Proceedings of COLING-ACL, Montreal, Canada.

Baldewein, U., Erk, K., Pado, S., & Prescher, D. (2004). Semantic Role Labelling with Similarity-Based Generalization Using EM-based Clustering. In Proceedings of Senseval'04, Barcelona, Spain.

Banerjee, S. & Pedersen, T. (2003). Extended Gloss Overlaps as a Measure of Semantic Relatedness. In Proceedings of IJCAI 2003, Acapulco, Mexico.

Brants, S., Dipper, S., Hansen, S., Lezius, W. & Smith, G. (2002). The TIGER Treebank. In Proceedings of the Workshop on Treebanks and Linguistic Theories, Sozopol.

Burchardt, A., Frank, A., & Pinkal M. (2005). Building Text Meaning Representations from Contextually Related Frames – A Case Study. In *Proceedings of IWCS-6*, Tilburg.

Butt, M., Dyvik, H., King, T. H., Masuichi, H., & Rohrer, C. (2002). The Parallel Grammar Project. Proceedings of the Workshop on Grammar Engineering and Evaluation, COLING 2002, Taipei, Taiwan.

Erk, K. (2005). Frame assignment as word sense disambiguation. In *Proceedings of IWCS-6*, Tilburg University, Tilburg, The Netherlands.

Erk. K., Kowalski, A., & Pado, S. (2003a). The SALSA Annotation Tool. In Proceedings of the Workshop on Prospects and Advances in the Syntax/Semantics Interface, Nancy.

Erk. K., Kowalski, A., Pado, S. & Pinkal, M. (2003b). Towards a Resource for Lexical Semantics: A Large German Corpus with Extensive Semantic Annotation. In Proceedings of the ACL 2003, Sapporo, Japan.

Fellbaum, C., (Ed.) (1998). WordNet: An Electronic Lexical Database. MIT Press.

Fillmore, C. J. (1976). Frame semantics and the nature of language. In Annals of the New York Academy of Sciences: Conference on the Origin and Development of Language and Speech, volume 280, pages 20–32.

Florian, R., Cucerzan, S., Schafer, C. & Yarowsky, D. (2002). Combining classifiers for word sense disambiguation. In: Journal of Natural Language Engineering, 8(4): 327-431.

Frank, A. and Erk, K. (2004). Towards an LFG Syntax–Semantics Interface for Frame Semantics Annotation. In Gelbukh, A., (Ed.), Computational Linguistics and Intelligent Text Processing, LNCS, Heidelberg: Springer.

Hamp, B. and Feldweg, H (1997): GermaNet – a Lexical-Semantic Net for German. In Proceedings of ACL workshop Automatic Information Extraction and Building of Lexical Semantic Resources for NLP Applications. Madrid, 1997.

Kingsbury, P., Palmer, M., & Marcus, M. (2002). Adding semantic annotation to the Penn TreeBank. In Proceedings of the HLT Conference, San Diego.

Niles, I. and Pease, A. (2001). Toward a standard upper ontology. In Proceedings of FOIS-2001, Ogunquit, Maine. Association for Computing Machinery.

Riezler, S., King, T.H., Kaplan, R.M., Crouch, D., Maxwell, J.T. & Johnson, M. (2002). Parsing the Wall Street Journal using a Lexical-Functional Grammar and Discriminative Estimation Techniques. In Proceedings of ACL'02, Philadelphia, PA.

Appendix

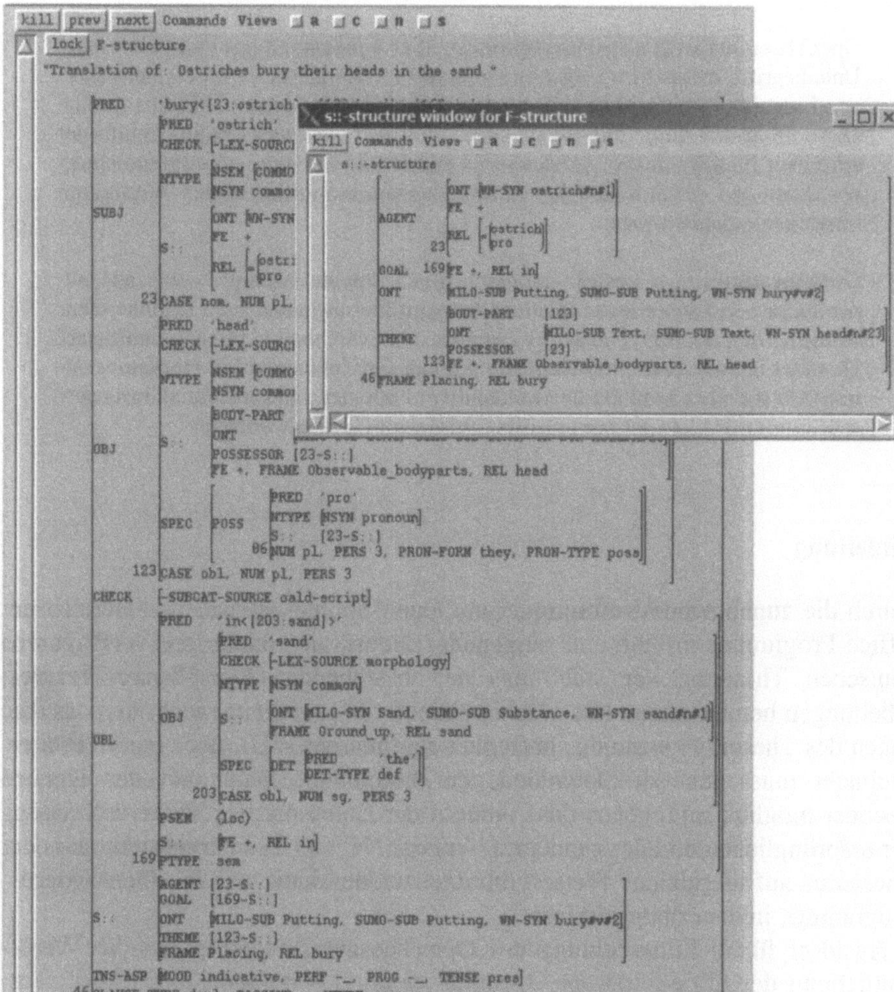

Figure 3: F-structure with integrated/separate frame-semantic projection and ont. classes for Ex. (5:H).

OpenThesaurus: ein offenes deutsches Wortnetz

Daniel Naber

OpenThesaurus ist ein deutsches Wortnetz, das Synonymgruppen und Ober- und Unterbegriffe erfasst. Im Gegensatz zu anderen Wortnetzen wird es nicht (nur) von Linguisten weiterentwickelt, sondern steht jedem zur aktiven Mitarbeit offen. Diese Offenheit bringt Einschränkungen mit sich, was den Detailreichtum der einzelnen Einträge angeht. Andererseits erlaubt die kostenlose Veröffentlichung der Daten und der Software neue Anwendungen, die mit deutschen Wortnetzen bisher nicht möglich waren.

OpenThesaurus is a German wordnet which contains synonym sets and superordinate and subordinate relations between these synonym sets. Unlike other wordnets it is not (only) created by linguists, but everybody is free to contribute. This fact imposes some limitations to the linguistic richness of the thesaurus entries. On the other hand the free availability of both data and software allows new applications that had not been possible before with German wordnets.

Einleitung

Durch die zunehmende Verbreitung von Open-Source-Software im Bereich der Office-Programme besteht ein steigender Bedarf an einem frei verfügbaren deutschen Thesaurus, der sich aus den bestehenden Open-Source-Textverarbeitungen heraus nutzen lässt. Dabei bedeutet *frei verfügbar* nicht nur, dass die Daten des Thesaurus kostenlos abfragbar sein müssen, z. B. über eine Webseite. Vielmehr muss auch der Download der kompletten Daten auf den eigenen Rechner möglich sein, ebenso das Ändern der Daten und die Weiterverbreitung der ursprünglichen und der geänderten Version. Nur so ist sichergestellt, dass der Thesaurus auf die gleiche Weise verbreitet werden kann wie die Open-Source-Programme, in die er integriert ist.

Auslöser für die Entwicklung des OpenThesaurus-Projektes war die Veröffentlichung der Office-Software OpenOffice.org 1.0 im Jahre 2002 durch Sun Microsystems. OpenOffice.org (im Folgenden OpenOffice genannt) basiert auf dem bekannten StarOffice, der StarOffice-Thesaurus konnte jedoch aus lizenzrechtlichen Gründen nicht Teil von OpenOffice werden. Während der englische Thesaurus aus den Daten des Moby-Thesaurus (Institute for Language Speech and Hearing 2000) generiert wurde[131], existierte keine entsprechende Ressource für die deutsche Sprache. In der Open-Source-Community, die OpenOffice zusammen mit Sun Microsystems weiterentwickelt, entstand die Idee einer Website, auf der jeder Benutzer die Einträge eines Thesaurus ergänzen und korrigieren kann. Ich griff diese Idee auf und implementierte das OpenThesaurus-Projekt, das seit März 2003 online ist.

Initialer Datenimport

Ausgangspunkt für den OpenThesaurus-Datenbestand war ein frei zugängliches elektronisches Deutsch-Englisch-Wörterbuch (Richter 2004), dessen Inhalte in eine Datenbank importiert wurden. Dabei ging man von der Annahme aus, dass die Übersetzungen von englischen Termen Synonymgruppen darstellen, wie in folgenden Beispielen:

bandit: Bandit; Räuber
heraldry: Heraldik; Wappenkunde

Diese Annahme trifft nicht immer zu, wie der folgende Fall zeigt:

monitor: Bildschirm; überwachen

Wie man an den Beispielen sieht, sind im Wörterbuch alle Übersetzungen des jeweiligen Eintrags durch Semikolons getrennt, unabhängig davon, ob es sich um Synonyme oder verschiedene Bedeutungen handelt. Weiterhin werden viele englische Wörter nur mit einem einzelnen deutschen Wort übersetzt. Da solche Einträge für den Thesaurus unerheblich sind, wurden sie ignoriert. Durch den Import der vermeintlichen Synonymgruppen entstand so eine Thesaurus-Datenbasis mit ca. 25.000 Wörtern in 12.000 Synonymgruppen.

Eine derartige Nutzung eines vorhanden zweisprachigen Wörterbuchs ist weit weniger aufwändig als die halbautomatische Übertragung eines englischen Thesaurus auf eine neue Sprache (Scannell 2003) und kommt auch ohne die großen Corpora aus, die man für viele automatische Verfahren benötigt (Senellart & Blondel 2004). Nachteil des Verfahrens ist, dass die Lizenz des entstehenden Wortnetzes von der Lizenz des Wörterbuchs abhängt. Im Fall von OpenThesaurus unterliegt das Wörterbuch mit den Ausgangsdaten der GPL (GNU Project 2004), und damit gilt diese Lizenz auch für OpenThesaurus.

---

131 Beginnend mit Version 2.0 von OpenOffice wird der englische Thesaurus auf den Daten von WordNet basieren.

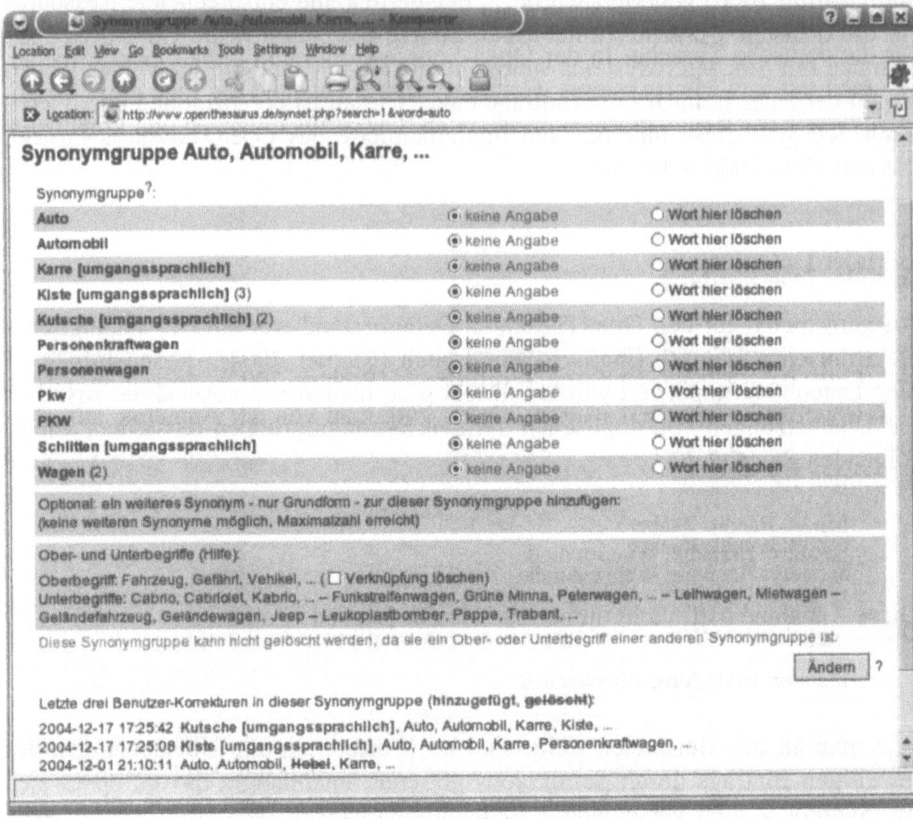

Abb. 1: Suchergebnis für die Anfrage „Auto"

Pflege und Weiterentwicklung

Um die Korrektur der noch zahlreich vorhandenen Fehler und eine kontinuierliche Weiterentwicklung sicherzustellen, wurde der Thesaurus auf einer Website (*www.openthesaurus.de*) zur Verfügung gestellt. Jeder Benutzer der Website kann nach Wörtern suchen und bekommt im Falle eines Treffers alle Synonyme, Ober- und Unterbegriffe angezeigt (vgl. Abb. 1).

Benutzer können sich auf der Website einen Benutzeraccount anlegen, der ihnen Änderungen an den Daten ermöglicht. Dazu müssen sie ihre E-Mail-Adresse angeben, an die daraufhin ein automatisch generiertes Passwort verschickt wird. Ist der Benutzer eingeloggt, kann er neue Synonymgruppen anlegen, vorhandene löschen und bei vorhandenen Synonymgruppen Wörter löschen und hinzufügen.

Jede neue Synonymgruppe kann optional in eins von 25 Fachgebieten eingeordnet werden (Chemie, Botanik, Medizin etc.). Jedem einzelnen Wort kann in Bezug auf seine Synonymgruppe optional eine der Kennzeichnungen *umgangssprachlich*, *derb*, *vulgär* oder *fachsprachlich* zugewiesen werden. In speziellen Fällen können dem Wort weitere Informationen in Klammern hinzugefügt werden, z. B. *(österr.)*. Diese werden angezeigt, müssen aber bei einer Suche nach dem Wort nicht mit angegeben werden, um es zu finden. Somit lassen sich sinnvolle Meta-Informationen zur Nutzung des Wortes speichern, ohne für jedes neue Attribut die Datenbank-Struktur erweitern zu müssen.

Zur besseren Orientierung wird bei Homographen die Anzahl ihrer Bedeutungen angezeigt. Beispielsweise wird hinter dem Wort *Bad* in der Synonymgruppe *Bad, Schwimmbad* die Zahl *(3)* angezeigt. Durch Klick auf diese Zahl gelangt man direkt zu den anderen Bedeutungen des Worts (nämlich *Badezimmer* und *Kurbad*).

Um die Qualität der vorhanden Synonymgruppen von Nutzern der Website verbessern zu lassen, befindet sich auf der Homepage ein Link, mit dem zufällig ausgewählte Synonymgruppen angezeigt werden. Dabei erfolgt die Auswahl allerdings nicht völlig zufällig, vielmehr werden Synonymgruppen bevorzugt, die bisher selten angezeigt wurden. Mit Hilfe dieser Funktion können Nutzer an der Qualitätssicherung mitarbeiten oder durch die Daten „surfen“, ohne eine konkrete Suchanfrage einzugeben.

Dass der OpenThesaurus-Datenbestand von Nichtfachleuten geändert werden kann, hat u. a. folgende Konsequenzen:

- Die aktive und passive Nutzung soll ohne große Einarbeitungszeit möglich sein. Das ist nur mit einer einfachen und intuitiven Benutzeroberfläche möglich, die wiederum nur bei einer einfachen und verständlichen zu Grunde liegenden Datenstruktur realisierbar ist.
- Den Benutzern muss eine kurze und leicht verständliche Anleitung zur Verfügung stehen, die beschreibt, was bei Änderungen an den Daten zu beachten ist. Dies wird durch eine mit Beispielen versehene FAQ erreicht, die bewusst kurz gehalten ist und nicht alle speziellen Fälle abdeckt. Dies soll die Hemmschwelle zur aktiven Teilnahme möglichst klein halten.
- Eine gute Qualitätssicherung muss sicherstellen, dass keine absichtlich oder unabsichtlich eingefügten falschen Einträge die Datenbasis dauerhaft verschlechtern. Dies wird im Abschnitt *Qualitätssicherung* genauer beschrieben.

Einsatzgebiete von OpenThesaurus

Da OpenThesaurus ein freies Projekt ist, steht es jedem Nutzer offen, die Daten und sogar den Sourcecode der Website für seine eigenen Zwecke zu nutzen, zu ändern und weiterzugeben. Deshalb sind dem Verfasser nicht alle Projekte bekannt, die OpenThesaurus einsetzen. Zwei typische Einsatzgebiete sollen aber anhand von konkreten Beispielen kurz vorgestellt werden.

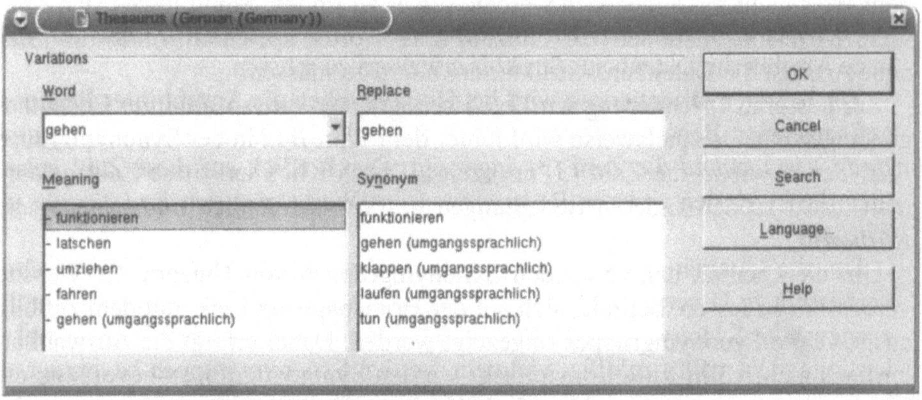

Abb. 2: Der OpenOffice-Thesaurus mit den OpenThesaurus-Daten

Einsatz als Thesaurus in einer Textverarbeitung

OpenOffice verfügt bereits über eine integrierte Thesaurus-Komponente, allerdings nicht über die nötigen Daten für einen deutschsprachigen Thesaurus. Um die OpenThesaurus-Daten mit OpenOffice nutzen zu können, ist ein Export in das von OpenOffice erwartete Format nötig. Es handelt sich dabei um ein einfaches Plain-Text-Format aus zwei Dateien[132]: Die Index-Datei beinhaltet alle bekannten Terme und einen Verweis auf eine Position in der Daten-Datei, die zu jedem Term dessen Synonyme enthält. Die so exportieren Daten werden auf einem Server des OpenOffice-Projekts abgelegt und lassen sich dann vom Benutzer komfortabel über einen OpenOffice-Wizard installieren. Nach der Installation lassen sich die Synonyme zu einem gerade markierten Wort nachschlagen (vgl. Abb. 2).

[132]Diese Angaben beziehen sich auf OpenOffice Version 2.0, das Format in Version 1.x unterscheidet sich davon leicht.

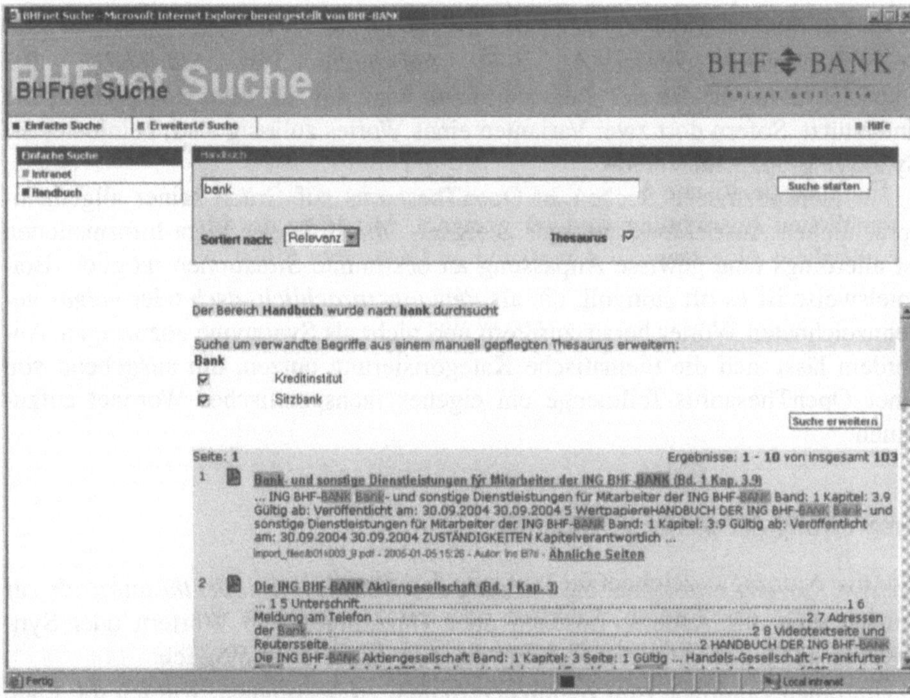

Abb. 3: Integration von OpenThesaurus in eine Volltextsuche

Einsatz im Information Retrieval

Ein Thesaurus kann im Information Retrieval eingesetzt werden, um die Terme einer Suchanfrage mit Synonymen anzureichern und somit den Recall der Suche zu erhöhen (Mandala et al 1999). Bei Suchen auf nicht fachspezifischen Datenbeständen besteht allerdings das Problem, dass bei kurzen Suchanfragen oft nicht klar ist, wie ein mehrdeutiger Begriff mit Synonymen angereichert werden soll: *faul* kann nicht mit *verdorben* und *träge* gleichzeitig ergänzt werden, ohne die Suche weniger präzise werden zu lassen.

Deshalb bietet es sich an, die Suchanfrage nur nach Rückfrage beim Benutzer zu erweitern. Eine Implementierung dieser Herangehensweise ist die Volltextsuche iFinder der Firma IntraFind, die unter anderem bei der BHF-Bank genutzt wird (vgl. Abb. 3). Auf der Trefferseite werden zu jedem Suchbegriff mögliche Synonyme angezeigt, von denen der Nutzer alle oder nur bestimmte auswählen und die Suche so ausdehnen kann. Die gewählten Synonyme werden zu den jeweiligen ursprünglichen Begriffen disjunktiv hinzugefügt, sie erhalten dabei auch die gleiche Gewichtung wie die ursprünglichen Begriffe.

Im Information Retrieval ist es sinnvoll, wenn der verwendete Thesaurus auch Schreibvarianten unterstützt, z. B. *aufwändig* und *aufwendig*. Bei OpenThesaurus ist das der Fall, allerdings wird nur die neue Rechtschreibung unterstützt. Sofern dort zwei Varianten eines Wortes zulässig sind, beinhaltet die Synonymgruppe auch beide.

Für fachspezifische Suchen ist OpenThesaurus auf Grund seiner allgemeinsprachlichen Ausrichtung weniger geeignet. Mit Hilfe der Meta-Informationen ist allerdings eine gewisse Anpassung an bestimmte Situationen möglich. Beispielsweise ist es oft sinnvoll, die als *umgangssprachlich*, *derb* oder *vulgär* gekennzeichneten Wörter herauszufiltern und nicht als Synonyme anzuzeigen. Außerdem lässt sich die thematische Kategorisierung nutzen, um ausgehend von einer OpenThesaurus-Teilmenge ein eigenes fachspezifisches Wordnet aufzubauen.

Auswertung der passiven Nutzung

Passive Nutzung bezeichnet die Nutzung der Website *www.openthesaurus.de* zur Suche, ohne das Ändern, Löschen oder Hinzufügen von Wörtern oder Synonymgruppen. Diese Art der Nutzung ist ohne Anmeldung möglich.

Um einen Eindruck vom Benutzerverhalten zu bekommen, wurden die Ende November 2004 über einen Zeitraum von sieben Tagen protokollierten Suchanfragen ausgewertet. In dieser Zeit wurden insgesamt 7.218 Suchanfragen an die Website gestellt, also durchschnittlich 1.031 Anfragen pro Tag. Eine zufällig ausgewählte Teilmenge von 200 Anfragen wurde genauer untersucht. Bezüglich der gesuchten Wortarten zeigt sich folgende Verteilung:

Nomen	*47%*
Verben	*23%*
Adjektive	*20%*
Sonstige (Adverbien, Partizipien etc.)	*10%*

Von allen Suchanfragen erzielten 75% einen oder mehrere Treffer, d. h. dem Benutzer wurde mindestens eine Synonymgruppe angezeigt, in der das gesuchte Wort vorkam. In 20% aller Fälle erhielten die Nutzer keine Treffer, weil das gesuchte Wort nicht im Datenbestand vorhanden war. Die übrigen 5% erhielten kein Ergebnis, weil die Suchanfrage ungeeignet war (z. B. englisches Wort als Eingabe).

Gibt es für eine Suchanfrage keine direkten Treffer, wird durch drei Maßnahmen versucht, dennoch ein sinnvolles Ergebnis zu liefern:

- Es wird eine Art Tippfehlerkorrektur vorgenommen, indem die Ähnlichkeit der Suchanfrage mit allen Wörtern des Datenbestands ermittelt wird und die ähnlichsten fünf Wörter vorgeschlagen werden. Als Ähnlichkeitsmaß dient die Levenshtein-Distanz. Wörter mit einer Levenshtein-Distanz größer als drei werden nicht als ähnlich betrachtet. Die Suche nach *attakieren* liefert beispielsweise den Korrekturvorschlag *attackieren.*
- Eine Tabelle der Datenbank liefert zu über 380.000 Vollformen die jeweilige Grundform. Damit erhalten Benutzer auch bei der Suche nach Vollformen einen Treffer, obwohl die Thesaurus-Daten selber nur aus Grundformen bestehen. Die Abbildung von Vollformen auf Grundformen wurde aus den Daten des Morphologie-Tools Morphy (Lezius 2004) generiert.
- Es wird eine Suche nach Teilworten durchgeführt. Diese liefert z. B. bei der Suchanfrage *divers* u. a. die Vorschläge *Diverses* und *Diversifikation.*

Diese Maßnahmen erhöhen die durchschnittliche Trefferquote der Suche von 65% auf die oben genannten 75%. Auf der Seite mit den Korrekturvorschlägen werden zusätzlich Links angezeigt, mit denen die Suchanfrage auf Google oder Wikipedia (de.wikipedia.org) ausgeführt werden kann.

Auswertung der aktiven Nutzung

Aktive Nutzung bezeichnet im Folgenden das Anlegen oder Löschen neuer Synonymgruppen und das Löschen oder Hinzufügen von Wörtern in Synonymgruppen[133]. Seit Bestehen des Projekts sind insgesamt 19.671 solcher Änderungen von Nutzern ausgeführt worden, die sich wie folgt verteilen[134]:

Wort zu Synonymgruppe hinzufügen	*11.794*
Wort aus Synonymgruppe löschen	*2.000*
Neue Synonymgruppe anlegen	*2.482*
Synonymgruppe löschen	*901*
Synonymgruppe mit Oberbegriff verknüpfen	*2.494*

[133]Das Ändern von Wörtern ist nur über Löschen und anschließendes Einfügen möglich.

[134]Die Änderungen des Projektadministrators sind hier und im Folgenden jeweils nicht mitgezählt.

Die Zahl der Löschungen zeigt, dass die Benutzer die Aufräumarbeit, die für die automatisch importieren Initialdaten nötig war, zumindest zum Teil durchgeführt haben.

Insgesamt haben sich auf der Website bis heute über 650 Benutzer registriert. Es zeigt sich jedoch, dass die aktive Mitarbeit äußert ungleich verteilt ist: Die aktivsten 10 Benutzer haben 80% aller Beiträge geleistet.

Positiv ist anzumerken, dass es bisher zu keinem Fall von Vandalismus, also absichtlichen Falscheinträgen, gekommen ist. Dass dies nicht selbstverständlich ist, zeigen Projekte wie Wikipedia, die regelmäßig mit Missbrauch zu kämpfen haben. Der Grund könnte in der größeren Bekanntheit von Wikipedia liegen (Wikipedia hat ca. 100-mal mehr registrierte Benutzer) oder in der Tatsache, dass OpenThesaurus zur aktiven Mitarbeit eine Anmeldung voraussetzt.

Qualitätssicherung

Die aktive Teilnahme von Nicht-Fachleuten lässt der Qualitätssicherung eine große Bedeutung zukommen. Zur regelmäßigen Kontrolle aller Änderungen an den Daten existiert ein geschützter Bereich auf der Website, der nur dem Administrator zugänglich ist. Dort befindet sich eine Liste der zuletzt von den aktiven Nutzern durchgeführten Änderungen, die fast täglich überprüft wird. Da alle Änderungen protokolliert werden, können sie vom Administrator leicht zurückgenommen werden, wenn sie nicht sinnvoll sind. Weil zu jeder Änderung Datum und Benutzername gespeichert werden, kann man Benutzer per E-Mail auf ihre Fehler hinweisen, wenn sich falsche Einträge häufen.

Der Administrationsbereich enthält auch diverse vordefinierte Datenbankanfragen, wie z. B. die Suche nach Synonymgruppen mit besonders vielen Wörtern und nach Synonymgruppen, die sich ähneln, die also viele gemeinsame Wörter enthalten und daher eventuell zu einer Synonymgruppe zusammengefasst werden sollten. Um die Entwicklung des Projekts besser verfolgen zu können werden außerdem die Anzahl der Suchanfragen in den letzten 24 Stunden, die letzten zehn Suchanfragen und ihre Trefferzahl, und die Nutzer aufgelistet, die sich zuletzt zur aktiven Teilnahme angemeldet haben.

Als wenig hilfreich erwies sich die Idee, Nutzern auf der Startseite die Änderungen anderer Nutzer anzuzeigen und sie über die Qualität dieser Änderungen abstimmen zu lassen. Es kamen zu wenige Bewertungen zustande, die inhaltlich zu widersprüchlich waren: wird eine Änderung nur dreimal bewertet, davon zweimal als *schlecht* und einmal als *gut*, reicht das nicht aus, um daraus ohne manuellen Eingriff eine Rücknahme der Änderung zu veranlassen.

Vergleich zu WordNet, GermaNet und Wikipedia

Anders als WordNet (Fellbaum 1998) und GermaNet (Hamp & Feldweg 1997) verfügt OpenThesaurus derzeit nur über eine Relation zwischen den Synonymgruppen, nämlich die IS-A-Beziehung. Der Grund dafür ist vor allem die Sorge, dass die Nutzung der Website durch viele neue Relationen schwieriger wird und dadurch entweder die Fehlerrate von Nutzerbeiträgen stark ansteigt oder die Zahl der Nutzerbeiträge zurückgeht. Des Weiteren ist die derzeit prominenteste und wichtigste Anwendung von OpenThesaurus die Integration als Thesaurus in OpenOffice, wo über die Synonymie hinausgehende Beziehungen weniger wichtig sind.

Ähnlich wie bei WordNet und anders als bei GermaNet kann bei OpenThesaurus eine Synonymgruppe nur genau einer anderen Synonymgruppe als Unterbegriff zugeordnet werden, so dass für Nomen eine echte Hierarchie entsteht. Die sieben Synonymgruppen der obersten Hierarchie (*psychologische Eigenschaft*; *Abstraktion*; *Entität, Instanz, ...; Bündelung, Gruppierung; Status, Verfassung, ...; Aktion, Handlung, Tat; Ereignis, Vorfall, ...*) wurden von WordNet übernommen und unter der künstlichen Synonymgruppe *Irgendetwas* eingeordnet, so dass genau eine Baumstruktur entsteht (statt sieben).

Anders als GermaNet wird OpenThesaurus nicht gezielt mit Hilfe eines Corpus erweitert. Dadurch erfolgt eine Konzentration auf solche Wörter, die auch wirklich Synonyme haben statt auf solche, die mit großer Häufigkeit in einem Corpus vorkommen. Die folgende Übersicht zeigt den aktuellen Umfang von OpenThesaurus:

Synonymgruppen	*13.644*
Wörter	*32.562*
Anzahl der Wörter pro Synonymgruppe	*2,94*

Die OpenThesaurus-Website wurde in der Programmiersprache PHP und mit der Datenbank MySQL implementiert (Naber 2004). Auf Ebene der Dateiformate besteht damit keine Kompatibilität zu WordNet. Die OpenThesaurus-Daten werden als so genannter Datenbank-Dump zur Verfügung gestellt; dabei handelt es sich um eine Textdatei, die direkt in eine relationale Datenbank importiert werden kann und dort dann die gleichen Inhalte und Relationen erstellt wie auf der OpenThesaurus-Website.

PHP und MySQL sind die am weitesten verbreiteten Technologien für interaktive Websites, wodurch die Installation einer OpenThesaurus-Variante auf einem anderen Server für eine weitere Sprache vergleichsweise einfach wird. Bisher existieren OpenThesaurus-Installationen für Spanisch (ca. 5.000 Synonymgruppen), Polnisch (12.000) und Slowakisch (3.200). Die einzelnen Projekte sind allerdings unabhängig voneinander, im Gegensatz zu GermaNet/EuroWordNet wird also zwischen den Synonymgruppen der unterschiedlichen Sprachen keine Verbindung hergestellt.

Das OpenThesaurus-Projekt folgt wie die freie Enzyklopädie Wikipedia der Idee, die Benutzer eines Thesaurus bzw. Lexikons aktiv an den Inhalten mitarbeiten zu lassen. OpenThesaurus unterscheidet sich allerdings in zwei wichtigen Punkten von Wikipedia: Erstens sind Änderungen an den Daten bei OpenThesaurus nur nach einer Anmeldung möglich, bei der zwar kein Name aber eine gültige E-Mail-Adresse angegeben werden muss. Zweitens ist die Dateneingabe auf einzelne Wörter und kurze Phrasen beschränkt. Alle Relationen zwischen Wörtern und Synonymgruppen entstehen implizit, die Angabe von Links in einer speziellen Syntax wie bei Wikipedia ist damit nicht nötig und auch nicht möglich.

Fazit

Die Zugriffszahlen der Website und die Tatsache, dass OpenThesaurus auch mit Linux-Distributionen wie SUSE-Linux ausgeliefert wird, zeigen den großen Bedarf an einem frei verfügbaren deutschen Wortnetz. Als Projekt, das auf der Mitarbeit Freiwilliger basiert, kann es nicht die Vielzahl an Relationen bieten, wie sie sich in WordNet und GermaNet befinden. Seine freie Verfügbarkeit und die Nutzung einer weit verbreiteten relationalen Datenbank als technische Basis ermöglichen aber die einfache Integration in eigene freie oder kommerzielle Projekte, die in dieser Form bisher nicht möglich war. Weiterhin können nach dem Muster des deutschen OpenThesaurus freie Wortnetze in anderen Sprachen entwickelt und dauerhaft gepflegt werden.

Literaturverzeichnis

Fellbaum, C. (Ed.) (1998). WordNet: An Electronic Lexical Database. Cambridge: MIT Press.

GNU Project (2004). GNU General Public License. Retrieved January 3, 2005, from Free Software Foundation Web site: http://www.gnu.org/copyleft/gpl.html#TOC1.

Hamp, B. & Feldweg, H. (1997). GermaNet - a lexical-semantic net for German. In P. Vossen, N. Calzolari, G. Adriaens, A. Sanfilippo & Y. Wilcks (Eds.), Proceedings of the ACL/EACL-97 workshop on Automatic Information Extraction and Building of Lexical Semantic Resources for NLP Applications (pp. 9-15).

Institute for Language Speech and Hearing (2000). Grady Ward's Moby. Retrieved December 18, 2004, from Web site: http://www.dcs.shef.ac.uk/research/ilash/Moby/.

Lezius, W. (2004). Morphy – Morphologie und Tagging für das Deutsche. Retrieved December 9, 2004, from Web site: http://www.lezius.de/wolfgang/morphy/.

Mandala, R., Tokunaga, T. & Tanaka, H. (1999). Combining multiple evidence from different types of thesaurus for query expansion. In Proceedings of the 22nd annual international ACM SIGIR conference on Research and development in information retrieval (pp. 191-197).

Naber, D. (2004). OpenThesaurus: Building a Thesaurus with a Web Community. Retrieved January 3, 2005, from Web site: http://www.openthesaurus.de/download/openthesaurus.pdf.

Richter, F. (2004). German <-> English Dictionary. Retrieved December 9, 2004, from Web site: http://dict.tu-chemnitz.de.

Scannell, K. P. (2003). Automatic thesaurus generation for minority languages: an Irish example. In Proceedings of Workshop on Natural Language Processing of Minority Languages with Few Computational Linguistic Resources. Batz-sur-Mer, France.

Senellart, P. P. & Blondel, V. D. (2004). Automatic discovery of similar words. In M. W. Berry (Ed.), Survey of Text Mining. New York: Springer-Verlag.

Maschinelle Generierung assoziativer Termnetze für die Dokumentensuche

Anke Holler, Wolfgang Grund, Heinrich Petith[135]

Eine intuitive Repräsentation von Dokumentinhalten und die effiziente Suche in großen Dokumentmengen sind zwei wichtige texttechnologische Aufgaben, die es zukünftig zu lösen gilt. Die hier vorgestellte Technologie ist in der Lage, durch die Kombination von linguistischen und statistischen Analysemethoden heterogene Dokumentenbestände maschinell zu erschließen. Über der jeweiligen Dokumentmenge werden vollautomatisch assoziative Wissensnetze generiert, die die Zusammenhänge der im Dokumentenbestand enthaltenen Terme abbilden.

An intuitive representation of document contents and an efficient search in huge sets of documents are two important tasks in text technology that need to be approached in near future. The technology presented here is capable of automatically opening up heterogeneous stocks of documents by combining linguistic and statistic methods. By spanning associative knowledge nets across the set of documents, relationships between the terms contained in the documents can be represented hands-off.

1. Einleitung

Assoziative Termnetze, wie die hier vorgestellten Netze oder die Assoziationsgrafen des Projektes Deutscher Wortschatz (Quasthoff 1998), werden mit Hilfe quantitativer Methoden in Bezug auf eine gegebene Dokumentmenge errechnet. Sie setzen Terme zueinander in Beziehung, die in dieser Dokumentmenge in bestimmten kollokativen Zusammenhängen vorkommen. Die durch die Knoten der Netze repräsentierten Terme umfassen alle nominalen Ausdrücke einschließlich der *Named Entities*. Die Terme sind zumeist durch ungerichtete und ungetypte Kanten miteinander verbunden. Da die Termnetze unter dem Einsatz von Text-Mining-Methoden vollautomatisch erzeugt werden, hängt ihre Aussagekraft vor allem von den aus der zugrunde liegenden Dokumentmenge linguistisch-statistisch ermittelbaren Daten ab. Ändern sich die Dokumente, ändert sich auch das Netz. In diesem Sinne sind assoziative Termnetze dynamisch.

Assoziative Termnetze sind auf Grund ihrer Netzstruktur mit lexikalisch-semantischen Wortnetzen, die den Allgemeinwortschatz einer Sprache abbilden,

135 *Wir danken dem gesamten Team, das an der Entwicklung der Technologie beteiligt war.*

verwandt. Lexikalisch-semantische Wortnetze unterscheiden sich aber von assoziativen Termnetzen in wesentlichen Aspekten. So repräsentieren die Knoten eines lexikalisch-semantischen Wortnetzes, wie z.B. WordNet (Fellbaum 1998) oder GermaNet (Kunze 2001), Wortbedeutungen und Konzepte; Konzeptknoten werden als Synonymmengen (*Synsets*) modelliert und fassen gleiche Wortbedeutungen zusammen. Außerdem werden durch die getypten Kanten eines lexikalisch-semantischen Netzes zwei Arten von Beziehungen ausgedrückt: Beziehungen zwischen Wortbedeutungen (lexikalische Relationen) und Beziehungen zwischen Konzepten (konzeptuelle Relationen). Lexikalisch-semantische Wortnetze werden in der Regel von linguistisch kompetenten Experten manuell erstellt und sind in dem Sinne statisch, als sie – abgesehen von Korrekturen und Ergänzungen – ihre Struktur bewahren.

Im Folgenden wird in die hier verwendete Technologie zur Generierung assoziativer Termnetze eingeführt. Es wird beschrieben, wie durch eine kombinierte linguistisch-statistische Analyse von Dokumentinhalten assoziative Begriffsnetze maschinell erzeugt werden. Weiterhin wird gezeigt, wie solche Netze für die effiziente Dokumentensuche genutzt werden können und welche Suchverfahren mit Hilfe eines assoziativen Termnetzes umgesetzt werden können.

2. Automatische Berechnung von assoziativen Termnetzen: dieTechnologie

Die assoziativen Termnetze werden durch ein dreistufiges Vorgehen vollautomatisch erzeugt: 1. die Bereitstellung der Quellen, 2. die Analyse der Dokumente mit Text-Mining-Methoden 3. die Generierung der Netze. Abb. 1 stellt diesen allgemeinen Workflow grafisch dar.

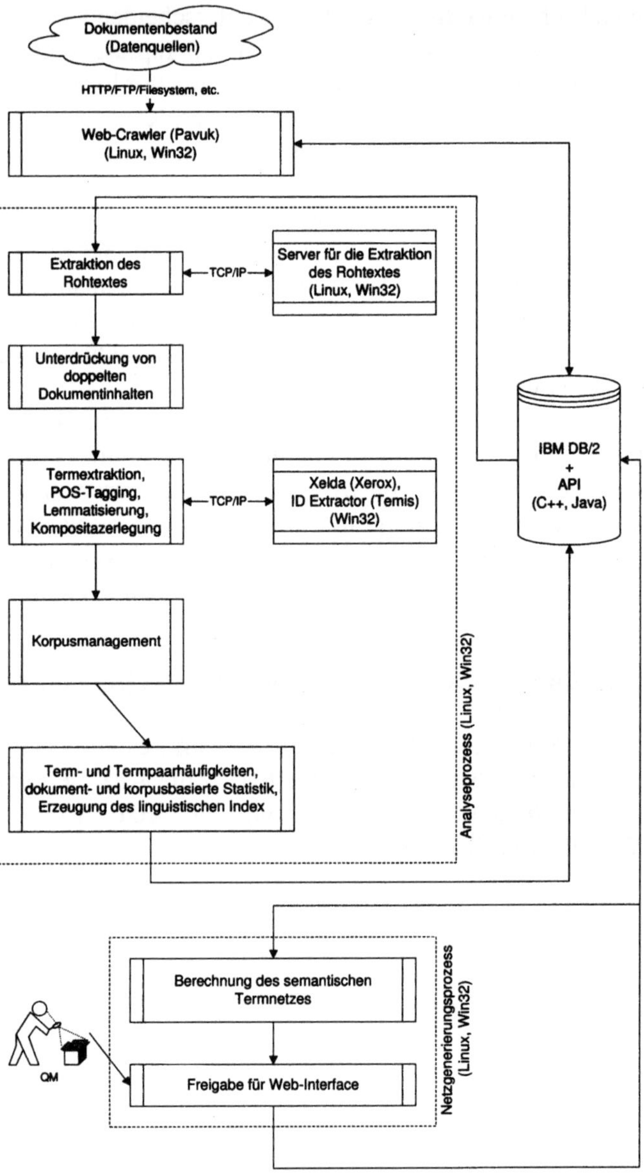

Abb. 1: Workflow zur vollautomatischen Erzeugung der Termnetze

2.1. Bereitstellung der Quellen

Die zu analysierenden Dokumente werden mit Hilfe eines modifizierten frei verfügbaren Web-Crawlers (Pavuk) gesammelt und in einer relationalen Datenbank (IBM/DB2) abgelegt. Die Dokumente können aus verschiedensten Quellen stammen, wie z.B. aus dem Internet, aus einem Intranet, aus Textkorpora oder aus proprietären Textsammlungen. Die Liste der erfassten Quellen kann manuell angepasst bzw. erweitert werden. Die automatische Erfassung der Quellen ermöglicht es, die Dokumente beispielsweise über Nacht zu sammeln, wodurch eine ausreichend umfangreiche Dokumentmenge für die Generierung der Netze sichergestellt werden kann.

Der Web-Crawler sucht je nach Konfiguration periodisch oder permanent nach neuen, geänderten oder gelöschten Dokumenten und legt die jeweiligen Verarbeitungsanweisungen, wie Erstellungs- und Änderungsdatum, erstmalige Analyse, Änderung, Löschung, in der Datenbank ab. Der Analyseprozess muss jeweils nur das Inkrement bearbeiten. Auf diese Weise ist die Einordnung neuer Dokumente/Themen ebenfalls vollständig automatisiert.

2.2. Dokumentanalyse durch Text-Mining

Die assoziativen Termnetze werden aus einem linguistischen Index berechnet. Für den Aufbau des linguistischen Index werden die Dokumente einer Text-Mining-Analyse unterzogen, die insgesamt aus folgenden Schritten besteht:

- Extraktion des Rohtextes:
  Dies geschieht in einer filterbasierten Architektur. Jedes Format, für das ein solcher Filter existiert, kann verarbeitet werden. Im Basiszustand sind Filter für HTML, PDF und die Microsoft-Office-Formate eingebunden.
- Segmentierung des Textes:
  Insbesondere werden die Satzgrenzen ermittelt, und der Text wird tokensiert.
- *Part-of-Speech*-Tagging, Lemmatisierung und Kompositazerlegung:
  Hierzu wird die Analysekomponente *Xelda* von Xerox verwendet.
- Flache Analyse basierend auf einer (partiellen) regulären Grammatik:
  Hierzu wird das Extraktionswerkzeug *Insight Discoverer Extractor* der Firma Temis verwendet, das einen kaskadierenden Transducer (vgl. Hobbs et al. 1996) implementiert.

Der linguistische Index enthält Terme, Termpaare und Information über Vorkommenshäufigkeiten. Als Terme gelten alle Nomen des Textes sowie Personen-, Firmen- und Organisationsnamen (*Named Entities*). Mehrwortausdrücke werden als zusammengehörige Terme erkannt.

Im Unterschied zu klassischen Indexen, die nur lexikalische Vollformen einbeziehen, enthält der linguistische Index sowohl die lexikalischen Vollformen (*Häuser*, *Häusern*, *Hauses*) als auch die Stammformen (*Haus*) der gefundenen Wörter und Wortgruppen. Außerdem werden Komposita in ihre Bestandteile zerlegt, die ebenfalls jeweils auf ihre Stammformen zurückgeführt werden. Eine Reduktion auf Stammformen ist insofern sinnvoll, als dadurch die Suche sowohl über Vollformen als auch über Stammformen möglich wird.

Die Terme und ihre Zusammenhänge werden aus den Dokumenten mit Hilfe einer regulären Grammatik extrahiert. Die Grammatik beschreibt einfache syntaktische Nominalstrukturen. Diese Strukturen sind dadurch gekennzeichnet, dass jeweils zwei nominale Ausdrücke in einer syntagmatischen Beziehung stehen, wie z.B. bei der Koordination zweier Nomen oder der Modifikation eines Nomens durch ein Präpositionalobjekt bzw. ein Genitivobjekt. Die Strukturen werden durch reguläre Ausdrücke über entsprechenden *Part-of-Speech*-Tags beschrieben.

Solche einfachen syntaktischen Muster genügen bereits, um die Terme und deren Zusammenhänge in den Dokumenten identifizieren zu können. Zwei Terme, die zueinander in einer der in der Grammatik festgelegten syntagmatischen Beziehungen stehen, werden als Termpaar ebenfalls im Index abgelegt, d.h. in die Datenbank eingestellt. Mehrfach vorhandener Text wird erkannt und geht nur einmal in die Analyse ein.

Das Design des linguistischen Index erlaubt auch die Verarbeitung multilingualer Dokumente. Ein Sprachattribut pro Dokument ist Teil des Datenmodells im linguistischen Index. Eine Erweiterung auf eine zusätzliche natürliche Sprache erfolgt ausschließlich durch Lizenzierung der sprachspezifischen *Xelda*-Komponente; für die nachfolgenden Verarbeitungsschritte ist die Sprache transparent. Die automatische Zuordnung der Sprache durch die Analysekomponente erfolgt auf Dokumentenebene.

Mit statistischen Methoden werden dokument- und korpusbezogene Vorkommenshäufigkeiten (z.B. Stammformen/Vollformen der Terme) ermittelt und abgelegt. Vgl. hierzu Abschn. 2.3.

Das Entity-Relationship-Diagramm in Abb. 2, dargestellt in UML-Notation, illustriert die logische Struktur des in der Datenbank abgelegten linguistischen Index.

Der so konzipierte linguistische Index zeichnet sich vor allem dadurch aus, dass auch große Datenbestände mit mehreren 100.000 Dokumenten noch gut handhabbar sind und dass er im Gegensatz zu Standardindexen relationale Informationen über Terme, Dokumente und Korpora enthält.

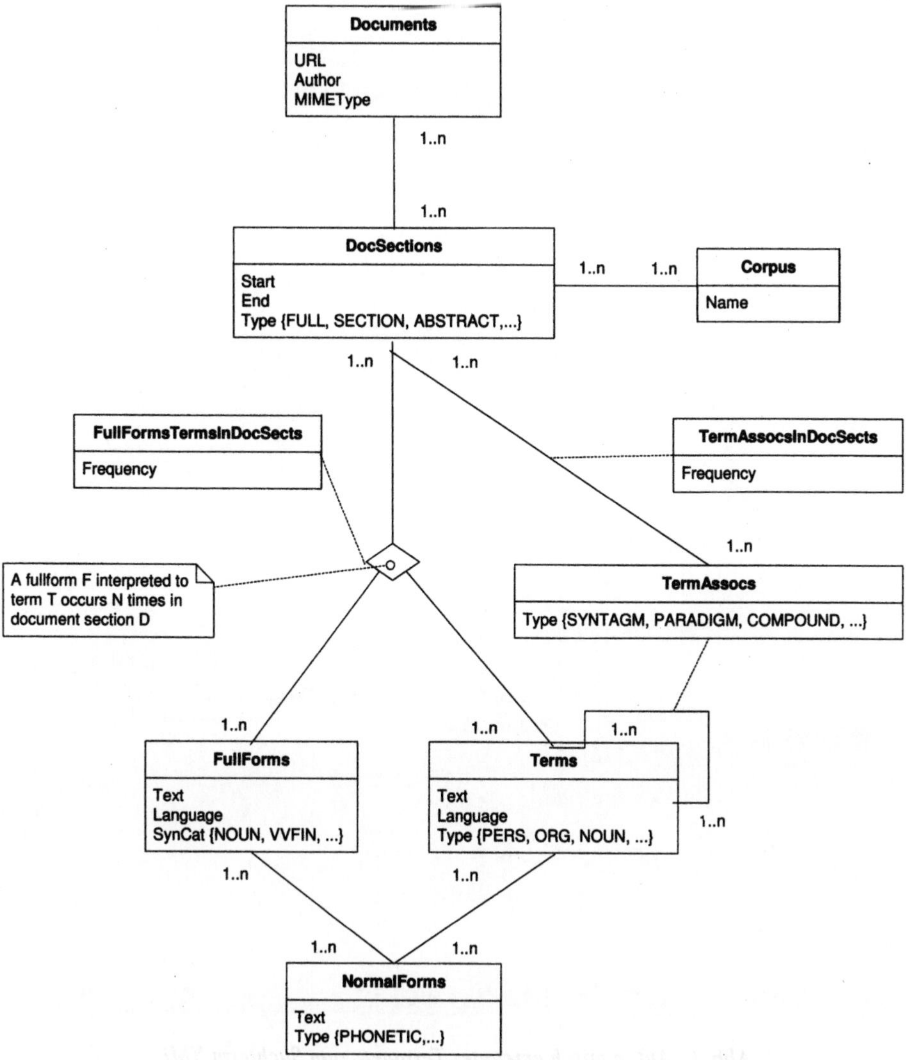

Abb. 2: Entity-Relationship-Diagramm für den linguistischen Index in UML-Notation

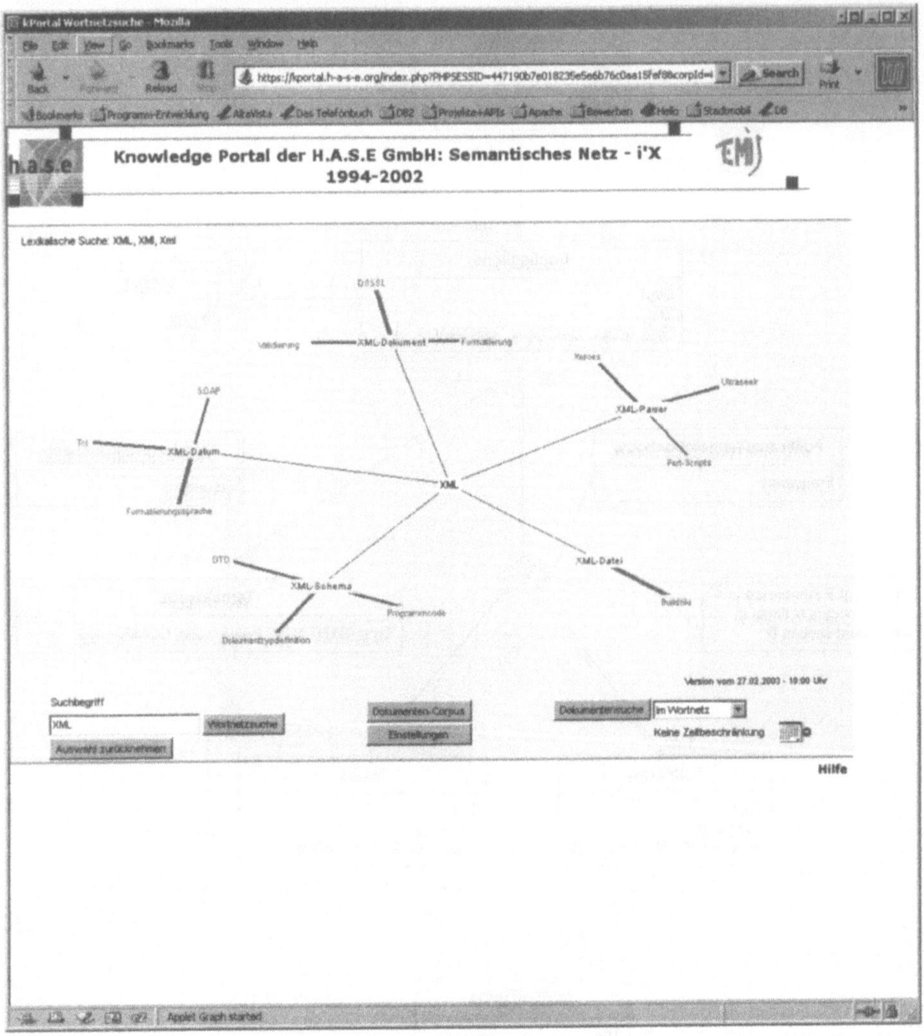

Abb. 3: Automatisch erzeugtes Termnetz zum Suchterm XML

2.3. Generierung der Termnetze

Die hier vorgestellten assoziativen Termnetze bilden sich jeweils aus 3 Arten von Kanten:

a) Kompositakanten
b) Syntagmatische Kanten

c) Paradigmatische Kanten

Kompositakanten sind getypte und gerichtete Kanten mit der Bedeutung „X ist ein Bestandteil des Kompositums Y", d.h. sie verbinden Einzelterme mit Komposita, als deren Bestandteile sie im Korpus auftreten, wie z.B. *XML* mit *XML-Dokument* oder *XML-Parser* in dem in Abb. 3 dargestellten Netz. Zusammengesetzte Namen, wie z.B. *Beckenbauer*, werden nicht zerlegt, sondern als ein Term behandelt.[136] Die Kompositakanten erweitern vor allem die Navigation im Netz, insbesondere dann, wenn nicht genug andere Kanten vorhanden sind. Bisher nicht im Netz als Kante repräsentiert wird die Beziehung der Kompositumsteile untereinander.

In die Berechnung der syntagmatischen Kanten gehen nur Paare von Termen ein, die durch die in Abschn. 2.2. erwähnte reguläre Grammatik als in einer syntagmatischen Beziehung stehend, lizenziert werden. Die Berechnung der Kantengewichte der syntagmatischen Kanten beruht auf der Vorkommenshäufigkeit der Terme und Termpaare. Hierbei wird die Häufigkeit eines Termpaares zur Häufigkeit der beteiligten Terme normiert.

Sei $cf(t)$ die Häufigkeit des Terms t im Korpus und $pf(t)$ die Häufigkeit des Termpaares als lizenzierte syntagmatische Beziehung, dann berechnet sich die relative Häufigkeit eines Termpaares z.B. zu:

$$pfr(t_1, t_2) = \min\left(\frac{pf(t_1, W_2)}{cf(t_1)}, \frac{pf(t_1, t_2)}{cf(t_2)}\right).$$

Diese relative Häufigkeit wird mit der Relevanz der enthaltenen Terme gewichtet. Zur Berechnung der Relevanz der Terme wird die Klasse der *tf.idf*-Funktionen verwendet, vgl. z.B. Manning & Schütze (1999). Die Grundannahme hierbei ist, dass ein Term, welcher oft, aber nur in wenigen Dokumenten vorkommt, eine hohe Relevanz hat. So kommen z.B. die Worte *insurance* und *try* in einem Korpus der *New York Times* ungefähr gleich häufig vor, *insurance* aber in nur circa halb so vielen Dokumenten. Dies liegt offenbar daran, dass das Verb *try* in Texten zu den verschiedensten Themen verwendet werden kann, während *insurance* ein klar definiertes spezielles Konzept referenziert und daher in Texten, die sich mit dem Thema *Versicherungen* beschäftigen, häufiger vorkommt.

Man kann sagen, dass die Beziehung zwischen einem Kompositumsteil und dem Kompositum, aus dem es entstammt, gewissermaßen mit der Beziehung, die zu syntagmatischen Kanten führt, vergleichbar ist, denn in beiden Fällen werden Paare von Termen ermittelt, die im Text zusammen vorkommen.

Sei $cf(t)$ die Häufigkeit des Vorkommens des Terms t im Korpus und $df(t)$ die Anzahl der Dokumente, in denen der Term t vorkommt und N die Anzahl der Dokumente im Korpus, dann berechnet sich die Relevanz eines Terms $ti(t)$ gemäß

$$ti(t) = \left(1 + \log(cf(t)) * \log\left(\frac{N}{df(t)}\right)\right).$$

Für die Berechnung der Bewertungsfunktion hat es sich als günstig erwiesen, die Kanten gemäß dem Mittelwert zu gewichten und dabei zusätzlich Kanten zwischen Termen stark unterschiedlicher Relevanz zu benachteiligen.

Sei $\bar{x} = \bar{x}_{arithm}(ti(t_1), ti(t_2))$ das arithmetische Mittel der Relevanzen der beteiligten Terme. Dann berechnet sich das syntagmatische Gewicht eines Termpaares nach dem Muster:

$$w_s(t_1, t_2) = pfr(t_1, t_2)\left(\bar{x} - \sqrt{(\bar{x} - ti(t_1))^2 + (\bar{x} - ti(t_2))^2}\right).$$

Um das Rauschen, welches sich z.B. durch Schreibfehler ergibt, zu reduzieren, werden zusätzlich Schwellwertfunktionen über den absoluten Term- und Termpaarhäufigkeiten integriert.

Paradigmatische Kanten verbinden Terme, die einen verwandten Kontext haben, aber nicht zwangsweise eine starke direkte syntagmatische Beziehung. Wir nehmen an, dass Terme unter anderem dann, wenn sie Paradigmen oder Synonyme darstellen, ähnliche syntagmatische Kontexte haben. Zur Berechnung der paradigmatischen Kanten werden zunächst die Produkte aller Kantengewichte der Länge 2 berechnet, die Summe der n stärksten gebildet und diese wiederum mit der Häufigkeit der beiden Terme normiert.

Sei $cw_n(t_1, t_2) = \sum_{\max_n} w_s(t_1, t_x) * w_s(t_x, t_2)$ die Summe über die n relevantesten Pfade der Länge 2 über den syntagmatischen Kanten zwischen den beiden Termen, dann berechnet sich das paradigmatische Gewicht zu:

$$w_p(t_1, t_2) = \frac{cw_{10}(t_1, t_2)}{\log(cf(t_1) + cf(t_2))}.$$

Abb. 4 veranschaulicht die beiden Kantenarten “syntagmatisch” und “paradigmatisch” anhand eines Beispiels. Das in Abb. 4 dargestellte Netz wurde automatisch auf einem Korpus der Computerzeitschrift c’t erzeugt. Die Terme zur Bezeichnung der Datenbanksysteme *Sybase*, *Informix* und *Oracle* sind jeweils untereinander durch eine syntagmatische Kante (unterschiedlicher Stärke) verbunden, d.h. in den Dokumenten kommen die Termpaare (*Sybase*, *Informix*), (*Sybase*, *Oracle*) und (*Oracle*, *Informix*) vor, ebenso das Termpaar (*DB2*, *Infor-*

mix), nicht jedoch das Termpaar (*DB2*, *Oracle*). Der Term *DB2* ist dennoch mit dem Term *Oracle* im Netz verbunden, was auch gewünscht ist. Diese Verbindung kann aber nicht syntagmatisch, sondern nur paradigmatisch abgeleitet werden.

3. Realisierung zweier grundlegender Suchverfahren

Durch die hier beschriebenen assoziativen Termnetze eröffnen sich verschiedenartige Suchmöglichkeiten:

- inhaltsbasierte Navigation und Suche auf assoziativen Netzwerken,
- Suche nach bestimmten Informationstypen wie Namen, Organisationen, Projekten oder Fachtermini,
- automatischer Zugriff auf den Kontext der Terme im Dokumentenbestand,
- lexikalisch normierte Suche nach allen Varianten eines Terms unter Rückgriff auf seine Stammform,
- mögliche Einschränkung der Suche auf Dokumentenbestände aus bestimmten Zeiträumen,
- Suche nach Relationen zwischen Termen, wobei die Relationen über linguistische Domänen festgelegt sind.

Diese verschiedenen Suchmöglichkeiten lassen sich zu zwei grundlegenden Suchverfahren gruppieren: (i) die Termsuche und (ii) die Dokumentensuche.[137]

Termsuche bedeutet, dass vom Nutzer ein oder mehrere Suchbegriffe eingegeben werden, die im assoziativen Termnetz gesucht und entsprechend mit ihrer Umgebung im Netz angezeigt werden. Auf diese Weise ist es dem Nutzer möglich, sich neue Konzepträume zu erschließen. Hervorzuheben ist hierbei der Unterschied zu traditionellen Suchmaschinen, die als Antwort lediglich eine möglicherweise umfangreiche Liste von Dokumenten liefern. Der Benutzer erhält zunächst keinen Hinweis auf die Frage, in welchen konzeptionellen Zusammenhängen der Suchbegriff darin enthalten ist. Die hier beschriebenen Netze dagegen präsentieren diese Information bereits in intuitiv verstehbarer grafischer Form.

---

[137] Über eine Plugin-Schnittstelle können auch externe Suchmaschinen (z.B. Google, AltaVista, Verity) eingebunden werden.

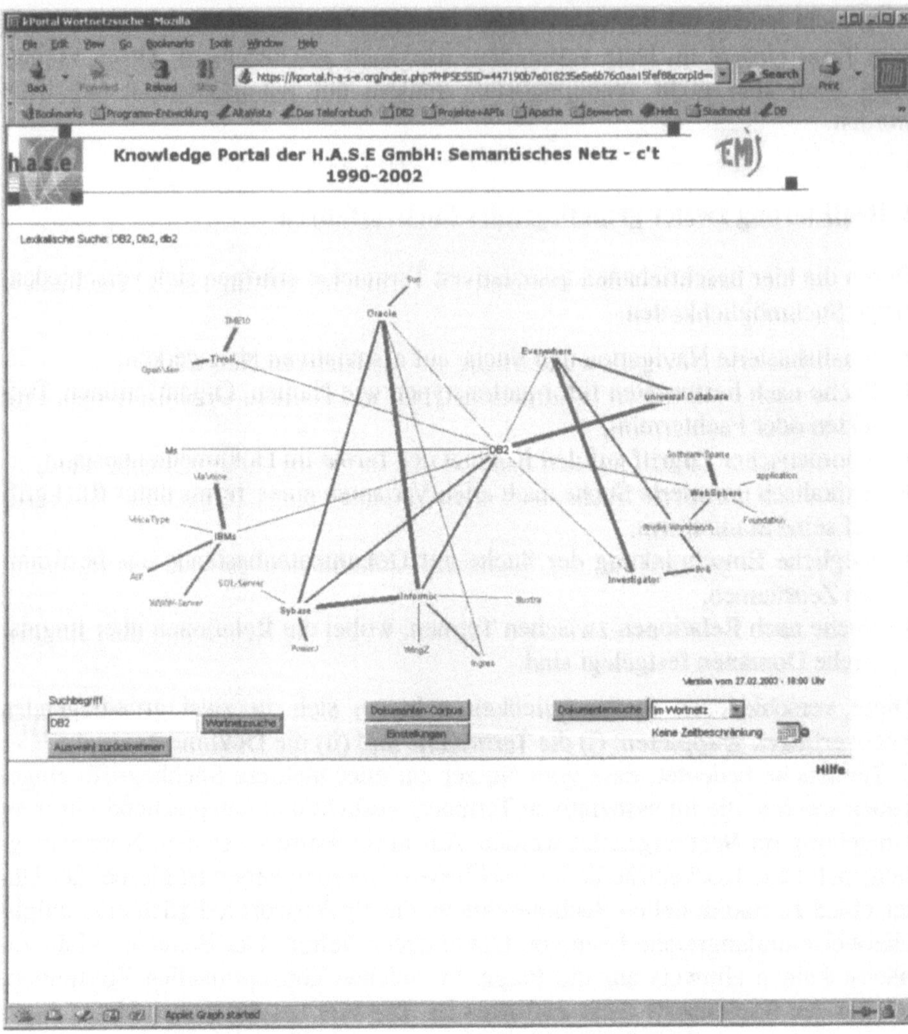

Abb. 4 Automatisch erzeugtes Termnetz zum Suchterm DB2

Dokumentensuche heißt, dass nach denjenigen Dokumenten gesucht werden kann, die jeweils mit hoher Signifikanz zu den Kanten im Netz beigetragen haben. Da im Netz auch Kanten zwischen Termen existieren, die nicht beide in ein und demselben Dokument, aber in ähnlichen Kontexten vorkommen (paradigmatische Beziehungen/Kanten im Gegensatz zu den syntagmatischen), ist es möglich, Dokumente aufzufinden, die in klassischen Suchverfahren nicht zugänglich wären. So werden beispielsweise bei einer Suche nach *Oracle* und *DB2* auf einem geeigneten Korpus Dokumente gefunden, die sich mit *Oracle* und *Datenbank* bzw. mit *DB2* und *Datenbank* beschäftigen, da bei der Berechung des Netzes festgestellt wurde, dass die Namen *Oracle* und *DB2* stark mit dem Begriff *Datenbank* korrelieren. Damit können auch Informationen über andere Datenbanken als *Oracle* und *DB2* gefunden werden, was möglicherweise dem eigentlichen Ziel der Suche entspricht, aber bei klassischen Suchverfahren ohne explizite Kenntnis der anderen Datenbankanbieter nicht möglich ist. Das heißt, *what you get is what you mean*.

Die technische Umsetzung gewährleistet insgesamt eine schnelle, effiziente und performante Suche: Die assoziativen Termnetze sowie der linguistische Index sind in einer IBM/DB2-Datenbank abgelegt und die Suchverfahren sind in C++ über einer Datenbankschnittstelle basierend auf *Embedded SQL* realisiert. Dies stellt eine performante Technologie für Datenbankzugriffe dar. Die problemlose Skalierbarkeit, die Robustheit und die Möglichkeit, die komplexe Datenmodellierung auf einem hohen Abstraktionsniveau zu betreiben, rechtfertigen den Overhead eines relationalen Datenbanksystems.

4. Mögliche Anwendungsbereiche

Automatisch erzeugte assoziative Termnetze können möglicherweise den Einsatz manuell erstellter Wortnetze ergänzen. Exemplarisch sollen hier vier Bereiche umrissen werden, in denen eine nutzbringende Verwendung assoziativer Termnetze vorstellbar ist: die Anreicherung von Thesauri, die wissensbasierte Annotation und Indexierung, die Suche in unstrukturierten Daten sowie die Visualisierung von Textanalysen.

4.1. Anreicherung von Thesauri

Durch die Erzeugung entsprechender Kandidatenmengen können die hier beschriebenen assoziativen Netze die semi-automatische Anreicherung manuell erstellter Wortnetze befördern sowie die Erstellung und Erweiterung allgemeinsprachlicher und fachbezogener Thesauri vereinfachen. Sie können beispielsweise Lexikografen dabei unterstützen, lexikalische Neuschöpfungen zu beschreiben und aus Fachtextdomänen die einschlägige Terminologie zu ex-trahieren. Es ist zu überprüfen, inwieweit die Netze auch in der Lage sind, Bedeutungsänderungen von Wörtern aufzudecken. Zudem ist denkbar, dass die Netze geeignete Hilfsmittel darstellen, um semantische Beziehungen zwischen Wörtern, wie z.B. Synonymie oder Hyponymie, zu erkennen und in Thesauri einzupflegen. Zwar ist die Art der Assoziation ohne linguistisches Wissen nicht vollständig ermittelbar, aber indem über das assoziative Netz der Zugriff auf die

Fundstelle gewährleistet wird, kann die jeweilige Beziehung eindeutig bestimmt werden.

4.2. Wissensbasierte Annotation und Indexierung

Die Annotation und Indexierung von Textdokumenten gewinnt in verschiedenen texttechnologischen Bereichen an Bedeutung. Hier soll exemplarisch die Koreferenzannotation herausgegriffen werden. Ein typisches Merkmal von Koreferenz im Vergleich zu Anaphorik ist, dass sie aus dem Text heraus verweist. Zwei Ausdrücke sind koreferent, wenn sie auf denselben Referenten in der (ggf. vorgestellten) Welt Bezug nehmen. Anaphorik bedeutet hingegen nichts anderes als Rückbezug im Text. Die Annotation von koreferentiellen und anaphorischen Beziehungen muss daher auch notationell unterschieden werden, vgl. u.a. van Deemter & Kibble (2001), Mitkov (2002). Holler-Feldhaus (2004) entwirft ein wissensbasiertes Annotationsschema, das Koreferenz als Bezug zwischen einem sprachlichen Ausdruck und einem Term in einem Wissensnetz modelliert. Das entsprechende Wissensnetz muss dafür über den Termen der Textmenge erstellt werden. Hierzu eignet sich wahrscheinlich ein kombiniertes Verfahren, das ein vollautomatisch erzeugtes assoziatives Netz und ein manuell erstelltes konzeptbezogenes Wissensnetz verbindet.

4.3. Suche in unstrukturierten Daten

Der Einsatz der vorgestellten assoziativen Netze bei der Suche in unstrukturierten Daten erhöht die Trefferquote und verringert gleichzeitig die Anzahl der Ergebnisdokumente. Dies ist darauf zurückzuführen, dass die Dimension der „semantischen Verbundenheit der Konzepte" mit in die Suche eingeht, wodurch die Treffermenge kleiner und spezifischer wird. Klassische Suchmaschinen hingegen nutzen primär nur das lexikalische Vorkommen der Suchbegriffe in der Menge der Dokumente. Durch die Navigation in assoziativen Netzen ist es weiterhin möglich, sich zuerst einen intuitiven Überblick über den Begriffsraum zu verschaffen, bevor man nach im Kontext spezifischen Begriffen sucht.[138]

4.4. Visualisierung von Textanalysen

Ein weiterer Anwendungsbereich für assoziative Termnetze wird z.B. von Quasthoff & Richter & Wolff (2003) beschrieben. Sie werten mit Hilfe von Text-Mining-Verfahren Pressetexte inhaltlich aus und verwenden Assoziationsgrafen zur Visualisierung der Ergebnisse. Begriffsbasiert werden die jeweils als relevant erkannten Konzepte als „Wörter des Tages" berechnet und die Kolloka-

[138] Siehe hierzu auch Lebeth & Lorenz & Störl (2005).

tionsmengen für diese Begriffe als assoziatives Netz dargestellt. Neben dem einfacheren Zugang zur berechneten Ergebnismenge erlaubt die Darstellung durch das Netz Rückschlüsse auf die Art der Beziehungen zwischen den Begriffen. In Abhängigkeit vom Korpus (Korpus der Tagespresse oder Referenzkorpus) werden eher tagesaktuelle oder eher grundsätzliche Beziehungen sichtbar. Das heißt, die Aussagekraft der assoziativen Beziehungen im Netz lässt sich durch die zugrunde liegenden Korpora manipulieren.

5. Ausblick

Automatisch erzeugte assoziative Termnetze bieten den Vorteil, dass sie schnell und zuverlässig die Termstruktur eines Dokumentenbestandes zugänglich machen. Dies bedeutet aber auch, dass sie insofern begrenzt sind, als sie nur das Wissen abbilden können, das im Dokumentenbestand auch tatsächlich enthalten und den automatischen Analysemethoden zugänglich ist. Weiterentwicklungen des hier vorgestellten Ansatzes sind daher darauf gerichtet, Möglichkeiten zu schaffen, vorhandenes, ggf. manuell zusammengestelltes Wissen in maschinell erzeugte Netze zu integrieren. Darüber hinaus soll genauer untersucht werden, in welchem Maße assoziative Termnetze die Erstellung lexikalisch-semantischer Netze unterstützen können. Dabei muss insbesondere geklärt werden, inwieweit aus den Subnetzen eines Termnetzes konzeptuelle Information entnommen werden kann.

Literaturverzeichnis

Ackermann, M. (2000). Statistische Korpusanalyse zum Extrahieren von semantischen Wortrelationen. Diss. Universität Hildesheim.

Fellbaum, C. (Hg.) (1998). WordNet: An Electronic Lexical Database. Cambridge, MA: MIT Press.

Hobbs, J.R., D.E. Appelt, J. Bear, D. Israel, M. Kameyama, M. Stickel & M. Tyson (1996). FASTUS: A cascaded finite-state transducer for extracting information from natural-language text. In Roche E. & I. Schabes (Eds.), Finite State Devices for Natural Language Processing. Cambridge, MA: MIT Press.

Holler-Feldhaus, A. (2004). Koreferenz in Hypertexten: Anforderungen an die Annotation. In Beißwenger, M., L. Hoffmann, & A. Storrer (Eds.), Internetbasierte Kommunikation. Osnabrücker Beiträge zur Sprachtheorie (OBST) (68, pp. 9–29). Duisburg: Gilles & Francke Verlag.

Kunze, C. (2001). Lexikalisch-semantische Wortnetze. In Carstensen, K.-U., C. Ebert, C. Endriss, S. Jekat, R. Klabunde, & H. Langer (Eds.) (2001), Computerlinguistik und Sprachtechnologie. Eine Einführung (pp. 386–393). Heidelberg, Berlin: Spektrum, Akademischer Verlag.

Lebeth, K., Lorenz, M & U. Störl (2005). Text Mining based Knowledge Management in Banking. In A. Zanasi (Ed.) (2005), Text Mining and its Applications to Intelligence, CRM and Knowledge Management. Ashurst, Southampton: WIT Press.

Manning, C. & H. Schütze (1999). Foundations of Statistical Natural Language Processing, Cambridge, MA: MIT Press.

Mitkov, R. (2002). Anaphora Resolution. London: Longman, Pearson Education.

Quasthoff, U. (1998). Deutscher Wortschatz im Internet. LDV-Forum, 2, 4–23.

Quasthoff, U., M. Richter & C. Wolff (2003). Medienanalyse und Visualisierung: Auswertung von Online-Pressetexten durch Text Mining. In Seewald-Heeg, U. (Ed.) (2003), Sprachtechnologie für die multilinguale Kommunikation – Textproduktion, Recherche, Übersetzung, Lokalisierung. Beiträge der GLDV-Frühjahrstagung 2003 (pp. 442–459). Sankt Augustin: Gardez!

van Deemter, K. & R. Kibble (2001). On Coreferring: Coreference in MUC and related annotation schemes. Journal of Computational Linguistics, 26(4), 629–637.

Evaluation of Lexical Acquisition Algorithms

Stefan Bordag, Hans Friedrich Witschel, Thomas Wittig

Since there is a continuously growing amount of lexical acquisition algorithms for all kinds of lexical knowledge, be it morphologic, syntactic, semantic, domain specific or other information, it is necessary to be able to compare their quality. Furthermore at the same time it is necessary to provide an evaluation method that is easy to grasp and as uniform as possible so that it can be applied to all kinds of algorithms and provide comparable and most importantly reproducible results. We propose an extension of the gold standard evaluation method by generalizing most lexical knowledge to binary relations and then give an evaluation framework based on precision and recall. To show the effectiveness of this approach we compare the well-known mutual information measure with the dice coefficient.

Aufgrund der wachsenden Menge von Algorithmen zur Extraktion von lexikalischem Wissen, sei es morphologisches, syntaktisches, semantisches, domänenspezifisches oder anderes, ist es notwendig, deren Qualität vergleichen zu können. Gleichzeitig wird eine Evaluierungsmöglichkeit benötigt, welche einfach zu verstehen und so generell wie möglich ist, damit sie auf verschiedenartige Algorithmen angewandt werden kann und vergleichbare und vor allem reproduzierbare Evaluierungsergebnisse liefert. Wir schlagen eine Erweiterung der Gold Standard Evaluierungsmethode vor, indem wir das lexikalische Wissen als binäre Relationen abstrahieren und dann auf den Begriffen Precision und Recall basierend ein Evaluierungsframework konzeptionieren. Die Effektivität dieses Ansatzes legen wir durch einen Vergleich der Evaluierungsergebnisse des wohlbekannten Mutual Information Maßes und des Dice Koeffizienten dar.

Introduction

Lexical acquisition encompasses a large topic, which is concerned with extracting a maximum amount of lexical knowledge with minimum amount of manual work. The methods can range from completely unsupervised clustering techniques, bootstrapping methods, data mining and rule learning up to supervised high-precision annotating. The goals on the other hand comprise the extraction of morphologic and syntactic knowledge about lexical items such as lemmas, wordforms and phrases (Resnik 93), annotation of semantic relations between lexical items (Hearst 92, Baroni & Bisi 04) and collocational knowledge (Church et al. 89) as well as translation correspondences.

Different evaluations like psycholinguistic tests (Miller 85), vocabulary tests (Rapp 02), a gold standard or artificial items, both covered by (Grefenstette 94) have been employed with strongly varying quality. But even when using a gold standard and testing against a lexical knowledge source like WordNet, different methodologies have been used resulting in a non-comparability of their results. We propose a generalized evaluation framework which allows to test against an arbitrary knowledge source in a way comparable to (Curran 03) and (Budanitsky & Hirst 01). We model an abstract view on the output of an algorithm as well as an abstract view on the knowledge source. This allows to test almost any possible lexical acquisition algorithm against any imaginable lexical knowledge source as far as the desired output of the algorithm is present in the knowledge source and the knowledge in the source can be represented using binary relations. The two main goals of this framework are:

- The results should be represented in easily understandable precision and recall terms. This alleviates the need for indirect evaluations which give only indications whether some algorithms performed well or not like for example in the framework of (Weeds & McCarthy 04).
- Reproducibility of the results. If the corpus used for reproduction of reported evaluation results is available as well as the knowledge source, then it should be easy to reproduce the evaluation. In fact, using a different corpus of the same domain should yield similar results.

We provide a freely available prototype of an implementation of this framework, which can already test against well-known knowledge sources like WordNet and Roget's Thesaurus. For German it is possible to use GermaNet and Dornseiff (Dornseiff 04).

Related work

Existing approaches for evaluating lexical acquisition algorithms can be divided into direct approaches (psycholinguistic evidence, standard vocabulary tests, gold standard) and indirect approaches (application-based, artificial synonyms).

- *Psycholinguistic evidence:* Evaluations that use psycholinguistic evidence compare the results of lexical acquisition algorithms to ranked lists which consist of the responses of free word-association experiments (Grefenstette 94, Finkelstein et al. 02). Because of the expense of psycholinguistic experiments, such evaluations are done usually on small samples, which makes the results less representative.

- *Standard vocabulary tests:* Standard vocabulary tests like parts of *Test of English as a Foreign Language (TOEFL)* or *English as a Second Language (ESL)* use multiple choice questions to find synonyms to given words. These pairs of questions together with their possible answers can be used for evaluating lexical acquisition algorithms (Landauer & Dumais 97, Turney 01). Again the small samples and also the small set of alternatives given for multiple choice are limitations of this method.
- *Artificial synonyms:* Artificial synonyms are perfect synonyms produced by randomly choosing a part of all occurrences of a word and substituting the word by a pseudo-word. Then lexical acquisition algorithms can be evaluated by checking the ranking of the pseudo-word in the ranked list of the original word and vice versa (Grefenstette 94). This method requires only little human effort and works well for the synonymy relation. Other relations cannot be treated this way.
- *Application-based:* Application-based evaluations compare the improvement that an application receives when it is using the results of a lexical acquisition algorithm (Dagan et al. 97, Lee 99, Budanitsky & Hirst 01). Because of the indirect way of evaluating it is hard to decide what is responsible for poor improvements – the lexical acquisition algorithm or the application, which should be improved. The results can differ from application to application.
- *Gold standard:* Gold standards are resources like thesauri or (machine readable) dictionaries. Using gold standards means to compare the results of a lexical acquisition algorithm with the knowledge contained in such a knowledge base. Then it is possible to measure the overlap in form of precision and recall.
  - *Global approach:* The global approach consists in extracting a number of most similar pairs of words by using a lexical acquisition algorithm and measuring the overlap with a knowledge base (Grefenstette 94). However, testing only the globally most similar pairs of words does not permit statements about the performance of the lexical acquisition algorithm for a larger variety of words. Again, there is the problem of representativity of small sample sets.
  - *Local approach:* To proceed locally means to choose a balanced sample set of words (in terms of frequency of occurrence, abstractness/concreteness, specificity/generality and so on) and then measure the overlap of the results of a lexical acquisition algorithm and the knowledge base for this sample set. Usually evaluations, which make use of gold standards, only check the synonymy relation (Curran 03). But this method works well for most other semantic relations, too.

The Evaluation Framework

The approach taken in our evaluation framework is to view lexical acquisition (LA) algorithms in terms of Information Retrieval (IR). In IR applications, for a given search query which usually consists of one or more words, a number of documents ranked according to their relevance to the query (as deemed by the search engine) is returned. Precision measures how many of the retrieved ones were really relevant and recall measures how many relevant ones have been retrieved of a known number of relevant documents.

Equivalently it is possible to treat an input word (or several) as a search query and the LA algorithm to be evaluated as a search engine, which retrieves other words, which might be considered relevant. The knowledge whether a retrieved word is relevant or not can be taken from an electronically available lexical knowledge source such as WordNet, Roget's Thesaurus for English or GermaNet and Dornseiff for German. Cases where this analogy to Information Retrieval seems to be troublesome will be discussed at the end of this section. For now we define:

Definition: A lexical acquisition algorithm is a process which receives one or more words as an input and which returns a ranked list of words or features which are supposedly relevant to the input words.

In order to use various knowledge sources uniformly as evaluation instances, ideally a logical view is needed which allows us to treat them equivalently. Representing all the knowledge of such a possible source as relations between words is a possible view and will be explained in detail.

Definition: A lexical knowledge source contains relations between pairs of words.

It follows directly from this definition that it is possible to take a word *A* and view all other words, which stand in any relation to *A* as relevant words. According to the notation in (Lin 98) this would mean the set *(A,*,*)* where (A,R,B) means that A stands in relation R to B. Another possibility is to take a word *A* and a specific relation *R* and to view all words which stand in this relation to *A* as relevant which according to Lin's notation would mean *(A,R,*)*. Therefore it is possible to measure precision and recall for all relations at a time as well as for each relation in particular.

Precision and Recall

Usually a lexical acquisition algorithm is applied to a number of lexical items (or simply to all words of a corpus), deviations from this rule will be discussed below. As defined above, for each word the result is a ranked list of supposedly relevant words (or other items such as POS tags, morphologic information etc.)

standing in one of the desired relations to the input word. In order to measure the **precision** of such an algorithm, all words should be measured uniformly – which means that the mean of the precision values for each word has to be taken. Therefore we introduce a variable x (for x=5, 10, 50,...), which denotes the size of the retrieved sets. When comparing to the chosen knowledge source it would now be possible to tag every extracted word of the x words (x=5 in the example) as either correct (c) or incorrect (w).

By looking up in the knowledge base which other words are related to the input word it is possible to obtain the set of relevant words and thus compute **recall**. In the example given below, word1 was assumed to have 50 other words standing in some relation to this word. The mean of all words gives a global recall measure. Note that for global recall extracting 3 out of 10 possible words correctly is much more valuable than extracting 3 out of 50 possible. Because of this an algorithm can have a higher recall value and at the same time a smaller precision value as compared to some other algorithm.

	1	2	3	4	5	Precision	Recall
word1	c	c	w	w	c	3/5*100	3/50*100
word2	c	w	w	c	c	3/5*100	3/10*100
word3	w	w	c	w	w	1/5*100	1/150*100
overall						(700/5)/3=46,6%	(5500/150)/3=12,2%

Table 1: Example table depicting how precision and recall can be measured.

When for example the goal is to measure the performance of some abstract mathematical similarity measure it would be interesting to know which kind of relations it 'favors'. Therefore, a distinct precision value for each relation can be measured in the same way. Note that since between a word pair several different relations can hold, the sum of the precision percentages must not equal the overall precision score. For the overall precision, an extracted word can only be correct once, whereas when summing precisions over different relations the same word can be correct twice or more.

However, it might be necessary to introduce the notion of 'hard' and 'soft' precision/recall. Usually the corpus used contains an order of magnitude more different lexical items than even the largest manually crafted knowledge source will contain. Therefore in many cases the input word will not be present in the used knowledge source. This implies that all extracted words will be considered as wrong, according to the knowledge source because the first word of the pair *(A,R,B)* will never be able to match anything. Calculating 'soft' precision and recall means ignoring all these cases. For some purposes it might still be interesting how many words had enough data according to the algorithm to be included in the evaluation, therefore we did not automatically exclude the 'hard' precision and recall measuring from our framework.

Relations

For the described method of measuring precision and recall, it is important to be able to represent lexical knowledge using binary relations. To begin with, we have chosen WordNet as the most commonly known knowledge source for giving examples on how to produce binary relation views on sets and links between sets. WordNet (Miller 85) is organized around so-called synsets (synonym sets). Then there are relations either between whole synsets or between single lexical items within these synsets. Without any loss of information this can be transformed into a relational scheme:

- A synset breaks up into pairs of words, which stand in the synonymy relation.
- A relation between two synsets breaks up into a complete mapping of all words of one synset and all words of the other synset standing in the given relation.
- A relation between two lexical items can be taken directly.

Thus the word 'neglect' appears in four noun synsets together with 'negligence, neglectfulness, disregard, carelessness, nonperformance' (for simplicity the variety of meanings will be omitted here). This can be reformulated into the relation pairs (using Lin's notation): *(neglect, synonym, negligence), (neglect, synonym, neglectfulness)* and so on. In one of the synsets of neglect, there is a lexical relation between the noun 'neglect' and the verb 'neglect' of the type 'derivationally related form'. This translates directly into the pair *(noun:neglect, deriv, verb:neglect)*. Furthermore for the same synset a hypernym relation is defined to the synset of the word 'carelessness'. Therefore all words of the initial synset have the hypernym 'carelessness': (neglect, hypernym, carelessness), (negligence, hypernym, carelessness) and (neglectfulness, hypernym, carelessness).

One linguistic relation, namely cohyponymy, is not explicitly annotated in WordNet. Nevertheless it is possible to derive it using hypernyms. If two words have the same hypernym, then there is the cohyponymy relation between them. With this a 'search depth' variable has been introduced which lets the user specify whether these words must be direct hyponyms to the same hypernym or can be farther away. Usually, however, distances greater than one step result in highly unrelated words to be counted as cohyponyms, therefore in our example evaluation below we have used only direct hypernyms to find cohyponyms.

Problematic cases

As mentioned above, our approach is strictly relational in that it assumes that all data from knowledge sources can be represented using binary relations between words. This seems a strong restriction at first, but under closer inspection, a lot of representations of knowledge can be viewed as or transformed into relational ones. This does not only apply to semantic information but can be extended to other forms of lexical knowledge: many aspects of morphologic, syntactic or translational information can be represented using binary relations.
Let us now consider some examples that support this claim:

- *Inflection*: From the morphologic perspective, lemma information constitutes an important lexical feature of words. All knowledge about lemmatization can be encoded using the binary relation *lemma*, e.g. *(cars, lemma, car)* or *(went, lemma, go)*. This may be somewhat redundant for some languages – e.g. for English which has quite simple rules for lemmatization – but the relational representation can always be inferred from these rules.
- *Part-of-speech*: An important lexical feature of a word is its syntactic category (part-of-speech). This too is a relational problem, which can be described using a binary relation pos, that associates words with their part-of-speech: *(car, pos, noun)* or *(young, pos, adjective)*.
- *Translation*: encoding the translation correspondences of a word can trivially be done by relational means, namely using a relation *translation* for each of the different meanings of a word: *(Bank, translation, bank)* and *(Bank, translation, bench)*.
- *Subject areas*: The assignment of subject areas to words can be encoded using a relation *sa*, e.g. *(bicycle, sa, vehicles)*. Note that a subject area need not be a hypernym of the word it is assigned to: *(meningitis, sa, medicine)*.
- *Word Sense Induction*: Besides the obvious (paradigmatic) relations, there are other forms of semantic information associated to words. Many thesauri contain information about words related to a specific meaning of a given term (e.g. *{*$table_1 \rightarrow$ *sit, chair,...}* and *{*$table_2 \rightarrow$ *column, row, ...}*), which can be used for word sense disambiguation. These associations, they can be captured via a binary relation *sense* (e.g. *(*$table_1$*, sense, sit), (*$table_1$*, sense, chair)}*.
- Representing *collocational knowledge* is somewhat more challenging: for collocations *X* consisting of more than two words, we either need relations with three or more arguments (which could not be handled by our evaluation tool) or we define a new binary relation *x*. All pairs of words that appear in *X* will then be assumed to be related according to *x*. We, could, for instance represent X = "kick the bucket" as *{(kick, x, the), (kick, x, bucket), (the, x,*

bucket)}. This is admittedly quite intricate, so another way of dealing with collocational data should be used.

Despite some problems, these representations cover a large portion of all possible lexical information that may be associated with words. This means that the overall quality of (new) lexical entries (comprising morphologic, syntactic, translational and semantic features) can be measured altogether using a relational approach, which may be useful when extending or bootstrapping a lexicon.

Example analysis using the framework

One of the most investigated issues in lexical acquisition is the extraction of significant co-occurrences in order to gain information about the general context of a word. The results of such measurements are then used to either extract collocations (Church et al. 89), word similarity (Terra & Clarke 03) or any other semantic relations like hypernymy (Hearst 92). The basic approach is to measure, which other words co-occur significantly together within a given window or within sentences. This results in four variables:

- n : The size of the corpus.
- $p(A)=\frac{n_A}{n}$: The estimated probability of word A to occur in a sentence.
- $p(B)=\frac{n_B}{n}$: The estimated probability of word B to occur in a sentence.
- $p(A,B)=\frac{n_{AB}}{n}$: The estimated probability of A and B to cooccur in a sentence.

Baseline

The simplest way to obtain information about which words co-occur often with each other is, of course, to simply count these co-occurrences. This measure will be taken as the baseline measure:

$$sig_{baseline}(A,B)=n_{AB}$$

However, this measure does not take the frequency of the involved words into account. Furthermore it neither takes the independence assumption (i.e. the assumption that occurrences of A and B are statistically independent: $p(A,B) = p(A)\cdot p(B)$) into account nor the corpus size.

Mutual Information

The most successful measure in terms of papers published is no doubt mutual information (Church et al. 89). The idea is to compare the probability of observing word *A* and word *B* together (joint probability) with the probabilities of observing *A* and *B* independently.

$$sig_{MI}(A,B) = \log \frac{p(A,B)}{p(A) \cdot p(B)} = \log \frac{n \cdot n_{AB}}{n_A \cdot n_B}$$

If these probabilities are near equal (which means total independence) then the division would be near 1 and the logarithm near 0. If the probability of joint appearance is larger than the probabilities of A and B occurring independently, that is $p(A,B) \geq p(A) \cdot p(B)$ then the value will be much larger then 1 and $sig_{MI}(A,B) >> 1$. On the contrary, if the probability of joint co-occurrence is smaller then the probability of A and B occurring independently, that is $p(A,B) \leq p(A) \cdot p(B)$, then due to taking the logarithm $sig_{MI}(A,B) << 0$. This measure seems to normalize against both the frequencies of the individual words and the corpus size. Nevertheless, if we are to assume total statistical dependency between both words, that is, they only occur together, we can write $p(A) = p(B)$. This means that

$$sig_{MI}(A,B) = \log \frac{p(A,A)}{p(A) \cdot p(A)} = \log \frac{n}{n_A}$$

From this it becomes clear that total statistical dependency of two words with lower frequency will be rated much higher than the same for two words with higher frequency, as can be seen in the following example calculations:

	$n_A = 2, n_B = 2$	$n_A = 4, n_B = 4$
$n = 2.000.000$	$sig_{MI}(A,B) = 6$	$sig_{MI}(A,B) = 5{,}7$
$n = 4.000.000$	$sig_{MI}(A,B) = 6{,}3$	$sig_{MI}(A,B) = 6$

Table2: The dependancy of the mutual information significance value on frequency.

Obviously, when viewed globally, the highest ranked word pairs will be those, which have the least frequency. Of course, this problem can be alleviated slightly by taking the globally most similar words with a given minimum frequency. On the other hand, if viewed locally on a per-word basis, those words B will be most similar to a given word, A which have the smallest frequency. On a well-lectured corpus with high-quality texts this will yield rare but interesting word usages, especially rare collocational word usages, which is the reason why this measure has been used so often in this field.

Dice coefficient

Another possibility of measuring co-occurrences is to take the dice coefficient (Dice 45) as has also been used by, for example, (Smadja et al. 96).

$$sig_{MI}(A,B)=\frac{2\cdot n_{AB}}{n_A+n_B}$$

This measure does not normalize against corpus size, but it normalizes against the frequencies of both words. It is not motivated by information theory, nor statistically grounded. It simply rates higher co-occurrence values better as compared to the frequencies.

Evaluating

The experiments deducted had the goal to compare the three presented measures baseline, mutual information and dice coefficient. The experiments were performed on a German corpus of a similar size to the British National Corpus, which means 100 million words. The corpus size used in the significance computations was 7.036.475 sentences. The corpus has been lemmatized for better comparability with the knowledge source.

The evaluation results were obtained by using our prototypical implementation of the evaluation framework presented in this paper. The knowledge source against which the evaluation ran was GermaNet (Hamp & Feldweg 97). Precision and recall have been measured on a per-word basis for 1095 words, which fulfilled the following two conditions: They must be present in GermaNet and all three algorithms must have found at least 50 other words similar to the input word. Both precision and recall have been measured on a selection of the most similar 5, 10, 25 and 50 words as deemed by the respective measure.

	Precision in %				*Recall in %*			
x =	5	*10*	*25*	*50*	*5*	*10*	*25*	*50*
Baseline	*0.566*	*0.511*	*0.748*	*1.220*	*0.034*	*0.070*	*0.289*	*1.167*
Mutual Information	*0.054*	*0.054*	0.080	*0.166*	*0.004*	*0.015*	*0.079*	*0.247*
Dice coefficient	*10.776*	*9.936*	*8.233*	*6.547*	*1.179*	*2.014*	*3.863*	*5.860*

Table 3: Increasing the window of words precision should drop and recall rise, if the ranking is successful.

Obviously, the dice coefficient is much better than the baseline. Interestingly mutual information is worse than the baseline. When increasing the select from the most similar 5 to the most similar 50 the precision rises, which indicates that the ranking did not function properly, because otherwise, as is the case with the dice coefficient, the precision must drop whereas the recall rises.

As described in the previous section, it is also possible to compute precision and recall values for each relation independently, which will be shown in the following table.

Relation	*Precision in %*		*Recall in %*	
x=	*5*	*50*	*5*	*50*
Hyponym	*0,621*	*0,653*	*0,617*	*6,628*
Hypernym	*0,675*	*0,774*	*0,241*	*2,156*
Synset	*0,365*	*0,221*	*0,567*	*3,391*
Cohyponym	*8,164*	*4,611*	*1,590*	*6,512*
Antonym	*0,347*	*0,087*	*0,628*	*1,725*
Part-of	*0,602*	*0,286*	*0,927*	*4,968*
Consist-of	*0,785*	*0,730*	*1,770*	*5,542*
also see	*0,018*	*0,009*	*0,045*	*0,445*
OverallCount	*10,776*	*6,547*	*1,179*	*5,860*

Table 4: Depicting the performance of the dice measure for each relation.

Finally an example word has been chosen for which the most similar words according to the individual measures are shown in the following table along with their frequencies and the resulting significance value.

Baseline			Mutual Information			Dice Coefficient		
word	freq.	sig.	word	freq.	sig.	word	freq.	sig.
d-	10765231	18873	Polhill	2	7,2	Europäer	2929	4939
und	2253305	3585	Entertainmant	2	6,8	Brite	3443	3532
ein	2245207	3152	Lokomotiv-Funktion	2	6,8	Japaner	2542	3368
in	1793401	2758	McKittrick	2	6,8	Russe	4168	2699
sein	1759056	2543	Namesnik	2	6,8	Franzose	5239	2453
haben	994750	1774	PPS-Galerie	2	6,8	Engländer	1748	1809
von	1029742	1453	Trainingsgegner	2	6,8	US-	3113	1649
mit	871036	1384	heraufmarschieren	2	6,8	Deutscher	12647	1603

Table 5: This table shows the most similar words for the word ‚Amerikaner' with the frequency 7316 (occurrences) in our corpus for each measure.

This shows very clearly that Mutual Information obviously prefers low frequency words whereas the baseline overestimates the significance of very frequent words. Despite its lack of theoretical foundation, the Dice coefficient seems to produce reasonable results.

Conclusion

In this paper, we have presented an evaluation framework for lexical acquisition algorithms that uses gold standards. It was shown how a range of different lexical – including morphologic, syntactic and semantic – knowledge can be represented in the form of binary relations. It was further shown how this representation can be used for designing a simple yet powerful analysis with the well-known information retrieval measures precision and recall.

By implementing a prototypical version of this framework we were able to apply it to semantic lexical acquisition using the WordNet thesaurus as a gold standard. An example comparison of three co-occurrence measures showed that intuitions derived from theoretical considerations (e.g. the tendency of Mutual Information to overestimate the significance of low-frequent words) could be proven empirically. This indicates that our evaluation framework is capable of revealing interesting differences and features of lexical acquisition algorithms and their performance. We therefore think that it could become a very general application of thesauri like WordNet or GermaNet providing a common benchmark for various kinds of lexical acquisition algorithms.

Literaturverzeichnis/References

Baroni, M., & Bisi, S. (2004). Using cooccurrence statistics and the web to discover synonyms in a technical language. In Proceedings of the ELRA 04.

Budanitsky, A., & Hirst, G. (2001). Semantic distance in WordNet: An experimental, application-oriented evaluation of five measures. Workshop on WordNet and Other Lexical Resources, In Proceedings of the Second meeting of the North American Chapter of the Association for Computational Linguistics.

Church, K. W., Gale W. A., Hanks, P., & Hindle, D. (1989). Parsing, word associations and typical predicate-argument relations. In Proceedings of International Workshop on Parsing Technologies. CMU.

Curran, J. R. (2003). From Distributional to Semantic Similarity. Ph.D. thesis, Institute for Communicating and Collaborative Systems, School of Informatics. University of Edinburgh.

Dagan, I., Lee, L., & Pereira, F. (1997). Similarity-based methods for word-sense disambiguation. In Proceedings of the 35th annual meeting of the Association for Computational Linguistics and the 8th Conference of the European Chapter of the Association for Computational Linguistics (pp. 56–63), Madrid, Spain, July.

Dice, L. R. (1945). Measures of the amount of ecologic association between species. Journal of Ecology, 26(3), 297–302.

Dornseiff, F. (2004). Der deutsche Wortschatz nach Sachgruppen. 8., völlig neu bearb. u. mit einem vollständigen alphabetischen Zugriffsregister versehene Aufl. von Uwe Quasthoff. Mit einer lexikographisch-historischen Einführung und einer Bibliographie von Herbert Ernst Wiegand. DeGruyter. Berlin, New York.

Finkelstein, L., Gabrilovich, E., Matias, Y., Rivlin, E., Solan, Z., Wolfman, G., & Ruppin, E. (2002). Placing search in context: The concept revisited. ACM Transactions on Information Systems, 20(1), 116–131, January.

Grefenstette, G. (1994). Explorations in Automatic Thesaurus Discovery. Boston: Kluwer Academic Press.

Hamp, B., & Feldweg, H. (1997). Germanet - a lexical-semantic net for german. In Proceedings of ACL workshop Automatic Information Extraction and Building of Lexical Semantic Resources for NLP Applications, Madrid.

Hearst, M. A. (1992). Automatic acquisition of hyponyms from large text corpora. In Proceedings of COLING 92 (pp. 539–545).

Landauer, T. K., & Dumais., S. T. (1997). A solution to plato's problem: the latent semantic analysis theory of acquisition, induction and representation of knowledge. Psychological Review, 104(2), 211–240.

Lee, L. (1999). Measures of distributional similarity. In Proceedings of the 37th annual meeting of the Association for Computational Linguistics (pp. 25–32), College Park, MD USA, 20-26 June.

Lin, D. (1998). Automatic retrieval and clustering of similar words. In Proceedings of COLING/ACL-98 (pp. 768–774).

Miller, G. A. (1985). Wordnet: a dictionary browser. In Proceedings of the First International Conference on Information in Data, University of Waterloo, Waterloo. Proceedings of COLING/ACL-98 (pp. 768–774).

Rapp, R. (2002). The computation of word associations. In Proceedings of COLING-02, Taipei, Taiwan.

Resnik, P. S. (1993). Selection and Information: A Class-Based Approach to Lexical Relationships. Ph.D. thesis, University of Pennsylvania. Knowledge Organization. Ablex.

Smadja, F., McKeown, K. R., & Hatzivassiloglou, V. (1996). Translating collocations for bilingual lexicons: A statistical approach. Computational Linguistics, 22, 1–38.

Terra, E., & Clarke, C. L. A. (2003). Frequency estimates for statistical word similarity measures. In HLT-NAACL 2003 (pp. 165–172).

Turney, P. D. (2001). Mining the web for synonyms: Pmi-ir versus lsa on toefl. In Proceedings of ECML (pp. 491–502).

Weeds, J., Weir, D., & McCarthy, D.. (2004). Characterising measures of lexical distributional similarity. In Proceedings of the 20th International Conference of Computational Linguistics, COLING-2004, Geneva, Switzerland, August.

Computing Semantic Relatedness of GermaNet Concepts

Iryna Gurevych, Hendrik Niederlich

We present a system designed to compute the semantic relatedness between a pair of GermaNet concepts (word senses). Five different metrics have been implemented. Three of them are information content based and incorporate the knowledge of the GermaNet hierarchy (Resnik 1995, Jiang & Conrath 1997, Lin 1998). Two metrics constitute the application of the Lesk-based algorithm (Lesk 1986) to artificial conceptual glosses generated from GermaNet. We show that four metrics correlate very well with a set of human judgments of semantic relatedness. We conclude with implementation issues and a description of a graphical user interface to compute the semantic relatedness of German words.

Wir stellen ein System zur Berechnung der semantischen Verwandtschaft für Paare von GermaNet-Konzepten (Wortlesarten) vor. Fünf verschiedene Maße wurden implementiert. Drei von ihnen basieren auf dem Informationsgehalt der Konzepte und beziehen das Wissen über die GermaNet-Hierarchie mit ein (Resnik 1995, Jiang & Conrath 1997, Lin 1998). Zwei Maße stellen eine Anwendung des Lesk-Algorithmus (Lesk 1986) auf künstliche Definitionen der Konzepte dar, die automatisch aus GermaNet generiert wurden. Wir zeigen, dass vier Methoden eine hohe Korrelation mit menschlichen Bewertungen der semantischen Verwandtschaft haben. Es folgen einige Anmerkungen zur Implementierung sowie die Beschreibung einer graphischen Benutzerschnittstelle zur Berechnung der semantischen Verwandtschaft zwischen Wortbedeutungen in GermaNet.

1. Introduction

Semantic relatedness metrics specify to what degree meanings of two words (word senses) are related to each other. While the words *Glas* and *Becher* display a fairly close semantic relatedness, the relation between *Glas* and *Juwel* is less close according to human judgments. The system should, then, allow to determine the degree of semantic relatedness between e.g. the concepts *Glas*, *Becher* and *Juwel*. It should be noted that semantic relatedness is a notion more general than semantic similarity. While the latter is typically defined with the help of a synonymy relation, i.e., how interchangeable two words are in a certain context, the former implies any kind of lexical or functional association.

As soon as the information about semantic relatedness becomes available, it can be employed in various natural language processing (NLP) tasks. Patwardhan et al. (2003) employ semantic similarity metrics to measure the semantic similarity between all word senses of a given word pair, and thus disambiguate them in a given context. McCarthy et al. (2004) combined the use of a thesaurus automatically acquired from raw textual corpora and WordNet based similarity metrics to find predominant word senses in untagged text. Gurevych & Strube (2004) apply WordNet semantic similarity measures to assess the relevance of utterances given a specific dialogue and automatically construct spoken dialogue summaries. Hirst & Budanitsky (2004) investigate the usefulness of semantic similarity on the problem of spelling correction, where real-world spelling errors are detected and corrected automatically on open-class words. Further applications of semantic relatedness can be envisaged in the areas of document classification and information retrieval.

2. Motivation

Computing semantic relatedness of concepts requires a broad-coverage knowledge source, such as GermaNet (Kunze 2004). In this resource, nouns, verbs and adjectives are structured into taxonomies with the help of an *is-a* relation. Also, it encodes information about additional lexical and semantic relations, e.g. hypernymy, meronymy, antonymy, etc.

Ever since large-scale computational resources, such as e.g. Roget's Thesaurus (Chapman 1977) and WordNet (Fellbaum 1998) have become available, there has been extensive research on semantic relatedness for the English language. This was facilitated by the availability of software to embed semantic relatedness metrics into computational applications, e.g. WordNet::QueryData (Rennie 2002) and WordNet::Similarity Package (Pedersen 2003).

To our knowledge, explorations of semantic relatedness for the German language are very rare, especially with GermaNet word senses as a basis. On the one hand, there are generally fewer large-scale computational knowledge sources like dictionaries for German. On the other hand, if they are available as is the case with GermaNet, off-the-shelf tools to access the knowledge are lacking. As a consequence, building NLP applications utilizing semantic relatedness is not as straightforward as it is for English and involves a considerable programming effort.

Our work aims to bridge the gap between metrics of semantic relatedness and GermaNet, thus making the knowledge in GermaNet accessible to NLP applications. The direct re-implementation of semantic relatedness metrics developed for WordNet on the basis of GermaNet turns out to be a non-trivial task. While sharing many design principles with WordNet, GermaNet also displays several divergent features (Kunze & Lemnitzer 2002). Some of them, such as a small number of textual conceptual definitions (glosses) in GermaNet, have crucial consequences for some metrics. For example, a Lesk-based metric (Lesk 1986) relies on word overlaps in conceptual glosses.

In this paper, we present an architecture of the system for computing semantic relatedness of German word senses and discuss theoretical as well as technical issues in adapting existing metrics to GermaNet. We will touch upon related work in this field and conclude with evaluation results and our plans for further experiments and applications of semantic relatedness metrics.

3. GermaNet API

We evaluated the C-library distributed together with GermaNet V4.0 and the XML-encoded version of GermaNet (Lemnitzer & Kunze 2002). We built upon the latter as it makes the system portable across platforms. The XML version of GermaNet is parsed with the help of standard XML tools (e.g. Xerces http://xml.apache.org/) to create a JAVA object representing GermaNet. The information in this object can be accessed either through word forms, or through their respective stems. Furthermore, we implemented a range of JAVA-based methods for querying the data. These methods are organized around the notions of word sense and synset.

On the word sense (WS) level, we implemented the following methods:[139] *getAntonyms()*: retrieves all antonyms of a given WS; *getArtificial()*: indicates whether a WS is an artificial concept; *getGrapheme()*: gets a graphemic representation of a WS; *getParticipleOf()*: retrieves the WS of the verb that the word sense is a participle of; *getPartOfSpeech()*: gets the part of speech associated with a WS; *getPertonym()*: gives the WS that the word sense is derived from; *getProperName()*: indicates whether the WS is a proper name; *getSense()*: yields the sense number of a WS in GermaNet; *getStyle()*: indicates if the WS is stylistically marked; *getSynset()*: returns the corresponding synset; *toString()*: yields a string representation of a WS. On the synset level, we can retrieve the following information: *getAssocia-tions()*: returns all associations; *getCausations()*: gets the effects that a given synset is a cause of; *getEntailments()*: yields synsets that entail a given synset; *getHolonyms(), getHyponyms(), getHypernyms(), getMeronyms()*: return all holonyms, hyponyms, hypernyms, and meronyms respectively; *getPartOfSpeech()*: returns the part of speech associated with word senses of a synset; *getWordSenses()*: returns all word senses constituting the synset; *toString()*: yields a string representation of a synset. The metrics of se-

[139] We list the most important methods for accessing and manipulation of the GermaNet data.

mantic relatedness can, then, be implemented on the basis of this API. They are implemented as classes which use the API-methods on an instance of the GermaNet object (see Section 6).

4. Metrics of semantic relatedness

Metrics of semantic relatedness may employ different types of knowledge from GermaNet and external knowledge sources. According to that, the metrics can be clustered into separate groups. Common to all the metrics that we experimented with is the fact that they utilize knowledge about the *is-a* hierarchy in GermaNet. This observation leads us to define all of them to be path-based (where the *path* is not limited to an *is-a* relation). Then, we differentiate between two kinds of path-based metrics. The first one extracts the knowledge from GermaNet and creates some sort of free textual representation on the basis of the extracted knowledge. This can be deployed by the standard language processing algorithms, e.g. dictionary based metrics. The second one makes use of the hierarchy in a more traditional manner, i.e. in order to determine the lowest common superordinate for a pair of word senses. It makes the application of information content based algorithms (metrics) possible. They additionally require some external corpus evidence to compute the information content of synsets. The following description is based on this classification of metrics.

Two metrics among the implemented ones constitute the application of the Lesk algorithm to GermaNet. To compensate for the lack of glosses, we automatically generate artificial glosses (we call them *pseudo-glosses*), which stand as proxies for textual definitions of concepts. The three remaining metrics are information content based and incorporate the knowledge of the GermaNet hierarchy (Resnik 1995, Jiang & Conrad 1997, Lin 1998). All of the metrics take two words as input and produce a numeric score reflecting the degree of semantic relatedness between them. Each metric is applied to all possible sense combinations of the two words. The sense combination with the highest semantic relatedness is, then, chosen.

4.1 Dictionary based metrics

While WordNet can be seen simultaneously as a conceptual network and as a machine-readable dictionary, GermaNet is rather a conceptual network. Only a small number of fairly short textual definitions of concepts are available, which makes it difficult to apply standard dictionary based metrics to GermaNet. To overcome this problem, we try to compensate for the small number of glosses in GermaNet (or any other conceptual hierarchy - the approach is not restricted to

GermaNet). We generate a textual definition of a given concept automatically, given the structure of the knowledge base. This allows to apply a range of traditional text based algorithms, e.g. the Lesk metric when textual definitions *proper* are not available (this is the case for many world languages, for which not as many resources are available as for English). We demonstrate that the results of semantic relatedness metrics operating on automatically generated glosses correlate very well with human judgments.

In generating artificial glosses, our goal is to represent the words which would normally be present in the glosses of a traditional dictionary. This is done by selecting particular concepts from the conceptual network and combining them together into a unique concept representation. A pseudo-gloss is therefore not a coherent piece of text (gloss). Rather it stands as a proxy including the most important concepts which we expect to appear in a real gloss.

The experiments reported were done with two different system configurations: one for radial glosses (all lexical-semantic relations of a given concept are taken into account, except hyponymy), and the other one for hypernym glosses (only the hypernymy relation is considered). For the purpose of this paper, "Lesk (radial)" is an algorithm using the 1st system configuration and "Lesk (hypernym)" is an algorithm using the 2nd one. We experimented with a set of different parameters for generating pseudo-glosses, whose description and results can be found in Gurevych & Niederlich (2004). Table 1 presents examples of pseudo-glosses generated according to the system configurations mentioned above.[140]

According to the Lesk algorithm, the relatedness of a pair of word senses $sim_{(c1,c2)}$ is, then, defined as a number of overlaps in their respective pseudo-glosses. For the examples given above, this will yield 0 for both radial and hypernym glosses as no overlaps exist.

[140] Note that the synset *Laienprediger* is subject to multiple inheritance in GermaNet, *Prediger* and *Laie*. Therefore, both concepts appear in generated pseudo-glosses.

	Bursche	*Bruder*
Radial glosses	*1. junger Mensch, Erwachsener, Bursche, Bub, Junge, Knabe, Bube, Kind, Jüngling*	*1. Bruder, Geschwister, Mitmensch, Familie, Verwandter* *2. LaienpredigerIn, Fachkraft, unausgebildeter Mensch, Geistlicher, Prediger, ausgebildeter Mensch, Bruder, Berufstätiger, Laie, Laienprediger* *3. christlicher Sakralbau, Kloster, Geistlicher, Ordensangehöriger, Mönch, Bruder, Mönchskloster, Berufstätiger, Laie, Glaubensgemeinschaft, Orden*
Hypernym glosses	*2. Bursche, Junge, Kind*	*1. Bruder* *2. unausgebildeter Mensch, Geistlicher, Prediger, Laie, Laienprediger* *3. Geistlicher, Ordensangehöriger, Mönch*

Table 1: Examples of pseudo-glosses for the word pair "Bruder – Bursche".

4.2 Information content based metrics

Resnik (1995), *res* for short, defines semantic similarity between two words w_1 and w_2 as the information content value of their lowest common subsumer (LCS) as given in Equation 1:[141]

$$sim(c1,c2) = \max_{c \in S(c1,c2)} [-\log p(c)]$$

Equation 1

where $S(c_1,c_2)$ is the set of concepts which subsume both c_1 and c_2 and $-\log p(c)$ is the information content. The probability p is computed as the relative frequency of words (representing a specific concept) in a corpus.

As words of the German language are highly inflected, we revised the calculation of the information content and counted the occurrences of individual stems rather than word forms in the original algorithm. Detailed information about our implementation of this procedure for the German language can be found in Gurevych & Niederlich (2004). All information content based metrics for GermaNet, thus, employ the values computed according to a modified information content calculation from a German stem frequency list. The stem frequency list was compiled on the basis of a German newspaper corpus (taz) with about 172 million running tokens.

141 For all methods, c_1 and c_2 are concepts (word senses) corresponding to w_1 and w_2.

Resnik's metric assumes that semantic similarity between concepts can be quantified on the basis of the information shared between them. In this case, the GermaNet hierarchy is used to determine the lowest common subsumer for a pair of concepts. If multiple inheritance occurs, there exist more than one lowest common subsumer (LCS). We count 3217 concepts subject to multiple inheritance out of 28039 representing nouns in GermaNet. As noted by Pedersen et al. (2004), the "best" LCS in those cases can be determined according to three different criteria: the LCS for a pair of concepts with the highest information content, the LCS found at the highest depth, and the LCS that results in the shortest path between a pair of concepts. In our case, the one with the highest information content value is selected. This maximizes the semantic relatedness of the two concepts and, thus, best fits Resnik's original definition of semantic similarity.

The next method is that of Lin (1998), referred to as *lin*. He defined semantic similarity using a formula derived from information theory. This measure is sometimes called a universal semantic similarity measure as it is supposed to be application-, domain-, and resource independent. According to this method, the similarity is given in Equation 2:

$$sim(c1,c2) = \frac{2 \times \log p(lcs_{(c1,c2)})}{\log p(c1) + \log p(c2)}$$

Equation 2

Jiang & Conrath (1997) proposed to combine edge- and node-based techniques in counting the edges and enhancing them by the node-based calculation of the information content as introduced by Resnik (1995). The method is abbreviated as *jcn*. The distance between two concepts c_1 and c_2 is formalized as given in Equation 3:

$$dist(c1,c2) = IC(c1) + IC(c2) - 2 \times IC(lcs_{(c1,c2)})$$

Equation 3

where *IC* is the information content value of a concept, and $lcs(c_1,c_2)$ is the lowest common subsumer of the two concepts. As *jcn* returns distance (ranging from 0 to 34.348 in our data) rather than semantic relatedness, the results have to be post-processed. This transformation should normalize the scores as their distribution is skewed in 16 out of 57 word pairs, which do not have any LCS, and are assigned the maximum distance value. We employ the hyperbolic tangent function to perform the normalization according to Equation 4:

$$sim_{(c1,c2)} = 1 - (\tanh(dist_{(c1,c2)} \times c))$$

Equation 4

where c is a constant and $dist_{(c1,c2)}$ is the distance value of a given word pair. To determine the value of c, we use a human score for the concept pair with an average semantic relatedness from the test dataset as $dist_{(c1,c2)} = dist_{(avg)}$ [142] and set $sim_{(c1,c2)} = .5$. After solving Equation 4, we get the following formula:

$$c = \tanh^{-1}(0.5) / dist_{avg}$$

Equation 5

5. Evaluation

Following Resnik (1995), semantic relatedness was typically evaluated through applying the correlation analysis by other researchers. In this analysis, semantic relatedness scores generated by particular metrics are correlated with human judgments of semantic relatedness on a set of test word pairs. This way, researchers seek to understand and explain the relations existing between sets of scores produced by particular algorithms. E.g. one measurement (the 1st variable) is produced by a human subject (the so-called *gold standard*) and the second one (the 2nd variable) is produced by a particular automatic scoring method. Semantic relatedness of words (the phenomenon studied) is operationalized with the help of sample word pairs, whose semantic relatedness is estimated (either by humans or a computer). Correlations, then, indicate the strength of a linear association between sets of values and serve as an empirical indication of a possible relation between two variables.

We designed an experiment aimed at creating an evaluation dataset for the German language. 24 human subjects (native speakers of German) were asked to rate 65 word pairs (containing nouns) on the scale from 0 to 4 for their semantic relatedness. The word pairs corresponded to the dataset by Rubenstein & Goodenough (1965) translated to German. We used a broader definition of semantic relatedness than the one used in the previous work on semantic similarity, where it was defined primarily via the synonymy relation. In particular, the subjects were free to consider any type of semantic relation including association when judging semantic relatedness. The average correlation coefficient for human subjects yielded .8098. The statistical reliability of the judgments is significant. The average correlation value also represents the upper bound of performance in the evaluation of semantic relatedness metrics.

---

[142] Not necessarily corresponding to an arithmetic average.

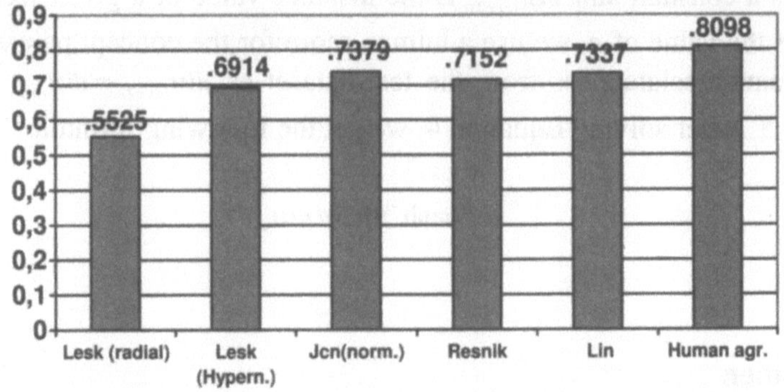

Figure 1: Correlation coefficients for five metrics contrasted with annotator agreement.

In Figure 1, we present final evaluation results for the implemented metrics of semantic relatedness as they have been described in Section 4. The evaluation is based on 57 out of 65 noun pairs as the rest was not represented in GermaNet. The results are contrasted with the upper bound determined from experiments with human subjects. All of the information content based metrics perform rather well (given that the results of *jcn* are normalized). For the dictionary based metrics, the application of the Lesk algorithm to hypernym glosses performs superior to radial glosses. Notably, the information about the hypernymy relations, turns out to be more useful, given the current modeling of GermaNet, than the inclusion of all lexical-semantic relations. Also, it is quite remarkable that the gloss based metric performs comparable to the information content based ones. As opposed to those, the gloss-based metric does not require any corpus evidence, which is difficult and expensive to obtain in many cases. Instead, it only uses the structure of the conceptual hierarchy itself, and is, thus, easily portable to other knowledge bases.

6. Technical issues

6.1 Notes on implementation

RelatednessComparator is a class which takes two words as input and returns a numeric score indicating the degree of semantic relatedness for the given word pair. Five semantic relatedness metrics have been implemented as the descendants of this class. We designed an additional class *PseudoGlossGenerator* automatically generating pseudo-glosses on the basis of the conceptual hierarchy as the textual definitions of concepts in GermaNet are small in number. Two of the algorithms, then, operate on the generated pseudo-glosses. They are based on the Lesk algorithm (Lesk 1986). The rest of the metrics are classes derived from *InformationBasedComparator*, which is in its turn derived from the class *PathBasedComparator*. They make use of the GermaNet hierarchy as well as the information content values of GermaNet concepts.

We revised the proposal by Resnik (1995) to compute information content values from German texts. A set of utilities have been implemented for this purpose. These programs use the TreeTagger (Schmid 1997) to compile word frequency lists for particular parts of speech, such as nouns, verbs and adjectives. As German is a highly inflected language, the word frequency lists are, then, transformed into stem frequency lists. For this purpose, a free JAVA implementation of the Porter stemmer for German is employed (see http://snowball.tartarus.org/). Two further options for morphological analysis are provided. The first option is to use no stemmer, i.e. information content is computed directly from the word frequency lists. The second option allows to perform morphological analysis rather than stemming. In this case, an external lexicon-based package for morphological analysis is employed (Neumann & Piskorski 2002). A detailed analysis of the impact of using different approaches to morphological analysis as a pre-processing step in computing information content of GermaNet concepts is left to future work. Also, we would like to investigate the impact of the corpus size (very large versus middle size) upon the calculation of information content.

6.2 Semantic relatedness GUI

A graphical user interface was developed to interactively experiment with a set of semantic relatedness metrics (Gurevych & Niederlich 2005). The user can enter two words together with their part of speech and specify one of the five methods. Then, the system displays the corresponding word stems, possible word senses according to GermaNet, glosses generated for these word senses, or their information content values. Furthermore, possible combinations of word senses for the two words are created and returned together with various diagnostic information specific to each of the metrics. This may be e.g. word overlaps in glosses for the Lesk based metrics, or lowest common superclasses and the respective information content values, depending on what is appropriate for a particular metric. In the end, the best word sense combination for the two words is determined and this is compactly displayed together with a semantic relatedness score. The user interface allows to save the detailed analysis in a text file for off-line inspection.

7. Related work

Unfortunately, a straightforward comparison of our results with other related work on semantic relatedness is difficult. On the one hand, previous works concentrated on semantic similarity rather than semantic relatedness (Hirst & Budanitsky 2004). On the other hand, our research has been done for the German language with GermaNet concepts as the sense inventory. The implementation of our system comprising different methods for computing semantic relatedness was inspired by the work by Pedersen et al. (2004) and their semantic similarity software. The approach to comparative evaluation of alternative methods can be tracked down to the work by Resnik (1995) and Hirst & Budanitsky (2004). However, they use a dataset with human judgments of semantic similarity in the evaluation. Contrary to that, we conducted a separate experiment with human subjects to create a dataset for evaluating semantic relatedness and test the methods on its basis.

8. Conclusions

We presented an implemented system for computing semantic relatedness of pairs of GermaNet concepts. The system employs five different methods for computing semantic relatedness. In general, the results of the metrics correlate well to a set of human judgments about semantic relatedness. The Lesk algorithm applied to pseudo-glosses performs better when it uses *hypernym* glosses as opposed to *radial* glosses. The results of the *jcn* metric have to be additionally normalized in order to obtain reliable results.

Our work demonstrates that a straightforward re-implementation of semantic similarity metrics proposed for WordNet is not always possible on the basis of GermaNet. This is due to some discrepancies in the modeling decisions of GermaNet, but also due to some peculiarities of the German language, e.g. as far as computing the information content is concerned. Special pre-processing components may become necessary, such as morphological analysis, to achieve an accurate mapping of word frequencies to information content of German word senses.

In the future, we would like to conduct further research including the following parameters:

- a fine-grained analysis for computing information content: contrasting different approaches to morphological processing, i.e. no stemming, rule-based stemming, a lexicon-based morphological analysis; effects of the corpus size upon the information content calculation and GermaNet coverage;
- computing semantic relatedness of verbs and adjectives (current experiments were restricted to nouns only);
- the deployment of semantic relatedness metrics in natural language processing applications, such as e.g. information retrieval and document classification.

Acknowledgments

The work presented here has been funded by the Klaus Tschira Foundation. We would like to thank Michael Strube for valuable comments concerning this work and Lothar Lemnitzer for the German word frequency list.

References

Chapman, Robert (1977). Roget's International Thesaurus (Forth Edition). Harper and Row, New York.

Fellbaum, Christiane (Ed.) (1998). *WordNet: An Electronic Lexical Database*. Cambridge, Mass.: MIT Press.

Gurevych, Iryna & Hendrik Niederlich (2004). *Semantic relatedness of GermaNet word senses*. Technical Report at EML Research gGmbH, Heidelberg, Germany.

Gurevych, Iryna & Hendrik Niederlich (2005). *A user interface for estimating semantic relatedness of words*. System demonstration at the GLDV'2005 conference, Bonn, Germany, 30 March - 01 April.

Gurevych, Iryna & Michael Strube (2004). Semantic similarity applied to spoken dialogue summarization. In *Proceedings of the 20th International Conference on Computational Linguistics, Geneva, Switzerland, 23 - 27 August 2004*, pp. 764-770.

Hirst, Graeme & Alexander Budanitsky (2004). Correcting real-word spelling errors by restoring lexical cohesion. *Submitted for publication*.

Jiang, Jay J. & David W. Conrath (1997). Semantic similarity based on corpus statistics and lexical taxonomy. In *Proceedings of the 10th International Conference on Research in Computational Linguistics (ROCLING)*. Tapei, Taiwan.

Kunze, Claudia (2004). Lexikalisch-semantische Wortnetze. In K.-U. Carstensen, C. Ebert, C. Endriss, S. Jekat, R. Klabunde & H. Langer (Eds.), *Computerlinguistik und Sprachtechnologie. Eine Einführung*, pp. 423-431. Heidelberg, Germany: Spektrum Akademischer Verlag.

Kunze, Claudia & Lothar Lemnitzer (2002). GermaNet - representation, visualization, application. In *Proceedings of the International Conference on Language Resources and Evaluation (LREC), Las Palmas, Canary Islands, Spain, 29 - 31 May*, pp. 1485-1491.

Lemnitzer, Lothar & Claudia Kunze (2002). Adapting GermaNet for the Web. In *Proceedings of the first Global WordNetConference, Central Institute of Indian Languages. Mysore, India*, pp. 174-181.

Lesk, Michael (1986). Automatic sense disambiguation using machine readable dictionaries: How to tell a pine cone from an ice cream cone. In *Proceedings of the 5th Annual International Conference on Systems Documentation, Toronto, Ontario, Canada, June*, pp. 24-26.

Lin, Dekang (1998). An information-theoretic definition of similarity. In *Proceedings of the 15th International Conference on Machine Learning, San Francisco, Cal.*, pp. 296-304.

McCarthy, Diana, Rob Koeling, Julie Weeds & John Carroll (2004). Finding predominant word senses in untagged text. In *Proceedings of the 42nd Annual Meeting of the Association for Computational Linguistics, Barcelona, Spain, 21-26 July 2004*, pp. 280 - 287.

Neumann, Günter & Jakub Piskorski (2002). A shallow text processing core engine. *Journal of Computational Intelligence*, 18(3):451-476.

Patwardhan, Siddharth, Satanjeev Banerjee & Ted Pedersen (2003). Using measures of semantic relatedness for word sense disambiguation. In *Proceedings of the Fourth International Conference on Intelligent Text Processing and Computational Linguistics, Mexico City, Mexico*, pp. 241-257.

Pedersen, Ted (2003). *Semantic Similarity Package.* http://www.d.umn.edu/~tpederse/similarity.html.

Pedersen, Ted, Siddharth Patwardhan & Jason Michelizzi (2004). Wordnet::Similarity - Measuring the relatedness of concepts. In *Demonstrations of the Human Language Technology Conference of the North American Chapter of the Association for Computational Linguistics, Boston, USA, 2-7 May 2004*, pp. 267-270.

Rennie, Jason (2002). *WordNet-QueryData-1.35.* http://search.cpan.org/dist/WordNet-QueryData/.

Resnik, Phil (1995). Using information content to evaluate semantic similarity in a taxonomy. In *Proceedings of the 14th International Joint Conference on Artificial Intelligence, Montréal, Canada, 20-25 August 1995*, Vol. 1, pp. 448-453.

Rubenstein, Herbert & John Goodenough (1965). Contextual correlates of synonymy. *Communications of the ACM*, 8(10):627-633.

Schmid, Helmut (1997). Probabilistic part-of-speech tagging using decision trees. In Daniel Jones & Harold Somers (Eds.), *New Methods in Language Processing*, Studies in Computational Linguistics, pp. 154-164. London, UK: UCL Press.

III

Beiträge zum Workshop Turn Taking

Leitung des Workshop: Roland Hausser

III

[illegible]

Leitung des Workshops:
Roland Hafen

Kurzbeschreibung der Beiträge zum Workshop Turn Taking

Roland Hausser

1. *Turn-taking* als kognitive Grundmechanik der Datenbanksemantik

Roland Hausser (rrh@linguistik.uni-erlangen.de)

In diesem Beitrag wird die theoretische Behandlung des turn-taking im Rahmen der Datenbank Semantik beschrieben und als Java Implementierung demonstriert.

2. Annotating spontaneous dialogues: The problem of overlaps

Rodolfo Delmonte (delmont@unive.it)

After emphasizing the importance of overlaps in dialogues, this paper critizises the orthographic representation of overlaps in current transscript practice. As a solution, the introduction of indices is proposed.

3. Behandlung des Passivs im Rahmen der Datenbanksemantik

Melanie Twiggs (twiggs@freenet.de)

Dieser Beitrag kritisiert die nicht oberflächenkompositionale Behandlung des Passiv in der Transformationsgrammatik und präsentiert als Alternative eine streng zeitlineare Analyse im Rahmen der Datenbanksemantik. Dabei stellt sich die Frage, an welchem Punkt ein Satzanfang wie ‚Der Schlüssel wird' eindeutig Passiv wird – vgl. die Fortsetzungen ‚auf dem Tisch liegen' (aktiv) vs. ‚von Peter gefunden' (Passiv).

4. Intention und Interaktion - Wie beeinflusst Absicht das turn taking?

Sandra Hohmann (sandra.hohmann@arcor.de)

Dieser Beitrag verwendet die Sprechakttheorie zu einer Klassifikation von Benutzerhandlungen.

5. Verwendung von Pronomina im Sprecher- und Hörermodus

Doris Helfenbein (dshelfen@linguistik.uni-erlangen.de)

Nach einem kurzen Abriss der Behandlung von Pronomina in der generative Grammatik wird der Ansatz der Datenbanksemantik vorgestellt. Es werden intra- und extrasententiale Pronomina-Verwendungen im Sprecher- und im Hörermodus analysiert.

6. Modelling turn-taking in a corpus-trained chatbot

Bayan Abu Shawar (bshawar@comp.leeds.ac.uk)
Eric Atwell (atwell@comp.leeds.ac.uk)

This paper describes a chatbot simulating understanding (like Eliza), used for practizing English pronounciation in a dialogue with an artificial agent. The goal is to go from a hand-crafted dialogue participation of the chatbot to one based on learning, using various kinds of texts, such as FAQ with the associated answers.

7. Die Koordination in der Datenbanksemantik

Barbara März (sonic_urlaub@web.de)

Dieser Beitrag vergleicht (i) die tilgungsbasierte (transformationelle), (ii) die PS-regelbasierte (GSPG), und (iii) die zeitlineare (DBS) Behandlung von sogenannter ‚constituent' und ‚non-constituent coordination'. Es wird gezeigt wie die semantische Verzeigerung von Koordinationen in der Datenbanksemantik mit der Funktor-Argument-Struktur kombiniert wird.

8. Utterance segmentation and turn-taking in spoken dialogue systems

Jens Edlund (edlund@speech.kth.se)
Joakim Gustafson
Mattias Heldner (heldner@speech.kth.se)

This paper deals with the question of when a pause indicates the end of a turn and when it does not. It is proposed to use prosodic cues to improve end point detection.

Turn-taking als kognitive Grundmechanik der Datenbanksemantik

Roland Hausser

Der Begriff *turn-taking* bezeichnet den Wechsel zwischen dem Sprecher- und dem Hörermodus eines kognitiven Agenten. Der Hörermodus erfordert, dass der Inhalt der hereinkommenden Sprachzeichen vom Agenten interpretiert und in seiner Datenbank gespeichert wird. Der Sprechermodus erfordert, dass der Agent einen Inhalt in seiner Datenbank aktiviert und als herausgehende Sprachzeichen realisiert. Gerade in Dialogen ist dieser Wechsel ein wesentlicher Teil der natürlichsprachlichen Kommunikation.

Die Datenbanksemantik (DBS) modelliert *turn-taking* auf der Grundlage einer maßgeschneiderten Kombination einer speziellen Datenstruktur mit dem zeitlinearen Algorithmus der LA-Grammatik. Es wird gezeigt, dass diese Kombination für das Einlesen sprachlich kodierter Inhalte, das Aktivieren von Inhalten auf der Grundlage einer Navigation durch die Datenbank und das Auslesen von aktivierten Inhalten in der Form sprachlicher Oberflächen gleichermassen geeignet ist. Die theoretische Modellierung des *turn-taking* in der Datenbanksemantik wurde durch eine Java-Implementierung, JSLIM genannt (Kycia 2004), mit Fragmenten für Deutsch, Englisch und Koreanisch verifiziert.

1. Substitutionsbasierte Ansätze

Für eine programmiertechnische Modellierung des *turn taking* reicht eine grammatische Analyse der isolierten Sprachzeichen nicht aus. Es ist vielmehr erforderlich, einen kognitive Agenten mit (i) Schnittstellen für das Erkennen und Handeln, (ii) einer Datenstruktur und (iii) einem Algorithmus zu definieren, die für ein Hinein- und Herauslesen von sprachlich kodierten Inhalten geeignet sind. Eine solche Analyse muss zudem (iv) für eine effiziente Implementierung geeignet sein.

Bisher hat sich die Grammatikanalyse in der Sprachwissenschaft jedoch weitgehend auf die isolierten Sprachzeichen, d.h. einzelne Sätze, beschränkt. Dies gilt sowohl für den Strukturalismus als auch für den Nativismus.[143] Ausserdem

---

[143] Z.B. LFG (lexical functional grammar, Bresnan 1982), HPSG (head driven phrase structure grammar, Pollard & Sag 1987, 1994), CUG (categorial unification grammar, Zeevat et

basieren diese Ansätze auf dem Prinzip der *möglichen Substitutionen* und widersprechen daher der Grundstruktur der natürlichen Sprachen, nämlich der Zeitlinearität (siehe de Saussure 1913/1972, Second Principe; caractère linéaire du signifiant.)

Neben der Zeichenorientiertheit und dem Ableitungsprinzip der möglichen Substitutionen sind den Varianten des Nativismus folgende Prinzipien gemeinsam:

1.1 Gemeinsame Prinzipien des nativistischen Ansatzes

1. Zeichenorientiert,
2. Substitutionsbasiert,
3. Rekursive Einbettung von Merkmalstrukturen,
4. Unifikation mit Vererbung und Typisierung,
5. Wahrheitskonditionale Semantik,
6. Ziel, das angeborene Wissen des Sprecher-Hörers zu beschreiben

Das folgende Beispiel illustriert eine substitutionsbasierte Ableitung mit Merkmalstrukturen und Unifikation.

al. 1987), sowie PP (principles and parameters) und Minimalism, Chomskys derzeit neuste Varianten.

1.2 Substitutionsbasierte Ableitung mit Unifikation

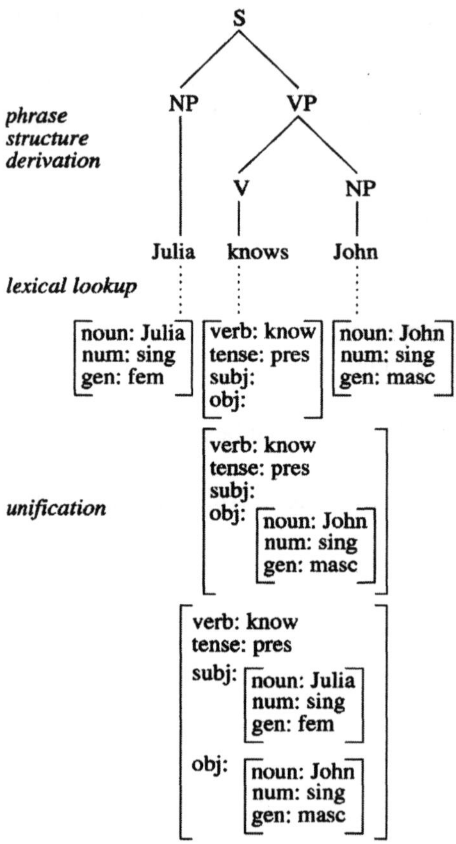

Dieses Beispiel ist insofern vereinfacht, als es sich auf das Gemeinsame der verschiedenen Varianten des Nativismus beschränkt.

Die Analyse beginnt mit der Ableitung eines Phrasenstrukturbaums mit der Wurzel S und den terminalen Knoten Julia, knows und John. Als nächstes werden die terminalen Knoten durch Merkmalstrukturen ersetzt, und zwar über *lexical lookup*. Schließlich werden die Merkmalstrukturen unifiziert, wobei die Reihenfolge der Unifikation die substitutionsbasierte Ableitung des Phrasenstrukturbaums spiegelt.

Für eine Modellierung der natürlichsprachlichen Kommunikationsmechanik ist diese Analyse aus folgenden Gründen ungeeignet. Im Sprechermodus stellt sich die Frage, auf welcher Grundlage gerade dieser Baum für die Sprachproduktion gewählt werden sollte. Für den Hörermodus ergibt sich das Problem, dass kein Schlüssel für eine Speicherung zur Verfügung gestellt wird, die geeignet ist, den Inhalt bei Bedarf wieder abzurufen.

Das Speicherproblem im Hörermodus illustriert das folgende Beispiel:

1.3 Speicherproblem bei substitutionsbasierter Ableitung

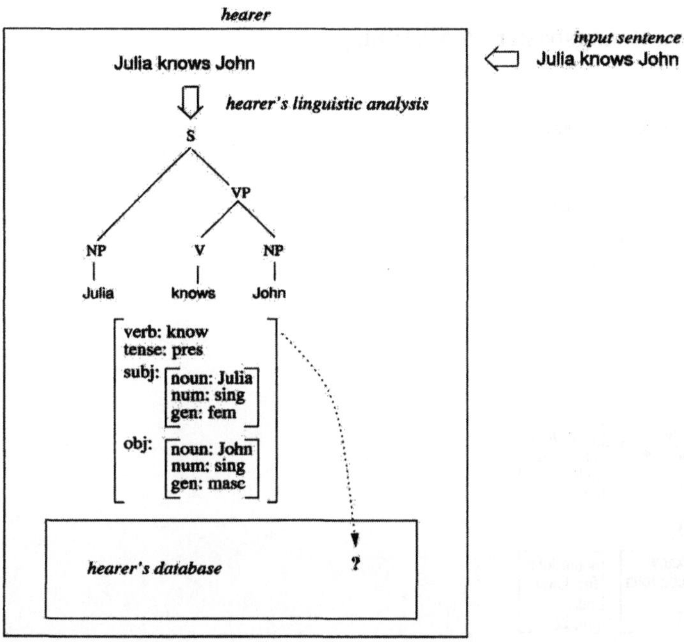

Dem Eingabesatz Julia knows John ordnet die linguistische Analyse des Hörers eine Baumstruktur und eine Merkmalstruktur zu. Was ist das Strukturprinzip, nach dem diese Analyse gespeichert werden soll?

Der S-Knoten ist als Schlüssel nicht geeignet, weil *alle* Sätze aus diesem Knoten abgeleitet werden. Die Baumstruktur, z.B. komprimiert als (S (NP)(VP (V)(NP))), ist ebenfalls ungeeignet, da sie vielen Sätzen zugrundeliegt. Das entsprechende gilt für die komplexe Merkmalstruktur, die aus der Unifikation hervorgegangen ist. Der Nativismus hat es auch stets explizit abgelehnt, die 'performance' bei Sprecher und Hörer in die Analyse einzubeziehen und ein Modell des *turn taking* ist nie entwickelt worden.

2 Hörermodus in der Datenbanksemantik

Das Ziel der Datenbanksemantik ist nicht eine Beschreibung des angeborenen Sprachwissens, sondern eine effiziente Modellierung der natürlichsprachlichen Kommunikation. Im Hörermodus wird der Satz *Julia knows John* (vgl. 1.2) wie folgt abgeleitet:

2.1 Beispiel einer fortsetzungsbasierten Ableitung

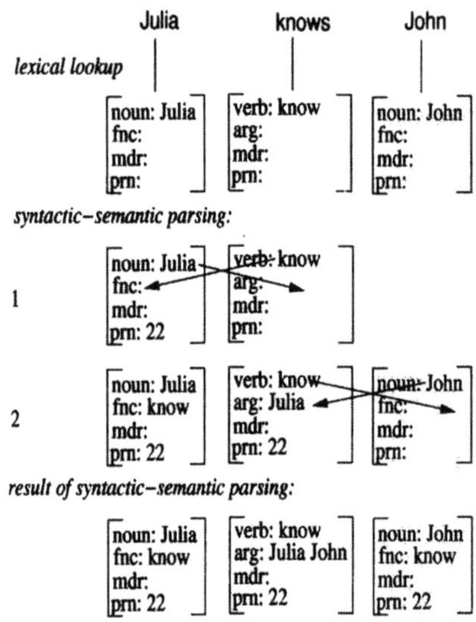

Zunächst ersetzt inkrementeller *lexical lookup* die hereinkommenden Oberflächen Julia, knows, und John durch Merkmalstrukturen, die isolierte Proplets genannt werden. Zugleich verwandelt syntaktisch-semantisches Parsen diese in verbundene Proplets, und zwar durch Kopieren.

Das Ergebnis ist eine Menge von Proplets, die durch eine gemeinsame Propositionsnummer (hier prn: 22) zusammengehalten werden. Da jedes Argumentproplet seinen Funktor und jedes Funktorproplet seine Argumente als Attributwerte spezifiziert (und entsprechend für Modifikator und Modifikandum), können die Proplets beliebig, d.h. nach den Bedürfnissen der Datenbank, gespeichert werden.

Die Ableitung verbundener Proplets aus isolierten (lexikalischen) Proplets wird von den Regeln einer LA-Grammatik durchgeführt, die **LA-hear** genannt wird. Zum Beispiel basiert die erste Komposition der Ableitung 2.1 auf der folgenden Regelanwendung (Erklärungen kursiv):

2.2 Beispiel einer LA-hear Regelanwendung

	rule name	*ss pattern*	*nw pattern*	*operations*	*rule package*
rule level	NOM+FV:	noun : fnc :	noun : fnc :	copy α nw-arg copy β ss-fnc	{FV+OBJ,...}
proplet level		noun : Julia fnc : mdr : prn : 22	verb : know arg : mfr : prn :		

Diese Darstellung zeigt die Regelebene (rule level) und die Sprachebene (proplet level). Die Regel besteht aus (i) einem Regelnamen, (ii) einem Muster für den Satzanfang, (iii) einem Muster für das nächste Wort, (iv) einer Menge von kategorialen Operationen, und (v) einem Regelpaket. Die Muster des Satzanfangs und des nächsten Wortes werden auf Proplets der Sprachebene abgepasst.

Eine solche Abpassung erfordert, dass die Attribute des Musters eine Untermenge des fraglichen Proplets sind und dass die Werte des Musters mit den Werten des fraglichen Proplets kompatibel sind (nach explizit definierten Kriterien, z.B. morphosyntaktischer Art). Dies ist in 2.2 der Fall, weshalb die Variable α des Musters an den Wert Julia und die Variable β an den Wert know gebunden wird. Damit sind die Voraussetzungen für die Operationen erfüllt, die den Wert Julia in das arg Attribut des nächsten Wortes (copy α nw-arg) und den Wert know in das fnc Attribut des Satzanfangs (copy β ss-fnc) kopieren.

Das Ergebnis der Regelanwendung ist der folgende neue Satzanfang:

2.3 Ergebnis einer LA-hear Regelanwendung

noun : Julia fnc : know mdr : prn : 22	verb : know arg : Julia mdr : prn : 22

Neben den explizit in der Regel genannten Operationen, gibt es implizite Operationen der Kontrollstruktur der LA-Grammatik, insbesondere die Zuweisung der Propositionsnummer zum Proplet des nächsten Wortes.

In der folgenden Kombination dient das Ergebnis als neuer Satzanfang, während das Proplet des neuen nächsten Wortes vom *lexical lookup* geliefert wird. Auf diese Eingabe werden alle Regeln des Regelpakets der letzten Regel angewendet. Dementsprechend arbeitet sich die **LA-hear** Grammatik streng zeitlinear durch die Eingabe, wobei die intrapropositionale Funktor-Argument Struktur durch das Kopieren von Werten (d.h. ohne graphische Mittel wie Bäume) rekonstruiert wird.

Die Methode der intrapropositionalen Verkettung ist auch für die extrapropositionale Verkettung von Propositionen geeignet. Wenn z.B. der Beispielsatz 2.1 mit Peter knows Mary fortgesetzt wird, wird die Verkettung folgendermaßen dargestellt:

2.4 Proplets zweier verketteter Propositionen

noun : Julia	verb : know	noun : John	noun : Peter	verb : know	noun : Mary
fnc : know	arg : Julia John	fnc : know	fnc : know	arg : Peter Mary	fnc : know
mdr :	mdr :	mdr :	mdr :	mdr :	mdr :
prn : 22	nc : 23 know	prn : 22	prn : 23	nc :	prn : 23
	pc :			pc : 22 know	
	prn : 22			prn : 23	

In diesem Beispiel wird die Verkettung der Propositionen 22 und 23 mithilfe der zusätzlichen Attribute nc (next conjunct) und pc (previous conjunct) kodiert, und zwar über die prn und verb Werte der Nachbarproposition, z.B. nc: 23 know. Neben der Konjunktion der Verben gibt es noch eine zweite Art der extrapropositionalen Verkettung, die auf der *Identität* von Nomina basiert (siehe Hausser 2001).

3 Navigation durch die Wortbank

Als Merkmalstrukturen mit Attributen für (i) die Funktor-Argument-Struktur, (ii) die Propositionsnummer, und (iii) die Verkettung mit anderen Propositionen sind Proplets autonome Einheiten, die an beliebigen Orten gespeichert werden können. Die Voraussetzung dafür ist der Verzicht auf eine rekursive Einbettung von Merkmalstrukturen ineinander, wie sie bei den nativistischen Ansätzen zur Modellierung der Substitutionen benötigt wird.

Daraus folgt, dass die im Nativismus verbreitete Methode der Unifikation mit der Datenbanksemantik unvereinbar ist. Stattdessen verwendet die Datenbanksemantik das regelgesteuerte Kopieren von Werten (siehe 2.1).

Für die Speicherung von Proplets verwendet die Datenbanksemantik die Struktur einer klassischen *network database* mit *owner* und *member records* – wobei die Verbundstruktur (*record structure*) äquivalent durch Merkmalstrukturen der Proplets dargestellt werden. Zum Beispiel werden die Proplets in 0 wie folgt gespeichert:

3.1 Beispiel einer Wortbank

owner record	*member record*	
[know]	$\begin{bmatrix}\text{verb: know}\\ \text{arg: Julia John}\\ \text{mdr:}\\ \text{nc: 23 know}\\ \text{pc:}\\ \text{prn: 22}\end{bmatrix}$	$\begin{bmatrix}\text{verb: know}\\ \text{arg: Peter Mary}\\ \text{mdr:}\\ \text{nc:}\\ \text{pc: 22 know}\\ \text{prn: 23}\end{bmatrix}$
[John]	$\begin{bmatrix}\text{noun: John}\\ \text{fnc: know}\\ \text{mdr:}\\ \text{prn: 22}\end{bmatrix}$	
[Julia]	$\begin{bmatrix}\text{noun: Julia}\\ \text{fnc: know}\\ \text{mdr:}\\ \text{prn: 22}\end{bmatrix}$	
[Mary]	$\begin{bmatrix}\text{noun: Mary}\\ \text{fnc: know}\\ \text{mdr:}\\ \text{prn: 23}\end{bmatrix}$	
[Peter]	$\begin{bmatrix}\text{noun: Peter}\\ \text{fnc: know}\\ \text{mdr:}\\ \text{prn: 23}\end{bmatrix}$	

Als *member records* dienen die alphabetisch geordneten Werte des Wortklassenattributes (Primärattribut) der Proplets. Dahinter werden die zugehörigen Proplets in der Reihenfolge ihres Einlesens aufgelistet. Eine Liste aus Primärattribut (*owner record*) und beliebig vielen Proplettokens (*member records*) wird Tokenzeile (*token line*) genannt. Diese Datenstruktur unterstützt folgende Suchmethoden:

Erstens kann über das Schlüsselwort eines *owner records* die entsprechende Tokenzeile aufgerufen und so alle Relationen, die dieses Schlüsselwort in der Datenbank hat, gefunden werden. Zum Beispiel besagt die Tokenzeile *know*, dass dieses Verb mit den Argumentpaaren Julia John und Peter Mary vorkommt.

Zweitens kann über ein Propletmuster wie das folgende eine spezifische Frage beantwortet werden.

3.2 Muster eines Fragproplets

$$\begin{bmatrix} \text{verb : know} \\ \text{arg : Julia ?} \end{bmatrix}$$

Dieses Propletmuster (vgl. Regelmuster in 2.2) entspricht der Frage *Whom does Julia know?* Beginnend mit den Ende der *know* tokenline von 0, wird das Muster von rechts nach links solange auf ein Proplet nach dem anderen abgepasst, bis ein kompatibles Proplet gefunden wurde. Dann wird die Variable '?' auf den entsprechenden Wert gesetzt und als Antwort ausgegeben. Zum Bespiel schlägt der Versuch das Frageproplet 3.2 auf das letzte Proplet in der *know* Tokenzeile anzuwenden fehl, weil die Werte Julia und Peter nicht kompatibel sind. Dagegen ist der Versuch mit dem nächsten Proplet erfolgreich und liefert als Antwort auf die Frage den Wert John.

Drittens kann aus einem gegebenen Proplet die Spezifikation eines Nachfolgeproplets abgeleitet werden. Dies beruht auf der Wiederverwendung von Attributwerten des Ausgangsproplets, die in meist andere Attribute des Zielpropletmusters eingesetzt werden:

3.3 Wertewiederverwendung zur Zielpropletspezifikation

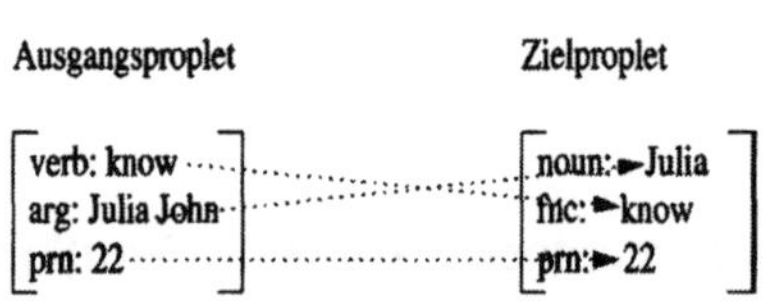

Die wiederholte Anwendung dieser Prozedur resultiert in einer Navigation durch die Inhalte der Wortbank, wobei die intra- und extrapropositionalen Relationen zwischen den Proplets eine Art Schienennetz bilden.

Der Übergang von einem Proplet zum nächsten wird von den Regeln einer zweiten Art von LA-Grammatik behandelt, die **LA-think** genannt wird. Das folgende Beispiel einer **LA-think** Regelanwendung ist analog zu 2.2.

3.4 Beispiel einer LA-think Regelanwendung

	rule name	*ss pattern*	*nw pattern*	*operations*	*rule package*
rule level	V_N_V:	[verb: β arg: X α Y prn: k]	[noun: α fnc: β prn: k]	output position ss mark α ss	{ V_N_V, ...}
proplet level		[verb : know arg : Julia John mdr : prn : 22]			

Das *ss pattern* der Regel passt auf das aktivierte Wortbankproplet know, wobei die Variable β den Wert know, α den Wert Julia oder John, und k den Wert 22 erhält. Angenommen, α erhält den Wert Julia, dann sucht die Regel das Julia proplet mit dem prn Wert 22, und kehrt zum Verbproplet zurück (Operation output position ss). Um das wiederholte Traversieren desselben Proplets zu vermeiden (*relapse*, siehe *tracking principles*, p. 454 in Hausser 1999), wird der gerade gefundene arg Wert im Ausgangsproplet markiert (Operation mark α ss):

3.5 Ergebnis der LA-think Regelanwendung

[verb : know arg :#Julia John mdr : prn : 22]	[noun : Julia fnc : know mdr : prn : 22]

Als nächstes kann die Regel V_N_V erneut angewendet werden (siehe Regelpaket), diesmal zur Aktivierung des John Proplets.144 Neben der einfachen In-

144 Da ein Proplet in der Wortbank normalerweise mehr als einen möglichen Nachfolger bereitstellt, muss LA-think wählen. Die einfachsten Lösungen hierfür sind entweder eine

haltsaktivierung gibt es in der Datenbanksemantik noch mehrere andere Formen der Navigation, von denen die wichtigste die Inferenz ist (siehe Hausser 2001).

4 Sprechermodus in der Datenbanksemantik

Die in der vorigen Sektion beschriebene retrieval-gestützte Navigation basiert auf der Datenstruktur der Wortbank und funktioniert unabhängig von dem Vorhandensein von Sprache. In kognitiven Agenten mit Sprache erfüllt die Navigation jedoch die wichtigste Aufgabe des Sprechermodus, nämlich die *Konzeptualisierung*, also die Bestimmung des *what to say* und *how to say it*.

Der Sprecher kann nur solche kognitiven Inhalte sprachlich realisieren, die in seiner Wortbank gespeichert sind, bzw. aus den gespeicherten Inhalten ableitbar sind. Die Grundlage der Konzepualisierung ist die selektive Aktivierung von Inhalten, wobei die Navigation den intra- und extrapropositionalen Verbindungen zwischen den Proplets folgt. Damit werden nicht nur das *what to say* sondern auch ein wesentlicher Aspekt des *how to say it* bestimmt, nämlich die elementare Sequenzierung der Inhaltswörter im Satz und der Sätze im Text.

Zusätzlich zu dem 'Schienensystem' der Wortbankinhalte wird die Konzepualisierung durch eine Kontrollstruktur (Hausser 2002) bestimmt, die die Navigation (repräsentiert durch einen Fokuspunkt) durch das Schienensystem steuert, wobei externe Stimuli jederzeit Sprünge verursachen können. Neue Inhalte kommen allein durch (i) zusätzliche Wahrnehmungen und (ii) Inferenzen in die Wortbank hinein.

Eine Konzepualisierung die als zeitlineare Navigation durch Datenbankinhalte definiert ist, macht die Sprachproduktion relativ einfach: wenn der Sprecher beschließt, eine Navigation (Gedankenpfad) an den Hörer mitzuteilen, werden die Werte der Primärattribute der traversierten Proplets in ihre sprachabhängigen Entsprechungen übersetzt und als externe Zeichen realisiert.

Zusätzlich zu dieser sprachabhängigen Lexikalisierung muss das System jedoch

1. eine sprachabhängige Wortstellung,
2. eine Ausfällung der Funktionswörter und
3. eine kongruente Wortformselektion

Auswahl nach dem Zufallsprinzip oder nach einer festen Agenda. Rationales Verhalten, einschließlich natürlichsprachlicher Kommunikation, erfordert jedoch, dass die LA-think Grammatik in eine Kontrollstruktur verfeinert wird, die rational zwischen alternativen Fortsetzungen wählt, z.B. durch Evaluation interner und externer Stimuli, Frequenz früherer Traversionen, gelernte Prozeduren, Thema/Rhema-Struktur, etc.

leisten. Diese Aufgaben werden von einer weiteren Art von LA-Grammatik (neben **LA-hear** und **LA-think**) erfüllt, nämlich von sprachabhängigen **LA-speak** Grammatiken.

So wie **LA-hear** ein System der automatischen Wortformerkennung benötigt, benötigt **LA-speak** ein System der automatischen Wortformproduktion. Zum Beispiel wird die Wortform ate aus einem *eat* proplet produziert, dessen sem attribute den Wert past enthält.

Dem vereinfachten Format der Sprachinterpretation (siehe Beispiel 2.1) entsprechend, soll nun auch die Sprachproduktion mit einem vereinfachten Format illustriert werden. Beide Formate haben gemeinsam, dass ihre Vereinfachungen im Weglassen der morphosyntaktischen Details bestehen.

Die folgende Produktionsableitung des Satzes Julia knows John basiert auf einer VNN Navigation, also von einem V (Verbproplet) zu einem N (Subjektnomenproplet) zu einem N (Objektnomenproplet). Die Ableitung zeigt die inkrementelle Behandlung der Wortstellung und der Funktionswortausfällung:

4.1 Schematische Produktion von Julia knows John.

activated sequence				*realization*			
i							
	V						
i.1		n		n			
	V	N					
i.2	fv	n		n	fv		
	V	N					
i.3	fv	n	n	n	fv	n	
	V	N	N				
i.4	fv p	n	n	n	fv	n	p
	V	N	N				

Der Buchstabe ‘i’ steht für die Nummer des produzierten Satzes. Die Buchstaben n, fv and p sind abstrakte Oberflächen für *Name*, *finites Verb*, and *Punkt*.

In Zeile i.1 beginnt die Ableitung mit einer **LA-think** Navigation von dem V Proplet *know* to dem N Proplet *Julia*, wobei **LA-speak** das N Proplet als die Oberfläche Julia realisiert. In Zeile i.2 wird das V Proplet von **LA-speak** als das fv ‘knows’ realisiert. In Zeile i.3 setzt **LA-think** die Navigation zu dem zweiten N Proplet fort, welches von **LA-speak** als das n ‘John’ realisiert wird. In Zeile i.4 schließlich realisiert **LA-speak** das p ‘.’ aus dem V Proplet. Insgesamt wird hier eine VNN Navigation als eine n fv n p Oberflächen Sequenz realisiert.

Die inkrementelle zeitlineare Interaktion zwischen **LA-think** und **LA-speak** ist nicht nur psychologisch motiviert, sondern auch aus Effizienzgründen. Der Grund ist, dass die Muster der **LA-speak** Regeln (siehe Hausser 2001) bei einer frühestmöglichen Realisierung der Oberflächen einer wesentlich kleineren Kandidatenmenge auf der Datenbankebene gegenüberstehen, als wenn **LA**-speak immer erst nach der vollständigen Traversierung der Proposition aktiviert werden würde.

Die in 0 illustrierte Produktionsmethode ist nicht nur für die Ableitung einer SVO Oberfläche (Subjekt-Verb-Objekt, siehe Greenberg 1963) geeignet, sondern auch einer SOV und (trivialerweise) einer VSO Oberfläche. Die Wortstellung und Lexikalisierung werden von den Regeln einer LA-speak Grammatik gehandhabt, wobei die Entwicklung dieser Grammatiken konzeptuell mit abstrakten Ableitungen wie 0 unterstützt wird.

5 Zusammenfassung

Das Grundprinzip der Informationübertragung vom Sprecher zum Hörer in der Datenbanksemantik kann schematisch wie folgt dargestellt werden:

5.1 Übertragung von Inhalt mit natürlicher Sprache

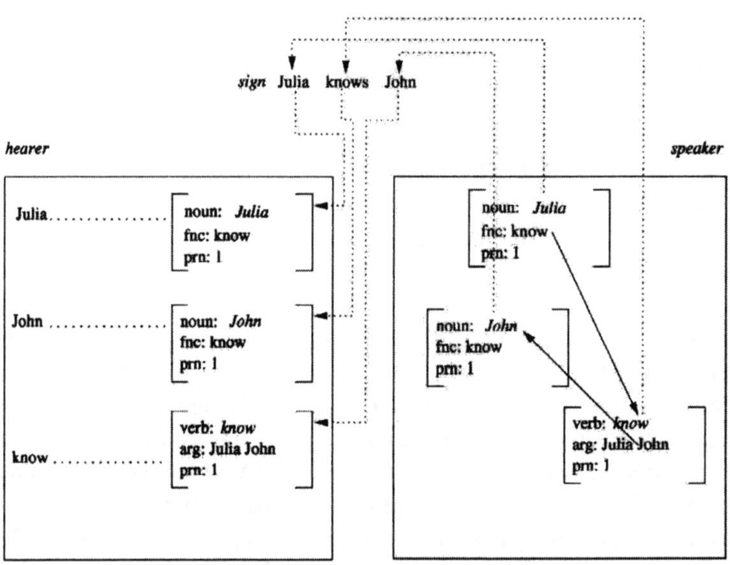

Rechts findet sich die vereinfachte Wortbank des Sprechers (vgl 0) mit den Proplets *John, Julia,* und *know.* Die soliden Pfeile repräsentieren eine Navigation von *Julia* nach *know* und von dort nach *John.*[145] Wie durch die gepunkteten Pfeile angedeutet, werden während der Traversierung dieser Proplets die Werte ihrer Wortartattribute als Oberflächen ausgegeben (*sign*).[146]

Links findet sich die Wortbank des Hörers. Wie in 2.1 gezeigt, ersetzt *lexical lookup* die hereinkommenden Wortformoberflächen durch isolierte Proplets, die durch syntaktisch-semantisches Parsen in verbundene Proplets verwandelt werden. Diese werden in die Tokenlines der Hörerwortbank einsortiert. Die in 5.1 dargestellte natürlichsprachliche Kommunikation ist erfolgreich, weil der Inhalt der Sprecherwortbank in der Hörerwortbank äquivalent rekonstruiert wurde.

Im Unterschied zum Nativismus und seinen substitutionsbasierten Ableitungen mit Unifikation (siehe 1.3) macht die Datenbanksemantik keine Trennung zwischen einer syntaktischen und einer semantischen Repräsentation bzw. Ableitung. Semantisch uninterpretierte Systeme, z.B. für formale Sprachen wie $a^k b^k c^k$, etablieren lediglich weniger Relationen als interpretierte. Weiterhin unterscheidet sich der Ansatz der Datenbanksemantik folgendermaßen von denen des Nativismus:

5.2 Vergleich des Nativismus mit der Datenbanksemantik

Nativistische Ansätze	*Datenbanksemantik*
zeichenorientiert	agentenorientiert
substitutionsbesiert	fortsetzungsbasiert
rekursive Merkmalstruktureinbettung	keine rekursive Einbettung
Unifikation mit Vererbung und Typisierung	Unifikation ist nicht möglich
Wahrheitskonditionale Semantik	Prozedurale Semantik
Charakterisierung angeborenen Wissens	Modellierung sprachlicher Kommunikation
Keine Modellierung des *turn- taking*	Modellierung des *turn-taking*
keine Informationsübertragung	Informationsübertragung zwischen Sprecher und Hörer

Ein weiterer Unterschied liegt in der mathematischen Komplexität der beiden Ansätze. Es konnte gezeigt werden, dass die syntaktisch-semantische Analyse

[145] Diese Reihenfolge ist insofern eine intuitive Vereinfachung als normalerweise eine VNN Sequenz zugrundegelegt wird. Siehe 4.1.

[146] Die in Sektion 4 angesprochenen Aufgaben der sprachabhängigen Wortstellung, Funktionswortausfällung und kongruenter Wortformselektion werden bei diesem stark vereinfachten Beispiel vernachlässigt.

natürlicher Sprache in der LA-Grammatik von linearer Komplexität ist[147] – im Unterschied zum Nativismus, dessen Formalismen sämtlich *computationally intractible*, also unentscheidbar oder exponentiell, sind. Der Grund ist, dass die LA-Grammatik der erste und bisher einzige Grammatikformalismus mit einer Sprach- und Komplexitätshierarchie ist, die orthogonal zu der der PS-Grammatik (Chomsky-Hierarchie) liegt (Hausser 1992).

Die Analysemethoden des Hörermodus (siehe 2.1) und des Sprechermodus (siehe 4.1) wurden bisher auf folgende grammatikalische Konstruktionen angewendet:

5.3 Derzeitiger Umfang des englischen Fragments

I. Funktor-Argument-Struktur
Ia. Intrapropositional
Zweistelliges Verb mit Eigennamen als Argumenten:
Julia knows John.
Dreistelliges Verb mit Artikel-Nomen Kombinationen als Argumenten:
The man gave the child an apple.
Komplexe Nominalphrase:
The little black dog barked.
Komplexe Verbalphrase:
Fido has been barking.
Passiv:[148]
The book was read by John.
Präpositionalphrase in adnominaler und adverbialer Interpretation:
Julia ate the apple on the table.

Ib. Extrapropositional
Subjektsatz:
That Fido barked amused Mary.
Objektsatz:
John heard that Fido barked.
Adnominalsatz (Relativsatz):
The dog which Mary saw quickly barked.
Adverbialsatz:
When Fido barked Mary smiled.

---

[147] Siehe Hausser 1999, 12.5.7 (S. 236) für die syntaktische und 21.5.2 (S. 425) für die semantische Analyse.
[148] Siehe hierzu den Beitrag von M. Twiggs im gleichen Band.

II. Koordination[149]
IIa. Intrapropositional
Nominale Koordination:
The man, the woman, and the child slept.
Verbale Koordination:
John bought, cooked, and ate the pizza.

IIb. Extrapropositional
Intrasententiale Koordination:
Julia slept and John read.
Extrasententiale Koordination ohne Konjunktion:
Julia slept. John read.
Extrasententiale Koordination mit Konjunktion:
Julia left the house. Then she crossed the street.

III. Koreferenz[150]
IIIa. Intrapropositional
Reflexivpronomen:
John shaved himself.
John showed Mary himself.
John showed Mary herself.

IIIb. Extrapropositional
Adverbialsatz:
When Mary returned she kissed John.
When she returned Mary kissed John.
Mary kissed John when she returned.
% She kissed John when Mary returned.

Adnominalsatz:
The man who loves the woman kissed her.
Every farmer who has a donkey beats it. (donkey sentence)
The man who deserves it will get the prize he wants. (Bach-Peter sentence)

Während die Koordination im Hörermodus nach demselben Prinzip des Wertekopierens wie die Funktor-Argument-Struktur abgeleitet wird, basiert Behandlung der Koreferenz im Hörermodus auf einer Form der Inferenz.

---

149 Siehe hierzu den Beitrag von B. März im gleichen Band.
150 Siehe hierzu den Beitrag von D. Helfenbein im gleichen Band.

Literatur

Bresnan, J. (ed.) (1982) The Mental Representation of Grammatical Relation, MIT Press, Cambridge, Mass.

Gazdar, G., E. Klein, G. Pullum, & I. Sag (1985) Generalized Phrase Structure Grammar, Harvard U. Press, Cambridge, Mass.

Greenberg, J. (1963) "Some Universals of Grammar with Particular Reference to the Order of Meaningful Elements," in J. Greenberg (ed.) Universals of Language, MIT Press, Cambridge, Mass.

Hausser, R. (1992) "Complexity in Left-Associative Grammar," Theoretical Computer Science, Vol. 106.2:283-308, Dordrecht: Elsevier.

Hausser, R. (1999) Foundations of Computational Linguistics, Human-Computer Communication in Natural Language. 2nd Edition 2001, pp. 578, Berlin, New York: Springer.

Hausser, R. (2001) "Database Semantics for Natural Language." Artificial Intelligence, Vol. 130.1:27–74, Dordrecht: Elsevier.

Hausser, R. (2002) "Autonomous Control Structure for Artificial Cognitive Agents," in H. Kangassalo et al. (eds) Information Modeling and Knowledge Bases XIII, IOS Press Ohmsha, Amsterdam.

Kycia, A. (2004) Implementierung der Datenbanksemantik in Java, MA-thesis, Universität Erlangen-Nürnberg.

Pollard, C. & I. Sag (1994) Head-Driven Phrase Structure Grammar, CSLI Stanford and The U. of Chicago Press, Chicago, Illinois.

Saussure, F. de (1972) Cours de linguistique générale, Édition critique préparée par Tullio de Mauro, Éditions Payot, Paris.

Shieber, S. (1986) A Simple Reconstruction of GPSG. COLING 1986: 211-215.

Zeevat, H., E. Klein, & J. Calder (1987) "An Introduction to Unification Categorial Grammar," in J.N. Haddock, E. Klein, & G. Morris (eds.), Edinburgh Working Papers in Cognitive Science, Vol. 1: Categorial Grammar, Unification Grammar, and Parsing. Center for Cognitive Science, U. of Edinburgh.

Parsing Overlaps

Rodolfo Delmonte

Overlaps constitute a challenge for any system of linguistic representations in that they cannot be treated as a one-dimensional event: in order to take into account the purport of an overlapping stretch of dialogue for the ongoing pragmatics and semantics of discourse, we have devised a new annotation schema which is then fed into the parser and produces a multidimensional linear syntactic constituency representation.

This study takes a new tack on the issues raised by overlaps, both in terms of its linguistic representation and its semantic and pragmatic interpretation. It will present work carried out on the 60,000 words Italian Spontaneous Speech Corpus called AVIP, under national project API – the Italian version of MapTask, in particular the parser, to produce syntactic structures of overlapped temporally aligned turns. Then it will concentrate on the syntactic, semantic and prosodic aspects related to this debated issue.

The paper will argue in favour of a joint and thus temporally aligned representation of overlapping material to capture all linguistic information made available by the local context. This will result in a syntactically branching node we call OVL which contains both the overlapper's and the overlappee's material (linguistic or non-linguistic). An extended classification of the phenomenon has shown that overlaps contributes substantially to the interpretation of the local context rather than the other way around.

1. Introduction

This paper presents work carried out at the University of Venice for the creation of tools for the annotation of spoken Italian which allow the user to work in a format fit for the visualization of the results in multilevels representation in commercial browsers. The specific topic of this paper will be the characterization of overlaps along the lines of what has been done in MATE project and other international projects in progress like the MEETING project. In the AVIP/API dialogues the quantity of overlapping speech is very high, as has been reported in (Delmonte et al. 2004). At an international level, even though everybody agrees on the relevance of the phenomenon, there is no universal agreement on its representation from the linguistic point of view, in particular as concerns syntactic structure both at constituent and functional level.

The definition of OVERLAP in the literature on conversational studies is rather cumbersome: this is due in our opinion to a tendency to mix up pragmatic imports with semantic and sometimes syntactic ones. In some cases, also ethnographic elements have been brought in, where a colonialistic point of view has been used to sanction natives' communicative interchanges as being unruled because of the high number of interruptions and overlaps. In other cases, it would seem that gender imports come into play to differentiate between a competitive and a collaborative use of overlaps and interruptions.

One first argument was the terminological issue related to the function of the overlap, either as an interruption by the intruder speaker or simply as a continuer – a backchannel or a confirmation word.

A second argument brought to bear on the definition of overlap was the outcome of the interruption, where it causes the intruder speaker to usurp the floor or not, and in this second case whether the current speaker was obliged to repair his utterance as a reaction to the interruption, or not.

A third argument was the place at which the overlap occurs, whether it is at a TRP, Transitional Relevance Place in which case also syntactic completion of some kind was involved – this was defined, for lack of a better linguistic basis, whenever a predicate was present (Ford & Thomson 1996). Or in case it is in a Nontransitional Relevance Place: these two terms also hinged on the semantic completeness of the already uttered turn by the current speaker.

A fourth argument relied on the recognition on the side of the overlapper of the incoming TRP and the irrelevance of the completion of the turn on the side of the current speaker, so that an interruption in the middle of the turn could still be interpreted as collaborative.

A final more decisive factor is the computability of overlaps in terms of its predictability.

As fas as predictability is concerned, data are often conflicting on this issue: it would seem that males are more prone to produce interruptions in order to show their desire/tendency to compete, if compared to females who are more oriented towards collaborative and cooperative attitudes in conversations. This could be used to predict conversants' behaviour with respect to their gender/sex: however this is not universally borne out so it is easily contradicted. I will not quote colonialists'-like opinions on the way less educated communities handle conversations if compared to more educated ones. This is also not proven and can also be dismissed on social equity principles.

(Sachs et al. 1975) introduced the concept of conversational rules and (Grice 1975) introduced the concept of conversationals maxims: however none of these rules and maxims can be used to predict the actual progress of turn interaction in real dialogues.

The only criterion that can be safely regarded to be useful for such an important issue as computability should in our opinion come from experimental data:

and in this regard, thcy can be derived from syntactic structure or from acoustic/linguistic analysis of FØ movements. As reported in (Wichmann & Caspers 2001), these two parameters may be taken to represent possible anchors for an algorithm for overlaps predictability. It would seem that whenever overlaps occur at TRPs they would do so because of turn-change projectability from the current speaker: this is usually linked to the presence of a Boundary Tone; while on the contrary the presence of a High Tone would indicate a less likely projectable TRP, hence a desire by the speaker not to be interrupted by its interlocutor. In turn, the overlapper may simply produce a semantically empty Turn Unit, a backchannel or an affirmative continuer, to express his/her wish for the current speaker to continue.

A viable syntactic-semantic definition of TRP could be formulated in case there was a treebank available or a parser able to compute any spontaneous dialogue text without having to go through its output manually. In our case we will use the treebank semi-automatically built for the Italian National Project on spontaneous speech based on the Italian MapTask and the Spot Differences Dialogues (see Delmonte 2003).

Our treebank will not only allow us to derive a precise definition of TRP but also classify all overlaps accordingly. This is due to a peculiar feature of the constituency which contains a distinct major constituent for overlaps, called OVL, which contains both the overlapped and the overlapping linguistic material in the actual location in the turn in which the interruption took place.

As will be described in detail below, the problem of the annotation of overlaps has required a new coding of all the corpus AVIP/API in order to recover the temporal alignment of the phenomenon under study.

Our annotation activity has covered the items in the following list:

A. Elaboration and transformation of original texts

- transformation of texts with overlaps organized on a turn basis (its content being assigned to the respective speaker's turn), into texts with the overlaps temporally aligned with the corresponding acoustic signal;
- creation of a file containing correspondences of all overlaps in XML format, between the original separate encoding of overlaps ascribed to each speaker in terms of turns and the transformed orthographic file where overlaps are encoded locally in each turn on a temporal basis;

B. Linguistic multilevel representation of each text at sentence level

- lexical annotation with association of lemmata to each wordform; association of a syntactic and a semantic class to each lemma;

- morphological annotation of each wordform with association of morphological features;
- syntactic annotation in bracketed constituents.

In our approach to parsing of spontaneous speech we diverge from the one taken in the original MapTask seen that we decided to erase all nonlinguistic and paralinguistic items and turn them into punctuation wherever possible.

2. Overlaps

Overlaps may be defined as a speech event in which two people speak simulateneously by uttering actual words or in some cases non-words, when one of the speakers, usually the interlocutor, interrupts or backchannels the current speaker. This phenomenon takes place at a certain point in time where it is anchored to the speech signal; but in order to be fully parsed and subsequently semantically interpreted, it needs to be referred semantically both to a following turn and to the local turn where it may produce conversational moves to repair what has been previously said by the current speaker.

One of the distinctive characteristics of naturalistic conversation (in contrast to monolog situations) is the presence of overlapping speech. Overlapping speech may be of several types, and affect the flow of discourse in various ways. An overlap may help to usurp the floor from another speaker (e.g., interruptions), or to encourage a speaker to continue (e.g., back channels), or simply end up just in an attempt at usurping the floor without success (Vain Interruption as defined by Bazzanella). As a preliminary and tentative pragmatic definition we may define an overlap as being normally a physical event that happens in a single time unit in which two or more speakers want to comunicate different and non-coincident comunicative intentions. Exception made for rare cases in which the two or more speakers intended to say the same thing in the same time unit.

Speaker overlaps, are directly observable in our data, since by definition overlaps occur at points of simultaneous speech on more than one of the (individually recorded) channels, besides their explicit indication in the ortho-phonetic transcription thus transliterated into the orthographic transcription. What we are interested in is finding out whether there is any correlation between the onset of overlaps and their possible characterization from the point of view of syntactic structure, which we have proposed to treat by introducing a node of discourse constituency called OVL (overlap), from where the two temporally aligned components of overlapping, the overlappee and the overlapper stretch of speech/text, branch. The typologies proposed in the literature and those suggestcd by Bazzanella will be verified in relation to their treatment at the level of syntactic constituency.

Both punctuation and overlap have been discussed in the literature as correlating with prosodic cues. For example, past computational work has discussed prosodic features for sentence boundaries as well as disfluency boundaries. Past work in conversation analysis, discourse analysis, and linguistics has shown prosody to be a useful cue in turn-taking behavior. So we may assume that overlapping can be safely be described also in prosodic terms or lends itself to use prosody as a linguistic correlate to linguistic descriptions.

2.1 Overlaps: why caring about them in the first place?

Why detecting and labeling Overlaps is so important? These are the most important reasons for taking care of them:

- They are very frequent;
- They may introduce linguistic elements which influence the local context;
- They may determine the interpretation of the current utterance;

and for these reasons, they cannot be moved to a separate turn because they must be semantically interpreted where they temporally belong.

After moving overlaps to their original temporal position, as a side-effect, some turns are just empty conversational moves because the speaker has already been taking the turn with a previous overlap which may have been followed by a repairing move of the other speaker thus conversationally concluding the communicative exchange.

1080 overlaps distributed over 20 files for a total of 4747 turns.
Turns with more than one overlap at their internal = 60
On average one overlap every 4.4 turns or 0.23% overlaps on all turns

Tab 1. Overlaps data in Avip/Api Dialogues

As shown above, overlaps are very frequent indeed. Also consider the fact that total number of tokens for AVIP/API is 56,337, of which 18,710 are constituted by punctuation and turn tokens, and the remaining 37,627 tokens are words, quasi-words and interjections. If we divide up these total word related tokens by the number of turns we end up with an average of about 8 words per turn. Thus, one overlap every 35 words.

We also parsed another spontaneous spoken corpus corpus, the IPAR corpus, but only partially. For the sake of evidence, we also report preliminary data from this one which uses the Spot Differences protocol: the main distinguishing feature of this corpus is the fact that the two speakers have no predefined role in the conversation so that turn-taking is much more independent and spontaneous, and is eventually only based on each speaker's attitude and personality. As can be gathered from the data on overlaps, in this case the number is almost doubled.

424 overlaps distributed over 979 turns
Turns containing more than one overlap are 38.
On average one overlap every 2 turns pr 0.5% overlaps on all turns

Tab 2. Overlaps data in IPAR Dialogues

2.2 Overlaps and orthography: realignment and time irreversibility

In the original MapTask overlaps over two consecutive turns were simply marked off in blue colour: the words in blue overlapped. However, whenever there was more than one overlap in a single turn things became unclear, as shown in the following two examples taken from the materials made available on the web:

Dialogue 1.
FOLLOWER: what finish ?
GIVER: at the ch- at the chestnut tree.
FOLLOWER: right.

where we can surmise that "what finish" uttered by the Follower overlapped with "at the ch-" uttered by the Giver; then we are also led to believe that "tree" uttered by the Giver overlaps "right" uttered by the Follower and reported in the following turn. In this case no special problem seems to arise in linking the portion of overlapping materials. But consider now the following fragment:

Dialogue 2.
GIVER: no do-- all right okay, we'll we'll forg--.
FOLLOWER: I'm going I'm going right... I'm going right towards the yacht club?
GIVER: we'll forget about the yacht club just now.

Here we are led to consider the Giver's "no do" to overlap with something previously pronounced by the Follower: on the contrary, this overlaps with the Follower's "I'm going"; then the Giver's "okay, we'll we'll forg–." Overlaps with the Follower's "I'm going right". Finally the Follower's "yacht club" overlaps with the Giver's "we'll forget". As can be gathered, there is no real motivation of separating turns which have strictly interconnected materials apart from the need to have a linear description. And as a matter of fact linearizing in the case of overlaps is twice wrong: phenomena which should belong to one and the same time unit are represented by the orthography as belonging to two separate time units. The colour is then used to rescue the temporal dimension.

The decisions taken in the Italian MapTask was to follow the original transcription schema and conventions: in particular, overlaps are fully marked in the local speech aligned orthographic transcription, by introducing the index of the turn containing the overlapping material, which however is not visible and should be looked up in the following turn. In addition, two #s are introduced at the front of the turn index and at the end of the overlapped speech as shown in the following example:

Dialogue 2.
p1#94: no <sp> cioè sì c'ha<aa> <mh> <sp> una specie di tappo
p2#95: sì #<p1#96> c'ha un ta+ tappo <sp># , sì
p1#96: #<p2#95> di funghetto# <lp> c'ha prima una base un po' altina

Dialogue 2.1
p1_94: no, cioè sì c'ha, una specie di tappo.
p2_95: sì ovl_42 di funghetto < c'ha un ta_ tappo - >, sì.

Turn 95 contains an overlap which is introduced and erased from the following turn and indexed as shown in 4.1 version of the dialogue: the convention being that the ovl_42 index is followed by the overlapper's speech intruding in the overlappee's turn. The material being overlapped then follows the open '<' and the close of the overlap is marked by the closing '>'. In this way the orthography linearizes the bidimensional event of the overlap by keeping the linguistic material within the same turn as adjacent text rather than scattering it in different turns. The ownership of the material by one of the speakers is guaranteed by its local respective position within the boundaries of the overlap: the ov_N starting symbol and the '>' at the end. It is important to notice that the two words are respectively pronounced by a woman and a man, the intruder utters with a rising tone: the implicit communicative intention is that of producing a better indication of the shape of the object currently under discussion and trying to get the other speaker to accept it.

The utterance contains a short pause <sp> right after the overlap which is then followed by an affirmative interjection "sì"/yes: this is a very common feature of overlaps in our corpus, a confirmation is a conversational act reacting to the overlapping material, which however is not present in the current utterance since it has been moved to the following turn. As can be understood by recomposing the overlapping portions of this conversation, what really happens is that the two speakers, Speaker 1 and Speaker 2 are interacting very closely while the description of the scenario is carried on. At the same time at which a certain shape is individuated and properly described a consensus is reached: but this is reached by trial and errors in a continual re-approximation of the task. There are two internal repairs caused by the overlap: the first one is "sì"/Yes as a reaction of Speaker 2 to a first definition of the shape "tappo"/cork, which is however taken only as being suggestive "una specie di"/a kind of, of a better yet to be defined final shape. And in the Speaker 2 turn, the repetition of "tappo" which is intentionally interrupted by recovering the turn role and suggesting the most appropriate shape, "di funghetto"/of a little mushroom.

3. Overlaps and syntax

As said above, overlaps challenge all criteria of linguistic representation which require the input sentence to be mono-dimensional, i.e. to contain the utterance of one single speaker. This fact is semantically essential in order to guarantee the linguistic representation to be interpretable. On the contrary, overlapped linguistic material, i.e. sentences which contain at the same time linguistic material coming from two or more participants in the dialogue are not only hard to parse: they might also constitute an obstacle to semantic interpretation.

3.1 Incremental Shallow-to-Deep Parsing

As in most robust parsers, we use a sequence or cascade of transducers: however, in our approach, since we intend to recover sentence level structure, the process goes from partial parses to full sentence parses. Sentence and, below it, clause level are crucially responsible for the right assignment of arguments and adjuncts to a governing predicate head. This is clearly paramount in our scheme which aims at recovering TRPs by referring solely to syntax. Differently from what has been previously done in the English MapTask (see McKelvin 1998), we erased all non-linguistic or paralinguistic elements from the original transcription, and added punctuation in accordance with pause interpretation.

The sequential processors receive the input sentence split by previous processors, which is recursively/iteratively turned into a set of non-sentential level syntactic constituents. Non-sentential level constituents, can be interspersed by heads which are subordinate clause markers, or parentheticals markers. The final output is a list of headed syntactic constituents which comprise the usual set of semantically translatable constituents, i.e., ADJP, ADVP, NP, PP, VC (Verb Cluster). In addition to that, sentence level markers interspersed in the output are the following: FINT, interrogative clause marker; DIRSP, direct speech clause marker; FP, parenthetical clause marker; FC, coordinate clause marker; FS, subordinate clause marker; F2, relative clause marker.

The task of the following transducer is that of collapsing into the corresponding clause the clause material following the marker up to some delimiting indicator that can be safely taken as not belonging to the current clause level. In particular we assume that at each sentence level only one VCluster can appear: we define the VC as IBAR indicating that there must be a finite or tensed verb included in it. VClusters containing non-tensed verbal elements are all defined separately, as follows: SV2, for infinitive VCs; SV5, for gerundive VCs; SV3, for participial VCs.

The second transducer has also two additional tasks: it must take care of ambiguity related to punctuation markers such as COMMA, or DASH, which can either be taken as beginners of a parenthetical or indicators of a list, or simply as separators between main clause and subordinate/coordinate clause. It has also the task of deciding whether conjunctions indicated by FC or by FS are actually starting a clause structure or rather an elliptical structure.

Our proposal will then be articulated as follows:

A. TRP coincides with sentence level or whenever main complements have been parsed and we are left with adjuncts;
B. Non-TRP coincides with all the remaining cases, i.e. when the overlap starts between the specifier and the head of a constituent when still in preverbal position; or else whenever the overlap is positioned at the constituent boundary but the main governing predicate has not been parsed yet.

Case A. thus constitutes the semantically valid option corresponding to a projectable smooth TRP without overlap; on the contrary case B. constitutes the non-semantically viable option where the interlocutor does not have enough semantic content to project a TRP and simply wants to prevent the current speaker from continuing his talk.

Consider the previous example Dialogue 2, Speaker 2 utterance, whose syntactic structure is reported below,

Dialogue 2.b
da(turn(p2_95),cp(intj(si'), ovl(overlap(ov_42), spd(pd(di), sn(n(funghetto))), par(<), f(ibar(expl(c), vc(ha)), compc(sn(art(un), abbr(ta_), sn(n(tappo))))), par(par), overlap(>)), punt(virg), cp(intj(si'))), punto(.))

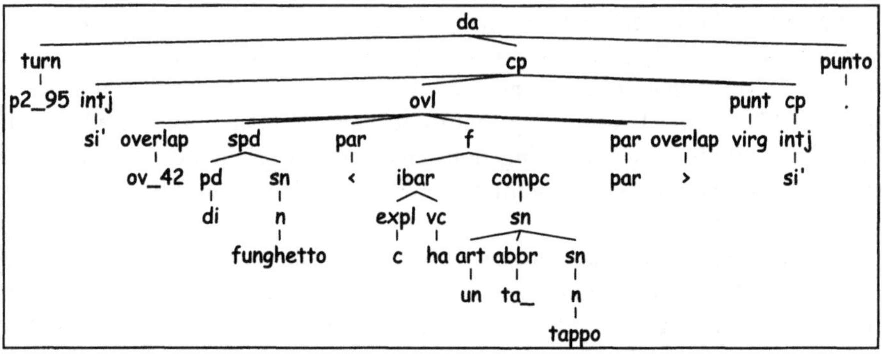

Fig. 1 Syntactic Structure for Dialogue 2.b with temporally aligned overlap

The realignment of all turns has given as a result a certain number of empty turns, i.e. all those turns which had been artificially built by simply containing overlapping material which had been already uttered by the current speaker before the previous turn was elapsed.

The need to represent linguistic information related to two speakers in the same syntactic structural representation, which is both semantically and pragmatically strongly intertwined has a lot of theoretical implications.

This implements principles of linguistic representation expressed in previous work of ours, in particular in (Delmonte 1987), where syntactic structure was to interact with semantic and pragmatic structure in order to take into due account phenomena like Contrastive and Emphatic Focus. *Discourse Grammar* which is crucially grafted onto rules of sentence grammar; does not directly relate to unconscious and innate LAD mechanisms but stems and develops on extralinguistic, contextual/situational or pragmatic conditions.

As a matter of fact, no neat division should be drawn between these two theoretical domains, apart from empirical reasons, i.e. in order to reduce interfering factors which do not contribute in an essential way to the construction of an internal grammar. In particular, the realm of performance, being the less studied if compared to competence, contains quite a number of such interfering factors. We might also surmise that a lot of performance (as such describable within a discourse grammar) interferes strongly with competence (Bresnan, 1982: xxiii) leading to an interactive (see Marsley-Wilson, Tyler, 1980), model for discourse understanding, rather than a sequential one.

Interpretation could be triggered independently from sentential material or be determined by the presence of coreferring extrasentential expressions; as a further option, it could be triggered locally by logical operators which in turn may vary their scope according to the presence of extrasentential factors.

In other words, to allow for feedback to take place between the two levels of grammatical relations, we need discourse level phenomena to be adequately represented by sentence grammar. This is certainly the case with the case we are tackling now: overlaps take place at a discourse level, however their import is deeply grafted into sentence grammar, by conditioning interpretation from taking place.

Consider now another interesting example represented by the following utterance, where the overlapper corrects the current speaker – the overlappee – who, as a consequence of that, drops its utterance and confirms what the overlapper said.

"eeh, la spalla sinistra del bambino è leggermente più ov_73 alta della destra, sì > alta del, sì <."/the left shoulder of the child is slightly more ov_73 high than the right one, yes > high of the, yes <."

Whose syntactic structure is,

cp(intj(eeh),f(sn(art(la),n(spalla),sa(ag(sinistra)),spd(partd(del),sn(n(bambino)))),ibar(vc(e')),sq(savv(avv(leggermente)),in(piu')),ovl(overlap (ov_73),f3(sa(ag(alta),spd(partd(della),sn(ag(destra))))),punt(virg),cp(intj(si')) ,par(>),sa(ag (alta),spd(partd(del))),punt(virg),cp(intj(si')), overlap(<))), punto(.))

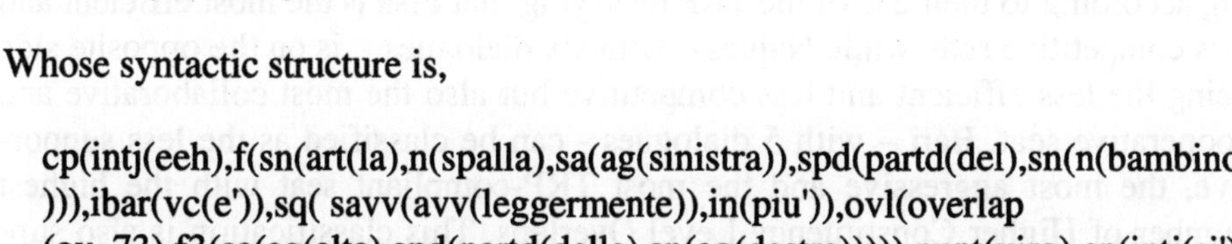

Fig. 2 Syntactic Structure for Dialogue 3 with temporally aligned overlap and linguistic material on the right

Coming now to overlaps, which as said above are on average occuring 1 every four turns, have been organized as follows:

- Overlaps occurring between specifier and head;
- Overlaps occurring in a parallel and unintentional simultaneous way;
- Overlaps which are semantically empty and are computable as backchannels;
- Overlaps at a higher constituency level, i.e. at sentence level or after main predicate and main complement has been computed.

In the Table 3. below we show both absolute and percent values of all overlaps distributed in the three locations where the MapTask has been recorded. We marked most deviant values in bold and italics. As can be easily gathered, Napoli/Naples is the seat where in absolute terms most overlaps have occurred; it is also the place where, in absolute and relative terms, most semantically empty overlaps occurred. Bari, is the seat where in absolute terms the least overlaps have occurred: it is also the place where in relative terms the least semantically empty overlaps occurred; in addition to that, it is the place where the most specifier/head occurred and the most TRP relatable overlaps occurred.

Eventually, Pisa – with four dialogues - is the seat where most parallel overlaps occurred. We might thus pragmatically characterize the three seats as differing according to their use of the TRP by saying that Pisa is the most efficient and less competitive seat, while Naples – with six dialogues - is on the opposite side being the less efficient and less competitive but also the most collaborative and cooperative seat. Bari – with 5 dialogues - can be classified as the less supportive, the most aggressive and the most TRP-compliant seat with the highest number of Higher Constituency Level Overlaps. This classification is also supported by total and mean duration values of MapTask dialogues, where we see the same order, with Naples being the most lengthy and Pisa the least.

4. Overlaps, prosody and semantics

If utterances containing overlaps may be represented syntactically, then it should also follow that they should be interpretable semantically. In fact, this may be true for all overlaps containing linguistic material which is related to its context, right or left. However, when the linguistic material does not relate locally to any portion of the utterance it is hard to define a strategy. In the former case, the interpretation follows from a treatment of overlapped material as belonging to the current clause – as a fragment - or to a previous utterance – as an ellipsed fragment.

Sites / Overlaps	Overlaps Totals	Mean Overlaps X Dialogue	Mean No. Turns x Dialogue	Mean Dialogue Duration in minutes	Specifier/ costituent head Overlap	**Parallel** Overlap	Semant-ically Empty Overlaps	Higher Constitu-ency Level Overlaps
BARI	142	28.4 13.73%	265 33.3%	11.35 30.43%	***53*** ***31.2%***	11 0.78%	25 17.6%	***53*** ***31.2%***
NAPOLI	***674***	***112.33*** ***54.33%***	***313.66*** ***39.42%***	***15.36*** ***41.19%***	168 24.92%	74 11.5%	***253*** ***39.28%***	179 26.56%
PISA	264	66 31.92%	217 27.27%	10.58 28.37%	64 26.12%	***58*** ***21.96%***	70 26.51%	72 27.27%
Totals **Means**	1080	 68.91	 265.22	 12.43	285 26.39%	143 13.24%	***337*** ***31.2%***	304 28.14%

Tab 3. Total overlaps data in AVIP/API Dialogues classified

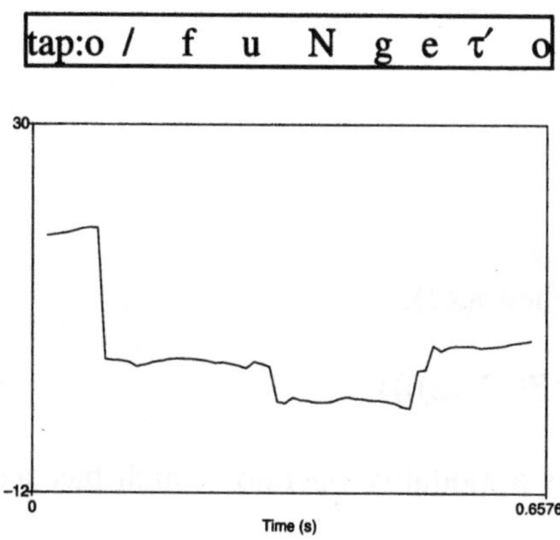

Fig.4 Overlapped intonation related to the two words "tappo-funghetto"/cork-small mushroom

To conclude, we analysed the prosodic content of those overlaps constituting interruption at constituent level and we found a strong correlation with the acoustic signal. In particular, at FØ level, it is usually the case that the two speakers produced different intonational curves, such as the ones detected with the example examined above, which we report in Fig.4. The FØ refers to the two overlapping words "tappo/funghetto" cork/small mushroom, and the first word is present only with the last syllable "po". It is important to notice that the two words are respectively pronounced by a woman and a man, the intruder utters with a rising tone: the implicit communicative intention is that of producing a better indication of the shape of the object currently under discussion and trying to get the other speaker to accept it. And the backchannel ending the communicative exchange testifies to that. In other words, the overlapper is introducing a fragment as a query which is contextually approved by the overlappee. From a pragmatic point of view the communication is now complete. We don't have the space here to include all data related to phonetic acoustic processing: we just mention the fact that we encoded all intonational movements using ToBI prosodic representations (see also Wichmann, A. & Caspers, J. 2001).

As a modest proposal for the production of a Logical Form from our syntactic structures we show how we deal with the overlap contained in Dialogue 2. above, where the short utterance plus the fragment are analysed as a pair of propositions with the same underlying predicate HAVE which has been however ellipsed. The semantics of this utterance can be represented in a flat logical form where the DA (Dialogue Act) contains an OVL to which the governing predicate "HAVE" is applied twice, as follows,

```
Dialogue 2.b
DA(turn(p2_95),
    OVL(prop(sì(y1),
      tappo(x1),
        AVERE(y1,x1)),
         prop(funghetto(x2),
           sì(y2),
             AVERE(y2,x2))))
```

OVL is thus treated as a modality operator which has scope over two propositions.

References

Bazzanella, Carla (1994). "LE INTERRUZIONI", in *Le facce del parlare*, Cap 8, Firenze/Roma: La Nuova Italia, pp.176.

Bard, E.G., Anderson, A.H., Sotillo, C., Aylett, M., Doherty-Sneddon, G., & Newlands, A. (2000). Controlling the intelligibility of referring expressions in dialogue, Journal of Memory and Language , 42(1) , 1–22.

Bresnan, J. (ed.) (1982). The Mental Representation of Grammatical Relations, MIT Press, Cambridge Mass.

Bernsen, N. O., Dybkjaer, L. & Kolodnytsky, M. (2002). The NITE Workbench - A Tool for Annotation of Natural Interactivity and Multimodal Data. Proceedings of LREC 2002, Las Palmas.

Delmonte, R., Bristol, A., Chiran, L., Bacalu, C., & Tonelli S., (2004). Parsing the Oral Corpus AVIP/API, in Atti del Convegno Internazionale “Il Parlato Italiano”, Napoli, Università di Napoli, 20–40.

Delmonte, R. (2003). Parsing Spontaneous Speech, in Proc. EUROSPEECH2003, Pallotta Vincenzo, Popescu-Belis Andrei, Rajman Martin "Robust Methods in Processing of Natural Language Dialogues" , Genève, pp, 16–23.

Delmonte, R. (2001). How to Annotate Linguistic Information in FILES and SCAT, in Atti del Workshop "La Treebank Sintattico-Semantica dell'Italiano di SI-TAL, Bari, pp.75–84.

Delmonte, R. (2000). Shallow Parsing And Functional Structure. In Italian Corpora, LREC, Atene, pp.113–119.

Delmonte, R. (1987). Focus and the Semantic Component, in Rivista di Grammatica Generativa, 81–121.

Ford, C.E., & Thompson, S.A. (1996). Interactional units in conversation: syntactic, intonational, and pragmatic resources for the management of turns. In E. Ochs, E.A. Schegloff & Thompson, S.A. (eds) Interaction and grammar, Cambridge: Cambridge University Press, pp. 134–184.

Grice, H. P. (1975). Logic and conversation. In Cole, P., & Morgan, J. (eds), Syntax and Semantics: Vol 3, Speech Acts, pp. 43–58. New York: Academic Press.

Hindle D. 1993. "Deterministic parsing of syntactic nonfluencies", In Proc. ACL, pp. 123–128.

Lickley, R. (1994). Detecting Disfluency in Spontaneous Speech, Thesis, Department of Linguistics, University of Edinburgh 1994.

Ma, X., Lee, H., Bird, S., & Maeda, K. (2002). Models and Tools for Collaborative Annotation. LREC 2002, Las Palmas.

Marsley-Wilson, W., & Tyler, L.K. (1980). The Temporal Structure of Spoken Language Understanding, Cognition 8, Elsevier Sequoia S.A.,Lausanne, 1-71.

McKelvie, D. (1998). "The Syntax of Disfluency in Spontaneous Spoken Language", HCRC Research Paper HCRC/RP-95, Edinburgh.

Morgan, N., Baron, D., Edwards, J., Ellis, D., Gelbart, D., Janin, A., Pfau, T., Shriberg, E., & Stolcke, A. (2001). The ICSI Meeting Project. In Proceedings of the Human Language Technology Conference, San Diego, pp.10–18.

Sampson, G., & McCarthy, D. (eds). Readings in Corpus Linguistics, London and NY: Continuum International, 2002. Originally circulated on the web in 2000.

Sacks, H., Schegloff, E. A., & Jefferson, G. (1974). A simplest systematics for the organization of turn-taking in conversation. Language 50(4): 696-735.

Shriberg, E., Bates, R., & Stolcke, A. (1997). A prosody-only decisiontree model for disfluency detection. In Kokkinakis, G., Fakotakis, N., & Dermatas, E., editors, Proc. EUROSPEECH, vol. 5, Rhodes, Greece, pp. 2383–2386.

Shriberg, E., Stolcke, A., & Baron, D. (2001). Observations on overlap: Findings and implications for automatic processing of multi-party conversation. In Dalsgaard, P., Lindberg, B., Benner, H., & Tan, Z., editors, Proc. EUROSPEECH, vol. 2, Aalborg, Denmark, pp. 1359–1362.

Wheatley, B., Doddington, G., Hemphill, C., Godfrey, J., Holliman, E.C., McDaniel, J., & Fisher, D. (1992). Robust Automatic Time Alignment of Orthographic Transcriptions with Unconstrained Speech, Proc. ICASSP-92, Vol. I, pp. 533–53.
Wichmann, A., & Caspers, J. (2001). Melodic cues to turn-taking in English: evidence from perception. In Kuppeveldt, J. van, & Smith, R. (eds.), Proceedings of the 2nd SIGdial Workshop on Discourse and Dialogue. Aalborg, Denmark, pp. 180–185.

Behandlung des Passivs im Rahmen der Datenbanksemantik

Melanie Twiggs

In diesem Aufsatz soll eine Analyse des Passivs im Hörermodus am Beispiel des Englischen mithilfe der linksassoziativen Grammatik erfolgen. Besonderes Augenmerk ist dabei auf Problemstellungen wie die Ambiguität der durch "*by*" eingeleiteten Präpositionalphrasen gerichtet. Die Oberflächen Präposition "*by*" + Nominalphrase können in einem Passivsatz sowohl eine Agensangabe, als auch einfache Präpositionalphrasen darstellen. Die linksassoziative Grammatik löst dieses Problem, indem sie zwei Analysepfade verfolgt, wobei der eine Pfad die eingelesene Präpositionalphrase als Agensangabe, also als Argument des Verbs, deutet und der andere diese als einfache Präpositionalphrase interpretiert. Gleichzeitig soll auch die Problematik der Zuordnung eines Satzes zu Aktiv oder Passiv angesprochen werden.

In this paper the English passive shall be analysed in the hearer mode using the left associative grammar. Specific problems like the ambiguity of prepositional phrases introduced by the preposition "*by*" shall be treated in particular. If the linguistic surface "*by*" is followed by a nominal phrase in a passive sentence, the constituent can be interpreted either as agent phrase or as simple prepositional phrase. The left associative grammar solves this problem by following two different paths of analysis. The first path analyses the prepositional phrase as an agent phrase, the second interprets it as a simple prepositional phrase. Apart from this the classification problem of assigning a sentence to active or passive shall be discussed.

1. Behandlung des Passivs mithilfe der Transformationsgrammatik

Bei der Analyse des Passivs wurde lange Zeit der Ansatz der Transformationsgrammatik verfolgt. Dieser basiert auf der Annahme, dass ein Aktiv- und sein entsprechender Passivsatz immer über ein und dieselbe Tiefenstruktur verfügen, somit also synonym sind.

Dieser These widersprechen jedoch einige Beobachtungen. So existieren Beispiele für Aktiv- und ihre entsprechenden Passivsätze, die nicht über nur eine einzige gemeinsame Bedeutung verfügen:

(1a) Alle in diesem Raum sprechen mindestens eine Fremdsprache.
(1b) Mindestens eine Fremdsprache wird von allen in diesem Raum gesprochen.[151]

(1a) legt die Interpretation nahe, dass alle mindestens irgendeine beliebige Fremdsprache sprechen, Satz (1b) lässt eher darauf schließen, dass nur eine Fremdsprache (z.B. Englisch) von allen gesprochen wird.

Außerdem kann man einen Passivsatz ohne Agensangabe schwerlich als synonym zu seinem entsprechenden Aktivsatz sehen.

(2a) Der Gärtner ermordete den Hausherrn.
(2b) Der Hausherr wurde ermordet.

Während im ersten Beispiel das Agens offensichtlich ist, lässt die zweite Formulierung Raum für Spekulationen.

Die Transformationsgrammatik ist außerdem aus einer Vielzahl von Gründen ungeeignet ein Hörer- oder Sprechermodell zu konstruieren. Zum einen arbeitet sie in erster Linie mit Ableitungen, bei deren Anwendung die Zeitlinearität der Sprache vollkommen außer Acht gelassen wird, zum anderen werden bei der Umwandlung von Aktiv zu Passiv der Oberfläche hinzugefügte Elemente wie z.B. 'von' oder 'wurde' als semantisch unbedeutend betrachtet.

Auch Chomsky weist darauf hin,

...daß eine generative Grammatik kein Sprechermodell und kein Hörermodell ist.[152]

2. Behandlung des Passivs mithilfe der linksassoziativen Grammatik

In der linksassoziativen Grammatik[153] erfolgt die Analyse und Produktion von Sätzen im Gegensatz zum transformationellen Ansatz oberflächen-kompositional, denn sie berücksichtigt sowohl die semantische Signifikanz der einzelnen Elemente, als auch deren Zusammensetzung. Die Kombination der einzelnen Wörter erfolgt, genau wie bei natürlichsprachlicher Kommunikation, zeitlinear und nach dem Prinzip der möglichen Fortsetzungen. Deswegen ermöglicht die linksassoziative Grammatik auch die Konstruktion eines Hörer- bzw. Sprechermodus. Diese Behandlung des Passivs erfordert natürlich eine andere Vorgehensweise, als der transformationelle Ansatz.

---

[151] Hausser (2001), S. 89f
[152] Chomsky (1970), S.20
[153] zur linksassoziativen Grammatik siehe Hausser (2000), (2002) und (2004)

Im Hörermodus sollte die Interpretation eines Satzes so lange auf einer gemeinsamen "Schiene" laufen, bis entweder Aktiv oder Passiv irreversibel sind. Dies entspricht auch der natürlichsprachlichen Interpretation durch den Hörer, der sich zunächst beide Interpretationsmöglichkeiten offen hält.

Sobald ein Satz eindeutig passivisch ist, tritt die so genannte "Passivregel" in Kraft, die diesen Satz als Passiv markiert und die Stelle des Agens in der Argumentstruktur des Verb-Proplets durch eine Variable (n_n) besetzt.

Im Folgenden soll die Analyse des Passivs im Hörermodus am Beispiel des Englischen illustriert werden.

Analyse des Passivs am Beispiel des Englischen

1. Lexical Lookup

Die Analyse eines Satzes im Hörermodus beginnt stets mit einem 'Lexical Lookup', dabei werden die eingelesenen Oberflächen zunächst mit dem sur-Attribut der Einträge im Lexikon verglichen. Wird kein entsprechender Eintrag gefunden bricht LA-hear die Analyse ab. Aus diesem Grund müssen alle in den Beispielsätzen vorkommenden Wortformen im Lexikon definiert sein.

Lexikalische Proplets:

Artikel:

```
sur: the
noun: n_n
cat: nn' np
sem: def
mdr:
fnc:
idy: +1
prn:
```

Präpositionen:

```
sur: by
adj: by n_n
cat: np' adj
sem:
mdr: NIL
mdd:
idy: NIL
prn:
```

Nomen:

```
sur: book
noun: book
cat: sn
sem: sg
mdr:
fnc:
idy: +1
prn:
```

```
sur: pupil
noun: pupil
cat: sn
sem: sg
mdr:
fnc:
idy: +1
prn:
```

```
sur: fireside
noun: fireside
cat: sn
sem: sg
mdr:
fnc:
idy: +1
prn:
```

Hilfsverb be:

```
sur: was
verb: v_n
cat: ns13' be' v
sem: be-past
mdr:
arg:
ctn:
ctp:
prn:
```

Partizip II:

```
sur: read
verb: read
cat: a' hv
sem: perf
mdr:
arg:
ctn:
ctp:
prn:
```

Kurze Erläuterung der Attribute:

- Im **sur**-Attribut befinden sich die Werte, mit denen die eingelesenen Oberflächen abgeglichen werden. Ist das passende lexikalische Proplet gefunden, kann die Regelanwendung erfolgen.
- **noun-**, **verb-** und **adj**-Attribut: bezeichnen die Wortart. Im Fall von Artikeln enthält das noun-Attribut die Variable n_n, die durch den Wert eines Nomens ersetzt werden muss. Gleiches gilt für Hilfsverben, deren Variable v_n durch den Wert eines Vollverbs ersetzt wird.
- **cat**: zeigt die lexikalische Kategorie eines Wortes an und sorgt für Kongruenz innerhalb eines Satzes.
- **sem**: informiert über die semantischen Eigenschaften des Wortes.
- **arg**: listet im Laufe der Analyse die Argumente eines Verbs auf.
- **fnc**: spezifiziert den Funktor des Nomens und produziert somit auch eine Verbindung zwischen Nomen- und Verb-Proplet.
- **mdr** (modifier): listet die Modifikatoren von Verben und Nomen auf.
- **mdd** (modified): spezifiziert Verben oder Nomen auf die sich der Modifikator bezieht.
- **idy**: zeigt Identität zwischen nominalen Proplets an. Bekommt als Wert eine Nummer zugewiesen.
- **ctn** und **ctp** sollen die extrapropositionale Navigation regeln, sind aber für die folgenden Ableitungen nicht von Bedeutung
- **prn**: Propositionsnummer

Wenn im Lexikon ein zur eingelesenen Oberfläche passendes Proplet gefunden wurde, kann die Analyse durch die LA-hear Grammatik erfolgen. LA-hear nimmt die aus dem Lexikon oder vorhergegangenen Regelanwendungen erhaltenen Proplets als Input und produziert durch Anwendung seiner Regeln analysierte und miteinander verbundene Proplets.

Im Folgenden soll eine kurze Übersicht zur Interpretation des Satzes "The book was read by the pupil." durch LA-hear gegeben werden.

2. Übersicht zur Interpretation des Satzes "The book was read by the pupil."

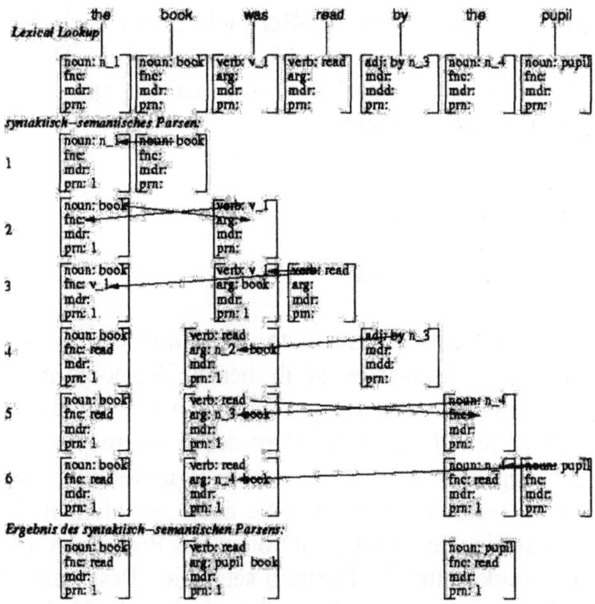

Regelanwendungen beim syntaktisch-semantischen Parsen:

Zeile 1: *DET+NN*
Zeile 2: *NOM+FV*
Zeile 3: *AUXbe+PP = "Passivregel"*
Zeile 4: *PASSVERB+AGby*
Zeile 5: *AGby+NP*
Zeile 6: *DET+NN*

Um die Ableitung des Satzes möglichst übersichtlich zu gestalten, enthalten die in diesem Beispiel verwendeten Proplets nur die Attribute, die nötig sind, um die Grundoperationen der Regelanwendungen von LA-hear aufzuzeigen.

In der ersten Zeile erfolgt die Kombination von *the* und *book*. Dabei ersetzt der Wert des Nomen-Proplets *book* die Ersetzungsvariable *n_1* des Artikel-Proplets.

Im Anschluss wird das Hilfsverb *was* angefügt. Der Wert *book* des Nomen-Proplets wird dabei in das noch leere Argument-Attribut des Verb-Proplets kopiert, im Gegenzug wird die Variable *v_1* des Verb-Proplets in das Funktor-Attribut des Nomen-Proplets kopiert. Diese Kopiervorgänge sind wichtig, da sie die Funktor-Argument-Struktur eines Satzes aufzeigen und dadurch später die Navigation durch die Wortbank erleichtern.

Bis zu diesem Punkt verläuft die Interpretation der Beispielsequenz nach denselben Regeln, die auch für die Interpretation eines Aktivsatzes gelten. Dieses Vorgehen ergibt sich daraus, dass der Satzanfang "*The book was*" sowohl passivisch als auch im Aktiv fortgeführt werden könnte:

The book was	**Aktiv:**	*green.*
		standing in the library.
	Passiv:	*read by Peter.*
		found under the desk.

Sobald allerdings auf das Hilfsverb *be* ein Partizip Präteritum folgt, ist das Passiv irreversibel und die Bildung eines Aktivsatzes ist ab diesem Zeitpunkt nicht mehr möglich. In diesem Fall kommt die "Passivregel" zum Einsatz, sie ersetzt zunächst alle Vorkommen der Variable *v_1* durch den Wert des Vollverbs *read.*

Im Englischen wird die Agensangabe, aufgrund der festen Wortstellung, immer nach dem Partizip Präteritum realisiert. Oft wird sie auch gar nicht realisiert, da die Suppression des Agens eine der Hauptfunktionen des Passivs ist und aus diesem Grund relativ häufig vorkommt.[154] Deshalb setzt die "Passivregel" AUXbe+PP, für den Fall, dass das Agens nicht mehr realisiert wird, die Variable *n_n* an die erste Position des arg-Attributs im Hilfsverb (siehe Zeile 4: *n_2*).[155] Diese wird bei Realisation einer Agensangabe durch deren Wert ersetzt.

In Zeile 4 wird die Präposition *by* eingelesen; ab diesem Zeitpunkt gibt es zwei Interpretationsmöglichkeiten. In dieser Sektion soll die folgende Präpositionalphrase als Agensangabe interpretiert werden. Im nächsten Abschnitt wird die Interpretation als Adverbial genauer erläutert.

Da die Präposition *by* in diesem Fall als Agens-einleitend interpretiert wird, kommt die Regel PASSVERB+AGby zur Anwendung. Diese ersetzt die "Agens"-Variable *n_2* im Argument-Attribut des Verbs durch die Variable *n_3*. Nachdem alle wichtigen Informationen in das Verb-Proplet kopiert wurden, wird das Adjektiv-Proplet nicht mehr benötigt und kann gelöscht werden.

In Zeile 5 wird als nächstes ein Artikel angefügt. Um die Funktor-Argument-Struktur später nachvollziehen zu können wird der Wert *read* aus dem Verb in das fnc–Attribut des Artikels kopiert und die Variable *n_4* des Artikel-Proplets ersetzt die Variable *n_3* an der Position des Agens. Die Ersetzung der Variable

---

[154] Zur Suppression des Agens siehe Greenbaum (1995), S.45f

[155] Die Argumente werden, aufgrund der festen Wortstellung im Englischen, im arg-Attribut des Verbs immer in der Reihenfolge Agens-Rezipient-Patiens gespeichert. Ist kein Rezipient bzw. Patiens vorhanden lautet die Ordnung: Agens-Patiens bzw. Agens-Rezipient

muss stattfinden, da der Anschluss eines Artikels und eines Eigennamens durch eine gemeinsame Regel erfolgt. Würde an dieser Stelle beispielsweise der Eigenname *Peter* folgen,

The book was read by Peter.

würde die Variable *n_3* durch den Wert Peter ersetzt werden.

Nach Anwendung dieser Regel erhalten wir als Ergebnis den Satzanfang und ein mit dem Verb verzeigertes Nomen-Proplet.

In der letzten Zeile werden alle Vorkommen der Variable *n_4* durch den Wert *pupil* ersetzt. Die Variable im arg-Attribut des Verbs wurde somit durch den Wert des Agens ersetzt, wie aus dem untenstehenden Ergebnis gut ersichtlich ist.

Nachdem die Beispielsequenz durch LA-hear geparst wurde, werden die resultierenden Proplets in einer Wortbank gespeichert. Das Speichern der Proplets in der Wortbank gleicht dem Speichern des Gehörten im Gedächtnis des Hörers. Die gespeicherten Informationen können durch den Sprecher-Hörer mithilfe der LA-think und LA-speak Grammatik wieder sprachlich realisiert und somit an andere Personen weitergegeben werden.

Als nächstes soll der Satz "*The book was read by the fireside*" interpretiert werden.

3. Übersicht zur Interpretation des Satzes "The book was read by the fireside."

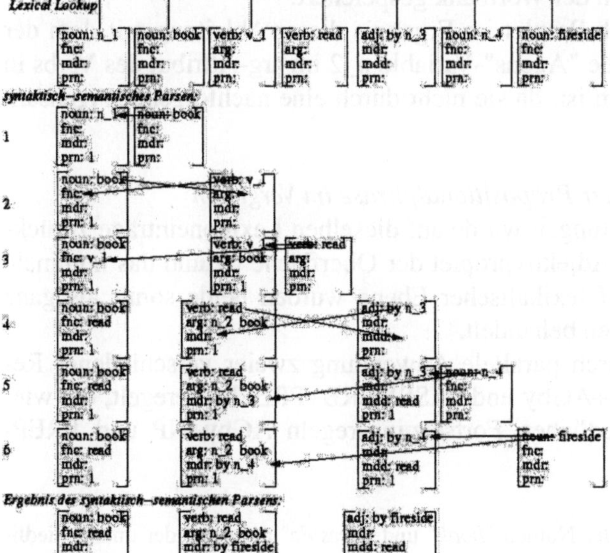

Regelanwendungen beim syntaktisch-semantischen Parsen:

Zeile 1:	*DET+NN*
Zeile 2:	*NOM+FV*
Zeile 3:	*AUXbe+PP = "Passivregel"*
Zeile 4:	*PASSVERB+PREPby*
Zeile 5:	*PREPby+NP*
Zeile 6:	*PREPby+NN*

Bis einschließlich Zeile 3 erfolgt die Ableitung, unter denselben Regeln wie in der vorherigen Sektion beschrieben.

In der vierten Zeile wird die Präposition by jedoch nicht als Agens-einleitend, sondern durch Anwendung der Regel PASSVERB+PREPby als adverbiale Präpositionalphrase interpretiert.

Im Unterschied zum vorherigen Beispiel wird der gesamte Wert des adj-Attributs in das mdr-Attribut des Verbs kopiert. Da einfache Präpositionalphrasen durch unterschiedliche Präpositionen eingeleitet werden können, reicht es in diesem Fall nicht aus, einzig die Variable zu kopieren. Außerdem wird der Wert des Verbs read in das mdd-Attribut der Präposition kopiert, damit ersichtlich bleibt, auf welches Wort sich die Präpositionalphrase bezieht.

Als nächstes wird der Artikel angeschlossen, dessen Variable n_4 alle Vorkommen der Variable n_3 ersetzt.

Zuletzt werden beim Anschluss des Nomens alle Vorkommen der Variable n_4 durch den Wert fireside ersetzt. Der Satz ist somit abgeleitet und die resultierenden Proplets werden in der Wortbank gespeichert.

Vergleicht man das Verb-Proplet im Ergebnis dieser Ableitung mit dem der vorherigen, fällt auf, dass die "Agens"-Variable n_2 im arg-Attribut des Verbs in diesem Fall noch vorhanden ist, da sie nicht durch eine nachfolgende Agensangabe ersetzt werden konnte.

4. Die beiden Ableitungen der Präpositionalphrase im Vergleich

In den beiden Beispielableitungen wurde auf dieselben Lexikoneinträge zurückgegriffen, nämlich auf das Adjektivproplet der Oberfläche by und das nominale Proplet des Artikels.[156] Auf lexikalischer Ebene wurden beide somit als ganz normale Präpositionalphrasen behandelt.

Die Ambiguität wird durch parallele Anwendung zweier verschiedener Regeln, nämlich PASSVERB+AGby und PASSVERB+PREPby geregelt, die wiederum über die unterschiedlichen Fortsetzungsregeln AGby+NP und PREP-by+NP verfügen.

---

[156] Natürlich wurden im Falle der Nomen "*book*" und "*fireside*" aufgrund der unterschiedlichen Oberflächen auch unterschiedliche Proplets verwendet.

Bei Anwendung der Regel PASSVERB+AGby und der nachfolgenden Regeln wird die Präpositionalphrase in einem nominalen Proplet gespeichert. Dies ist notwendig da das Agens ein Argument des Verbs ist. Außerdem muss der Wert des Agens in das Argument-Attribut des Verbs kopiert werden.

Die Regel PASSVERB+PREPby hat dagegen ein Adjektiv-Proplet als Ergebnis. Bei Anwendung dieser Regel werden alle Informationen der nachfolgenden nominalen Proplets in das Adjektiv-Proplet aufgenommen. Außerdem wird der Wert der Präpositionalphrase ins mdr-Attribut des Verbs und der Wert des Verbs in das mdd-Attribut des Adjektiv-Proplets kopiert.

Wie gesehen, existieren im Passivsatz die beiden Möglichkeiten eine nach dem Vollverb geäußerte und durch "by" eingeleitete Präpositionalphrase als Agensangabe oder als Adverbiale zu interpretieren. Da die Oberflächen in allen Fällen gleich sind, nämlich "by + Nominalphrase" ist eine Unterscheidung der beiden Fälle allein anhand der Zeichen nicht möglich.

Um die jeweilige Oberfläche richtig interpretieren zu können macht der kognitive Agent Gebrauch von seinem Weltwissen. Der Sprecher-Hörer weiß aus seiner Erfahrung, dass eine Feuerstelle kaum agenshaft ist und nicht in der Lage wäre ein Buch zu lesen. Deshalb würde er die Präpositionalphrase "by the fireplace" auch nur als Adverbiale interpretieren.

Dem Computer fehlt dieses Weltwissen. Allerdings bestünde die Möglichkeit im Lexikon einen Wert einzuführen, der die Agenshaftigkeit eines Nomens anhand von Kriterien wie z.B. Belebtheit, Kontrolle oder Ursache bewertet.[157] So würde beispielsweise dem Nomen pupil, das auf ein belebtes, Kontrolle innehabendes Individuum referiert, ein weit höherer Grad an Agenshaftigkeit zugerechnet werden als dem Nomen fireplace. Anhand dieser Kriterien könnte dann entschieden werden, welcher der beiden Analysepfade vorgezogen wird.

Es existieren jedoch auch andere Beispiele. In dem deutschen Satz:

Dem Mann wurde das Buch von Peter gegeben.

kann die Präpositionalphrase "von Peter" sowohl Agensangabe als auch Adnominal[158] sein. In diesem Fall wäre die parallele Anwendung der beiden Analysepfade ohnehin nötig.

---

[157] vgl. Eisenberg (1999) S.77

[158] Im Englischen wurde die Präpositionalphrase "*by the fireside*" als Adverbiale interpretiert; die Interpretation als Adnominal erfolgt ähnlich. Der Unterschied besteht hauptsächlich darin, dass der Wert des adj-Attributs in das mdr-Attribut des Nomens, statt in das mdr-Attribut des Verbs kopiert und der Wert des noun-Attributs in das mdd-Attribut der Präposition kopiert wird.

+ AG von Peter
Dem Mann wurde das Buch gegeben.
*+ **PREP** von Peter*

Auch im Deutschen würde dabei auf dieselben Lexikoneinträge zurückgegriffen werden, die jedoch von den beiden unterschiedlichen Regeln +AG oder +PREP behandelt werden würden und im ersten Fall die Präpositionalphrase in einem nominalen Proplet, im zweiten Fall in einem Adjektiv-Proplet speichern würden.

3. Zusammenfassung

Am Beispiel der beiden Sätze *"The book was read by the pupil."* und *"The book was read by the fireside."* wurde gezeigt, dass es im Englischen möglich ist eine durch "by" eingeleitete Präpositionalphrase als Agensangabe oder Adverbiale zu interpretieren. Die linksassoziative Grammatik behandelt auf lexikalischer Ebene beide Fälle als normale Präpositionalphrasen. Die unterschiedliche Interpretation erfolgt durch das Verfolgen zweier Analysepfade, die auf Anwendung verschiedener Regeln beruhen.

Literaturverzeichnis

Chomsky, C. (1969). Aspekte der Syntayx-Theorie. Frankfurt: Suhrkamp Verlag.

Eisenberg, P. (1999). Grundriß der deutschen Grammatik (Band 2: Der Satz). Stuttgart: Verlag J. B. Metzler.

Greenbaum, S., Quirk, R., Leech, G., & Svartvik, J. (1995). A student`s grammar of the English language. Harlow: Longman.

Hausser, R. (2000). Grundlagen der Computerlinguistik. Mensch-Maschine-Kommunikation in natürlicher Sprache. Berlin: Springer-Verlag.

Hausser, R. (2002). Human-Computer Communication in Natural Language. Interpretation, Conceptualization, Production. Universität Erlangen-Nürnberg.

Hausser, R. (2004). The Major Constructions of English in Database Semantics. Universität Erlangen-Nürnberg.

Intention und Interaktion
Anmerkungen zur Relevanz der Benutzerabsicht

Sandra Hohmann

Die Interaktion zwischen Mensch und Benutzer kann durch die Sprechaktklasse der Computives beschrieben werden. Im Rahmen dieses handlungstheoretischen Ansatzes wird die Bedeutung von Intention im Rahmen des turn taking in der Mensch-Computer-Interaktion herausgestellt und auch auf die Bedeutung semiotischer Aspekte im Rahmen des turn taking verwiesen. Ferner werden Möglichkeiten umrissen, mit Hilfe von Benutzertests und einem Monitoring Störungen im turn taking bezüglich der Benutzerabsicht zu analysieren und Hilfen anzubieten.

The interaction between user and computer can be described by the computives, a certain class of speechacts. On the base of this action-theoretical approach the meaning of intention concerning the turn taking in man-computer-interaction will be pointed out and moreover the meaning of semiotical aspects of turn taking will be underlined. Besides, the usefulness of user tests and a monitoring systems will be described in order to analyse problems in turn taking behaviour concerning the user's intention and to offer help.

Einführung

Das turn taking in der Mensch-Computer-Interaktion ist wie auch die Interaktion insgesamt eine reduzierte bzw. modifizierte Variante der zwischenmenschlichen Interaktion oder Kommunikation. Bestimmte Kanäle wie etwa Gestik und Mimik sind von vornherein kein Bestandteil der Interaktion zwischen Benutzer und Computer. Darüber hinaus ist die Mensch-Computer-Interaktion aber auch reduziert, weil der Gegenstand der Kommunikation sehr beschränkt ist. In erster Linie erteilt der Benutzer dem Rechner Anweisungen, die dieser umsetzen soll.

Man kann die Interaktion via Graphical Input Devices (GIDs), typischerweise der Maus, und die natürlichsprachliche Interaktion unterscheiden.

Bei der Interaktion über GIDs wird die Interaktion hinsichtlich der Kanäle stark reduziert. Insbesondere der Benutzer ist als Sender stark eingeschränkt.

Die Interaktion/Kommunikation ist hier auf einen Kanal gebündelt; die Intention des Benutzers wird reduziert auf den Kanal „Maus“ umgesetzt bzw. kommuniziert. Probleme und Störungen können hier vor allem auftreten, wenn der Benutzer keine Lösungsstrategien findet bzw. durch falsche Zuschreibungen falsche Schritte einleitet und dann in der Folge nicht beabsichtigte Reaktionen des Rechners evoziert.[159]

Der Benutzer als Sender ist auf einen Kanal beschränkt, wobei dieser Kanal (Maus) sich differenzieren lässt. Die Reduzierung auf diesen Kanal jedoch auch potentielle Störungen im turn taking reduzieren und die Wahrscheinlichkeit erhöhen, dass die Intention des Benutzers erkannt wird und eine entsprechende Reaktion des Rechners erfolgt.

In der natürlichsprachlichen Interaktion zwischen Mensch und Computer werden, vereinfacht gesagt, zunächst (komplexe) Intentionen gedanklich vorformuliert, dann werden diese sprachlich geäußert. Der Rechner muss über Strategien zum Erkennen dieser Intention verfügen, damit die erkannte Intention umgesetzt werden kann.[160]

Probleme und Störungen können auftreten, wenn der Rechner nicht über geeignete Strategien verfügt, um die Intention des Benutzers zu erkennen und dann auch nicht gemäß der Intention des Benutzers reagiert.

Auch die natürlichsprachliche Interaktion ist vor allem hinsichtlich der Inhalte restringiert. Der Benutzer erlebt sich in einer Senderrolle, die eine natürliche Kommunikation suggeriert, aber diese bei weitem nicht einhalten kann.

In diesem Beitrag soll die Frage untersucht werden, inwiefern das turn taking im Rahmen der Mensch-Computer-Interaktion den Aspekt der Absicht bzw. Intention einer Benutzerhandlung berücksichtigen kann und wie ein adäquates turn taking gestaltet werden müsste, damit der Computer seiner „Rolle" als Sender bzw. Empfänger so gerecht wird, dass die Interaktion ohne Störungen verläuft.

In einem ersten Schritt wird ein adäquates begriffliches Inventar zur Verfügung gestellt, um anschließend in einem zweiten Schritt die Frage zu untersuchen, welchen Stellenwert „Absicht" im Rahmen eines turn taking in der Mensch-Computer-Interaktion spielt. Dabei wird der Focus einerseits darauf gerichtet, wie Absicht klassifiziert werden kann und andererseits mit Aspekten der Semiotik im Rahmen einer Analyse des turn taking verknüpft werden kann. Abschließend werden Möglichkeiten aufgezeigt, wie bislang kaum genutzte empirische Methoden erstens zu einer Verbesserung der Mensch-Computer-Interaktion beitragen können und zweitens über ein Real-Time-Monitoring der Aspekt

---

[159] Die vermeintlich falsche Zuschreibung muss hier aber keineswegs das Problem des Benutzers sein. Vielmehr liegt in den meisten Fällen das Problem darin, dass die Bedeutungszuweisung bislang keineswegs ausreichend erforscht ist.

[160] Zu beachten ist hier, nur ein Teilaspekt von natürlicher Sprache überhaupt verwendet werden kann. Die Interaktion scheint im Ansatz also „natürlicher" und leistungsfähiger zu sein scheint, ist aber letztlich doch wieder restringiert. Aus sozialpsychologischen Gründen könnten die Störungen und Probleme hier daher noch stärker ausfallen, da der Benutzer viel mehr erwartet, als umgesetzt werden kann.

der Absicht in die Mensch-Computer-Interaktion und damit auch in ein adaptives System integriert werden könnte.

Absicht

In der Philosophie ist die Diskussion des Begriffs „Absicht" und all seiner Implikationen jüngst durch Ergebnisse der Neurowissenschaften wieder in Gang geraten. Doch unabhängig von dieser Diskussion befasst sich die Handlungsphilosophie schon länger mit dem Begriff der „Absicht". Konsens ist, dass Intention ein notwendiges Merkmal ist, um ein Tun als Handlung zu klassifizieren.[161]

Im Rahmen der MCI können wir mit einem intuitiven Verständnis von Absicht operieren, steht doch der Aspekt im Vordergrund, dass der Benutzer Anweisungen oder Befehle erteilt. Der komplexe Begriff der „Absicht" ist nun im Rahmen der MCI wiederum auf bestimmte Aspekte beschränkt, die näher betrachtet werden sollen.

Da der Benutzer fast ausschließlich um Direktive kommuniziert ist die grundlegende Absicht oder „Basisklasse" diejenige des „Befehle Erteilens" oder „Absichten Äußerns".[162]

Diese Basisklasse könnte nun weiter unterteilt werden. Allen weiteren Klassifizierungen ist zunächst gemein, dass der Benutzer seine Absicht als Befehl formuliert und der Rechner diesem Befehl Folge leistet. Mögliche Unterklassen der Basisklasse könnten sein: Öffnen/Starten, Schließen/Beenden, Eingaben tätigen, Veränderungen vornehmen.

Diese Basisklasse lässt sich aus linguistischer Sicht am besten mit Hilfe der Sprechakttheorie beschreiben.

Die Mensch-Computer-Interaktion als Sprechakt

Mit den so genannten Computives entwickelte Ulrich Schmitz eine Klasse von Sprechakten, mit welcher das Anklicken von Hyperlinks beschrieben werden

[161] Vgl. Rayfield (1968/1985), S. 69-88. Vgl. auch Harras (1983), S. 20. Die aktuellen Ergebnisse der Neurowissenschaften deuten nun darauf hin, dass die Hirnzustände gewissermaßen eine Absicht formulieren, bevor es das Bewusstsein des Handelnden tut bzw. der Handelnde sich dieser Absicht bewusst ist. Diese Diskussion kann hier nur erwähnt und nicht näher betrachtet werden. Vgl. hierzu als Überblick Geyer (2004).

[162] Die Klasse des „Befehle Erteilens" lehnt sich an die Klassifikationen von Sprechakten an, wie sie von Austin entwickelt wurden und soll die Verbindung zur Sprechakttheorie unterstreichen. Vgl. Austin (1962/1998).

soll. Computives setzten sich zusammen aus den von Searle skizzierten Deklarationen und Direktiven.

Grundlegendes Merkmal der Direktive ist es, „dass sie Versuche des Sprechers sind, den Hörer dazu zu bekommen, dass er etwas tut".[163]Wie bereits festgestellt wurde, ist dies der zentrale Aspekt der Mensch-Computer-Interaktion.

Im Zentrum von Deklarationen steht eine Veränderung des Weltzustands, die mit dem propositionalen Gehalt des Sprechaktes korrespondiert: „der erfolgreiche Vollzug garantiert, dass der propositionale Gehalt der Welt entspricht."[164] Direktive sind Searle und Vanderveken zufolge nicht eindeutig von Deklarationen zu trennen, da nicht nur die bloße Anweisung des Sprechers an einen Hörer Bestandteil des Sprechakts ist, sondern auch die Erwartung des Sprechers, dass seine Anweisung, also das Direktiv, erfüllt wird.[165] Der Zustand der Welt verändert sich also aufgrund des vom Sprecher geäußerten Direktivs und geht in eine Deklaration über.

Das Direktiv existiere in der Mensch-Computer-Interaktion jedoch, so Schmitz, „nur in der metaphorisch denkenden Vorstellung des Benutzers, der die Maschine dazu bekommen will, dass sie etwas tut."[166] Wird dieses Direktiv erfolgreich umgesetzt (anderenfalls wäre der Sprechakt ohnehin misslungen), wird daraus eine Deklaration: „Der abschließende Mausklick aber macht aus dem angefangenen Direktiv eine vollendete Deklaration."[167] Die Welt wird also gewissermaßen an den Worten des Benutzers ausgerichtet:[168] „The world-to-word direction of fit. In achieving success of fit the world is altered to fit the propositional content of the illocution."[169] Mit der Kombination dieser beiden Komponenten konstituieren sich nach Schmitz die Computives.

Die Veränderung der „Welt", also konkret des Interfaces, kann nun entweder den Intentionen des Benutzers entsprechen oder nicht.

Ein Problem tritt offenkundig auf, wenn die Erwartungen des Benutzers nicht erfüllt werden. Obwohl sich der Zustand der Welt verändert hat, kann man in diesem Fall nicht von einem gelungenen Sprechakt reden. Vielmehr muss die Veränderung der Welt notwendig mit dem propositionalen Gehalt des Sprech-

---

[163] Searle (1998), S. 32.
[164] Ebd., S. 36.
[165] Searle & Vanderveken (1985), S. 56.
[166] Schmitz (1996), S. 94.
[167] Ebd., S. 94.
[168] Vgl. auch Anscombe (1956/1986), S. 88f. Die Veränderung der Welt hat Jochen Rehbein als den wichtigsten Teil einer Handlung überhaupt bezeichnet: „Der Vorgang der ‚Veränderung der Welt' ist der Hauptteil einer Handlung". Rehbein (1977), S. 82.
[169] Searle & Vanderveken (1985), S. 52f.

aktes korrespondieren, um von einer gelungenen Deklaration sprechen zu können.

Es kann also in der Mensch-Computer-Interaktion nur dann von einer gelungenen Interaktion gesprochen werden, wenn die Veränderung des Systemzustands der Absicht des Benutzers entspricht.

Der Benutzer muss also ein Interaktionsangebot erstens als solches erkennen und zweitens ihm eindeutig eine spezifische Funktion zuweisen können, damit der Benutzer entscheiden kann, welche Funktion der Umsetzung seiner Intention dient. Erst wenn diese Voraussetzung gegeben ist, kann der Benutzer dem System eine Anweisung erteilen (Direktiv) und dadurch den Systemzustand gemäß seiner Intention verändern (Deklaration).

Entspricht die Systemreaktion nicht der Absicht des Benutzers, so liegt bereits eine misslungene Interaktion vor. Nach welchen Kriterien sich ein Benutzer dafür entscheidet, ein bestimmtes Interaktionsangebot zur Umsetzung seiner Intention zu nutzen, hängt maßgeblich davon ab, welche Funktion er diesem Interaktionsangebot zuschreibt. Somit ist die Basis einer gelingenden Mensch-Computer-Interaktion letztlich in der Gestaltung der Interaktionsangebote zu suchen.

Dies führt uns zu einer genaueren Betrachtungen der Probleme und Störungen bezüglich des turn taking in der Mensch-Computer-Interaktion.

Probleme und Störungen

Die soeben dargelegte Relevanz der Gestaltung von Interaktionsangeboten kann einerseits konkret auf das turn taking bezogen werden, zum anderen kann eine Missachtung der zuvor genannten Prinzipien zu grundlegenden Störungen der Interaktion führen. Gleich, ob der Benutzer mit einer bestimmten Intention die Interaktion und damit das turn taking mit dem Rechner „eröffnet", entscheidend ist erst der nächste Schritt: Der Computer vermittelt dem Benutzer durch der Interaktionsangebote, was dieser tun kann, und befindet sich hier gewissermaßen in der „Senderrolle". Wenn der Benutzer den Rechner in diesem Schritt richtig „versteht", kann die Interaktion störungsfrei ablaufen. Probleme tauchen erst dann auf, wenn der Benutzer den Interaktionsangeboten falsche Bedeutungen zuschreibt (den Rechner „falsch versteht") und dann seinerseits in der „Senderrolle" „falsch" darauf reagiert.[170] Diese Störungen sind allerdings gravierend, da der Rechner seiner Rolle als „Sender" nicht in dem Sinne gerecht wird, dass er dem „Hörer", also dem Benutzer, verständliche und eindeutige Informationen

[170] Vgl. hierzu auch Hohmann (2003).

liefert. Die intentionale Handlung des Benutzers führt dann gegebenenfalls aufgrund dieser Störung zu einem unerwarteten Ergebnis.

Unter diesem Punkt lassen sich jedoch auch Ereignisse subsumieren, in denen der Benutzer eine Anweisung erteilt, ohne dass es zu einer Veränderung der Welt kommt. Auch in diesem Fall führt die intentionale Handlung des Benutzers zu einem unerwarteten Ergebnis.

Wie solche Störungen erkannt und analysiert werden können, um anschließend eine adäquate Hilfe anbieten zu können, soll in einem weiteren Schritt untersucht werden.

Monitoring

Um die Absicht des Benutzers „erkennen" zu können, muss der Rechner die Eingaben des Benutzers in Echtzeit aufzeichnen, analysieren und entsprechende Konsequenzen ziehen können. Nachfolgend soll das nachträgliche Erkennen einer Intention diskutiert werden An diesem Punkt ist zwar bereits eine Störung in der Interaktion aufgetreten, das heißt, der Intention des Benutzers wurde nicht entsprochen. Dieses nachträgliche Analysieren einer Intention somit zwar nur als „Schadensbegrenzung" zu verstehen, allerdings kann ein adaptives System, das die Intention des Benutzers nachträglich erkennen und darauf reagieren kann, den „Schaden" bzw. die Störung in der Kommunikation immerhin auf ein Mindestmaß reduzieren und so abschwächen.

Führt nun eine intentionale Benutzereingabe zu einem nicht erwarteten Ergebnis, so ist zu beachten, dass diese Klasse auch solche Fälle impliziert, in denen kein Ergebnis, also keine unmittelbar folgende Systemreaktion auftritt. Dieser Fall ist über das Real-Time-Monitoring (RTM) eindeutig zu bestimmen, da zunächst eine Benutzereingabe erfolgt und aufgezeichnet wird, auf die in einem bestimmten Zeitrahmen keine weitere Änderung des Systemzustands erfolgt. Insgesamt bietet diese Klasse die meisten Einsatzmöglichkeiten für ein adaptives System, und die überwiegende Anzahl der unten dargelegten Beispiele ist dieser Klasse zuzurechnen, ohne dass dies in jedem Fall explizit erwähnt würde.

Schwieriger verhält es sich in Fällen, in denen auf eine Benutzereingabe eine Systemreaktion erfolgt und nunmehr aufgrund der folgenden Benutzereingaben möglichst zeitnah entschieden werden müsste, ob diese Systemreaktion der Intention des Benutzers entspricht oder nicht.

Prinzipiell können alle Eingaben des Benutzers über Maus und Tastatur aufgezeichnet werden. Über die aufgezeichneten Daten könnte das System dann bestimmte Handlungsfolgen oder Häufigkeiten berücksichtigen und entsprechend „reagieren". Auf diese Weise kann einerseits zwar eine gewisse Adaptivität in Echtzeit gewährleistet werden, andererseits reagiert das Programm natürlich nur, soweit diese Reaktionen zuvor programmiert wurden.

Im Mittelpunkt des Interesses steht die Frage, wie man erkennen kann, ob der Intention eines Benutzers entsprochen wurde oder nicht, oder anders formuliert, ob das System gemäß der Intention des Benutzers reagiert hat oder nicht.

Die dem Benutzer zur Verfügung stehenden Eingabegeräte Maus und Tastatur lassen drei verschiedene Basishandlungen zu, die anschließend einer Differenzierung bedürfen: Mausbewegung, Mausklick, Tastatureingabe.

Die Mausbewegungen MB könnten wie folgt differenziert werden: MB horizontal, MB vertikal, MB suchend, MB ansteuernd, MB chaotisch, MB zeigend/kommentierend. Nach diesem Schema könnten auch Markierungen M (= geklickte Maustaste, in der Regel links) klassifiziert werden: M horizontal, M vertikal, M chaotisch. Ebenso müsste mit der Funktion Anklicken A oder anderen Eingabemedien verfahren werden, wobei die Klassifizierung immer in der Praxis, also tatsächlicher Benutzereingaben und anhand des Monitoring überprüft werden sollte. Auf der anderen Seite müssen natürlich auch die Reaktionen des Rechners R klassifiziert und protokolliert werden. Möglich wäre die folgende erste Unterteilung: R reagiert nicht, R reagiert fehlerhaft, R führt dynamische Veränderung des Interfaces durch, R kennzeichnet rechnerinterne Prozesse durch Veränderung des Mauszeigers, R kennzeichnet rechnerinterne Prozesse durch Erläuterungen. Weitere Klassifizierungen müssten diese Basisklassen weiter differenzieren, zum Beispiel in die Funktionen/Reaktionen Öffnen, Schließen und die Differenzierung der verwendeten Elemente wie etwa Fenster, Animation, Audio, Video, Grafik.

Neben den unterschiedlichen Eingaben liefert das Monitoring natürlich Informationen über relevante Zeitintervalle wie etwa die Verweildauer eines Benutzers auf einer bestimmten Seite. Was der Benutzer während beispielsweise einer langen Verweildauer auf einer Seite tut, ob der Benutzer sich eventuell vom Rechner entfernt hat, lässt sich allein durch das Monitoring, wie es oben skizziert wurde, nicht feststellen. Es wird daher angenommen, dass der Benutzer sich nicht vom Rechner entfernt; die Verweildauer kann dann Aufschluss über mögliche Probleme geben.[171]

[171] Ist die Verweildauer länger aufgrund eines langen Textes, den der Benutzer liest, so lässt sich auch hier mittels Benutzertests ein Mittel der Verweildauer feststellen, welches zur Lektüre erforderlich ist. Der Rechner könnte dann nach Ablauf der maximalen Lektürezeit eingreifen. Deutlich wird auch hier vor allem, dass Benutzertests unabdingbar sind.

Benutzertests

Sowohl für zukünftige Softwareentwicklung allgemein als auch für die Untersuchung einer möglichen Intentionalität sind empirische Untersuchungen unerlässlich.

Eine mögliche Untersuchungsmethode, die trotz überzeugender Ergebnisse bislang noch weitgehend unbekannt ist, ist die Interaktionsverlaufsanalyse (I-VA).[172] Bei dieser Methode werden insbesondere die physiologischen Reaktionen der Versuchspersonen (also der Benutzer) detailliert analysiert.[173]

Der wesentliche Vorteil dieser Methode liegt darin, dass erstmals „verborgene" Reaktionen oder „covert responses" der Benutzer im Rahmen der Mensch-Computer-Interaktion analysiert werden können.[174] Evaluiert und analysiert werden prinzipiell verschiedene physiologische Reaktionen, von denen jedoch die Hautleitfähigkeit (EDA) und die kardiovaskulären Aktivitäten die wichtigsten sind.[175] Diese Reaktionen liegen aber nicht nur für den Beobachter, sondern auch für die Versuchspersonen selbst im Verborgenen und entziehen sich der bewussten Einflussnahme durch die Versuchsperson. Die physiologischen Reaktionen können also auch Erkenntnisse darüber liefern, welche Faktoren für den Benutzer wichtig sind, ohne dass er sich dieser bewusst sein müsste.[176]

Mit Hilfe empirischer Versuchsreihen, die nach der skizzierten Methode der Interaktionsverlaufsanalyse durchgeführt werden, könnte somit ein wichtiger Beitrag zur Entwicklung einer geeigneten Schnittstelle zwischen Mensch und Computer geleistet werden.

Wie die IVA und parallel das Monitoring für die Analyse der Benutzerabsichten nutzbar gemacht werden könnten, soll in einem abschließenden Schritt dargelegt werden.

---

[172] Entwickelt wurde die IVA am Duisburger Laboratorium für Interaktionsforschung unter der Leitung von Prof. Siegfried Frey.

[173] Vgl. zu dieser Methode auch Möller (1999), S. 59.

[174] Im Gegensatz dazu werden etwa Mimik oder Gestik den „overt responses" zugerechnet. Vgl. Frey (1999), S. 85.

[175] Neben den erwähnten Reaktionen werden im Rahmen der IVA auch Daten zu Atmung und Temperatur abgenommen. Einen Überblick über diese physiologischen Reaktionen findet man zum Beispiel in Velden (1994) oder Schandry (1998).

[176] Ein umfassendes Beispiel für die Anwendung der Interaktionsverlaufsanalyse im Rahmen der Interfacegestaltung findet sich in Hohmann (2002).

Zukünftige Aufgaben

Es wurde bereits festgehalten, dass die korrekte und eindeutige Funktionszuschreibung bezüglich der durch den Rechner angebotenen Interaktionsmöglichkeiten grundlegende Bedingung für das Gelingen der Interaktion sind. Eine Erforschung der zeichentheoretischen Grundlagen, die hierfür notwendig sind, muss mit Hilfe von Benutzertests und -befragungen und darauf abgestimmt fortlaufenden Veränderungen der entsprechenden Symbole durchgeführt werden.

Nachfolgend soll daher vor allem der Frage nachgegangen werden, wie eine mögliche Störung in der Interaktion, die typischerweise durch eine falsche Funktionszuschreibung ausgelöst wird, erkannt werden kann und welche Reaktionen des Rechners hilfreich sein könnten. Im Zentrum steht dabei die Intention des Benutzers. Möglichkeiten für erstens Benutzertests und im Anschluss daran zweitens adaptives Systemverhalten sollen anhand eines konkreten Beispiels untersucht werden.

Die Mausbewegung „ansteuernd" soll zunächst so definiert werden, dass ein Interaktionsangebot angesteuert wird. Die suchende Mausbewegung hingegen steuert nacheinander mehrere Interaktionsangebote an. Um diese Mausbewegungen voneinander differenzieren zu können, müsste eine Zeitspanne als Richtwert festgelegt werden, nach deren Ablauf jeweils eine neue Benutzerhandlung beginnt. Typischerweise erfolgt ein Mausklick, sobald im ersten Fall das eine bzw. im zweiten Fall nach suchenden Bewegungen ein Interaktionsangebot erreicht wurde. Ein Ausbleiben dieses Klicks nach einer gewissen Zeitspanne könnte auf ein Problem hindeuten; möglicherweise ist sich der Benutzer seiner Bedeutungs- bzw. Funktionszuschreibung nicht mehr sicher und zögert daher.

Nehmen wir nun an, der Benutzer habe eine Seite auf dem Interface vor sich, auf der mehrere Interaktionsangebote zu finden sind und darüber hinaus aber auch zum Beispiel Graphiken, die nicht als Interaktionsangebote konzipiert wurden. Der Benutzer erkennt einen Teil der Interaktionsangebote als solche und schreibt auch die Funktion korrekt zu (A), bei einem weiteren Teil schreibt er die Funktion falsch zu (B) und bei wiederum einem weiteren Teil erkennt er die Interaktionsangebote nicht als solche (C) und schließlich erkennt der Benutzer fälschlicherweise Interaktionsangebote, die nicht als solche konzipiert sind (D).[177]

Dass der Benutzer Interaktionsangebote „übersieht" (Klasse C) könnte daran festgemacht werden, dass keine spezifische ansteuernde Mausbewegung erfolgt.

---

[177] Zweifellos sind die grundlegenden Ursachen für diese Probleme im Bereich der Semiotik zu suchen.

Selbst wenn der Benutzer sich der Funktion eines bestimmten Interaktionsangebotes nicht sicher ist, könnte er dieses ansteuern, um beispielsweise on-Mouseover Informationen zu erhalten. Durch dieses Ansteuern könnte im Monitoring erkannt werden, dass der Benutzer dieses Interaktionsangebot zumindest zur Kenntnis genommen hat. Erfolgen keine ansteuernden Mausbewegungen und demnach auch keine Klicks, so wurde das Interaktionsangebot vom Benutzer nicht als solches erkannt. In erster Linie lassen sich hieraus wieder Erkenntnisse für die Gestaltung ableiten.

In Klasse A reagiert der Rechner gemäß der Intention des Benutzers, der Benutzer wird zunächst, schematisch zusammengefasst, ein Interaktionsangebot mit der Maus ansteuern (MB ansteuernd) und dann mit relativ geringer oder ohne Zeitverzögerung das Interaktionsangebot anklicken.

Klickt der Benutzer nun etwas an, das seines Erachtens ein Interaktionsangebot darstellt, und es erfolgt entgegen seiner Absicht und Erwartung gar keine Reaktion (Klasse D), so lässt sich dieser Fall über das Monitoring gut identifizieren (MB ansteuernd - Klick - keine Rechnerreaktion). In Benutzertests zum einen evaluiert werden, welches Zeichen die Benutzer so verstehen, dass die darauf „antworten" möchten oder anders ausgedrückt, durch welches Zeichen der Rechner zunächst in seiner Senderrolle zu kommunizieren scheint, um darauf wichtige Erkenntnisse für die zeichentheoretischen Gestaltungsgrundlagen zu gewinnen. In Benutzertests zu spezieller Software wie etwa Lernprogrammen könnte auf diese Weise evaluiert werden, ob zudem bestimmte Informationen angefordert werden, indem der Benutzer auf ein bestimmtes Wort klickt mit der Absicht, weitere Erläuterungen zu erhalten.[178]

In Klasse B reagiert der Rechner nicht gemäß der Intention des Benutzers. Zunächst verhält sich der Benutzer jedoch wie in Klasse A (MB ansteuernd - Klick), da erst nach dem Klick eine Störung auftritt. Nun gilt es das sich anschließende Benutzerverhalten von demjenigen in Klasse A zu differenzieren. Diese Differenzierung muss im konkreten Fall in Abhängigkeit der dargestellten Seiteninhalte erfolgen. Erscheint nach dem Klick zum Beispiel eine Seite mit einem umfangreichen Text, die der Benutzer jedoch nicht erwartet hat, so wird er nach einer sehr kurzen (für die Lektüre viel zu kurzen) Zeit diese Seite wieder verlassen. Das heißt, es müsste beispielsweise in einer Lernsoftware, die aus vielen verschiedenen Seiten besteht, für jede Seite eine mittlere Verweildauer festgelegt werden um im Anschluss daran bei unter- oder überschreiten dieser Dauer (plus eines Toleranzwertes) eine entsprechende Systemunterstützung anbieten zu können. Da es jedoch allein aufgrund der Aktivitäten, die über das

[178] Speziell zur Gestaltung von Lernsoftware finden sich nähere Hinweise sowie konkrete Beispiele in Hohmann (2002).

Monitoring aufgezeichnet werden, nicht eindeutig zu erkennen sein könnte, ob die Reaktion des Rechners der Benutzerintention entspricht oder nicht, sollten bei den entsprechenden Tests unbedingt die psychophysiologischen Reaktionen des Benutzers einbezogen werden. Der Benutzer reagiert auf nicht-intentionale Rechneraktivitäten in der Regel mit Stress, auch wenn er diesen gar nicht bewusst wahrnimmt oder sich selbst gar nicht als gestresst bezeichnen würde.[179]

Benutzertests sind daher unerlässlich für die weitere Erforschung des Phänomens „Absicht" und für eine sinnvolle Gestaltung sowohl adaptiver Systeme aber vor allem adäquater Interaktionsangebote. Die wenigsten Störungen würden vermutlich auftreten, wenn der Benutzer unkompliziert und eindeutig die vom Rechner kommunizierten Eingabemöglichkeiten mit seinen Intentionen abgleichen und sich so entscheiden könnte, welche Interaktionsangebote für das Umsetzen seiner Intention relevant sind.

Literatur

Anscombe, G. E. M. (1986). Absicht. Übersetzt, herausgegeben und eingeführt von John M. Connolly und Thomas Keutner. Freiburg und München: Alber. (Erstmals erschienen 1956)

Austin, J.L. (1998), Zur Theorie der Sprechakte. (How to do things with words.). Stuttgart: Reclam. (Erstmals erschienen 1962)

Frey, S. (1999). Die Macht des Bildes. Zum Einfluss nonverbaler Kommunikation auf Kultur und Politik. Bern u.a.: Hans Huber.

Geyer, C. (Ed.) (2004). Hirnforschung und Willensfreiheit. Zur Deutung der neuesten Experimente. Frankfurt am Main: Suhrkamp.

Harras, G. (1983). Handlungssprache und Sprechhandlung. Eine Einführung in die handlungstheoretischen Grundlagen. Berlin u.a.: de Gruyter.

Hohmann, S. (2002). Mensch-Maschine-Interface. Studien zu einer Theorie der Mensch-Computer-Interaktion. Dissertation Gerhard-Mercator-Universität Duisburg. (Online) http://purl.oclc.org/NET/duett-08312003-232623

Hohmann, S. (2003). How to use computers with(out) words. Zur Theorie der Mensch-Computer-Interaktion. Sprache und Datenverarbeitung. International Journal for Language Data Processing, 27.1-2, 41–56.

Möller, C. (1999). Interaktionsverlaufsanalyse (IVA) als Methode zur Effizienzsteigerung des Mensch-Maschine-Systems. In D. Ganten, E. Meyer-Galow, H.H. Ropers, H. Scheich, H. Schwarz, K. Urban, E. Truscheit (Eds.): Gene, Neurone, Qubits & Co. Unsere Welten der Information (p. 59). Stuttgart: Hirzel.

Möller, C. (2003). Dreamteam Mensch-Computer. Neue Wege zur nutzergerechten Gestaltung des Mensch-Maschine-Dialogs. (Online) http://purl.oclc.org/NET/duett-02092004-134931

[179] Ein besonders anschauliches Beispiel für eine solche Stressreaktion infolge einer unerwarteten und unbeabsichtigten Rechnerreaktion findet sich in Möller (2004), S. 118ff.

Rayfield, D. (1985). Handlung. In G. Meggle (Ed.): Analytische Handlungstheorie, Band I, Handlungsbeschreibungen (pp. 69–88). Frankfurt am Main: Suhrkamp. (Erstmals erschienen 1968)

Rehbein, J. (1977). Komplexes Handeln. Elemente zur Handlungstheorie der Sprache. Stuttgart: Metzler.

Schandry, R. (1998). Lehrbuch Psychophysiologie. Körperliche Indikatoren psychischen Geschehens. Weinheim: Beltz.

Schmitz, U. (1996). Zur Sprache im Internet. Skizze einiger Eigenschaften und Probleme. In R. Fabian (Ed.): media paradise. Die multimediale Zukunft von Kindern und Jugendlichen (p. 89–105). Oldenburg: Bibliotheks- und Informationssystem der Universität Oldenburg.

Searle, J.R. & Vanderveken, D. (1985). Foundations of illocutionary logic. Cambridge u.a.: Cambridge University Press.

Searle, J.R. (1998): Ausdruck und Bedeutung. Untersuchungen zur Sprechakttheorie. Frankfurt am Main: Suhrkamp. (Erstmals erschienen 1982)

Velden, M. (1994). Psychophysiologie. Eine kritische Einführung. München: Beltz.

Verwendung von Pronomina im Sprecher- und Hörermodus

Doris Helfenbein

Im Ansatz der Datenbanksemantik (DBS) werden Sprachproduktion und Sprachinterpretation als *turn taking* modelliert. Zunächst wird das Problem behandelt, wie im Hörermodus bei der Sprachinterpretation der Koreferent zu einem Personalpronomen gefunden wird. Am Beispiel von Koreferenz in extrasententialen Argumenten wird der Lösungsansatz der DBS vorgestellt. Anschließend wird auf die extrasententialen Referenzauflösung eingegangen, wobei die Distanztheorie und die Einbeziehung der Diskursstruktur eine Rolle spielen wird. Ziel ist es, aus den gewonnenen Erkenntnissen Regeln für die Behandlung von Pronomen im Sprecher- und Hörermodus abzuleiten, welche schließlich in die DBS implementiert werden.

In the theory of Database Semantics (DBS) the production of speech and the interpretation of speech is modelled as turn taking. First the problem of how to find the coreferent noun to a personal pronoun in the hearer mode must be taken into account. Coreference in extrasentential arguments serves as an example for the presentation of the solution applied to the DBS system. Afterwards, theories that discuss extrasentential reference are introduced, namely one theory that is based on distance and one theory that tries to include the discourse structure of a text. The aim is to discover rules for pronominalization and pronoun resolution, which will be implemented in DBS.

1. Intrasententiale vs. extrasententiale Koreferenz im Sprecher- und Hörermodus

Pronominale Referenz kann im Hörer- und im Sprechermodus sowohl innerhalb eines Satzes (intrasentential) als auch satzübergreifend (extrasentential) auftreten. Folgende Darstellung zeigt die Problemstellung schematisch:

intrasententiale Koreferenz im Hörermodus	intrasententiale Koreferenz im Sprechermodus
extrasententiale Koreferenz im Hörermodus	extrasententiale Koreferenz im Sprechermodus

Bezüglich der Behandlung von koreferenten Pronomina müssen zwei essentielle Fragen beantwortet werden: Bei der Interpretation von Sprache stellt sich die Frage „Wie findet der Hörer die koreferente Nominalphrase (das Antezedent) zu einem Pronomen?“. Im Sprechermodus, bei der Produktion von Sprache, muss dagegen eine Antwort auf das Problem „Wann darf/kann/muss ein Pronomen verwendet werden und warum?“ gefunden werden. Im Rahmen der intrasententialen Koreferenz werde ich mich in dieser Arbeit auf die Interpretation von Pronomen im Hörermodus beschränken. Die zur extrasententialen Koreferenz beschriebenen Beobachtungen in Kapitel 4 können als Hilfe sowohl bei der Referenzauflösung im Hörermodus als auch bei der Entscheidung für oder gegen Pronominalisierung einer Nominalphrase im Sprechermodus herangezogen werden.

2. Intrasententiale Referenzauflösung in bisherigen Ansätzen

Bisherige Ansätze beschäftigen sich vor allem mit der intrasententialen Referenzauflösung von Anaphora. In diesem Bereich wurden im Rahmen der transformationell abgeleiteten Ansätze wichtige Einschränkungen beim Gebrauch von Pronomina festgestellt. Allen voran stellten Langacker (1969) und Ross (1969) unabhängig voneinander fest, dass Pronominalisierung nicht immer möglich ist. Beide gehen davon aus, dass im Falle von Koreferenz in der Tiefenstruktur zwei vollständige Nominalphrasen stehen, von denen eine der beiden unter bestimmten Umständen in der Oberflächenstruktur durch ein Pronomen ersetzt, also „pronominalisiert“, werden kann. Realisiert wird diese Umformung mit Hilfe zyklischer Transformationsregeln, die auf Strukturbäume angewendet werden.

Jackendoff (1968) steht zwar in der Tradition der generativen Grammatiker, geht aber davon aus, dass bereits in der Tiefenstruktur Personalpronomen vorhanden sind und nicht erst durch Transformationen erzeugt werden. Er ist das Bindeglied zwischen den heute als überholt angesehenen transformationellen Ansätzen und der lexikalischen Herangehensweise, in der es keine Tiefenstruktur gibt, denn Pronomen werden nicht als ein nur in der Oberfläche auftretendes Phänomen gesehen. In diesen Theorien stellt sich nicht mehr die Frage nach den Umständen, unter denen pronominalisiert werden darf bzw. muss, sondern es werden *constraints* festgelegt, die die Verwendung von Pronomen an bestimmten Stellen verbieten. Die meisten Ansätze greifen dabei auf die Baumstruktur zurück, deren Schachtelung von Ästen den Zugriff auf Elemente in unzugänglichen Bereichen blockiert.[180] Dadurch wird gewährleistet, dass die Interpretation von Referenzausdrücken eingeschränkt wird, weil Nominalphrasen, die aufgrund von *constrains* als Referenzkandidaten ausgeschlossen werden, gar nicht erst in Betracht gezogen werden.

3. Intrasententiale Referenzauflösung im Hörmodus der DBS

Der Ansatz der Datenbanksemantik unterscheidet sich von anderen Ansätzen insofern, als er keine Baumstruktur verwendet. Propositionaler Inhalt wird in konkatenierten Proplets, Propositionselementen in Form von Attribut-Werte-Paaren, gespeichert. Die Frage der Einbettung wird also sowohl im Hörer- als auch im Sprechermodus über Merkmalsstrukturen behandelt. Dabei wird im Hörermodus in untergeordneten bzw. übergeordneten Teilsätzen einer Satzkonstruktion das nächstgelegene Nomen als möglicher Referenzkandidat geprüft. War eine dieser Regeln erfolgreich, wurde also der Koreferent gefunden, wird durch Inferenz der *idy*-Wert im Proplet des Pronomens mit dem des koreferenten Nomen gleichgesetzt und somit Referenzidentität markiert (vgl. 3.2). Koreferenz ist in der DBS daher eine sekundäre Relation. Ist keine Regel erfolgreich, scheitert die Inferenz und die Regeln werden auf das nächste Nomen angewendet, solange bis ein Koreferent gefunden wird.

Die intrasententiale, extrapropositionale Referenzauflösung wurde in der DBS mit Hilfe der Langacker-Ross-Bedingungen, die in der DBS bezüglich der Behandlung von Pronomina übernommen werden, vollständig gelöst. Steht ein Pronomen (') im übergeordneten (Teil-)Satz (**H**), muss es seinem koreferenten Nomen nachfolgen. Umgekehrt entstehen zwar grammatikalisch wohlgeformte Sätze, aber Koreferenz ist nicht möglich (#). Steht das Pronomen im untergeordneten (Teil-)Satz (**L**), spielt die Reihenfolge, in der **H** und **L** auftreten, keine Rolle. Dies gilt gleichermaßen für das Englische und das Deutsche. Auf diese Weise können sowohl sententiale Modifizierer in adnominaler und adverbialer Funktion[181], als auch sententiale Argumente in Subjekt- und Objektposition behandelt werden. Letztere sollen im Folgenden näher betrachtet werden.

3.1 Auflösung extrapropositionaler Koreferenz in sententialen Argumenten

In der Datenbanksemantik werden untergeordnete Sätze an die entsprechenden übergeordneten Sätze mit dem Prinzip des *gap* angeknüpft. Im Falle der Senten-

---

[180] vgl. Langacker (1969), Ross (1969)

[181] Die Behandlung dieser Phänomene in der DBS wird in Hausser 2005 ausführlich beschrieben.

tialen Argumente befindet sich dieser *gap* im übergeordneten Satz und wird durch den untergeordneten Satz, der entweder an Stelle des Subjekts oder an Stelle des Objekts steht, gefüllt.

3.1.1 Subjektposition

LH': That **Oscar** was unpopular disturbed **him**.
Dass **Oscar** unbeliebt war, störte **ihn**.

L'H: That **he** was unpopular disturbed **Oscar**.
Dass **er** unbeliebt war, störte **Oscar**.

Zur Veranschaulichung folgt eine Ableitung der Propletdarstellung des Satzes „That **Oscar** was unpopular disturbed **him**." im Hörermodus:

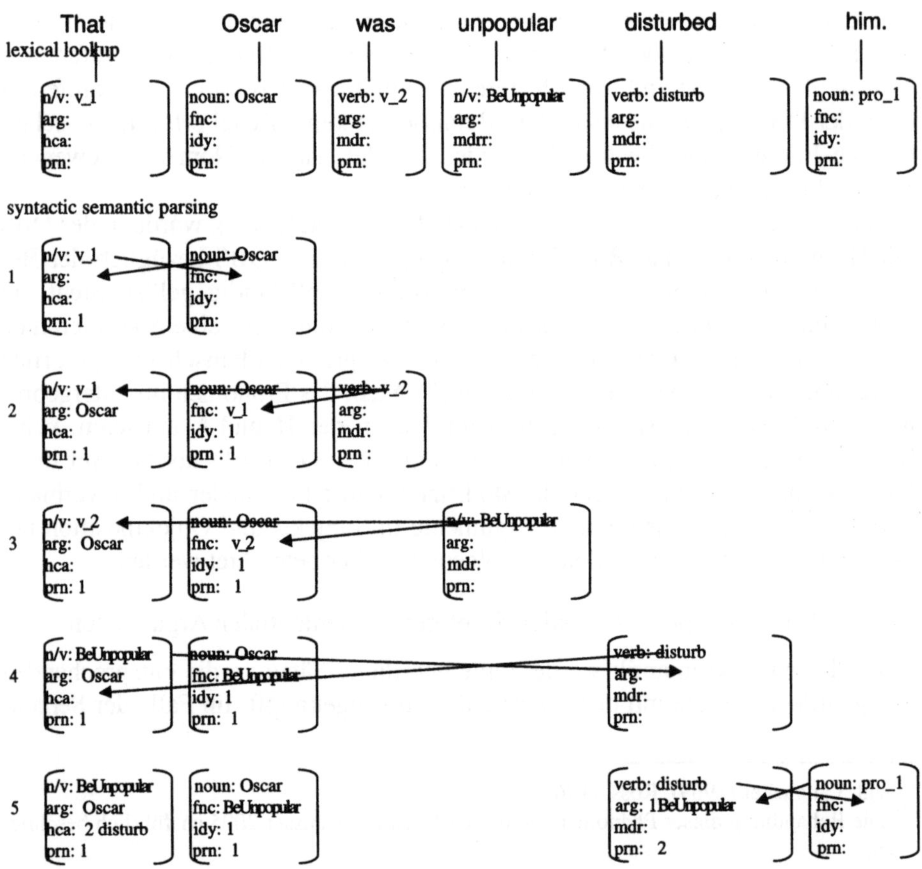

Ergebnis:

n/v: BeUnpopular	noun: Oscar	verb: disturb	noun: pro_1
arg: Oscar	fnc: BeUnpopular	arg: 1 BeUnpopular pro_1	fnc: disturb
hca: 2 disturb	idy: 1	mdr:	idy: 2
prn: 1	prn: 1	prn: 2	prn: 2

Im Hörermodus wird zuerst den eingehenden Wortforen per *lexical lookup* jeweils das entsprechende Proplet zugewiesen, die wiederum als Kontext gespeichert werden. Beim syntaktisch-semantischen Parsen wird der Subjektsatz (oder Objektsatz) an den nächsthöheren Satz angehängt, indem er in das Funktionswort (hier *that*) integriert wird. Das Attribut **n/v** deutet an, dass zum einen der Nebensatz als Subjekt oder Objekt im höheren Satz fungiert und zum anderen, dass das Verb den Nebensatz repräsentiert. Mit dem **hca**-Attribut („higher clause attachment") wird die Verbindung zwischen dem untergeordneten Subjektsatz und dem übergeordneten Satz geschaffen. Im übergeordneten Satz wird der untergeordnete Satz als Subjekt im **arg**-Attribut gespeichert. Die Propositionen werden durchnummeriert und der Wert wird im Attribut **prn** gespeichert. Jedes *noun*-Proplet erhält in seinem **idy**-Attribut einen anderen Zahlenwert, der erst nach der Regelanwendung bezüglich der Koreferenz verändert wird (vgl. 3.2).

3.2.1 Objektposition

Analog funktioniert die Herleitung für die Sätze, in denen die Objektposition durch einen Satz gefüllt wird. Aus Platzgründen wird die Ableitung der Propletdarstellung weggelassen.

HL': **Oscar** was disturbed that **he** was unpopular.
Oscar störte, dass **er** unbeliebt war.
H'L: **#He** was disturbed that **Oscar** was unpopular.
#Ihn störte, dass **Oscar** unbeliebt war.

3.2 Ableitung der Inferenzregeln

Folgende Beispiele aus dem Englischen und dem Deutschen sollen zur Ableitung von Inferenzregeln in einer LA-think-Grammatik zur Auflösung von Koreferenz in sententialen Argumenten führen.[182]

*3.2.1 Beispiel für **LH'***

LH': That **Oscar** was unpopular disturbed **him**.
Dass **Oscar** unbeliebt war, störte **ihn**.

[182] Als Grundlage dient das Ergebnis der Propletableitung der jeweiligen Sätze, wie beispielhaft in 3.1.1 für LH' abgeleitet.

rule level:

n/v: β	noun: γ	noun: pro_n
arg: γ	fnc: β	fnc: α
hca: α	idy: j	idy: i
prn: q	prn: q	prn: r

proplet level:

n/v: BeUnpopular	noun: Oscar	verb: disturb	noun: pro_1
arg: Oscar	fnc: BeUnpopular	arg: 1 BeUnpopular pro_1	fnc: disturb
hca: 2 disturb	idy: 1	mdr:	idy: 2
prn: 1	prn: 1	prn: 2	prn: 2

n/v: unbeliebtSein	noun: Oscar	verb: stören	noun: pro_1
arg: Oscar	fnc: unbeliebtSein	arg:1 unbeliebtSein pro_1	fnc: stören
hca: 2 stören	idy: 1	mdr:	idy: 2
prn: 1	prn: 1	prn: 2	prn: 2

Dieser Beispielsatz beginnt mit dem untergeordneten Satz, der das Antezedent enthält, gefolgt vom übergeordneten Satz, der das Pronomen enthält. In der ersten Ebene wird die Navigation durch die Propletmuster dargestellt. Die zweite Ebene besteht aus den jeweils vier Proplets, die den Beispielsatz in der DBS im Englischen und Deutschen darstellen.

Ausgangspunkt ist das Pronomen (*him/ihn*), das durch den Wert *pro_1* die Grammatik zur Referenzauflösung auslöst. In den benachbarten Proplets (aktueller **prn**-Wert +/-1) muss nun ein geeigneter Koreferent (*noun*-Proplet) gefunden werden. Zuerst wird zu einem Proplet navigiert, dessen **hca**-Wert identisch ist mit dem **fnc**-Wert des Pronomen-Proplets (*disturb/stören*). In diesem Proplet muss nun der Wert des **arg**-Attributs (*Oscar*) als Wert in einem *noun*-Proplet des selben Teilsatzes gefunden werden. Dies ist der Kandidat, der als Koreferent für das Pronomen in Frage kommt. Um die Referenzidentität zu markieren, wird durch Inferenz der **idy**-Wert im Pronomen-Proplet (bisher Wert 2) mit dem des koreferenten Nomen (also *Oscar*) gleichgesetzt und hat nach erfolgreicher Regelanwendung den Wert 1.

3.2.2 Beispiel für ***H'L***

H'L: #He was disturbed that **Oscar** was unpopular.
#Ihn störte, dass **Oscar** unbeliebt war.

noun: pro_n		n/v: β	noun: γ
fnc: α		arg: γ	fnc: β
idy: i		hca: α	idy: j
prn: r		prn: q	prn: q

noun: pro_1	verb: disturb	n/v: BeUnpopular	noun: Oscar
fnc: disturb	arg: pro_1 2 BeUnpopular	arg: Oscar	fnc: BeUnpopular
idy: 1	mdr:	hca: 1 disturb	idy: 2
prn: 1	prn: 1	prn: 2	prn: 2

noun: pro_1	verb: stören	n/v: unbeliebtSein	noun: Oscar
fnc: stören	arg: pro_1 2 unbeliebtSein	arg: Oscar	fnc: unbeliebtSein
idy: 1	mdr:	hca: 1 stören	idy: 2
prn: 1	prn: 1	prn: 2	prn: 2

Die selbe Regel lässt sich auf den zweiten Beispielsatz vom Typ H'L anwenden. Wieder wird der **fnc**-Wert des Pronomens im **hca**-Wert eines benachbarten Proplets gefunden. Von hier aus kann durch den **arg**-Wert das *noun*-Proplet mit dem in Frage kommenden Koreferenten gefunden werden. Allerdings muss in diesem Fall die Koreferenz verhindert werden, weil das Pronomen im übergeordneten Satz steht und seinem Koreferenten vorangestellt ist. Dies geschieht, indem die **prn**-Werte der beiden Propositionen miteinander verglichen werden. Nur wenn q<r ist, also der untergeordnete Satz vor dem übergeordneten Satz steht, kann die Inferenz gezogen werden. Da dies hier nicht der Fall ist, muss weiter nach einem passenden Koreferenten gesucht werden.

3.2.3 Pronomen in untergeordneten Teilsatz (L')

Tritt das Pronomen im untergeordneten Teilsatz auf, muss eine andere Navigation und somit eine andere Regel gewählt werden. Dabei ist es nicht von Bedeutung, ob der Teilsatz als Subjekt oder Objekt fungiert.

L'H: That **he** was unpopular disturbed **Oscar**.
Dass **er** unbeliebt war, störte **Oscar**.

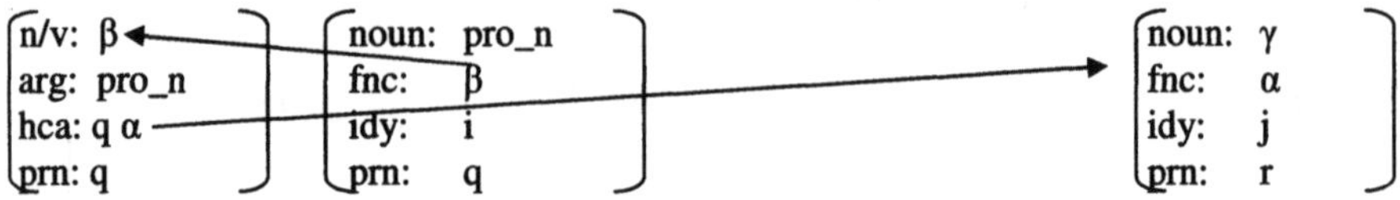

n/v: BeUnpopular	noun: pro_1	verb: disturb	noun: Oscar
arg: pro_1	fnc: BeUnpopular	arg: 1 BeUnpopular Oscar	fnc: disturb
hca: 2 disturb	idy: 1	mdr:	idy: 2
prn: 1	prn: 1	prn: 2	prn: 2

n/v: unbeliebtSein	noun: pro_1	verb: stören	noun: Oscar
arg: pro_1	fnc: unbeliebtSein	arg: 1 unbeliebtSein Oscar	fnc: stören
hca: 2 stören	idy: 1	mdr:	idy: 2
prn: 1	prn: 1	prn: 2	prn: 2

HL': **Oscar** was disturbed that **he** was unpopular.
Oscar störte, dass **er** unbeliebt war.

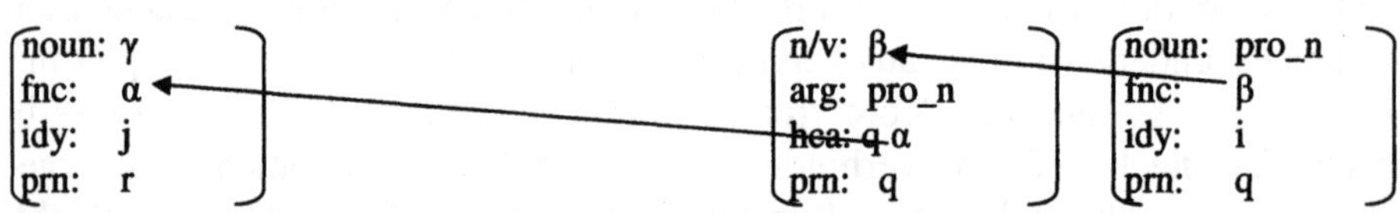

noun: Oscar	verb: disturb	n/v: BeUnpopular	noun: pro_1
fnc: disturb	arg: Oscar 2 BeUnpopular	arg: pro_1	fnc: BeUnpopular
idy: 1	mdr:	hca: 1 disturb	idy: 2
prn: 1	prn: 1	prn: 2	prn: 2

noun: Oscar	verb: stören	n/v: unbeliebtSein	noun: pro_1
fnc: stören	arg: Oscar 2 unbeliebtSein	arg: pro_1	fnc: unbeliebtSein
idy: 1	mdr:	hca: 1 stören	idy: 2
prn: 1	prn: 1	prn: 2	prn: 2

Ausgangspunkt ist wieder das Pronomen. Dessen **fnc**-Wert (*BeUnpopular/unbeliebtSein*) führt zu einem zweiten Proplet, dessen **n/v**-Wert identisch mit dem **fnc**-Wert des Pronomen-Proplets ist. Gleichzeitig muss dieses Proplet ein **hca**-Attribut haben. In dessen Wert steht ein Verb in einer benachbarten Proposition. Dieser Wert wiederum muss in einem *noun*-Proplet als **fnc** stehen. Das auf diese Weise gefundene Proplet ist der Koreferent-Kandidat.

3.2.4 Definition von LA-think.pro-3:

ST$_S$ = $_{def}$\{ ([noun: pro_n] {**arg-hca arg-n/v**}) }

$$\textbf{arg-hca:} \begin{pmatrix} \text{noun: pro\_n} \\ \text{fnc: } \alpha \\ \text{idy: i} \\ \text{prn: r} \end{pmatrix} \begin{pmatrix} \text{n/v: } \beta \\ \text{arg: } \gamma \\ \text{hca: } \alpha \\ \text{prn: q} \end{pmatrix} \begin{pmatrix} \text{noun: } \gamma \\ \text{fnc: } \beta \\ \text{idy: j} \\ \text{prn: q} \end{pmatrix} \quad \begin{matrix} \text{wenn q und r benachbart sind, q<r} \\ \text{und pro\_n und } \gamma \text{ komatibel sind, setze i = j} \end{matrix} \quad \{\,\}$$

$$\textbf{arg-n/v:} \begin{pmatrix} \text{noun: pro\_n} \\ \text{fnc: } \beta \\ \text{idy: i} \\ \text{prn: q} \end{pmatrix} \begin{pmatrix} \text{n/v: } \beta \\ \text{arg: pro\_n} \\ \text{hca: q } \alpha \\ \text{prn: q} \end{pmatrix} \begin{pmatrix} \text{noun: } \gamma \\ \text{fnc: } \alpha \\ \text{idy: j} \\ \text{prn: r} \end{pmatrix} \quad \begin{matrix} \text{wenn q und r benachbart sind und} \\ \text{pro\_n und } \gamma \text{ kompatibel sind, setzte i = j} \end{matrix} \quad \{\,\}$$

ST$_F$ = $_{def}$\{ ([noun: γ] rp$_{\textbf{arg-hca}}$), ([noun: γ] rp$_{\textbf{arg-n/v}}$) }

Ausgelöst wird diese Grammatik durch den Wert **pro_n** im Attribut **noun** eines *noun*-Proplets. Die Regel **arg-hca** behandelt die Fälle, in denen das Pronomen im übergeordneten Teilsatz (H') vorkommt. Aufgrund der Langacker-Ross-Bedingung muss die Bedingung q<r erfüllt werden, um den Fall H'L zu unterbinden. Erst dann darf der **idy**-Wert des Nomens mit dem des Pronomens gleichgesetzt werden – vorausgesetzt sie sind kompatibel.

Die zweite Regel, **arg-n/v**, wird angewendet, wenn sich das Pronomen im untergeordneten Teilsatz (L') befindet. Hier muss nur auf die Kompabilität der beiden *noun*-Proplets geachtet werden. **LA-think.pro-3** bildet zusammen mit **LA-think.pro-1** und **LA-think.pro-2** die Grammatik **LA-think.pro**[183], die sämtliche Regeln zur Referenzauflösung enthält.

4. Extrasententiale Koreferenz

Wie bereits erwähnt muss der Hörer bei der Interpretation von Sprache erkennen können, welches das Antezedent zu einem Pronomen ist. Bei der Produktion von Sprache muss der Sprecher oder Schreiber sich für die geeignete Wort- und Syntaxwahl sowie für den Zeitpunkt entscheiden, an dem er eine bestimmte Information anbringt. Dabei muss er sich für diejenige von vielen verschiedenen Optionen entscheiden, mit der die bestmögliche Anordnung von Information erzielt wird, so dass der Hörer oder Leser keine Schwierigkeiten damit hat, die über-

---

[183] LA-think.pro-1 und LA-think.pro-2 behandeln sententiale Modifizierer in adnominaler und adverbialer Funktion (vgl. Hausser 2005).

mittelte Information so zu verstehen, wie sie vom Sprecher intendiert war. Damit dieses Ziel erreicht wird, muss der produzierte Text ein zusammenhängendes sinnvolles Ganzes ergeben. Diese Kohärenz wird unter anderem durch Pronominalisierung erreicht. In diesem Kapitel soll erörtert werden mit welchen Hilfsmitteln einerseits der Hörer bei satzübergreifender Koreferenz erkennt, welches das Antezedent zu einem Pronomen ist und andererseits der Sprecher entscheidet, ob er bei extrasententialer Referenz ein Pronomen statt einer vollen Nominalphrase einsetzen darf bzw. muss oder wann dies nicht möglich ist.

4.1 Distanz-Theorie

Vertreter der Distanz-Theorie argumentieren, dass der Abstand zwischen Antezedent und Personalpronomen als Hilfe für diese Entscheidung herangezogen werden kann. Laut Untersuchungen von Givón (1995) haben 95% der unbetonten Pronomen eine durchschnittliche Referenzdistanz zu ihrem Antezedent von nur einer Proposition, während es bei 90% der betonten Pronomen[184] zwischen zwei und drei Propositionen sind. Folglich dürfte es für den Hörer kein großes Problem sein unter Berücksichtigung von Genus und Numerus das richtige Antezedent zu finden. Für den Sprecher bedeutet dies, dass er berücksichtigen muss, ob die bereits erwähnte Nominalphrase, auf die er referieren möchte, noch nicht zu weit zurück liegt.

Allerdings findet Fox (1987) mehrere Beispiele, in denen die Referenzdistanz nicht ausreicht. In diesen Fällen muss die Diskursstruktur genauer betrachtet werden, denn die Erwartungen des Lesers werden vom Aufbau des Textes geprägt und nicht etwa durch Messung des Abstands oder der Wichtigkeit (Salienz) einer Phrase. Ausgangspunkt der Anaphernanalyse muss also die Textstruktur sein.

4.2 Diskursstruktur-Theorie

Die „Rhetorical Stucture Theory“ von Mann und Thompson (1988) ist eine linguistische Methode zur Beschreibung der hierarchischen Struktur in Texten. Es wird zwischen Hauptaussagen (Nuklei) und zusätzlichen Informationen zum Nukleus, den Satelliten unterscheiden.[185] Zusammen bilden Nukleus und Satellit die rhetorische Struktur (R-Struktur). Fox (1987) verwendet diese Theorie, um die Beziehungen von Texteinheiten zueinander zu charakterisieren. Sie sieht ei-

[184] Da in der DBS bisher nur geschriebener Text untersucht wird, kann nicht erkannt werden, ob ein Pronomen betont oder unbetont ist. Dieser Lösungsversuch kann nicht auf die DBS übertragen werden.

[185] Diese Beziehung erinnert sehr an die Dominanz-Relation von Grosz und Sidner (1986), bei der ein Textabschnitt einen untergeordneten Abschnitt enthält und ihn damit dominiert.

ne starke Beziehung zwischen dem Informationsfluss in einem Text, der Textstruktur und dem Gebrauch von Anaphern. Dabei stellt Fox fest, dass Referenten, die im Sinn der Diskursstruktur im Fokus und damit im Bewusstsein des Hörers sind, pronominalisiert werden können.[186]

Der Sprecher/Schreiber signalisiert dem Hörer/Leser durch die Verwendung eines Pronomens, dass das gesuchte Antezedent in aktiver oder kontrollierender[187] Position ist und bereits früher im Text eingeführt worden sein muss. Als aktiv wird zum Beispiel der Satellit einer R-Struktur bezeichnet, wenn sein Nukleus gerade produziert wird (und umgekehrt). Der Sprecher sagt also gerade etwas zu einem bestimmten Thema, sei es Teil der Hauptinformation oder Teil der Nebeninformation, und darf die in diesen Propositionen vorkommenden Referenten pronominalisieren. Dem Sprecher ist es durch diese Fokusierung[188] möglich Referenten zu pronominalisieren, die in der Umgebung von Referenten in einem anderen Genus vorkommen, aber vor allem auch, wenn zwei Referenten in der selben Proposition das selbe Genus haben. Wenn der in der zweiten Proposition genannte Referent das grammatische Subjekt der ersten Proposition war, wird die grammatische Rolle der aktiven Proposition übernommen. Der Leser weiß deshalb, dass in dem Beispiel „Maria sieht Susi. Sie geht zu ihr auf die andere Straßenseite." das Personalpronomen *sie* in der Subjektposition der zweiten Proposition koreferent zu *Maria* ist und sich nicht auf *Susi* bezieht.

Wenn eine Proposition mit einer vollen Nominalphrase eingeführt wird (z.B. „Chomsky ist ein bedeutender Linguist."), ist es sehr wahrscheinlich, dass die nächste Referenz durch ein Pronomen realisiert wird. Wird die Struktur des Satzes jedoch immer komplexer, geht gemäß Fox der Leser davon aus, dass entweder kein weiterer Rückbezug vorgenommen wird, oder ein Rückbezug höchstens über eine volle Nominalphrase erfolgt. Der Referent fällt somit für den Sprecher aus der Klasse der zu pronominalisierenden Referenten heraus.

---

186 Dass nur NPs, die im Fokus sind, pronominalisiert werden können vertreten auch viele andere Wissenschaftler, vgl. z.B. McKeown 1985, Grosz und Sidner 1986.

187 Da dieser Fall in der Praxis nicht sehr oft auftritt, wird an dieser Stelle nicht weiter darauf eingegangen.

188 Durch den Fokusmechanismus kann die Diskurskohärenz aufrecht erhalten werden, denn durch die eingeschränkte Aufmerksamkeit wird eingegrenzt, was der Sprecher als nächstes sagen kann (nächste Äußerung muss auf irgendeine Art und Weise mit Vorherigem in Verbindung stehen). In McKeown (1985) muss dafür zuerst ein relevanter Wissenspool generiert werden. In der DBS ist dies nicht notwendig: Bei der Navigation durch den Inhalt der Wortbank (vgl. Fußnote 189 in 4.3) steht bei jedem Proplet fest, welche Proplets als nächste angesteuert werden können. Somit wird Kohäsion hier weitgehend über den Inhalt der Datenbank bestimmt.

Allerdings wird in der Praxis nicht zwangsweise ein Pronomen verwendet, wenn es theoretisch möglich wäre. Fox stellte fest, dass bei neu beginnenden rhetorischen Einheiten fast ausschließlich volle Nominalphrasen verwendet wurden. Gleiches beobachtete sie für diejenigen Texteinheiten, die eine komplexe interne Struktur aufweisen.

Fox fand außerdem einige Beispiele für Anaphernmuster, die nicht strukturabhängig sind. Oft werden volle Nominalphrasen bevorzugt, um weitere Information (häufig an Stelle eines Nebensatzes) zum Referenten zu geben, um ihn näher zu charakterisieren, statt ihn nur zu identifizieren oder um einen Gegensatz zu verdeutlichen. Diese Arten der Anaphernbildung sind vor allem in geschriebener Sprache vorzufinden.

4.3 Übertragung in die DBS

Diese Ergebnisse sollen nun auf das System der Datenbanksemantik übertragen werden. Im Hörermodus kann vor allem mit Hilfe der Referenzdistanz eingeschätzt werden, ob eine Nominalphrase als Koreferent in Frage kommt. Zusätzlich soll in *noun-* und *verb*-Proplets das Attribut **semcon** („semantic constraint") neu eingeführt werden, in dessen Wert semantische Restriktionen wie zum Beispiel *animated*, *non-animated* oder *unspecified* stehen. Diese Werte müssen bei Koreferenz übereinstimmen und dienen damit neben Genus und Numerus als Kompatibilitätskriterium. Wie bei der intrasententialen Koreferenz wird die extrasententiale Koreferenz durch das Ziehen von Inferenzen als sekundäre Relation behandelt.

Im Sprechermodus werden bei der Produktion von Sprache durch autonome Navigation in der Wortbank[189] Sequenzen von Proplets mittels syntaktisch-semantischen Parsens und automatischer Wortformproduktion in Sätze abgebildet. Motor der Navigation ist eine geeignete LA-Grammatik (vgl. 3.2.4). Bei der Navigation durch die Proplets muss bezüglich der Pronominalisierung das Attribut **act** eingeführt werden, das markiert, ob das Proplet des Referenten aktiv ist. Fällt diese Überprüfung positiv aus, wurde der Referent also bereits eingeführt und wird die Textstruktur, in der er sich befindet, gerade produziert, so darf bei erneutem Traversieren dieses Referenten das Pronomen verwendet werden.[190] Zur Markierung der Identität des Bezugsobjekts erhält der **idy**-Wert des Proplets bei jedem weiteren Vorkommen des Referenten, egal ob in Form eines Personal-

[189] Eine Wortbank besteht aus verketteten Propositionen, die das Schienennetz für die Navigation bilden und damit mögliche Fortsetzungen angeben.

[190] Voraussetzung dafür ist, dass die Textproduktion gemäß der RST von Mann und Thompson (1988) erfolgt.

pronomens oder einer vollen Nominalphrase, den selben Wert, der ihm bei erstmaliger Erwähnung des Referenten zugeteilt wurde (Koreferenz).

5. Zusammenfassung

Nachdem auf die verschiedenen Problemstellungen der Koreferenz aufmerksam gemacht wurde, behandelt diese Arbeit zunächst die intrasententiale Koreferenz im Hörermodus. Dabei werden die Erkenntnisse von Langacker und Ross auf die intrasententiale, extrapropositionale Referenzauflösung der DBS übertragen. Auf diese Weise kann durch das Ziehen von Inferenzen eine sekundäre Relation zwischen Antezedent und Personalpronomen aufgebaut werden, die die Referenzidentität markiert. Veranschaulicht wurde dieser Lösungsansatz am Beispiel der Auflösung extrapropositionaler Koreferenz in sententialen Argumenten.

Anschließend wurde ein informeller Lösungsvorschlag zur extrasententialen Referenzauflösung gemacht. Ein Lösungsansatz, in dem die Distanz zwischen Antezedent und Pronomen berücksichtigt wird und gleichzeitig die Diskursstruktur als Hilfe zur Referenzauflösung herangezogen wird, scheint erfolgversprechend zu sein. Von Vorteil dabei ist, dass die Markierung der Topikalität als Signal der Pronominalisierbarkeit sehr gut auf das System der DBS angewendet werden kann.

Literaturverzeichnis

Abney, Steven P. (1991). Parsing by Chunks. In R. Berwick, S. Abney & C. Tenny (Eds.), Principle Bases Parsing. (257–278). Dordrecht: Kluwer Academic Publishers.

Fox, B. A. (1987). Discourse Structure and Anaphora. Written and conversational English. Cambridge: Cambridge University Press.

Givón, T. (1995). Coherence in Text vs. Coherence in Mind. In M.A. Gernsbacher & T. Givón (eds.), Coherence in Spontaneous Text. (pp. 59–115). Amsterdam, Philadelphia: John Benjamins Publishing Company

Grosz, B. & C. Sidner (1986). Attention, Intensions, and the Structure of Discourse. Computational Linguistics, 12.3:175–204.

Halliday, M.A.K. & R. Hasan (1976). Cohesion in English. London: Longman.

Hausser R. (2000) Grundlagen der Computerlinguistik, Mensch-Maschine-Kommunikation in natürlicher Sprache, Berlin, Heidelberg: Springer-Verlag.

Hausser R. (2005). "The Major Constructions of English in Database Semantics", submitted

Jackendoff, R.S. (1968), An Interpretive Theory of Pronouns and Reflexives. The Linguistics Club, Indiana University.

Lees, R.B. & E.S. Klima (1963). Rules for English pronominalization. Language 39,17–28.

Langacker, R. (1969). Pronominalization and the Chain of Command. In D.A. Reibel & S.A. Shane (Eds.), Modern studies in English, (pp. 160–186).

Mann, W.C. & S. A. Thompson (1988) 'Rhetorical Structure Theory: Toward a Functional Theory of Text Organization', TEXT, 8:3, 243–281

McKeown, K.R. (1985). Text generation. Using discourse strategies and focus constraints to generate natural language text. New York: Cambridge University Press.

Ross, J.R. (1969). On the cyclic nature of English pronominalization. In D.A. Reibel & S.A. Shane (Eds.), Modern studies in English, (pp. 187–200).

Strube, M. & M. Wolters (2000). A Probabilistic Genre-Independent Model of Pronominalization. In Proceedings of the 6th Applied Natural Language Processing Conference and the 1st Meeting of the North American Chapter of the Association of Computational Linguistics. (pp. 18–25). Seattle, Washington, USA.

Treault, Joel R. & James F. Allen (2004). Dialogue Structure and Pronoun Resolution. To appear In 5th Discourse Anaphora and Anapher Resolution Colloquium. Azores.

Werth, P. (1984). Focus, Coherence and Emphasis. Worcester: Billing & Sons Limited.

Modelling turn-taking in a corpus-trained chatbot

Bayan Abu Shawar, Eric Atwell

A chatbot system is a conversational agent that interacts with a user turn by turn using natural language. To simulate human chat, we developed a java program to convert a machine readable text (corpus) to the ALICE-AIML chatbot linguistic knowledge representation format. An important problem in corpus-trained chatbot development is how to model dialogue turn-taking. In the ALICE-AIML representation, the corpus is mapped onto a list of rules or Categories, pairing Pattern (user input) with appropriate Template (system response). We present different turn-taking models, depending on the type of corpus: spoken dialogue transcripts such as the Corpus of Spoken Afrikaans and the spoken part of the British National Corpus; partly-structured monologue such as the verses of the Qur'an; and texts showing clear turn-taking, such as Loebner Prize contest transcripts, and Frequently Asked Questions (FAQ) websites. Our turn-taking model is simple enough to be generic and learnable from this wide range of training corpora; yet is adequate to give reasonable user satisfaction in user trials.

Ein Chatbot ist ein Agent, der mit einem Benutzer in natürlicher Sprache interagiert, wobei der Benutzer und der Agent sich mit der Ein-/Ausgabe abwechseln (turn-taking). Um menschliche Unterhaltung zu simulieren, entwickelten wir ein Java-Programm, das einen maschinenlesbaren Text (Korpus) in das Wissensrepräsentationsformat des ALICE-AIML-Chatbots umwandelt. Ein wichtiges Problem in der Entwicklung eines Chatbots, der auf Korpora trainiert wird, ist die Modellierung des Turn-taking im Dialog. In der ALICE-AIML-Repräsentation wird das Korpus auf eine Liste von Regeln oder Kategorien abgebildet, die ein Muster (Benutzereingabe) mit einem geeigneten Template (Systemantwort) paaren. Wir stellen verschiedene Turn-taking-Modelle vor, die vom Korpustyp abhängig sind: transkribierte Dialoge wie das Korpus des gesprochenen Afrikaans und der gesprochene Teil des British National Corpus; teilstrukturierte Monologe wie die Verse des Koran; und Texte, die klares Turn-taking Verhalten aufweisen, wie die transkribierten Texte des Loebner-Preis-Wettbewerbs, und FAQ-Internetseiten. Unser Turn-taking-Modell ist einfach genug, um allgemein anwendbar auf und lernbar von verschiedenen Trainingkorpora zu sein; dennoch ist es beschreibungsadäquat genug, um Zufriedenheit der Benutzer in Benutzerexperimenten zu garantieren.

1. Introduction

"Before there were computers, we could distinguish persons from non-persons on the basis of an ability to participate in conversations. But now, we have hybrids operating

> between person and non-persons with whom we can talk in ordinary language." (Colby 1999).

Human machine conversation as a technology integrates language and the computational methodologies to facilitate communication between users and computers using natural language.

A related term to machine conversation is the chatbot, a conversational agent that interacts with users turn by turn using natural language. Different chatbots or human-computer dialogue systems have been developed using text communication starting from ELIZA (Weizenbaum 1966, 1967) that simulates a psychotherapist, then PARRY (Colby 1973) which simulates a paranoid patient.

> "Colby regarded PARRY as a tool to study the nature of paranoia, and considered ELIZA as a potential clinical agent who could, within a time-sharing framework, autonomously handle several hundred patients an hour." (Guzeldere and Franchi 1995).

Nowadays many chatbots are available online and are used for different purposes such as: MIA (aitools.org 2004) which is a German advisor on opening a bank account; Sanelma (MUMMI 2004), a fictional female to talk with in a museum that provides information related to specific works of art; Cybelle (Cybelle 2004), a female guide to cyberspace and Agentland; and AskJevees (2004), a web-based search engine.

Practical applications and evaluation are key issues in Language Engineering: Cunningham (1999) characterises Language Engineering in terms of "…its focus on large-scale practical tasks and on quantitative evaluation of progress, and its willingness to embrace a diverse range of techniques". The Loebner prize competition (Loebner 03) has been used to evaluate machine conversation chatbots. The Loebner Prize is a Turing test, which evaluates the ability of the machine to fool people that they are talking to human. In essence, judges are allowed a short chat (10 to 15 minutes) with each chatbot, and asked to rank them in terms of "naturalness". A.L.I.C.E (Wallace 2003) is the Artificial Linguistic Internet Computer Entity, started by Wallace in 1995. Different versions of Alice won the Loebner prize contest, a modern Turing test competition, three times in 2000, 2001, and recently in 2004. Other Alice-style AIML-based chatbots have been developed; for example, Speak2me (speak2me 2004) is another chatbot used to assist learning English language through chatting. The chatbot accepts the input in English text mode, and returns the reply in both textual and synthesised voice media. This tool is used to practise and improve conversation skills.

All these chatbots are restricted to the language and to the linguistic knowledge which is manually handcrafted. In our research we have implemented a Java program to convert a readable text corpus to the AIML format to retrain

ALICE. For this to work properly, the corpus-training program must model turn-taking appropriately: it must know which parts of the training corpus to learn chatbot turns from, and which parts correspond to user turns.

In this paper, we present several turn-taking models corresponding to different corpora structure. Section 2 presents the A.L.I.C.E chatbot system and the AIML linguistic knowledge representation formalism. Section 3 describes the Java program that converts a readable text to AIML format, and the training dialogue corpora used. Section 4 shows that the approach can be readily extended to corpora in exotic languages, such as Arabic; and to a monologue corpus. In section 5 dialogues generated from FAQ databases and Loebner Prize transcripts are discussed. Section 6 gives conclusions and ideas for future work.

2. The ALICE chatbot system

> "The need of conversational agents has become acute with the widespread use of personal machines with wish to communicate and the desire of their makers to provide natural language interfaces" (Wilks 1999).

ALICE (Alice 2000, Abu Shawar and Atwell 2003a,b, Wallace 2003) is the Artificial Linguistic Internet Computer Entity, which was implemented by Wallace in 1995. Alice knowledge about English conversation patterns is stored in AIML files. AIML, or Artificial Intelligence Mark-up Language, is a derivative of Extensible Mark-up Language (XML). It was developed by Wallace and the Alicebot free software community during 1995–2000 to enable people to input dialogue pattern knowledge into chatbots based on the A.L.I.C.E. open-source software technology.

AIML is explained in (Abu Shawar and Atwell 2003b) as follows. AIML consists of data objects called AIML objects, which are made up of units called topics and categories. The topic is an optional top-level element, has a name attribute and a set of categories related to that topic. Categories are the basic unit of knowledge in AIML. Each category is a rule for matching an input and converting to an output, and consists of a pattern, which matches against the user input, and a template, which is used in generating the Alice chatbot answer.

The AIML pattern is simple, consisting only of words, spaces, and the wildcard symbols _ and *. The words may consist of letters and numerals, but no other characters. Words are separated by a single space, and the wildcard characters function like words. The pattern language is case invariant. The idea of the pattern matching technique is based on finding the best, longest, pattern match. There are three types of categories: atomic categories, default categories, and recursive categories.

a) *Atomic categories:* are those with patterns that do not have wildcard symbols, _ and *, e.g.:

<category><pattern>10 Dollars</pattern>
<template>Wow, that is cheap. </template></category>

In the above category, if the user inputs '10 dollars', then ALICE answers 'WOW, that is cheap'.

b) *Default categories:* are those with patterns having wildcard symbols * or _. The wildcard symbols match any input but they differ in their alphabetical order. Assuming the previous input 10 Dollars, if the robot does not find the previous category with an atomic pattern, then it will try to find a category with a default pattern such as:

<category><pattern>10 *</pattern>
<template>It is ten.</template> </category>

So ALICE answers 'It is ten'.

c) *Recursive categories:* are those with templates having <srai> and <sr> tags, which refer to simply recursive artificial intelligence and symbolic reduction. Recursive categories have many applications: symbolic reduction that reduces complex grammatical forms to simpler ones; divide and conquer that splits an input into two or more subparts, and combines the responses to each; and dealing with synonyms by mapping different ways of saying the same thing to the same reply. For example:

<category> <pattern>YES*</pattern>
<template> <srai>YES</srai><sr/> <template> </category>

The input is partitioned into two parts, "yes" and the second part; * is matched with the <sr/> tag.

The AIML interpreter tries to match word by word to obtain the longest pattern match, as this is normally the best one. This behaviour can be described in terms of a Graphmaster set of files and directories, which has a set of nodes called nodemappers and branches representing the first words of all patterns and wildcard symbols.

There are more than 50,000 categories in the current public-domain Alice "brain", added by the Botmaster over several years. However all these categories are manually "hand-coded", which is time-consuming, and restricts adaptation to new discourse-domains and new languages. In the following sections we will present the automation process we developed, to train ALICE using a corpus based approach.

3. System implementation and dialogue corpus training datasets

We developed a Java program that converts a text corpus to the AIML chatbot language model format. Two versions of the program were initially developed. The first version is based on simple pattern template category, so the first turn of the speech is the pattern to be matched with the user input, and the second is the template that holds the robot answer. This version was tested using the English-language Dialogue Diversity Corpus (DDC) (Mann 2002), (Abu Shawar and Atwell 2003a,c) to investigate the problems of utilising dialogue corpora. The dialogue corpora contain linguistic annotation that appears during the spoken conversation such as overlapping, and using linguistic fillers. To handle the linguistic annotations and fillers, the program is composed of fours phases as follows:

- Phase One: Read the dialogue text from the corpus and insert it in a vector.
- Phase Two: Text reprocessing modules, where all linguistic annotations such as overlapping, fillers and other linguistic annotations are filtered.
- Phase Three: converter module, where the pre-processed text is passed to the converter to consider the first turn as a pattern and the second as a template. Removing all punctuation from the patterns and converting it to upper case is done during this phase.
- Phase Four: Copy these atomic categories in an AIML file.

We applied the same program version to a French dialogue corpus (Kerr 1983), which required changing the text pre-processing module since it has its own specific annotations; the problematic difference was NOT the change from English to French, but the changes in mark-up conventions.

The second version of the program has a more general approach to finding the best match against user input from the training dialogue. Two machine learning category-generation techniques were adapted, the "first word" approach, and the most frequent word approach.

In the first word approach we assumed that the first word of an utterance may be a good clue to an appropriate response: if we cannot match the input against a complete Corpus utterance, then at least we can try matching just the first word of a Corpus utterance. For each atomic pattern, we generated a default version that holds the first word followed by wildcard to match any text, and then associated it with the same atomic template. The program was tested using an Afrikaans corpus (Van Rooy 2002). Unfortunately this approach still failed to satisfy our trial users, so we look for the word in the utterance with the highest "information content", the word that is most specific to this utterance compared to other utterances in the corpus. This should be the word that has the lowest fre-

Human: Hi, do you like sport?
Chatbot: Hi there. No I'm not much into sports. I like solo sports like roller-blading and skiing though.
Human: Do you anything about football?
Chatbot: Any of several games played with an inflated leather ball by two teams on a field with goals at each end, the object being to get the ball across the opponents' goal.
Human: What about women's football?
Chatbot:I think football seems to, to bring out the worst in a lot of people and that's the part of it that I do not like
Human: Do you like it?
Chatbot: and er, I think until women's football take it on board all the way erm, they're not really gonna stand up with the men they have to become, referees, they have to become coaches, and more and more of these people erm, taking responsibility I go along and watch women's football and get really infuriated to see a man out there refereeing the game, and often in a very condescending manner!Instead of carding someone he'll put his arm round her and say Do not !It's not very nice to do that !Do not do that again!

Figure 1: Sample of a dialogue generated between a real human and the sport BNC chatbot

quency in the rest of the corpus. We choose the most significant approach to generate the default categories, because usually in human dialogues the intent of the speakers is best represented in the least-frequent, highest-information word. We extracted a local least frequent word list from the Afrikaans corpus, and then compared it with each token in each pattern to specify the most significant word within that pattern. Four categories holding the most significant word were added to handle the positions of this word first, middle, last or alone. The feedback showed improvement in user satisfaction (Abu Shawar and Atwell 2003b).

The same learning technique was used with other corpora such as the British National Corpus (BNC 2002) where more than one million categories were generated in different domains, such as food, sport, and London teenager conversations.

Figures 1 and 2 illustrate the dialogue generated between human and the trainable chatbot generated from the BNC and the Korpus Gesprooke Afrikaans. In these two samples, the program managed to generate dialogue, even though it does not have a sophisticated dialogue model.

Human: hallo
Bot: Goeiemore
Human: wat is jou naam?
Bot: My naam is Karike. Wat is jou naam?
Human: my naam is louis
Bot: Nice om te ontmoet, louis!
Human: waar woon jy?
Bot: hy werk vandag
Human: jy praat allemintige klomp stront karike
Bot: Hoe gaan dit?

Figure 2: Sample of a dialogue generated between a real human and the Afrikaans chatbot

4. Dealing with an exotic language, and a monologue corpus

In this section the Qur'an, the holy book of Islam, is used as an example of the Arabic language, and a text which is not conversational in its nature. The Arabic language has 28 consonants and three vowels: "a", "I", "u" that can be short or long. Vowels can be omitted in Arabic texts, resulting in either a vowelled text such as the language of the Qur'an or an unvowelled text such as newspapers or most published text. The Qur'an text is available via the Internet; and in principle the Qur'an provides guidance and answers to religious and other questions.

This version was updated to generate Arabic AIML files extracted from the Qur'an, the holy book of Islam. The Qur'an consists of 114 sooras, which could be considered as sections, grouped into 30 parts (chapters). Each soora consists of more than one verse (ayya). These ayyas are sorted, and must be shown in the same sequence. The AIML-learning system was revised to handle the non-conversational nature of the Qur'an.

We assumed that if an input is a verse, then the reply will be the next verse. Also we wanted the chatbot to reply to user input with relevant quotations from the qur'an; our turn taking model assumed every verse was a template for both user input and chatbot response, again using every "turn" (verse) twice in training.

Two chatbots version were created: the first accepts Arabic input and responds with the Arabic verse(s) see (Abu Shawar and Atwell 2004a). The second version accepts English input and responds with Arabic and English *a. Samples of chatting with the Arabic Qur'an where the input is a verse and the output is the next one*

Human: تَفعَلُونَ يَا أَيُّهَا الَّذِينَ آمَنُوا لِمَ تَقُولُونَ مَا لَا
Qur'an28-30: مَا لَا تَفعَلُونَ (سورة الصف)3 كَبُرَ مَقتًا عِندَ اللَّهِ أن تَقُولُوا
Human: تَفعَلُونَ كَبُرَ مَقتًا عِندَ اللَّهِ أن تَقُولُوا مَا لَا
Qur'an28-30: فِي سَبِيلِهِ صَفًّا كَأَنَّهُم بُنيَانٌ مَّرصُوصٌ (سورة الصف)4 إِنَّ اللَّهَ يُحِبُّ الَّذِينَ يُقَاتِلُونَ
Human: كَأَنَّهُم بُنيَانٌ مَّرصُوصٌ إِنَّ اللَّهَ يُحِبُّ الَّذِينَ يُقَاتِلُونَ فِي سَبِيلِهِ صَفًّا
Qur'an28-30: اللَّهِ إِلَيكُم فلمَّا لِقَومِهِ يَا قَومِ لِمَ تُؤذُونَنِي وَقَد تَّعلَمُونَ أَنِّي رَسُولُ وَإِذ قَالَ مُوسَى
يَهدِي القَومَ الفَاسِقِينَ (سورة الصف)5 زَاغُوا أَزَاغَ اللَّهُ قُلُوبَهُم وَاللَّهُ لَا

b. Samples of chatting with the English/Arabic version of the Qur'an

Human: peace and justice in Islam
Qur'an14-114: {Drawn Up In Ranks (As-Saaffat)} 181 And Peace on the apostles! وَسَلَامٌ عَلَى 181(سورة الصافات) المُرسَلِينَ{Ornaments Of Gold (Az-Zukhruf)} 89 But turn away from them, and say "Peace!" But soon shall they know! فَاصفَح عَنهُم 89(سورة الزخرف) وَقُل سَلَامٌ فَسَوفَ يَعلَمُونَ
Human: Is iti true that Allah is described as being totally free from any defects or flaws
Qur'an14-114: {The Letter Qaf (Qaf)} 6 Do they not look at the sky above them?- How We have made it and adorned it, and there are no flaws in it? أَفَلَم بَنَينَاهَا وَزَيَّنَّاهَا وَمَا لَهَا مِن فُرُوج (سورة ق)6 يَنظُرُوا إِلَى السَّمَاء فَوقَهُم كَيفَ
Human: is it right that our protector is Allah?
Qur'an14-114: {Muhammad (Muhammad)} 11 That is because Allah is the Protector of those who believe, but those who reject Allah have no protector. مَولَى الَّذِينَ آمَنُوا وَأَنَّ ذَلِكَ بِأَنَّ اللَّهَ (سورة محمد)11 الكَافِرِينَ لَا مَولَى لَهُم{The Morning Star (At-Tariq)} 4 There is no soul but has a protector over it. 4(سورة الطارق) إِن كُلُّ نَفسٍ لَّمَّا عَلَيهَا حَافِظٌ

Figure 3: Samples of chatting with the Qur'an

verse(s), see (Abu Shawar and Atwell 2004b). Figure 3 shows samples of the English-Arabic chatting dialogues with the Qur'an.

5. Dealing with training texts with explicit turn-taking

We have retrained the chatbot using transcripts of previous Loebner Prize competitions, where user and chatbot turns are clearly marked; in this training dataset, it is clear which parts of the text correspond to human input, and which parts provide chatbot replies. The resulting chatbot is illustrated in figure 4.

Human: what are you?
Bot: That's a good question - but perhaps a little bit too short in words mm! are you a tree frog? mm!
Human: I am not a tree frog, are you???
Bot: mm! are you a tree frog? mm!
Human: NO I am not a tree frog
Bot: We all know the line that the liberal sixties were to blamefor the escalating crime rate Do you accept that or haveanother theory?I'm not too great with names, but are you Elliott? mm! are you a tree frog? mm!
Human: at least you've stopped talking about tree frogs
Bot: mm! It would be best to answer that for yourself Do you think its likely that i'm trying to act human? mm!
Human: no you're being a tree frog fanatic
Bot: Please tell me something about your childhood, sometimes I wish i was a systems analyst mm! are you a tree frog? mm!

Figure 4: Sample of chatting with the chatbot trained with Loebner Prize transcripts

Another apparently straightforward case is FAQs: Frequently Asked Questions websites can be used to train chatbots. In these versions the chatbot expects user input similar to FAQ questions, and replies with FAQ answers, or with lists of links to FAQ answers. FAQs have clear turn-taking structure, and are widely used in computing so are a good source of training corpuses.

Three versions of FAQ chatbots were generated: Ask me (2004) which is trained using the FAQ of the School of Computing (SoC) at the University of Leeds; other versions are Python advisors in both English and Spanish (2004), trained with the English and Spanish versions of the online Python FAQ website. Figure 5 illustrates these three FAQ-chatbot versions.

a. Using FAQ of the School of Computing at the University of Leeds

Human: How to remove a job from the printer?
Ask me:

If you want to remove a job from the printer queue then find out the job number using the lpq command, and in a UNIX shell type:

% **lprm -P** printername job_no

You can only remove jobs that you have sent to the printer yourself - apart from Support that is. For more information look at:
How do I remove a job from the printer queue? (Printing)

b. Using the Python FAQ website in English

Human: what is a class ?
English_Python_FAQ:

A class is the particular object type created by executing a class statement. Class objects are used as templates to create instance objects, which embody both the data (attributes) and code (methods) specific to a datatype.

A class can be based on one or more other classes, called its base class(es). It then inherits the attributes and methods of its base classes. This allows an object model to be successively refined by inheritance. You might have a generic `Mailbox` class that provides basic accessor methods for a mailbox, and subclasses such as `MboxMailbox`, `MaildirMailbox`, `OutlookMailbox` that handle various specific mailbox formats.

c. Using the Python FAQ website in Spanish

Human: que es python?
Spanish_Python_FAQ:

Python es un lenguaje de programación interpretado, interactivo y orientado a objetos Incorpora mdulos, excepciones, tipado dinamico, tipos de datos dinamicos de muy alto nivel, y clases Python combina un remarcable poder con una sintaxis muy clara Tiene interfaces a muchas llamadas al sistema y bibliotecas, asi como tambien a varios sistemas de ventanas, y es extensible en C o C++ Tambien es utilizable como un lenguaje de extensin para aplicaciones que necesiten interfaces programables Finalmente, Python es portable, corre en muchas variantes de Unix, en la Mac, y en PCs bajo MS-DOS, Windows, Windows NT, y OS/2

Para descubrir mas, comience con la Guia de Python para el Principiante

Figure 5: Samples of questions and answers generated with the FAQ chatbot versions

6. Conclusions and future developments

A chatbot is a conversational agent that interacts with users turn by turn using natural language. A Java program was implemented to convert a machine readable text (corpus) to the AIML chatbot linguistic knowledge representation format. For this to work properly, the corpus-training program must model turn-taking appropriately: it must know which parts of the training corpus constitute chatbot turns and which correspond to user turns. We investigated different corpora structure where the turn taking sometimes is obvious and clear such as: FAQ databases, Loebner Prize transcripts. Sometimes the turn taking is not so obvious such as dialogue corpora like BNC, KGA where there are more than two speakers; so who plays the role of the input, and who plays the role of the output is not obvious. Another challenge was an Arabic chatbot, trained with the Qur'an, the holy book of Islam. Also, as the Qur'an is non-conversational in its nature, the turn taking is not obvious; to overcome this problem, a reiteration process was used for each turn, to play the role of input in one category and the role of output in the next one.

Even without adapting any complicated dialogue models, the systems managed to generate dialogue that satisfied some (but not all) users. We conclude that our simple turn-taking model, based on a large set of Categories containing pattern and template, is sufficient for at least some applications. More generally, dialogue systems developers should consider this simple approach, before assuming a more sophisticated linguistic model is needed.

We are looking into applications of the chatbot in education, and one challenge is re-use of existing teaching texts and materials to train the chatbot. It is not clear how to model turn-taking in all cases: if the training text includes transcripts of student-teacher dialogues (as in the Dialogue Diversity Corpus (Man 2002)) or something akin to Frequently Asked Questions (and their answers) then we can readily model turn taking; but in a transcript of a lecture, or a generic textbook, the "dialogue" is really a monologue without turn-taking: we have to devise a way to artificially impose a turn taking structure on the text before it can be used in chatbot-training. Hopefully we can gain some good ideas for this at the Workshop on turn-taking, and this resultant Proceedings!

References

Abu Shawar, B. and Atwell, E. (2003a). Using dialogue corpora to retrain a chatbot system. Proceedings of the Corpus Linguistics 2003 conference (CL2003), Lancaster University UK. pp. 681–690.

Abu Shawar, B. and Atwell, E. (2003b). Using the corpus of Spoken Afrikaans to generate an Afrikaans chatbot. Southern African Linguistics and Applied Language Studies. 21, pp. 283-294.

Abu Shawar, B. and Atwell, E. (2003c). Machine Learning from dialogue corpora to generate chatbots. Expert Update journal, 6(3), pp 25–29

Abu Shawar, B. and Atwell, E. (2004a). An Arabic chatbot giving answers from the Qur'an. In Bel, B & Marlien, I (editors) Proceedings of TALN04: XI Conference sur le Traitement Automatique des Langues Naturelles, Volume 2, pp. 197–202, ATALA.

Abu Shawar, B. and Atwell, E. (2004b). Accessing an information system by chatting in: Meziane, F & Metais,E (editors) Natural Language Processing and Information Systems: Springer-Verlag. 2004. pp. 407–412

Aitools.org. (2004). http://www.aitools.org/livebots/

Alice (2002). A.L.I.C.E AI Foundation , http://www.Alicebot.org/

Ask me (2004). http://www.pandorabots.com/pandora/talk?botid=c666f74d9e357bda

AskJevees. (2004). http://ask.co.uk/home

BNC (2002). http://www.natcorp.ox.ac.uk/

Colby, K. (1973). Simulation of Belief systems. In Schank and Colby (Eds.) Computer Models of Thought and Language. Freeman, San Francisco, CA.

Colby, K. (1999). Human-computer conversation in a cognitive therapy program. In Wilks, Y. (eds.) Machine conversations. Kluwer, Boston/Drdrecht/London. pp 9–19.

Cunningham, H. (1999). A definition and short history of Language Engineering. Journal of Natural Language Engineering, 5(1). pp 1–16.

Cybelle. (2004). AgentLand.com

English_Python. (2004). http://www.pandorabots.com/pandora/talk?botid=9be545433e356551

Güzeldere, G. and Franchi, S. (1995). Dialogue with colorful 'personalities' of early AI. In Constructions of the Mind, SEHR, 4(2) [On line]: http://www.stanford.edu/group/SHR/4-2/text/toc.html

Kerr, B. (1983). Minnesota Corpus. University of Minnesota, Minneapolis, USA.

Loebner, H. (2003), Home Page of the Loebner Prize-The First Turing Test, http://www.loebner.net/Prizef/loebner-prize.html

Mann, W. (2002). Dialog Diversity Corpus http://www-rcf.usc.edu/~billmann/diversity/DDivers-site.htm

MUMMI (2004). A Concept for chatbot:"Sanelma" building engaging relationship between the work of art and the exhibition visitor. http://www.mlab.uiah.fi/mummi/sanelma/

Spanish_Python. (2004). http://www.pandorabots.com/pandora/talk?botid=a503ce04be35655e

Speak2ME. (2005). www.speak2me.net

Van Rooy, B. (2002). Transkripsiehandleiding van die Korpus Gesproke Afrikaans. [Transcription Manual of the Corpus Spoken Afrikaans.] Potchefstroom: Potchefstroom University.

Wallace, R. (2003) The elements of AIML style. ALICE AI Foundation.

Weizenbaum, J. (1966). ELIZA – A computer program for the study of natural language communication between man and machine, Communications of the ACM, 10(8), pp. 36–45.

Weizenbaum, J. (1967). Contextual understanding by computers, Communications of the ACM, 10(8), pp. 474–480
Wilks, Y. (1999). Preface. In Wilks, Y. (eds.) Machine conversations. Kluwer.

Die Koordination in der Datenbanksemantik

Barbara März

Im folgenden werden drei Ansätze zur Behandlung der Koordination verglichen, nämlich (i) der tilgungsbasierte (transformationelle), (ii) der rein PS-Regel-basierte (GPSG), und (iii) der zeitlineare (DBS). Grundlage dieses Vergleichs sollen drei markante Typen von koordinierten Strukturen sein: (i) *Conjunction Reduction,*(ii) *Gapping* und (iii) *Right-Node-Raising.*Es wird gezeigt, dass eine streng zeitlineare Interpretation eine unkomplizierte Behandlung der verschieden Arten koordinierter Struktruen zulässt.

This paper compares three different approaches to the handling of coordination, namely (i) the deletion-based (transformational) approach, (ii) the base-generating approach (GPSG), and (iii) the timelinear approach (DBS). This comparison will be based on three prominent types of coordinated structures: (i) *Conjunction Reduction,*(ii) *Gapping* and (iii) *Right-Node-Raising.* It is shown that a strictly time-linear interpretation provides for a straightforward handling of different kinds of coordination.

1. Die Koordination

Im Limas-Korpus finden sich bei einer Gesamtzahl von 77551 Sätzen, rund 27500 Sätze mit koordinierenden Konjunktionen, davon allein 21420 mit der Konjunktion *„und"*. Prinzipiell ist eine lange Reihe von Satzmustern möglich. Dieser Vortrag muss sich jedoch aus Platzgründen auf eine exemplarische Vorstellung einiger markanter Konstruktionen beschränken, nämlich (i) *Conjunction Reduction*, (ii) *Gapping* und (iii) *Right-Node-Raising*.

Die Literatur trifft zunächst eine generelle Unterscheidung zwischen *Constituent Coordination* und *Non-Constituent Coordination.*

1.1 Constituent Coordination

Susi und Peter spielen im Haus.

Man spricht von *Constituent Coordination*, wenn eine oder mehrere Konstituenten eines Satzes aus einer komplexen koordinierten Phrase bestehen.

1.2 Non-Constituent Coordination

Susi spielt im Garten und Peter im Haus.

Als *Non-Constituent Coordination* werden hingegen Strukturen bezeichnet, bei denen sich die koordinierte Struktur nicht als eine Konstituente isolieren läßt, sondern mehrere Satzteile durch die Koordination verbunden werden.

Bei Conjunction Reduction und Right-Node-Raising handelt es sich um Sätze vom Typ Constituent Coordination, während Gapping einen Fall von Non-Constituent Coordination darstellt.

2. Conjunction Reduction

Mit dem Begriff *Conjunction Reduction* werden Konstruktionen vom Typ der folgenden Sätze bezeichnet.

Mary opened the window at 8:00 and looked out. [Hudson 76]
Jack hates Sue and is loved by Mary. [Jackendoff 72]
Vera sent a baby alligator to Max and a leather dinosaur to Bill. [Jackendoff 72]

Diesen Beispielen ist gemeinsam, dass das identische Material der koordinierten Sätze im zweiten Satz nicht vorhanden sein muss um insgesamt einen grammatikalischen Satz zu bilden. Bei der/n auslassbaren Konstituente/n handelt es sich immer um Material am linken Rand des zweiten Satzes.

2.1 Transformationell generiert

In der Transformationsgrammatik geht man davon aus, dass linguistische Generalisierungen, wie beispielsweise koordinierte Strukturen, durch Transformationen generiert werden müssen.

Eine koordinierte Struktur entsteht demnach aus der Koordination zweier vollständiger Sätze, aus denen dann durch eine entsprechende Transformation identisches Material getilgt wird.

Die Transformationsgrammatik erreicht einen Satz vom Typ der Conjunction Reduction durch eine spezielle Tilgungstransformation, die identisches Material vom linken Rand des zweiten Satzes entfernt.[191]

---

[191] Fast alle Fälle von *Constituent Coordination* können in der Transformationsgrammatik durch *Conjunction Reduction* abgedeckt werden. Eine Ausnahme bildet die Koordination von Nominalphrasen in Subjektposition. Da hier nicht von links, sondern von rechts getilgt werden muss, kann eine solche Struktur nicht generiert werden. Es gibt jedoch Ansätze in

2.1.1 Komplexes Verb
Peter geht und Peter singt. ⇒ Peter geht und singt.

2.1.2 Komplexes Komplement
Peter ist jung und Peter ist dumm. ⇒ Peter ist jung und dumm.

2.1.3 Komplexes Objekt
Peter mag Spaghetti und Peter mag Pizza.⇒ Peter mag Spaghetti und Pizza.

2.1.4 Komplexe Adverbiale
2.1.4.1 Adverb
Peter läuft schnell und Peter läuft sicher. ⇒ Peter läuft schnell und sicher.

2.1.4.2 Präpositionalphrase
Peter sucht im Haus und Peter sucht im Garten. ⇒ Peter sucht im Haus und im Garten.

2.2 Base-generated

In der GPSG werden Sätze durch eine spezielle Art von PS-Regeln, den sog. *Immediate Dominance Rules* erzeugt.

Die *ID-Rules* werden grundsätzlich in einer generalisierten Form angegeben, um für verschiedene Phrasen die gleichen Regeln anwenden zu können.

Eine koordinierte Nominalphrase, wie Susi und Peter, wird durch die folgenden ID-Rules[192] erzeugt.

NP → NP, NP[CONJ und]
NP[CONJ und] → [SUBCAT und], NP
Der zugehörige Ableitungsbaum wäre dann wie folgt.

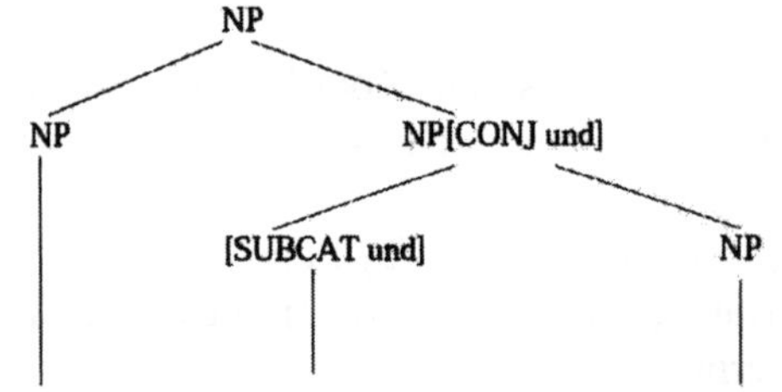

denen Transformationen existieren, die in beide Richtungen tilgen können. (vgl. z.B. [van Oirsouw 87])

[192] Die betreffenden *ID-Rules* wurden hier aus Gründen der Verständlichkeit in nicht-generalisierter Form angegeben.

2.2.1 Komplexes Subjekt

Peter und Susi singen.

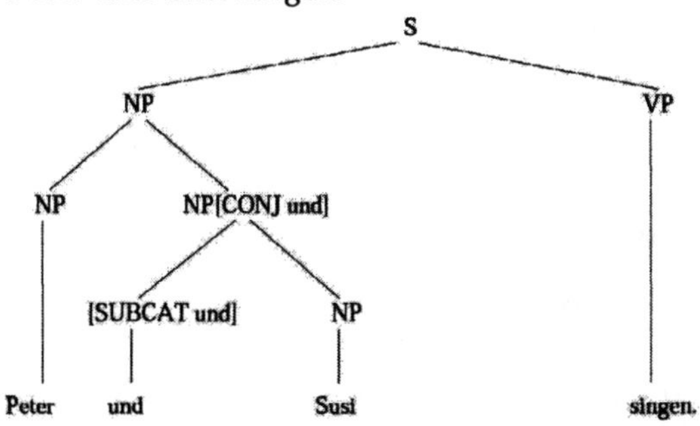

2.2.2 Komplexes Verb

Peter geht und singt.

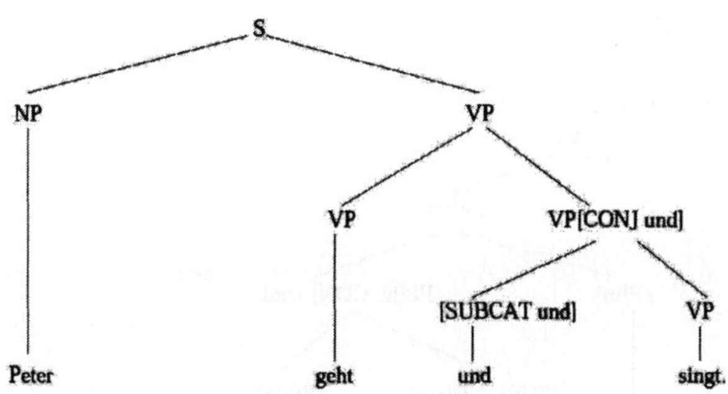

2.2.3 Komplexes Objekt

Peter mag Spaghetti und Pizza.

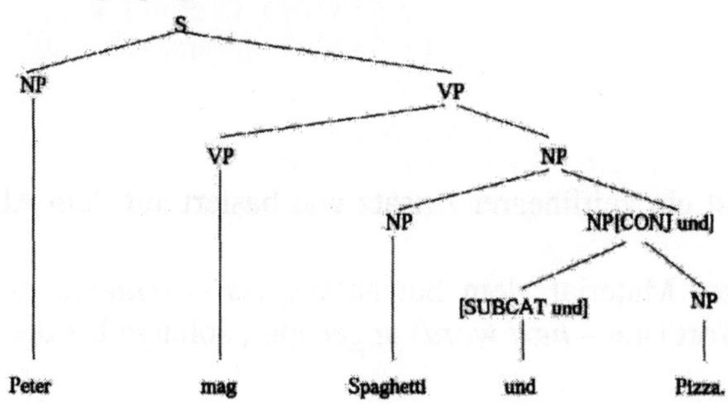

2.2.4 Komplexe Adverbiale

2.2.4.1 Adverb

Peter läuft schnell und sicher.

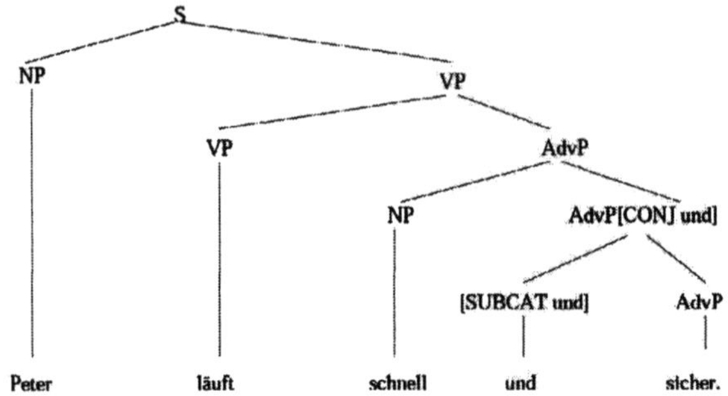

2.2.4.2 Präpositionalphrase

Peter sucht im Haus und im Garten.

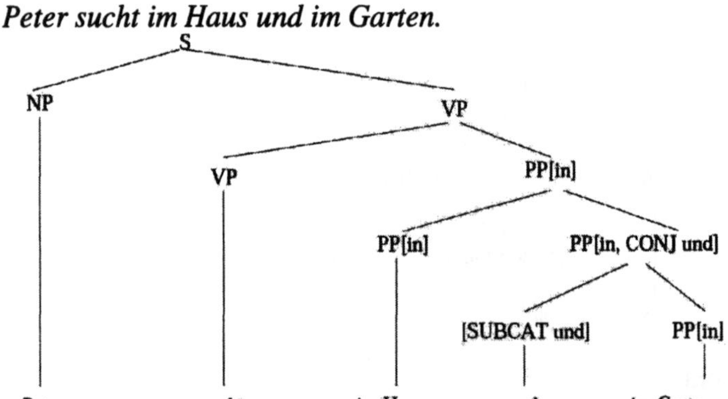

2.3 Zeitlinear

Die Datenbanksemantik[193] ist ein zeitlinearer Ansatz und basiert auf dem Algorithmus der LA-Grammatik.

An das bereits analysiertes Material, dem Satzanfang (*ss – sentence start*) wird das aktuelle nächste Wort (*nw – next word*) angehängt, solange bis die ge-

---

193 [Hausser 2000]

samte Eingabekette abgearbeitet ist. Dies geschieht von links nach rechts, linksassoziativ und linear mit der Zeit.

Die Datenstruktur der DBS ist eine Wortbank. In dieser Wortbank werden proplets gespeichert. Bei einem proplet handelt es sich um eine Merkmalsstruktur aus Attribut-Werte-Paaren.

Eine Proposition wird durch eine bidirektional verzeigerte Menge von *proplets* dargestellt. Die Verzeigerung wird durch wechselseitiges Kopieren von Werten erreicht und stellt die Funktor-Argument-Struktur der Proposition dar. Zur Behandlung koordinierter Strukturen gibt es zwei spezielle Attribute, durch die die Verbindung zwischen koordinerten Elementen hergestellt wird – *pc (previous conjunct)* und *nc (next conjunct).*

Das folgende Beispiel zeigt die Ableitung eines Satzes mit einer koordinierten Struktur als Subjekt:

2.3.1 Komplexes Subjekt

Peter und Susi singen.

lexical lookup:

noun : *Peter*	*cnj* : *&*	*noun* : *Susi*	*verb* : *singen*
func :		*func* :	*arg* :
mdr :		*mdr* :	*mdr* :
nc :		*nc* :	*nc* :
pc :		*pc* :	*pc* :
prn :		*prn* :	*prn* :

syntactic-semantic parsing:

1

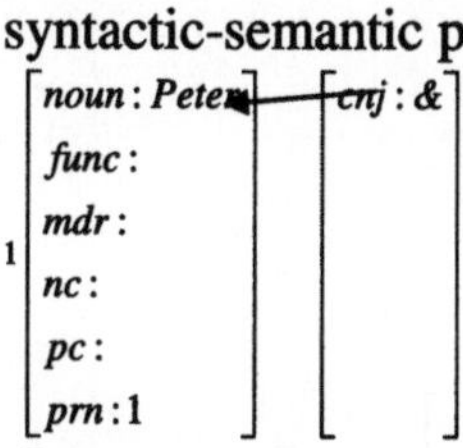

Die Konjunktion „*und*" wird durch ein entsprechendes Symbol (&) repräsentiert und an den Wert des POS-Attributes des Wortes angehängt, das den ersten Bestandteil der Koordination darstellt.

2

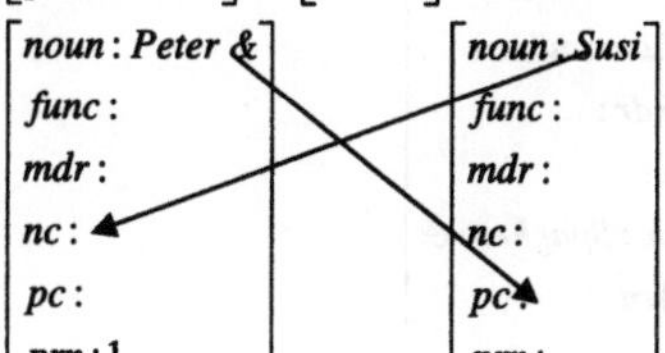

Um beide Bestandteile der Koordination zu verbinden, werden die jeweiligen Werte ihres POS-Attributes in das jeweilige nc- bzw. pc-Attribut kopiert.

3

noun : *Peter &*	*noun* : *Susi*	*verb* : *singen*
func :	*func* :	*arg* :
mdr :	*mdr* :	*mdr* :
nc : *Susi*	*nc* : –	*nc* :
pc : –	*pc* : *Peter &*	*pc* :
prn : 1	*prn* : 1	*prn* :

Die Funktor-Argument-Struktur des Satzes wird in der DBS durch das Kopieren der jeweiligen Werte in den func-Slot des Nomens bzw. den arg-Slot des Verbes etabliert.

4

noun : *Susi*	*verb* : *singen*
func :	*arg* : *Peter &*
mdr :	*mdr* :
nc : –	*nc* : –
pc : *Peter &*	*pc* : –
prn : 1	*prn* : 1

Das Ergebnis sind bidirektional verzeigerte proplets.

Alle proplets einer Proposition haben die gleiche Propositionsnummer (prn). Innerhalb der ungeordneten Menge aller proplets in der Wortbank können so alle zu einer bestimmten Proposition gehörenden proplets wieder gefunden werden.

Die folgende Strukturen werden analog abgeleitet. Aus Platzgründen wird nur das Ergebnis gezeigt.

2.3.2 Komplexes Verb

Peter geht und singt.

noun : *Peter*	*verb* : *gehen &*	*verb* : *singen*
func : *gehen &*	*arg* : *Peter*	*arg* : *Peter*
mdr :	*mdr* :	*mdr* :
nc :	*nc* : *singen*	*nc* :
pc :	*pc* :	*pc* : *gehen &*
prn : 1	*prn* : 1	*prn* : 1

2.3.3 Komplexes Objekt

Peter mag Spaghetti und Pizza.

noun : *Peter*	*verb* : *mögen*	*noun* : *Spaghetti &*	*noun* : *Pizza*
func : *mögen*	*arg* : *Peter Spaghetti Pizza*	*func* : *mögen*	*func* : *mögen*
mdr :	*mdr* :	*mdr* :	*mdr* :
nc :	*nc* :	*nc* : *Pizza*	*nc* :
pc :	*pc* :	*pc* :	*pc* : *Spaghetti &*
prn : 1	*prn* : 1	*prn* : 1	*prn* : 1

2.3.4 Komplexe Adverbiale

2.3.4.1 Adverb

Peter läuft schnell und sicher.

noun : *Peter*	*verb* : *laufen*	*adj* : *schnell &*	*adj* : *sicher*
func : *laufen*	*arg* : *Peter*	*mdr* :	*mdr* :
mdr :	*mdr* : *schnell &*	*mdd* : *laufen*	*mdd* :
nc :	*nc* :	*nc* : *sicher*	*nc* :
pc :	*pc* :	*pc* :	*pc* : *schnell &*
prn : 1	*prn* : 1	*prn* : 1	*prn* : 1

2.3.4.2 Präpositionalphrase

Peter sucht im Haus und im Garten.

noun : *Peter*	*verb* : *suchen*	*adj* : *im Haus &*	*adj* : *schnell &*
func : *suchen*	*arg* : *Peter*	*mdr* :	*mdr* :
mdr :	*mdr* : *im Haus &*	*mdd* : *suchen*	*mdd* : *laufen*
nc :	*nc* :	*nc* : *im Garten*	*nc* : *sicher*
pc :	*pc* :	*pc* :	*pc* :
prn : 1	*prn* : 1	*prn* : 1	*prn* : 1

3. Gapping

Als *Gapping* werden im allgemeinen Strukturen bezeichnet, bei denen eine oder mehrere Konstituenten aus der Mitte des zweiten Satzes einer koordinierten Struktur fehlen. Dabei handelt es sich zumeist um Verben.

I ate fish and Bill rice. [Ross 70]

Max ate the apple and Sally the hamburgers. [Jackendoff 72]

3.1 Transformationell generiert

Die Transformationsgrammatik wendet auch für diese Struktur eine entsprechende Transformation an, die das betreffende Verb aus der Mitte des zweiten Satzes tilgt.

3.1.1 Beispiel

Peter isst Eis und Susi isst Kuchen. ⇒ *Peter isst Eis und Susi Kuchen.*

3.2 Base-generated

[Sag et al. 85] stellt eine Regel für *Gapping*-Konstruktionen in der GPSG vor.

Das identische Verb im ersten Konjunkt ist im zweiten ausgelassen.
V2[CONJ α] → [SUBCAT α], [BAR2]+ wobei *α ∈ {AND, BUT, NOR, OR}*

Durch diese ID-Rule wird nach der Konjunktion eine Sequenz von [BAR 2]-Kategorien generiert.[Sag et al. 85] Das [BAR β]-feature gibt die Position in der X-bar Hierarchie an,eine [BAR 2]-Kategorie steht für die fertige NP, VP etc.

3.2.1 Beispiel
Peter isst Eis und Susi Kuchen.

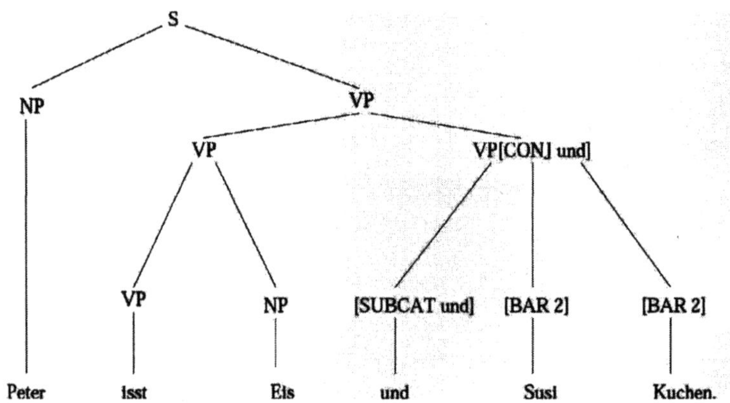

3.3 Zeitlinear

Die DBS bildet die Parallelität dieser Konstruktion in der Ableitung dadurch ab, dass das Subjekt des zweiten Satzes über die pc/nc-Attribute mit dem des ersten verbunden wird, das gleiche geschieht mit den beiden Objekten.

Das Subjekt und das Objekt des ersten Satzes werden durch das Anhängen der Konjunktion an den Wert ihres POS-Atrributs als komplex gekennzeichnet. Somit ist sicher gestellt, dass das Verb für beide Sätze verwendet wird.

3.3.1 Beispiel
Peter isst Eis und Susi Kuchen.
lexical lookup:

noun : Peter	*verb : essen*	*noun : Eis*	*cnj : &*	*noun : Susi*	*noun : Kuchen*
func :	*arg :*	*func :*		*func :*	*func :*
mdr :	*mdr :*	*mdr :*		*mdr :*	*mdr :*
nc :	*nc :*	*nc :*		*nc :*	*nc :*
pc :	*pc :*	*pc :*		*pc :*	*pc :*
prn :	*prn :*	*prn :*		*prn :*	*prn :*

syntactic-semantic parsing:

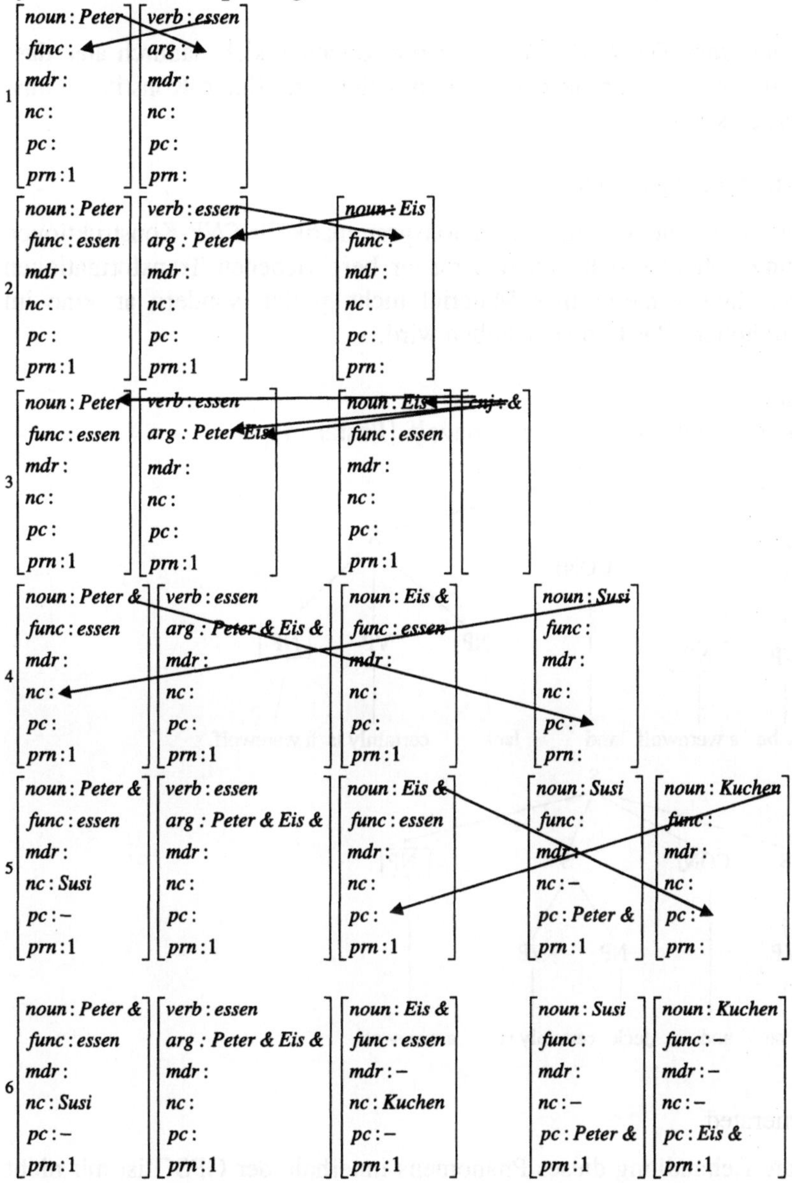

4. Right-Node-Raising

Konstruktionen vom Typ *Right-Node-Raising*, zeichnen sich dadurch aus, dass in dieser Struktur im ersten Satz der Koordination eine finale Konstitente ausgelassen werden kann.

4.1 Transformationell generiert

Die Transformation, die die Transformationsgrammatik für *RNR*-Konstruktionen anwendet, unterscheidet sich von den bisher beschriebenen Transformationen dadurch, dass hier gemeinsames Material nicht getilgt, sondern an eine im Strukturbaum höhere Position verschoben wird.

4.1.1 Beispiel

Jack may be and Tom certainly is a werewolf. [Postal 74]

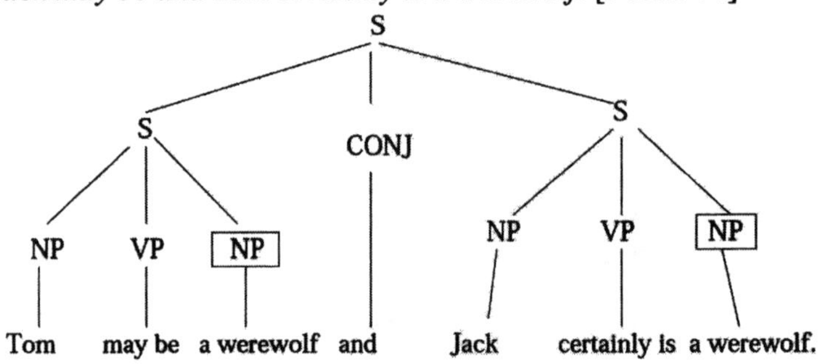

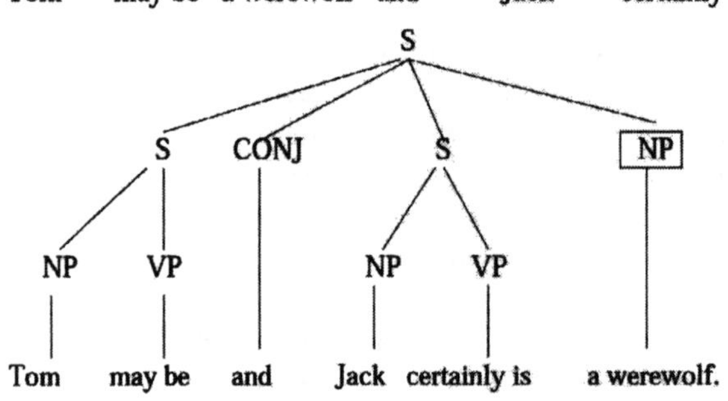

4.2 Base-generated

Eine adäquate Behandlung dieses Phänomens innerhalb der GPSG ist mir nicht bekannt.

4.3 Zeitlinear

Durch die Abbildung der Funktor-Argument-Struktur des Satzes in der verzeigerten Menge der *proplets,* ist ein Verb mit seinen Argumenten verbunden. Bezogen auf das folgende Beispiel von Typ *Right-Node-Raising* bedeutet dies, dass es ausreicht, die beiden Verben des Satzes durch die koordinierende Konjunktion zu verbinden. Vom Verb aus wird das jeweilige Subjekt gefunden. Das Objekt, das durch die lineare Analyse nur dem zweiten Verb als Argument eingetragen wird, bezieht sich durch diese Verbindung auf beide Verben.

4.1.1 Beispiel

Katrin sieht und Peter hört die Bahn.

lexical lookup:

noun : *Katrin*	*verb* : *sehen*	*cnj* : &	*noun* : *Peter*	*verb* : *hören*	*noun* : *n_1*	*noun* : *Bahn*
func :	*arg* :		*func* :	*arg* :	*func* :	*func* :
mdr :	*mdr* :		*mdr* :	*mdr* :	*mdr* :	*mdr* :
nc :	*nc* :		*nc* :	*nc* :	*nc* :	*nc* :
pc :	*pc* :		*pc* :	*pc* :	*pc* :	*pc* :
prn :	*prn* :		*prn* :	*prn* :	*prn* :	*prn* :

syntactic-semantic parsing:

1

noun : *Katrin*	*verb* : *sehen*
func :	*arg* :
mdr :	*mdr* :
nc :	*nc* :
pc :	*pc* :
prn : 1	*prn* :

2

noun : *Katrin*	*verb* : *sehen*	~~*cnj* : &~~
func : *sehen*	*arg* : *Katrin*	
mdr :	*mdr* :	
nc :	*nc* :	
pc :	*pc* :	
prn : 1	*prn* : 1	

3

noun : *Katrin*	*verb* : *sehen* &	*noun* : *Peter*
func : *sehen* &	*arg* : *Katrin*	*func* :
mdr :	*mdr* :	*mdr* :
nc :	*nc* : *hören*	*nc* :
pc :	*pc* :	*pc* :
prn : 1	*prn* : 1	*prn* :

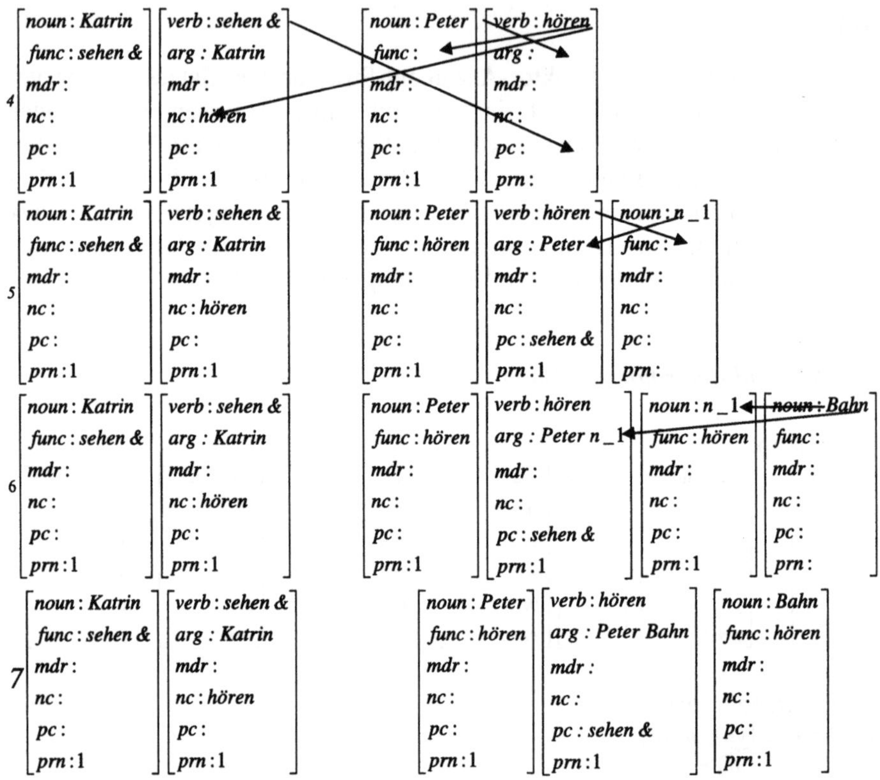

5. Zusammenfassung

In diesem Vortrag wurden drei verschiedene Ansätze zur Behandlung der Koordinination am Beispiel von drei markanten Strukturen verglichen.

Es wurde jedoch lediglich die Analyse nicht aber die Produktion solcher Strukturen untersucht. In der DBS ist die Unterteilung in Hörer- bzw. Sprechermodus von Anfang an ein fester Bestandteil der Theorie, folglich ist eine Erweiterung hinsichtlich dieses Aspektes die logische Fortsetzung der bisherigen Arbeit.

Literaturverzeichnis

Bátori, I. (1975). Ein transformationelles Modell für die Koordination im Deutschen. In I. Bátori et al.: Syntaktische und semantische Studien zur Koordination (pp. 2–43). Tübingen: Gunter Narr.

Bechert, J., Clemént, D., Thümmel, W. & Wagner, K. H. (1970). Einführung in die generative Transformationsgrammatik. München: Hueber.
Bennett, P. (1995). A Course in Generalized Phrase Structure Grammar. London: UCL Press.
Gazdar, G., Klein, E., Pullum, G.K. & Sag, I.A. (1985). Generalized Phrase Structure Grammar. Oxford: Basil Blackwell.
Hausser, Roland. (2000). Grundlagen der Computerlinguistik. Berlin: Springer.
Hausser, Roland. (2004). The Major Constructions of English in Database Semantics.
Hudson, R.A. (1976). Conjunction Reduction, Gapping and Right-Node-Raising. Language 52(3), 535–562.
Jackendoff, R.S. (1972). Gapping and Related Rules. Linguistic Inquiry, 2, 21–35.
McCawley, J. (1988). The Syntactic Phenomena of English. Cambridge: Cambridge University Press.
Lakoff, G. & Peters, S. (1969). Phrasal Conjunction and Symmetric Predicates. In Reibel, D. A. & Schane, S. A.: Modern Studies in English (pp.113–142). Englewood Cliffs, New Jersey: Prentice-Hall Inc.
Postal, P.(1974). On Raising. Cambridge, MA: MIT Press.
Sag, I., Gazdar, G., Wasow, T. & Weisler, S. (1985). Coordination and how to distinguish Categories. Natural Language and Linguistic Theory, 3, 117–171.
van Oirsouw, R. (1987). The Syntax of Coordination. Beckenham: Croom Helm.

Utterance segmentation and turn-taking in spoken dialogue systems

Jens Edlund, Mattias Heldner, Joakim Gustafsson

A widely used method for finding places to take turn in spoken dialogue systems is to assume that an utterance ends where the user ceases to speak. Such endpoint detection normally triggers on a certain amount of silence, or non-speech. However, spontaneous speech frequently contains silent pauses *inside* sentence-like units, for example when the speaker hesitates. This paper presents `/nailon/`, an on-line, real-time prosodic analysis tool, and a number of experiments in which end-point detection has been augmented with prosodic analysis in order to segment the speech signal into what humans intuitively perceive as utterance-like units.

Introduction

The most commonly used method for finding suitable places to take the turn in current spoken dialogue systems is to assume that an utterance ends where the user ceases to speak. In commercial and research dialogue systems, such endpoint detection normally triggers on a certain amount of silence, or non-speech. The method makes sense; given that a speaker is allowed to complete what she/he intends to say, the end of the utterance is likely to coincide with silence. The method yields reasonably sized units in many cases, often corresponding to sentences or some sentence-like units.

However, spontaneous speech frequently contains silent pauses inside what we would intuitively group into sentence-like units, and inside what are indeed semantically coherent units. Typical examples are topicalisations, such as "Hagagatan 14 <long silence> when was the apartment built?", and hesitations such as "I am standing to the left of a <long silence> brown building" and "take <long silence> this lamp".

There are a number of common tasks within speech technology and natural language processing where it would be useful to perform automatic utterance chunking in a way that better matches what humans perceive as utterances. The following two groups summarise our primary motivation for this work, but other applications may apply.

- Spoken language understanding, topic detection, information retrieval, etc. Interpretation of utterances ought to be helped by sensible utterance segmentation. For example, utterance unit segmentation may make the 'speech understanding' task easier by reducing the search space in the automatic speech recognition and semantic interpretation (or parsing) components (e.g. Batliner, Buckow, Niemann, Nöth, & Warnke, 2000). In fact, the perplexity of a language model is likely to be lower if the utterances used to build the model are segmented in a consistent manner.
- Interaction control, turn-taking, back-channelling, system barge-in. Utterance segmentation is essential in the *conversational* components of a dialogue system, notably for identifying suitable places to speak (Heldner, Edlund, & Carlson, forthcoming). A dialogue system is likely to be perceived as more natural if it has a better idea of when human interlocutors have finished talking.

In advanced spoken dialogue systems, spoken language understanding and interaction control are combined. The AdApt system, for example, uses a semantically based approach in order to deal with the problems that occur as a result of silence-only based utterance segmentation (Bell, Boye, & Gustafson, 2001). Another semantic approach is used in (Skantze & Edlund, 2004).

Background

Although there is no consensus as to exactly what defines an utterance unit, we will use utterance units much in the spirit of Traum & Heeman (1997). That is, as stretches of speech bounded by prosodic cues, such as boundary tones and silent pauses. Or put differently, as speech delimited by prosodic boundaries. We also share the opinion of Traum & Heeman (1997) that the best units for dialogue systems are the very same ones that humans use. Humans use prosodic boundaries to delimit speech units both when speaking and listening. This structuring reflects the speakers' internal organisation of the information, and facilitates the listeners' processing of the message (e.g. Heldner & Megyesi, 2003).

Previous work has shown that the acoustic signalling of prosodic boundaries is a complex one, and a number of acoustic correlates of prosodic boundaries, including speaking rate, intonation, intensity and voice quality phenomena have been proposed. Among those, boundary tones and silent pauses are generally held to be the most important ones, with the duration of the silent pause being positively correlated with the rank of the boundary (Fant & Kruckenberg, 1989).

The awareness that silent pauses are important for signalling prosodic boundaries is made use of in techniques for chunking the speech stream into manageable units for speech technology applications. The end-of-utterance (EOU) detectors in state-of-the-art automatic speech recognition typically rely exclusively on a silence threshold somewhere between 500 and 2000 ms for delimiting the units to be recognised (cf. Ferrer, Shriberg, & Stolcke, 2002 and references mentioned therein). That is to say that the output of the recogniser comes in chunks corresponding to speech bounded by 'long enough' silent pauses.

However, as noted above, spontaneous speech frequently contains silent pauses also within segments we would intuitively call utterance units, and within segments that are indeed semantically coherent units. Human listeners can discriminate these utterance-internal pauses from utterance-final ones using prosodic and gestural cues, but these pauses are often well above the silence thresholds in the end-of-utterance detectors. Moreover, these silences often occur before semantically heavy words without which the unit preceding the pause may be difficult to interpret, as in the examples above.

In an attempt to resolve these problems, we have implemented a way of segmenting speech into pause bounded utterance units which substantially reduces the number of 'unfinished' utterance units – for example units ending in hesitation pauses. To do this, we use an augmented end-of-utterance detection involving standard silence detection in combination with boundary tones. Specifically, we use what we refer to as 'mid level boundary tones' to single out the utterance internal pauses from utterance final ones. These boundary tones have been observed to act as turn-keeping, or turn-holding, cues in several fairly different languages. For example, Duncan (1972) reported that any boundary tone other than the pattern with a level tone in the speaker's mid register (a 2 2 | pattern in the Trager-Smith prosodic transcription scheme) signals turn-yielding in English. Thus, the mid level boundary tone acts as a turn-keeping signal, although Duncan did not use that term. Similarly, Selting (1996) reported that level pitch accents before a pause are used to signal a turn-holding in German; Koiso, Horiuchi, Tutiya, Ichikawa, & Den (1998) reported a strong association between a flat contour and turn-keeping in Japanese, and Noguchi & Den (1998) reported that flat intonation at the end of pause bounded phrases is an inhibitory cue for backchannels in Japanese; and Caspers (2003) reported a clear relationship between level boundary tones and turn-holding in Dutch. Although there are several observations of the function of these mid level boundary tones, to our knowledge they have never been used for utterance unit segmentation before.

Implementation

Although the preliminary tests reported in this article could be run off-line, the ultimate test for our prosodic analysis and utterance segmentation lies in on-line real-time human-computer dialogue. In order to ensure that our early results are applicable in such a situation, the implementation has to be on-line – it must not use any acoustic right context, or look-ahead. On the acoustic level, this requirement goes well with the requirements facing humans, who rarely need acoustic right context to make decisions about speech segmentation – humans on the contrary often seem to be able to predict turn endings and suchlike. Naturally, semantic expectations provide quite considerable "look-ahead" to humans, and in an ideal system they should be used in conjunction with acoustic analysis. Furthermore, although this is not a theoretical requirement, the implementation must run in real-time, or real user studies are impossible.

The on-line real-time prosodic analysis is implemented in `/nailon/` (a phonetic anagram for online), a Tcl/Tk package based on the Snack Sound Toolkit [http://www.speech.kth.se/snack/]. `/nailon/` uses Snack to manage sounds and to extract intensity, voicing and pitch information. In its present state, the package also captures speech duration, voiced speech duration, silence duration, and the relative position of boundary tones in an online estimation of the speakers F0 range. The analysis is in some ways similar to that used by Ward & Tsukahara (2000).

A basic voice activity detection (VAD) is used to discriminate speech from non-speech (or silence). This decision is based on a noise threshold determined from the intensity distribution. A measure of the intensity (in dB) is computed for every 10 ms sound frame and the intensity distribution is updated continuously. Any frame with more energy than the threshold is marked as speech. Although this VAD is simplistic, it is so far sufficient for our needs. VAD is a vivid research topic, but not one that will be discussed further here.

The sequence of frame-level decisions from the VAD is converted into durations of speech and silence segments with some smoothing and padding of the speech as well as the silence segments. This is done to account for various low-energy components of speech such as fricatives, short silences such as the occlusion part in stops, and various short high energy segments embedded in silences.

A pitch extractor outputs information about voiced and unvoiced speech frames, and the F0 values of the voiced frames. This sequence of frame-level voicing decisions is used to compute durations of voiced and unvoiced speech, again with some padding to account for some artefacts introduced by the pitch tracker. The F0 values in Hz are transformed into semitones relative to a fixed value. The semitone transformed F0 data are then used to estimate speaker F0 range based on the cumulative distribution of F0 data. The F0 range is bounded by a topline and a baseline defined as the cumulative mean ±2 standard deviations (also calculated cumulatively). The semitone scale is used to ensure that +2 standard deviations interval is the same musical and perceptual interval as –2 standard deviations. The F0 range is divided into three parts: high, mid and low.

The pseudo-syllabification algorithm is a modification of Mermelstein's (Mermelstein, 1975) technique to find intensity minima in the speech signal (which in turn are used to locate syllable boundaries) by calculating the difference between the intensity envelope and the convex hull of the intensity envelope. The information from the pseudo-syllabification is used together with the voicing information from the pitch extractor and the silence durations from the processed VAD data to identify voiced regions in word-final syllables (i.e. minimally the vowel) before silences in order to identify potential boundary tones. These boundary tones are classified in terms of their position in the F0 range, currently as high, mid or low tones, and in terms of their shapes: rises, falls, and level tones etc.

Finally, the speech and silent pause durations in combination with the boundary tone classification are used to make decisions about utterance unit boundaries. Any silent pause exceeding a pause threshold, following a preset minimum duration of speech, and that is not preceded by certain boundary tones, is taken to indicate an utterance unit boundary. The thresholds and parameter values are manually set in the initial implementation used in the tests reported here. In future versions, they will be optimised based on corpus studies.

Experiments

The utterance segmentation has been tested on four different sets of speech data. The data sets are quite different, as is the available annotation for them, which has led to four different test configurations. The data used in the tests presented here were collected in different user studies at KTH and TeliaSonera.

Preliminary studies

In preparation of the implementation of a prosodic analysis capable of identifying mid level boundary tones, we performed a number of preliminary studies in which subjects were asked to produce or judge turn-takings and interruptions with regards to their naturalness. In (Heldner et al., forthcoming), the relationship between prosodic boundaries as labelled by a trained annotator and subjects' perception and production of turn-takings was explored. In a later study, two subjects were asked to divide a transcription of a five minute speech with all utterance markers (i.e. capital letters, punctuation, line breaks) removed into utterances, providing a semantic/textual utterance segmentation. This segmentation was compared with boundary tone labelling of the speech and with silence based acoustic segmentation. Both comparisons showed a high conformance. The acoustic segmentation was then manually corrected by removing any segments ending on a mid level boundary tone, with an improvement of the correspondence towards both the boundary tone labelling and the textual segmentation as a result. Several similar tests showed similar results, which inspired us to go on to implement the automatic analysis and to test it on larger data sets.

After implementation, another preliminary study was done on data from the AdApt spoken dialogue system (Gustafson et al., 2000), a Swedish-spoken multi-modal dialogue system acting as a real estate broker, providing information about apartments for sale in Stockholm. The AdApt data used comes from a user study (Edlund & Nordstrand, 2002) performed in a fully functional system where 26 subjects interacted with the system. Although the AdApt recordings contain a fair number of instances where the ASR has detected end of utterance too soon, this is often due to poor acoustic conditions. For the preliminary test, a selection of 10 utterances annotated as prematurely segmented and 10 random utterances were chosen in order to provide a balanced sample. Automatic analysis on this sample marked 4 out of the 10 problematic utterances as unfinished, and all 10 unproblematic utterances as finished. The data is too sparse to yield significance, however.

Experiment 1

Data

The first experiment was performed on data from the CHIL project. CHIL (Computers in the Human Interaction Loop) [http://chil.server.de/] is an EU funded project aiming to "introduce computers into a loop of humans interacting with humans, rather than condemning a human to operate in a loop of computers". One of the scenarios in CHIL is a lecture where the computer may need to notify participants occasionally. The CHIL data used here was collected at University of Karlsruhe and annotated at KTH. It consists of five minutes of English speech by one single German lecturer. The language, then, is something we could call 'European English'.

Configuration

In the first experiment, the prosody enhanced segmentation was compared to segmentation produced by a pure endpoint detection algorithm. In other words, the baseline for the evaluation was an end-of-utterance detector using a silence threshold only, and this was compared to end-of-utterance detection using `/nailon/` with the VAD set to the same silence threshold. Given this configuration, `/nailon/` will produce either the same segmentation as the baseline or a smaller number of segments.

The utterance unit segmentations produced by the baseline and augmented end-of-utterance detectors were evaluated with reference to manual annotations of prosodic boundaries in the speech material. The manual annotations used a three-level convention developed within the GROG-project (Heldner & Megyesi, 2003). Each orthographic word was classified as being followed by either a weak or a strong boundary, or as not followed by any boundary. A trained phonetician annotated the entire material in three independent sessions, timed a few days apart. The majority votes of the three sessions were taken as the final classification of the prosodic boundaries. The agreement and Kappa figures for this task were 92%, and 79%, respectively. This annotation procedure resulted in 460 words being classified as not followed by any boundary, 116 words as followed by a weak boundary, and 38 words as followed by a strong boundary. Strong boundaries were taken to indicate utterance unit boundaries; hence there were 38 utterance units in the speech material.

The following general-purpose detection metrics were used to evaluate the baseline and augmented end-of-utterance detectors: recall, precision, fallout, and error in the task of detecting utterance unit (or strong prosodic) boundaries.

Results

Whereas the baseline end-of-utterance detector segmented the speech material into 43 units (20 false alarms; 23 hits and 15 misses), the augmented end-of-utterance detector segmented it into 33 units (12 false alarms; 21 hits and 17 misses). These figures are to be compared with the 38 perceived utterance units. There was a substantial reduction in the number of false alarms when using prosodic information in combination with silence duration. The recall, precision, fallout, and error figures for the detectors in the task of detecting utterance unit boundaries are shown in Table 2.

	Baseline	**/NAILON/**
Recall	0.61	0.55
Precision	0.53	0.64
Fallout	0.03	0.02
Error	0.06	0.05

Table 2 Recall, precision, fallout, and error figures for the baseline end-of-utterance (EOU) detector and `/nailon/` in the task of detecting utterance unit boundaries

Experiment 2

Data

The second experiment uses data from the HIGGINS project (Edlund, Skantze, & Carlson, 2004). HIGGINS is a spoken dialogue system project aimed primarily at investigating error handling in spoken human-computer interaction. The HIGGINS data used here consists of 20 subjects verbally describing what they see as they "walk" through a simulated city environment. The data contains a fair number of hesitation pauses, which mainly occur when the subject is uncertain about which adjective to use to describe an object in the simulated city.

Configuration

The experiment on the HIGGINS data is a later test, using annotations specifically designed to capture whether a human listener believes an utterance is complete or not: For a number of speech segments, four separate annotators were asked to judge the likelihood of each segment being a complete utterance on a scale from one to five.

The segments were acquired by having `/nailon/` produce four five second segments ending in silence for each of the 20 speakers in the data collection. The segments were chosen randomly within the speech of each user, but with the restriction that two stimuli per speaker were judged to be hesitation pauses by `/nailon/`, and two were judged to be utterance endings proper. The actual distribution of pauses and utterance endings in the data is quite different, with a lot more endings proper than pauses, so the set of stimuli is down-sampled for an even distribution. Five of the speakers were removed because they did not produce any hesitation pauses at all, leaving 15 speakers. One speaker produced only one hesitation pause, but was left in nonetheless, making a total of 60 segments.

Results

The Z-normalised average human annotator score for the segments judged to be hesitation pauses by `/nailon/` was -0.41, and the score for the segments judged to be utterance endings proper was 0.48. Low scores indicate that the human annotators perceived the segment as unfinished. To test the hypothesis that `/nailon/` captures prosodic features that are relevant for utterance completeness, we assume that the human judges utilise prosodic (as well as semantic) features when scoring the segments. Given this assumption, there should be some covariance between the decisions made by `/nailon/` and the human judges. This was tested in a univariate ANOVA, where the decision made by `/nailon/` has a significant effect on the score made by the human judge

($F(1,228)=59$; $p < 0.05$) while the identity of the human judge does not ($F(3,228)=3$; $p > 0.05$).

Experiment 3

Data

The third test data was collected within the NICE project (Gustafson, Bell, Boye, Lindström, & Wirén, 2004), an EU funded project with the overall goal of providing users with an immersive dialogue experience in a 3D fairytale game. Spoken and multimodal dialogue is the user's primary vehicle of progressing through the story. The data collection (Boye, Gustafson, & Wiren, 2004) contains 650 utterances recorded from 10 subjects aged between 11 and 15 at the Technical Museum in Stockholm. The system was displayed on a large back-projection screen. The user could give input to the system by means of a wireless microphone headset and a wireless gyro mouse. The system was supervised, and partly controlled, from a neighbouring room.

Configuration

The experiment was done using the same method as in Experiment 2. The nature of the data is slightly different, and consists of a large number of already segmented utterances, since it is recorded in a live dialogue system. Three annotators judged each sound segment regarding the likelihood of it being a complete utterance on a scale from one to five. The annotators also discarded some segments due to technical reasons such as strong background noises and mixed voices which occurred at the beginning and end of the recording sessions, as these factors affect the pitch extraction adversely.

The remaining segments were then labelled as hesitation pauses or as end-of-utterances proper by `/nailon/`. All in all, 295 segments were labelled, out of which `/nailon/` deemed 237 to end properly and 58 to end in hesitation pauses.

Results

Under the same assumptions as in Experiment 2, a univariate ANOVA shows that the hesitation vs. end-of-utterance decision made by `/nailon/` has a significant effect on the score of the human judge ($F(1,878)=38$; $p < 0.05$) while the identity of the human judge does not ($F(2,878)=0,3$; $p > 0.05$).

Conclusions and future work

We have shown that using prosodic cues when segmenting the speech signal into utterance-like units improves creates results that are more in line with what human judges perceive to be utterance-like units. For some data, like the HIGGINS data in Experiment 2, prosody can be used to find a substantial proportion of the utterance segments produced by an end-point detector that a human judge would describe as 'wrong'. In other data, such as the child speech in the NICE data in Experiment 3, a much smaller part of the 'failed' utterance segments can be explained by the implementation of prosodic analysis we have tested here. In part, this could be explained by the fact that the NICE data contains shorter utterances, quite a few repetitions (which are by nature planned), and speech that is somewhat more command-like than the speech in the HIGGINS data. Furthermore, the acoustic analysis used was not tuned for children, and children's speech *is* somewhat different than that of grown-ups from a processing point of view. This is evident from the ASR results on the NICE data – the children had a significantly higher word error rate than grown-ups in the same domain. Nevertheless, a significant correlation exists between the acoustic features `/nailon/` extracts and human judges' perception of the completeness of these utterances.

If we are to improve spoken human-computer interaction using these techniques, for instance by making spoken dialogue systems seem more responsive and less error prone, prosodic analysis is obviously not enough. Humans use higher levels of understanding and are experts at prediction. Naturally, a perfect spoken dialogue system would want perfect ASR and speech interpretation, as well as reasoning and planning, and so on. We feel, however, that by designing a way to access prosodic information on-line, we provide one source of information that should be combined with others to guide the decisions we make about turn-taking and other tasks that require speech segmentation on the utterance level.

The results presented here are a first attempt. The next step is to fine-tune the analysis, to add more features, and to test the method on a greater variety of data. This should be followed by studies of how useful the acoustic analysis actually is in real spoken human-computer dialogue, since improving such dialogue is our primary concern. Finally, we need to merge the information provided by the prosodic analysis with other data, such as semantic interpretations, dialogue context, etc. When this is done, we hope that we will be a step closer to modelling human dialogue.

Acknowledgements

The work presented was carried out at the department of Speech, Music, and Hearing (TMH) and the Centre of Speech Technology (CTT), KTH, Stockholm, Sweden and at Teliasonera, Haninge, Sweden.

The Department of speech, music and hearing at KTH in Stockholm researches speech communication, combining work on multimodal dialogue systems and research in component speech technology with linguistics, phonetics, cognitive science, psychology, and computer science.

The Centre for speech technology is a competence centre at KTH, supported by VINNOVA (The Swedish Agency for Innovation Systems), KTH and participating Swedish companies and organisations.

The work was supported by the EU funded projects CHIL (IP506909), http://chil.server.de/ and NICE (IST-2001-35293), http://www.niceproject.com/.

References

Batliner, A., Buckow, J., Niemann, H., Nöth, E., & Warnke, V. (2000). The prosody module. In W. Wahlster (Ed.), Verbmobil: Foundations of speech-to-speech translation (pp. 106-121). Berlin: Springer-Verlag.

Bell, L., Boye, J., & Gustafson, J. (2001). Real-time handling of fragmented utterances. In Proceedings of NAACL 2001.

Boye, J., Gustafson, J., & Wiren, M. (2004). Deliverable D7.2b in the NICE project: Evaluation of the first NICE fairy-tale game prototype, from http://www.niceproject.com/deliverables/

Caspers, J. (2003). Local speech melody as a limiting factor in the turn-taking system in Dutch. Journal of Phonetics, 31, 251–276.

Duncan, S., Jr. (1972). Some signals and rules for taking speaking turns in conversations. Journal of Personality and Social Psychology, 23(2), 283–292.

Edlund, J., & Nordstrand, M. (2002). Turn-taking gestures and hourglasses in a multi-modal dialogue system. In Proceedings of the ISCA Workshop Multi-Modal Dialogue in Mobile Environments. Kloster Irsee, Germany.

Edlund, J., Skantze, G., & Carlson, R. (2004). Higgins - a spoken dialogue system for investigating error handling techniques. In Proceedings of ICSLP 2004.

Fant, G., & Kruckenberg, A. (1989). Preliminaries to the study of Swedish prose reading and reading style. STL-QPSR, 2, 1–83.

Ferrer, L., Shriberg, E., & Stolcke, A. (2002). Is the speaker done yet? Faster and more accurate end-of-utterance detection using prosody in human-computer dialog. In Proceedings ICSLP'02 (Vol. 3, pp. 2061–2064). Denver.

Gustafson, J., Bell, L., Beskow, J., Boye, J., Carlson, R., Edlund, J., et al. (2000). AdApt - a multimodal conversational dialogue system in an apartment domain. In Proceedings of ICSLP 2000 (Vol. 2, pp. 134–137). Beijing.

Gustafson, J., Bell, L., Boye, J., Lindström, A., & Wirén, M. (2004). The NICE fairy-tale game system. In Proceedings of SIGdial 04. Boston.
Heldner, M., Edlund, J., & Carlson, R. (forthcoming). Interruption impossible. In M. Horne & G. Bruce (Eds.), In Proceedings of Nordic Prosody IX. Frankfurt am Main: Peter Lang.
Heldner, M., & Megyesi, B. (2003). Exploring the prosody-syntax interface in conversations. In Proceedings ICPhS 2003 (pp. 2501–2504). Barcelona.
Koiso, H., Horiuchi, Y., Tutiya, S., Ichikawa, A., & Den, Y. (1998). An analysis of turn-taking and backchannels based on prosodic and syntactic features in Japanese map task dialogs. Language and Speech, 41(3–4), 295–321.
Mermelstein, P. (1975). Automatic segmentation of speech into syllabic units. Journal of the Acoustical Society of America, 58(4), 880–883.
Noguchi, H., & Den, Y. (1998). Prosody-based detection of the context of backchannel responses. In Proceedings of the 5th International Conference on Spoken Language Processsing (pp. 487–490). Sydney, Australia.
Selting, M. (1996). On the interplay of syntax and prosody in the constitution of turn-constructional units and turns in conversation. Pragmatics, 6, 357–388.
Skantze, G., & Edlund, J. (2004). Robust interpretation in the Higgins spoken dialogue system. In Proceedings of Robust 2004. Norwich.
Traum, D. R., & Heeman, P. A. (1997). Utterance units in spoken dialogue. In E. Maier, M. Mast & S. LuperFoy (Eds.), Dialogue Processing in Spoken Language Systems (pp. 125–140). Heidelberg: Springer-Verlag.
Ward, N., & Tsukahara, W. (2000). Prosodic features which cue back-channel responses in English and Japanese. Journal of Pragmatics, 32, 1177–1207.

IV

Für den GLDV-Preis 2005 nominierte Beiträge

Numerische Repräsentation von Textkorpora für Wissensextraktion

Ekaterina Buyko

Gegenstand dieser Arbeit sind Methoden der numerischen Repräsentation von Textkorpora und Strategien für die Analyse solcher Repräsentationen mit dem Ziel der Wissensextraktion. Hinter den Begriffen „numerisch" und „Wissen" stehen hierbei die vektorbasierte Repräsentation und das semantische Wissen. Es wird neben der Darstellung des Modells „Semantischer Vektorraum" der Versuch unternommen, linguistisch fundierte Analysemethoden für dieses Modell zu erarbeiten. Dafür werden Konzepte der Wortschatzgliederung herangezogen.

This paper deals with methods for numerical representation of corpora as well as strategies for the analysis of such representations for knowledge extraction. The terms "numerical" and "knowledge" denote vector representation and semantic knowledge. Besides describing the "Semantic Vector Space" model, an attempt is made to develop linguistically founded methods for this model. Different concepts of vocabulary structure are employed in the process.

1. Einleitung

Wörter werden numerisch repräsentiert, indem die Informationen über ihre Distribution im Korpus auf Vektoren abgebildet werden. Solche Vektoren können als semantische Vektoren[194] bezeichnet werden. Die Darstellung semantischer Vektoren in einem metrischen Raum oder ihre Einbindung in ein neuronales Netz erlauben die Erforschung ihrer Relationen- und somit der Relationen der repräsentierten Wörter – aufgrund ihrer Verortung in der Raumstruktur. Wörter mit einer ähnlichen Distribution im Korpus müssen durch ähnliche Vektoren dargestellt werden und sich somit auch im Vektorraum in der Nähe zueinander befinden. Der Vektorraum wird als semantischer Vektorraum (im Folgenden SVR) bezeichnet. Im SVR geben die Positionen der repräsentierten Wörter Aufschluss über den Grad ihrer semantischen Ähnlichkeit.

Die Strukturanalyse des SVR kann als ein Prozess der Extraktion von Wissen gedeutet werden. Für die Interpretation der Struktur eines SVR werden die

[194] In Analogie zu dem konnektionistischen Begriff „subsymbolisch" wird in Bezug auf solche Vektoren auch der Begriff „sublexikalische" Repräsentationen (Schütze 1992:2) verwendet.

grundlegenden Vorstellungen über die Sprache als ein System aufgegriffen: Ideen der rekonstruktiven Modellierung algebraischer Strukturen von Sprache (Harris 1979) und der relativen Wortrepräsentation[195] (Saussure 1916, Coseriu 1967, Geckeler 1971) werden hierfür herangezogen. Die Verfügbarkeit großer Textkorpora[196] ermöglicht die Entwicklung performanzorientierter Modelle wie SVR, die Sprachstrukturen einzig durch Distributionsanalyse zu rekonstruieren versuchen. *Rekonstruktive Sprachmodellierung* ist der Schlüsselbegriff für den SVR und die numerische Repräsentation der Wörter stellt den ersten Schritt hierfür dar. Mit der im Rahmen des Projekts *SemGen*[197] entwickelten *VectorEngine* kann dieser erste Schritt ausgeführt werden. *VectorEngine* stellt unterschiedliche distributiv-statistische Verfahren zur Erstellung mehrdimensionaler Vektoren aus Textkorpora zur Verfügung.

2. Von der Distribution zur Bedeutung

Der Untersuchungsgegenstand im SVR ist die Wortbedeutung. Der Gebrauch eines Wortes bestimmt seine Position im Vektorraum, die als sein „Bedeutungspunkt" (Rieger 1990) bezeichnet wird. Wortbedeutung im SVR ist damit „Bedeutung im Gebrauch" nach Wittgenstein (1953). Obwohl Wittgenstein die Begriffe Grammatik, Regeln und Kalkül in Bezug auf die Ermittlung der Sprachstrukturen benutzt, formuliert er keine systematische Methodologie der Ermittlung systemhafter Sprachstrukturen. Die linguistische Theorie, die die Aufdeckung algebraischer Sprachstrukturen zu formalisieren versucht, ist der Distributionalismus (insbesondere die Arbeiten von Z.S. Harris 1951, 1979). Die rekonstruktive Sprachmodellierung wird im SVR ebenfalls einzig mit der Kontextanalyse angestrebt, genauer mit der Kookkurenzanalyse. Die semantischen Vektoren werden als Abbildungen syntagmatischer Restriktionen interpretiert. Da die syntagmatischen und paradigmatischen Dimensionen voneinander abhängen, können latente paradigmatische Relationen durch die Berechnung der manifesten syntagmatischen Ketten zum Ausdruck gebracht werden.

---

[195] Gemeint ist hier die Verortung eines Wortes im Sprachsystem anhand seiner syntagmatischen und paradigmatischen Relationen, sowie die Gliederung des Wortschatzes in Wortfelder.

[196] So z.B. das UseNet-Korpus mit 300 Millionen Tokens oder das BNC (British National Corpus) mit 100 Millionen Tokens.

[197] SemGen (Semantic Generator) Projekt der Sprachlichen Informationsverarbeitung an der Universität zu Köln, gefördert von Fritz-Thyssen-Stiftung: http://www.spinfo.uni-koeln.de/forschung/semgen.html.

Anhand des Dreiecks der „Bedeutungspunktkonstituierung“ im semantischen Raum (Abbildung 1) illustriert Rieger (1990) die Zuordnung von Wörtern ($x_i \in V$) zu ihren Bedeutungspunkten ($z_i \in S$) als Übergang über ihre Gebrauchsrestriktionen. Diese Zuordnung ist somit die Funktion der gesamten Unterschiede (**δ**) aller Kontextbeschränkungen (**α**) der Wörter (**x**) im Textkorpus.

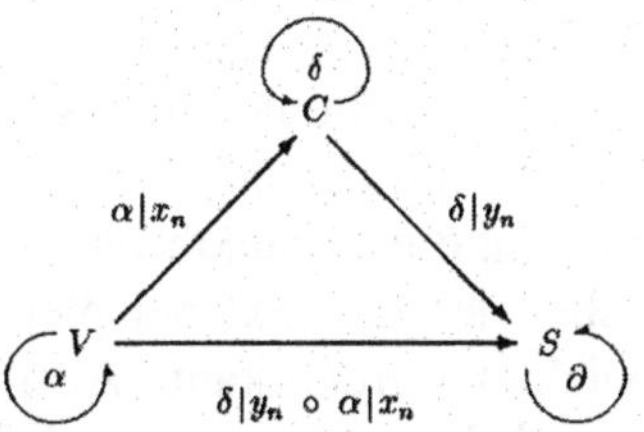

Abbildung 1. Abbildungsrelationen $\alpha|x_n$ *und* $\delta|y_n$ *zwischen den strukturierten Mengen des Vokabulars* $x_n \in V$, *seiner Verwendungsregularitäten* $y_n \in C$ *und seiner Bedeutungspunkte* $z_n \in S$. *Aus Rieger (1990:8).*

Alle Bedeutungspunkte stehen in Distanz-Relationen zueinander, die den Grad ihrer Ähnlichkeit beschreibt und durch die Distanz messbar ist, wobei die Ähnlichkeit umgekehrt proportional zur Distanz definiert ist. Eine mengentheoretische Auffassung der Distanzmaße (Ahrens 1974:76) führt zur Interpretation der räumlichen Nähe zweier Bedeutungspunkte als Abbildung der Überschneidung der Distributionen repräsentierter Wörter im Korpus. Der Prozess der Abbildung wird als unüberwachter Lernprozess interpretiert, in dem jedes Wort seine individuelle Lerngeschichte erhält, die als kumulatives Wissen über seine Verwendungsregularitäten im Korpus definiert wird.

3. Formalisierung des SVR-Modells

3.1. Definition

Der SVR wird als ein Quadrupel <*A, B, S, M*> definiert (Lowe 2001:2), wobei *A* die Art der in den Vektorelementen abzubildenden Assoziationsdaten spezifiziert, *B* eine Basis ist, die durch eine Menge $(b_i)_{i=1,\dots D}$ von Basiselementen definiert wird und die Raumdimensionalität *D* determiniert. *S* ist das festgelegte Ähnlichkeitsmaß und *M* ist die Transformationsmethode, mit der ein SVR auf einen Vektorraum niedrigerer Dimensionalität projiziert werden kann. Das Repräsentationsobjekt im SVR ist das Token (*t*), wobei es sich um Wortformen oder Stammformen, abhängig von der durchgeführten Präprozessierung im Korpus, handeln kann. Im Folgenden werden Begriffe „Wort“ und „Token“ gleichgesetzt.

3.2. Semantische Vektoren

Ein Wort *t* kann durch eine Menge von Attributen (***A***) repräsentiert werden. Ein Attribut *A(b,t)* beschreibt das Auftreten eines Wortes *t* mit einem Basiselement (*B*)*b* in einer bestimmten Relation *rel* im Fenster *w*. Basiselemente sind gewöhnlich Wörter oder Dokumente, sie bestimmen den Attributtyp. Der Wert der Attribute ist jeweils die Frequenz[198], mit der das Wort *t* mit diesem Attribut auftritt: *freq(t,att)*. Das Fenster bestimmt die Kontextbreite, innerhalb der Kookkurenzen berücksichtigt werden, wobei der Kontext beispielsweise nach dem Nachbarschaftsrang zusätzlich gewichtet werden kann. Attributwerte bilden Einträge in der Matrix, deren Zeilen durch Basiselemente und Spalten durch Repräsentationsobjekte definiert werden. Die Spalten der Matrix können dann als Vektoren interpretiert werden[199]. Mit dieser Methode können Wort-Dokument-Räume, Worträume und Kopf-Komplement-Räume erstellt werden.

Ein Wortraum-Modell ist das *Hyperspace analogue to language* Modell (im Folgenden HAL-Modell) von K. Lund und C. Burgess (1996). Das *Latent Semantic Analysis* Modell (im Folgenden LSA-Modell) von S. Deerwester, S.T. Dumais, M. Berry, und G.W. Landauer basiert auf dem Konzept des Wort-Dokument-Raumes. Im Gegensatz zum HAL-Modell, in dem „Wörter durch Wörter“ beschrieben werden, werden im LSA-Modell „Wörter durch Korpusmerkmale“ beschrieben, nachdem aus der ursprünglichen Basis „Dokumente und Wörter“ solche Merkmale extrahiert wurden. Durch die Modifizierung der Basis mit Techniken wie Spaltenvarianz-Methode (im HAL-Modell) oder Singularwertzerlegung (im LSA-Modell) können Dimensionen mit niedrigen Varianzen, die zu schlechten Messergebnissen führen können, beseitigt werden.

Semantische Vektoren können in ein neuronales Netz (z.B. eine Self-Organizing-Map (Ritter/Kohonen (1989), Lowe (1997)) eingegeben oder in einem metrischen Raum dargestellt werden. In dieser Arbeit wird der Akzent auf die zweite Möglichkeit gelegt.

---

[198] Um den starken Einfluss der Frequenzwerte auf den Ähnlichkeitswert zu vermeiden, bieten sich Techniken wie logarithmische Skalierung an.

[199] Aus einer anderen Perspektive können jedoch auch die Zeilen als Vektoren interpretiert werden: Dann werden die Repräsentationsobjekte zu Basiselementen.

4. Extraktion semantischen Wissens

Der gebildete semantische Vektorraum kann auf seine topologischen Eigenschaften erforscht werden. Seine Analyse basiert auf der Ähnlichkeitsberechnung. Die Ähnlichkeit zweier Vektoren kann durch die metrische Distanz oder den Kosinus berechnet werden. Das für die eigenen Modelle optimale Ähnlichkeitsmaß sollte in einer experimentellen Phase ermittelt werden, wobei man die Unterschiede zwischen dem Kosinus und der Euklidischen Distanz hinsichtlich ihrer unterschiedlichen Skalen und ihrer Robustheit gegen die stark schwankenden Frequenzwerte beachten sollte.

4.1. Die Einführung der Skala

Die Kosinuswerte liegen zwischen –1 und 1, wobei 1 für identische Bedeutung, 0 für keine Ähnlichkeit in der Bedeutung und –1 für oppositive Bedeutung stehen. Je höher also der Wert ist, desto größer ist die Bedeutungsähnlichkeit der Bedeutungspunkte. Die Zahlenangaben in diesem Kapitel sind Kosinuswerte aus dem LSA-Vektorraum (http://lsa.colorado.edu/).

Die Euklidische Distanz kann nur nichtnegativ sein. Je höher ihr Wert ist, desto unähnlicher sind die Bedeutungspunkte. Da die Werte der Euklidischen Distanz keine festgelegte Skala wie der Kosinus haben, wird die Bedeutungsähnlichkeit der Bedeutungspunkte nach ihrem Rang in der Entfernung vom Fokuspunkt[200] interpretiert.

4.2. Topologische Nachbarschaft

Jeder Bedeutungspunkt ist von einer Menge anderer Bedeutungspunkte umgeben, die als seine Nachbarn bezeichnet werden können. Es wird erwartet, dass die räumliche Nähe zwischen Bedeutungspunkten dem Grad der semantischen Ähnlichkeit der repräsentierten Wörter entspricht. Ob die Nachbarschaft die hypothetischen Paradigmen (vgl. Kapitel 2) enthält, wird hier mit einer Stichprobe veranschaulicht: Es werden drei Wörter mit ihren nächsten Nachbarschaften aus dem LSA-Vektorraum extrahiert: ein Nomen (*man*), ein Adjektiv (*cold*) und ein Verb (*go*). Die Schwelle der nächsten Nachbarschaft wird auf den Kosinuswert von 0.40 gesetzt, wobei nur die ersten 10 Nachbarn zur Analyse herangezogen werden. In diesem Bereich werden Wörter erwartet, die eine sehr starke Ähnlichkeit in der Distribution mit dem Fokuswort erweisen. In den extrahierten Nachbarschaften findet man unterschiedliche Relationen zwischen einem Fokuswort und seinen Nachbarn. Es sind sowohl Wörter in einer assoziativen oder

[200] Der aktuell untersuchte Bedeutungspunkt.

konzeptuellen Verbindung (*man* [*beard, haired*], *cold* [*snow, winter*]), als auch Wörter in einer semantischen Relation zum Fokuswort wie z.B. Kohyponyme (*man* [*stranger, mister, comrade*]), Antonyme (*cold* [*warm*]), Wörter mit oppositiver Bedeutung (*go* [*stay, wait, come*]) und Synonyme (*cold* [*icy, cool*]).

Nicht alle topologischen Nachbarn sind jedoch im Kontext substituierbar. Die Verteilung der Mitglieder hypothetischer Paradigmen soll daher nun einer systematischen Überprüfung unterzogen werden, worunter die Berechnung der erwarteten Mitglieder einer paradigmatischen Gruppe zu verstehen ist. Dafür werden Konzepte der Wortschatzgliederung herangezogen.

4.3. Sinnrelationen im SVR

4.3.1. Synonymie

Synonyme haben in Korpora gewöhnlich eine relativ große Schnittmenge ihrer Distributionen. Dies sollte dazu führen, dass Synonyme im SVR in räumlicher Nähe erscheinen. In diesem Abschnitt wird gezeigt, inwieweit diese Erwartung sich erfüllt. Dafür wurden aus dem LSA-Vektorraum 15 Wörter (5 Nomina, 5 Adjektive und 5 Verben) extrahiert[201]. Es handelt sich dabei um die Wörter, die im BNC unter den zwanzig häufigsten Wörtern der entsprechenden lexikalischen Kategorie sind. Um die Entfernungen zwischen den Wörtern und ihren Synonymen festzustellen, wurde zuerst ihre Nachbarschaft (je 50 Wörter) aus dem LSA-Vektorraum extrahiert und auf die Synonymie untersucht. Die in dieser Nachbarschaft entdeckten Synonyme liegen auf der Kosinus-Skala zwischen 0.78 und 0.46. Die Ergebnisse zeigen: Verben hatten ihre Synonyme durchschnittlich zu 4,48% unter den nächsten 50 Nachbarn. Bei den Nomina sind es 3,26 % und bei den Adjektiven sind es nur 2,04 %.

Diese Untersuchung zeigt, dass sich nur wenige Synonyme unter den ersten 50 Nachbarn befinden. Um die Entfernungen zu anderen Synonymen festzustellen, wurden diese aus dem WordNet[202] ausgewählt und auf die Kosinuswerte mit ihren Fokuswörtern[203] untersucht. Die Ergebnisse zeigten, dass diese Synonyme im LSA-Vektorraum Kosinuswerte zwischen 0.43 und 0.10 haben, was auf eine schwächere Bedeutungsähnlichkeit im SVR-Modell hinweist. Insgesamt lagen die Synonyme auf der Kosinus-Skala zwischen 1 und 0.50 bei Verben zu 32,14%, bei Nomina zu 13,6 % und bei Adjektiven zu 22,7% und auf der Kosinus-Skala zwischen 0.40 und 0.10 zu 67,85% bei Verben, zu 86,36% bei Nomi-

---

[201] *Go, find, see, say, work, company, man, way, woman, world, good, important, new, small, young.*

[202] http://www.cogsci.princeton.edu/~wn/.

[203] Das Fokuswort – das aktuell untersuchte Wort.

na und zu 77,27% bei Adjektiven. Diese Berechungen der nächsten Nachbarschaft haben gezeigt, dass Synonyme sich nur in einer gewissen Nähe zueinander befinden: Nicht alle Synonyme sind unmittelbare Nachbarn im LSA-Vektorraum. Die Nachbarschaft von Verben enthält dabei mehr Synonyme als die Nachbarschaften von Nomina und von Adjektiven.

4.3.2. Antonymie

Antonyme sind neben Synonymen Mitglieder einer paradigmatischen Gruppe. Sie sind Einheiten, die in allen Merkmalen bis auf eines gleich sind und kommen oft in gleichen Kontexten vor. Die Untersuchung der Antonymie soll zeigen, wie ein SVR-Modell den Unterschied zwischen Synonymen und Antonymen darstellen kann. Die erste Untersuchungsmethode besteht in der systematischen Berechung der Entfernungen zwischen Antonymen. Diese Berechnungen zeigen, dass Antonyme ebenso wie Synonyme auf einer Skala zwischen 0 und 1 erscheinen: *necessary – unnecessary* 0.47, *hot – cold* 0.48, *tidy – untidy* 0.56, *good – bad* 0.65, *black – white* 0.72. Die Kosinuswerte liegen hier zwischen 0.72 und 0.47, was auf eine starke Bedeutungsähnlichkeit im LSA-Vektorraum hinweist.

Durch einfache Distanzberechungen können Antonyme von Synonymen also nicht unterschieden werden. Die Lage des Bedeutungspunktes im Bedeutungsfeld[204] muss in die Untersuchung einbezogen werden: Eine Möglichkeit zur Erforschung der Lage im Bedeutungsfeld bietet sich mit der Berechung der nächsten Nachbarschaften der Antonyme und ihrem Vergleich (vgl. Burgess und Lund 1998:15, Landauer 2002:12). Dabei konnte festgestellt werden, dass Antonyme ihre nächsten Nachbarschaften nur minimal teilen. Obwohl *good* und *bad* sehr nah beieinander liegen, enthält die topologische Nachbarschaft von *good* im LSA-Vektorraum Wörter wie *well, best, luck* und *nice*, die von *bad* dagegen Wörter wie *worse, trouble, wrong, worried* und *terrible*. Antonyme befinden sich zwar in demselben Bedeutungsfeld, gehören aber zu unterschiedlichen Gruppen von Bedeutungspunkten innerhalb dieses Feldes (Abbildung 2).

[204] Dieser Begriff wird für die Bezeichnung der Gruppierungen von Bedeutungspunkten eingeführt.

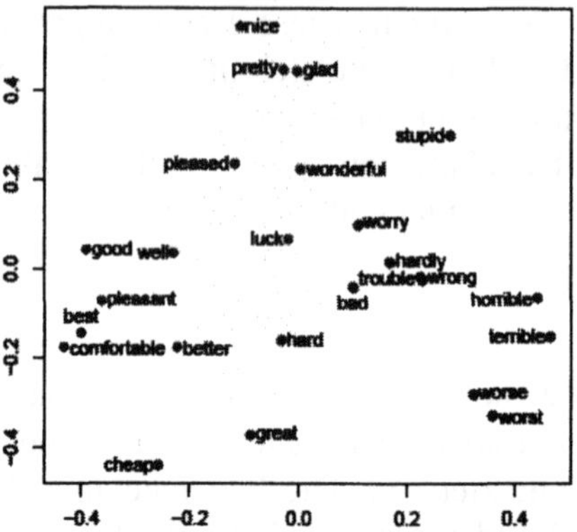

Abbildung 2. Darstellung der Antonymie zwischen good und bad im LSA-Vektorraum. Die Skalierung wurde mit der in R (http://www.r-project.org) implementierten Methode cmdscale (Classic (Metric) Multidimensional Scaling) durchgeführt.

4.3.3. Hyperonymie

Die Hyperonymie kennzeichnet die Gliederung des Vokabulars durch die Unterscheidung von Ober- und Unterbegriffen. Durch diese Unterscheidung bekommen Wortfelder eine hierarchische Struktur. Im Folgenden wird ein Versuch unternommen, solche hierarchischen Strukturen im SVR aufzudecken. Ein Hyponym inkludiert alle Merkmale des Hyperonyms, nicht aber umgekehrt. Beispielsweise inkludiert der Begriff *Rose* alle Merkmale des Begriffs *Blume*. Dies wirkt sich auf ihre distributionellen Eigenschaften aus: *Blume* kann eher *Rose* im Kontext ersetzen als umgekehrt. Diese Eigenschaft führt dazu, dass Hyperonyme mit ihren Hyponymen überschneidende Distributionen haben. Damit sollte ein Hyperonym im SVR in der Nähe von seinen Hyponymen erscheinen - diese These wird durch die Distanzberechnungen bestätigt. Diese Distanzen spiegeln jedoch keine hierarchische Struktur wider. In dieser Arbeit wird eine Methode vorgeschlagen, die Hierarchisierung im Bedeutungsfeld zu berechnen. Dafür wird der Begriff der *Zentralität* eingeführt. Sei $M = \{x_i | i = 1, ..., N\}$ die Menge der Elemente einer Wortgruppe. $x^* \in M$ heißt „zentrales Element" dieser Gruppe, wenn für alle $j \in \{1, ..., N\}$ gilt:

$$\sum_i d(x^*, x_i) \leq \sum_i d(x_j, x_i)$$

Das zentrale Element in einer Gruppe ist also das Element, bei dem die Summe der Distanzen zu allen anderen Elementen der Gruppe minimal ist oder, anders ausgedrückt, das Element, das in einem Korpus die maximale Überschneidung der Distributionen mit der Gesamtheit aller anderen Elementen aus dieser Gruppe hat. Zur Illustration dieses Begriffes wurden aus dem LSA-Vektorraum drei Gruppen von Kohyponymen (*BIRD, FRUIT, FLOWER*) extrahiert: ***BIRD**: bird, sparrow, robin, chicken, pelican, hawk, blackbirds, eagle, pigeon, ostrich, penguin, kiwi. **FRUIT**: fruit, pear, melon, banana, orange, apple, cherry, kiwi. **FLOWER**: flower, forget-me-not, lily, sunflowers, roses, tulip, orchid, orchidaceae, camomile.* In jeder der extrahierten Gruppen wurde das zentrale Element ermittelt, wobei zuerst die Kosinuswerte in Euklidische Distanzen überführt wurden. Die Transformationsvorschrift dafür lautet: $d(x_i, x_j) = \sqrt{a^2 + b^2 - 2ab\cos(x_i, x_j)}$), wobei *a* und *b* die Längen der Vektoren x_i und x_j sind. In unserem Fall handelt es sich um normalisierte Vektoren[205], so dass sich folgende Transformationsformel ergibt: $d(x_i, x_j) = \sqrt{2 - 2\cos(x_i, x_j)}$).

In allen drei Gruppen erwiesen sich die Hyperonyme als zentrale Elemente. Die Hyperonymie kann also erfolgreich durch die Zentralität im SVR beschrieben werden. Ein illustratives Beispiel einer Gruppe von Kohyponymen ist in Abbildung 3 dargestellt: *bird* ist hier das zentrale Element.

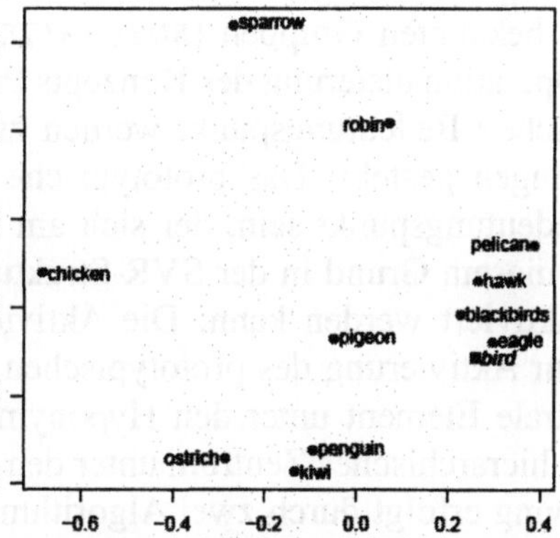

Abbildung 3. Skalierungskarte von BIRD (extrahiert aus dem LSA-Vektorraum http://lsa.colorado.edu/). Die Skalierung wurde mit der in R (http://www.r-project.org) implementierten Methode cmdscale (Classic (Metric) Multidimensional Scaling) durchgeführt.

4.4. Prototyp

In diesem Abschnitt wird der Versuch unternommen, das vielfältig untersuchte kognitive Phänomen des Prototyps auf den SVR zu übertragen. Der Begriff des Prototyps wird in der Prototypensemantik für die Bezeichnung des besten Ex-

[205] Im Falle von normalisierten Vektoren liefert die Addierung der jeweiligen Kosinuswerte die gleiche Rangliste zentraler Elemente wie die Berechnung der euklidischen Distanzen.

emplars einer Kategorie eingesetzt. Nach der Hypothese der typischen Eigenschaften verfügt eine Kategorie über eine Menge typischer Attribute, die die Struktur der Kategorie definieren. Der Prototyp befindet sich dort, wo die Überlappung der prototypischen Attribute am größten ist (Givón 1986:79, nach Kleiber 1998:45). Von der Feststellung, dass die prototypischen Vertreter einer Kategorie im Sprachgebrauch häufiger verwendet werden (Vater 1999:163), wird in diesem Abschnitt Gebrauch gemacht.

Der potentielle Prototyp einer Kategorie im SVR sollte häufig im Korpus auftreten, muss aber nicht die höchste Frequenz in der Gruppe aufweisen: Der Prototyp sollte das Hyponym sein, das die meisten Kontexte mit allen anderen Hyponymen der Gruppe teilt. Er stellt damit am besten die typischen distributionellen Eigenschaften der Elemente dieser Gruppe dar. Im vorigen Abschnitt wurde gezeigt, dass ein Hyperonym die maximale Überschneidung der Distributionen mit der Gesamtheit aller anderen Elemente in seiner Gruppe hat und ein hierarchisches Zentrum der Gruppe bildet. Das prototypische Element wird höchstwahrscheinlich aufgrund der gleichen Anforderung in der Nähe des Hyperonyms liegen. Die Strukturierung von Kategorien in Zentrum und Peripherie wird hier anhand der uns schon bekannten Gruppen (*BIRD, FRUIT, FLOWER*) weiter untersucht und dabei eine Operationalisierung des Konzepts Prototyp durchgeführt.

An einen prototypischen Bedeutungspunkt werden zwei einander nicht ausschließende Anforderungen gestellt: Das prototypische Element einer Gruppe kann einerseits der Bedeutungspunkt sein, der sich am nächsten beim Hyperonym befindet und aus diesem Grund in der SVR-Struktur am schnellsten in der Hyponymen-Gruppe aktiviert werden kann: Die Aktivierung des Hyperonyms führt dann als erstes zur Aktivierung des prototypischen Elements. Andererseits kann es auch das zentrale Element unter den Hyponymen der Gruppe sein. In dem Falle bildet es ein hierarchisches Zentrum unter den Hyponymen.

Die Strukturberechnung erfolgt durch zwei Algorithmen. Das erste Verfahren erfordert die Angabe des Hyperonyms (*bird, flower, fruit*). Zwischen jedem Hyperonym und allen seinen Hyponymen werden die Kosinuswerte ermittelt und nach diesen geordnet. Bei diesem Verfahren wird der Prototyp als das Hyponym mit dem höchsten Kosinuswert zum Hyperonym definiert. Dieses Verfahren hat für die ausgewählten Gruppen folgende prototypische Elemente ergeben: *(BIRD) eagle, (FLOWER) tulip, (FRUIT) banana.* Diese SVR-Prototypen entsprechen nicht den typischen Vertretern dieser Kategorien in unserem Lebensraum *((BIRD) sparrow, (FLOWER) rose, (FRUIT) apple).*

Im zweiten Algorithmus wird, anlehnend an die Berechnung der zentralen Elemente (vgl. 4.3.3), das gleiche Verfahren für die Ranglisten-Ermittlung aller Gruppenelemente angewandt. Der Prototyp ist in dieser Liste das zentrale Element unter den Hyponymen. Diese Methode ergab jeweils folgende prototypische Mitglieder: *(BIRD) eagle, (FLOWER) roses, (FRUIT) apple.*

Alle Mitglieder jeder Kategorie wurden auf den beiden Kontinua der Kategorienmitgliedschaft (Entfernung zum Hyperonym und Zentralität) angeordnet. In beiden Methoden wurden ähnliche Listen in jeder Kategorie ermittelt: Der Rang der Elemente beider Listen stimmt in der Kategorie *BIRD* zu 45,45%, in der Kategorie *FRUIT* zu 14,28% und der Kategorie *FLOWER* zu 37,5 % überein. Die Verortung eines Elementes auf der Zentralitäts-Skala in der Hyponymen-Gruppe entspricht seiner Entfernung zum Hyperonym in 34,6% der aufgeführten Fälle. Die beiden Methoden haben also zu 34,6% gleiche Ergebnisse ergeben.

5. Problematisierung und Ausblick

Die Analyse des SVR befindet sich zurzeit noch in ihren Anfängen. Das methodologische Problem liegt in seiner Interpretation, die zurzeit noch nicht weit über die Methodik der Nachbarschaftsberechnung hinausgeht. Weitere Parametereinstellungen und innovative Analysemethoden wären hier vorzuschlagen und zu überprüfen. Es wurde in dieser Arbeit eine neue Methode für die Untersuchung der Raumtopologie vorgeschlagen, in der die Eigenschaft „Zentralität" eingeführt worden ist.

Zugleich bestehen Probleme bei der Verwaltung des SVR wegen seines enormen Speicherplatz- und Rechnerleistungsbedarfs sowie das Update-Problem der transformierten Räume. Es müssen deswegen Komprimierungs-Möglichkeiten und Reduktionsmethoden für den SVR entwickelt werden, die es ermöglichen, große Korpora flexibel zu bearbeiten.

Weiterhin soll den in den Modellen bisher unbefriedigend behandelten linguistischen Phänomenen wie z.B. der Polysemie Aufmerksamkeit gewidmet werden. Da ein Wort im SVR genau einen Bedeutungspunkt zugewiesen bekommt, wird eine n:1-Relation zwischen Bedeutung und Form nicht dargestellt. Dies führt dazu, dass bei der Abbildung eines polysemen Wortes der Durchschnitt seiner Bedeutungen erstellt wird. Die Erforschung der topologischen Umgebung polysemer Wörter hat ergeben, dass diese Gruppierungen von Wörtern unterschiedlicher Kontextgruppen[206] enthält, wobei es eine „Gewinner-Bedeutung" (Sahlgren 2002) gibt. Eine korrektere Lösung für die Repräsentation polysemer Wörter wäre die Kodierung einzelner Lesarten in einzelne Vektoren, wobei dies jedoch Vorabinformationen erfordert.

---

206 Wörter, die in einer semantischen und assoziativen Relation zu einer Lesart eines polysemen Wortes stehen.

Es muss betont werden, dass die in dieser Arbeit vorgestellten SVR-Modelle englische Korpora repräsentieren. Die englische Sprache verfügt über wenig Morphologie. Für die Bearbeitung der Korpora des Deutschen wird die Ignoranz der Morphologie in einem SVR-Modell aufgrund der großen Anzahl der Wortformen zu einem Problem führen. Die Informationen über ein Wort werden auf eine große Menge der Matrixspalten verteilt und sind nicht mehr repräsentativ.

Weiterhin sollten syntagmatische Restriktionen nicht nur als sequentielle analysiert werden. Durch die Einführung eines Parsers kann man hierarchische Strukturen in die Analyse miteinbeziehen. Das Fenster wird damit nicht einfach über Sequenzen sondern über syntaktische Strukturen bewegt. Somit bilden asymmetrische binäre Relationen zwischen den Konstituenten Attributwerte, die auf Vektoren abgebildet werden. Von besonderem Interesse ist die Integration des SVR in ein Modell, das über linguistisches Wissen verfügt. Hier sind Überlegungen und Experimente mit der Kodierung von linguistischen Informationen in semantischen Vektoren von primärem Interesse.

Literaturverzeichnis

Ahrens, H. J. (1974): Multidimensionale Skalierung. Basel: Beltz Verlag.

Burgess, C. & Livesay, K.; Lund, K. (1998): Explorations in Context Space: Words, Sentences, Discourse. Retrieved July 27, 2004, from http://locutus.ucr.edu/reprintPDFs /bll98dp.pdf.

Burgess, C. & Lund, K. (1998): The Dynamics of Meaning in Memory. Retrieved July 27, 2004, from http://locutus.ucr.edu/reprintPDFs/BL98DynMemCh.pdf.

Deerwester, S. & Dumais, T. S.; Furnas, W. G.; Landauer, K. T.; Harshman, R. (1990): Indexing by Latent Semantic Analysis. Retrieved July 27, 2004, from http://lsi.research.telcordia.com/lsi/papers/JASIS90.pdf.

Harris, Z. S. (1979): Mathematical Structures of Language. New York: Robert E. Krieger Publishing Company Huntington.

Kanerva, P. & Kristoferson, J.; Holst, A. (2000): Random indexing of text samples for latent semantic analysis. Retrieved July 27, 2004, from http://www.ircs.upenn.edu/ogsci2000/PRCDNGS/SPRCDNGS/abstrcts/kan_krho.pdf.

Kohonen, T. (1989): Self-Organizization and associative memory. Berlin, Heidelberg, New York: Springer.

Landauer, T.K. (2002): On the computational basis of learning and cognition: Arguments from LSA. Retrieved July 27, 2004, from http://lsa.colorado.edu/papers/Ross-final-submit.pdf.

Lowe, W. (1997): Meaning and the mental lexicon. In *Proceedings of the 15th International Joint Conference on Artificial Intelligence,* Nagoya, August 1997. Morgan Kaufmann. Retrieved July 27, 2004, from CiteSeer.IST database.

Lowe, W. (2001): Towards a Theory of Semantic Space. Retrieved July 27, 2004, from http://www.hcrc.ed.ac.uk/cogsci2001/pdf-files/0576.pdf.

Lund, K. & Burgess, C. (1996): Producing high-dimensional semantic spaces from lexical co-occurrence. Retrieved July 27, 2004, from http://locutus.ucr.edu/abstracts/96-lb-prod.html.

Manning, C. D. & Schütze, H. (1999): Foundations of statistical natural language processing. MIT Press.

Rieger, B. (1990): Unscharfe Semantik: numerische Modellierung von Wortbedeutungen als 'Fuzzy'-Mengen. Retrieved July 27, 2004, from http://www.ldv.uni-trier.de:8080/ldvpage/rieger/pub/aufsaetze/for90/for90-abstract.html.

Sahlgren, M. (2002): Towards a Flexible Model of Word Meaning. Retrieved July 27, 2004, from CiteSeer.IST database.

Schütze, H. (1992): Dimensions of Meaning. In *Proceedings of Supercomputing '92*. Retrieved July 27, 2004, from CiteSeer.IST database.

Wittgenstein (1953): Philosophical investigations. Oxford: Basil Blackwell.

PROOFML – eine Annotationssprache für natürlichsprachliche mathematische Beweise

Bernhard Fisseni

Mathematische Texte sind natürlichsprachlich (ggf. mit formelsprachliche Anteilen), nicht formalsprachlich. PROOFML ist ein Dateiformat, das erlaubt, sie so zu annotieren, daß der natürlichsprachlichen eine logische Struktur zugeordnet wird.

Mathematical texts are usually not fully formalised but are written in natural language (possibly interspersed with formulae). PROOFML is an XML application that permits to annotate mathematical proofs so that a logical structure is assigned to the linguistic structure.

1. Problemstellung

Mathematische Texte sind natürlichsprachlich, nicht formalsprachlich. Dennoch gilt als ein Kriterium für die Annahme ihrer Korrektheit, daß sie in einem (zumindest korrekten) logischen Kalkül komplett formalisierbar sind. Formalisierte Beweise können prinzipiell mit einem Rechner verarbeitet und an allgemein akzeptierten Regeln der Beweisführung verifiziert werden.[207] Derart formalisierte Beweise sind allerdings für den Leser schwer verständlich, weil sie zu detailreich sind. Hingegen ist eine formale Verifikation unvorbereiteter Texte auch wegen der sprachlichen Komplexität nicht einfachhin möglich; es gibt bisher nur experimentelle Systeme mit beschränkter Reichweite (vgl. Bauer 1999, Zinn 2004); deren Repräsentation des Beweises entspricht allerdings eher der statischen Struktur eines formalisierten Beweises und wird nicht mehr an die sprachliche Struktur rückgekoppelt.

PROOFML ist eine Annotationssprache für natürlichsprachliche mathematische Beweise, die der natürlichsprachlichen Struktur durch die Annotation eine formal-logische Interpretation zuordnet und somit (1) den Anspruch der Formalisierbarkeit explizit macht,[208] (2) es aber auch erlaubt, formalisierte und nichtformalisierte Beweise direkt zu vergleichen, da die natürlichsprachliche Struktur des Beweises erhalten bleibt. Diese Aufgaben soll PROOFML im Forschungsprojekt *Beweisformen* an der Universität Bonn erfüllen; dort soll es auch als Datei-

---

[207] An der für die Beweisführung nötigen Kreativität mangelt es Computern bisher noch.
[208] PROOFML baut auf den Grundlagen von Koepke & Schröder 2003 auf.

format eines Beweis-Validierers für natürlichsprachliche Texte dienen. Außerdem wäre es möglich, PROOFML im Bereich des *E-Learning* in „Tutoren“ einzusetzen, die Lernende ans mathematische Beweisen heranführen.

PROOFML wurde hauptsächlich an einem kleinen Korpus von Beweisen entwickelt, das durch Material aus der Sekundärliteratur ergänzt wurde. Die Beweise des Beispiel-Korpus stammen einerseits aus den *Elementen* von Euklid, andererseits aus der *Einführung in die mathematische Logik* (Ebbinghaus et al. 1996). Sie decken mit Geometrie und Logik zwei sehr unterschiedliche und grundlegende Bereiche der Mathematik ab und sind auch stilistisch sehr verschieden; bei Euklid erscheinen z.B. kaum Formeln, und Namen tragen weniger Bedeutung. Alle Beispiele stammen zwar aus einführenden Werken[209] und präsentieren daher Beweise recht detailliert; doch finden sich bereits in diesen Texten für Neulinge *Lücken*, also für Menschen verständliche Vereinfachungen, die aber in einem formalisierten Beweis ergänzt werden müssen.

Nach einer Beschreibung der linguistischen und technischen Grundlagen von PROOFML werden für die Annotation relevante Eigenschaften mathematischer Texte beschrieben und die Grundsätze der Annotation in PROOFML erläutert.

2. (Computer-)Linguistische Grundlagen von PROOFML

Texttechnologie. Die Entwicklung von PROOFML war eine texttechnologische Arbeit; PROOFML orientiert sich an und integriert sich mit offenen Standards (z.B. MATHML und OMDOC), nicht zuletzt um redundante Entwicklungen zu vermeiden.

Semantische Repräsentation. Da PROOFML die Bedeutung mathematischer Texte repräsentieren soll, greift es auf linguistisch motivierte Theorien der semantischen Repräsentation zurück, um Dynamik und Kompositionalität der natürlichen Sprache wiederzugeben. Dies zeigt sich u.a. darin, daß Nominalphrasen als generalisierte Quantoren annotiert werden und dabei dynamische Existenzquantoren verwandt werden (vgl. 5.2), aber auch in der grundsätzlichen Strukturierung der Annotation in Propositionen.

Formale Pragmatik und Kontext. Wie in vielen Bereichen der Linguistik zeigt sich auch bei der Definition von PROOFML, daß es an vielen Stellen wichtig ist, den Einfluß des Kontextes, insbesondere des gemeinsamen Hintergrund-Wissens der Kommunikanten zu berücksichtigen. Zwar geht eine Formalisierung

[209] Allerdings darf man Euklids Werk einen deutlich größeren Einfluß zuschreiben, der einen Grund für die Auswahl der *Elemente* darstellte. Für die Verwendung der englischen Übersetzung sprach vor allem ihre Texttreue, der Wunsch, PROOFML auch an fremdsprachigen Texten zu entwickeln, und die Bedeutung des Englischen als Wissenschaftssprache.

(1) zwei Dreiecke ABC und DEF.

```
<quant binds="dreiecke">
  <det type="det:zwei">zwei</det>
  <restr><expression type="property:dreieck">
     Dreiecke
  </expression></restr>
  <name refid="dreiecke" form="conj">
    <name id="ABC" type="compound">ABC</name>
    <keyword>und</keyword>
    <name id="DEF" type="compound">DEF</name>
  </name>
</quant>
```

Abb. 1: Zwei Dreiecke

des Hintergrundwissens über den Rahmen der Arbeit hinaus, es sind aber Anbindungen an entsprechende Repräsentations-Modelle vorgesehen (vgl. 4.).

3. Technische Grundlagen von PROOFML

OPENMATH ist eine XML-Anwendung, in der Hintergrundwissen semiformal in einer maschinenlesbaren Form aufbereitet werden kann. OMDOC erweitert OPENMATH um Komponenten zur Beschreibung von Layout und Strukturierung von Texten sowie formalisierter Beweise. PROOFML ist eine inoffizielle Erweiterung von OMDOC, die Möglichkeiten zur semantischen und logischen Annotation natürlichsprachlicher Texte hinzufügt. PROOFML erweitert die Beschreibung der logischen Struktur formaler Beweisen von OMDOC (vgl. OMDoc : Kap. 19) um eine Annotation für die sprachliche Dimension.

4. Hintergrundwissen

Für das Verständnis eines Beweises sind sowohl Hintergrundwissen über die mathematischen Zusammenhänge als auch linguistisches und sprachliches Wissen notwendig, die freilich nicht immer klar zu trennen sind.

Zumindest die mathematischen Zusammenhänge repräsentieren mathematische Ontologien und *Proof Assistants* (vgl. Siekman et al. 1998, Mizar) sowie die typenlogischen Grammatiken bei Ranta (u.a. Ranta 1999), welche z.B. Existenzbeweise für im Text genannte Entitäten verlangen; im Bereich der XML-Anwendungen sind OMDOC-, OPENMATH- oder MATHML-Dokumente zu nennen. Für PROOFML müssen vor allem folgende Informationen im Hintergrundwissen vorhanden sein: (a) Definitionen der mathematischen Kategorien und Relationen. (b) Informationen über die Bedeutung, die in der Struktur von

Kennzeichnungen liegt (s. 5.4). (c) Informationen, die Entitäten verbinden: mereologische Beziehungen, Bridging-Relationen etc. (d) Informationen über Stelligkeit und Argumentstruktur der Relationen zwischen Entitäten oder Propositionen. (e) (ggf. domänenspezifische) Schluß- und Beweisregeln. Systeme, die mathematische Texte verstehend verarbeiten wollen, (Bauer 1999, Zinn 2004) bringen die linguistische und die mathematische Seite der Kontext-Repräsentation zusammen. Sie enthalten neben mathematischem Hintergrundwissen zumindest eine Grammatik – die wir hier außer Acht lassen können – und ein Lexikon. Für PROOFML ist vor allem wichtig, daß das Lexikon den semantischen Kategorien mathematische Kategorien und den Wort-Valenzen Argumentstrukturen mathematischer Relationen zuordnet. Von den *'Requirements for a theory of discourse representation'* für mathematische Beweise, die Zinn (2000: Kap. 2.3) formuliert, sind für unsere Annotation wichtig: (a) die Forderung nach einer strukturierten Datenstruktur (hier: XML-Dokument); (b) das Vorsehen von Variablen (in PROOFML: IDs, vgl. v.a. 5.2) und (c) die Behandlung von Namen (s. 5.4).

5. Annotation auf phrasaler Ebene

Dieses Kapitel beschreibt, wie die logische und die sprachlich-syntaktische Struktur von Phrasen und Sätzen in mathematischen Beweisen annotiert werden kann. In Bezug auf die logische Struktur orientiert PROOFML sich an den Beschreibungs-Modellen der formalen Semantik, die seit Frege meist auf der Funktor-Argument-Struktur beruhen. Syntaktische Konstituenz wird in PROOFML Oberflächen-orientiert durch Verschachtelung von XML-Elementen annotiert, um die Annotation nicht zu theorielastig zu machen. Syntaktische Dependenz spielt keine eigene Rolle, denn es wird nur die – oft gleiche – semantische Funktor-Argument-Struktur annotiert.

5.1. Die grundlegenden XML-Elemente

Natürlichsprachliche Ausdrücke stehen im allgemeinen in einem `<expression>`-Element; die Attribute dieses Elements werden im folgenden erläutert, hier sei nur kurz angedeutet, daß ein Attribut `id` („die ID") einen Ausdruck identifiziert und später mittels eines `refid`-Attributs darauf Bezug genommen werden kann. Außer `<expression>` gibt es noch weitere generelle Strukturierungs-Elemente. Das Element `<keyword>` kann Funktionswörter enthalten, die anzeigen, daß die durch das Elternelement annotierte Phrase zu einer bestimmten Kategorie gehört. Zum Beispiel kann in einem `<arg>`-Element eine Präposition bei einem Präpositionalobjekt ein `<keyword>` sein (vgl. Abb. 3). `<keyword>` kann auch in

(2) **AB is equal to BC**

```
<expression type="proposition">
  <name type="compound" refid="AB">AB</name>
  <expression type="predicate:equal">
    <keyword>is</keyword> <word>equal</word>
    <arg refid="AB"/>
    <arg><keyword>to</arg><name type="compound">BC</name></arg>
  </expression>
</expression>
```

Abb. 2: Gleichheit

einem Element vorkommen, das die logische Struktur beschreibt (s. 6.). Man sollte verhindern, daß ein Textknoten als Geschwister von Elementen auftritt, indem man ein <word>-Element setzt, das ggf. auch mehrere Wörter aufnehmen kann (s.a. Abb. 3). Das Element `<ling>` enthält Wörter, die für die formale Semantik keinen wichtigen Beitrag leisten (aber oft für den Fluß des Textes relevant sind), z.B. „Füllwörter" und Gradpartikeln wie *auch*, *aber*.

Annotation von Funktor-Argument-Strukturen. Ein `<expression>`-Element kann Kinder vom Typ `<arg>` haben, die entweder ein semantisches Argument eines Funktors enthalten oder mit dem Attribut `refid` auf ein solches Element verweisen. Die Argument-Struktur ist im Hintergrundwissen festgelegt; mehrere Argumente werden ggf. durch ihre Position identifiziert. Im Beispiel (s. Abb. 4) sind die beiden Argumente zu *haben* die besitzenden Dreiecke (mit `name="T1"`), und die besessenen Seiten (mit `name="S1"`). In Sprachen, die weniger feste Wortstellung haben als etwa das Englische, würde eine morphologische Analyse sicherlich die Zuweisung der Argumente zu ihren Rollen vereinfachen.

5.2. Nominalphrasen

An der Annotation von Nominalphrasen lassen sich alle wichtigen Prinzipien der Annotation von Phrasen in ProofML zeigen. Mathematisch gesprochen: Die Annotation anderer Konstituenten erfolgt *analog*. Wir nehmen für Nominalphrasen im allgemeinen eine Denotation vom Typ „Individuum" (hier vielleicht passender: „Objekt") an.[210] Wir gehen davon aus, daß die Denotation von Variablen, Namen, Pronomina und Nominalphrasen gleichartig ist.

Einführung und Fortführung von Diskursreferenten. Einem Objekt wird, wenn es das erste Mal im Kontext eines Beweises erscheint, eine ID zugeordnet,

[210] In PROOFML ist bisher keine Intensionalität vorgesehen; dies wäre nur notwendig, wenn z.B. über unmögliche Objekte gesprochen würde. Im Korpus kamen solche Fälle nicht vor.

(3) If two triangles have [$_{NP}$ two sides]$_1$ equal to [$_{NP}$ two sides]$_2$ respectively, and have the angles contained by [$_{NP}$ the equal straight lines]$_{1+2}$ equal then they also have the base equal to the base, the triangle equals the triangle, and the remaining angles equal the remaining angles respectively, namely those opposite the equal sides.

```
<expression type="object" form="NP">
  <coreference><arg name="S1"/><arg name="S2"/></coreference>
  <word>the equal sides</word>
</expression>
```

Abb. 3: Split Antecedents

welche es für den gesamten Text eindeutig identifiziert. Dies ist ähnlich zu verstehen wie die Einführung einer existenzquantifizierten Variablen in der Dynamischen Prädikatenlogik (Groenendijk & Stokhof 1991), die ihren Geltungsbereich in der Proposition hat, in der sie das erste Mal auftritt. Solche dynamischen Existenzquantoren zeichnen sich durch zwei Eigenschaften aus (vgl. Abb. 5): ihr Geltungsbereich ist bei Aneinanderreihungen von Sätzen (modelliert als Konjunktionen) nach hinten quasi offen; außerdem können Implikationen über Existenz-Aussagen in All-Aussagen umgewandelt werden (vgl. Geachs Sätze von Bauern und Eseln; viele mathematische Beweise beginnen wie in (4.a) schließen wie in (4.b)).

(4) a. Sei A ein Punkt[…]
b. Also gilt für alle Punkte, daß […]

Koppelung ans Lexikon. Wortformen erhalten im PROOFML-Korpus Typen nach dem Muster `type="`*klasse*`:`*typ*`"`. Dies soll auf den Lexikoneintrag verweisen, zumindest auf die Valenz der annotierten Wortform. Für Phrasen gliedern wir den `type` gröber: `"(named-)proposition"`, `"object"` etc. bedeuten jeweils, daß die entsprechende Phrase als Denotation eine Proposition oder ein Objekt hat. Eine genauere Einteilung scheint schwierig, da kaum zu klären wäre, wie speziell etwa ein „Objekt" zu annotieren wäre: als Dreieck, als Vieleck oder als geometrische Figur.

Numeri und Konjunktion. Den Numerus einer NP gibt das Attribut `nr` an, nämlich `"sg"` (Singular, der Standardfall) und `"pl"` (Plural). Das Attribut `pl-type` gibt den Typ des Plurals an, sofern die NP im Plural steht, `"distributive"` oder `"collective"` (Default) für distributive oder kollektive Plurale. Das Attribut `form` gibt Beziehungen zwischen Elementen wieder; `form="conj"` etwa bezeichnet die Konjunktion, wie sie in der natürlichen Sprache mit „und" vor-

```
<expression form="predicate" num="plural"
  pl-type="distributive" id="pred-have-1">
  <arg refid="T1"/>
  <arg refid="S1"/>
  <word>have</word>
</expression>
```

Abb. 4: Funktor-Argument-Struktur mit Verweisen auf Argumente

genommen wird, und kann bei den Elementen `<expression>` und `<name>` vorkommen, sowie zwischen `<nl-premise>`-Elementen. Bei `<expression type="object">` oder Namen kann auch bei Konjunktionen ein Attribut `pl-type` auftreten, welches distributiven und kollektiven Gebrauch der Konjunktion anzeigt. Zur weiteren Verwendung des Attributs `form` vgl.6.1.

NPs als generalisierte Quantoren. Phrasen, die der Form nach als generalisierte Quantoren (vgl. z.B. Barwise & Cooper 1981), annotiert werden sollten, werden in ein `<quant>`-Element geschachtelt und, soweit möglich, aufgeteilt in Determinierer (`<det>`) und Restriktor (`<restr>`). Dem Quantor wird ein Geltungsbereich `<scope>` zugeordnet. Das `<quant>`-Element erhält ein Attribut `binds`, dessen Wert den Namen (die ID) der Variable angibt, die der Quantor bindet. Wie auch Koepke und Schröder 2003 lassen wir in unserer Annotation zu, daß der Quantor im Geltungsbereich eingeschachtelt ist. Das Attribut `type` bei Quantoren gibt an, ob es sich um einen (dynamischen) Existenz- (`type="exist"`, Default), All- (`type="all"`) oder einen anderen Typ generalisierter Quantoren (`type="gen"`) handelt. Einem `<scope>`-Element kann ein Quantor mit einem `<scope-of>`-Element zugewiesen werden, dessen `refid`-Attribut auf die ID der Variable verweist, die durch den Quantor gebunden ist (analog für Negationen `<neg>`). Ein Name, der eine von einem Quantor gebundene Variable bezeichnet (er ist üblicherweise dem Restriktor beigeordnet), verweist mit einem `refid`-Attribut auf sie. Bei Kardinalzahl-Quantoren kann es geschehen, daß mehrere Namen angegeben werden (vgl. Abb. 1). In diesem Fall ist es dennoch sinnvoll, den Quantor nur eine Variable binden zu lassen, denn sonst müssen wir immer, wenn wir über beide Dreiecke zusammen sprechen, so vorgehen, als hätten wir es mit *Split Antecedents* zu tun. Quantoren der Art „einige", „zwei", … behandeln wir als Existenzquantoren.

Definite Nominalphrasen. Definite Nominalphrasen werden als `<expression type="object">` annotiert. Sie enthalten meist ein `<det>`-Element sowie eine Annotation eventueller näherer Bestimmungen (Substantive, Adjektive, Präpositionalphrasen, Namen etc.). Nominalphrasen, die mit anderen Nominalphrasen koreferent sind, zeigen dies mit dem Attribut `refid` an. Gelegentlich werden bei

Unabhängig davon, ob im folgenden x in α oder β frei vorkommt, gilt:

$$(\exists x.\alpha) \wedge \beta \Leftrightarrow (\exists x.\alpha \wedge \beta)$$
$$(\exists x.\alpha) \rightarrow \beta \Leftrightarrow (\exists x.\alpha \rightarrow \beta)$$
$$(\exists x.\alpha \rightarrow \beta) \Leftrightarrow (\forall x.\alpha \rightarrow \beta)$$

Abb. 5: Regeln der DPL nach Groenendijk & Stokhof 1991: 65

der Einführung benannter Objekte auch definite NPs verwandt (Bauer 1999: 33).[211]. In diesem Fall wird wie bei indefiniten NPs annotiert.

5.3. Koreferenz

Koreferenz ist in der Annotation vor allem auf der Ebene der Nominalphrasen (einschließlich der Pronomina) zu erfassen, und zwar indem in den entsprechenden `<expression>`- oder `<name>`-Elementen das Attribut `refid` mit dem Wert des Attributs `name` des ersten Elements im selben Textabschnitt belegt wird, das mit ihm koreferent ist. Für den Fall, daß sich Anaphern auf zwei getrennt stehende Antezendentia (*'Split antecedents'*) beziehen, führen wir das Element `<coreference>` ein, dessen `<arg>`-Kinder auf die Antezendentia verweisen (vgl. Abb. 3). Man kann die Angabe der Koreferenz bei `<name>` und `<expression>` mit dem Attribut `refid` als eine Abkürzung für ein `<coreference>`-Element mit nur einem `<arg>`-Kind sehen, die in der Mehrzahl der Fälle ausreicht.

Bridging. Unter *Bridging* verstehen wir hier alle Fälle, in denen Diskursreferenten verfügbar sind, die nicht explizit eingeführt wurden.[212] Wir annotieren Bridging ähnlich wie Existenzbeweise in den Editionen der *Elemente*: dort werden die Sätze, Definitionen oder Postulate des Textes angegeben, die eine Konstruktion erlauben, im Beispiel (5) zunächst das erste Postulat (αἴτ 1), dann Beweis I.1 (prop. I) aus den *Elementen*. Die Benennungskonventionen für Dreiecke erlauben, daß wir über jeden beliebigen Punkt und jede beliebige Seite des Dreiecks namentlich sprechen; dies muß also im Hintergrundwissen definiert sein; im Beispiel als Regel `"naming:triangle"`. Die Annotation für Bridging (`<bridged-from>`) gibt im wesentlichen das Wissen an, das auch einem menschlichen Leser vorliegen muß (Abb. 6): eine Bridging-Regel (`"naming: triangle"`) und ggf. Parameter (hier: die ID des Dreiecks und den Punkt *A*).

---

[211] Dies ist nicht weiter verwunderlich, wenn man die Variablen-Namen als Eigennamen sieht.

[212] Ansätze zur semantischen Modellierung dieser Phänomene finden wir z.B. in der *Diskursrepräsentations-Theorie* (vgl. van Eijck & Kamp 1997 : Kap. 9).

(5) Ἐπεζεύχθω γὰρ ἀπὸ τοῦ A σημείου ἐπὶ τὸ B σημεῖον εὐθεῖα ἡ AB, καὶ συνεστάτω ἐπ' αὐτης τρίγωνον ἰσόπλευρον τὸ ΔAB, [...]
ducatur enim a puncto A ad B punctum recta AB [αἴτ 1], et in ea construatur triangulus equilaterus ΔΔAB [prop. I], [...]
(Elemente, Beweis I.2)

Sätze als Diskursreferenten. Es ist in mathematischen Texten üblich, auf Sätze zu verweisen, wenn diese als Rechtfertigung für einen Schluß dienen; diese erhalten dann üblicherweise einen Namen und werden annotiert als `<expression type="named-proposition">`, die wiederum einen Namen und ein Element vom Typ `<expression type="proposition">` enthält.
Formeln. Diese Arbeit beschäftigt sich zwar vornehmlich mit dem natürlichsprachlichen Anteil der mathematischen Beweise, jedoch ist dieser oft so eng mit darin vorkommenden Formeln verwoben, daß sie kaum zu trennen sind. So können in Formeln Referenten eingeführt werden, auf die später Bezug genommen wird; es muß also ggf. eine ID vergeben werden. Formeln im fortlaufenden Text stehen in einem `<formula>`-Element, das MATHML-Präsentations-Markup enthalten kann.[213] Außerdem ein umschließendes `<expression>`-Element anzeigen, ob die Formel ein Objekt bezeichnet oder für einen Satz steht (s. 6.1).

5.4. Namen

Für mathematische Texte ist es charakteristisch, mathematische Entitäten so zu benennen, daß Ambiguitäten reduziert und komprimiert Informationen übermittelt werden. Namen identifizieren üblicherweise eine Entität eindeutig (vgl. (6)), aber gelegentlich treten Ambiguitäten auf. Bei Euklid können etwa Namen aus drei Buchstaben Dreiecke, Winkel und Kreise bezeichnen, (s. (7), eigentlich handelt es sich um ein Tripel von Referenzpunkten). In ProofML werden Namen (`<name>`) daher durch das Attribut `form` in einfache Namen (`"simple"` wie in (6)) und zusammengesetzte (`"compound"`, wie in (7)) unterschieden. Zusammengesetzte Namen können weiter aufgelöst werden in einzelne Namen.[214] Oft kann man aus der Form von Namen auf die Art von Objekt schließen, das sie bezeichnen (vgl. (8)); dies kann über das Attribut `class` erfaßt werden.

---

[213] Hier sind Formeln sehr einfach annotiert, damit sie nicht vom eigentlichen Thema der Arbeit ablenken.

[214] Der Übersichtlichkeit halber nimmt dieser Text diese Auflösung allerdings selten explizit vor.

```
<expression type="object:triangle" id="ABC">
  das Dreieck ABC
</expression>

<expression type="object:point id="A">
  <bridged-from by="naming:triangle">
   <arg refid="ABC"/><arg refid="A/>
  </bridged-from>
  der Punkt A
</expression>
```

Abb. 6: Bridging (vereinfachte Annotation)

(6) a. der Punkt A b. die Strecke C
(7) a. die Strecke AB b. das Dreieck ABC c. der Kreis ABC d. der Winkel ABC.
(8) Ziehe DC.

Bedeutung des grafischer Merkmale. Häufig trägt bei einem Namen die Auswahl einer bestimmten Schriftart oder eines Alphabets und sogar der Groß- und Kleinschreibung eine bestimmte Bedeutung: in der Logik stehen griechische Buchstaben oft für Ausdrücke der Objektsprache, kleine für einzelne Propositionen und große für Propositionen-Mengen; kleine lateinische Buchstaben für Individuenvariablen, große für Prädikatenvariablen etc. Die mathematische Formelsprache verwendet auch diakritische Zeichen, und zwar auf dreierlei Weise: (a) als *Symbole für Funktionen*, z.B. liefert die Ableitungsfunktion („$'$") im Ausdruck f' die erste Ableitung von *f*; (b) für *Funktionsargumente*, etwa Laufindizes bei Summen ($\sum x_i$) und schließlich (c) zur Erweiterung des Namensraums, etwa wenn mehrere Mittelpunkte M_1, M_2, M_3 heißen. In PROOFML ist vorgesehen, das Layout von Formeln durch MATHML und Unicode zu erfassen; die jeweiligen Konventionen bei der Verwendung von Zeichensätzen und Diakritika sollten im Hintergrundwissen definiert sein, so daß sie bei der maschinellen Verarbeitung von Namen genutzt werden können.

5.5. Ellipsen

In den Texten des Korpus, das wir für die Erstellung von PROOFML verwandt haben, kam nur eine Ellipse vor, nämlich (3) (s. Abb. 3). Es ist offensichtlich, daß man bei *those* das Wort *angles* ergänzen muß. In diesen Fällen wird durch ein leeres `<expression>`-Element der Lexikon-Eintrag des Wortes nachgetragen, das „fehlt" (ähnlich bei Lücken, vgl. 6.3), ein `refid`-Attribut kann auf die ID der Elemente verweisen, anhand derer man ergänzt (also hier etwa „angles").

6. Annotation auf logischer Ebene

Dieser Abschnitt behandelt die Annotation der logischen Verhältnisse innerhalb mathematischer Beweise und erweitert die Fähigkeiten von OMDoc für formalisierte Beweise um Annotationen für natürlichsprachliche Texte.

6.1. Propositionen

Einteilung in Propositionen. Die logische und die sprachliche Form entsprechen einander nicht immer vollständig, so daß wir Sätze gelegentlich in Propositionen einteilen müssen, die der sprachlichen Struktur widersprechen. Beispielsweise können Nominalisierungen oder Nebensätze Informationen enthalten, die eine eigene Rolle in der logischen Struktur des Textes enthalten: etwa Prämissen oder Folgerungen. ProofML folgt der sprachlichen Struktur des Beweises soweit, wie möglich. Insofern ist als eine Proposition (`<expression type="proposition">`) maximal ein Satz zu annotieren, der durch ein Satzendezeichen beendet wird. Eine minimale Proposition im natürlichsprachlichen Text besteht aus einem (logischen) Prädikat oder Quantor und seinen Argumenten. Formeln im laufenden Text können dabei grundsätzlich den Wert von Propositionen haben; z.B. kann a (als einfacher Variablenname) keine Proposition sein, wohl aber $a = 42$. Kon- und Disjunktion können einerseits Propositionen, andererseits Entitäten verbinden; wir verwenden für die Konjunktion `form="conj"` in beiden Fällen, da dies intuitiv am einfachsten ist und keine Probleme für die Semantik der Annotation entstehen. Bei Entitäten ist zu unterscheiden zwischen kollektiver und distributiver Konjunktion (vgl. auch 5.2). Disjunktionen zwischen Entitäten sind im Korpus und der Sekundärliteratur nicht aufgetreten; es scheint aber, daß eine Ergänzung zu zwei (oder mehr) Propositionen (vgl. 6.3) sinvoll wäre. Logische Verknüpfungen zwischen Propositionen werden über das `form`-Attribut eines umschließenden `<expression>`-Elements angegeben. Definiert sind Kon- und Disjunktion (`"conj"`, `"disj"`), Implikation (`"implication"` *wenn, dann* und `"rimplication"` *gilt, wenn*) und Äquivalenz (`"equivalence"`).

Die übliche Übersetzung eines Satzes mit einer definiten NP in (dynamische) Prädikatenlogik wie in (9) zeigt zwei Propositionen, die durch eine Konjunktion verbunden sind.[215] Da in keinem Fall unseres Korpus die Eigenschaft alleine als Prämisse oder Annahme für einen Schluß auftritt, sind in unseren Beispielen in solchen Appositionen immer „Punkt" und andere Eigenschaften als `<expression type="property:point">` etc. ohne explizite Konjunktion annotiert. Im Falle einer indefiniten NP ist die Interpretation eines solchen Satzes in mathematischen Beweisen – wie sie uns vorgelegen haben – generisch, wie in (10). In

[215] Den Existenzquantor verwenden wir, weil wir davon ausgehen, daß A als Diskursreferent eingeführt wird. Die Definitheit erklärt sich aus dem Gebrauch eines Namens.

solchen Sätzen wird die NP als generalisierter Quantor annotiert, dabei ist die Eigenschaft der Restriktor. Für Adektivphrasen verfährt man sinngemäß ebenso wie für beigeordnete Eigenschaften. Relativsätze, Partizipialkonstruktionen u.ä. werden genauso annotiert wie Hauptsätze als eigenständige Propositionen; wir gehen davon aus, daß sie mit ihren Hauptsätzen durch eine (logische) Konjunktion oder eine Implikation verbunden sind. Relativpronomina (soweit vorhanden) werden wie andere Anaphern annotiert, die sich auf das näher bestimmte Objekt beziehen. Auch semantische Präpositionen, also Präpositionen, die nicht nur Präpositionalobjekte angeben, werden analog annotiert.

(9) Der Punkt A liege auf g $\exists A : [(punkt'\ A) \wedge ((lieg'\ g)A)]$

(10) Zwei nichtparallele Geraden AB und DE schneiden einander.

6.2. Schlußregeln

Wir nehmen die Beweis-Annotation von OMDOC als Grundlage unserer Annotation; wir übernehmen also auch die Annotation für Schlußregeln von OMDOC (OMDoc, Kap. 19). Daher besitzt PROOFML Elemente für Hypothesen (`<hypothesis>`), Behauptungen (`<assertion>`), Beweise (`<proof>`), Schlußregeln (`<method>`), Beweisschritte (`<derive>`), den letzten Schluß eines Beweises (`<conclude>`) und für Kommentare zum Beweisgeschehen, die keinen direkten Beitrag zum logischen Verlauf des Beweises leisten, aber oft einem menschlichen Leser das Verständnis erleichtern (`<metacomment>`, vgl. (11)); die genannten Elemente haben in PROOFML dieselbe Syntax und Semantik wie in OMDOC, wir müssen allerdings die Reihenfolge der Kindelemente flexibilisieren und zusätzlich einige weitere Elemente als Inhalt erlauben.

(11) Wir bedienen uns dabei einer ähnlichen Notierung wie bei den Ableitungen in früheren Kalkülen (vgl II.3). (Ebbinghaus et al. 1996 : 68)

Erweiterung von OMDOC-Prämissen und Schlußregeln. Schlußregeln können im mathematischen Text natürlichsprachlich ausgedrückt sein (s. Abb. 7). PROOFML sieht daher das Element `<nl-method>` (eine Erweiterung des `<method>`-Elements von OMDOC) vor, das eine Referenz auf die Schlußregel (wie `<method>`) erhält, aber auch den Text, der sie identifiziert. Eventuelle Parameter der Regel können mit `<arg>`-Elementen angegeben werden. Von OMDOC übernehmen wir die Unterscheidung zwischen `<CMP>`-Elementen, die natürlichsprachliche Texte (aber auch `<formula>`-Elemente) enthalten, und `<FMP>`-Elementen, welche formalisierte Darstellungen enthalten. In PROOFML sind `<FMP>`-Elemente v.a. notwendig, wenn Lücken (vgl. 6.3) gefüllt werden. Bereits

```
<derive id="III-4.6-a">
  <nl-method  xref="Induktion">
    durch Induktion über den Aufbau der Terme
  </nl-method>
  ... <!-- Hier stünden Prämissen und Konklusion -->
</derive>
```

Abb. 7: Natürlichsprachlich angegebene Schlußregel (EFT96: 39)

bekannte Prämissen werden in natürlichsprachlichen Texten oft noch einmal genannt; daher führen wir zusätzlich zum OMDOC-Element `<premise>` – das nur einen Verweis auf eine Prämisse zuläßt – ein Element `<nl-premise>` ein, das auch Text und einen Verweis (wie `<premise>` mit `xref`) auf Propositionen oder Beweisschritte enthalten kann, deren Inhalt sie wiederholt.

Parametrisierte Regeln. In OMDOC ist es möglich, Regeln für Schlüsse zu parametrisieren und Verweise auf Aussagen als Parameter an Regeln zu übergeben. Dies ermöglicht es im Falle eines Beweises durch Widerspruch (z.B. *Elemente*, I,4), die Aussagen, die p und $\neg p$ darstellen, als Parameter an die Regel zu übergeben und so anzuzeigen, wo der Widerspruch besteht, und was man daraus folgert.

6.3. Lücken und Analogien

(12) (a) ergibt sich unmittelbar aus (b). (Ebbinghaus et al. 1996: 77)

Wie bereits erwähnt, treten in mathematischen Beweisen gelegentlich Lücken auf, und zwar in zwei Arten: Analogien und „echte Lücken“. Manche solcher Lücken sind für den eingeweihten Leser leicht zu füllen. Einen solchen Fall haben wir in unseren Beispielen (12). Echte Lücken können geschlossen werden, indem man eine Ableitung aus mehreren `<derive type="lacuna">`-Schritten einführt, die `<FMP>`-Elemente enthalten.

Analogien stellen eine wichtige Technik zur Abkürzung mathematischer Beweise dar, z.B. in einer Fallunterscheidung. Man zeigt einen Fall und gibt dann an, daß in den anderen Fällen „analog“ zu verfahren ist. Üblicherweise besteht die Analogie darin, daß bestimmte Diskursreferenten oder Prädikate ausgetauscht werden. PROOFML stellt das Element `<sem-relation type="symmetry">` zur Verfügung, dessen Kinder den Austausch von Diskursreferenten durch die Angabe von Verweisen (über IDs) angeben. Ggf. sollte eine genauere Spezifikation allerdings implementationsbezogen gewählt werden.

6.4. Pragmatisch relevante, logisch irrelevante Relationen

Zwischen Sätzen können Beziehungen bestehen, die in der streng formallogischen Struktur keine Bedeutung haben, aber in der Diskurs-Struktur eine bestimmte Rolle erfüllen, z.B. Wiederholungen, inhaltliche Parallelen etc.. PROOFML sieht generell eine Annotation für solche Relationen vor (`<relation>`), sie gehen aber über den eigentlichen Rahmen der Arbeit hinaus.

7. Schluß

PROOFML ist eine XML-Anwendung, die die formal-logische Struktur natürlichsprachlich formulierter mathematischer Beweise soweit explizit macht, daß eine maschinelle Verarbeitung möglich sein sollte, wenn entsprechende Beschreibungen des sprachlichen und mathematischen Hintergrundwissens vorliegen. Es wurde gezeigt, wie die Struktur eines Beweises in Beweisschritte zergliedert und annotiert werden kann. Unter anderem wurde das Konzept der dynamischen Quantoren und die Behandlung von Formeln und Kennzeichnungen in PROOFML demonstriert.

Literatur

Abrahams, P.W. (1964). Application of LISP to Checking Mathematical Proofs. In Berkeley, E.C. & D.G. Bobrow (Hg.), The Programming Language LISP: Its Operations and Applications, S. 137–160. Cambridge, London. MIT Press.

Asperti, A., M. Kohlhase & C. Sacerdoti Coen (2003a). Prototype n. D2.b Document Type Descriptors: OMDOC Proofs. Mowgli deliverable, The MoWGLI Project.

Barwise, J. & R. Cooper (1981). Generalized quantiers and natural language. Linguistics and Philosophy, 4:159–219.

Baur, J. (1999). Syntax und Semantik mathematischer Texte – ein Prototyp. Diplomarbeit, Universität des Saarlandes.

Ebbinghaus, H.-D., J. Flum & W. Thomas (1996). Einführung in die mathematische Logik. 4. Aufl., korr. Nachdruck 1998. Heidelberg: Spektrum.

van Eijck, Jan und Hans Kamp (1997). Representing Discourse in Context. In Handbook of Logic and Linguistics, Kap. 3, S. 179–237. Elsevier.

[Elemente deutsch] Euclides. Die Elemente: Bücher I–XIII / von Euklid. (Oswalds Klassiker der exakten Wissenschaften 235). Hrsg. v. C. Thaer. Reprint, 3. Aufl. Thun, Frankfurt/M.: Deutsch, 1997.

[Elemente englisch] Euclid's Elements. D.E. Joyce. http://aleph0.clarku.edu/~djoyce/java/elements/elements.html. 1996–1998.

[Elemente griechisch] Euclidis Elementa post I. L. Heiberg edidit E. S. Stammatis, Uol. 1, Libri I–IV cum appendicibus. Leipzig: Teubner, 1969.

[Elemente griechisch/lateinisch] Euclidis Elementa edidit et Latine interpretatus est I. L. Heiberg, Uol. 1, Libros I–IV continens. Leipzig: Teubner, 1883. http://perseus.mpiwg-berlin.mpg.de/cgi-bin/ptext?lookup=Euc.+1

Eisenreich, G. (1998). Die neuere Fachsprache der Mathematik seit Carl Friedrich Gauß. In Hoffmann, L., et al. (Hg.), Fachsprachen / Languages for Special Purposes: ein internationales Handbuch zur Fachsprachenforschung und Terminologiewissenschaft / An International Handbook of Special-Language and Terminology Research, 1. Halbband, Handbücher zur Sprach- und Kommunikationswissenschaft 14, Kap. 136, S. 1222–1230. Berlin, New York: de Gruyter.

Gentzen, G. (1934/35). Über das mathematische Schließen. Mathematische Zeitschrift, 39: 176–210; 405–431.

Grice, H. P. (1968). Logic and Conversation. wieder abgedruckt in. In Davis, Steven (Hg.), Pragmatics. A Reader, S. 305–315. Oxford: Oxford University Press, 1991.

Groenendijk, J. & M. Stokhof (1991). Dynamic Predicate Logic. Linguistics and Philosophy, 14(1):39–100.

Koepke, P. & B. Schröder (2003). PROOFML – eine Annotationssprache für natürliche Beweise. In Seewald-Heeg, Uta (Hg.), Sprachtechnologie für die multilinguale Kommunikation. Textproduktion, Recherche, Übersetzung Lokalisierung. Beiträge der GLDV-Frühjahrstagung 2003, Sprachwissenschaft, Computerlinguistik, Neue Medien 5, hrsg. von N. Weber, S. 428–441. St. Augustin: Gardez!

Mizar Projekt (2003). Mizar Homepage. http://www.mizar.org

Carlisle, D., P. Ion, R. Miner & N. Poppelier (2003). Mathematical Markup Language (MATHML) Version 2.0 (second edition). W3C last call, World Wide Web Consortium. Available at http://www.w3.org/TR/MathML2

[OMDOC] Kohlhase, M. (to appear). OMDOC An open markup format for mathematical documents (Version 1.2). Techn. Ber., Computer Science, Carnegie Mellon University.

[OPENMATH] Caprotti, O., D.P. Carlisle & A.M. Cohen (2000). The Open Math Standard, Version 1.0. Techn. Ber., The Open Math Society.

Ranta, A. (1997). Structures grammaticales dans le français mathématique. Mathématiques, informatique et Sciences Humaines, 138:5–56; 139:5–36.

Siekmann, J., M. Kohlhase & E. Melis (1998). Omega: Ein mathematisches Assistenzsystem. Kognitionswissenschaft.

Zinn, C. (2000). Computing Presuppositions and Implicatures in Mathematical Discourse. In Bos, J. & M. Kohlhaase (Hg.), Workshop 'Inference in Computational Semantics' (ICoS-2). Schloß Dagstuhl.

Zinn, C. (2004). Understanding Mathematical Discourse (vorläufige Version 12. Juni 2003). Dissertation.

Auflösung der Pronomen mit Nicht-NP-Antezedenten in spontansprachlichen Dialogen

Iryna Schenk

In diesem Beitrag wird ein speziell zur Resolution der Pronomen mit Nicht-NP-Antezedenten entwickeltes Verfahren beschrieben. Die essentielle Idee des hier vorgestellten Algorithmus besteht in der Abbildung des prädikativen Kontextes eines Pronomens auf WordNet-Gruppen (z.B. *noun.group, verb.possession*), wodurch der Typ des Antezedenten bestimmt werden kann. Die Ergebnisse wurden auf 20 spontansprachlichen Dialogen evaluiert, wobei Pronomen aller Typen resolviert wurden.

This paper describes a technique specially aimed at resolving non-NP-pronouns, i.e. pronouns with non-NP-antecedents. The core idea of the algorithm presented here is mapping the predicative context of a pronoun to WordNet clusters (e.g. *noun.group, verb.possession*) to determine the type of an antecedent. The results were evaluated on 20 spoken dialogues where all pronouns were resolved.

1. Einführung

Die meisten Untersuchungen der anaphorischen Pronomen im Diskurs haben sich bisher nahezu ausschließlich mit Pronomen beschäftigt, die auf Nominalphrasen referieren (NP-Pronomen) und im geschriebenen Text vorkommen. Eckert und Strube (2000) und Byron und Allen (1998) berichten, dass spontansprachliche Dialoge einen hohen Prozentsatz an anaphorischen Pronomen enthalten, die sich auf Nicht-NP-Konstituenten – Verbalphrasen und Satzkonstituenten – beziehen (21%–22%). Unsere Korpusuntersuchung, die auf 20 durch Zufallswahl selektierten englischen Dialogen aus der Switchboard-Sammlung (Greenberg, 1996) basierte, zeigte ähnliche Ergebnisse (23%). In einem Pronomenresolutionssystem, das mit gesprochener Sprache umgehen soll, müssen daher Pronomen dieser Art berücksichtigt werden. Mit Ausnahme einiger Resolutionsalgorithmen (Eckert & Strube, 2000; Byron, 2002; Strube & Müller, 2003), auf die wir in Paragraph 5 eingehen werden, wurden solche Pronomen kaum berücksichtigt.

Pronomen mit Nicht-NP-Antezedenten (Nicht-NP-Pronomen) beziehen sich auf abstrakte Entitäten im Diskurs, die detailliert von Asher (1993) und Webber (1991) beschrieben wurden. Asher (1993) unterteilt abstrakte Entitäten in solche, die *zeitlich und räumlich in der Welt lokalisiert sind* (Ereignisse, Zustände) und solche, die *nicht zeitlich und räumlich in der Welt lokalisiert sind* (Fakten, Propositionen). Im Folgenden führen wir einige Beispiele aus dem uns zur Verfügung stehenden Korpus an:

1. Ereignisse: *Almost got an owl once.* (Switchboard 2290)
2. Zustände: Well, *they're the standard right now.* (Switchboard 2061)
3. Fakten – Objekte des Wissens: They said *they got a lot of benefits and that.* (Switchboard 2061)
4. Propositionen – Objekte des Glaubens: Uh, it seems to me that *the judge does it.* (Switchboard 4617)

Nicht-NP-Referenten weisen einige Unterschiede zu den durch NP-Ausdrücke realisierten Referenten auf. Wir fassen sie hier kurz zusammen:

1. Nicht-NP-Referenten werden öfter durch das Demonstrativpronomen that referentiell wiederaufgenommen als durch das Personalpronomen it (Gundel et al., 2001). In unserer Korpusuntersuchung konnten wir dies empirisch belegen: 73% aller Nicht-NP-Pronomen im Korpus waren durch das Demonstrativpronomen that, 27% dagegen durch das Personalpronomen it repräsentiert;
2. Sie sind nicht im Fokus der Aufmerksamkeit, sondern im aktivierten Status (Gundel et al., 2001). Gundel et al. (1993) schlagen in ihrer Givenness Hierarchy vor, dass im Englischen die Demonstrativpronomen den aktivierten Status und die Personalpronomen den Status im Fokus markieren.
3. Ihre Interpretation ist durch den prädikativen Kontext des entsprechenden Nicht-NP-Pronomens determiniert (Passonneau, 1991; Webber, 1991). Der prädikative Kontext kann einerseits zwischen verschiedenen Typen der abstrakten Referenten im Diskurs und andererseits zwischen konkreten und abstrakten Referenten unterscheiden. So schränkt das Substantiv school den semantischen Typ des Subjektes in "That's a private school" auf die Menge der Entitäten ein, die Schulen sind.

Eckert und Strube (2000) und Byron (2002) stellten fest, dass die Resolution der Nicht-NP-Pronomen semantisches Wissen erfordert. Ihre Algorithmen beruhen jedoch auf manuell erstellten semantischen Ressourcen. Das Hauptziel unserer Arbeit war, die Notwendigkeit manuell erstellter Ressourcen zu eliminieren. Um diesem Ziel gerecht zu werden, wurde eine große domänenunabhängige Wissensquelle – *WordNet* (Fellbaum, 1998) – verwendet.

Das von uns entwickelte Verfahren zur Resolution der Nicht-NP-Pronomen berücksichtigt die oben beschriebenen Besonderheiten der Nicht-NP-Referenten. Es wird dabei der prädikative Kontext eines Pronomens verwendet, wodurch der

Substantiv-Gruppen	Attribut	Verb-Gruppen	Attribut/ Position des Ref.
noun.act	abstrakt	verb.cognition	abstrakt / Objekt
noun.artifact	konkret	verb.cognition	konkret / Subjekt
noun.cognition	abstrakt	verb.perception	konkret / Objekt
noun.event	abstrakt	verb.perception	konkret / Subjekt

Tabelle 1: Einige WordNet-Gruppen mit Attributen.

Typ des Antezedenten bestimmt werden kann. Das notwendige semantische Wissen wird hauptsächlich aus WordNet mit einbezogen.

2. Wissensquellen

WordNet ist eine umfangreiche lexikalische Datenbank, die Konzepte hierarchisch wie ein Thesaurus organisiert und individuelle Definitionen der Konzepte (*glosses*) wie ein Lexikon enthält. Außerdem sind die Substantive und Verben logisch-begrifflich in den so genannten *files* (hier als Gruppen bezeichnet) eingeordnet, z.B. *noun.artifact*, *verb.consumption*. Die Substantive umfassen 25 begriffliche Gruppen, die Verben 15 (Fellbaum, 1998). Das Prinzip unseres Verfahrens besteht in der Abbildung des prädikativen Kontextes eines Pronomens auf diese Gruppen. Die Zugehörigkeit eines Prädikats zu einer Substantiv- oder Verb-Gruppe ist ein Indikator der Abstraktheit oder Konkretheit eines Referenten in unserem Modell. Die Information über Abstraktheit oder Konkretheit der Konzepte fehlt in WordNet. Deshalb wiesen wir den in unserem System verwendeten Gruppen die Attribute *abstrakt* oder *konkret* zu (siehe Tabelle 1). Die Gruppe *noun.artifact* enthält beispielsweise Substantive, die von Menschenhand geschaffene und konkrete Dinge denotieren. An folgenden Beispielen veranschaulichen wir den Prozess der Abbildung des prädikativen Kontextes auf die entsprechenden Verb- und Substantiv-Gruppen:

(1) I mean, I don't think I ever see the Little Dipper,. . . But I don't think I ever see it. . . (Switchboard 2527)

Das Verb *see* in Beispiel (1) gehört zu der WordNet-Gruppe *verb.perception*, die in unserem Modell konkrete Referenten präferiert. Die Antezedenten sind auf die Menge der konkreten Referenten eingeschränkt.

(2) Well IBM doesn't fire anybody. Because, uh, what they do is they, they put you in a different job. Which, y-, you actually are like sitting around not doing anything. . . I mean that's their **policy**. (Switchboard 2061)

Das Substantiv *policy* in (2) gehört zur Gruppe *noun.cognition*, die das Attribut *abstrakt* besitzt. Als mögliche Antezedenten werden nur abstrakte Diskursobjekte in Betracht gezogen.

Die Abbildung eines Substantivs oder Verbs auf die WordNet-Grupppen dient der Unterscheidung zwischen abstrakten und konkreten Referenten. Wir bilden außerdem die Substantive auf die so genannten 'unique beginners' in WordNet ab, um zwischen Verbalphrasen- und Satzantezedenten der Nicht-NP-Pronomen zu differenzieren. Wir nehmen an, dass *Ereignisse*, *Handlungen* und *Aktivitäten* durch VPs repräsentiert sind, während *Zustände*, *Propositionen* und *Fakten* durch Satzkonstituenten realisiert werden.[216] Die 'unique beginners' können als abstrakte Hyperonymklassen betrachtet werden, die an der Spitze der Substantivhierarchien stehen. Je nach 'unique beginner' vergeben wir folgende Präferenzen:

- psychological feature, abstraction, state, phenomenon - utt (Präferenz für Satzkonstituenten)
- event, act, human action, human activity – *vp* (Präferenz für VPs)

Wir demonstrieren dies am folgenden Beispiel:

(3) In other words, they probably would not work, may not, en-, may end up not working at all d-, in the twenties. . .Well that's an interesting **thought** because. . . (Switchboard 4311)

Das Substantiv *thought* in der in Beispiel (3) vorkommenden Bedeutung *(the content of cognition; the main thing you are thinking about)*[217] wird in der WordNet-Hierarchie auf den 'unique beginner' *psychological feature* zurückgeführt. Das Pronomen *that* bekommt daher die Präferenz *utt*.

Für Adjektive, die in WordNet begrifflich nicht gruppiert sind, erstellten wir unsere eigene Ressource. Sie basiert auf der Klassifikation der deutschen Adjektive von Hundsnurscher und Splett (1982). Einige Adjektivklassen wie *Perzeptions-* (z.B. *red*, *cold*) und *raumbezogene* (z.B. *round*, *short*) Adjektive zeigen die

---

[216] Dies stellt jedoch nur eine Annäherung dar.

[217] Die Substantive in den Dialogen wurden manuell nach WordNet-Bedeutungen disambiguiert.

Konkretheit eines Referenten an. *Beurteilungsadjektive* (z.B. *erroneous*, *right*) indizieren dagegen die Abstraktheit eines Referenten. Die Ressource wurde in die englische Sprache übersetzt und mit den Attributen *konkret* oder *abstrakt* versehen. Um einen möglichst großen Umfang an Adjektiven abzudecken, erweiterten wir die Ressource automatisch mit WordNet-Synonymen jeder lexikalischen Einheit. Die resultierende Liste enthält ca. 1900 Adjektive. Beispielsweise wurden für das Perzeptions-Adjektiv *red* (Attribut *konkret*) zur Liste die Synonyme *reddish, ruddy, blood-red, carmine, cerise, cherry, cherry-red, crimson* usw. hinzugefügt.

Die von uns verwendete Adjektiv-Klassifikation wurde in *GermaNet* – einer Erweiterung von WordNet auf die deutsche Sprache – integriert (Hamp & Feldweg, 1997). Für unsere Anwendung wäre eine Erweiterung von WordNet durch eine semantische Klassifikation wie in GermaNet von großem Vorteil.

3. Das Verfahren

Der Resolutionsprozess in unserem System besteht aus drei Phasen: 1) Identifikation und Filterung des pleonastischen Pronomens *it*; 2) Unterscheidung zwischen NP- und Nicht-NP-Pronomen; 3) Identifikation des Antezedenten eines Pronomens.

3.1 Identifikation und Filterung des pleonastischen *it*

Pleonastische Pronomen sind *semantisch leer*. Sie haben keine Referenten und müssen daher aus der Verarbeitung ausgeschlossen werden (Lappin & Leass, 1994), siehe Beispiel (4). Für die Identifikation des pleonastischen *it* verwenden wir die syntaktischen Muster von Lappin und Leass (1994) und Denber (1998). Diese Muster können beispielsweise folgendermaßen aussehen: *It is Modaladj (for NP) to VP, It is Cogv-ed that S, It is time to VP.*[218] Ein Pronomen, das in einem der syntaktischen Muster vorkommt, wird als pleonastisch klassifiziert.

It's easy to get attached to them too. (Switchboard 3266)

3.2 Unterscheidung zwischen NP- und Nicht-NP-Pronomen

Als Quelle der Unterscheidung zwischen NP- und Nicht-NP-Pronomen gilt der prädikative Kontext eines Pronomens. Pronomen mit dem Merkmal *3n*[219] lösen

[218] *Modaladj* steht für modale Adjektive wie *necessary, possible, easy* usw. Cogv repräsentiert die Klasse der kognitiven Verben, z.B. *recommend, think, assume.*

[219] 3. Person Neutrum.

die Methode *getPredicativeContext()* aus. In Abhängigkeit von der Wortart des prädikativen Elements – Verb, Substantiv oder Adjektiv – wird es entweder auf die bereits beschriebenen Teile von WordNet oder auf die von uns erstellte Adjektivliste abgebildet.

Die in Paragraph 2 beschriebenen Wissensquellen erlauben es, zwischen konkreten und abstrakten Referenten zu unterscheiden. Es sei jedoch bemerkt, dass abstrakte Objekte *nicht* mit Nicht-NP-Referenten gleichzusetzen sind. NPs können sich gleichermaßen auf abstrakte Objekte beziehen, z.B. *imagination*. Wenn der Referent als abstrakt identifiziert wird, entscheidet die Oberflächenform der Anapher über die Auswahl des Antezedenten (Nicht-NP bei *that* und NP bei *it*).

3.3 Identifikation des Antezedenten eines Pronomens

In dieser Phase verzweigt sich der Algorithmus. Der eine Zweig ist für die Resolution der NP-Pronomen zuständig. Seine Implementierung basiert auf einer modifizierten Variante der Salienz-Liste (Strube, 1998). Wir übernehmen dieses Verfahren, da es bereits gute Ergebnisse für NP-Pronomen lieferte (Tetreault, 2001). Der andere Zweig resolviert Nicht-NP-Pronomen. Die Menge der Kandidaten für ein Nicht-NP-Pronomen setzt sich aus den VPs und Satzkonstituenten der letzten 5 Äußerungen zusammen.

Die meisten Pronomenresolutionssysteme verwenden Resolutionsregeln, die sich aus *Restriktionen* und *Präferenzen* zusammensetzen (Mitkov, 2002). Restriktionen eliminieren inkompatible Kandidaten. Präferenzen dienen dazu, einen Antezedenten aus der Menge der verbleibenden Kandidaten aufgrund bestimmter Faktoren auszuwählen. In unserem Verfahren werden Kandidaten, die *nicht* in der *Gemeinsamen Basis* (Common Ground) der Gesprächspartner (Clark & Schaefer, 1989) sind, eliminiert. Es ist unwahrscheinlich, dass auf sie Bezug genommen wird (vgl. (Eckert & Strube, 2000)). Eine andere wichtige Restriktion für das Referieren auf Nicht-NP-Konstituenten wurde von Webber (1991) definiert. Ihre 'right frontier'-Regel besagt, dass Antezedenten der Nicht-NP-Pronomen ausschließlich an der rechten Seite des Diskursbaumes vorkommen. Da unser Modell keinen Diskursbaum enthält, definieren wir diejenigen Kandidaten als 'right frontiers', die simultan mit dem Satz enden, in dem sie enthalten sind. Zusätzlich führen wir folgende Restriktionen ein:

- Diskursmarker wie *you know* werden ausgefiltert.
- Sätze, die ein "dummy"-Verb *do* oder *be* oder das Hilfsverb *have* enthalten (z.B. *Did you, it really is*), werden eliminiert. Die Verwendung dieser Verben weist darauf hin, dass es um eine Wiederholung bereits vorhandener Informationen geht.

- Ausgefiltert werden auch Kandidaten, die inkompatibel mit Handlungen und Aktivitäten sind. So kann, z.B. die VP *have enough place* nicht der Antezedent des Pronomens *that* im Satz *you could probably do that* sein, da sie einen Zustand bezeichnet. Folgende VPs sehen wir als inkompatibel mit Handlungen an: 1) VPs, die in Kopulakonstruktionen vorkommen, da sie eine statische Bedeutung haben (z.B. *is amazing*); 2) VPs mit dem Verb *have* in der Bedeutung *besitzen* (z.B. *have a bath*); 3) VPs, die ein Verb aus den WordNet-Gruppen *verb.stative* oder *verb.weather* enthalten.
- *Backchannels* haben eine rein pragmatische Funktion. Sie dienen nur dem Management des Dialogs und werden daher auch eliminiert.

Die restlichen Kandidaten werden entsprechend folgender Präferenzen gewichtet:

Syntaktische Realisierung des Antezedenten (vp oder utt). Um die Präferenz für Verbalphrasen- oder Satzantezedenten zu bestimmen, betrachten wir den prädikativen Kontext des Pronomens. Substantive werden auf die 'unique beginners' abgebildet (siehe Paragraph 2). Für die Bestimmung der Präferenz eines Verbs für verbale oder Satzkonstituenten setzen wir die Subkategorisierungsliste von Briscoe und Carroll (1997) ein. Für Adjektive verwenden wir unsere eigene Liste mit ca. 580 Adjektiven (Gewicht: +3/-3).

Distanz zwischen Pronomen und Kandidat. Kandidaten in der unmittelbar vorhergehenden Äußerung werden präferiert (Gewicht: +1/0).

Relevanz eines Nicht-NP-Ausdruckes für den Dialog (diese Präferenz basiert auf dem normalisierten tf*idf-Maß (Baeza-Yates & Ribeiro-Neto, 1999)). Für die Berechnung der Relevanz verwenden wir folgende Formel:

$$R = \sum_{w=1}^{n} (tf * idf)_w / n * mtf$$

(Formel 1)

w ist ein Wort (Substantiv oder Verb), n die Anzahl der Substantive und Verben im Nicht-NP-Ausdruck, mtf die maximale Frequenz eines Wortes im Dialog.

Parallelismus der Agenten, z.B. *the judge* should be the one that does the, uh, sentencing – *the judge* does it (Gewicht: +1.5/0).

Semantischer Parallelismus zwischen Anapher und Kandidat, z.B. *enjoy* working outside – *enjoy* that (Gewicht: +2/0).

Das Gewicht eines Kandidaten errechnet sich aus der Addition der Einzelgewichte. Der Kandidat mit dem höchsten Gewicht wird als Antezedent des aktuellen Nicht-NP-Pronomens markiert und der *Nicht-NP-Liste* hinzugefügt. Diese Liste enthält die letzte koreferentielle Kette mit den Ausdrücken, die denselben Referenten beschreiben. Die Liste wird nach jeder informativen Äußerung geleert, wenn der Referent nicht wiederaufgenommen wird.[220] In Tabelle 2 veranschaulichen wir an einem Beispiel das Zusammenspiel der verschiedenen Restriktionen und Präferenzen. Bei identischen Gewichten wird der nächstgelegene Kandidat bevorzugt.

4. Evaluierung

4.1 Ergebnisse

Für die Evaluierung unseres Verfahrens führten wir ein Annotationsexperiment mit zwei Annotierern durch. Der erste Annotierer markierte Pronomen aller Klassen (Key 1). Der zweite Annotierer markierte nur Nicht-NP-Pronomen mit ihren Antezedenten (Key 2). Die Übereinstimmung zwischen den Annotierern bezüglich der Nicht-NP-Pronomen betrug 57%. In den meisten Fällen der Nicht-Übereinstimmung markierten die beiden Annotierer nur einen Teil des Antezedenten gleich, siehe Beispiel (5). Dies bestätigt, dass diese Pronomen ambig (Webber, 1991) oder vage (Passonneau, 1991) sind und definiert die obere Grenze (upper bound) für unseren Resolutionsalgorithmus.

I mean you can always [[file bankruptcy]$_{Anno1}$ to get out of it]$_{Anno2}$, but that's a lot of pain and hassle. (Switchboard 3275)

Wir evaluierten unser Verfahren in zwei Umgebungen. In der ersten Umgebung waren die Pronomen manuell als pleonastisch, NP- oder Nicht-NP-Pronomen klassifiziert. Für diese Evaluierung implementierten wir zwei Baseline-Verfahren. **Baseline 1:** Die Nicht-NP-Liste wird zunächst nach Antezedenten durchsucht. Wenn sie leer ist, wird die letzte VP oder der letzte (Teil-)Satz gewählt, die in der *Gemeinsamen Basis* und 'right frontiers' sind. **Baseline 2:** Die Nicht-NP-Liste wird nach Antezedenten durchsucht. Wenn sie leer ist, wird der letzte (Teil-)Satz, der in der *Gemeinsamen Basis* und ein 'right frontier' ist, als Antezedent markiert (dies ist dadurch motiviert, dass sich 64% der Nicht-NP-Pronomen in unserem Korpus auf Sätze oder Teilsätze beziehen). Tabelle 3 vergleicht die Ergebnisse unseres Verfahrens mit den Ergebnissen der Baseline-Verfahren.[221] Ein Nicht-NP-Pronomen wurde als richtig aufgelöst betrachtet,

---

[220] Backchannels wie *yeah, right, no* stellen keine informativen Äußerungen dar.

[221] Da die Pronomen manuell klassifiziert wurden, führen wir keinen Recall auf.

Switchboard 2290

A: the neighborhood that we live, they are switching to an alternate calendar this year,
so it,
starting, well, starting at the end of July, we will have two vacation weeks in October and two vacation weeks in March.
B: Uh-huh.
A: So **that** will be an interesting **turn** on vacations for our family.

	Kandidaten (nur 'right frontiers')	Restriktionen	Präferenzen / Score				
			synt. Real-	Dis-	Rele-	Parall. der Agenten	sem. Par-
	Das Substantiv 'turn' (WordNet-Gruppe: noun.event) präferiert VPs		***that***				
ut	the neighborhood that we live, they are switching to an alternate calendar this year,	–	-3	0	0.00199	0	0
					Gesamtscore: -2.99801		
vp	are switching to an alternate calendar this year	–	+3	0	0.00262	0	0
					Gesamtscore: 3.00262		
vp	switching to an alternate calendar this year	–	+3	0	0.00262	0	0
					Gesamtscore: 3.00262		
ut	so it	unbeendet,	–	–	–	–	–
ut	starting, well, starting at the end of July, we will have two vacation weeks in October and two vacation weeks in March.	–	-3	+1	0.00528	0 ('vacation')	+2
					Gesamtscore: 0.00528		
vp	will have two vacation weeks in October and two vacation weeks in March	inkompatibel mit VP	–	–	–	–	–
vp	have two vacation weeks in October and two vacation weeks in March	inkompatibel mit VP	–	–	–	–	–
ut	Uh-huh.	Backchannel	–	–	–	–	–

Tabelle 2: Beispiel aus dem Korpus mit Angabe der verwendeten Restriktionen und Präferenzen.

Precision		Key 1/Key 2
unser	+ tf*idf	0.4612
Verfahren	- tf*idf	0.4845
Baseline 1		0.1953
Baseline 2		0.4063

Tabelle 3: Ergebnisse (Umgebung 1)

wenn es denselben Antezedenten in mindestens einer Annotation (Key 1 oder Key 2) hatte. Wie aus Tabelle 3 ersichtlich wird, liefert unser Verfahren im Vergleich zu den Baseline-Verfahren bessere Ergebnisse. Die Verwendung des Relevanzgewichts (basierend auf den tf*idf-Werten der im Nicht-NP-Ausdruck enthaltenen Substantive und Verben) verschlechterte unsere Ergebnisse.

Die zweite Umgebung enthielt die Module zur Identifikation des pleonastischen *it* und zur Differenzierung zwischen NP- und Nicht-NP-Pronomen. Die Ergebnisse wurden nach Vilain et al. (1995) evaluiert (Tabelle 4). Mit der automatischen Klassifikation der Pronomen als pleonastisch, NP- oder Nicht-NP-Pronomen verschlechterten sich die Precision-Werte deutlich (.2663).

Pronomenklassen:	3fm	3p	3n	3n nicht-NP	NP	Gesamt
Korrekt gefundene Links (A)	99	193	252	98	119	551
Gesamt gefundene Links (B)	118	316	702	368	334	1136
Anzahl der Links in Key 1 (C)	145	377	725	274	452	1250
Precision (A/B)	.8390	.6108	.3590	.2663	.3563	.4850
Recall (A/C)	.6828	.5119	.3476	.3577	.2633	.4408
F-measure	.7529	.5570	.3532	.3053	.3028	.4619

Tabelle 4: Ergebnisse (Umgebung 2).

4.2 Interpretation der Ergebnisse

Die Ergebnisse können wie folgt erklärt werden. WordNet ist zwar ein sehr umfangreiches lexikalisches Wortnetz, es ist allerdings keinesfalls vollständig. Das Wissen über verschiedene Präpositionen ist z.B. in dieser Wissensquelle nicht vorhanden. Dabei könnten Präpositionen wie *around* Indikatoren der NP-Pronomen sein. Komplexe Prädikate wie *to be out on the video* können ebenso wie Präpositionen nicht auf WordNet abgebildet werden. Sie sind in diesem nicht als Lexeme kodiert.

Die von uns verwendeten syntaktischen Muster zur Identifikation des pleonastischen *it* weisen Mängel auf. Offensichtlich sind die bei Lappin und Leass (1994) spezifizierten Erkennungsmuster unvollständig und können beliebig erweitert werden. Ein großes Problem für die Pronomenresolution stellen vage Pronomen ohne spezifische linguistische Antezedenten dar. Der Algorithmus in unserem System versuchte, diese immer aufzulösen, was sich in einer relativ hohen Fehlerrate bei der Erkennung allein stehender *3n*-Pronomen zeigt (zusammen mit pleonastischen Pronomen ca. 43%).

Manche Verben und Adjektive können zur Beschreibung sowohl konkreter als auch abstrakter Objekte verwendet werden. Die Gruppe *verb.perception* enthält Verben, die die Wahrnehmung konkreter und abstrakter Objekte beschreiben können: *That/it sounds good* kann eine Melodie oder eine Proposition charakterisieren. Dieses Problem trifft weniger auf Substantive zu, da die Substantiv-Gruppen hinsichtlich der Merkmale *konkret* und *abstrakt* relativ homogen sind.

Einige Fehler entstanden durch die Nicht-Berücksichtigung der Pronomen, die sich auf Satzsequenzen beziehen. Die Identifikation der zusammenhängenden Satzsequenzen kann nicht allein auf Basis der Oberflächenelemente durchgeführt werden. Um Fehler dieser Art zu vermeiden, wäre die Integration einer Software notwendig, mit deren Hilfe zusammenhängende Diskurssegmente identifiziert werden können. Der Anteil solcher Pronomen in unserem Korpus betrug nur 6%.

Pronomen, die auf abstrakte Diskursobjekte referieren, hatten großen Einfluss auf unsere Ergebnisse, da es keine 1:1-Entsprechung zwischen Nicht-NP-Pronomen und abstrakten Objekten gibt. Die Unterscheidung zwischen abstrakten NP- und Nicht-NP-Referenten wird daher eine der wichtigsten Aufgaben für die Zukunft sein.

Nicht zuletzt soll bei der Betrachtung der Ergebnisse für Nicht-NP-Pronomen ihre teilweise ambige Beschaffenheit berücksichtigt werden. Das Annotationsexperiment (vgl. 4.1) zeigte, dass Menschen den anaphorischen Bezug eines solchen Pronomens oft unterschiedlich interpretieren. Es ist daher nicht zu erwarten, dass im Falle der Ambiguität diese Aufgabe automatisch gelöst werden kann.

5. Relevante Arbeiten

Es existieren drei Resolutionsverfahren, die Nicht-NP-Pronomen berück- sichtigen (Eckert & Strube, 2000; Byron, 2002; Strube & Müller, 2003). Eckert und Strube (2000) unterscheiden zwischen NP- und Nicht-NP-Anaphern anhand des prädikativen Kontextes einer Anapher. Je nach Kontext wird ein Pronomen als "I-incompatible" (inkompatibel mit konkreten Objekten) oder "A-incompatible" (inkompatibel mit abstrakten Objekten) klassifiziert. Für die Bestimmung des Typs eines Pronomens werden manuell erstellte Listen herangezogen. Die vollständig manuell durchgeführte Resolution und ein zu kleines Korpus (drei Dialoge) machen ihre Ergebnisse mit unseren nicht vergleichbar. Das PHORA-System von Byron (2002), das semantische Restriktionen hinsichtlich des Antezedententyps und unterschiedliche Suchreihenfolgen für Personal- und Demonstrativpronomen anwendet, löst 51% aller Pronomen mit nur domänenunabhängigem Wissen korrekt auf. Aufgrund einer anderen Evaluationsmethode sind die Ergebnisse jedoch nicht direkt vergleichbar. Es muss berücksichtigt werden, dass im Verfahren von Byron (2002) nicht-anaphorische Pronomen aus dem Evaluierungskorpus ausgeschlossen waren, wodurch die Anzahl der potentiellen Precision-Fehler eingeschränkt ist. Bei der Anwendung maschinellen Lernens erreichten Strube und Müller (2003) für *3n*-Pronomen einen Precision-Wert von 40.41 und einen Recall-Wert von 12.64. Unsere Methode erreicht einen höheren Recall (34.76) für *3n*-Pronomen. Die Precision-Werte für diese Pronomenklasse sind dagegen geringer (35.90). Der Vorteil unseres Verfahrens gegenüber diesem ist, dass keine korpusspezifischen Trainingsdaten benötigt werden.

6. Schlussfolgerung

Wir entwickelten und evaluierten ein Verfahren zur Resolution der Pronomen mit Nicht-NP-Antezedenten. Für einige Parameter wie Recall erzielt unsere Methode bessere Ergebnisse im Vergleich zu anderen Verfahren. Das Neuartige unseres Verfahrens besteht in der Verwendung domänenunabhängigen lexikalisch-semantischen Wissens der WordNet-Hierarchie für die Bestimmung des Referententyps eines Pronomens. Dies macht unser Verfahren besonders robust und übertragbar auf andere Domänen und Korpora. Auch in anderen Untersuchungen wurden semantische Restriktionen hinsichtlich des Typs des Antezedenten verwendet. Bislang wurde jedoch das notwendige semantische Wissen in manuell erstellten Ressourcen spezifiziert. Für Adjektive trifft dies auch in unserem Verfahren zu.

Die Abbildung des prädikativen Kontextes auf WordNet-Gruppen kann auch auf andere Pronomen-Klassen ausgeweitet werden. Das Verb *ask* (WordNet-Gruppe *verb.communication*) schränkt den semantischen Typ des Plural-Pronomens *they* auf menschliche Wesen ein, da unbelebte Sachen nicht kommunizieren können. Allerdings weist WordNet in Bezug auf unsere Anwendung Mängel auf. Einer der größten Nachteile dieses semantischen Netzes ist das Fehlen einer integrierten Adjektiv-Klassifikation wie z.B. in GermaNet.

In künftigen Studien sollte vor allem untersucht werden, wie zwischen NP- und Nicht-NP-Pronomen unterschieden werden kann, die auf abstrakte Diskursobjekte referieren, da es keine 1:1-Entsprechung zwischen Nicht-NP-Pronomen und abstrakten Objekten gibt. Weitere wichtige Aufgaben sind die Verbesserung der Erkennung pleonastischer und allein stehender referentieller Pronomen.

Danksagung

Besonders danken möchte ich Prof. Dr. Peter Hellwig für die Ermöglichung der Arbeit und Dr. Iryna Gurevych für die Betreuung der Arbeit und sehr gute Zusammenarbeit.

Literaturverzeichnis

Asher, N. (1993). Reference to Abstract Objects in Discourse. Dordrecht: Kluwer Academic.

Baeza-Yates, R. & Ribeiro-Neto, B. (Eds.). (1999). Modern Information Retrieval. Essex: Addison Wesley Longman.

Briscoe, T. & Carroll, J. (1997). Automatic extraction of subcategorization from corpora. In Proc. of the 5th Conference on Applied Natural Language Processing (ANLP-97) (pp. 356–363).

Byron, D. & Allen, J. (1998). Resolving demonstrative pronouns in theTRAINS93 corpus. In Proc. of the Second Colloquium on Discourse Anaphora and Anaphor Resolution (pp. 68–81).

Byron, D. K. (2002). Resolving pronominal reference to abstract entities. In Proc. of the 40th Annual meeting of the Association for Computational Linguistics (ACL'02) (pp. 80–87).

Clark, H. H. & Schaefer, E. F. (1989). Contributing to discourse. Cognitive Science, 13, 259–294.

Denber, M. (1998). Automatic resolution of anaphora in English (Tech. Rep.). Eastman Kodak Co.

Eckert, M. & Strube, M. (2000). Dialogue acts, synchronising units and anaphora resolution. Journal of Semantics, 17(1), 51–89.

Fellbaum, C. (Hrsg.). (1998). WordNet: An Electronic Lexical Database. Cambridge, Mass.: MIT Press.

Greenberg, S. (1996). The Switchboard transcription project. In Proc. of the Large Vocabulary Continuous Speech Recognition Summer Research Workshop.

Gundel, J., Hegarty, M. & Borthen, K. (2001). Information structure and pronominal reference to clausally introduced entities. In Proc. of the ESSLLI 2001Workshop on Information Structure, Discourse Structure and Discourse Semantics (pp. 37–52).

Gundel, K., Hedberg, N. & Zacharski, R. (1993). Cognitive status and the form of referring expressions in discourse. Language, 69(2), 274–307.

Hamp, B. & Feldweg, H. (1997). GermaNet – a lexical-semantic net for German. In P. Vossen, N. Calzolari, G. Adriaens, A. Sanfilippo, & Y. Wilks (eds.), Proceedings of ACL/EACL-97 Workshop Automatic Information Extraction and Building of Lexical-Semantic Resources for NLP Applications (pp. 9–15).

Hundsnurscher, F. & Splett, J. (1982). Semantik der Adjektive im Deutschen: Analyse der semantischen Relationen. Opladen: Westdeutscher Verlag.

Lappin, S. & Leass, H. (1994). An algorithm for pronominal anaphora resolution. Computational Linguistics, 20(4), 535–561.

Mitkov, R. (2002). Anaphora resolution. London: Longman, Pearson Education.

Passonneau, R. J. (1991). Some facts about centers, indexicals, and demonstratives. In Proc. of the 29th Annual Meeting of the Association for Computational Linguistics (pp. 63–70).

Strube, M. (1998). Never look back: An alternative to centering. In Proc. of the 17th Int. Conference on Computational Linguistics and 36th Annual Meeting of the ACL(Coling-ACL'98) (pp. 1251–1257).

Strube, M. & Müller, C. (2003). A machine learning approach to pronoun resolution in spoken dialogue. In Proc. of the 41st Annual Meeting of the Association for Computational Linguistics (ACL'03) (pp. 168–175).

Tetreault, J. (2001). A corpus-based evaluation of centering and pronoun resolution. Computational Linguistics, 27(4), 507–520.

Vilain, M., Burger, J., Aberdeen, J., Connolly, D. & Hirschman, L. (1995). A model-theoretic coreference scoring scheme. In M. Kaufmann (Hrsg.), In Proc. for the 6th Message Understanding Conference (MUC'6) (pp. 45–52).

Webber, B. L. (1991). Structure and ostension in the interpretation of discourse deixis. Language and Cognitive Processes, 6(2), 107–135.

Entwurf eines agentengestützten Systems zur Paradigmenbildung

Stephan Schwiebert

Diese Arbeit beschreibt Entwurf und Implementation eines selbstorganisierenden Systems zur Erkennung paradigmatischer Relationen in einem als Graph repräsentierten ungetaggten Korpus. Mittels einer iterativen Distributionsanalyse werden Hypothesen generiert, die durch verschiedene Bewertungsfunktionen beurteilt und ggf. in den Graphen integriert werden, so dass in weiteren Iterationen nicht nur Hypothesen über Wortketten, sondern auch über Hypothesen aufgestellt werden und im Idealfall syntaktisch und semantisch ähnliche Sätze in einer Struktur verschmelzen.

This paper describes the design and implementation of a self-organizing system for the recognition of paradigmatic relations in an untagged corpus represented as a graph. By applying an iterative distributional analysis, hypotheses are generated which are rated via various evaluation methods, and which can be integrated into the graph. Consequently, further iterations establish not only hypotheses about word sequences, but also about the hypotheses themselves. Thus, ideally, syntactically and semantically similar sentences are merged into a single structure.

1. Einleitung

Sprachverarbeitende Systeme, die sich an linguistischen Modellen wie bspw. der GB-Theorie orientieren, kommen in der Regel nicht ohne Zugriff auf Vorwissen (in Form von Lexika, Produktions- bzw. Parsingregeln und Ähnlichem) aus. Im Rahmen des von der Fritz-Thyssen-Stiftung geförderten Projekts *SemGen* der sprachlichen Informationsverarbeitung an der Universität zu Köln[222] wurde das Framework SEMALD (System zur Evaluierung Multipler Algorithmen auf Linguistischen Daten) entwickelt, welches die Kombination verschiedenster sprachverarbeitender Komponenten ermöglichen soll, um zu versuchen, das Bedeutungspotential sprachlicher Zeichen durch ein selbstlernendes System zu erfassen. In diesem Zusammenhang – als Alternative zu numerischen Ähnlichkeitsmodellen wie Self-Organizing Maps (Kohonen 1995) oder dem Hyperspace Analogue to Language (HAL, Burgess et al. 1998) – wurde das Konzept des Self-Organizing Graph (SOG) entworfen und implementiert. SOG ist ein selbstlernendes, autonom agierendes System, welches durch Analyse (lokaler) Kon-

[222] http://www.spinfo.uni-koeln.de/forschung/semgen.html

textähnlichkeit innerhalb eines Korpus Hypothesen über paradigmatische Relationen zwischen Wortketten generiert, ohne dabei auf eine Wissensdatenbank zugreifen zu müssen und ohne Rückmeldung über die generierten Lösungen zu benötigen. Dieses Vorgehen ist nicht völlig neu, so arbeitet beispielsweise das System ADIOS (Automatic Distillation Of Structure, Solan et al. 2004) mit ähnlichen Algorithmen und Datenstrukturen, unterscheidet sich jedoch in wesentlichen Details der Datenverarbeitung. Im Folgenden soll nach einer knappen Begriffsdefinition und Problemeinführung (Abschnitt 2) die Funktionsweise des Algorithmus vorgestellt werden (Abschnitt 3), um abschließend einige Beispiele der Datenprozessierung durch SOG zu diskutieren.

2. Paradigmen

Die Suche nach Paradigmen bzw. paradigmatischen Relationen ist nicht trivial, was sich schon bei dem Versuch einer Definition zeigt. Antonymie, Synonymie oder Hyponymie gehören sicherlich zur Menge der paradigmatischen Relationen, zusätzlich sollten jedoch auch – zumindest im Kontext eines autonom agierenden, lernenden Systems – kategoriell verwandte Begriffe als zueinander in paradigmatischer Relation stehend betrachtet werden, wie bspw. *Kind* und *Baby*. Es ergibt sich jedoch das Problem, dass dies kontextabhängig ermittelt werden muss:

(1) Das Kind/Baby spielt auf dem Bett.
(2) Das Kind/*Baby geht in die Schule.
(3) Das Kind/*Baby spielt Schach.

Wie insbesondere der Unterschied zwischen (1) und (3) zeigt, ist die Breite des gemeinsamen Kontexts dann, wenn keine weiteren syntaktischen Informationen (hier die Beziehung zwischen Verb und Objekt) zur Verfügung stehen, nicht eindeutig bestimmbar.

Grundsätzlich lässt sich festhalten, dass dann, wenn paradigmatische Relationen auch semantisch korrekt sein sollen, sie offensichtlich nicht losgelöst von syntagmatischen Relationen betrachtet werden können, also nicht losgelöst von ihrem Kontext. Da es die Zielsetzung dieser Arbeit ist, Paradigmen zu generieren, die auch semantisch korrekt sind, wird eine paradigmatische Relation definiert wie folgt:

Wenn eine Phrase P_1 in einem Kontext K, in dem sie vorkommen kann, immer durch eine Phrase P_2 ausgetauscht werden kann, ohne dass die Grammatikalität des übergeordneten Satzes verloren geht und ohne dass er bedeutungsfrei wird, dann stehen P_1 und P_2 bezüglich K in paradigmatischer Relation.

Bedeutungsfrei ist ein Satz dann, wenn er von einem Muttersprachler aufgrund semantischer Anormalität nicht mehr akzeptiert wird, wie dies in (3) der Fall ist. Nachdem geklärt werden konnte, worin die Aufgabe des SOG-Algorithmus besteht, soll im folgenden Abschnitt die Vorgehensweise des Algorithmus vorgestellt werden.

3. Der SOG-Algorithmus

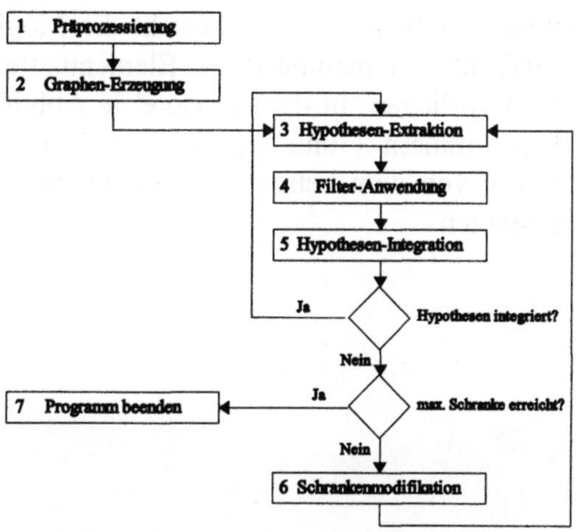

Abbildung 1: Der Programmablauf von SOG im Überblick

Der Lösungsansatz des SOG-Algorithmus ist verwandt mit dem Alignment-Based-Learning-Algorithmus (ABL, van Zaanen 1999) und dem System ADIOS. Der zu verarbeitende Text wird in SOG (wie auch in ADIOS) als Graph repräsentiert, wobei jeder Satz des Korpus als ein Pfad zwischen den funktionalen Knoten START und END abgebildet wird. Die mit einem Satz korrespondierenden Kanten sind anhand einer eindeutigen Satznummer identifizierbar. Eine als Wortform erkannte Zeichenkette wird in einen Knoten im Graphen transformiert und die lineare Reihenfolge der Wörter eines Satzes wird dadurch gekennzeichnet, dass die entsprechenden Kanten – zusätzlich zur Satznummer – durch Wortnummern gelabelt werden. Damit ist die Vorverarbeitung der Daten abgeschlossen, der Algorithmus beginnt nun mit der eigentlichen Datenverarbeitung (Schritt 3 bis 5 in Abbildung 1), die wiederholt angewendet werden, bis das Programm beendet wird. Diese Schritte sollen in den folgenden Abschnitten näher erläutert werden.

3. 1 Generierung von Hypothesen

In Schritt 3 sucht der SOG-Algorithmus nach partiell redundanten Sätzen, indem jeder Satz des Korpus mit jedem anderen Satz verglichen und dabei nach Wörtern und Wortketten gesucht wird, die in beiden Sätzen identisch sind. Bedingt durch die Datenstruktur finden sich dabei immer mindestens zwei solcher Elemente, denn die funktionalen Knoten START und END kennzeichnen die Grenzen jedes Satzes. Wird zusätzlich noch mindestens ein weiteres Element gefunden, das in beiden Sätzen enthalten ist, so besteht die Möglichkeit, dass zwischen den nicht-redundanten Elementen (bzw. Elementketten) der Sätze paradigmatische Relationen vorliegen. In dem Beispiel in Abbildung 2 ist dies der Fall: Die mit den Satznummern 1 und 2 gekennzeichneten Pfade enthalten 5 gemeinsame Knoten, die von dem betrachteten Teilgraphen zwei nicht-redundante Pfadgruppen abspalten.

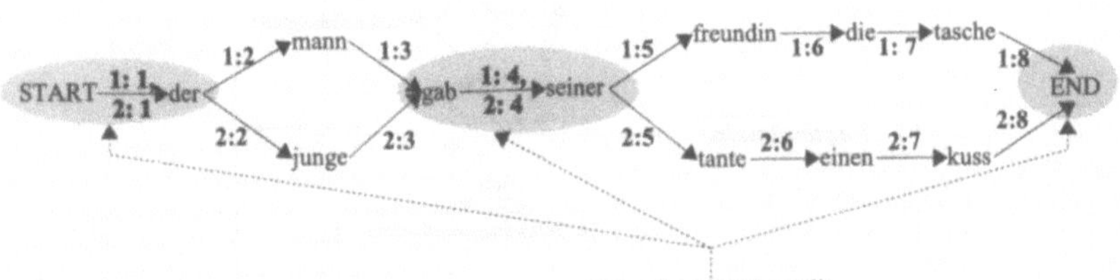

Abbildung 2: Redundante Knoten und ihr Einfluss auf die Paradigmenerkennung

Damit hat der Algorithmus erste Indizien dafür gefunden, dass es sich bei [*mann* | *junge*] und [{*freundin die tasche*} | {*tante einen kuss*}][223] um Paradigmen handeln könnte. Zudem werden jedoch auch alle weiteren Pfadgruppen durch SOG extrahiert, die von redundanten Elementen umschlossen werden, wie dies bspw. für [{*der mann*} | {*der junge*}], [{*der mann gab*} | {*der junge gab*}] oder [{*seiner freundin die tasche*} | {*seiner tante einen kuss*}] gilt. So werden – mit Ausnahme von nicht weiter prozessierbaren, leeren Paradigmen (wie zwischen

[223] Zur Notation: Im Folgenden werden Paradigmen innerhalb eckiger Klammern dargestellt und die einzelnen Elemente des Paradigmas durch senkrechte Striche (entsprechend dem in Programmiersprachen verbreiteten Symbol für das logische „oder") voneinander getrennt. Falls verdeutlicht werden muss, dass eine Wortkette als eine sequentielle Einheit interpretiert wird, so wird diese durch geschweifte Klammern gekennzeichnet.

START und *der*) und dem größtmöglichen Paradigma (beide Pfade zwischen START und END) – alle auf diese Art und Weise zu bildenden Hypothesen konstruiert und gesammelt.

Die Güte einer Hypothese wird – wenn X_n, X_{n-1}, ..., X_1 die gemeinsamen Wörter vor den auf paradigmatische Relation zu prüfenden Phrasen repräsentieren und Y_n, Y_{n-1}, ..., Y_1 die gemeinsamen Wörter danach – berechnet wie in (4).

(4) $$\sum_{i=1}^{n}(R(X_i)*2^{i-1})+\sum_{j=1}^{m}(R(Y_j)*2^{j-1})$$

Die Funktion *R* steht dabei für den Rang des Wortes X – dies ist ein korpusabhängiger Wert, der sich umgekehrt proportional zur Häufigkeit des Wortes X verhält, d.h. das Wort mit den meisten Vorkommen bekommt den Wert 1 zugewiesen, das zweithäufigste 2 usw.

Die Formel (4) kombiniert bei der Berechnung der Qualität einer Hypothese zwei Faktoren: Zum einen wird durch die Berücksichtigung des Rangs nicht lediglich die Länge des gemeinsamen Kontexts betrachtet. Es lässt sich beispielsweise nicht beobachten, dass eine paradigmatische Relation immer dann vorliegt, wenn zwei Phrasen die Eigenschaft teilen, zwischen den hochfrequenten Wörtern *die* und *der* vorkommen zu können, während davon auszugehen ist, dass zwei Phrasen, die zwischen *die* und *forderte* vorkommen, häufiger in paradigmatischer Relation stehen – je seltener die Wörter im Kontext einer Hypothese sind, desto höher wird die Hypothese bewertet.

Zum anderen bewirken die Faktoren 2^{i-1} bzw.2^{j-1} in (4), dass die Länge des gefundenen Kontexts exponentiell in die Berechnung der Qualität mit einfließt. Wenn innerhalb eines Satzes verschiedene Hypothesen miteinander bezüglich des Kontexts konkurrieren (wie die aus Abbildung 2 hergeleiteten Hypothesen [{*der mann gab*} | {*der junge gab*}] und [*mann* | *junge*]), so wird durch diese Faktoren zugleich auch erreicht, dass die kürzere Hypothese von SOG präferiert wird, da zwangsläufig der gemeinsame Kontext dieser Hypothesen größer sein muss (vgl. Abb. 2).

Die Güte einer Hypothese hängt also sowohl von der Länge des gemeinsamen Kontexts als auch von der Relevanz der dort vorkommenden Wörter ab und ist theoretisch nach oben unbegrenzt. Dies ist ein wesentlicher Vorteil gegenüber Ansätzen wie HAL, die mit einem Kontextfenster fester Breite arbeiten (vgl. Burgess et al. 1998:6), denn die Wahrscheinlichkeit, zwei paradigmatische Phrasen mit „sehr großem" gemeinsamen Kontext zu finden, ist zwar relativ gering, die Wahrscheinlichkeit, dass diese Phrasen tatsächlich in paradigmatischer Relation stehen, jedoch umso höher. Zudem ist anzumerken, dass in der Formel (4) weder der Inhalt der potentiellen Paradigmen noch deren Länge berücksichtigt wird. Dies ermöglicht SOG, Paraphrasen und kollokationsähnliche Strukturen in die Suche nach paradigmatischen Relationen mit einzubeziehen, was in anderen Modellen (wie bspw. ADIOS) nicht möglich ist – auch Hypothesen, in welchen eine Wortkette leer ist, werden untersucht. Allerdings wird das Ergebnis der Berechnung aus (4) mit einigen strukturbezogenen Regeln und Filtern kombiniert, so dass weitere Faktoren in den Entscheidungsprozess des Programms mit einfließen – auch bei Hypothesen, die eine sehr schlechte Bewertung bekommen, d.h. diese werden nicht unmittelbar verworfen, sondern in der weiteren Analyse, nachdem jeder Satz mit jedem anderen Satz verglichen wurde, berücksichtigt[224].

3.2 Filter

Im vorigen Abschnitt wurde die (Über-) Generierung von Hypothesen beschrieben, m.a.W. die Extraktion der weiter zu untersuchenden Strukturen. In diesem Abschnitt sollen nun einige der Filterfunktionen von SOG vorgestellt werden, durch deren Einsatz sich gute und schlechte Hypothesen trennen und die Anzahl der Hypothesen einschränken lassen.

Paradigmen werden dann abgelehnt, wenn sich Teile der Ketten in ihrer Distribution nicht komplementär verhalten, d.h. wenn Wörter, die innerhalb einer Kette vorkommen, nicht in der anderen Kette, wohl aber in deren Restsatz vorkommen, als Beispiel in (5a) und (5b) dargestellt.

(5a)	Der Mann	{ **besucht** gerne }	seine Kinder, wenn er darf.
(5b)	Der Mann	{ hatte }	seine Kinder **besucht**, wie immer.

Das Paradigma [{besucht gerne} | {hatte}] ist offensichtlich falsch, grundsätzlich (wie in obigem Beispiel) ist es in solchen Fällen möglich, dass die syntaktische Struktur der Sätze derart voneinander abweicht, dass durch einen Austausch zweier vermeintlich paradigmatischer Wortketten die von SOG konstruierte Phrase ungrammatisch wird wie in (5b') veranschaulicht.

(5b') Der Mann [{**besucht** gerne} | hatte] seine Kinder **besucht**, wie immer.

Dies ist selbstverständlich nicht immer der Fall, da sich jedoch aufgrund der iterativen Methodik des Algorithmus Fehler potenzieren, ist eine niedrige Fehlerquote, d.h. eine hohe Precision, insbesondere zu Beginn der Datenprozessie-

[224] Dieses Vorgehen, d.h. die Berücksichtigung aller ermittelten Hypothesen, führt in der praktischen Anwendung allerdings dazu, dass sehr viel Speicherplatz durch das Programm belegt wird. Daher lässt sich durch einen Grenzwert eine minimale Qualität festlegen, die eine Hypothese aufweisen muss, um weiterhin berücksichtigt zu werden.

rung wichtiger als eine hohe Quote in der Erkennung valider Paradigmen (*Recall*).

Wie bereits erwähnt, lässt das SOG-Modell zu, dass eine der beiden Wortketten eines Paradigmas leer sein kann. In diesem Fall handelt es sich zwar nicht um ein Paradigma, denn die symmetrisch formulierte Forderung der Substituierbarkeit beider Ketten gilt hier nicht zwangsläufig und die Vorstellung, eine Wortkette stünde in paradigmatischer Relation zu einer leeren Kette, ist zudem nicht besonders intuitiv. Andererseits gleicht die algorithmische Behandlung solcher Konstruktionen (im Folgenden als *Null-Paradigmen* bezeichnet) im Wesentlichen der gewöhnlicher Paradigmen, weshalb kein weiterer Datentyp in das Modell eingeführt wurde. Zur Kennzeichnung wird die leere Kette durch den funktionalen Knoten NOTHING dargestellt (im Text auch durch ∅ dargestellt). In der Praxis zeigte sich das Problem, dass die Ersetzung des Elements ∅ durch die entsprechende nicht-leere Kette zwar oftmals korrekt war, in folgenden Programmiterationen jedoch zu Problemen führte. Daher werden für Null-Paradigmen zum einen härtere Schranken gesetzt, außerhalb der diese abgelehnt werden, zum anderen werden sie in der Integrationsphase nur einseitig eingesetzt, so dass das nicht-leere Element als fakultativ gekennzeichnet, die Leerstelle jedoch nicht durch das Paradigma ausgetauscht wird.

Anhand dieser Null-Paradigmen zeigt sich, dass SOG prinzipiell dazu in der Lage wäre, „Transformationen" zwischen zwei Sätzen zu erkennen. Werden in zwei Sätzen, wie bspw. in (6), zwei identische Null-Paradigmen gefunden (was gleichzeitig eine Anwendung des oben beschriebenen Distributionsfilters verursacht, in der hier vorgestellten Version von SOG werden solche Strukturen folglich nicht näher betrachtet), so lässt sich aus der daraus folgenden Konstruktion (6c) auf die Existenz einer Transformationsregel schließen, durch die (6a) in (6b) überführt werden kann.

(6a) START weil er die kinder besucht hat END
(6b) START er hat die kinder besucht END
(6c) START [weil |∅] er [∅| hat] die kinder besucht [∅| hat] END

Wie bereits im vorherigen Abschnitt erwähnt, werden paradigmatische Relationen, die nicht in der Erkennungsphase durch Filterfunktionen abgelehnt wurden, zunächst gesammelt, bis jeder Satz einmal mit jedem anderen Satz verglichen wurde. Sollten dabei bereits vermutete paradigmatische Abhängigkeiten zwischen zwei Wortketten ein weiteres Mal generiert werden, so werden die neuen Informationen der bereits existierenden Hypothese hinzugefügt – unabhängig davon, ob es sich um einen (teilweise) unterschiedlichen Kontext handelt oder nicht. Dies hat insbesondere auf die abschließende Bewertung einer Hypothese, die im folgenden Abschnitt näher erläutert wird, starke Auswirkung, denn so wird es ermöglicht, dass SOG auch dann von einer paradigmatischen Relation zwischen zwei Wortketten in zwei Sätzen ausgeht, wenn der gemeinsame Kontext in diesen Sätzen dies nicht zulassen würde, Fundstellen in anderen Sätzen eine paradigmatische Abhängigkeit dieser Wortketten jedoch besser belegen. In diesem Zusammenhang ist ein letzter Filter erwähnenswert, der im Gegensatz zu den bisher beschriebenen Filtern positiv auf die Bewertung einer Hypothese wirkt: Wenn der gemeinsame Kontext einer Hypothese die funktionalen Knoten START und END enthält (und somit den gesamten Satz umfasst), so lässt sich daraus folgern, dass diese (zumindest bezüglich der Substituierbarkeit) valide sein muss. Die abschließende Bewertung der Hypothese wird daraufhin stark positiv beeinflusst.

3.3 Integration

Nach Abschluss der Filteranwendung muss SOG entscheiden, welche verbliebenen Paradigmen in den Graphen übernommen werden sollen. Dazu wird ein stark vereinfachendes Wertungssystem genutzt: Für verschiedene positive Eigenschaften der jeweiligen Hypothese werden Punkte verteilt, für negative Eigenschaften werden Punkte abgezogen (vgl. Tabelle 1).

Bedingung	**Effekt**
Kontextlänge in allen Kontexten auf beiden Seiten nur 1	*-1*
Ein Kontext enthält START und END	*+1*
Qualität aus Funktion (4) > 10.000	*+1*
Qualität aus Funktion (4) > 100.000	*+1*
Anzahl unterschiedlicher Kontexte > 2	*+1*
Ein Kontext beidseitig länger als 4	*+1*

Tabelle 1: Zweite Bewertung von Hypothesen

Die Bedingungen, die in dieser zweiten Bewertung überprüft werden, sind satzunabhängig formuliert, d.h. es genügt beispielsweise, wenn eine Hypothese in einem gefundenen Kontext die Knoten START und END enthält, um dafür eine positive Bewertung zu erhalten, unabhängig von allen weiteren gefundenen Kontexten. Dadurch wird der theoretisch unbegrenzt große Wertebereich der Bewertungsfunktion (4) in ein Stufenmodell abgebildet, in welchem gleichzeitig weitere Eigenschaften einer Hypothese (wie die Anzahl unterschiedlicher Kontexte) berücksichtigt werden. Dies ermöglicht es zum einen, relativ einfach zusätzliche Filter an SOG anfügen und ihre Auswirkung analysieren zu können, zum anderen lässt sich so leichter eine grobe qualitative Aufteilung der Menge aller Hypothesen durchführen, was für ein effizientes Laufzeitverhalten eines weiteren SOG-Bestandteils notwendig ist, der im folgenden Abschnitt vorgestellt werden soll.

3.4 Simulation menschlicher Rückmeldung

Bei „Klärungsbedarf" bzgl. einer Hypothese, also dann, wenn die Abbildung auf das Stufenmodell einen Grenzwert unterschreitet, wird ein Agent damit beauftragt, nach Indizien zu suchen, die diese Hypothese unterstützen. Dies geschieht dadurch, dass zweifelhafte Wortketten mit Hilfe einer Internet-Suchmaschine gesucht werden und die Anzahl der Fundstellen ausgewertet wird. In gewisser Weise wird durch dieses Vorgehen die Rückmeldung eines Lehrers simuliert, um die Nachteile, die SOG als unüberwachtes System gegenüber einem überwacht lernenden System aufweist, abzuschwächen. Allerdings ändert der Rückgriff auf das WWW nichts daran, dass das System ausschließlich aus positiven Beispielen lernen kann, zudem kann eine noch so große Menge von Sätzen das intuitive Wissen eines Sprechers selbstverständlich nicht ersetzen.

Wenn SOG nicht darüber urteilen kann, ob es sich bei [P_1 | P_2] um zwei in paradigmatischer Relation stehende Wortketten handelt, weil die Kontextinformationen nicht ausreichend sind, werden die beiden Wortketten vertauscht und die so konstruierten Wortketten gesucht. In der Regel ist nicht zu erwarten, dass diese in ganzer Länge auf einer WWW-Seite auftauchen, daher wird nur ein Teil dieses Satzes gesucht, um anschließend – falls dieser Ausschnitt gefunden wurde – nach einem größeren Teilstück zu suchen. Dieses Vorgehen wird so lange wiederholt, bis keine Erweiterung mehr möglich ist, weil die Satzgrenzen erreicht oder keine weiteren Ergebnisse mehr gefunden wurden. Ein Beispiel für die Funktionsweise des Agentensystems soll anhand der von SOG gebildeten Hypothese [*ist* | *sei*] gegeben werden. Die Hypothese beruhte darauf, dass innerhalb des Korpus unter anderem die in Tabelle 2 dargestellten Ketten gefunden wurden (die Position der Hypothese ist mit „X" gekennzeichnet).

START es X besser	*START deshalb X es*	*dies X aber auch*
zudem X es	*klar X dass*	*zudem X der*

Tabelle 2: Ausschnitt des gemeinsamen Kontexts der Wörter ist *und* sei *im untersuchten Korpus*

Das Wort *sei* wurde an Stelle des Wortes *ist* in die entsprechenden Sätze eingefügt, anschließend versuchte das Agentensystem, eine möglichst lange Teilkette der so konstruierten Wortketten zu finden. Analog wurde für das Wort *ist* im Kontext von *sei* vorgegangen – die Ergebnisse sind in den Tabellen 3 und 4 dargestellt (Der erweiterte Kontext ist durch Unterstreichung markiert).

es sei besser <u>ihn zu</u>	*deshalb sei es <u>unsere</u>*	*dies sei aber auch <u>der einzige</u>*
zudem sei es <u>den</u>	--	*zudem sei der <u>staat</u>*

Tabelle 3: Korpusexterne Belege für die Substituierbarkeit des Wortes ist *durch* sei.

--	*deshalb ist es <u>nicht richtig</u>*	--
zudem ist es <u>eine</u>	*klar ist dass <u>die spd</u>*	*zudem ist der <u>außenminister im</u>*

Tabelle 4: Korpusexterne Belege für die Substituierbarkeit des Wortes sei *durch* ist.

Auf Grundlage dieser Ergebnisse, d.h. anhand der längsten so gefundenen Wortketten, wird die Qualität der Hypothese mit der in Abschnitt 2 beschriebenen Formel (4) neu berechnet und für die endgültige Entscheidung, ob die Hypothese in den Graphen integriert werden soll oder nicht, herangezogen. Das Beispiel zeigt, dass das Data-Sparseness-Problem nur in geringem Maße umgangen werden kann, denn die Kontexte konnten nur leicht erweitert werden. Zudem verdeutlicht es auch, weshalb die Überprüfung nicht für jede Hypothese durchgeführt werden kann: Allein die in Tabelle 2 dargestellten Daten, bei denen es sich nur um einen Ausschnitt der gefundenen Kontexte handelt, verursachten 26 Suchanfragen (je eine Anfrage pro Wort der Erweiterung sowie pro Wortkette eine Anfrage mit negativem Ergebnis, die die Untersuchung der jeweiligen Wortkette abbricht).

Abschließend werden die Paradigmen, die nicht durch Filter entfernt wurden, satzweise integriert, d.h. für jeden Satz wird eine absteigend nach (von Formel (4) berechneter) Qualität geordnete Liste von Paradigmen erzeugt, die der Reihe nach die entsprechenden Wortketten im Satz ersetzen. Da Hypothesen sich teilweise überschneiden können, ist die Integration nicht für jedes Objekt möglich, da jedoch zunächst die besten Paradigmen gewählt werden, beeinträchtigt dies den Programmablauf nicht[225]. Erwähnenswert ist bei der Paradigmenintegration, dass die Qualität eines Paradigmas wie in der Bewertung durch das Stufenmodell satzunabhängig berechnet wird, denn Grundlage für die Sortierung der Liste ist der jeweils beste für eine Hypothese berechnete Wert.

Die Integration geschieht jedoch nicht grundsätzlich für alle Vorkommen der Wortketten im gesamten Graphen, sondern nur für die von SOG als paradigmatisch interpretierten Ketten in den entsprechenden Pfaden. Die Feststellung, dass eine Wortkette sowohl unterschiedliche syntaktische Funktion haben als auch semantisch ambig sein kann, also mehrere Bedeutungen besitzen und somit in verschiedenen Paradigmen auftauchen kann, wird dadurch berücksichtigt; die Kontextsensitivität der Hypothesen wird gewährleistet.

3.5 Bildung rekursiver Datenstrukturen

Wenn der Algorithmus mit der Integration der Paradigmen den letzten Schritt abgeschlossen hat, beginnt er, ggf. mit modifizierten Schranken[226], erneut bei Schritt 1 aus Abbildung 1. Im Unterschied zur ersten Iteration arbeitet er jedoch nicht mehr ausschließlich mit Wort- bzw. Zeichenketten, sondern auch mit den integrierten Paradigmen. Dies hat zwei wesentliche Auswirkungen: Zum einen können nun auch zwei Paradigmen zu einem neuen Paradigma verschmolzen werden, so dass die Anzahl von zueinander paradigmatischen Wortketten zunimmt (Abbildung 3), zum anderen werden auch neue Paradigmen gebildet, die in der vorherigen Iteration aufgrund einer zu niedrigen Qualität abgelehnt oder aufgrund unterschiedlichen Kontexts gar nicht erst erkannt worden waren.

---

[225] Es handelt sich hier nicht um ein Maximierungsproblem – es ist nicht unmittelbares Ziel des Algorithmus, möglichst viele Paradigmen in einen Satz zu integrieren, um ihn bzgl. der Qualität der Summe der Paradigmen zu optimieren.

[226] Verschiedene Parameter von SOG lassen sich durch eine Konfigurationsdatei manipulieren.

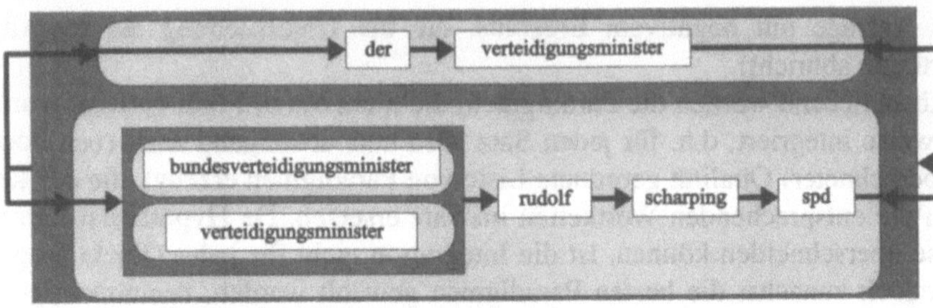

Abbildung 3: Generierung rekursiver Datenstrukturen

Sätze bzw. Pfade werden sich also von Iteration zu Iteration ähnlicher, semantisch und syntaktisch verwandte Pfade gruppieren sich (daher auch die Bezeichnung Self-Organizing Graph). Nebenbei wird SOG so auch zu einer Art sprachgenerierenden System, wie das von SOG generierte Beispiel in Abbildung 4 veranschaulicht.

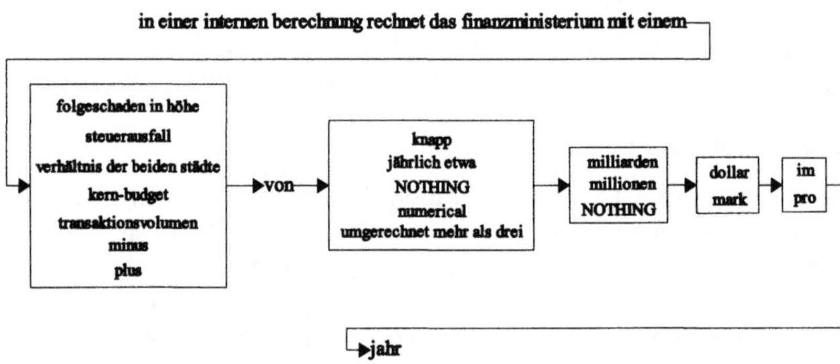

Abbildung 4: Von SOG während der Prozessierung erkannte paradigmatische Beziehungen ermöglichen durch Substitution (begrenzte) Sprachgenerierung.

Abbildung 4 zeigt jedoch gleichzeitig auch einige auftretenden Probleme: Neben der sicherlich nicht in dieses Paradigma gehörenden Wortkette „Verhältnis der beiden Städte" werden die syntagmatischen Abhängigkeiten zwischen den Elementen der einzelnen Paradigmen nicht berücksichtigt – die Verwendung von Null-Paradigmen kann hier sowohl zu Bedeutungsfreiheit („mit einem Steuerausfall von umgerechnet mehr als drei Mark pro Jahr") als auch zu ungrammatischen Strukturen („von knapp Mark pro Jahr") führen.

4. Fazit

Das SOG-Modell wurde an einem ca. 25.000 Sätze enthaltenden Ausschnitt von Zeitungsartikel des SemGen-Projekts getestet. Aus diesem Korpus wurden während der ersten Iteration ca. 250.000 Hypothesen generiert, der Großteil wurde durch die Filterfunktionen allerdings wieder entfernt, lediglich 500 Hypothesen wurden tatsächlich integriert. Der Anteil fälschlicherweise als Paradigmen ausgezeichneter Hypothesen lag bei knapp 9 Prozent – dies ist insbesondere deshalb problematisch, weil dadurch, dass in weiteren Iterationen des Programms fehlerhafte Daten mitverarbeitet werden, die Qualität des Gesamtergebnisses rapide abnimmt.

Die Auswertung zeigte, dass die Qualität der Ergebnisse stark abhängig vom verwendeten Korpus ist. Zeitungen bieten hier den Vorteil, dass relativ häufig leicht variierende Sätze vorkommen, wie bspw. in Überschrift und Artikel, oder in regelmäßigen Beiträgen über Wetter, Börse etc. Dies führt dazu, dass der gemeinsame Kontext zweier Wortketten sehr groß sein kann, die paradigmatische Relation unter Umständen jedoch gleichzeitig stark kontextabhängig ist, wie in (7a).

(7a) ... zeigte sich zuversichtlich über einen erfolg
[{des antrags} | {in karlsruhe}]

(7b) die deutschen aktienmärkte haben am montag leichte
[kursgewinne | zugewinne] verzeichnet

(7b) [feuchte | kalte] luft bestimmt das wetter.

(7d) verstöße gegen das verbot von tiermehl sollen künftig härter
[geahndet | bestraft] werden

Die Analyse eines Alternativkorpus (dabei handelte es sich um die ersten drei Bücher „Winnetou“ von Karl May), in welchem dieses Phänomen nicht so häufig auftritt, zeigte dann auch, dass die Qualität der Ergebnisse entsprechend nachlässt. So lag der Anteil der fälschlicherweise als richtig interpretierten Hypothesen dort nach der ersten Iteration bei über 32 Prozent. Trotzdem wurden durch diese hohe Fehlerquote nicht alle Paradigmen unbrauchbar – die dort häufig genutzte wörtliche Rede führte insbesondere bei den entsprechenden Verben zur Bildung qualitativ hochwertiger Paradigmen:

(8a) [weiß | denke | glaube | hoffe]

(8b) [meinte | fragte | rief | antwortete]

(8c) [schüttelte | erhob | senkte] langsam

(8d) [brummte | fragte | antwortete | sagte | {unterbrach ihn}]

Eine schärfere Trennung von guten und schlechten Paradigmen ist in jedem Fall erforderlich - der Großteil der Fehler ist auf syntagmatische Abhängigkeiten zurückzuführen, die SOG mit den hier beschriebenen Mitteln nicht bzw. kaum erkennen kann. Daher wäre zu untersuchen, ob bzw. wie Hypothesen über syntagmatische Relationen in der Analyse berücksichtigt werden könnten. Ein erster Ansatzpunkt dafür wären die in 3.2 festgehaltenen Beobachtungen in Bezug auf Null-Hypothesen.

Literaturverzeichnis

Burgess, C. &, Livesay, K., Lund, K. (1998): Explorations in Context Space: Words, Sentences, Discourse. Retrieved January 14, 2005 from http://locutus.ucr.edu/ reprintPDFs/bll98dp.pdf

Kohonen, T. (1995): Self-Organizing Maps. Berlin, Heidelberg, New York: Springer.

Solan, Z. & Horn, D., Ruppin, E., Edelman, S. (2004): Unsupervised context sensitive language acquisition from a large corpus. Retrieved January 14, 2005 from http://neuron.tau.ac.il/~horn/publications/nips031.pdf

van Zaanen, M. (1999): Bootstrapping Structure using Similarity. Retrieved January 14, 2005 from http://ilk.uvt.nl/~mvzaanen/docs/p_clin99.pdf

On the analysis of speech rhythm through acoustic parameters

Ingmar Steiner

Several recent studies have rekindled interest in the traditional distinction of languages into rhythmic classes (e.g. stress-timed, syllable-timed) and presented evidence in the form of durational acoustic parameters in favor of such an interpretation. The present paper discusses some of the methods and data used in such work, and attempts to refine them in an independent study investigating the homogeneity of what has been described as acoustic correlates of rhythm. Adopting a variable consonant/vowel distinction during data preparation, this study shows that certain consonant classes are significantly more efficient than others in influencing the distribution of individual languages along durational parameters. These results support the view that rhythmic language classification is strongly determined by phonotactic factors.

Mehrere Studien haben in den letzten Jahren das Interesse an der traditionellen Unterscheidung von Sprachen in Rhythmusklassen (z.B. akzentzählend, silbenzählend) neu entfacht und in Form von akustischen Dauerparametern Belege für eine solche Interpretation geliefert. Der vorliegende Artikel diskutiert einige der Methoden und Daten, die in diesen Arbeiten Verwendung gefunden haben und versucht, sie in einer unabhängigen Studie zu verfeinern, um die Homogenität dessen zu untersuchen, was als akustische Korrelate von Rhythmus beschrieben wurde. Indem eine variable Konsonant/Vokal-Unterscheidung bei der Datenaufbereitung zum Einsatz kommt, zeigt diese Studie, daß einige Konsonantenklassen signifikant höhere Effizienz aufweisen als andere, wenn es um ihren Einfluß geht, die Verteilung einzelner Sprachen entlang einiger Dauerparameter zu beeinflussen. Diese Ergebnisse stützen die Sichtweise, daß rhythmische Sprachklassifikation wesentlich durch phonotaktische Faktoren bestimmt wird.

Introduction

Recent studies into the acoustic correlates of speech rhythm have offered new evidence towards a weak form of the Rhythm Class Hypothesis. Traditionally, the Rhythm Class Hypothesis has differentiated between so-called *stress-timed* (e.g. English, Russian, Arabic), *syllable-timed* (e.g. French, Telugu, Yoruba) and *mora-timed* languages (e.g. Japanese) (Pike 1945, Abercrombie 1967). The strong form of the Rhythm Class Hypothesis, founded in a notion of foot, syllable or mora isochrony, respectively, has been repeatedly experimentally disproved (e.g. Ladefoged 1967, Ohala et al. 1979, Roach 1982). However, a weak form of the Rhythm Class Hypothesis, based principally on syllable structure and vowel reduction, has been found to offer a more plausible interpretation of acoustically measurable features of speech (Dasher & Bolinger 1983, Dauer 1983, Dauer 1987).

In the last few years, a number of studies, beginning with Ramus, Nespor & Mehler (1999), have segmented speech data into vocalic and intervocalic (i.e. consonantal) intervals, measuring their duration and extracting parameters from these durations based on statistical analysis of varying complexity (e.g. Grabe & Low 2002, Duarte et al. 2001, Galves et al. 2002a, Cassandro et al. 2002, Ramus 2002). The speech data these studies are based on vary considerably in nature, as do the methods used for *C/V* segmentation and statistical analysis. However, the findings of these studies all seem to support the Rhythm Class Hypothesis, as speech data from languages analyzed appear to cluster in accordance with traditional rhythmic classification.

Recent studies inspected

There are several remarks to be made concerning the results of such studies, and they can be grouped into three categories, all of them influencing in their own way how the results can be interpreted. First, the speech data must be controlled with respect to several factors; second, data preparation such as *C/V* segmentation decisively determines the results to be expected; and third, the actual extraction of durational parameters depends naturally on the algorithms used.

It should be kept in mind that a study of rhythmic typology seeks to expose factors which influence linguistic rhythm, while normalizing for factors which do not.

Considerations in data selection

Turning to the first point, what factors can influence the acoustic correlates of speech rhythm at the stage of data collection or corpus selection? Some may not have a significant effect, while others strongly alter the results to be expected of such a study. Several factors have been discussed or come to mind in this regard: number of speakers, speaker age, speaker gender, number of languages, speech material (read or spontaneous), speech continuity, speech rate, number of recordings per speaker, semantic differences, etc. (this list could easily be expanded).

While age and gender of speakers may not make a significant contribution to the study of speech rhythm in most cases, it would be advisable to include both genders and a variety of age groups. In fact, as with all empirical studies, a larger sample allows more powerful interpretations, so the overall number of speakers should be reasonably large.

Since spontaneous speech tends to exhibit phenomena such as hesitations, pauses, stammering, false starts and repetitions, there seems to be a general agreement that read speech is less difficult to analyze for purposes of rhythmic studies, as such discontinuities can be significantly reduced in experimental conditions with prepared texts.

Speech rate, however, has been identified as an uncontrollable source of potentially strong artifacts in measuring speech rhythm, especially since the parameters recent studies have extracted and used for analysis are durational in nature. As we shall see, this problem is not insurmountable and can be addressed at different stages of empirical study.

It is crucial to avoid conflating inter-speaker and inter-language variation. Therefore, data is required from more than one speaker per language analyzed. This point has been neglected in one otherwise promising study (Grabe & Low 2002), rendering its results somewhat limited in applicability.

The choice and number of languages to analyze is often narrowed by access to native speaker informants of the respective languages. Nevertheless, all of the recent studies have included English data, as well as at least a few other languages previously classified as stress-timed or syllable-timed. Where these languages cluster, they serve as reference for the interpretation of the rhythmic properties of languages hitherto unclassified with respect to the Rhythm Class Hypothesis.

Considerations in data preparation

All recent studies towards acoustic correlates of speech rhythm share a fundamental segmentation of sampled speech data into two interval categories. Almost all of them agree that these should be vocalic and consonantal intervals and thus perform a *C/V* segmentation during data preparation.

This view, however, tacitly presupposes both that *C/V* segmentation is a necessary prerequisite for the extraction of durational parameters and subsequent rhythmic analysis, and that it is easily performed. Unfortunately, these presumptions oversimplify an important point:

Assuming that the acoustic correlates of linguistic rhythm in speech are in fact based on the complexity of syllable structure and the presence or absence of vowel reduction, as proposed by Dauer (1983, 1987), how is the boundary between what counts as a vocalic interval and what is marked as consonantal defined? Ramus, Nespor & Mehler (1999) acknowledge the problematic nature of this question in passing and leave it to subsequent studies to elaborate on the issue, but so far, it has not been explicitly addressed. The reasons that the *C/V* distinction is not a trivial problem are twofold.

First of all, it must be decided whether the basis for the distinction between vocalic and consonantal intervals is to be a phonological one, based on the phonemic system of the language in question, or a phonetic division, based on acoustic cues. While the domain of linguistic rhythm seems to entail a preference for the former, this also renders the comparison of languages more difficult whose phonology handles the *C/V* distinction differently. What counts as a vowel in one language may not always be a vowel in another, and vice versa. Certain segment types, such as approximants, also receive unequal treatment, depending on where in the syllable they occur. On the other hand, the studies discussed in this paper attempt to capture acoustic correlates of rhythm, so that a purely phonetic distinction may be preferable. This in turn can pose problems on how to classify intervals exhibiting such phenomena as vowel devoicing, syllabic consonants and so forth, phenomena which surface regularly in languages such as the Tokyo accent of Japanese (Laver 1994) and Tashlhiyt Berber (Coleman 1999), respectively, as well as most other languages. Grabe & Low's study, for instance, opts to classify devoiced vowels as consonantal intervals, thereby eliminating the carrier syllables from the analysis.

This last point is worth elaborating on. Numerous languages allow syllable nuclei to consist not just of vowels, but alternatively of sonorants such as nasals and laterals, and even fricatives, as defined by the concept of the *sonority hierarchy*. Those languages that formally prohibit nonvocalic nuclei still exhibit them as phenomena of reduced speech. Are such segments to be labeled as vocalic in the context of *C/V* segmentation? A negative answer would result in consonantal intervals containing more than one syllable, a prospect at best unattractive for studies devoted to rhythmic analysis.

An alternative circumventing this question could be to abandon the notion of *C/V* segmentation altogether, instead falling back on a segmentation into syllable nuclei and inter-nuclear intervals. However, such a prosodic segmentation entails its own set of problems.

The second issue brought about by *C/V* segmentation is its rigidity. Depending on a phonological or phonetic approach, the criteria for *C/V* distinction may be language-dependent or universal and acoustically motivated. Once the *C/V* distinction has been established and encoded into the data by annotation, there is virtually no way of modifying this class distinction short of relabeling the data. Galves et al. (2002a) are the notable exception to this problem, as they automate the *C/V* distinction by computing a sonority measure. Data presented in this paper, however, suggest that varying the *C/V* distinction can have a revealing impact on language clustering in the parameter space proposed by recent studies on acoustic correlates of rhythm.

The handling of pauses is another matter entirely, but there seems to be a broad consensus to simply exclude pauses (silent or filled) from all further processing.

Considerations in parameter extraction

Presupposing a satisfactory *C/V* segmentation, the main issue in which recent studies have parted directions is that of parameter extraction. The acoustic correlates of rhythm are unanimously interpreted as statistical measures computed from the duration of vocalic and consonantal intervals in the speech signal, but the fundamental difference between the individual studies lies in the algorithms used for the computation of these durational parameters.

Ramus, Nespor & Mehler (1999) propose the percentage of total vocalic interval duration in the overall duration of the utterance (*%V*) and the standard deviation of consonantal interval duration (ΔC) as rhythmically classifying parameters. While the simplicity of these measures may seem naïve at first, their motivation is founded in two of the structural features of the weak Rhythm Class Hypothesis as proposed by Dauer (1983, 1987): vowel reduction and syllable complexity. As such, *%V* and ΔC are remarkably efficient in discriminating languages by rhythmic class, as attested by the clustering of the language mean values in the *%V*/ΔC plane. This is illustrated in Figure 1.

Other studies attempt to duplicate and refine these results by devising more elaborate statistical measures to extract from interval durations. Grabe & Low (2002) use a "pairwise variability index", both raw (*rPVI*) and normalized (*nPVI*), to function as ΔC and *%V*, respectively. Galves et al. (2002a) define the sample mean of a sonority function to play the role of *%V*, and δS for ΔC. While all of these studies succeed in achieving results comparable to Ramus, Nespor & Mehler (1999), details will not be discussed here for reasons of brevity, and the reader is referred to the respective publications.

The problem of speech rate control was one of the principal motivations for the independent study by Grabe & Low (2002). They attempt to normalize for local speech rate variation through statistical means at the level of parameter extraction. While such an approach is potentially fruitful, Galves et al. (2002b) present evidence to the contrary. Additionally, Dellwo & Wagner (2003) show that speech rate does not necessarily influence the distribution of *%V* and ΔC values strongly enough to obliterate Rhythm Class clustering.

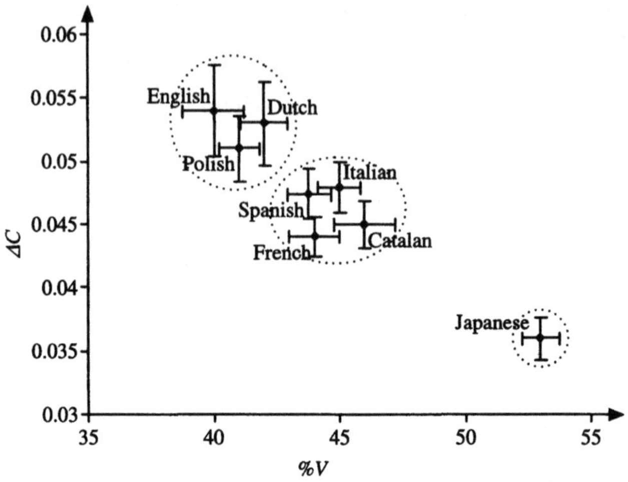

Figure 1: Language distribution in the %V/ΔC plane. Error bars represent ±1 standard error (from Ramus, Nespor & Mehler 1999).

To summarize this section, recent studies have taken speech data from a number of rhythmically distinct languages, segmented these data into consonantal and vocalic intervals and computed statistical measures from the duration of these intervals. Differences arise mainly in the first and third stages, more precisely in the sample of languages, the number of speakers per language, and especially the methods used to compute the statistical measures, which are interpreted as the acoustic correlates of rhythm.

Evidence for a refined analysis

The aim of the present study is to show that to a considerable extent, studies analyzing acoustic correlates of rhythm according to the methods outlined in the previous section have their outcome determined by the circumstances of *C/V* segmentation. This step, intermediate between data selection and parameter extraction, is therefore in focus in the analysis described in this section. To this end, measurements were carried out on speech rate controlled data and analyzed with a variable *C/V* distinction. Finally, it is proposed that specific parameters other than *%V* and *ΔC* are most efficient at discriminating the languages analyzed by rhythmic class. The results support the interpretation that linguistic rhythm is substantially dependent on language specific phonotactic characteristics.

Data selection

To avoid some of the potential artifact sources identified in the previous section, speech data for the present study was taken from the BonnTempo Corpus, a collection of annotated recordings designed specifically with rhythmic analysis in mind (Dellwo et al. 2004). The corpus consists of read speech, with a translation of the same text in each of several languages, numerous speakers per language, and 5 recordings of controlled varying speech rate per speaker, roughly averaging 100 syllables per recording. The data is manually *C/V* annotated according to phonological criteria, as well as syllable segmented.

From this corpus, a number of speakers were selected, including 4 German speakers (2 male, 2 female), 5 English (2m, 3f), 5 French (2m, 3f) and 2 Italian (1m, 1f), amounting to 80 recordings.

Data preparation

To allow a flexible *C/V* distinction along the sonority scale, all recordings were manually annotated on the basis of the BonnTempo Corpus *C/V* segmentation. According to visual and auditory cues in spectrographic analysis, intervals were segmented into vowels (labeled as *v*), approximants (*a*), laterals (*l*), nasals (*n*), fricatives (*f*) and stops (*s*). Additionally, to preserve syllabic structure, syllabic laterals were labeled as *L* and syllabic nasals as *N*.

A preliminary analysis duplicating the methods of Ramus, Nespor & Mehler (1999) displayed comparable clustering of languages into stress-timed (German and English) and syllable-timed languages (French and Italian). The variation of speech rate is reflected in a pronounced deviation along the ΔC axis, as shown in Dellwo & Wagner (2003).

Parameter extraction

By varying along the sonority scale the boundary between intervals classified as "vocalic" and "consonantal", it becomes possible to subsequently include approximants, laterals, and so on in $\%V$, removing them from ΔC. Since this step undermines the reality of $\%V$ being the percentage of *vocalic* intervals, $\%V$ and ΔC were replaced by the abstract measures $\%X$ and ΔY, respectively, with various configurations assigning interval types to the sets X and Y by sonority. For example, the configuration $\%vaLN/\Delta lnfs$ plots the percentage of the total duration of all vocalic, approximant, syllabic lateral and syllabic nasal intervals against the standard deviation of all clusters of non-syllabic lateral, non-syllabic nasal, fricative and stop intervals.

Results

As several configurations of sonority class assignments were analyzed in this manner, it became evident that when *%X* contains nasals and laterals, the distribution of languages in the *%X/ΔY* plane converges, as individual languages and rhythmic classes become merged.

To isolate the durational parameters principally responsible for the initial distribution of languages, 262 individual parameters were computed for each of the 80 recordings by computing *%X* and *ΔY* for all possible combinations of the 8 interval types.[227] Subsequent discriminant analysis reinforced the observation identifying nasals and laterals as significant contributors to language distribution and provided the compelling result that not *%V* and *ΔC* (or its equivalent, *ΔalLnNfs*) provide maximal separation of rhythmic classes, but rather *%l* and *%n*, the percentages of lateral and nasal intervals of overall utterance duration (Figure 2). For the data analyzed, the canonical correlation of the discriminant function containing *%l* and *%n* (between stress-timed and syllable-timed language groups) was 0.902, compared to only 0.822 for *%V* and *ΔC*. For a detailed description of this analysis, the reader is referred to Steiner (2004).

Discussion

While it is possible that the results presented above apply only to the data analyzed, several generalizations are nevertheless applicable.

1) It should have become clear that in studies basing their findings on some sort of *C/V* distinction, the resulting distribution is asymmetric and that the "functional load" of individual consonant classes is not homogeneous. This means that some consonant classes play a more important role than others in influencing any analysis grouping all consonants together.

2) Assuming the acoustic correlates of rhythm can be captured by methods such as those used in recent studies towards this end, and the position of individual languages in figures plotting durational measures based on a *C/V* distinction (e.g. the *%V/ΔC* plane) assigns those languages to rhythmic classes, then the nature of the *C/V* distinction determines this assignment.

227 Only 8 of these parameters were of the *%X* kind, since all combinations would have yielded only dependent parameters (i.e. *%v* + *%a* = *%va*).

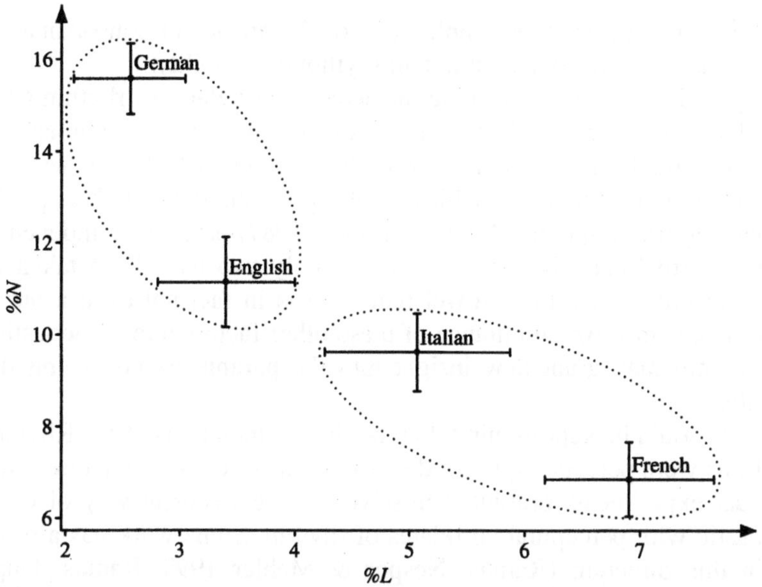

Figure 2: Language distribution in the %L/%N plane (syllabic and non-syllabic). Error bars represent standard deviation.

3) By an extension combining these two points, the statistical distribution of certain significant consonant classes in individual languages determines these languages' membership in rhythmic classes. This means that language assignment to rhythmic classes is determined by language internal phonotactics, as well as principles of syllabification. This provides new acoustic evidence for the validity of Dauer's (1983, 1987) proposals regarding the reformulation of the Rhythm Class Hypothesis.

4) If phonotactic characteristics determine an individual language's position relative to other languages with respect to certain parameters, this "phonotactic profile" could serve as a rhythmic feature complex in its own right, opening a new rhythmic typology based on phonotactics.

While these points are open to discussion in light of the evidence presented in this paper, it should also be taken into consideration that speech rhythm and rhythmic typology cannot be adequately captured by durational measures. Consider the position of Polish and Catalan in Ramus, Nespor & Mehler's (1999) study. While these languages have not been conclusively assigned to a traditional Rhythm Class, their distribution in the *%V/ΔC* plane seems to suggest their classification as stress-timed and syllable-timed, respectively, which indicates that syllable complexity (a phonotactic factor), not vowel reduction, is the significant parameter. On the other hand, the *ΔV* distribution presents a different picture, which suggests that simple durational statistics of consonantal and vocalic intervals explain some, but not all rhythmic variability.

It may be in order to re-examine the acoustic correlates of rhythm altogether. If speech rhythm is regarded as the temporal arrangement of prominent and non-prominent syllables in a certain pattern, there are other factors at work through which syllable prominence is achieved, alongside duration, such as pitch, loudness, and segmental quality. After all, Dauer (1987) proposes 8 independent parameters of rhythmic distinction, of which only two have been taken into account in recent studies (and vowel reduction is in fact not even a purely durational dimension). An admittance of these other factors into an acoustic analysis of rhythm may grant new insight into the parameters governing rhythmic similarity.

Also, it should be kept in mind that the first formulations of the Rhythm Class Hypothesis were perceptual, if not downright introspective, in nature. Therefore, perceptual experiments present themselves as a convenient way of correlating the acoustic with perceptual correlates of rhythm. Some work has already been done in this direction (Ramus, Nespor & Mehler 1999, Ramus, Dupoux & Mehler 2003), but it would be interesting to investigate directly the influence of phonotactic factors on the perception of speech rhythm.

Applications

Reliable acoustic correlates of speech rhythm could prove an invaluable asset in foreign language acquisition. Most pronunciation instruction focuses on segmental articulation or word stress at best, ignoring speech rhythm characteristic for the target language. Identifying the essence of speech rhythm could help reduce the effects of native rhythm in a foreign language, which accounts of much of the native-speaker perceived "strangeness", even when segmental pronunciation is flawless.

Infants learn to discriminate languages based on prosodic cues long before they acquire knowledge pertaining to the phonotactic properties of their mother tongue. The psychological reality of Rhythm Classes in this context is demonstrated by Ramus, Dupoux & Mehler (2003), who nevertheless employ their usual *C/V* distinction for their experimental data.

One relatively obvious application of acoustic correlates of speech rhythm lies in the domain of automatic spoken language identification. In situations where a multilingual speech user interface has to determine the language of discourse, identification of the user's spoken language by prosody presents an option preferable, or at least complementary, to lexical matching or similar approaches which require speech recognition on the segmental level. In fact, Farinas & Pellegrino (2001) present results which show that rhythmic features alone can allow a Gaussian mixture model to identify languages with a reliability greater than 80%.

Finally, the notions of syllable isochrony and acoustic correlates of speech rhythm could provide new insight to durational modeling in speech synthesis. The author is currently engaged in research investigating such possibilities, among other things, to improve the perceived naturalness of synthetic speech rhythm by refining the durational models used.

References

Abercrombie, D. (1967). Elements of General Phonetics. Edinburgh: Edinburgh University Press.

Cassandro, M., Collet, P., Duarte, D., Galves, A., & Garcia, J. (2002). A universal linear correlation among acoustic correlates of rhythm. http://www.ime.usp.br/~tycho/prosody/sonority/linear/linear.pdf

Coleman, J. (1999). The nature of vocoids associated with syllabic consonants in Tashlhiyt Berber. Proceedings of the 14th International Congress of Phonetic Sciences 1, 735-738. http://www.phon.ox.ac.uk/~jcoleman/ICPhS.ps

Dasher, R., & Bolinger, D. L. (1982). On pre-accentual lengthening. Journal of the International Phonetic Association 12, 58-71.

Dauer, R. M. (1983). Stress-timing and syllable-timing reanalyzed. Journal of Phonetics 11, 51-62.

Dauer, R. M. (1987). Phonetic and phonological components of language rhythm. Proceedings of the 11th International Congress of Phonetic Sciences 5, 447-450.

Dellwo, V., & Wagner, P. (2003). Relations between language rhythm and speech rate. Proceedings of the 15th International Congress of Phonetic Sciences.

Dellwo, V., Steiner, I., Aschenberner, B., Dankovičová, J., & Wagner, P. (2004). BonnTempo Corpus and BonnTempo Tools: A database for the study of speech rhythm and rate. Proceedings of Interspeech 2004.

Duarte, D., Galves, A., Garcia, N. L., & Maronna, R. (2001). The statistical analysis of acoustic correlates of speech rhythm. Proceedings of the Workshop on Rhythmic Patterns, Parameter Setting and Language Change. http://www.ime.usp.br/~tycho/zif/zif_papers/duarte.pdf

Farinas, J., & Pellegrino, F. (2001). Automatic rhythm modeling for language identification. Proceedings of Eurospeech 2001. http://www.ddl.ish-lyon.cnrs.fr/Publications/Pdf/pellegrino/EUROSPEECH2001.pdf

Galves, A., Garcia, J., Duarte, D., & Galves, C. (2002a). Sonority as a basis for rhythmic class discrimination. Proceedings of Speech Prosody 2002. http://www.ime.usp.br/~tycho/prosody/sonority/rev4.pdf

Galves, A., Garcia, J., Duarte, D., & Galves, C. (2002b). Appendix: Are the lengths of consonantal intervals correlated? Proceedings of Speech Prosody 2002. http://www.ime.usp.br/~tycho/prosody/sonority/appendix.pdf

Grabe, E., & Low, E. L. (2002). Durational variability in speech and the rhythm class hypothesis. In C. Gussenhoven & N. Warner (Eds.), Papers in Laboratory Phonology 7.

Berlin: Mouton de Gruyter.
http://www.phon.ox.ac.uk/~esther/ivyweb/Grabe_Low.doc

Ladefoged, P. (1967). Three Areas of Experimental Phonetics. London: Oxford University Press.

Laver, J. (1994). Principles of Phonetics. Cambridge: Cambridge University Press.

Ohala, J. J., Riordan, C. J., & Kawasaki, H. (1979). Investigation of pulmonic activity in speech. Proceedings of the 9th International Congress of Phonetic Sciences 1, 205.

Pike, K. L. (1945). The Intonation of American English. Ann Arbor: University of Michigan Press.

Ramus, F. (2002). Acoustic correlates of linguistic rhythm: Perspectives. Proceedings of Speech Prosody 2002. http://www.ehess.fr/centres/lscp/persons/ramus/ramus_sp02.pdf

Ramus, F., Dupoux, E., & Mehler, J. (2003). The psychological reality of rhythm classes: perceptual studies. Proceedings of the 15th International Congress of Phonetic Sciences, 337-342. http://www.ehess.fr/centres/lscp/persons/ramus/ICPhS03.pdf

Ramus, F., Nespor, M., & Mehler, J. (1999). Correlates of linguistic rhythm in the speech signal. Cognition 73, 265-292.
http://www.ehess.fr/centres/lscp/persons/ramus/Cognition99.pdf

Roach, P. (1982). On the distinction between 'stress-timed' and 'syllable-timed' languages. In D. Crystal (Ed.), Linguistic Controversies (pp. 73-79). London: Edward Arnold.
http://www.personal.rdg.ac.uk/~llsroach/phon2/frp.pdf

Steiner, I. (2004). Zur Rhythmusanalyse mittels akustischer Parameter. MA thesis, University of Bonn. http://www.coli.uni-saarland.de/~steiner/files/pdf/MA-Arbeit.pdf

Text, Wörter, Morpheme – Möglichkeiten einer automatischen Terminologie-Extraktion

Hans Friedrich Witschel

Diese Abhandlung beschreibt die Kombination verschiedener statistischer und musterbasierter Methoden für die Extraktion von Fachterminologie aus elektronischen Texten. Aus allgemeinen Definitionen und Eigenschaften von Terminologie werden Ideen für deren Extraktion abgeleitet; dabei werden verschiedene bestehende Ansätze beleuchtet und einbezogen. Eine selbst durchgeführte Implementierung wird beschrieben und deren Ergebnisse werden ausgewertet.

This paper describes the possibility to automatically extract terminology (i.e. technical terms) from text using various statistical and pattern-based methods. Ideas are derived from definitions and theoretical characteristics of terminology and from existing approaches to terminology extraction. An own implementation of a selection of these ideas is being described and evaluated.

Einführung

Die Suche nach Informationen in unstrukturierten natürlichsprachlichen Daten ist Gegenstand des so genannten *Text Mining*. In dieser Arbeit wird ein Teilgebiet des Text Mining beleuchtet, nämlich die Extraktion domänenspezifischer Fachbegriffe aus Fachtexten der jeweiligen Domäne. Dabei soll die Frage geklärt werden, was Terminologie eigentlich ist, vor allem aber werden verschiedene Methoden entwickelt, welche die Eigenschaften von Fachtermini ausnutzen, um diese aufzufinden. Die Verfahren sollen aus den linguistischen und „statistischen“ Charakteristika von Fachbegriffen hergeleitet werden und auf geeignete Weise kombiniert werden. Dabei werden sie auch bezüglich ihrer Leistungsfähigkeit verglichen.

Wofür Terminologie-Extraktion?

Wofür überhaupt Terminologie-Extraktion? Die Antwort darauf ist einfach: der Schlüssel zum Verständnis vieler Fachgebiete liegt in der Kenntnis der zugehörigen Terminologie. Natürlich genügt es nicht, nur eine Liste der Fachtermini einer Domäne zu kennen, um diese zu durchdringen. Eine solche Liste ist aber eine wichtige Voraussetzung für die Erstellung von Fachwörterbüchern (man denke z.B. an Nachschlagewerke wie das klinische Wörterbuch „Pschyrembel“):

zunächst muss geklärt werden, *welche* Begriffe in das Wörterbuch aufgenommen werden sollen, bevor man sich Gedanken um die genaue Definition der einzelnen Termini machen kann.

Terminologie – Begriffseingrenzung und erste Ideen zur Extraktion

Zunächst soll versucht werden, den Begriff „Terminologie" zu definieren. Dabei greife ich auf die Definition von Eugen Wüster zurück, der Terminologie beschreibt als

> „das Begriffs- und Benennungssystem eines Fachgebietes, das alle Fachausdrücke umfasst, die allgemein üblich sind." (Wüster 1991).

Dies ist eine Definition, die auch Eingang in den DIN-Standard (vgl. (DIN 2342)) gefunden hat und somit allgemein anerkannt ist. Sie scheint aber erst einmal keinen Hinweis darauf zu geben, wie man Fachtermini aus Texten extrahieren kann. Bei genauerem Hinsehen lieferte sie aber doch einen wichtigen Hinweis für das weitere Vorgehen in meiner Arbeit: Wenn man darüber nachdenkt, was es heißt, nach Begriffen zu suchen, die „allgemein üblich" sind, so stellt man fest, dass sehr wahrscheinlich unterschiedliche Meinungen darüber existieren, was allgemein üblich ist und was nicht. Anders ausgedrückt: die Grenzen zwischen Terminologie und Allgemeinwortschatz sind fließend.

Im Hinblick auf die Evaluierung eines Verfahrens zur Terminologie-Extraktion ist es aber sehr wichtig, eine genaue Abgrenzung vorzunehmen: um die Qualität eines Ergebnisses beurteilen zu können, muss vorher genau festgelegt werden, was ein „gutes" Ergebnis ist. Oder anders gesagt: Man sollte erst genau wissen, wonach man sucht, bevor man sich an die Implementierung eines Extraktionssystems macht. Das Problem der genauen Abgrenzung ist aber kein vollkommen neues: im Information Retrieval sucht man nach „relevanten" Dokumenten, ohne eine allgemeingültige Definition für Relevanz zu haben. Vielmehr hängt das erwünschte Ergebnis von den Bedürfnissen des Benutzers ab: jeder Benutzer hält etwas anderes für relevant oder – in unserem Fall – für fachsprachlich.

Diese Erkenntnis führte zu einer grundsätzlichen Design-Entscheidung für das später von mir entwickelte System zur Terminologie-Extraktion: In Anlehnung an das aus dem Information Retrieval bekannte Verfahren des *Relevance Feedback* (Salton 1990) konstruierte ich ein semi-automatisches Verfahren, bei dem der Benutzer stets eine Menge von potentiellen Termini (Termkandidaten) vorgelegt bekommt und daraus eine Auswahl trifft. Aus dieser Auswahl lernt das

System: es wird versucht, die Eigenschaften der gewählten Begriffe zu erkennen und Terme mit ähnlichen Eigenschaften zu finden.

Allgemeine Charakteristika von Fachtermen

Bevor aber der Anwender im Rahmen von Relevance Feedback aktiv werden kann, muss eine Vorauswahl von Termkandidaten getroffen werden. Dazu werden einige allgemeine Charakteristika von Terminologie benötigt, die mit hoher (wenn auch nicht absoluter) Sicherheit dafür sprechen, dass ein Wort ein Fachterm ist. Im Wesentlichen lassen sich diese Charakteristika in zwei Kategorien einteilen: „statistische" (d.h. solche, die mit der Verteilung von Wörtern in Texten zu tun haben) und linguistische.

Verteilung von Fachtermini
Die Betrachtung der statistischen Verteilung von Wörtern nimmt ihren Ausgang beim so genannten Zipfschen Gesetz, welches besagt, dass – wenn man die Wörter eines Textes nach Häufigkeit sortiert – das Produkt aus Rang und Frequenz für alle Wörter konstant ist. Daraus lässt sich ableiten, dass einige wenige Wörter sehr häufig sind – diese haben meist rein syntaktische Funktion und werden hier als „Stoppwörter" bezeichnet. Die meisten Wörter treten hingegen selten auf, die Hälfte aller Wörter eines Textes sogar nur einmal. Darüber hinaus wird in Abhandlungen wie (Hoffmann 1988) herausgearbeitet, dass

- die Stoppwörter in allen Texten – d.h. in gemeinsprachlichen sowie in Fachtexten – mit gleichen relativen Häufigkeiten auftreten und
- bestimmte Autosemantika, vor allem Nomina, die in einer bestimmten Fachsprache sehr häufig sind, in der Gemeinsprache wesentlich seltener (oder gar nicht) auftreten.

Daraus wird später die Idee der *Differenzanalyse* abgeleitet, welche versucht, die Mengendifferenz zwischen einem Fachwortschatz und dem Allgemeinwortschatz zu bilden: Wörter, die in Fachtexten wesentlich häufiger (und zwar statistisch signifikant) auftreten als in einem gemeinsprachlichen Referenzkorpus, werden als Fachtermini identifiziert.

Linguistische Charakteristika
Für die Betrachtung der linguistischen Eigenschaften von Fachtermini wird eine Einteilung nach Ein- und Mehrwortbegriffen vorgenommen.
Einwortterme: Hier unterscheidet man Simplizia, Derivate, Komposita und Abkürzungen:

- Bei *Simplizia* stellt man fest (vgl. (Fluck 1985), S. 48 ff.), dass ein sehr großer Teil der Fachtermini Nomina und Adjektive sind, nur ein sehr kleiner Teil hingegen aus Verben, Adverbien und „Stoppwörtern" besteht.
- Der Derivationsprozess in Fachsprachen ist oft durch die Verwendung einiger weniger, charakteristischer *Derivationsaffixe* gekennzeichnet. Auch hier ist es auffällig, dass manche Suffixe in bestimmten Domänen statistisch signifikant häufiger auftreten als in der Gemeinsprache (vgl. (Hoffmann 1988) S. 98). Ein Beispiel hierfür ist das Suffix „-itis" in der Medizin („Hepatitis"). Wörter, die auf „-itis" enden, sind mit sehr hoher Sicherheit medizinische Fachtermini.
- Schließlich kann man noch ausnutzen, dass ein großer Teil der Terminologie vieler Fachgebiete aus *Abkürzungen* und im Deutschen auch aus *Komposita* besteht.

Mehrwortterme: Ein interessanter Aspekt bei der Betrachtung von Wortgruppen ist ihre interne syntaktische Struktur: Die meisten terminologischen Mehrwortbegriffe sind Nominalphrasen einfacher Struktur, d.h. sie entsprechen einigen einfachen so genannten Part-of-speech-Mustern (POS-Mustern). In (Arppe 1995) findet man eine quantitative Untersuchung zu diesem Thema, die zu dem Ergebnis führt, dass im Englischen ca. 60% aller Terme eines Textes einem der Muster „Nomen-Nomen" (N N), „Adjektiv-Nomen" (A N) und „Nomen" (N) entsprechen. Wir können also einen POS-Tagger auf einen Text anwenden und dann die oben genannten Muster mit Hilfe regulärer Ausdrücke herausfiltern.

Dabei werden wir jedoch feststellen, dass wir zwar einen Großteil der relevanten Mehrwortbegriffe finden, aber auch eine Vielzahl von Wörtern, die nur einmal zufällig nebeneinander stehen und somit keine wirklichen linguistischen Einheiten bilden. Bourigault drückt es sehr treffend aus:

> "It is possible to devise an extraction program solely based on syntactic data [...] It is not possible to expect this program to extract terminological units *and nothing else*." (Bourigault 1992)

Es erscheint also viel versprechender, die Suche auf diejenigen POS-Muster einzuschränken, deren Teile bevorzugt und oft nebeneinander auftreten.

Die eben beschriebenen Ideen sollen im folgenden Abschnitt um Ansätze aus der Fachliteratur erweitert werden, um dann in ein System integriert zu werden, welches ich selbst implementiert und evaluiert habe.

Bestehende Ansätze

Hier soll ein kurzer Überblick über den Stand der Forschung zum Thema der Terminologie-Extraktion bzw. des automatischen Indexierens gegeben werden. Das heißt, es werden sowohl Verfahren aus dem Bereich des Information Retrieval betrachtet, als auch solche, die nur zum Zweck der Terminologie-Extraktion entworfen wurden. Dabei werden nur Verfahren Erwähnung finden, die entweder grundlegend bzw. richtungweisend für die Forschung im Bereich des automatischen Indexierens bzw. der Terminologie-Extraktion waren oder die Ideen enthalten, welche ich für meine Zwecke als sehr interessant empfand.

Statistische Verfahren

Die Idee der oben erwähnten Differenzanalyse ist im Information Retrieval schon lange bekannt. Anders als oben beschrieben, stützen sich die meisten Verfahren jedoch auf die Existenz einer Dokumentenkollektion und suchen dann solche Terme, die in möglichst wenigen Dokumenten auftreten, dort aber häufig.

Der berühmteste und meistgenutzte Ansatz ist hierbei der von (Salton 1975): seine Maße TF (= term frequency) und IDF (= inverse document frequency) werden auch heute noch viel benutzt. Die IDF wird groß für Terme, die nur in wenigen Dokumenten auftreten, TF ist die Frequenz eines Terms im entsprechenden Dokument. Meist wird das Produkt aus TF und IDF verwendet, um zu bestimmen, wie wichtig ein Term für ein bestimmtes Dokument ist.

Ein weiteres interessantes Verfahren stammt von (Damerau 1993): Hier wird nach Phrasen gesucht, deren relative Häufigkeit in einem (Spezial-)Teil des Gesamtkorpus stark nach oben von der relativen Häufigkeit im Gesamtkorpus abweicht. Sein Maß werde ich später unter dem Namen *Häufigkeitsquotient* verwenden. Es ist eine einfache Heuristik, welche genau die oben beschriebene Differenzanalyse realisiert.

Eine sehr interessante Idee konnte ich dem Ansatz von (Cohen 1995) entnehmen: Er wählt Indexterme nach in ihnen enthaltenen Teilzeichenketten (n-grammen) aus, die charakteristisch für die jeweilige Domäne sind. Diese Idee habe ich weitgehend übernommen: im Sinne des angestrebten Relevance Feedback werden dem Anwender des Extraktionssystems statistisch auffällige n-gramme vorgelegt, zusammen mit Beispielwörtern. Der Benutzer wählt die besten aus und das System sucht weitere Wörter, die diese n-gramme enthalten.

Linguistische Verfahren

Die linguistischen Verfahren beschäftigen sich fast alle mit dem Auffinden von Phrasen bzw. Mehrworttermen. In allen Fällen wird dabei irgendeine Art von syntaktischer Analyse vorgenommen, um Nominalphrasen zu extrahieren. Die Systeme unterscheiden sich jedoch im Grad der Tiefe der syntaktischen Analyse: (Salton 1988) führt ein vollständiges Parsing durch, (Evans 1995) begnügt sich mit einem so genannten NP-Chunking, d.h. dem oberflächlichen Identifizieren von Nominalphrasen, während z.B. (Dillon 1983) nur mit regulären Ausdrücken nach bestimmten POS-Mustern sucht.

Der Vorteil eines NP-Chunkings bzw. einer vollständigen syntaktischen Analyse liegt – gegenüber einer einfachen Extraktion von POS-Mustern – darin, dass keine „zufällig benachbarten" Elemente mit passenden POS-Tags extrahiert werden, die aber unterschiedlichen Phrasen angehören (wie z.B. „girl biscuits" als Muster *N N* in dem Satz „the man gave the girl biscuits").

Gegen eine syntaktische Analyse spricht allerdings, dass sie ressourcen- und rechenaufwendig ist: meist wird Information über syntaktische und semantische Eigenschaften von Wörtern (z.B. Valenz von Verben) benötigt, die in einem großen Lexikon abgespeichert wird, welches dann für jede Fachdomäne mit großem Aufwand entsprechend erweitert werden müsste. Dieses ist aber gerade der Zweck der Terminologie-Extraktion, sollte also nicht Voraussetzung dafür sein. Daher habe ich mich für die Verwendung einfacher POS-Muster entschieden.

Hybride Verfahren

Auch hybride Verfahren extrahieren zunächst Nominalphrasen aus Texten (z.B. mittels POS-Mustern). Diese werden dann in einem zweiten Schritt mittels statistischer Kriterien gefiltert.

(Daille 1994) kommt dabei zu dem erstaunlichen Ergebnis, dass das beste Maß zum Filtern von Phrasen deren pure Frequenz im Text ist. (Justeson 1995) liefert eine Art theoretische Begründung für diese erstaunliche Erkenntnis: Eine wichtige Eigenschaft terminologischer NPs ist – laut Justeson – , dass sie lexikalisch sind, d.h. dass ihre Bedeutung nicht komplett aus den Bedeutungen der Teile erschlossen werden kann und sie deshalb Aufnahme in ein Lexikon finden müssen. Bei lexikalischen Einheiten ist formale Variation, insbesondere das Einfügen von Modifikatoren und Umstellung, sehr selten, da ihre Form ja im Lexikon festgeschrieben ist. Nicht-terminologische NPs sind dagegen auch meist nicht lexikalisch und treten somit – wenn sie überhaupt wiederholt werden – in verschiedenen Varianten auf. Daraus lässt sich ableiten, dass das *wiederholte* und *unvariierte* Auftreten einer NP ein Kriterium für Fachspezifik ist.

Schließlich ist noch das von (Frantzi 1996) eingeführte Maß *C-Value* von Interesse: dieses bewertet Phrasen ebenfalls nach ihrer Frequenz, liefert aber schlechtere Werte, wenn eine Wortgruppe nur als Teil anderer Wortgruppen auftritt.

Ein Ansatz für das Deutsche

Der Ansatz von (Heid 1998) schließlich extrahiert Terminologie in mehreren Schritten und nutzt dabei besonders die morphologische Struktur des Deutschen. Er enthält einerseits eine Idee für Relevance Feedback, so wie ich es verwenden werde und andererseits viele interessante Anregungen, was die Ausnutzung der morphologischen Struktur des Deutschen angeht. Die wichtigste Idee ist dabei, domänenspezifische (Basis-)Morpheme zu erkennen, also solche Morpheme, die – als Teile von Komposita oder als Derivative – in vielen Wörtern des Fachtextes auftreten. Diese kann man dann zum Auffinden terminologischer Komposita bzw. Derivate verwenden.

Ein eigenes Verfahren

Ich möchte nun die Architektur eines von mir selbst entwickelten Verfahrens beschreiben, welches ich – aufbauend auf der Idee eines semi-automatischen Relevance-Feedback-Gerüstes – aus den bisher beschriebenen Ideen zusammengestellt und implementiert habe:

Die *Vorverarbeitung* des Textes umfasst das Segmentieren des Textes in Sätze und Wörter, das Entfernen von Stoppwörtern, eine Grundformenreduktion und den Aufruf eines POS-Taggers (vgl. (Brants 2002)).

Bei der nachfolgenden *Differenzanalyse* werden die Frequenzen der Grundformen und der Buchstabentrigramme mit den entsprechenden Frequenzen im Referenzkorpus verglichen. Die Ergebnisse der Differenzanalyse werden dem Anwender zur Beurteilung vorgelegt, welcher gute Terme und Trigramme auswählt, die in den nächsten Schritten weiterverwendet werden sollen.

Nun wird mittels zweier „*Pendel*" nach weiteren Termen gesucht; diese werden wieder dem Benutzer vorgelegt, erhalten von diesem Termstatus zugewiesen oder nicht usw.

Differenzanalyse

Der erste Schritt meiner Terminologie-Extraktion besteht aus einer Differenzanalyse, d.h. der Suche nach Wörtern, deren Frequenz im Fachtext statistisch signifikant abweicht von der Frequenz, die aufgrund des Vergleichskorpus vorhergesagt wird. Zunächst musste ich dazu einen geeigneten *statistischen Test* auswählen und diesen implementieren (tatsächlich habe ich mehrere implementiert, um sie später vergleichen zu können).

Wichtiger Ausgangspunkt für die Auswahl eines statistischen Tests war das Papier von (Dunning 1993). Dort wird der *likelihood ratio* Test eingeführt, welcher von einer Binomialverteilung der Wörter in Texten ausgeht. Dunning rät heftig davon ab, statt der Binomialverteilung eine Normalverteilung zu verwenden oder ganz auf eine statistische Modellierung zu verzichten, da in diesem Fall seltene Ereignisse (also Wörter) stark überbewertet werden, wie er meint.

Um seine These zu prüfen, implementierte ich zwei Prüfgrößen für die Differenzanalyse:

- die likelihood ratio von Dunning
- den oben bereits erwähnten Häufigkeitsquotienten, d.h. den Quotienten aus relativer Häufigkeit eines Wortes im Fachtext und seiner relativen Frequenz im Vergleichskorpus.

Im nächsten Abschnitt werden diese Maße miteinander verglichen und es wird Dunnings These überprüft: da der Häufigkeitsquotient (als einfache Heuristik) keine statistische Modellierung vornimmt, sollte er seltene Ereignisse laut Dunning überbewerten. Meist verwendete ich zusätzlich zu diesen statistischen Prüfgrößen eine Mindestfrequenz für Wörter, d.h. die Differenzanalyse extrahiert Wörter, deren Prüfgrößenwert einen bestimmten Schwellenwert überschreitet und die mit einer gewissen Mindestfrequenz im Fachtext auftreten.

Dasselbe Verfahren wendete ich auch auf Buchstabentrigramme an: die Mindestfrequenz ersetzte ich hier allerdings durch eine Mindestanzahl M von Wörtern, in denen ein Trigramm vorkommen muss. Nachdem nun Wörter und domänenspezifische Buchstabentrigramme identifiziert wurden und die „guten" darunter vom Benutzer ausgewählt wurden, wird in den nachfolgenden „Pendeln" diese Ausgangsmenge (oder auch *seed list*) schrittweise erweitert.

Morphologisches Pendel

Das morphologische Pendel tut nichts weiter, als Wörter aus dem Fachtext zu extrahieren, die domänenspezifische Buchstabentrigramme der seed list enthalten. Wirklich gut funktioniert dies nur bei Fachgebieten, in denen viel fremdsprachige Morphologie auftritt (z.B. wird in der Medizin viel lateinische Morphologie verwendet). Für deutsche Fachtexte wird zusätzlich im ersten Schritt eine Kompositazerlegung vorgenommen. Morpheme, die als Teil vieler verschiedener Komposita des Fachtextes auftreten, werden dort als „domänenspezifisch" erkannt (wenn sie vom Anwender ausgewählt wurden). Das morphologische Pendel kümmert sich in diesem Fall darum, weitere Komposita zu finden, welche domänenspezifische Basismorpheme enthalten.

Syntaktisches Pendel

Das syntaktische Pendel dient dem Auffinden von Mehrwortbegriffen. Bei der Umsetzung griff ich die Ideen von (Daille1994), (Frantzi 1996) und (Justeson 1995) auf: von Daille und Justeson habe ich die Überzeugung übernommen, dass die pure Frequenz einer Phrase das beste Auswahlkriterium ist, von Frantzi das Maß *C-Value*.

Bei der Extraktion von Phrasen wird zunächst nach POS-Mustern gesucht, die der Anwender selbst bestimmen kann. Allerdings werden ihm dabei Vorschläge gemacht, die nach (Arppe 1995) gute Ergebnisse versprechen. Dann wird für die gefundenen Einheiten der *C-Value* berechnet. Die vom Benutzer bereits bestätigten Einwortterme fließen ein, indem dieser Wert schließlich noch mit einem Faktor multipliziert wird, welcher umso größer ist, je mehr bereits bestätigte Terme in der Phrase enthalten sind. Phrasen, deren so modifizierter *C-Value* einen gewissen Schwellenwert übersteigt, werden als terminologisch ausgewählt.

Ergebnisse

Die Bewertung der mit meinem System erzielten Ergebnisse erfolgt mit den klassischen, im Information Retrieval üblichen Maßen *Precision*, *Recall* und *F-Wert* (harmonisches Mittel aus Precision und Recall). Ich wählte allerdings eine Variante des F-Wertes, welche Precision als doppelt so wichtig bewertet wie Recall.

Da die Entscheidung zwischen Terminologie und Nicht-Terminologie oft vom Betrachter abhängt, versuchte ich (nur für Evaluierungszwecke) eine Objektivierung einzuführen, indem ich die Entscheidung von einem Experten fällen ließ und dies zusätzlich mit einem Fachwörterbuch abglich. Die Evaluierung wurde anhand zweier Texte durchgeführt:

- mit einem medizinischen Text, welcher die verschiedenen Komplikationen und Nachwirkungen bei Knochenmarkstransplantationen beschreibt und
- mit einem linguistischen Text, der eine Einführung in die Begriffe der Morphologie gibt.

Als Experten wählte ich für den ersten Text eine Studentin der Medizin, für den zweiten mich selbst; die Fachwörterbücher waren einerseits das klinische Wörterbuch „Pschyrembel“, andererseits das „Lexikon der Sprachwissenschaft“ (Bussmann 2002). Beide Texte sind etwa gleich lang (rund 5000 Wörter), in ihrer Struktur unterscheiden sie sich aber stark: die Folgen der Knochenmarktransplantation erstrecken sich auf den ganzen Körper (Lunge, Herz, Zähne etc.). Aus allen zugehörigen Spezialgebieten der Medizin fließt so Terminologie in den Text ein. Sehr viele der vom Experten identifizierten Fachtermini (41%) kommen daher nur einmal vor, da sie als Hintergrundwissen vorausgesetzt werden. Der linguistische Text setzt demgegenüber keinerlei linguistische Vorkenntnisse voraus. Fast alle eingeführten Begriffe werden zunächst definiert und später meist wieder verwendet (83% der Fachtermini kommen mehr als einmal im Text vor).

Diese Unterschiede der beiden Texte haben – wie wir sehen werden – erheblichen Einfluss auf die Güte der Ergebnisse und auf die optimalen Einstellungen der freien Parameter des Systems. Um die Funktionsweise des Systems genau zu verstehen, analysierte ich dieses Stück für Stück in seinen Teilen. Dabei variierte ich die freien Parameter, um zu erkennen, welche Einstellungen für optimale Ergebnisse sorgen.

Differenzanalyse

Vergleich der Prüfgrößen

Als erstes interessierte mich die Frage nach der besten Prüfgröße: Ich führte die Differenzanalyse zunächst mit dem Häufigkeitsquotienten (HQ) mit einem Schwellenwert von 1000 durch. Dann stellte ich für die likelihood ratio (LR) den Schwellenwert so ein, dass die Ergebnismenge genauso groß wurde wie beim Häufigkeitsquotienten. Die Mindestfrequenz war in beiden Fällen 2. Die Precision- und Recallwerte, die sich dabei ergaben, ließen folgende Schlussfolgerungen zu:

- Der HQ bevorzugt tatsächlich seltene Terme, wie von (Dunning 1993) vorhergesagt.
- Der HQ liefert allerdings für den medizinischen Text bessere Ergebnisse als die LR. Für den linguistischen Text ist es genau umgekehrt.

Der letzte dieser Punkte lässt sich wohl damit erklären, dass der medizinische Text viele Termini der Frequenz 1 enthält (die als Hintergrundwissen vorausgesetzt werden), während im linguistischen Text die wichtigen Fachbegriffe oft wiederholt werden. Welches Maß bessere Ergebnisse liefert, lässt sich also nicht global feststellen, sondern ist abhängig von der Textsorte. Einführende Texte, die kein Vorwissen voraussetzen und somit die eingeführten Begriffe wiederholen, lassen sich besser mit der LR bearbeiten, Zusammenfassungen mit fachspezifischem Hintergrundvokabular besser mit dem HQ.

Variation der Parameter
Variiert man den Schwellenwert der LR und die Mindestfrequenz für Wörter bei der Differenzanalyse, so erhält man die in Abb. 1 und 2 dargestellten Kurvenverläufe für den F-Wert.

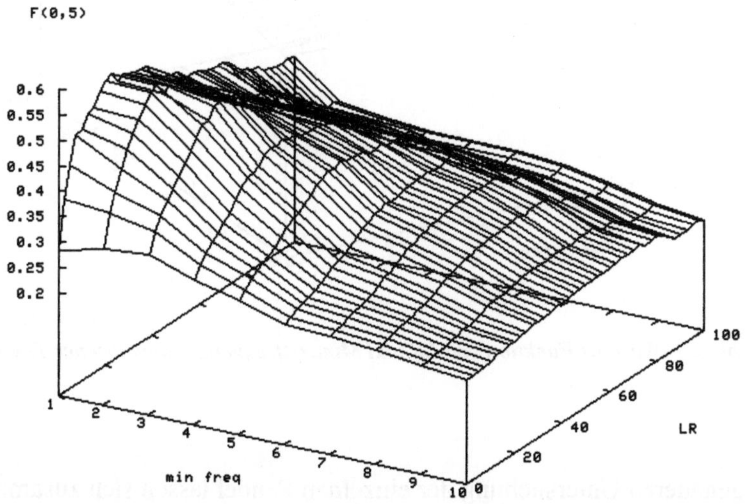

Abb. 1 F-Wert als Funktion der LR und der Mindestfrequenz (medizinischer Text)

Wieder fällt auf, dass das Optimum des medizinischen Textes bei einer niedrigeren Mindestfrequenz erreicht wird als beim linguistischen. Auch der Schwellenwert der LR sollte beim medizinischen niedriger als beim linguistischen Text gewählt werden. Leider gibt es also offensichtlich weder bei der Mindestfrequenz noch beim Schwellenwert der Prüfgröße eine Einstellung, die für *beide* Texte optimal ist. Die Unterschiede beider Texte spiegeln sich wie erwartet wider: der medizinische Text braucht bei beiden Parametern niedrigere Werte als der linguistische, damit selten auftretende Hintergrundterme gefunden werden können.

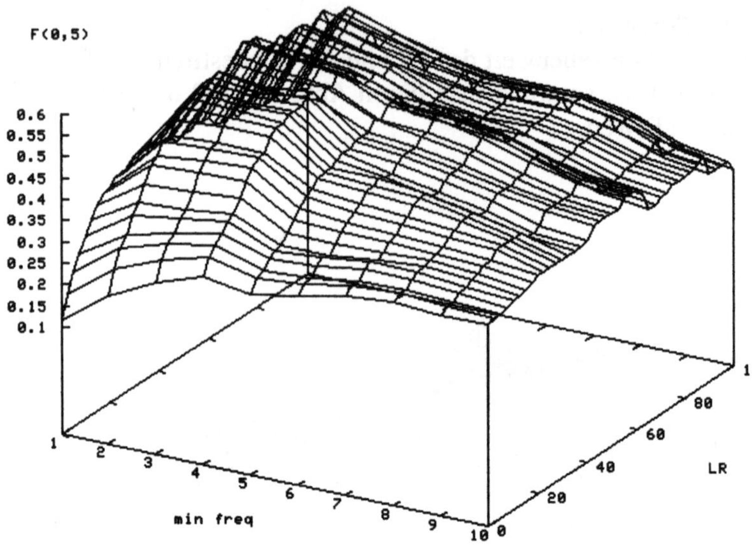

Abb. 2 F-Wert als Funktion von LR und Mindestfrequenz (linguistischer Text)

Pendel

Bei der genaueren Untersuchung der einzelnen Pendel lassen sich zusammenfassend folgende Ergebnisse festhalten:

- Als Ergänzung der Differenzanalyse zum Auffinden weiterer Einwortterme ist das morphologische Pendel aufgrund seiner hohen Precision eine gute Variante: es lieferte für beide Texte hochqualitative Listen von noch nicht gefundenen Einworttermini.
- Ein Vergleich der verschiedenen Prüfgrößen für die Differenzanalyse von Buchstabentrigrammen zeigt, dass der HQ in beiden Fällen bessere Ergebnisse liefert.
- Bei der Phrasenextraktion stellte sich das Maß C-Value – im Gegensatz zu anderen Maßen – als eine gute Wahl heraus. Bei weitem die meisten relevanten Mehrworttermini entsprechen den POS-Mustern „A N“ und „N N“.
- Die Einbeziehung der vorher vom Benutzer identifizierten Einwortterme wirkt sich positiv auf die Extraktion von Phrasen aus.

Fazit

Insgesamt gilt: möchte man nur die für das engere Thema eines Textes relevante Terminologie extrahieren, so muss man mit hohen Schwellenwerten arbeiten und wird dabei recht gute Ergebnisse erzielen. Dies entspricht in etwa einer *Beschlagwortung* des Textes mit inhaltlich relevanten Termen.

Will man hingegen auch das *Hintergrundwissen* in Form seltenerer Terme extrahieren, so stößt man auf Probleme, die umso größer sind, je mehr solches Hintergrundwissen in dem Text vorausgesetzt wird. Das Heruntersetzen der Parameter erlaubt zwar, einen großen Teil der Hintergrund-Terminologie zu extrahieren, jedoch leidet dabei die Precision in erheblicher Weise. Von der Beschaffenheit des Textes hängt auch ab, wie sehr man die Parameter herabsetzen muss; auch hier gibt es kein allgemeingültiges Rezept.

Es wäre interessant herauszufinden, ob es möglich ist, dass das System selbst merkt, welche Textart vorliegt – dann könnte man die Parameter dynamisch anpassen. Diese Frage soll Gegenstand zukünftiger Forschung sein.

Literaturverzeichnis

Arppe, A. (1995). Term extraction from unrestricted text. NODALIDA-95, Helsinki. Retrieved October 13, 2003, from http://www.lingsoft.fi/doc/nptool/term-extraction.html.

Biemann, C. & Bordag, S. & Quasthoff, U. (2003). Lernen paradigmatischer Relationen auf iterierten Kollokationen. In Proceedings of GermaNet-Workshop: Anwendungen des deutschen Wortnetzes in Theorie und Praxis, Tübingen 2003, 87–94.

Bordag, S. & Heyer, G. (2003). Warum ist es möglich, semantische Relationen automatisch zu berechnen? Einige Anmerkungen zur Relevanz strukturalistischer Grundlagen der Semantik. Journal of Quantitative Linguistics (to appear).

Bourigault, D. (1992). Surface Grammatical Analysis for the Extraction of Terminological Noun Phrases. In Proceedings of Coling92, 977–981.

Brants, T. (2000). TnT – A Statistical Part-of-Speech Tagger. In Proceedings of the 6th Applied Natural Language Processing Conference, 224–231.

Bußmann, H. (2002). Lexikon der Sprachwissenschaft. Stuttgart: Kröner.

Cohen, J.D. (1995). Highlights: language and domain independent automatic indexing terms for abstracting. Journal of the American Society for Information Science, 46(3), 162–174.

Daille, B. & Gaussier, E. & Langé, J. (1994). Towards Automatic Extraction of Monolingual and Bilingual Terminology. In Proceedings of COLING94, 515–521.

Damerau, F.J. (1993). Evaluating domain-oriented multi-word terms from texts. Information Processing and Management, 29(4), 433–447.

Dillon, M. & Gray, A. (1983). FASIT: A Fully Automatic Syntactically Based Indexing System. Journal of the American Society for Information Science, 34(2), 99–108.

Schmalenbach, K. (2002). DIT – Begriffe der Terminologie. Retrieved October 13, 2003, from http://www.dit-online.com/termi/main.htm.

Dunning, T. (1993). Accurate Methods for the Statistics of Surprise and Coincidence. Computational Linguistics, 19(1), 6–74.
Evans, D. A. & Lefferts, R. G. (1995). CLARIT-TREC Experiments. Information Processing and Management, 31(3), 385–395.
Fluck, H.-R. (1985). Fachsprachen, Einführung und Bibliographie. Tübingen: Francke.
Frantzi, K. T. & Ananiadou, S. (1996). Extracting nested collocations. In Proceedings of COLING96, 41–46.
Heid, U. (1998). A linguistic bootstrapping approach to the extraction of term candidates from German text. Terminology, 5(2), 161–181.
Heyer, G. & Läuter, M. & Quasthoff, U. & Wittig, T. & Wolff, C. (2001). Learning Relations using Collocations. In Proceedings of the IJCAI Workshop on Ontology Learning, 19-24.
Hoffmann, L. (1988). Vom Fachwort zum Fachtext: Beiträge zur angewandten Linguistik. Tübingen: Gunter Narr Verlag.
Justeson, J.S. & Katz, S.M. (1995). Technical terminology: some linguistic properties and an algorithm for identification in text. Natural Language Engineering, 1(1), 9–27.
Salton, G. & Wong, A. & Yang, C.S. (1975). A Vector Space Model for Automatic Indexing. Communications of the ACM, 18(11), 613–620.
Salton, G. (1988). Syntactic Approaches to Automatic Book Indexing. In Proc. of the 26th Annual Meeting of the Association for Computational Linguistics, 204–210.
Salton, G. & Buckley, C. (1990). Improving Retrieval Performance by Relevance Feedback. Journal of the American Society for Information Science, 41(4), 288–297.
Saussure, F. de (1967). Grundfragen der allgemeinen Sprachwissenschaft. Berlin: DeGruyter.
Wittgenstein, L. (1978). Philosophical Investigations, 3rd edition. Oxford: Blackwell.
Wüster, E. (1991). Einführung in die allgemeine Terminologielehre und terminologische Lexikographie. Bonn: Romanistischer Verlag.

Autorinnen und Autoren dieses Bandes

Bayan Abu Shawar
School of Computing
University of Leeds
Leeds, LS2 9JT, UK
bshawar@comp.leeds.ac.uk

Eric Atwell
School of Computing
University of Leeds
Leeds, LS2 9JT, UK
eric@comp.leeds.ac.uk

Sebastian Becker
FGAN-FKIE
Neuenahrer Straße 20
D-53340 Wachtberg/
Werthhoven
becker@fgan.de

Christoph Benden
Institut für Linguistik, SIV
Universität Köln
Albertus Magnus Platz
D-50923 Köln
cbenden@spinfo.uni-koeln.de

Chris Biemann
Institut für Informatik,
Abteilung ASV
Universität Leipzig
Augustusplatz 10-11
D-04109 Leipzig
biem@informatik.uni-leipzig.de

André Blessing
IMS, Universität Stuttgart
Azenbergstraße 12
D-70174 Stuttgart
Andre.Blessing@ims.uni-stuttgart.de

Stefan Bordag
Institut für Informatik,
Universität Leipzig
Augustusplatz 10-11
D-04109 Leipzig
sbordag @informatik.uni-leipzig.de

Aljoscha Burchardt
Institut für Computerlinguistik und
Phonetik
Universität des Saarlandes
Postfach 151150
D-66041 Saarbrücken
albu@coli.uni-sb.de

Ekaterina Buyko
Institut für Linguistik, SIV
Universität Köln
Albertus Magnus Platz
D-50923 Köln
ebuyko@spinfo.uni-koeln.de

Thierry Declerck
DFKI GmbH
Language Technology Lab
Stuhlsatzenhausweg 3
D-66123 Saarbrücken
declerck@dfki.de

Matthias Dehmer
TU Darmstadt – FB 20
Rechnerbetriebsgruppe
Hochschulstraße 10
D-64289 Darmstadt
dehmer@tk.informatik.uni-darmstadt.de

Rodolfo Delmonte
Ca' Garzoni-Moro, San Marco 3417
Università "Ca Foscari"
I-30124 Venezia
delmont@unive.it

Ernesto William De Luca
IWS, Universität Magdeburg
Universitätsplatz 2
D-39106 Magdeburg
deluca@iws.cs.uni-magdeburg.de

Jens Edlund
Centre for Speech Technology, KTH
S-10044 Stockholm
edlund@speech.kth.se

Katrin Erk
Institut für Computerlinguistik und Phonetik
Universität des Saarlandes
Postfach 151150
D-66041 Saarbrücken
erk@coli.uni-sb.de

Stefan Evert
IMS, Universität Stuttgart
Anzenbergstrasse 12
D-70174 Stuttgart
evert@ims.uni-stuttgart.de

Bernhard Fisseni
IKP, Universität Bonn
Poppelsdorfer Allee 47
D-53115 Bonn
bfi@ikp.uni-bonn.de

Anette Frank
Institut für Computerlinguistik und Phonetik
Universität des Saarlandes
Postfach 151150
D-66041 Saarbrücken
frank@coli.uni-sb.de

Miłosław Frey
FGAN-FKIE
Neuenahrer Straße 20
D-53340 Wachtberg/ Werthhoven
m.frey@fgan.de

Rüdiger Gleim
Universität Bielefeld
Universitätsstr. 25
D-33615 Bielefeld
Ruediger.Gleim@uni-bielefeld.de

Ingo Glöckner
Praktische Informatik VII
Informatikzentrum
FernUniversität in Hagen
Universitätsstraße 1
D-58084 Hagen
Ingo.Gloeckner@FernUni-Hagen.de

Wolfgang Grund
H.A.S.E GmbH
Feldstraße 10
D-65597 Hünfelden
grund@h-a-s-e.com

Iryna Gurevych
EML Research GmbH
Schloss-Wolfsbrunnenweg 33
D-69118 Heidelberg
gurevych @eml-research.de

Joakim Gustafson
Voice Technologies, Expert Functions
TeliaSonera Sverige AB
S-17284 Sundbyberg
joakim.gustafson@teliasonera.se

Felicitas Haas
IKP, Universität Bonn
Poppelsdorfer Allee 47
D-53115 Bonn
fha@ikp.uni-bonn.de

Thomas Hanneforth
Institut für Linguistik
Universität Potsdam
Postfach 601554
D-14415 Potsdam
tom@ling.uni-potsdam.de

Sven Hartrumpf
Praktische Informatik VII
Informatikzentrum
FernUniversität in Hagen
Universitätsstraße 1
D-58084 Hagen
Sven.Hartrumpf@FernUni-Hagen.de

Roland Hausser
CLUE
Universität Erlangen-Nürnberg
Bismarckstr. 6
D-91054 Erlangen
rrh@linguistik.uni-erlangen.de

Ulrich Heid
IMS, Universität Stuttgart
Azenbergstraße 12
D-70174 Stuttgart
heid@ims.uni-stuttgart.de

Mattias Heldner
Centre for Speech Technology, KTH
S-10044 Stockholm
mattias@speech.kth.se

Doris Helfenbein
CLUE, Universität Erlangen-Nürnberg
Bismarckstr. 6
D-91054 Erlangen
dshelfen@linguistik.uni-erlangen.de

Jürgen Hermes
Institut für Linguistik, SIV
Universität Köln
Albertus Magnus Platz
D-50923 Köln
jhermes@spinfo.uni-koeln.de

Sandra Hohmann
Mittlere Bleiche 6
D-55116 Mainz
sandra.hohmann@arcor.de

Anke Holler
Lehrstuhl für Computerlinguistik
Universität Heidelberg
Karlstraße 2
D-69117 Heidelberg, Germany
holler@cl.uni-heidelberg.de

Sonja Hüwel
Angewandte Informatik
Technische Fakultät
Universität Bielefeld
Universitätsstraße 25
D-33615 Bielefeld
shuewel@techfak.uni-bielefeld.de

Dieter Kopp
Alcatel SEL AG, Stuttgart
Research and Innovation
Lorenzstraße 10
D-70435 Stuttgart
dieter.kopp@alcatel.de

Brigitte Krenn
ÖFAI
Freyung 6
A-1010Wien
brigitte@oefai.at

Jörn Kreutel
SemanticEdge GmbH
Kaiserin-Augusta-Allee 10–11
D-10553 Berlin
joern.kreutel@semanticedge.com

Peter M. Kruse
IWS, Universität Magdeburg
Postfach 4120
D-39106 Magdeburg

Jonas Kuhn
Department of Linguistics
The University of Texas at Austin
Austin, TX 78712, USA
jonask@mail.utexas.edu

Claudia Kunze
Seminar für Sprachwissenschaft
Universität Tübingen
Wilhelmstr. 19
D-72074 Tübingen
kunze@sfs.uni-tuebingen.de

Manuela Kunze
IWS, Universität Magdeburg
Postfach 4120
D-39106 Magdeburg, Germany
makunze@iws.cs.uni-magdeburg.de

Lothar Lemnitzer
Seminar für Sprachwissenschaft
Universität Tübingen
Wilhelmstr. 19
D-72074 Tübingen
lothar@sfs.uni-tuebingen.de

Thomas Mandl
Universität Hildesheim
Marienburger Platz 22
D-31141 Hildesheim
mandl@uni-hildesheim.de

Barbara März
Bismarckstr.12
D-91045 Erlangen
bamaerz@linguistik.uni-erlangen.de

Alexander Mehler
Universität Bielefeld
Universitätsstr. 25
D-33615 Bielefeld
Alexander.Mehler@uni-bielefeld.de

Charlotte Merz
Department of Linguistics
Stockholm University
S-106 91 Stockholm
charlottemerz@gmx.ch

Sally Y.K. Mok
Department of Linguistics
The University of Hong Kong
Pokfulam, Hong Kong
sallymok@hkusua.hku.hk

Darja Mönke
Ferdinandstr. 22
D-53127 Bonn
darjamoenke@gmx.de

Martin Müller
IKP, Universität Bonn
Poppelsdorfer Allee 47
D-53115 Bonn
mam@ikp.uni-bonn.de

Daniel Naber
Landsbergerstraße 497
D-81241 München
dnaber@apache.org

André Naujoks
IWS, Universität Magdeburg
Postfach 4120
D-39106 Magdeburg, Germany

Moritz Neugebauer
Department of Computer Science
University College Dublin
Belfield, Dublin 4, Ireland
moritz.neugebauer@ucd.ie

Hendrik Niederlich
EML Research GmbH
Schloss-Wolfsbrunnenweg 33
D-69118 Heidelberg
niederlich@eml-research.de

Andreas Nürnberger
IWS, Universität Magdeburg
Universitätsplatz 2
D-39106 Magdeburg, Germany
nuernb@iws.cs.uni-magdeburg.de

Rainer Osswald
Praktische Informatik VII
Informatikzentrum
FernUniversität in Hagen
Universitätsstraße 1
D-58084 Hagen
Rainer.Osswald@fernuni-hagen.de

Karel Pala
Faculty of Informatics
Masaryk University
Botanicka 68a
CZ-602 00 Brno
pala@fi.muni.cz

Heinrich Petith
Lehrstuhl für Computerlinguistik
Universität Heidelberg
Karlstraße 2
D-69117 Heidelberg, Germany
heiner@petith.de

Uwe Quasthoff
Institut für Informatik
Universität Leipzig
Augustusplatz 10-11
D-04109 Leipzig
quasthoff@informatik.uni-leipzig.de

Reinhard Rapp
Angewandte Sprach- und Kulturwissenschaft
Universität Mainz
An der Hochschule 2
D-76711 Germersheim
rapp@mail.fask.uni-mainz.de

Dietmar Rösner
IWS, Universität Magdeburg
Postfach 4120
D-39106 Magdeburg, Germany
roesner@iws.cs.uni-magdeburg.de

Horst Rößler
Alcatel SEL AG, Stuttgart
Research and Innovation
Lorenzstraße 10
D-70435 Stuttgart
horst.roessler@alcatel.de

Gerhard Sagerer
Angewandte Informatik
Technische Fakultät
Universität Bielefeld
Universitätsstraße 25
D-33615 Bielefeld
sagerer@techfak.uni-bielefeld.de

Bettina Säuberlich
IMS, Universität Stuttgart
Azenbergstraße 12
D-70174 Stuttgart
tina@ims.uni-stuttgart.de

Ulrich Schade
FGAN-FKIE
Neuenahrer Straße 20
D-53340 Wachtberg/ Werthhoven
schade@fgan.de

Iryna Schenk
Lehrstuhl für Computerlinguistik
Universität Heidelberg
Karlstraße 2
D-69117 Heidelberg, Germany
izhmaka@ix.urz.uni-heidelberg.de

David Schlangen
Institut für Linguistik
Universität Potsdam
Postfach 601554
D-14415 Potsdam
das@ling.uni-potsdam.de

Thomas Schmidt
SFB 538 ‚Mehrsprachigkeit'
Universität Hamburg
Max Brauer-Allee 60
D-22765 Hamburg
thomas.schmidt@uni-hamburg.de

Hans-Christian Schmitz
IKP, Universität Bonn
Poppelsdorfer Allee 47
D-53115 Bonn
hcs@ikp.uni-bonn.de

René Schneider
Universität Hildesheim
Marienburger Platz 22
D-31141 Hildesheim
rschneid@uni-hildesheim.de

Pia Schnetzler
Schwarzburgstr. 61,
D-60318 Frankfurt
pia.schnetzler@gmx.de

Bernhard Schröder
IKP, Universität Bonn
Poppelsdorfer Allee 47
D-53115 Bonn
bsh@ikp.uni-bonn.de

Sabine Schröder
Institut für Psychologie
RWTH Aachen
Jägerstr. 17–19
D-52056 Germany
Sabine.Schröder@psych.rwth-aachen.de

Stephan Schwiebert
Institut für Linguistik, SIV
Universität Köln
Albertus Magnus Platz
D-50923 Köln
sschwieb@spinfo.uni-koeln.de

Jürgen Sienel
Alcatel SEL AG, Stuttgart
Research and Innovation
Lorenzstraße 10
D-70435 Stuttgart
juergen.sienel@alcatel.de

Manfred Stede
Institut für Linguistik,
Universität Potsdam
Postfach 601554
D-14415 Potsdam
stede@ling.uni-potsdam.de

Rosmary Stegmann
Institut für Informatik
Technische Universität München
Boltzmannstr. 3
D-85748 Garching b. München,
Germany
stegmann@in.tum.de

Ingmar Steiner
Institut für Computerlinguistik und Phonetik
Universität des Saarlandes
Postfach 151150
D-66041 Saarbrücken
steiner@coli.uni-sb.de

Thorsten Trippel
Universität Bielefeld
Postfach 100131
D-33501 Bielefeld
thorsten.trippel@uni-bielefeld.de

Melanie Twiggs
twiggs@freenet.de

Martin Volk
Department of Linguistics
Stockholm University
S-106 91 Stockholm
volk@ling.su.se

Petra Wagner
IKP, Universität Bonn
Poppelsdorfer Allee 47
D-53115 Bonn
pwa@ikp.uni-bonn.de

Hans Friedrich Witschel
Institut für Informatik
Universität Leipzig
Augustusplatz 10-11
D-04109 Leipzig
witschel@informatik.uni-leipzig.de

Thomas Wittig
Institut für Informatik
Universität Leipzig
Augustusplatz 10-11
D-04109 Leipzig
wittig @informatik.uni-leipzig.de

Wolfgang Woerndl
Institut für Informatik
Technische Universität München
Boltzmannstr. 3
D-85748 Garching b. München
woerndl@in.tum.de

Charlotte Wollermann
IKP, Universität Bonn
Poppelsdorfer Allee 47
D-53115 Bonn
cwo@ikp.uni-bonn.de

Christa Womser-Hacker
Universität Hildesheim
Marienburger Platz 22
D-31141 Hildesheim
womser@uni-hildesheim.de

Britta Wrede
Angewandte Informatik
Technische Fakultät
Universität Bielefeld
Universitätsstraße 25
D-33615 Bielefeld
bwrede@techfak.uni-bielefeld.de

Martina Ziefle
Institut für Psychologie
RWTH Aachen
Jägerstr. 17–19
D-52056 Germany
Martina.Ziefle@psych.rwth-aachen.de

Sprache, Sprechen und Computer
Computer Studies in Language and Speech

Herausgegeben von/Edited by
Wolfgang Hess und/and Winfried Lenders

Bd./Vol. 1 Computer, Linguistik und Phonetik zwischen Sprache und Sprechen/Computers, Linguistics, and Phonetics between Language and Speech. Tagungsband der 4. Konferenz zur Verarbeitung natürlicher Sprache – KONVENS-98. 5.-7. Oktober 1998, Universität Bonn/ Proceedings of the 4th Conference on Natural Language Processing – KONVENS-98. October 5-7, 1998, University of Bonn. Herausgegeben von/Edited by Bernhard Schröder, Winfried Lenders, Wolfgang Hess und/and Thomas Portele. 1998.

Bd./Vol. 2 Barbara Heuft: Eine prominenzbasierte Methode zur Prosodieanalyse und -synthese. 1999.

Bd./Vol. 3 Nico Weber: Die Semantik von Bedeutungsexplikationen. 1999.

Bd./Vol. 4 Hagen Langer: Parsing-Experimente. Praxisorientierte Untersuchungen zur automatischen Analyse des Deutschen. 2001.

Bd./Vol. 5 Alexander Mehler: Textbedeutung. Zur prozeduralen Analyse und Repräsentation struktureller Ähnlichkeiten von Texten. 2001.

Bd/Vol. 6 Karlheinz Stöber: Bestimmung und Auswahl von Zeitbereichseinheiten für die konkatenative Sprachsynthese. 2003.

Bd/Vol. 7 Thomas Schmidt: Computergestützte Transkription. Modellierung und Visualisierung gesprochener Sprache mit texttechnologischen Mitteln. 2005.

Bd./Vol. 8 Bernhard Fisseni / Hans-Christian Schmitz / Bernhard Schröder / Petra Wagner (Hrsg.): Sprachtechnologie, mobile Kommunikation und linguistische Ressourcen. Beiträge zur GLDV-Tagung 2005 in Bonn. 2005.

www.peterlang.de

Daniela Schütte

Homepages im World Wide Web

Eine interlinguale Untersuchung zur Textualität in einem globalen Medium

Frankfurt am Main, Berlin, Bern, Bruxelles, New York, Oxford, Wien, 2004.
427 S., zahlr. Abb., Tab. und Graf., 1 CD
Germanistische Arbeiten zu Sprache und Kulturgeschichte.
Herausgegeben von Albert Busch, Ruth Schmidt-Wiegand und
Sigurd Wichter. Bd. 44
ISBN 3-631-51326-7 · br. € 68.50*

Ob Behördengang, Einkauf oder Informationsbeschaffung – immer mehr Alltagsaktivitäten werden bequem vom heimischen Schreibtisch aus erledigt. „Online" heißt das Zauberwort und „World Wide Web" der Internet-Informationsdienst, der all dies ermöglicht. Wie aber werden in diesem globalen, hypertextbasierten Medium Kommunikationsaufgaben sprachlich bewältigt? Wie werden Texte gestaltet? Und wie erfolgt dies in verschiedenen Sprachen? Diesen Fragen geht die Arbeit am Beispiel einer WWW-spezifischen Textsorte – der Homepage – nach. Untersucht werden deutsche und russische Unternehmenshomepages, befragt nach Gemeinsamkeiten und Unterschieden in der Vertextung. Überlegungen zur linguistischen Evaluation von Homepages runden die Textsortenanalyse ab und geben praxisrelevante Hinweise.

Aus dem Inhalt: Hypertextkonzept · Hypertext in der Linguistik · Typologie deutscher und russischer Unternehmenshomepages · Textsortenanalyse · Interlingualer Textsortenvergleich · Textsortenprofil · Linguistische Evaluation von Unternehmenshomepages

whole or any part of this publication into any generative artificial intelligence model, chatbot, program, software or technology is expressly prohibited without the prior written consent of the publisher.